面向"十二五"国家级非物理类专业高等教育规划教材

大学物理学

王永礼　张春早　主　编
李　徽　张　瑾　夏峥嵘　副主编

东南大学出版社
·南京·

内 容 简 介

本书是以教育部高等学校非物理类专业物理基础课程教学指导分委员会制定的《非物理类理工学科大学物理课程教学基本要求》(2010年版)为依据进行编写的,在内容选择和安排上,针对非物理类理工科人才培养的目标和要求,以及不同教学课时的情况进行编写。全书有力学、热学、电磁学、波动光学与近代物理基础共四大部分,总共由12章组成,比较系统地介绍了物理学的基本概念和规律,着重物理知识与实际的联系及应用方面教学安排,具有基础理论系统,经典内容突出的特点,在增强学生分析问题和解决问题的能力方面进行了有益的尝试,有益于提高理工科学生的科学素质培养。

本书可作为54～108学时的理工科各专业大学物理课程的教材使用,授课教师也可适当选择内容,以适用不同专业和学时的教学。本书也可供其他专业师生和工程科技人员作为参考。

图书在版编目(CIP)数据

大学物理学/王永礼,张春早主编. —南京:东南大学出版社,2012.8

ISBN 978-7-5461-3478-5

Ⅰ.①大… Ⅱ.①王… ②张… Ⅲ.①物理学—高等学校—教材 Ⅳ.①04

中国版本图书馆CIP数据核字(2012)第095542号

大学物理学

出版发行	东南大学出版社	**责任编辑**	陈 跃
E-mail:	chenyue58@sohu.com		
出 版 人	江建中	**社 址**	南京市四牌楼2号
邮 编	210096	**网 址**	http://www.seupress.com
电子邮箱	press@seupress.com		
经 销	全国各地新华书店	**印 刷**	南京雄洲印刷有限公司
开 本	787 mm×1092 mm 1/16	**印 张**	23
字 数	503千字		
版 印 次	2012年8月第1版 2012年8月第1次印刷		
书 号	ISBN 978-7-5641-3478-5		
定 价	46.00元		

(凡因印装质量问题,请与我社营销部联系。电话:025－83791830)

前　言

FOREWORD

本书是由五位长期从事本科大学物理教学工作的一线教师所编写，在内容选择和安排上，是以教育部高等学校非物理类专业物理基础课程教学指导分委员会制定的《非物理类理工学科大学物理课程教学基本要求》(2010年版)为依据，并针对非物理类理工科人才培养的目标和要求，以及不同教学课时的情况进行组织编写。全书有力学、热学、电磁学、波动光学与近代物理基础四篇，共四大部分，总共由12章组成。全书内容比较系统地介绍了物理学的基本概念和基本规律，着重于物理知识与生产实际的联系及应用方面的教学安排，具有基础理论比较系统、经典内容突出完整的特点，在增强学生分析问题和解决问题的能力方面进行了有益的尝试，有益于提高理工科学生的科学素质培养。

本书可作为54～108学时的理工科各专业大学物理课程的教材使用，授课教师也可自行适当选择教学内容，以适用于不同学时及不同专业的教学要求。作者在全书的目录上标注了各章安排的课时数，这仅作为使用全部内容时的参考，上课教师可根据实际上课情况作适当调整。作者还在全书的目录上做了三种标记，可作为教师在选择教学内容时的参考。作者建议按照如下顺序使用标记：

若全部内容都上，可适用于课时数为108课时的课堂教学；若去除打“*”号的内容不上，则可适用90课时的课堂教学；若再去除打“Δ”号的内容不上，则可适用72课时的课堂教学；进一步的若再去除打“⊗”号的内容不上，则可适用54课时的课堂教学。

本书使用国际单位制(SI制)，物理学名词使用全国自然科学名词审定委员会公布的《物理学名词(基础物理学部分)》(1988年版)的表述，按照国家标准(GB)规定物理量的符号。为控制篇幅，每章后仅安排适量习题，没有安排思考题。

本书的绪论及第1、2、3章由王永礼编写，第4、12章由李徽编写，第5、6章由张瑾编写，第7、8、9章由张春旱编写，第10、11章由夏峥嵘编写。第一、二篇由王永礼统稿，第三、四篇由张春旱完成统稿。在本书编写过程中，得到了淮南师范学院相关部门及物理与电子信息系的大力支持，同时参阅了许多兄弟院校的相关教材，在此一并表示感谢。由于时间仓促、水平有限，错误和不当之处必然存在，希望能够在今后的使用过程中逐步完善。

编者

2012年7月26日

目　录

CONTENTS

第三篇 电磁学(34课时)

第四篇 波动光学与近代物理基础(24课时)

绪 论

1 物理学的内涵

物理学一词源于希腊文 φυστζ，原意为自然(nature)。可见，物理学是研究自然现象的科学，直到 19 世纪，人们仍称物理学为自然哲学。物理学所研究的是物质运动最基本最普遍的形式，包括机械运动、分子热运动、电磁运动、原子和原子核内部的运动等。

物理学是研究物质在空间和时间中运动的自然科学。一切物质都在永恒不息地运动着，自然界一切现象就是物质运动的表现。运动是物质的存在形式、物质的固有属性，它包括宇宙中所发生的一切变化和过程。物理学的研究对象大到星系和全宇宙，小到分子、原子和基本粒子，它研究粒子和实物的物理性质，也研究各种场的物理性质；研究低速运动物体的运动规律，也研究近光速的物体的运动规律。根据所研究的物理性质，物理学可分为力学、热学、电磁学、光学、原子物理学等。

物理学发展到现代，除了实验物理学和理论物理学外，目前已分成几十个分支。但是从研究对象内在联系的实质上看，物理学可归纳为是研究四种相互作用的自然科学。这四种相互作用，按其强弱程度，由弱到强依次排列为：引力相互作用，弱相互作用，电磁相互作用和强相互作用。

物理学所研究的运动，普遍地存在于其他高级的、复杂的物质运动形式之中。因此，物理学所研究的物质运动规律，具有最大的普遍性。例如，宇宙间任何物体，不论其化学性质如何，有无生命，都遵从物理学中的万有引力定律；一切变化和过程，无论它们是否具有化学的、生物的或其他的特殊性质，都遵从物理学中所确定的能量转化和守恒定律等。由于物理学所研究的物质运动具有普遍性，所以物理学在自然科学中占有重要地位，成为其他自然科学和工程科学的基础。

物理学是研究物质的基本结构、基本相互作用和基本运动规律的科学，是一门实验性的科学。特别是普通物理学，从观察和实验事实出发，用归纳法进行讨论，经过分析、综合得到有关的定律和定理。

物理学的研究对象十分广泛，从研究对象的空间尺度来看，大小至少跨越了 40 个数量级。以日常生产、生活常见的目标作为研究物体，称为宏观物体，物理学的研究就是从这个尺度上开始的，即宏观物理学。19 世纪与 20 世纪之交，物理学开始深入到物质的分子、原子层次(10^{-8}、10^{-10} m)，物理学家把分子、原子以及后来发现的更深层次的物质客体，如原子核、质子、中子、电子、中微子、夸克等，称为微观物体，这些研究对象的尺度在10^{-15} m以下，是物理学里的前沿学科，称为微观物理学。近年来，由于材料科学的进步，在介于宏观和微观的尺度之间发展出研究宏观量子现象的一门新兴的学科——介观物理学。

在大尺度方面，以山川、地表、大气、海洋为研究对象时，其尺度的数量级在$10^{3}\sim10^{7}$ m范围内，属于地球物理学的领域。而对于研究日月星辰领域，则属于天体物理学的范围，其研究尺度横跨了19个数量级。物理学最大的研究对象是整个宇宙，可称其为宇宙学，其最远观察极限是哈勃半径，尺度达$10^{26}\sim10^{27}$ m的量级。

从研究对象的时间尺度来看，长的如宇宙的年龄，在100亿年(10^{17} s)以上，短的如硬γ射线，其周期仅为10^{-27} s，横跨40多个数量级。在这样大跨度的时空范围内，人类对自然界运动规律的认识，已经达到了前所未有的高度。

2 物理学的研究方法

物理学的研究方法是丰富多彩的。概括起来，除观察和实验以外，还涉及科学的抽象、理想实验的方法、假说和模型方法、数学方法、理论思维的方法等。物理学的理论，就是经过观察，用实验、抽象、假说等研究方法并通过实践的检验而建立起来的。

观察和实验是科学研究的基本方法。观察是对自然界中所发生的某种现象，在不改变自然条件的情况下，按照它原来的样子加以观测研究。实验是在人工控制的条件下，使现象反复重演，进行观测研究。在实验中，常把复杂的条件加以简化，突出主要因素，以排除或减低次要因素的作用，因此可以得到较准确的结果。

抽象是物理学研究常用的方法，它是根据问题的内容和性质，抓住主要因素，撇开次要的、局部的和偶然的因素，建立一个与实际情况差距不大的理想模型来进行研究。例如，质点、刚体、理想气体、理想流体等，都是实际物体的理想模型。在物理学研究中，这种理想模型是十分重要的。

假说也是一种常用的物理学研究方法，它是在一定的观察、实验的基础上，对于现象的本质提出来的一些说明方案或基本理论等。经过不断的实验检验，被证明为正确的假说，就上升为正确的理论。在科学认识的发展过程中，假说是很重要的甚至是必不可少的一个阶段。

物理学理论是通过许多现象的研究，从已经建立起来的定律中，经过广泛的概括，得到的系统化的知识。从观察、实践、抽象、假说、检验到获得正确的理论，这些理论仍将继续受到实践的检验，如果在新的实践中发现的事实与理论相矛盾，这理论还必须修改，甚至要放弃，从而建立更能反映客观实际的新理论。

在现代物理中，由于涉猎范围远离人类日常生活经验，使现代物理学的研究方式更多地变为：从已有的实验或理论中提出假说，建立原理，再由原理导出结论，并预言可以观测的事实，然后对可观测的实验事实进行检验，并依据实验结果对假说理论进行修正。如此循环往复，直至建立正确的理论。

理想实验的方法，也是一种十分重要的科学研究方法。由于在思想中进行，它是一种思维方法，可以超越时间和空间的局限，不受具体条件的限制和干扰，比实际实验能更进一步，更能保证过程在纯粹形态下进行。但是，使用理想实验方法，研究者必须对科学研究所面临的问题具有非常透彻的了解和认识，运用科学严密的逻辑推理，甚至需要进行精确的计算，才能够获得正确的结论。伽利略的许多成就，都是在娴熟地运用理想实验的方法基础上取得的，使其成为理想实验研究的大师。

物理学中的概念和规律，都是抽象、概括的，是理想化的结论，它描述的是理想客体在一定的理想化过程中的性质和行为，与客观实在的世界并不是完全同一的。因此，物理规律都有一定的条件和适用范围。

归纳起来，一个正确的物理学理论的建立，大概需要以下五个步骤：

(1) 提出命题

依据事实，提出研究命题，是科学研究的开始。大胆假设，小心论证，可作为科学研究的精髓。爱因斯坦就认为："提出一个问题往往比解决一个问题更重要。因为解决问题也许仅仅是一个数学或实验上的技能而已，而提出新的问题、新的可能性，从新的角度去看待旧的问题，却需要有创造性的想象力，而且标志着科学的真正进步。"

(2) 建立理论

根据现有理论和成果，针对新事物和新问题进行理论研究，建立新的假说和原理，运用数学工具进行推理、验算等获得新的结论，是物理学研究的重要方法之一。建立新的模型方法也是一种很重要的方法，有时还要凭研究者的直觉、想象，采用类比的方法，甚至需借助于其他学科或本学科其他分支学科中的某些理论，进行理论研究和分析，从而得出结论。

(3) 实验检验

无论通过什么方法获得的理论，只有经过实验的检验，才可能成为一个正确的理论。物理学是实验的科学，一切理论最终都要以观测或实验的事实为准则，实践是检验真理的唯一标准。理论可能不是唯一的，一个理论包含的假设愈少、愈简洁，同时与之相符合的事实愈多、愈普遍，则它就成为一个好的理论。

(4) 修改理论

当一个理论与实验事实不符合或不完全符合时，它就必须被修改甚至被推翻。修改理论的目的是使理论尽可能地与实验结果一致，经得起实验的检验。对于那些已经经过大量客观事实检验的理论，针对其与实验不一致的内容，也需要进行部分地修改，或者确定其新的适用范围。

(5) 理论预言

与客观事实一致，经过实验检验的理论，可能是基本正确的结论，要成为真正正确的理论，还需要能够预言新的、未知的科学现象。因为科学理论的作用，不仅仅是将观察和实验得到的资料进行总结、分析、推理、综合，得到一个正确的结论，使之成为一般性的规律，而且还要能够预言未来。

通过以上步骤循环执行，构成了物理学发展的基本进程。但是物理学中的许多重大突破和发现，并不一定是按照这个理想的模式进行的。预感、直觉和顿悟在科学研究过程中往往也起很大作用，不断地探索、大胆地猜测、偏离初衷的遭遇或巧合等，也导致了不少新的发现。机遇偏爱有心人，稍纵即逝的机遇对思想上有准备的人常常情有独钟。

3 近代物理学的发展历程

近代物理学诞生于 17 世纪后半期，哥白尼、伽利略、开普勒和牛顿等人，做出了奠基性的贡献。1666 年，牛顿（Isaac Newton，英国人，1643—1727）建立微积分，1687 年牛顿发表了《自然哲学的数学原理》，建立了牛顿运动三定律和万有引力定律，成为近代物理学的起始。

18～19 世纪是物理学蓬勃发展的时期。焦耳、迈尔、卡诺、开尔文和克劳修斯等人，奠定了热力学的基础，玻尔兹曼和吉布斯等人则开辟了统计物理学。库仑和法拉第等人对电磁学做出了巨大的贡献，由麦克斯韦建立起来的概括各种电磁现象的麦克斯韦方程组，则预示着电磁学理论的基本建立。

在 19 世纪末到 20 世纪初，物理学界有三大发现：伦琴发现 X 射线，汤姆孙发现电子，贝可勒尔发现放射性现象，标志着物理学的研究从宏观领域深入到微观领域，经典物理学遇到了巨大困难，预示了物理学理论将有新的突破。

1905 年爱因斯坦提出了狭义相对论，1915 年又建立了广义相对论，一个崭新的时空观和引力场理论发展起来。随后，在普朗克、爱因斯坦、玻尔、薛定谔、海森伯和狄拉克等人的努力下，一个新的物理学理论——量子力学建立起来了。

狭义相对论、广义相对论和量子力学构成了 20 世纪现代物理学的基础，在此基础上，粒子物理学、原子核物理、原子与分子物理学、凝聚态物理、等离子体物理、天体物理等新的物理学科建立起来并得到了迅速的发展。

第一篇　力　学

力学是物理学的有机组成部分，它是物理学中最古老和发展最完美的学科。公元前4世纪古希腊学者亚里士多德就提出力产生运动的说法，我国古代在力学方面也有很多成就。在耕作器械、造船、建筑和机械等方面都有丰富的创造。比如，墨翟对力学很有研究，对力和运动的关系已有正确的认识，秦代李冰父子修成都江堰工程；汉代张衡制成了浑天仪和地动仪；三国时代马钧制成了指南车和利用惯性原理的离心抛石机；在宋代出现了世界上第一支利用火药爆炸反推力而制成的火箭。

现代意义上的力学，始于17世纪伽利略对于惯性运动的论述，阿基米德在力学的重心、杠杆和浮力等方面均有建树，为静力学奠定了基础。哥白尼提出的日心说，开普勒总结的行星运动定律，伽利略研究的落体和斜面运动规律，并提出加速度的概念等，都为经典力学的发展奠定了基础。而经典力学体系的完善是基于牛顿提出的三个力学运动定律。

以牛顿运动定律为基础的力学理论，称为牛顿力学或经典力学，它所研究的对象是物体的机械运动。经典力学有着严谨的理论体系和完备的研究方法，曾被人们誉为完美普遍的理论而兴盛了约300年。20世纪初，人们发现经典力学在高速和微观领域的局限性，从而在这两个领域分别被相对论和量子力学所取代。在日常生活中和一般的技术领域，如机械制造、土木建筑、水利设施、航空航天等，经典力学仍然是必不可少的重要的基础理论。

力学不仅作为物理学的一个有机组成部分，并且由于它在现代科学技术中的重要地位，已发展出多种子学科，如材料力学、弹性力学、塑性力学、断裂力学、声学与超声波、海洋力学、语言声学、地质力学、生物力学等。

第1章

质点力学

力学所研究的是物体机械运动的规律。宏观物体之间(或物体内各部分之间)相对位置的变动称为**机械运动**。在经典力学中,通常将力学分为运动学、动力学和静力学。**运动学**是从几何的观点来描述物体的运动,即研究物体的空间位置随时间的变化关系,不涉及引发物体运动和改变运动状态的原因。

宏观的实际物体总是有形状、有大小、有质量的。当物体的形状和大小对所研究的问题不起作用,或所起的作用可以忽略时,我们就可以把物体看成**质点**。因此,**质点是不考虑其形状和大小但具有质量的物体,是实际物体的理想化模型**。质点力学所研究的正是不考虑物体的形状和大小时,物体机械运动的规律。

把实际物体作为质点来处理是有条件的。一般说来,若物体各点的运动状态相同,如物体平动时,物体各点的运动状态虽然不同,但在所研究的问题中这种差别可忽略时,就可以作为质点处理。

另外,可以作为质点处理的物体不一定很小,而很小的物体未必就能看成质点。同一物体在不同的问题中,有时可以看成质点,有时却不能,关键在于是否满足上述条件。如地球虽大(半径为 6.4×10^3 km),但考虑它绕太阳公转时仍可以作为质点来处理。而研究其自转时,地球上各点运动状态的差别就不能忽略,即不能把地球作为质点处理。又如分子、原子,它们虽小,但研究其运动的内部结构时,也不能把它们看成质点。

§1-1 质点运动学

众所周知,运动是物质的存在形式,运动是物质的固有属性。从这种意义上讲,运动是绝对的。以机械运动形式而言,任何物体在任何时刻都在不停地运动着。例如,地球在自转的同时绕太阳公转,太阳又相对于银河系中心以大约 250 km/s 的速率运动,而我们所处的银河系又相对于其他银河系大约以 600 km/s 的速率运动着。总之,绝对不运动的物体是不存在的。

运动又是相对的。例如,当说一列火车开动了,这显然是指火车相对于地球(即车站)而言的。因此离开特定的环境、条件谈论运动没有任何意义。正如恩格斯所说:“单个物体的运动是不存在的,只有在相对的意义下才可以谈运动。”

在物质的多种多样的运动形式中,最简单而又最基本的运动是物体位置的变化,称为**机械运动**。行星绕太阳的转动,宇宙飞船的航行,机器的运转,水、空气等流体的流动等都是机械运动,都遵循一定的客观规律。力学的研究对象就是机械运动的客观规律及其应用。

描述机械运动,常用位移、速度、加速度等物理量。研究物体在位置变动时的轨道以及研究位移、速度、加速度等物理量随时间而变化的关系,但不涉及引起变化的原因,称为**运动学**。至于物体间的相互作用对物体运动的影响,则属于动力学的研究范围。

运动是绝对的,但运动的描述却是相对的。在确定研究对象的位置时,必须先选定一个标准物体(或相对静止的几个物体)作为基准;那么这个被选作标准的物体或几个物体,就称为**参考系**。

同一个物体的运动,由于所选参考系的不同,对其运动的描述就会不同。例如,在匀速直线运动的车厢中,物体的自由下落,相对于车厢是做直线运动;相对于地面,却做抛物线运动;相对于太阳或其他天体,运动的描述则更为复杂。这充分说明运动的描述是相对的。

从运动学的角度讲,参考系的选择是任意的,通常以对问题的研究最方便、最简单为原则。要想定量地描述物体的运动,还必须在参考系上建立适当的**坐标系**。根据需要,可选用直角坐标系、极坐标系、自然坐标系、球面坐标系或柱面坐标系等。

任何一个真实的物理过程都是极其复杂的,为了寻找其过程中最本质、最基本的规律,总是根据所提问题(或所要回答的问题),对真实过程进行理想化的简化,然后经过抽象给出一个可供数学描述的物理模型。

现在所提的问题是确定物体在空间的位置。若物体的线度比它运动的空间范围小很多,例如绕太阳公转的地球和调度室中铁路运行图上的列车等;或物体做平动时,物体各部分的运动情况(轨迹、速度、加速度)完全相同。这时可以忽略物体的形状、大小,而把它看成一个具有一定质量的点,并称之为**质点**。

若物体的运动在上述两种情形之外,还可提出质点系的概念。即把这个物体看成是由许许多多满足第一种情况的质点所组成的系统。当把组成这个物体的各个质点的运动情况搞清楚了,也就描述了整个物体的运动。在力学中除了质点模型之外,在后续章节中还会遇到刚体、理想流体、谐振子等物理模型。

1 时间、长度及单位制

物理学是一门定量的学科,它通过物理量间的数量关系刻画自然的规律。物体的运动总是在一定的时间和空间中进行的。

(1) 时间的计量

时间的测量可以利用具有能周期性发生的过程或现象作为测量的一种工具。例如,太阳的升落、月亮的盈亏、单摆的摆动等都可以作为测时工具。日常生活中,人们通常是用钟表计时，我国古代用“刻漏”计时。伽利略发现摆的周期性，荷兰的惠更斯发明了擒纵机构保持摆的摆动，使得用摆这一周期现象计时成为可能。

20 世纪初叶，开始运用石英晶体的压电效应计时，所谓压电效应是指晶体可将机械变形振荡转变为电振荡。

20 世纪原子物理学的发展表明：原子从一能级跃迁至另一能级发出或吸收的电磁波的频率很稳定，利用其振荡次数可计量时间。现在采用铯-133 原子基态的两个超精细能级间跃迁相对应的辐射的 9 192 631 770 个周期的持续时间作为 1 s(秒)。

为协调全世界计量标准，第十三届国际计量大会将铯-133 原子钟按上述定义为**秒标准**。

(2) 长度的计量

18 世纪末，法国规定通过巴黎的子午线的 $1/(4\times10^7)$ 为 1 m(米)。1960 年第 11 届国际计量大会正式定义：米等于氪-86 原子的 $2p_{10}$ 和 $5d_5$ 能级之间跃迁所对应的辐射(橙红色)在真空中的 1 650 763.73 个波长的长度。

1983 年国际计量大会重新规定米的新定义：光在真空中传播(1/299 792 458)s 时间间隔内所经路径的长度。

天文学还用“光年”和“秒差距”描述距离。1 光年为光在真空中经一年走过的距离，缩写为“ly”，秒差距记作“pc”，$1\ \text{pc} = 3.26\ \text{ly} = 3.08\times10^{16}\ \text{m}$。

(3) 单位制和量纲

在物理学中，仅规定时间、长度和质量的计量标准是不够的，还需要建立完整的单位体系。本书重点谈力学单位和量纲。

我们经常要对各种物理量进行测量。测量的结果一般包括数值和单位两部分。只有少数物理量是没有单位的纯数。当说明某量为多少时，必须同时说明单位，否则没有意义，单位改变时，方程式也会变。但不管怎样选择单位，根据同一规律写出的物理公式的差别，仅仅表现于公式中出现不同的常数因子。

若选择某物理量直接规定其单位，则该量称为**基本量**，其单位称作**基本单位**。不直接规定其单位的物理量称为**导出量**，其单位需由该物理量和基本量的关系来决定，称为**导出单位**。不同基本单位、导出单位和辅助单位就形成不同的单位制。

由于各物理量之间存在着规律性的联系，因此不必对每个物理量都给出独立的单位。我们可以选出一定数量的物理量作为基本量，并为每个基本量规定一个基本单位，其他物理量的单位则可按照它们与基本量之间的关系，通过定义或定律推导出来。例如在力学中我们取时间、长度和质量作为基本量，并规定它们的基本单位是 s、m 和 kg，于是按速度和加速度的定义，其单位将分别是 m/s 和 m/s^2。利用牛顿第二运动定律，就可得到力的单位是 $\text{kg}\cdot\text{m/s}^2$(N)。

按照上述方法制定的一套单位，构成一定的单位制。目前，世界各国基本上都采用国际单位制(用符号 SI 代表)。国际制(SI)单位由基本单位、辅助单位和导出单位构成。

国际单位制中共选定七个基本量和两个辅助量。上面所介绍的时间、长度和质量都作为基本量，除此之外还有：

a. 电流强度

电流强度的单位叫安[培]，用 A 表示。

b. 热力学温度

热力学温度的单位叫开尔文(简称为开)，用 K 表示。

c. 物质的量

物质的量的单位叫摩尔，用 mol 表示。

d. 发光强度

发光强度的单位叫坎德拉(简称为坎)，用 cd 表示。

e. 平面角(辅助量)

平面角的单位叫弧度，用 rad 表示。

f. 立体角(辅助量)

立体角的单位叫球面度，用 sr 表示。

国际单位制(代号 SI)是在 1960 年第十一届国际计量大会通过的，它选用七个量作为基本量，即长度、质量、时间、电流、温度、物质的量和光强度。其基本单位为 m(米)、kg(千克，公斤)、s(秒)、A(安培)、K(开尔文)、mol(摩尔)和 cd(坎德拉)。

在国际单位制中，对平面角的单位 rad(弧度)和立体角的单位 sr(球面度)并未指定它们是基本单位还是导出单位，称作“辅助单位”，且可随意将它们当作基本单位或导出单位。辅助单位亦可参与构成导出单位，如角速率(rad/s)等。

在国际单位制中，力是导出量，需要根据力和各基本量的关系式，即牛顿第二定律，来规定力的单位，我们规定使 1 kg 质量的物体产生 1 m/s^2 的加速度所需的力是 1 N(牛顿)。

在厘米-克-秒制中，力的单位是 dyn(达因)，1 dyn 等于使 1 g 质量的物体产生 1 cm/s^2 加速度所需的力。达因与牛顿的关系是

$$1\ \mathrm{N} = 10^5\ \mathrm{dyn}$$

还有一种力单位，称千克力或公斤力，记作 kgf。按定义：

$$1\ \mathrm{kgf} = 9.806\,65\ \mathrm{N}$$

(4) 量纲式

导出单位取决于基本单位以及导出量和基本量关系式的选择。导出单位对基本单位的依赖关系式称为该导出量的量纲式。例如，速度的量纲式为：

$$\dim v = LT^{-1}$$

它表示速度单位随长度单位增为 L 倍，随时间单位增为 $1/T$ 倍。在国际制中，力的量纲式可写作：

$$\dim F = LMT^{-2}$$

一般说来，在国际制中物理量 A 与基本量的关系式：

$$\dim A = L^p M^q T^r$$

称为量纲式，其中 p、q 和 r 称作量纲指数，人们往往把上式右端 $L^p M^q T^r$ 称作 A 的量纲。

有一种特例值得提出来。圆心角 $\phi = s/r$，s 表示弧长，r 表示半径，ϕ 的单位称弧度，国际符号为 rad，角度 ϕ 的量纲为 $\dim \phi = L^0 M^0 T^0$，称 ϕ 为量纲 1 的量，显然，无论长度、质量和时间单位如何变，ϕ 的单位始终不变。

量纲服从的规律叫做量纲法则，它有广泛的应用，提出常见的两条：① 只有量纲相同的量，才能彼此相等、相加或相减。② 指数函数、对数函数和三角函数的宗量应当是量纲 1。

例如：$X = C_1 - C_2 e^{-at}$，at 应为量纲 1，$\dim a = T^{-1}$。

2 质点运动的描述

物体总有一定的大小和形状，它在运动时各部分运动可以不一样。选定了参考系和坐标系之后，要描述一个物体的运动，即使是描述一个任意扔出去的粉笔头的运动，也仍是很复杂的。物理学中为了突出问题中的主要矛盾，常在科学分析的基础上将一些影响不大的次要因素忽略，从而建立起一种理想模型，研究模型的运动代表实际物体的运动。质点就是一个理想模型。

一个物体能否作为质点，要看在研究的问题中各点运动的差别能否忽略，而不在于物体本身线度的大小；同一个物体的运动，在有些问题中可当质点，另一些问题中就不能当质点。质点定义为有一定质量，但没有形状、大小的物体。质点的几何意义是几何点，所以质点是有质量的几何点。物体可以当作质点处理的条件是：当物体的形状、大小被忽略掉时，对物体运动的描写仍可令人满意。

以上只是从描写物体运动的角度，即从运动学的角度讨论了物体近似作质点的条件。从动力学角度看，“质心运动定理”表明质心的运动规律与质点相同，因而求解了质点的运动，也就得到了质心的运动。由此可见，“质心运动定理”乃是引进质点概念的动力学基础。没有这个基础，质点将无实用意义。

力学研究物体的机械运动，**机械运动是指物体的空间位置随时间的变化**。在经典力学范围内，空间与时间是脱离物质及其运动而独立存在互不相关的，这称为绝对的时空观。空间是指上、下、左、右、前、后。四面八方，连续的无限均匀延伸的范围，并认为空间的直线永远是直的，称为欧几里得空间。空间范围可以用米尺来度量。

经典力学中的时间是指事件发生的先后顺序。从前到后，单方向均匀连续变化，从不逆向。可以用周而复始的重复事件作为时间的度量单位，如规定地球公转一周为一年，月球公转一周为一月，地球自转一周为一天等。图示时间，可以画一根时间轴，用轴上等间隔的点表示各个瞬时(即时刻)，而两个时刻之间的间隔称为时间。

运动学是以研究质点和刚体这两个简化模型的运动为基础的。通过位移、速度、加速度及角速度等物理量来描述和研究物体位置随时间的变化规律，而并不考虑导致物体位置和运动状态改变的原因，即不考虑作用在物体上的力。因为运动学中不涉及物体的质量，所以也可把质点抽象成一个不计质量、没有大小的几何点，因此，常把质点运动学抽象为点的运动学。

(1) 参考系、参照系和时间坐标轴

实验表明，相对于不同的参考物体，同一物体的运动情况是不一样的。因而，描写物体运动的前提是选定参考物体，这个被选定的参考物体称为参考系。

运动学中，参考系的选择是任意的。于是选参考系总可以根据问题的性质，以描述运动方便为原则。例如描述地球上物体的运动，常选地面为参考系；描述地球的运动，常选太阳为参考系。

选定了参考系以后，物体的运动就是：它的位置相对于参考系随时间发生变化。要定量研究这种位置的变化，首先得确定物体在参考系中的位置，为此还需要在参考系上建立起适当的坐标系。

常用的坐标系有直角坐标系、极坐标系、柱坐标系、球坐标系以及自然坐标系。本课程根据需要先引入直角坐标系，然后引入自然坐标系和极坐标系。同样，坐标系选得合适，便于描述运动，可使得问题计算简单方便。

描述运动尚须建立时间坐标轴，坐标原点即计时起点，它不一定就是物体开始运动的时刻。“时刻”指时间流逝中的“一瞬”，对应于时间轴上一点。时刻为正或负表明在计时起点以后或以前。质点在某一位置必与一定时刻相对应。时间间隔指自某一初始时刻至终止时刻所经历的时间，它对应于时间轴上一区间。今后在不致引起混乱的情况下，“时间”一词有时指时间间隔，有时指时间变量。

谈到空间参考系的时间轴，便涉及时空观。牛顿认为：“宇宙系统的中心是不动的”。又说：“绝对空间是这样的，按照其本身的性质与无论什么样的其他任何事物无关，永远保持静止……”。在谈到时间时，牛顿说：“绝对时间是这样的，按其本身的性质与别的任何事物无关，平静地流逝着……”。关于空间方面，牛顿又提出：“相对空间是一些可以在绝对空间中运动的结构，……我们通过它与物体的相对位置感知它”。

可见，牛顿所主张的是绝对时空和相对时空相结合的时空观。

(2) 质点的位置矢量与运动学方程

图1-1表示以雷达站为参考系描写某时刻直升机的位置。视飞机为质点，记作 P，在雷达站上任选一点 O 作为参考点，由参考点引向质点所在位置的矢量称为质点的**位置矢量**，如图1-1中 OP 所示，用矢量 $\boldsymbol{r}$ 表示。建立直角坐标系 $O\text{-}xyz$，令原点与参考点重合，位置矢量在直角坐标系 $O\text{-}xyz$ 中的正交分解形式为：

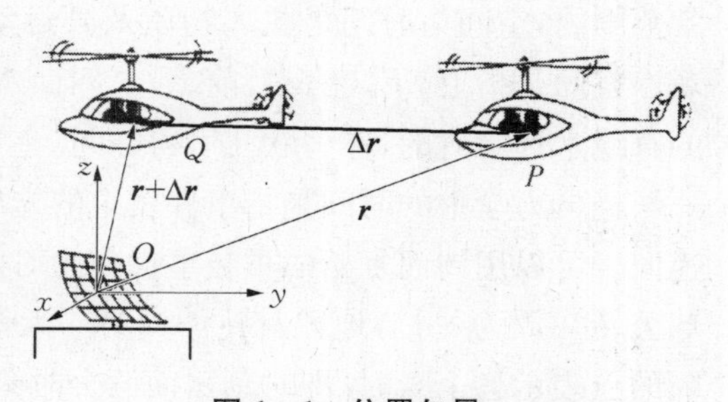

图1-1 位置矢量

$$\boldsymbol{r} = x\boldsymbol{i} + y\boldsymbol{j} + z\boldsymbol{k} \tag{1-1-1}$$

$\boldsymbol{i}$、$\boldsymbol{j}$、$\boldsymbol{k}$ 分别为 x, y, z 轴方向的单位矢量，x, y 和 z 称作质点的位置坐标，也可用来描述质点位置。还可用位置坐标表示位置矢量的大小和方向，其大小为：

$$r = (x^2 + y^2 + z^2)^{1/2}$$

位置矢量的方向用方向余弦表示为：

$$\cos\alpha = x/r,\ \cos\beta = y/r,\ \cos\gamma = z/r$$

它们之间有如下关系：$\cos^2\alpha + \cos^2\beta + \cos^2\gamma = 1$

位置矢量 $\boldsymbol{r}$ 为时间 t 的函数：

$$\boldsymbol{r} = \boldsymbol{r}(t)$$

称作质点的运动学方程，它给出任意时刻质点的位置。在直角坐标系中：

$$\boldsymbol{r} = \boldsymbol{r}(t) = x(t)\boldsymbol{i} + y(t)\boldsymbol{j} + z(t)\boldsymbol{k}$$

式中：$x = x(t)$，$y = y(t)$，$z = z(t)$，称标量函数，为质点运动学方程的标量形式。

质点运动时描出的轨迹称质点运动的轨迹，位置矢量的矢端画出的曲线，称位置矢量的矢端曲线，亦即质点的轨迹。

设质点在平面 $O\text{-}xy$ 上运动，运动方程为：

$$x = x(t),\ y = y(t)$$

消去 t，得：$y = y(x)$；即质点的轨迹方程。

观察微观粒子的轨迹很困难，威尔孙发明了云室，从而记录了带电粒子的径迹。图1-2表示云室中粒子的轨迹。

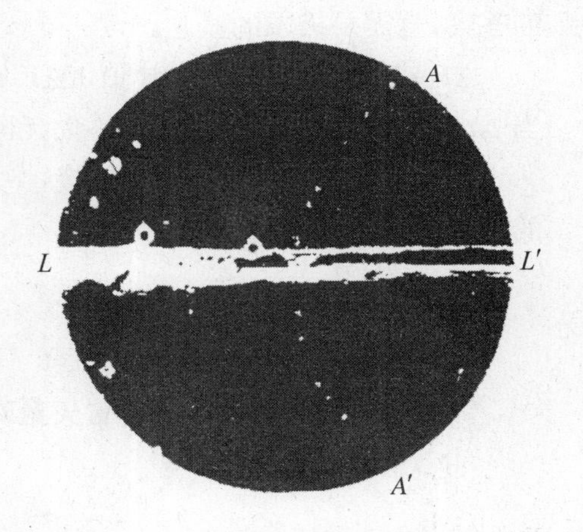

图1-2 云雾室

【例题1-1】 已知质点的运动学方程是

$$x = R\cos\omega t$$
$$y = R\sin\omega t$$

其中 R 和 ω 是常数。求质点的轨迹方程。

【解】 由上两式平方和可得

$$x^2 + y^2 = R^2$$

此即为质点的轨迹方程。

(3) 位移——位置矢量的增量

位移矢量描述质点在一定时间间隔内位置的变动。参照图1-1飞机在 t 和 $t+\Delta t$ 时间内自 P 飞至 Q，自质点初位置引向 Δt 以后的末位置的矢量 PQ，称时间 Δt 内的位移，记作 $\Delta\boldsymbol{r}$。显然：

$$\Delta \boldsymbol{r} = \boldsymbol{r}(t+\Delta t) - \boldsymbol{r}(t)$$

即位移定义为位置矢量的增量。

写出 Δt 始末的位置矢量在直角坐标系中的正交分解式：

$$\Delta \boldsymbol{r} = \boldsymbol{r}(t+\Delta t) - \boldsymbol{r}(t) = \Delta x\boldsymbol{i} + \Delta y\boldsymbol{j} + \Delta z\boldsymbol{k} \qquad (1-1-2)$$

表明位移可由位置坐标的增量决定。

位移刻画质点在一段时间内位置变动的总效果，不表示质点在其轨迹上所经路径的长度。引入路程描述质点沿轨迹的运动：在一段时间内，质点在其轨迹上经过的路径的总长度叫路程。

3 瞬时速度矢量与瞬时加速度矢量

为全面描述质点运动状态，还需瞬时速度和瞬时加速度矢量的概念。

(1) 平均速度与瞬时速度

在力学中，定义质点位移 $\Delta \boldsymbol{r} = \boldsymbol{r}(t+\Delta t) - \boldsymbol{r}(t)$ 与发生这一位移的时间间隔 Δt 之比，称作质点在这段时间内的平均速度，记作：

$$\bar{\boldsymbol{v}} = \frac{\Delta \boldsymbol{r}}{\Delta t} = \frac{\boldsymbol{r}(t+\Delta t) - \boldsymbol{r}(t)}{\Delta t}$$

或平均速度等于位置矢量对时间的平均变化率。平均速度仅提供一段时间内位置总变动的方向和平均快慢，观察时间越短，平均速度越能精细地反映运动情况，要得到圆满的答案，就需要极限的概念。

$\Delta t \to 0$ 时，有 $\Delta \boldsymbol{r} \to 0$，比值 $|\Delta \boldsymbol{r}|/\Delta t$ 将无限接近于一确定的数值，称作比值 $\Delta \boldsymbol{r}/\Delta t$ 当 $\Delta t \to 0$ 时的极限；$\Delta \boldsymbol{r}/\Delta t$ 的方向无限靠近 t 时刻质点所在处轨迹的切线方向。

定义质点在 t 时刻的**瞬时速度**，它等于 t 至 $t+\Delta t$ 时间内平均速度 $\Delta \boldsymbol{r}/\Delta t$ 当 $\Delta t \to 0$ 时的极限，用 $\boldsymbol{v}$ 表示，即：

$$\boldsymbol{v} = \lim_{\Delta t \to 0} \frac{\Delta \boldsymbol{r}}{\Delta t}$$

即**质点的瞬时速度等于位置矢量对时间的变化率或一阶导数**，记作：

$$\boldsymbol{v} = \frac{\mathrm{d}\boldsymbol{r}}{\mathrm{d}t} \qquad (1-1-3)$$

在 SI 中速度单位为 m/s，其量纲为 LT^{-1}。

瞬时速度的方向沿轨迹在质点所在处的切线并指向质点前进的方向；其大小：

$$v = \left|\frac{\mathrm{d}\boldsymbol{r}}{\mathrm{d}t}\right|$$

反映质点在该瞬时运动的快慢，称为**瞬时速率**。

瞬时速度 $\boldsymbol{v}$ 在直角坐标系 $O-xyz$ 中的正交分解式为：

$$\boldsymbol{v} = \mathrm{d}\boldsymbol{r}/\mathrm{d}t = \mathrm{d}x/\mathrm{d}t\boldsymbol{i} + \mathrm{d}y/\mathrm{d}t\boldsymbol{j} + \mathrm{d}z/\mathrm{d}t\boldsymbol{k} = v_x\boldsymbol{i} + v_y\boldsymbol{j} + v_z\boldsymbol{k}$$

即瞬时速度矢量的投影等于位置坐标对时间的一阶导数。

瞬时速度的大小和方向余弦可表示如下：

$$v = (v_x^2 + v_y^2 + v_z^2)^{1/2} \tag{1-1-4}$$

$$\cos\alpha_v = v_x/v,\ \cos\beta_v = v_y/v,\ \cos\gamma_v = v_z/v$$

【例题 1-2】 某质点的运动学方程为 $\boldsymbol{r} = -10\boldsymbol{i} + 15t\boldsymbol{j} + 5t^2\boldsymbol{k}$（单位：m,s），求 $t = 0$，1 时质点的速度矢量。

【解】 因 $x = -10 =$ 常量，故质点在距原点 10 m 处与 Oyz 平行的平面上运动，根据(1-1-3)式和(1-1-4)式有：

$$\boldsymbol{v} = 15\boldsymbol{j} + 10t\boldsymbol{k}$$

$$v = \sqrt{225 + 100t^2}$$

$\cos\alpha_v = 0$，$\cos\beta_v = 15/v$，$\cos\gamma_v = 10t/v$，$t = 0$，$\cos\alpha_v = 0$，$\cos\beta_v = 1$，$\cos\gamma_v = 0$，$t = 1$，$\cos\alpha_v = 0$，$\cos\beta_v = 0.832$，$\cos\gamma_v = 0.555$

即 $\alpha_v = 90°$，$\beta_v = 33°42'$，$\gamma_v = 56°18'$

如图 1-3 所示。

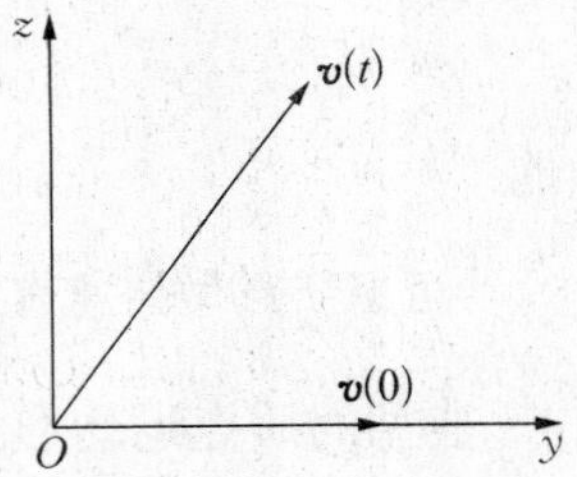

z
v(t)
v(0)
O
y

图 1-3 坐标图

(2) 平均加速度与瞬时加速度

加速度的引入，归功于伽利略，为动力学的发展准备了条件。

设质点在 t 时刻的速度为 $\boldsymbol{v}(t)$，经 Δt 后速度变为 $\boldsymbol{v}(t+\Delta t)$，速度增量：$\Delta\boldsymbol{v} = \boldsymbol{v}(t+\Delta t) - \boldsymbol{v}(t)$ 与发生这一增量所用时间 Δt 之比称为这段时间内的平均加速度，记作：

$$\bar{\boldsymbol{a}} = \frac{\Delta\boldsymbol{v}}{\Delta t}$$

在 t 至 $t+\Delta t$ 时间内平均加速度 $\boldsymbol{a} = \Delta\boldsymbol{v}/\Delta t$，当 $\Delta t \to 0$ 时的极限叫作 t 时刻的瞬时加速度，记作 $\boldsymbol{a}$，

$$\boldsymbol{a} = \lim_{\Delta t\to 0}\frac{\Delta\boldsymbol{v}}{\Delta t} = \frac{\mathrm{d}\boldsymbol{v}}{\mathrm{d}t} \tag{1-1-5}$$

即质点的瞬时加速度等于速度矢量对时间的变化率或一阶导数。

又因：$\boldsymbol{v} = \dfrac{\mathrm{d}\boldsymbol{r}}{\mathrm{d}t}$，故得：

$$\boldsymbol{a} = \frac{\mathrm{d}^2\boldsymbol{r}}{\mathrm{d}t^2} \tag{1-1-6}$$

即：瞬时加速度等于位置矢量对时间的二阶导数。在 SI 中加速度单位为 m/s^2。已知质点的运动学方程或速度，均可求出瞬时加速度。

瞬时加速度是矢量，其大小反映速度变化的快慢。瞬时加速度的方向沿速度矢端曲线的切线，且指向与 $\boldsymbol{v}$ 增加相对应的方向。今后将瞬时加速度简称作“加速度”。

加速度在直角坐标系中的正交分解形式：$\boldsymbol{a} = a_x\boldsymbol{i} + a_y\boldsymbol{j} + a_z\boldsymbol{k}$

$$a_x = \frac{\mathrm{d}v_x}{\mathrm{d}t} = \frac{\mathrm{d}^2 x}{\mathrm{d}t^2},\ a_y = \frac{\mathrm{d}v_y}{\mathrm{d}t} = \frac{\mathrm{d}^2 y}{\mathrm{d}t^2},\ a_z = \frac{\mathrm{d}v_z}{\mathrm{d}t} = \frac{\mathrm{d}^2 z}{\mathrm{d}t^2} \tag{1-1-7}$$

即瞬时加速度在坐标轴上的投影等于位置坐标对时间的二阶导数。加速度的大小和方向余弦由下式给出：

$$a = (a_x^2 + a_y^2 + a_z^2)^{1/2} \tag{1-1-8}$$

$$\cos\alpha_a = a_x/a,\ \cos\beta_a = a_y/a,\ \cos\gamma_a = a_z/a$$

已知质点运动学方程，即可经过求导数求出任意时刻的速度和加速度。

【例题 1-3】 质点运动学方程为 $\boldsymbol{r} = -2t\boldsymbol{i} + 2t\boldsymbol{j} + 2\boldsymbol{k}$，求质点的速度和加速度。

【解】 根据(1-1-3)式和(1-1-6)式，可得：

$$\boldsymbol{v} = -2\boldsymbol{i} + 2\boldsymbol{j}$$

$$\boldsymbol{a} = 0$$

可见质点做匀速直线运动，加速度为零。

4 典型的质点运动形式

(1) 质点直线运动

直线运动最简单又有普遍性，质点运动学方程仍是关键，有了它，即可用微分法求速度和加速度，从而掌握全部运动情况。

a. 运动学方程

选择仅含 Ox 坐标轴的坐标系，坐标轴与质点轨迹重合。质点位置矢量为：

$$\boldsymbol{r} = \boldsymbol{r}(t)\boldsymbol{i} = x(t)\boldsymbol{i}$$

因 $\boldsymbol{i}$ 为恒矢量，用标量函数 $x = x(t)$ 即可描述质点沿直线的运动，即：$x = x(t)$ 为质点直线运动的运动学方程。

运动学方程即位置坐标作为时间的函数。

b. 速度和加速度

质点沿 x 轴运动的瞬时速度为：

$$v_x = \frac{\mathrm{d}x}{\mathrm{d}t}$$

v_x的大小表示质点在瞬时 t 运动的快慢,其正负分别对应于质点沿 Ox 轴正向和负向运动。瞬时速度简称为速度,瞬时速度的绝对值即瞬时速率,可表示如下:

$$v = \left|\frac{dx}{dt}\right|$$

伽利略首次通过物体沿斜面的运动研究匀加速运动并提出“加速度”的概念,通过加速度描述运动状态的变化,才可能揭示动力学的基本规律。

质点沿 x 轴运动的瞬时加速度为:

$$a_x = \frac{dv_x}{dt} = \frac{d^2x}{dt^2}$$

可见,质点沿直线运动的加速度又可定义为位置坐标对时间的二阶导数。

a_x的正负不能说明质点做加速或减速运动。若加速度与速度的符号相同,质点做加速运动;若加速度与速度的符号相反,质点做减速运动。

图 1-4 给出某质点直线运动的 $x-t$ 图、$v-t$ 图和 $a-t$ 图。

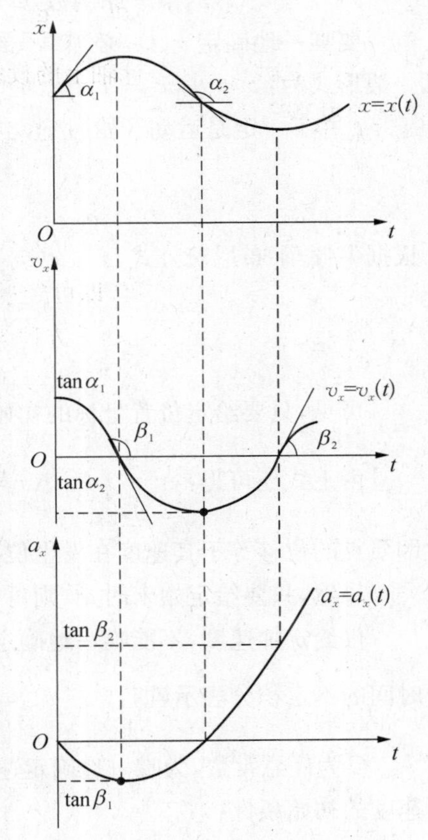

图 1-4 $x-t$ 图、$v-t$ 图和 $a-t$ 图

c. 匀速与匀变速直线运动

若运动学方程中位置坐标为时间的线性函数,可写作:$x = x_0 + v_x t$,x_0 和 v_x 为常量。双方对时间求导,有:

$$dx/dt = v_x = 常量$$

表明上式描述匀速直线运动。质点位置坐标作为时间的二次函数可写作:

$$x = x_0 + v_{0x}t + \frac{1}{2}a_x t^2,\quad x_0、v_x 和 a_x 为常量。$$

等号两侧对时间求导得:

$$v_x = v_{0x} + a_x t$$

再求导得:

$$dv_x/dt = a_x = 常量$$

可见上式表示匀变速直线运动。将上两式中消去 t,则有:

$$v_x^2 - v_{0x}^2 = 2a_x(x - x_0)$$

给出了匀变速直线运动速度、加速度和位移的关系。

在可以作积分的条件下,给出质点加速度随时间的变化规律和初速度,即可求速度随时间的变化。如果还了解质点的初始坐标，可进一步求质点的运动学方程。

质点速度是位置坐标对时间的导数，若只给出速度 $v_x(t)$，将得到无穷多个原函数，即无穷多个可能的位置坐标，它们之间只差一常数，所有可能的位置坐标称作速度的不定积分，记作：

$$x = \int v_x(t)\mathrm{d}t = x(t) + C$$

$x(t)$为 $v_x(t)$的某一原函数，C 表示任意常数。

要唯一地确定 $x(t)$，必须事先给出某一瞬时的位置坐标，叫作位置坐标的初始条件，一般形式为：$t = t_0, x = x_0$；x_0叫作初坐标。

t_0并不一定是运动开始时刻，也不一定是计时起点。代入上式得：

$$C = x_0 - x(t_0)$$

根据牛顿-莱布尼茨公式，有：$x(t) - x(t_0) = \int_{t_0}^{t} v_x(t)\mathrm{d}t$

于是：
$$x = x_0 + \int_{t_0}^{t} v_x(t)\mathrm{d}t$$

可见，只要给定位置坐标的初始条件，便可根据质点的速度唯一地确定运动学方程。

由上式还可得：
$$\Delta x = x - x_0 = \int_{t_0}^{t} v_x(t)\mathrm{d}t$$

即质点的位移等于其速度在发生位移这一时间间隔内的定积分。

显然，只要给定始末时刻，则可根据质点速度求出位移，并不需另加初始条件。

仅给定加速度，不能唯一地确定速度。速度必为加速度的某一原函数，可用加速度对时间的不定积分表示，即：
$$v_x = \int a_x(t)\mathrm{d}t = v_x(t) + C$$

C 为任意常数，为唯一地确定速度，需定出常数 C，就要求给定某瞬时质点的速度，即速度的初始条件：

$$t = t_0, v = v_{0x}$$

v_0又称初速度。将此式代入上式得：

$$C = v_{0x} - v_x(t_0)$$

再代入，得速度随时间的变化规律：

$$v_x = v_{0x} + v_x(t) - v_x(t_0)$$

根据牛顿-莱布尼兹公式，

$$v_x = v_{0x} + \int_{t_0}^{t} a_x(t)\mathrm{d}t$$

进一步，给出位置坐标的初始条件，则可按前述方法求运动学方程。

【例题 1-4】 一质点做直线运动，其瞬时加速度的变化规律为 $a_x = -A\omega^2\cos\omega t$。在 $t=0$ 时，$v_x=0$，$x_0=A$，其中 A、ω 均为正常数，求此质点的运动学方程。

【解】 $v_x = v_0 + \int_0^t a_x \mathrm{d}t = 0 + \int_0^t (-A\omega^2\cos\omega t)\mathrm{d}t$

所以：$v_x = -A\omega\sin\omega t$

$$x = x_0 + \int_0^t v_x \mathrm{d}t = A + \int_0^t (-A\omega\sin\omega t)\mathrm{d}t = A\cos\omega t$$

答：略。

(2) 抛体运动

质点在重力场中的抛体运动，是平面上的曲线运动。下面主要介绍平面直角坐标系和平面自然坐标系的应用，关于极坐标系只作扼要介绍。

a. 平面直角坐标系

质点平面运动的运动学方程在平面直角坐标系中可表示为：

$$\boldsymbol{r} = \boldsymbol{r}(t) = x(t)\boldsymbol{i} + y(t)\boldsymbol{j}$$

质点平面运动状况需要由两个独立标量函数 $x(t)$ 和 $y(t)$ 决定。将上式对时间求导数得：$\boldsymbol{v} = v_x(t)\boldsymbol{i} + v_y(t)\boldsymbol{j}$

$$v_x = \frac{\mathrm{d}x}{\mathrm{d}t},\ v_y = \frac{\mathrm{d}y}{\mathrm{d}t}$$

速度矢量的大小和方向可表示为：

$$v = (v_x^2 + v_y^2)^{1/2},\ \cos\alpha_v = v_x/v,\ \cos\beta_v = v_y/v$$

α_v 和 β_v 为速度矢量的方向角。

加速度的分解形式为：$\boldsymbol{a} = \boldsymbol{a}(t) = a_x(t)\boldsymbol{i} + a_y(t)\boldsymbol{j}$

$$a_x = \frac{\mathrm{d}^2x}{\mathrm{d}t^2},\ a_y = \frac{\mathrm{d}^2y}{\mathrm{d}t^2}$$

其方向和大小为：$a = (a_x^2 + a_y^2)^{1/2}$，$\cos\alpha_a = a_x/a$，$\cos\beta_a = a_y/a$

α_a 和 β_a 为加速度矢量的方向角。

若给出质点位置坐标的初始条件 $t=t_0$，$x=x_0$ 和 $y=y_0$，可得出：

$$x = x_0 + \int_{t_0}^t v_x(t)\mathrm{d}t,\ y = y_0 + \int_{t_0}^t v_y(t)\mathrm{d}t$$

若给出速度的初始条件 $t=t_0$，$v_x=v_{0x}$ 和 $v_y=v_{y0}$，可用积分法由加速度求出质点速度：$v_x = v_{0x} + \int_{t_0}^t a_x(t)\mathrm{d}t$，$v_y = v_{y0} + \int_{t_0}^t a_y(t)\mathrm{d}t$

b. 抛体运动

伽利略在论述中指出“抛体运动是由水平的匀速运动和沿竖直方向的自然加速运动组成的”。现在选择图 1-5 所示的平面直角坐标。

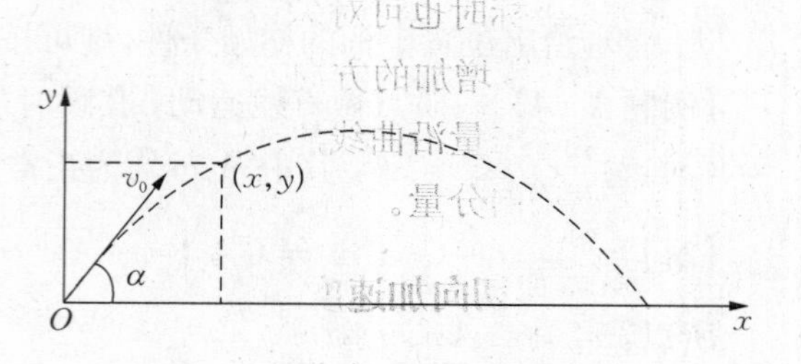

图 1-5 平面直角坐标

抛体运动学方程：

$$x = v_0\cos\alpha \cdot t,\ y = v_0\sin\alpha \cdot t - \frac{1}{2}gt^2$$

或：

$$\boldsymbol{r} = v_0\cos\alpha \cdot t\boldsymbol{i} + \left(v_0\sin\alpha \cdot t - \frac{1}{2}gt^2\right)\boldsymbol{j}$$

消去 t，得到以 $y = y(x)$ 形式表达的轨迹方程：$y = x\tan\alpha - \dfrac{g}{2v_0^2\cos^2\alpha}x^2$

根据解析几何，此方程代表抛物线。以上讨论未涉及空气阻力影响。

物体在空气中运动受到的阻力和物体本身的形状、空气密度，特别是和物体速率有关。物体速率低于 200 m/s，可认为阻力与物体速率的平方成正比；速率达到 400～600 m/s，空气阻力和速率三次方成正比；速率很大，阻力与速率更高次方成正比。

子弹、炮弹在空中实际上是沿所谓“弹道曲线”飞行。如图 1-6 所示。

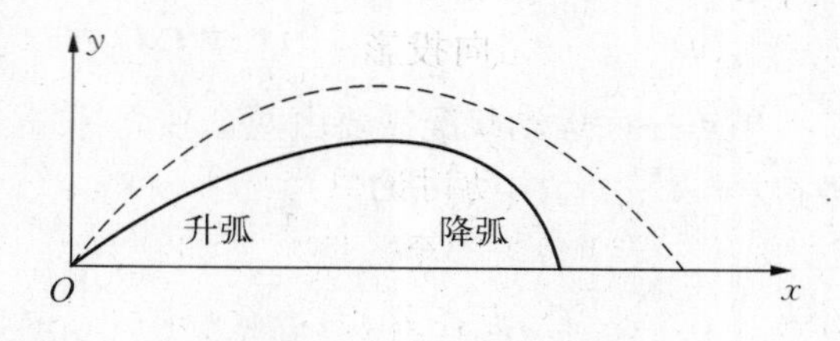

图 1-6 弹道曲线

§1-2 自然坐标系与极坐标系

1 自然坐标系

质点平面运动需用两个独立的标量函数描述，若质点轨迹 $y = y(x)$ 已知，则 x、y 间只有一个是独立的，仅用一个标量函数就能确切描述质点运动，这时，可选择另一种“自然坐标”作为时间的函数描写质点运动。图 1-7 用自然坐标表示质点位置。

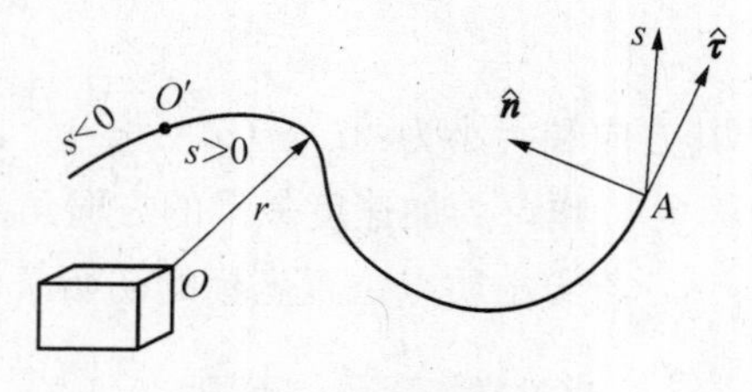

图 1-7 自然坐标系

沿质点轨迹建立一弯“坐标轴”，选择轨迹上一点 O 为“原点”，并用点 O 至质点位置的弧长 s 作为质点位置坐标，增加的方向是人为规定的。若轨迹限于平面内，弧长 s 叫作平面自然坐标。质点运动学方程可写作：

$$s = s(t)$$

使用自然坐标时也可对矢量进行正交分解。A 处，可在质点所在处取一单位矢量沿曲线切线且指向 s 增加的方向，叫切向单位矢量，记作 $\boldsymbol{\tau}$，矢量沿此方向的投影称切向分量。另取一单位矢量沿曲线法线且指向曲线的凹侧，称法向单位矢量，记作 $\boldsymbol{n}$，矢量沿此方向的投影称法向分量。

2 速度、法向和切向加速度

如图 1-8，当 $\Delta t \to 0$ 时，$\Delta \boldsymbol{r} \to \Delta s \boldsymbol{\tau}$，因此：

$$\boldsymbol{v} = \lim_{\Delta t \to 0} \frac{\Delta \boldsymbol{r}}{\Delta t} = \lim_{\Delta t \to 0} \frac{\Delta s}{\Delta t} \boldsymbol{\tau} = \frac{\mathrm{d}s}{\mathrm{d}t} \boldsymbol{\tau}$$

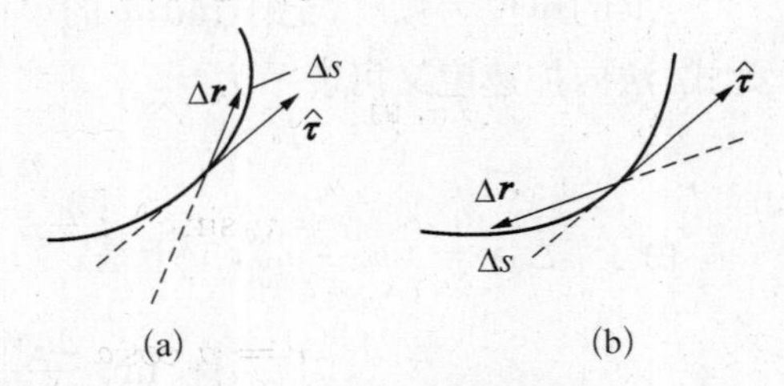

图 1-8 法向和切向速度

令：$v_\tau = \mathrm{d}s/\mathrm{d}t$，$v_\tau$ 为速度在切向单位矢量方向的投影，得：

$$\boldsymbol{v} = v_\tau \boldsymbol{\tau}$$

v_τ 不同于速率 v，v_τ 的正负反映运动方向，$v_\tau > 0$ 时，质点沿 $\boldsymbol{\tau}$ 方向运动；$v_\tau < 0$ 时，质点逆 $\boldsymbol{\tau}$ 而运动。质点任何时刻的速度总沿轨迹切线，速度 $\boldsymbol{v}$ 只有切向投影 v_τ，不存在法向分量，因此又有 $|v_\tau| = v$。

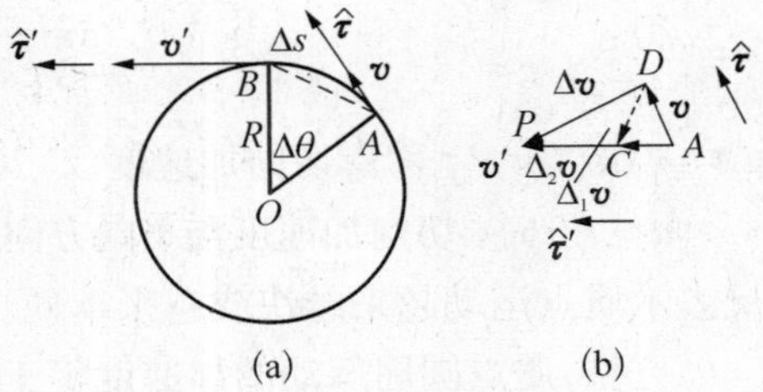

首先就圆周运动讨论质点的法向加速度和切向加速度，然后推广至一般平面曲线运动。如图 1-9 所示，设质点在 A 点的速度为 $\boldsymbol{v}$，经 Δt 后在 B 点的速度为 $\boldsymbol{v}'$，$\Delta \boldsymbol{v} = \boldsymbol{v}' - \boldsymbol{v}$，

图 1-9 圆周运动

根据加速度定义，有：

$$\boldsymbol{a} = \lim_{\Delta t \to 0} \frac{\Delta \boldsymbol{v}}{\Delta t} = \lim_{\Delta t \to 0} \frac{\Delta_1 \boldsymbol{v}}{\Delta t} + \lim_{\Delta t \to 0} \frac{\Delta_2 \boldsymbol{v}}{\Delta t}$$

首先研究等号右方第一项。显然，

$$|\Delta_1 \boldsymbol{v}| = AB \cdot v/R$$

R 表示质点轨迹半径。于是右方第一项大小为：

$$a_n = \lim_{\Delta t \to 0} \frac{|\Delta_1 \boldsymbol{v}|}{\Delta t} = \frac{v}{R} \lim_{\Delta t \to 0} \frac{\overline{AB}}{\Delta t} = \frac{v}{R} \lim_{\Delta t \to 0} \frac{|\Delta s|}{\Delta t} = \frac{v^2}{R}$$

v 为质点在 A 处的速率。当 $\Delta t \to 0$ 时，$|\Delta_1 \boldsymbol{v}|/\Delta t$ 的极限方向必沿半径指向圆心，即沿 $\boldsymbol{n}$ 方向，于是：

$$\boldsymbol{a}_n = \lim_{\Delta t \to 0} \frac{|\Delta_1 \boldsymbol{v}|}{\Delta t} = a_n \boldsymbol{n} = \frac{v^2}{R} \boldsymbol{n}$$

可见,做圆周运动的质点具有指向圆心或沿法向单位矢量方向的加速度 $v^2/R\boldsymbol{n}$,称为向心加速度或法向加速度。

用 AB 对应的圆心角 $\Delta\theta$ 表示运动,并将:$\omega=\lim\limits_{\Delta t\to 0}\dfrac{\Delta\theta}{\Delta t}$ 称作角速率。

$\Delta\theta$ 的单位为弧度,记作 rad;ω 的单位为 rad/s。再令:$|\Delta s|=R\Delta\theta$,故 $v=\omega R$,利用此式,法向加速度又可表示为:

$$a_n\boldsymbol{n}=\omega^2R\boldsymbol{n}$$

由于:$\Delta_2\boldsymbol{v}=(v'_\tau-v_\tau)\boldsymbol{\tau}'$,于是:

$$\lim_{\Delta t\to 0}\frac{\Delta_2\boldsymbol{v}}{\Delta t}=a_\tau\boldsymbol{\tau}'=\frac{\mathrm{d}v_\tau}{\mathrm{d}t}\vec{\boldsymbol{\tau}}'$$

当 $\Delta t\to 0$ 时,$\boldsymbol{\tau}'\to\boldsymbol{\tau}$,令:

$$a_\tau=\frac{\mathrm{d}v_\tau}{\mathrm{d}t}$$

得:

$$\lim_{\Delta t\to 0}\frac{\Delta_2\boldsymbol{v}}{\Delta t}=a_\tau\boldsymbol{\tau}=\frac{\mathrm{d}v_\tau}{\mathrm{d}t}\boldsymbol{\tau}$$

$a_\tau\boldsymbol{\tau}=\mathrm{d}v_\tau/\mathrm{d}t\cdot\boldsymbol{\tau}$ 称作切向加速度。

$a_\tau>0$ 时,切向加速度与 $\boldsymbol{\tau}$ 同方向,$a_\tau<0$ 时则与 $\boldsymbol{\tau}$ 方向相反;a_τ 与 v_τ 符号相同或相反表示质点运动越来越快或越来越慢。

可见,质点圆周运动的加速度等于法向加速度与切向加速度的矢量和:

$$\boldsymbol{a}=a_n\boldsymbol{n}+a_\tau\boldsymbol{\tau}=v^2/R\cdot\boldsymbol{n}+(\mathrm{d}v_\tau/\mathrm{d}t)\cdot\boldsymbol{\tau}=\omega^2R\boldsymbol{n}+(\mathrm{d}v_\tau/\mathrm{d}t)\cdot\boldsymbol{\tau}$$

总加速度的大小为:

$$a=(a_n^2+a_\tau^2)^{1/2}$$

总加速度 a 的方向可用它和速度的夹角 θ 来表示:

$$\tan\theta=a_n/a_\tau$$

现将上述结果推广到一般平面曲线运动。在曲线轨迹上取任意三点,这三点决定一圆,若两侧的点无限靠近中间的 A 点,则它们所决定的圆将无限接近于一极限圆,这个极限圆叫作曲线在 A 点的曲率圆,如图 1-10 所示。曲率圆的半径 ρ 叫作曲线在该点的曲率半径。于是,用于一般曲线运动,即:

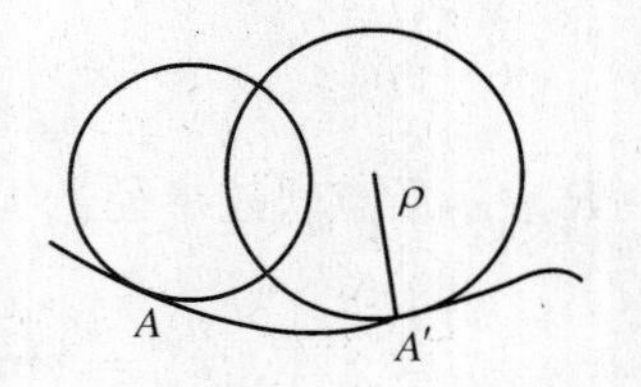

图 1-10 曲率圆

$$\boldsymbol{a}=a_n\boldsymbol{n}+a_\tau\boldsymbol{\tau}=v^2/\rho\cdot\boldsymbol{n}+(\mathrm{d}v_\tau/\mathrm{d}t)\cdot\boldsymbol{\tau}$$

若质点沿曲线运动时速率不变,则质点做匀速率曲线运动,这时,只有法向加速度;

$$\boldsymbol{a}=v^2/\rho\cdot\boldsymbol{n}$$

如曲线为圆,则为匀速率圆周运动,此时:$\boldsymbol{a}=v^2/R\cdot\boldsymbol{n}=\omega^2R\boldsymbol{n}$

【例题1-5】汽车在半径为200 m的圆弧形公路上刹车,刹车开始阶段的运动学方程为$s=20t-0.2t^3$(单位:m,s)。求汽车在$t=1$ s时的加速度。

【解】根据加速度定义

$$\boldsymbol{a}=a_n\boldsymbol{n}+a_\tau\boldsymbol{\tau}$$

$$a_n=\frac{v_\tau^2}{R},\ a_\tau=\frac{\mathrm{d}^2s}{\mathrm{d}t^2}$$

$$v_\tau=\mathrm{d}s/\mathrm{d}t=20-0.6t^2$$

所以:$a_n=\dfrac{(20-0.6t^2)^2}{R}$,$a_\tau=-1.2t$

将$R=200$ m及$t=1$ s代入上列各式,得:

$$v_\tau=20-0.6\times1^2=19.4(\mathrm{m/s})$$

$$a_n=(19.4)^2/200\approx1.88(\mathrm{m/s^2})$$

$$a_\tau=-1.2\times1=-1.2(\mathrm{m/s^2})$$

所以:$a=\sqrt{a_n^2+a_\tau^2}=\sqrt{1.88^2+(-1.2)^2}\approx2.23(\mathrm{m/s^2})$

$$\tan\alpha=a_n/a_\tau=1.88/(-1.2)=-1.5667,\ \alpha=122°33'$$

α为加速度与$\boldsymbol{\tau}$的夹角。

答:略。

【例题1-6】低速追击炮弹以发射角45°发射,其初速率$v_0=90$ m/s。在与发射点同一水平面上落地。不计空气阻力,求炮弹在最高点和落地点其运动轨迹的曲率。

【解】炮弹做抛体运动,轨迹为抛物线,炮弹运动的速度与加速度为:

$$\boldsymbol{v}=v_0\cos\alpha\boldsymbol{i}+(v_0\sin\alpha-gt)\boldsymbol{j}$$

$$\boldsymbol{a}=\boldsymbol{g}=-g\boldsymbol{j}$$

(1) 在最高点:$v_y=v_0\sin\alpha-gt=0$

所以:$\boldsymbol{v}=v_0\cos\alpha\boldsymbol{i}$

在自然坐标系中,最高点处$\boldsymbol{\tau}$与$\boldsymbol{i}$方向一致,$\boldsymbol{n}$与$\boldsymbol{j}$方向相反,故

$$v_\tau=v_0\cos\alpha,\ a_n=g$$

因为$a_n=v^2/R$,所以$R=v^2/a_n=(v_0\cos\alpha)^2/g$

把已知数据$v_0=90$ m/s,$\alpha=45°$和$g=9.8$ m/s^{2}代入上式得:

$$R=\frac{(90\times\sqrt{2}/2)^2}{9.8}=413.3(\mathrm{m})$$

(2) 在落地点

由抛体运动的性质可知,抛体在落地点的速率和发射点的速率方向与x轴成$-45°$

角，故：$\boldsymbol{v}=v_0\boldsymbol{\tau}$, $v=v_0$

$\boldsymbol{\tau}$与x轴成$-45°$角，所以：$a_n=g\cos(-45°)$

将以上结果代入$a_n=v^2/R$得：

$$R=v^2/a_n=90^2/(9.8\times1.414/2)\approx1\,169(\mathrm{m})$$

答：略。

3 极坐标系

可在平面内建立极坐标系如图 1-11 所示。Ox 称为极轴。设质点运动至A点，称$r=OA$为质点的矢径；质点位置矢量与极轴所夹的角θ叫作质点的辐角，通常规定自极轴逆时针转至位置矢量的辐角为正，反之为负。r和θ与平面上质点的位置一一对应，称为质点的极坐标。质点的运动学方程为：

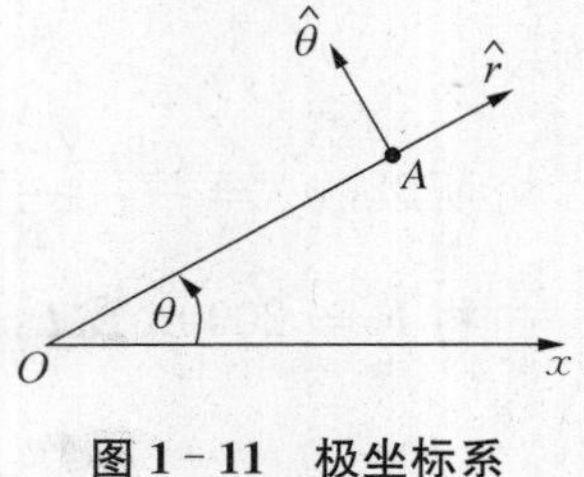

图 1-11 极坐标系

$$r=r(t),\ \theta=\theta(t)$$

消去参数t，轨迹方程的形式为：

$$r=r(\theta)$$

亦可对矢量进行正交分解。质点在A处，沿位置矢量方向称作径向，沿此方向所引单位矢量叫径向单位矢量，记作$\boldsymbol{r}$；与此方向垂直且指向θ增加的方向称作横向，沿此方向的单位矢量叫横向单位矢量，记作$\boldsymbol{\theta}$。

§1-3 伽利略变换

1 伽利略变换

当问题涉及两个参考系，可以选择某物体作为“基本参考系”。如图 1-12 中的O-xyz，称O系。还需选择另一相对于O-xyz运动的参考系O'-$x'y'z'$，称O'系，且O'点在O-xyz中以速度$\boldsymbol{v}$做匀速直线运动，两坐标系各对应坐标轴始终保持平行。

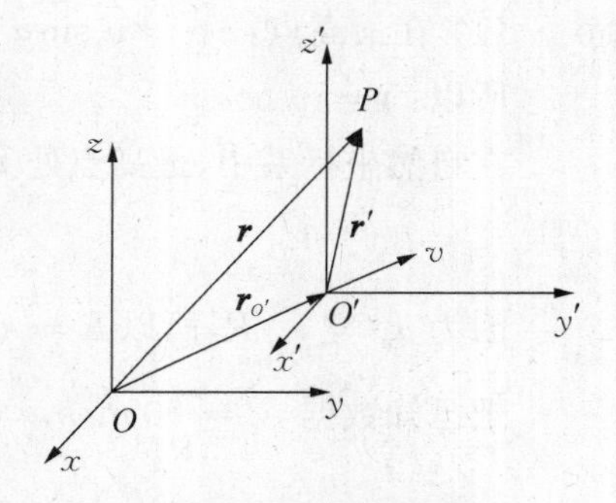

图 1-12 伽利略变换

用$\boldsymbol{r}$表示在基本参考系中观测到某质点P的位置矢量，$\boldsymbol{r}_{O'}$表示运动参考系参考点O'对基本参考系的位置矢量，$\boldsymbol{r}'$描述质点相对于运动参考系的位置，在两个参考系中，测量长度的尺和测时的钟均曾在同一参考系中校准，并选择两坐标原点O'与O重合作为计时起点。用t和t'分别表示自O系和O'系观测同一事件发生的时刻。在爱因斯坦提出相对论之前，人们认为$t'=t$，因而又有：$\boldsymbol{r}_{O'}=\boldsymbol{v}t'=$

$\boldsymbol{v}t$，又考虑到 $\boldsymbol{r}=\boldsymbol{r}_{O'}+\boldsymbol{r}'$，有：

$$\boldsymbol{r}'=\boldsymbol{r}-\boldsymbol{v}t, t'=t \text{ 坐标形式为：} x'=x-vt, y'=y, z'=z, t'=t$$

这组自 O 系至 O' 系的时空变换关系即伽利略变换。其逆变换为：

$$\boldsymbol{r}=\boldsymbol{r}'+\boldsymbol{v}t,\ t=t' \quad \text{或：} \quad x=x'+vt,\ y=y',\ z=z',\ t=t'$$

2 伽利略变换蕴含的时空观

伽利略变换蕴含着非常明晰的时空观，以下分三方面讨论。

(1) 关于同时性

设在 O 系中的观察者测得二事件均于 t 时刻发生，两者可在同一地点或不同地点。用 t_1' 和 t_2' 表示在 O' 系中测得该二事件发生的时刻，根据伽利略变换：

$$t_1'=t,\ t_2'=t,\ \text{即}\ t_1'=t_2'$$

这表明在 O' 中观测到两事件也是同时发生的。同时性与观察者做匀速直线运动的状态无关，换句话说，同时性是绝对的。

(2) 关于时间间隔

在 O 系中二事件于 t_1 和 t_2 时刻相继发生，又用 t_1' 和 t_2' 表示 O' 中测得二事件发生的时刻。由伽利略变换：$t_1'=t_1$，$t_2'=t_2$，得：$t_2'-t_1'=t_2-t_1$

即在两参考系中观测到两事件的时间间隔相同，换句话说，在伽利略变换下，时间间隔也是绝对的。

(3) 关于杆的长度

在 O' 中放一杆与 x' 轴平行，它相对于 O' 系静止，但对 O 系以速率 v 运动。分别在 O 和 O' 系中用在同一参考系中校准过的尺测量杆的长度。

杆在 O' 系中处于静止，用 x_1' 和 x_2' 表示在 O' 系中量得杆两端的坐标，得杆长：

$$\Delta x'=x_2'-x_1'$$

在 O 系中测量杆的长度，图 1-13 中观察者所用的尺 $A'B'$ 相对于 O 系静止，但杆 AB 以速率 v 运动。把杆的 A 端与刻度 A' 相对，B 端与刻度 B' 相对视作两事件，令 x_1 和 x_2 分别表示刻度 A' 和 B' 在 O 系中的坐标，如两事件同时，则运动杆的长度等于：

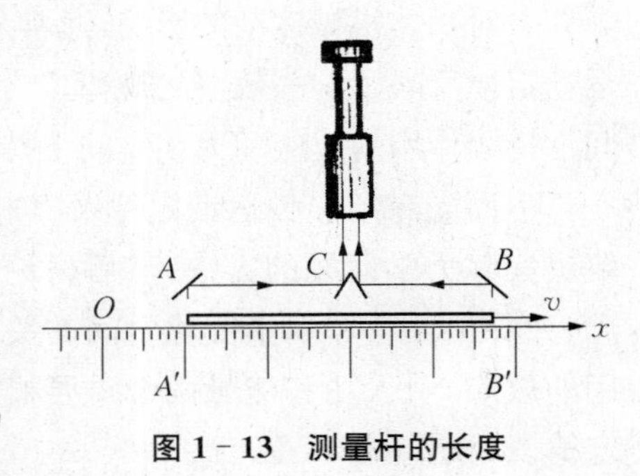

图 1-13 测量杆的长度

$$\Delta x=x_2-x_1$$

显然，若两事件不同时，则坐标差不能表示杆的长度。根据前文同时的绝对性，为确保两事件同时，可采用图 1-13 所示的方法。在 A 和 B 以及 AB 中点 C 处放置反射镜，观察者可通过 O 系中望远镜观察 A 和 B 处发生的现象，并检测 A、A' 相对准与 B、B' 相对准是否同时。

根据伽利略变换：$x_1' = x_1 - vt, x_2' = x_2 - vt$　所以：　$x_2' - x_1' = x_2 - x_1$

表明在彼此做匀速直线运动的参考系中测量杆的长度，将得到同样的结果。换句话说，杆沿运动方向的长度与杆静止时相同。在伽利略变换下，杆的长度也是绝对的。

相对论认为，时空相关且与物质和运动相关，故从现代观点看，称经典力学的时空观属于绝对时空观的范畴。

3　伽利略速度变换关系

将 $\boldsymbol{v} = \mathrm{d}\boldsymbol{r}(t)/\mathrm{d}t$、$\boldsymbol{v}_O = \mathrm{d}\boldsymbol{r}_{O'}(t)/\mathrm{d}t$ 和 $\boldsymbol{v}' = \mathrm{d}\boldsymbol{r}'(t')/\mathrm{d}t'$ 分别称作绝对速度、牵连速度和相对速度。因 $t' = t$，故 $\boldsymbol{v}' = \mathrm{d}\boldsymbol{r}'(t)/\mathrm{d}t$

将 $\boldsymbol{r} = \boldsymbol{r}_{O'} + \boldsymbol{r}'$ 对 t 求导数并引入这里定义的符号，即得：

$$\boldsymbol{v} = \boldsymbol{v}_O + \boldsymbol{v}'$$

此式表明绝对速度等于牵连速度与相对速度的矢量和，此即伽利略的速度变换关系。

§1-4　牛顿运动定律

牛顿在伽利略等人研究的基础上，从大量实验事实中归纳总结出了力学现象的基本规律，提出了三条运动定律，称为**牛顿运动定律**。牛顿运动定律确定了力和惯性的概念，总结了物体在力作用下运动状态变化的规律，是经典力学的基础，也是整个物理学的基础。

力对物体机械运动的影响，通常从两个角度进行研究，一是力的瞬时作用效应，牛顿运动定律反映了这一效应的规律；二是力的持续作用效应，力的持续作用效应包括力在时间上持续作用的效应和力在空间上持续作用的效应。

下面先介绍牛顿运动定律及其相关概念，并通过实例介绍应用牛顿运动定律分析解决实际力学问题的方法；然后讨论力在时间上持续作用的效应，引入冲量和动量的概念，并导出冲量和动量变化之间的关系以及动量守恒定律，最后研究力在空间上持续作用的效应，引入功和能量两个重要概念，并导出功和能量变化之间的关系以及能量守恒定律。

1　牛顿运动三定律

(1) 牛顿第一定律

任何物体都保持静止或匀速直线运动状态，直到其他物体对它作用迫使它改变这种状态为止。这称为**牛顿第一定律**。

牛顿第一定律指出，任何物体都具有保持其运动状态不变的性质，这种性质称为物体的**惯性**。所以牛顿第一定律又称为**惯性定律**。

牛顿第一定律还指出，物体间有相互作用，这种作用称为力。物体受力作用时运动状态发生改变，可见，力是物体运动状态改变的原因而不是维持物体运动的原因。

由牛顿第一定律可以推论，当一个物体受其他物体施予的作用力的矢量和为零时，该物体也保持静止或匀速直线运动状态，这种状态称为**平衡状态**。物体处于平衡状态的条件称为平衡条件，其数学表述为：

$$\boldsymbol{F} = \sum_i \boldsymbol{F}_i = 0$$

在直角坐标系中，此式的分量形式为：

$$F_x = \sum_i F_{ix} = 0$$

$$F_y = \sum_i F_{iy} = 0$$

$$F_z = \sum_i F_{iz} = 0$$

以上两式是分析和解决静力学问题的理论基础，称为**物体的平衡方程**。

(2) 牛顿第二定律

物体的动量对时间的变化率与物体所受的力成正比，并和力的方向相同。这称为**牛顿第二定律**。这里的物体指的是质点。物体的动量 $\boldsymbol{p}$ 定义为物体的质量 m 与运动速度 $\boldsymbol{v}$ 的乘积。即：

$$\boldsymbol{p} = m\boldsymbol{v}$$

质量为 m 的质点，沿任意曲线 L 运动，如图 1-14 所示。设某一时刻，质点的速度为 $\boldsymbol{v}$，在合力 $\boldsymbol{F}$ 的作用下，质点的动量发生变化，牛顿第二定律的数学表述为：

$$\boldsymbol{F} = \frac{\mathrm{d}\boldsymbol{p}}{\mathrm{d}t} = \frac{\mathrm{d}(m\boldsymbol{v})}{\mathrm{d}t} \qquad (1-4-1)$$

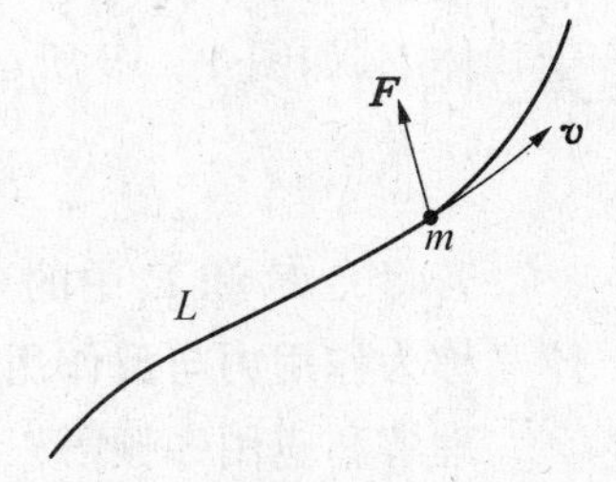

图 1-14 牛顿第二定律

当质点的质量不随时间变化时，此式可写作如下形式

$$\boldsymbol{F} = \frac{m\,\mathrm{d}\boldsymbol{v}}{\mathrm{d}t} = m\boldsymbol{a} \qquad (1-4-2)$$

上式表明，物体获得的加速度与物体所受合力成正比，与物体的质量成反比，加速度的方向与合力的方向相同。

由牛顿第二定律可知，在大小相同的力作用下，质量大的物体获得的加速度小，而质量小的物体获得的加速度大。即质量大的物体的运动状态难以改变，而质量小的物体的运动状态容易改变。或者说质量大的物体的惯性大，质量小的物体的惯性小。可见，**物体**

的质量是度量物体惯性的物理量,因此也称为**惯性质量**。

在分析解决实际力学问题时,常根据需要将式(1-4-2)写成分量形式。如在直角坐标系中,式(1-4-2)的分量形式为:

$$F_x = ma_x = m\frac{\mathrm{d}v_x}{\mathrm{d}t} = m\frac{\mathrm{d}^2 x}{\mathrm{d}t^2}$$

$$F_y = ma_y = m\frac{\mathrm{d}v_y}{\mathrm{d}t} = m\frac{\mathrm{d}^2 y}{\mathrm{d}t^2} \qquad (1-4-3)$$

$$F_z = ma_z = m\frac{\mathrm{d}v_z}{\mathrm{d}t} = m\frac{\mathrm{d}^2 z}{\mathrm{d}t^2}$$

当质点做平面曲线运动时,在轨迹曲线的切向和法向上,式(1-4-2)的分量形式为:

$$F_\tau = ma_\tau = m\frac{\mathrm{d}v}{\mathrm{d}t} \qquad (1-4-4a)$$

$$F_n = ma_n = m\frac{v^2}{\rho} \qquad (1-4-4b)$$

在国际单位制中,质量的单位为千克(kg);加速度的单位为米每秒平方($\mathrm{m/s^2}$);力的单位为千克米每秒平方($\mathrm{kg\cdot m/s^2}$),称为牛顿(N)。

(3) 牛顿第三定律

两个物体之间的相互作用力总是大小相等,方向相反,作用在同一条直线上。这称为**牛顿第三定律**。

当物体 B 以力 $\boldsymbol{F}_1$ 作用于物体 A 时,物体 A 也同时以力 $\boldsymbol{F}_2$ 作用于物体 B,如图 1-15 所示。牛顿第三定律可以表述为:

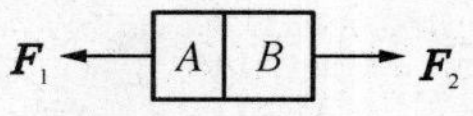

$$\boldsymbol{F}_1 = -\boldsymbol{F}_2 \qquad (1-4-5)$$

$\boldsymbol{F}_1$ A B $\boldsymbol{F}_2$

图 1-15 牛顿第三定律

若将力 $\boldsymbol{F}_1$ 和 $\boldsymbol{F}_2$ 中的一个称为作用力,则另一个就称为反作用力。因此,牛顿第三定律又称为**作用力与反作用力定律**。

理解和应用牛顿第三定律时应注意以下几点:

a. 作用与反作用力总是同时成对出现的,任何一力都不能单独存在。

b. 作用与反作用力总是分别作用在两个物体上,因此,两力不能相互抵消。

c. 作用力与反作用力存在时,无论何时,总是大小相等、方向相反,且在同一直线上。

d. 作用力与反作用力是同种性质的力。若作用力是万有引力,反作用力也一定是万有引力;若作用力是摩擦力,反作用力也一定是摩擦力。

2 力学中常见的几种力

力学中常见的力有万有引力、弹性力和摩擦力三种。

(1) 万有引力

自然界任何物体之间都存在着相互吸引的力，这种力称为**万有引力**。**两质点之间万有引力的大小与两质点质量的乘积成正比，与两质点间距离的平方成反比，方向沿着两质点的连线**。这称为**万有引力定律**。

质量分别为 m_1 和 m_2 的两质点，相距为 r，如图 1－16 所示。若以 $\boldsymbol{r}$ 表示 m_2 相对于 m_1 的位矢，以 $\boldsymbol{e}_r$ 表示沿位矢 $\boldsymbol{r}$ 方向的单位矢量，则质点 m_1 作用在质点 m_2 上的万有引力为：

$$\boldsymbol{F} = -G\frac{m_1 m_2}{r^2}\boldsymbol{e}_r \qquad (1-4-6)$$

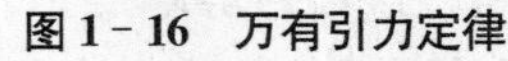

图 1－16 万有引力定律

式中 $G = 6.67 \times 10^{-11}\ \mathrm{m^3/(kg \cdot s^2)}$，称为**万有引力常量**，负号表示 $\boldsymbol{F}$ 的方向始终与 $\boldsymbol{e}_r$ 的方向相反。此式就是万有引力定律的数学表述。

万有引力定律只适用于两个质点之间的相互作用，但是通过微积分计算，可以证明一质量分布均匀的球体与一个质点之间作用的万有引力，也可以用该定律来计算，只不过这时应该把球体的全部质量看作集中在球心，把 $\boldsymbol{r}$ 理解为质点到球心的距离。例如，要求质点与地球之间的万有引力，可设地球为均匀球体，半径为 R，质量为 M；质点的质量为 m，与地心的距离为 r，根据万有引力定律，质点受地球的万有引力的大小为：

$$F = G\frac{Mm}{r^2}$$

方向指向地球中心。

通常地球作用于地球表面附近、体积不大的物体的万有引力，就是地球作用于物体的重力。重力的大小可用 P 表示，即：

$$P = G\frac{Mm}{R^2}$$

其方向垂直向下，令 $g = GM/R^2$，称为**重力加速度**。将地球的质量、半径和万有引力常量等数据代入，即可得 $g = 9.8\ \mathrm{m/s^2}$。于是质量为 m 的物体，重力的大小可表示为：

$$P = mg$$

物体所受到重力的大小，称为物体的**重量**。

(2) 弹性力

物体受力作用时，其形状会发生变化，这称为**形变**。发生了形变的物体就会对与它接触的物体施以力的作用，这种力称为**弹性力**。劲度系数为 k 的弹簧，自然长度为 l_0，并以弹簧自然长度时物体的位置为坐标原点 O。取如图 1－17 所示的坐标轴 x，拉伸（或压缩）弹簧，使它发生形变 x。根据胡克定律，在弹性限度内，弹性力为：

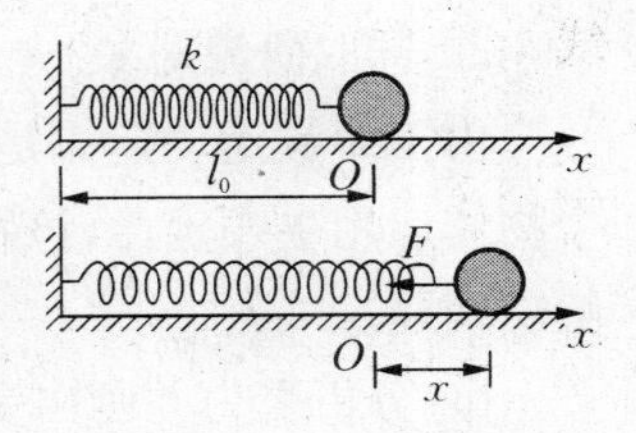

图 1－17 弹性力

$$F = -kx \tag{1-4-7}$$

式中的负号表示弹性力的方向。当 $x > 0$ 时，$F < 0$，表示弹性力的方向沿 x 轴负方向；当 $x < 0$ 时，$F > 0$，表示弹性力的方向沿 x 轴正方向。

(3) 摩擦力

物体与物体相互接触，且彼此有相对滑动或相对滑动趋势时，在接触面上就会出现阻碍相对滑动的力，这种力称为**摩擦力**。

a. 静摩擦力

相互接触的两个物体相对静止，但却有相对滑动的趋势时，两个物体接触处出现的摩擦力，称为**静摩擦力**。静摩擦力的作用线在两个物体接触处的公切面上，其方向总是与相对滑动的趋势方向相反。所谓"相对滑动的趋势方向"就是假定摩擦力消失，物体相对于它接触的另一物体将沿这个方向滑动。静摩擦力的大小，在具体问题中往往不能预先知道，而且随受力的变化而变化。在它未达到最大值之前，要依据平衡方程求得。当物体处在由相对静止变为相对滑动的临界状态时，静摩擦力达到最大值，称为**最大静摩擦力**。实验表明，最大静摩擦力的大小 f_{max}，与正压力的大小 N 成正比，写成等式，有：

$$f_{max} = \mu_0 N$$

式中的比例系数 μ_0 称为**静摩擦系数**，其值与相互接触物体的材料性质及表面状况（如粗糙程度、温度和湿度等）有关。静摩擦力大小的变化范围为：$0 \leqslant f \leqslant f_{max}$。

b. 滑动摩擦力

当两个相互接触的物体有相对滑动时，在它们的接触处出现的阻碍相对滑动的力称为**滑动摩擦力**。滑动摩擦力的作用线也在两物体接触处的公切面上，其方向总是与相对运动的方向相反。实验表明，滑动摩擦力的大小 f 与正压力的大小 N 成正比，写成等式，有：

$$f = \mu N$$

式中的比例系数 μ，称为滑动摩擦系数，其值不仅与接触物体的材料性质及表面状况有关，而且与两物体相对滑动速度的大小有关。

3 牛顿运动定律的应用

牛顿运动定律在实际中有着广泛的应用。应用牛顿运动定律分析和解决动力学问题的一般方法和步骤为：

a. 选取研究对象

由于牛顿运动定律是对确定质点而言的，因此，首先要结合具体问题，分析确定对哪个物体运用牛顿定律，该物体就是研究对象。有时根据实际需要选取几个研究对象才能解决问题。

b. 分析受力并画出受力图

正确分析研究对象的受力情况是解决力学问题的关键。这一步的主要理论依据是牛顿第三定律。必须从“力是一个物体对另一个物体的作用”这一基本概念出发，在与研究对象相联系的其他所有物体中去寻找作用于研究对象的力。

对每个力都必须弄清谁是施力者，谁是受力者，这一步常称为“解除约束以约束力代替”。把研究对象的所有“约束”全部解除，并以相应的“约束力”代替画在研究对象上，就是研究对象的受力图。

c. 列运动方程

在列运动方程前首先要选取适当的坐标系，然后根据牛顿定律列出研究对象的运动方程(常用投影形式)。在列方程时，要注意力和加速度的方向(或正负)。

有时根据牛顿定律列出的方程还不适宜解决问题，常常需要列出相关的辅助性方程，如摩擦力与正压力的关系；不计质量的同一根绳上张力处处相等；长度不变的绳上各处的加速度相等，等等。或者利用一些几何关系，找出相关量之间的关系。只有列出的独立方程数目和未知数数目相等时，才可以求解。

d. 联立求解得出答案

在求解过程中，必须先进行文字运算，得出待求量约简后的文字表达式，然后再代入数字进行运算，求出最后结果。

【例题 1-7】 光滑的水平面上，物体 A 和 B 紧靠在一起，A 的质量 $m_A = 3\ \mathrm{kg}$，B 的质量 $m_B = 6\ \mathrm{kg}$；水平向右的推力 F_1 和水平向左的推力 F_2 分别作用于 A 和 B 上，$F_1 = 10\ \mathrm{N}$、$F_2 = 1\ \mathrm{N}$，如图 1-18(a)所示，试求两物体运动的加速度和物体 A 对 B 的作用力。

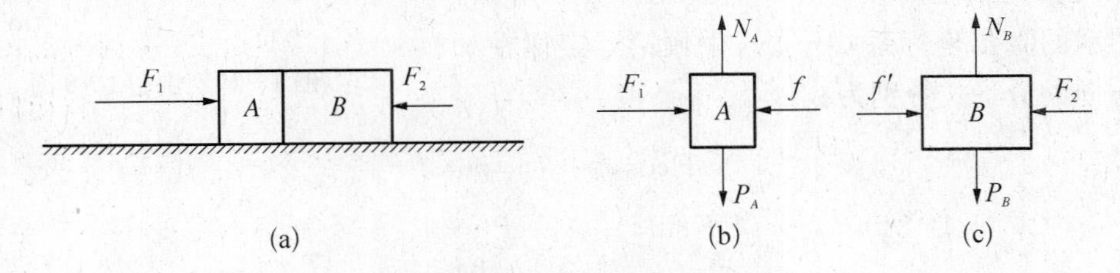

图 1-18 例题 1-7 图

【解】 分别以物体 A 和 B 为研究对象，A 受竖直向下的重力 P_A 和竖直向上的支承力 N_A，以及水平向右的推力为 F_1 和 B 对 A 水平向左的作用力 f，如图 1-18(b)所示；B 受竖直向下的重力 P_B 和竖直向上的支承力 N_B，以及水平向左的推力 F_2 和 A 对 B 水平向右的作用力 f'，如图 1-18(c)所示。

设 A、B 一起运动的加速度为 a，分别对 A 和 B 运用牛顿第二定律，有

$$F_1 - f = m_A a \tag{1}$$

$$f' - F_2 = m_B a \tag{2}$$

根据牛顿第三定律，f 和 f' 是一对作用力和反作用力，其大小相等，即

$$f = f' \tag{3}$$

将(1)、(2)、(3)式联立求解，可得两物体运动加速度的大小为：

$$a=\frac{F_1-F_2}{m_A+m_B}=\frac{10-1}{3+6}=1(\mathrm{m/s^2})$$

其方向水平向右。

物体 A 对 B 作用力的大小为

$$f'=F_2+m_Ba=1+6\times1=7(\mathrm{N})$$

方向水平向右。

在解本题的过程中，若选 A 和 B 整体作为研究对象，则根据牛顿第二定律 $F_1-F_2=(m_A+m_B)a$，只能求得两物体运动的加速度，而无法求出物体 A 对 B 的作用力，可见，若要求由相互接触(或相互牵连)的几个物体组成的系统中各物体之间的相互作用时，就要按解题要求把系统中的物体分别作为研究对象，并将各个物体隔离开来进行受力分析，才能达到解题目的。这种方法称为**隔离体法**，是分析和解决动力学问题时常用的一种方法。

【例题 1-8】 质量 $m=2\ \mathrm{kg}$ 的物体，处在粗糙的水平面上，当以与水平面间夹角 $\alpha=30^\circ$ 的力 $F=10\ \mathrm{N}$ 拉物体时，物体以加速度 $a=1\ \mathrm{m/s^2}$ 运动，如图 1-19(a)所示。试求物体与水平面间的滑动摩擦系数和物体所受的摩擦力。

【解】 以物体为研究对象，物体受竖直向下的重力 $P=mg$，竖直向上的支承力 N，水平向左的摩擦力 f 以及斜向右上的拉力 F，如图 1-19(b)所示。建立图示的直角坐标系 $O\text{-}xy$，牛顿第二定律在 x 和 y 方向的分量式分别为：

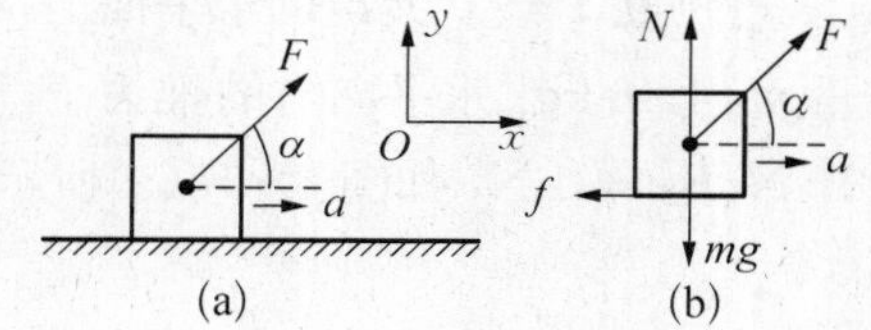

图 1-19 例题 1-8 图

$$F\cos\alpha-f=ma \tag{1}$$

$$F\sin\alpha+N-P=0 \tag{2}$$

设物体与水平面间的滑动摩擦系数为 μ，则滑动摩擦力为

$$f=\mu N \tag{3}$$

将(1)、(2)、(3)式联立求解，可得物体与水平面间的滑动摩擦系数和物体所受的滑动摩擦力分别为：

$$\mu=\frac{F\cos\alpha-ma}{mg-F\sin\alpha}=\frac{10\cos30^\circ-2\times1}{2\times9.8-10\sin30^\circ}=0.46$$

计算表明，摩擦力的大小 f 与 α 有关，当 α 减小时，f 增大，当 $\alpha=0$ 时，f 最大，其值 $f_{\max}=\mu mg=0.46\times2\times9.8=9.0(\mathrm{N})$。令 $\mathrm{d}f/\mathrm{d}\alpha=\mu(mg-F\cos\alpha)=0$，可得 $\alpha=78.7^\circ$，此时 f 最小，为 $f_{\min}=\mu(mg-F\sin\alpha)=0.46(2\times9.8-10\sin78.7^\circ)=4.5(\mathrm{N})$。

【例题 1-9】 劲度系数为 k 的轻弹簧，两端连接质量均为 m 的物体 A 和 B，用细绳将物体 A 一端固定在墙上，整个装置处在光滑的水平面上，如图 1-20 所示。若物体 B 受

到水平拉力 F 时处于平衡状态，试求：

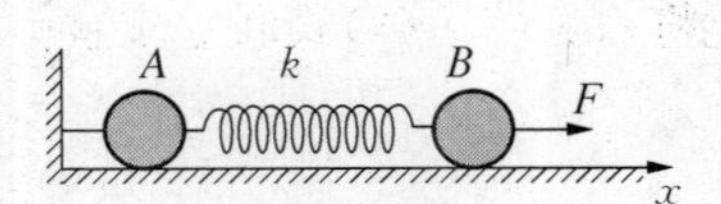

图 1-20 例题 1-9 图

(1) 当力 F 突然消失时，两物体的加速度；

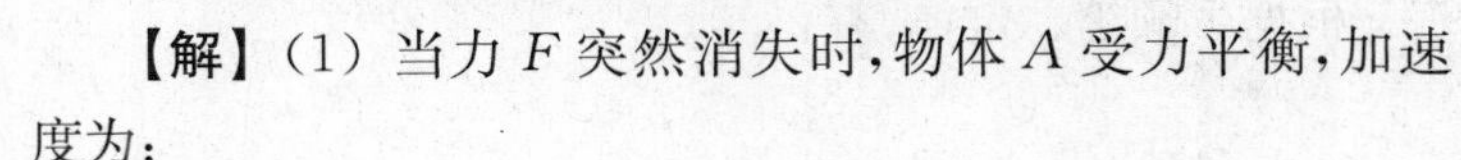

(2) 当弹簧收缩到原长时，两物体的速度。

【解】(1) 当力 F 突然消失时，物体 A 受力平衡，加速度为：

$$a_A = 0$$

物体 B 受大小与 F 相等，方向向左的弹性力的作用，加速度为：

$$a_B = -F/m$$

负号表示加速度方向沿 x 轴负方向。

(2) 当弹簧收缩到原长时，物体 A 仍静止，其速度：

$$v_A = 0$$

在力 F 突然消失到弹簧收缩到原长的过程中，物体 B 自静止开始以加速度 $a_B = F/m$ 运动，由：

$$a_B = \frac{\mathrm{d}v_B}{\mathrm{d}t} = \frac{\mathrm{d}v_B}{\mathrm{d}x} \cdot \frac{\mathrm{d}x}{\mathrm{d}t} = v_B \frac{\mathrm{d}v_B}{\mathrm{d}x}$$

则得：$v_B \mathrm{d}v_B = a_B \mathrm{d}x$

将 $a_B = -F/m = -kx/m$ 代入可得：$v_B \mathrm{d}v_B = a_B \mathrm{d}x = -\frac{k}{m}x\,\mathrm{d}x$

两边积分：

$$\int_0^{v_B} v_B \mathrm{d}v_B = \int_{x_0}^{0} \left(-\frac{k}{m}x\right)\mathrm{d}x$$

得：

$$\frac{1}{2}v_B^2 = \frac{k}{2m}x_0^2 = \frac{F^2}{2km}$$

物体 B 的速度为：

$$v_B = \frac{F}{\sqrt{km}}$$

【例题 1-10】由地面上沿铅直方向发射的人造卫星、宇宙飞船等航天器脱离地球引力运动所需的最小初速度称为第二宇宙速度。忽略空气阻力和其他作用力，试求航天器的第二宇宙速度。

【解】设地球的质量为 M、半径为 R；航天器的质量为 m，以地心为坐标原点，铅直向上为 x 轴正方向，如图 1-21 所示。

以航天器为研究对象，忽略空气阻力和其他作用力，航天器在运动过程中只受地球引力作用。航天器在距地心为 x 时，所受地球引力的大小为

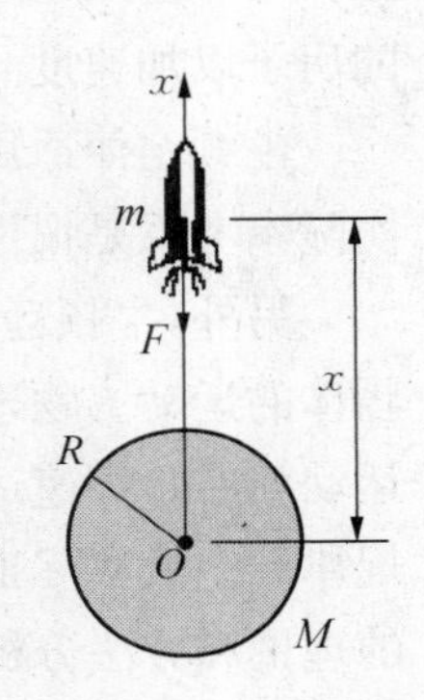

图 1-21 航天器

$$F = G\frac{Mm}{x^2}$$

由于 $a=\frac{\mathrm{d}v}{\mathrm{d}t}=\frac{\mathrm{d}v}{\mathrm{d}x}\cdot\frac{\mathrm{d}x}{\mathrm{d}t}=v\frac{\mathrm{d}v}{\mathrm{d}x}$，根据牛顿第二定律，有：

$$-G\frac{Mm}{x^2}=mv\frac{\mathrm{d}v}{\mathrm{d}x}$$

整理得 $v\,\mathrm{d}v=-GM\frac{\mathrm{d}x}{x^2}$

设航天器在地面上时的初速度为 v_0，在距地心为 x 时的速度为 v_x，对上式两边积分

$$\int_{v_0}^{v_x}v\,\mathrm{d}v=-\int_R^x GM\frac{\mathrm{d}x}{x^2}$$

有：$v_x^2=v_0^2-2gR^2\left(\frac{1}{R}-\frac{1}{x}\right)$

使航天器脱离地球引力运动，即当 $x\to\infty$ 时，$F\to 0$，此时航天器的速度 v_x^2 若为零，则对应的最小初速度 v_0 称为第二宇宙速度，以 v_2 表示，即：$v_2=\sqrt{2gR}$

将重力加速度 $g=9.8\ \mathrm{m/s^2}$，地球半径 $R=6.37\times10^6\ \mathrm{m}$ 代入，可得：

$$v_2=\sqrt{2gR}=\sqrt{2\times9.8\times6.37\times10^6}=11.2\times10^3(\mathrm{m/s})$$

可见，人类要飞向其他星球(如月球)，首先要脱离地球的引力场，所乘坐的航天器的最小初速度必须大于第二宇宙速度。

4 牛顿运动定律的适用范围

在运动学中，可以根据研究问题的方便任意选择参考系，在动力学中，可以任意选择参考系吗?

静止在地面上的房子，受力平衡，地面参考系上的观察者观察到的房子静止在地面上，牛顿定律成立。而以相对于地面加速运动的汽车为参考系时，汽车上的观察者观察到的房子以加速度 a 离他而去。可见，对汽车参考系而言，牛顿定律不适用。

牛顿定律适用的参考系，称为**惯性系**，牛顿定律不适用的参考系称为**非惯性系**。一个实际参考系是惯性系还是非惯性系，要通过观察和实验验证。

另外，牛顿运动定律是在研究物体平动时总结出来的，所以只适用于可以视为质点的物体的运动。物理学的发展表明，牛顿定律只适用于解决宏观物体的低速(与光速比较)运动问题。高速运动的物体遵循着相对论力学的规律，微观粒子的运动则遵循量子力学规律。一般实际工程技术中所涉及的大都是低速运动的宏观物体，仍然可以用经典力学的理论和方法分析和解决实际问题。因此，经典力学在人类改造自然的活动中起着非常重要的作用。

§1-5　动量　动量守恒定律

牛顿第二定律给出了质点受到的力与获得的加速度之间的瞬时关系。然而，力对物体的作用总是在一定的时间内进行的。本节研究力在一定时间内的持续作用及其对物体机械运动的影响。

1　质点的动量定理和动量守恒定律

(1) 质点的动量定理

我们将牛顿第二定律式(1-4-1)改写为

$$\boldsymbol{F}\mathrm{d}t = \mathrm{d}(m\boldsymbol{v}) \tag{1-5-1}$$

力与其作用时间的乘积称为力的**冲量**，此式中的 $\boldsymbol{F}\mathrm{d}t$ 就是质点所受合力的**元冲量**。此式表明，作用于质点的合力的元冲量，等于质点动量的微分。这就是**质点动量定理的微分形式**。

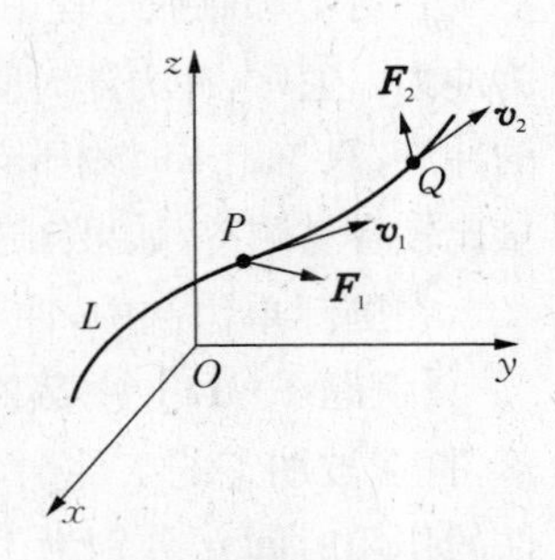

图1-22　质点动量

质量为 m 的质点，在合力 $\boldsymbol{F}$ 的作用下沿任意曲线 L 运动，若 t_1 时刻质点位于 P 点，速度为 $\boldsymbol{v}_1$；t_2 时刻质点位于 Q 点，速度为 $\boldsymbol{v}_2$，如图1-22所示。在 t_1 到 t_2 时间内对式(1-5-1)求积分，可得：

$$\int_{t_1}^{t_2}\boldsymbol{F}\mathrm{d}t = \int_{v_1}^{v_2}\mathrm{d}(m\boldsymbol{v}) = m\boldsymbol{v}_2 - m\boldsymbol{v}_1 \tag{1-5-2}$$

式中 $\int_{t_1}^{t_2}\boldsymbol{F}\mathrm{d}t$ 为合力 $\boldsymbol{F}$ 在 t_1 到 t_2 时间内作用于质点的冲量，用 $\boldsymbol{I}$ 表示；$m\boldsymbol{v}_2 - m\boldsymbol{v}_1$ 为质点在 t_1 到 t_2 时间内动量的增量，用 $\Delta\boldsymbol{p}$ 表示，则上式可写作：

$$\int_{t_1}^{t_2}\boldsymbol{F}\mathrm{d}t = \Delta\boldsymbol{p}$$

上式表明，在某一段时间内，作用于质点的合力的冲量，等于在同一时间内质点动量的增量。这就是**质点动量定理的积分形式**。

根据质点的动量定理，要使质点的动量发生变化，不仅要有力的作用，力还必须持续作用一定的时间。力对质点的作用在时间上的积累效应，反映在质点动量的变化上。

在直角坐标系中，式(1-5-2)的分量形式为：

$$\begin{cases} I_x = \int_{t_1}^{t_2} F_x \mathrm{d}t = mv_{2x} - mv_{1x} \\ I_y = \int_{t_1}^{t_2} F_y \mathrm{d}t = mv_{2y} - mv_{1y} \\ I_z = \int_{t_1}^{t_2} F_z \mathrm{d}t = mv_{2z} - mv_{1z} \end{cases} \tag{1-5-3}$$

可见,在某一段时间内,作用于质点的合力的冲量沿某一坐标轴的分量,等于在同一时间内质点沿该坐标轴动量分量的增量。

如果作用于质点的合力 $\boldsymbol{F}$ 为一恒力,由式(1-5-2),则恒力 $\boldsymbol{F}$ 的冲量的大小为:

$$\boldsymbol{F}(t_2 - t_1) = m\boldsymbol{v}_2 - m\boldsymbol{v}_1 \tag{1-5-4}$$

质点动量增量 $\Delta(m\boldsymbol{v})$ 的方向与力 $\boldsymbol{F}$ 的方向一致。例如不考虑阻力的抛体运动,物体在任意两时刻之间动量增量的方向总是与重力的方向相同。

在打击和碰撞过程中,物体相互作用时间非常短,而作用力很大且变化迅速,这种力称为**冲力**。通常,冲力随时间的变化规律很难测定。由质点的动量定理可知,作用于质点的力的冲量,只与始末时刻质点动量的增量有关,而与动量变化的细节无关。由于物体动量的增量比较容易测得,如果知道冲力的作用时间,根据动量定理,就可以方便地求出平均冲力。

在国际单位制中,冲量和动量的单位均为牛顿秒(N·s)或千克米每秒(kg·m/s)。

【例题 1-11】 一蒸汽锤,从高度 $h = 1.5$ m 处由静止状态下落,打在被加工的工件上,如图 1-23 所示。若打击时间(汽锤与工件的作用时间)t 分别为 10^{-1} s、10^{-2} s、10^{-3} s和 10^{-4} s。试分别求汽锤对工件的平均冲力与汽锤重力的比值。

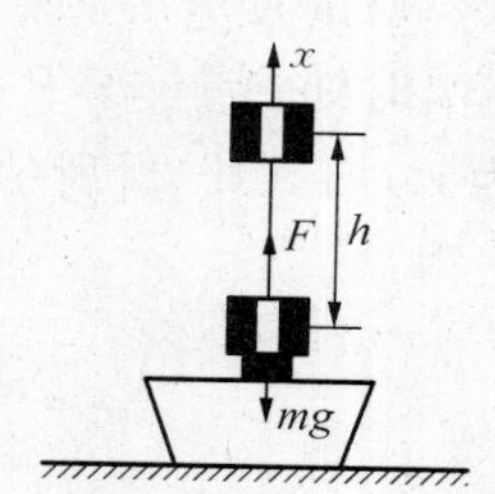

图 1-23 例题 1-11 图

【解】 以汽锤为研究对象,取铅直向上为 z 轴正方向。汽锤打击工件前、后的速度分别为 $v_0 = (2gh)^{1/2}$, $v = 0$。设汽锤的质量为 m,在打击过程(t 时间内)中,汽锤受工件施予的平均冲力 $\boldsymbol{F}$ 和重力 mg 的作用。根据质点的动量定理,有

$$(F - mg)\Delta t = mv - mv_0 = m(2gh)^{1/2}$$

汽锤对工件的平均冲力与汽锤重力的比值:

$$\frac{F}{mg} = 1 + \frac{1}{\Delta t}\sqrt{\frac{2h}{g}} = 1 + \frac{1}{\Delta t}\sqrt{\frac{2 \times 1.5}{9.8}} = 1 + \frac{0.55}{\Delta t}$$

将 Δt 为 10^{-1} s、10^{-2} s、10^{-3} s 和 10^{-4} s 分别代入,可得汽锤对工件的平均冲力与汽锤重力的比值分别为:6.5、56、550 和 5 500。可见,打击时间越短,平均冲力与重力的比值越大。因此,在处理诸如打击或碰撞问题时,只要过程持续时间足够短,一般的力(如重力)都可以忽略不计。

质点的动量定理表明,欲使质点的动量发生变化,就要给质点作用一定的冲量。我们

可以用较小的力在较长的作用时间内，使质点的动量发生一定的变化。例如当质量为 m 的篮球以速度 v 向你飞来时，如果你想迅速把球接住，使球的动量在很短时间内由 mv 变为零，你的双手会感受到很大的冲击。而你如果用较缓冲的方式接球，也就是说，在比较长的时间内使球的动量 mv 变为零，球对手的冲击就很小。跳高用的沙坑或泡沫塑料，运输仪器时用松软的包装，都是为了延长力的作用时间，以免人受伤或仪器损坏。

(2) 质点的动量守恒定律

若作用于质点的合力为零，即 $\sum_i F_i = 0$，由式(1-5-1)可知

$$\mathrm{d}(m\boldsymbol{v}) = 0$$

因此

$$m\boldsymbol{v} = \text{常矢量} \tag{1-5-5}$$

可见，**当作用于质点的合力为零时，质点的动量保持不变**。这称为质点的**动量守恒定律**。

2 质点系的动量定理和动量守恒定律

由两个或两个以上的质点组成的系统称为**质点系**。一个实际物体可以看成由无限多个质点组成的质点系。实际的固体和流体都可以看成是质点系。

(1) 质点系的动量定理

设质点系由质量分别为 $m_1, m_2, \cdots, m_n$ 的 n 个质点组成。任意时刻 t，各个质点的速度分别为 $\boldsymbol{v}_1, \boldsymbol{v}_2, \cdots, \boldsymbol{v}_n$。组成质点系的各个质点动量的矢量和称为质点系在时刻 t 的动量，用 $\boldsymbol{p}$ 表示，即

$$\boldsymbol{p} = \sum_i m_i \boldsymbol{v}_i \tag{1-5-6}$$

在直角坐标系中，式(1-5-6)的分量形式为：

$$\begin{cases} p_x = \sum_i m_i v_{ix} \\ p_y = \sum_i m_i v_{iy} \\ p_z = \sum_i m_i v_{iz} \end{cases} \tag{1-5-7}$$

在分析质点系受力时，质点系中各质点之间的相互作用力称为**内力**，质点系外其他物体作用于质点系内各质点的力称为**外力**。

为简单起见，先考虑由质量分别为 m_1 和 m_2 的两个质点组成的质点系，设质点 m_1 所受的合外力和内力分别为 $\boldsymbol{F}_1$ 和 $\boldsymbol{f}_{12}$；质点 m_2 所受的合外力和内力分别为 $\boldsymbol{F}_2$ 和 $\boldsymbol{f}_{21}$，如图 1-24 所示。对两个质点，分别应用质点动量定理的微分式(1-5-1)，有

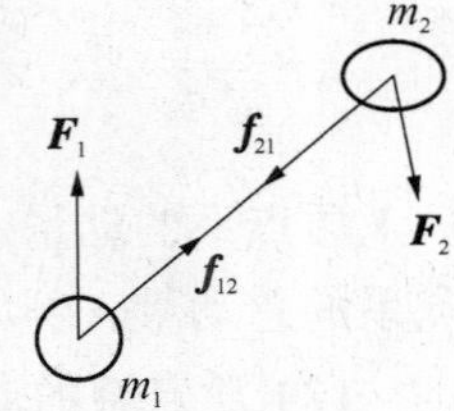

图 1-24　作用力

$$(\boldsymbol{F}_1 + \boldsymbol{f}_{12})\mathrm{d}t = \mathrm{d}(m_1 \boldsymbol{v}_1)$$

$$(\boldsymbol{F}_2 + \boldsymbol{f}_{21})\mathrm{d}t = \mathrm{d}(m_2 \boldsymbol{v}_2)$$

以上两式相加，并考虑到内力 $\boldsymbol{f}_{12}$ 与 $\boldsymbol{f}_{21}$ 为一对作用力与反作用力，其矢量和为零，于是有

$$(\boldsymbol{F}_1 + \boldsymbol{F}_2)\mathrm{d}t = \mathrm{d}(m_1\boldsymbol{v}_1) + \mathrm{d}(m_2\boldsymbol{v}_2)$$

将这一结论推广到多个质点组成的质点系，有

$$\sum_i F_i \mathrm{d}t = \sum_i \mathrm{d}(m_i v_i)$$

或

$$\sum_i F_i \mathrm{d}t = \mathrm{d}\sum_i (m_i v_i) \tag{1-5-8}$$

上式表明，**作用于质点系的所有外力的元冲量的矢量和，等于质点系动量的微分**。这就是**质点系动量定理的微分形式**。

对式(1-5-8)在 t_0 到 t_1 时间内积分

$$\int_{t_0}^{t_1} \sum_i F_i \mathrm{d}t = \int_{v_0}^{v_1} \mathrm{d}\sum_i (m_i v_i)$$

或

$$\sum_i \int_{t_0}^{t_1} F_i \mathrm{d}t = \sum_i (m_i v_i) - \sum_i (m_i v_{i0}) \tag{1-5-9}$$

上式左边为在 t_0 到 t_1 时间内作用在质点系的所有外力冲量的矢量和，用 $\sum \boldsymbol{I}_i$ 表示；右边的 $\sum\limits_i (m_i v_{i0})$ 和 $\sum\limits_i (m_i v_i)$ 分别为 t_0 和 t_1 时刻质点系的动量，分别用 $\boldsymbol{p}_0$ 和 $\boldsymbol{p}_1$ 表示，于是

$$\sum \boldsymbol{I}_i = \boldsymbol{p}_1 - \boldsymbol{p}_0 \tag{1-5-10}$$

上式表明，**在某一段时间内，作用于质点系所有外力的冲量的矢量和，等于质点系在同一时间内动量的增量**。这就是**质点系动量定理的积分形式**。

在直角坐标系中，式(1-5-10)的分量形式为：

$$\begin{cases} \sum I_{ix} = p_{1x} - p_{0x} \\ \sum I_{iy} = p_{1y} - p_{0y} \\ \sum I_{iz} = p_{1z} - p_{0z} \end{cases} \tag{1-5-11}$$

可见，**在某一段时间内，作用于质点系的所有外力的冲量在某一坐标轴上分量的代数和，等于在同一时间内质点系在该坐标轴上动量分量代数和的增量**。

如果作用于质点的所有外力均为恒力，式(1-5-9)可写作

$$\sum_i F_i (t_1 - t_0) = \sum_i (m_i v_i) - \sum_i (m_i v_{i0}) \tag{1-5-12}$$

质点系的动量定理表明，只有外力的冲量才能改变质点系的总动量，内力不能改变质点系的总动量。例如坐在车上的人，仅靠自己推车的力是不能使车前进的。

(2) 质点系的动量守恒定律

如果作用在质点系的所有外力冲量的矢量和为零，即 $\sum\limits_i F_i \mathrm{d}t = 0$，由式(1-5-8)可得

$$\mathrm{d}\sum_i (m_i v_i) = 0$$

因此

$$\sum_i (m_i v_i) = \text{常矢量} \tag{1-5-13}$$

可见，**当作用在质点系的所有外力冲量的矢量和为零时，质点系的动量保持不变。**这称为**质点系的动量守恒定律。**

在直角坐标系中，式(1-5-13)的分量形式为：

$$\begin{aligned} \sum_i F_{ix} = 0,\ \sum_i (m_i v_{ix}) = \text{常量} \\ \sum_i F_{iy} = 0,\ \sum_i (m_i v_{iy}) = \text{常量} \\ \sum_i F_{iz} = 0,\ \sum_i (m_i v_{iz}) = \text{常量} \end{aligned} \tag{1-5-14}$$

可见，当作用在质点系的所有外力冲量在某一坐标轴上分量的代数和为零时，质点系在该坐标轴上的动量保持不变。

【例题 1-12】 质量为 M 的大货车，以速度 $v_1 = 15\ \mathrm{m/s}$ 行驶，质量为 m 的小汽车以速度 $v_2 = 20\ \mathrm{m/s}$ 行驶，设 $M = 10m$。若小汽车尾追大货车相撞后合为一体，试求两车作为整体运动的速度。

【解】 设两车作为整体运动的速度为 v，两车碰撞过程中，运动方向上无外力作用。因此，运动方向上系统动量守恒，有：

$$Mv_1 + mv_2 = (M+m)v$$

解得两车作为整体运动的速度：$v = \dfrac{Mv_1 + mv_2}{M+m}$

代入已知量可得：$v = \dfrac{10m \times 15 + 20m}{10m + m} = 15.5(\mathrm{m/s})$

§1-6　功和能　机械能守恒定律

上一节我们讨论了动量的概念，物体动量的改变是物体受力在一段时间内持续作用的结果。本节将建立机械能(动能和势能)的概念，并讨论物体受力在空间上持续作用对机械运动能量改变的影响及其相关规律。

1　功和功率

(1) 恒力的功

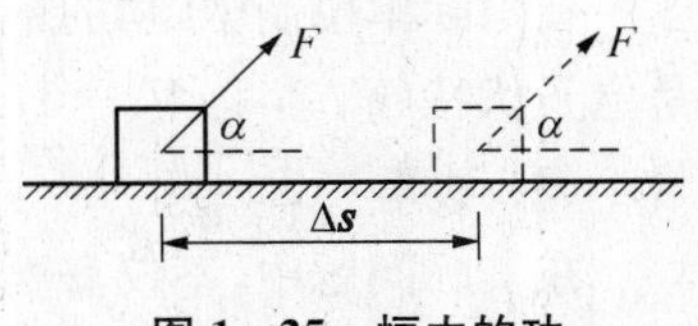

图 1-25　恒力的功

在恒力 $\boldsymbol{F}$ 的作用下，质点产生位移 $\Delta \boldsymbol{s}$，如图 1-25 所示。在此过程中，力 $\boldsymbol{F}$ 对质点做的功等于力在质点位移方

向上的分量与位移大小的乘积，用A表示，即

$$A = F\Delta s\cos\alpha$$

式中α为$\boldsymbol{F}$与$\Delta\boldsymbol{s}$之间的夹角。上式可写作如下的标积形式

$$A = \boldsymbol{F}\cdot\Delta\boldsymbol{s} \tag{1-6-1}$$

功为标量，当$\alpha < \pi/2$时，$A > 0$，表示力对物体做正功；当$\alpha > \pi/2$时，$A < 0$，表示力对物体做负功。

(2) 变力的功

设在变力$\boldsymbol{F}$的作用下，质点沿任意曲线L由a点运动到b点，如图1-26所示。在这一过程中，作用于质点的力的大小和方向都在变化。将质点的位移分为许多元位移，在各个元位移$\mathrm{d}\boldsymbol{r}$上，作用力可以看作恒力。则力$\boldsymbol{F}$在元位移$\mathrm{d}\boldsymbol{r}$上所做的元功为：

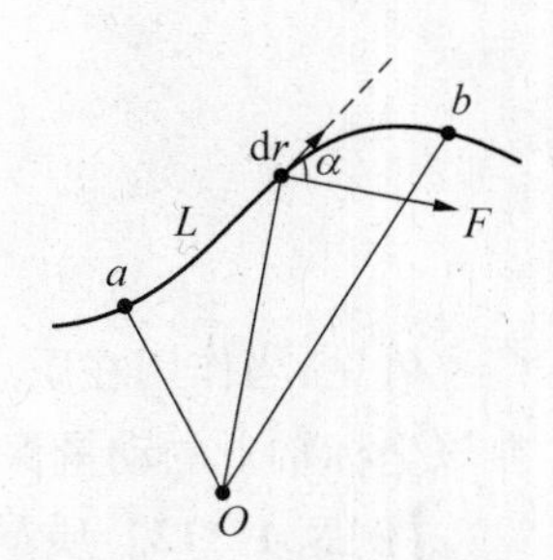

图1-26 变力的功

$$\mathrm{d}A = \boldsymbol{F}\cdot\mathrm{d}\boldsymbol{r} = |\boldsymbol{F}||\mathrm{d}\boldsymbol{r}|\cos\alpha$$

式中的α为$\boldsymbol{F}$与$\mathrm{d}\boldsymbol{r}$之间的夹角。对上式求积分，可得质点由a点运动到b点的过程中，变力$\boldsymbol{F}$对质点所做的功

$$A = \int \mathrm{d}A = \int_a^b \boldsymbol{F}\cdot\mathrm{d}\boldsymbol{r} \tag{1-6-2}$$

此式是变力做功的一般表达式。

在直角坐标系中，$\boldsymbol{F} = F_x\boldsymbol{i} + F_y\boldsymbol{j} + F_z\boldsymbol{k}$；$\mathrm{d}\boldsymbol{r} = \mathrm{d}x\boldsymbol{i} + \mathrm{d}y\boldsymbol{j} + \mathrm{d}z\boldsymbol{k}$。变力的功

$$A = \int_a^b \boldsymbol{F}\cdot\mathrm{d}\boldsymbol{r} = \int_a^b F_x\mathrm{d}x + \int_a^b F_y\mathrm{d}y + \int_a^b F_z\mathrm{d}z \tag{1-6-3}$$

当质点同时受$\boldsymbol{F}_1$，$\boldsymbol{F}_2$，…，$\boldsymbol{F}_n$ n个力的作用时，质点所受的合力为

$$\boldsymbol{F} = \boldsymbol{F}_1 + \boldsymbol{F}_2 + \cdots + \boldsymbol{F}_n$$

合力的功：$A = \int_a^b \boldsymbol{F}\cdot\mathrm{d}\boldsymbol{r} = \int_a^b F_1\cdot\mathrm{d}\boldsymbol{r} + \int_a^b F_2\cdot\mathrm{d}\boldsymbol{r} + \cdots + \int_a^b F_n\cdot\mathrm{d}\boldsymbol{r}$

即：

$$A = A_1 + A_2 + \cdots + A_n \tag{1-6-4}$$

可见，**合力的功等于各分力功的代数和。**

在国际单位制中，功的单位为焦耳(J)，$1\ \mathrm{J} = 1\ \mathrm{N}\cdot\mathrm{m}$，在原子物理中，功常用的单位是电子伏特(eV)，$1\ \mathrm{eV} = 1.602\,176\,53\times10^{-19}\ \mathrm{J}$。

(3) 功率

在实际问题中，不仅需要知道力做功的大小，还需知道做功的效率。单位时间内力对质点做的功称为**功率**，用P表示。功率越大，力做功的效率越高。设力$\boldsymbol{F}$在$\mathrm{d}t$时间内对

质点所做的元功为 $\mathrm{d}A$，则功率为：

$$P=\frac{\mathrm{d}A}{\mathrm{d}t}=\frac{\boldsymbol{F}\cdot\mathrm{d}\boldsymbol{r}}{\mathrm{d}t}=\boldsymbol{F}\cdot\frac{\mathrm{d}\boldsymbol{r}}{\mathrm{d}t}=\boldsymbol{F}\cdot\boldsymbol{v} \tag{1-6-5}$$

可见，**功率等于力与质点运动速度的标积。**

在国际单位制中，功率的单位为瓦特(W)，1 W=1 J/s。工程上功率的单位常用千瓦(kW)，也有用马力(HP)，但马力不是国际单位制单位(1 HP≈746 W)。

【例题 1-13】 质量为 $m=1$ kg 的物体，静止在光滑水平面上，在水平向右的变力 $F=2t$(SI)的作用下，物体加速运动。试求：

(1) 从 $t=0$ 到 $t=4$ s 时间内 $\boldsymbol{F}$ 对物体做的功；

(2) 第 4 s 时的功率。

【解】 (1) 物体运动的加速度：

$$a=F/m=2t$$

依题意，初速度 $v_0=0$，t 时刻物体的速度：$v=\int_0^t a\,\mathrm{d}t=\int_0^t 2t\,\mathrm{d}t=t^2$

$\mathrm{d}t$ 时间内的元位移为：$\mathrm{d}x=v\,\mathrm{d}t=t^2\,\mathrm{d}t$

从 $t=0$ 到 $t=4$ s 时间内，力对物体做的功为

$$A=\int F\mathrm{d}x=\int_0^4 2t^3\,\mathrm{d}t=\frac{1}{2}t^4\ \Big|_0^4=128(\mathrm{J})$$

(2) $t=4$ s 时的功率

$$P=\boldsymbol{F}\cdot\boldsymbol{v}=2t^3=2\times4^3=128(\mathrm{W})$$

【例题 1-14】 粗糙水平面 S 上质量为 m 的物体，在摩擦力 $\boldsymbol{F}$ 的作用下，沿任意路径 L 由 a 点运动到 b 点，移动路径的长度为 s。设物体与水平面间的滑动摩擦系数为 μ，试求摩擦力对物体做的功。

【解】 物体所受的摩擦力为：$F=\mu mg$

对于任意的元位移 $\mathrm{d}\boldsymbol{r}$，摩擦力做的元功为：$\mathrm{d}A=\boldsymbol{F}\cdot\mathrm{d}\boldsymbol{r}=\mu mg\,\mathrm{d}s\cos\pi=-\mu mg\,\mathrm{d}s$

在由 a 运动到 b 的过程中，摩擦力对物体做的功：

$$A=\int_a^b(-\mu mg\,\mathrm{d}s)=-\mu mg\int_a^b\mathrm{d}s=-\mu mgs$$

计算结果表明，**摩擦力的功，不仅与质点的始末位置有关，而且与质点运动的路径有关。**

2 动能 动能定理

(1) 质点的动能定理

力对质点做功，质点的动能会发生改变。下面讨论力对质点做的功与质点动能增量

之间的关系。

质量为 m 的质点，在合力 $\boldsymbol{F}$ 的作用下沿任意曲线 L 运动，见图 1-26 所示。在任意的元位移 $\mathrm{d}\boldsymbol{r}$ 上，合力 $\boldsymbol{F}$ 对质点做的元功为：

$$\mathrm{d}A=\boldsymbol{F}\cdot\mathrm{d}\boldsymbol{r}=|\boldsymbol{F}||\mathrm{d}\boldsymbol{r}|\cos\alpha$$

式中 $|\boldsymbol{F}|\cos\alpha$ 为 $\boldsymbol{F}$ 在曲线切向上的分量，应用牛顿定律的切向分量形式，有 $|\boldsymbol{F}|\cos\alpha=m\mathrm{d}v/\mathrm{d}t$，由于元位移的大小与路程元相等，即 $|\mathrm{d}\boldsymbol{r}|=\mathrm{d}s$，因此有

$$\mathrm{d}A=m\frac{\mathrm{d}v}{\mathrm{d}t}\mathrm{d}s=m\frac{\mathrm{d}s}{\mathrm{d}t}\mathrm{d}v=mv\,\mathrm{d}v=\mathrm{d}\left(\frac{1}{2}mv^2\right)=\mathrm{d}E_\mathrm{k} \qquad (1-6-6)$$

式中 $\frac{1}{2}mv^2$ 为质点的动能。上式表明，**合力对质点所做的元功，等于质点动能的微分**。这就是**质点动能定理的微分形式**。

设质点 t_1 时刻位于 P 点，速度为 $\boldsymbol{v}_1$；t_2 时刻位于 Q 点，速度为 $\boldsymbol{v}_2$，对式(1-6-6)求积分，可得合力对质点做的功

$$A=\int mv\,\mathrm{d}v=\int_{v_1}^{v_2}\mathrm{d}\left(\frac{1}{2}mv^2\right)=\frac{1}{2}mv_2^2-\frac{1}{2}mv_1^2=\Delta E_\mathrm{k} \qquad (1-6-7)$$

式中 $\Delta E_\mathrm{k}=\frac{1}{2}mv_2^2-\frac{1}{2}mv_1^2$ 为质点在 t_1 到 t_2 时间内动能的增量。上式表明，**在一段时间内，作用在质点的合力对质点做的功，等于在同一时间内质点动能的增量**。这就是**质点动能定理的积分形式**。

根据质点的动能定理，作用在质点上的力在空间上持续作用的结果，使质点的动能发生变化。可见，要使质点的动能发生变化，不仅要有力的作用，而且力还必须在一定的空间上持续作用。

【例题 1-15】 长 $l=1\ \mathrm{m}$ 的细绳，上端固定在天花板上，下端系一质量 $m=1\ \mathrm{kg}$ 的小球，如图 1-27 所示。试求小球由绳与铅垂方向成 $\theta_0=\pi/3$ 的 P 点，从静止开始，在铅垂面内沿圆弧运动到铅垂位置的 Q 点时的速率。

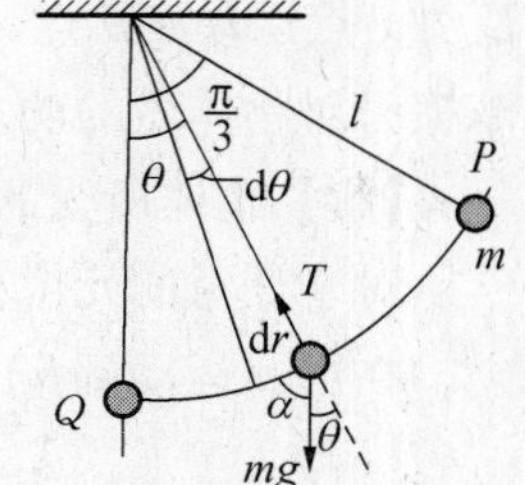

图 1-27 例题 1-15 图

【解】 小球在运动过程中，受重力 $m\boldsymbol{g}$ 和绳的拉力 $\boldsymbol{T}$ 的作用。由于拉力的方向始终与球的运动方向垂直，所以不做功。在元位移 $\mathrm{d}\boldsymbol{r}$ 上，重力做的元功：

$$\mathrm{d}A=m\boldsymbol{g}\cdot\mathrm{d}\boldsymbol{r}=mg\,|\mathrm{d}\boldsymbol{r}|\cos\alpha$$

式中 α 为 $m\boldsymbol{g}$ 与 $\mathrm{d}\boldsymbol{r}$ 之间的夹角，由于 $\theta+\alpha=\pi/2$，故

$$\mathrm{d}A=mg\,|\mathrm{d}\boldsymbol{r}|\cos(\pi/2-\theta)=mg\,|\mathrm{d}\boldsymbol{r}|\sin\theta$$

由图 1-27 可见，$|\mathrm{d}\boldsymbol{r}|=-l\mathrm{d}\theta$，于是，重力做的元功为

$$dA = -mgl\sin\theta d\theta$$

负号表示重力做功使 θ 减小。

小球自 P 点运动到 Q 点的过程中，重力做的功

$$A = \int_{\frac{\pi}{3}}^{0}(-mgl\sin\theta)d\theta = mgl\left(\cos 0 - \cos\frac{\pi}{3}\right)$$

代入各已知量得：$A = 1\times 9.8\times 1\times(1-0.5) = 4.9(\text{J})$

依题意，小球在 P 点的速率 $v_1 = 0$，设小球在 Q 点的速率为 v_2。根据质点的动能定理(1-6-7)式，有：

$$A = \frac{1}{2}mv_2^2 - \frac{1}{2}mv_1^2 = \frac{1}{2}mv_2^2$$

解得小球在 Q 点的速率为：

$$v_2 = \sqrt{\frac{2A}{m}} = \sqrt{\frac{2\times 4.9}{1.0}} = 3.13(\text{m/s})$$

(2) 质点系的动能定理

为简单起见，设质点系由质量分别为 m_1、m_2 的两个质点组成，质点 m_1 所受的合外力和内力分别为 $\boldsymbol{F}_1$ 和 $\boldsymbol{f}_{12}$；质点 m_2 所受的合外力和内力分别为 $\boldsymbol{F}_2$ 和 $\boldsymbol{f}_{21}$。设 t_1 时刻，两质点的速度分别为 $\boldsymbol{v}_{11}$ 和 $\boldsymbol{v}_{21}$；t_2 时刻，两质点的速度分别为 $\boldsymbol{v}_{12}$ 和 $\boldsymbol{v}_{22}$，对两个质点，应用质点的动能定理，分别有：

$$\int_{t_1}^{t_2}(\boldsymbol{F}_1 + \boldsymbol{f}_{12})\cdot d\boldsymbol{r} = \frac{1}{2}m_1 v_{12}^2 - \frac{1}{2}m_1 v_{11}^2$$

$$\int_{t_1}^{t_2}(\boldsymbol{F}_2 + \boldsymbol{f}_{21})\cdot d\boldsymbol{r} = \frac{1}{2}m_2 v_{22}^2 - \frac{1}{2}m_2 v_{21}^2$$

以上两式相加，得：

$$\int_{t_1}^{t_2}(\boldsymbol{F}_1 + \boldsymbol{F}_2)\cdot d\boldsymbol{r} + \int_{t_1}^{t_2}(\boldsymbol{f}_{12} + \boldsymbol{f}_{21})\cdot d\boldsymbol{r} = \frac{1}{2}(m_1 v_{12}^2 + m_2 v_{22}^2) - \frac{1}{2}(m_1 v_{11}^2 + m_2 v_{21}^2)$$

上式左边界第一项为合外力的功，用 $A_{外}$ 表示；第二项为内力的功，用 $A_{内}$ 表示。右边第一项为 t_2 时刻两质点的总动能，用 E_{k2} 表示；右边第二项为 t_1 时刻两质点的总动能，用 E_{k1} 表示。$\Delta E_k = E_{k2} - E_{k1}$ 为 t_1 到 t_2 时间内两质点总动能的增量。可见，在某一段时间内，两质点所受合外力对两质点做的功与两质点所受内力对质点做功的代数和，等于在相同时间内两个质点动能的增量。将这一结论推广到 n 个质点组成的质点系，有

$$A_{外} + A_{内} = \Delta E_k \tag{1-6-8}$$

此式表明，**在某一段时间内，质点系所受的所有外力对质点系做的功与质点系所受的所有**

内力对质点做的功的代数和，等于在相同时间内质点系动能的增量。这称为**质点系的动能定理**。

【例题 1-16】 质量分别为 $m_1 = 1\ \mathrm{kg}$ 和 $m_2 = 2\ \mathrm{kg}$ 的两物体 A 和 B，静止在光滑水平面上，如图 1-28 所示。在 $F = 300\ \mathrm{N}$ 的水平恒力作用下，两物体共同移动了 $s = 4\ \mathrm{m}$ 的距离，试求：

(1) 两物体移动 s 距离时的速度；

(2) 两物体移动过程中，物体 A 所受合力对 A 做的功和物体 B 所受合力对 B 做的功。

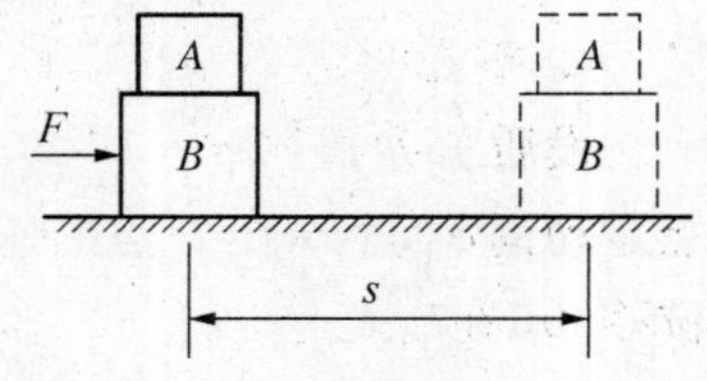

图 1-28 例题 1-16 图

【解】 (1) 两物体移动 s 距离的过程中，力 F 对两物体做的功：

$$A = Fs$$

设两物体移动 s 距离时的速度为 v。则两物体动能的增量为：

$$\Delta E_{\mathrm{k}} = \frac{1}{2}(m_1 + m_2)v^2$$

根据质点系的动能定理，有：

$$Fs = \frac{1}{2}(m_1 + m_2)v^2$$

解得两物体移动 s 距离时的速度：

$$v = \sqrt{\frac{2Fs}{m_1 + m_2}} = \sqrt{\frac{2 \times 300 \times 4}{1+2}} = 28.3(\mathrm{m/s})$$

(2) 根据质点的动能定理，物体所受合力对 A 做的功等于物体 A 动能的增量

$$A_1 = \frac{1}{2}m_1 v^2 - 0 = \frac{1}{2}m_1 \frac{2Fs}{m_1 + m_2} = \frac{m_1}{m_1 + m_2}Fs$$

代入各已知量得：

$$A_1 = \frac{1}{1+2} \times 300 \times 4 = 400(\mathrm{J})$$

同理，物体 B 所受合力对物体 B 做的功，等于物体 B 动能的增量

$$A_2 = \frac{1}{2}m_2 v^2 - 0 = \frac{1}{2}m_2 \frac{2Fs}{m_1 + m_2} = \frac{m_2}{m_1 + m_2}Fs$$

代入各已知量得：

$$A_2 = \frac{2}{1+2} \times 300 \times 4 = 800(\mathrm{J})$$

3 势能

(1) 保守力与保守力场

重力、万有引力和弹性力做功具有一定的特点，下面我们分别进行讨论。

a. 重力的功

设质量为 m 的质点在重力的作用下，沿任何路径 L 由 a 点运动到 b 点，如图 1-29 所示。质点所受的重力为 $m\boldsymbol{g}$，取元位移 $\mathrm{d}\boldsymbol{r}$，在由 a 运动到 b 的过程中，重力对质点做的功为：

$$A=\int m\boldsymbol{g}\cdot\mathrm{d}\boldsymbol{r}=-mg\int_{z_1}^{z_2}\mathrm{d}z=-(mgz_2-mgz_1) \tag{1-6-9}$$

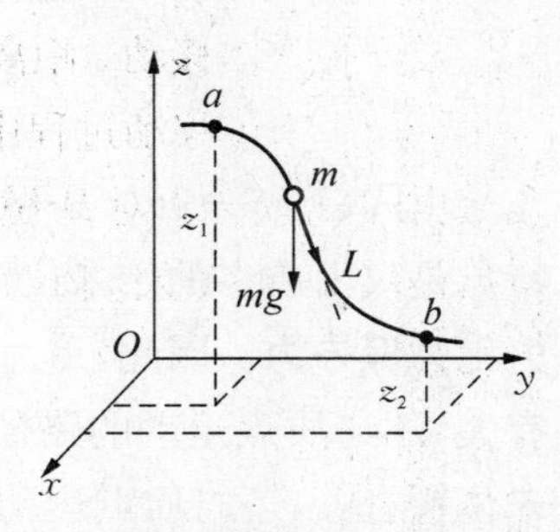

图 1-29 重力的功

b. 万有引力的功

设质量为 m 的质点，在质量为 M 的质点的万有引力作用下，沿任意路径 L 由 a 点运动到 b 点，如图 1-30 所示。质点 m 所受的万有引力的大小为

$$F=G\frac{mM}{r^2}$$

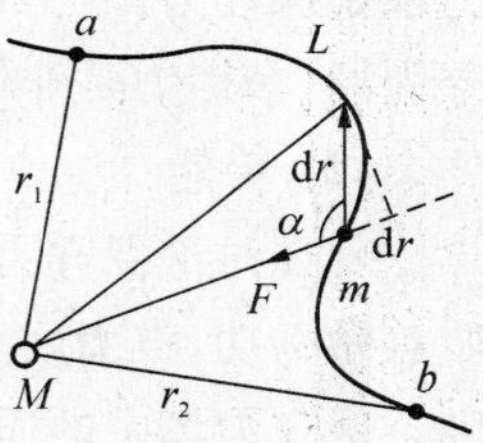

在元位移 $\mathrm{d}\boldsymbol{r}$ 上，万有引力对质点 m 做的元功为

$$\mathrm{d}A=\boldsymbol{F}\cdot\mathrm{d}\boldsymbol{r}=G\frac{mM}{r^2}\mid\mathrm{d}\boldsymbol{r}\mid\cos\alpha$$

图 1-30 万有引力的功

式中 α 为力 $\boldsymbol{F}$ 与元位移 $\mathrm{d}\boldsymbol{r}$ 之间的夹角。由图 1-30 可见，

$$\mathrm{d}r=\mid\mathrm{d}\boldsymbol{r}\mid\cos(\pi-\alpha)=-\mid\mathrm{d}\boldsymbol{r}\mid\cos\alpha$$

因此，元功为：

$$\mathrm{d}A=-G\frac{mM}{r^2}\mathrm{d}r$$

在由 a 运动到 b 的过程中，万有引力对质点 m 做的功为：

$$A=-\int_{r_1}^{r_2}G\frac{mM}{r^2}\mathrm{d}r=GmM\left(\frac{1}{r_2}-\frac{1}{r_1}\right) \tag{1-6-10}$$

c. 弹性力的功

劲度系数为 k 的弹簧，一端固定，另一端系一质点，如图 1-31 所示。设质点在弹性力的作用下，由 a 运动到 b。以弹簧原长时质点所在处为原点，沿质点运动的直线，取坐标轴 Ox。在任意位置 x 处，弹簧作用于质点的弹性力为：

$$F=-kx$$

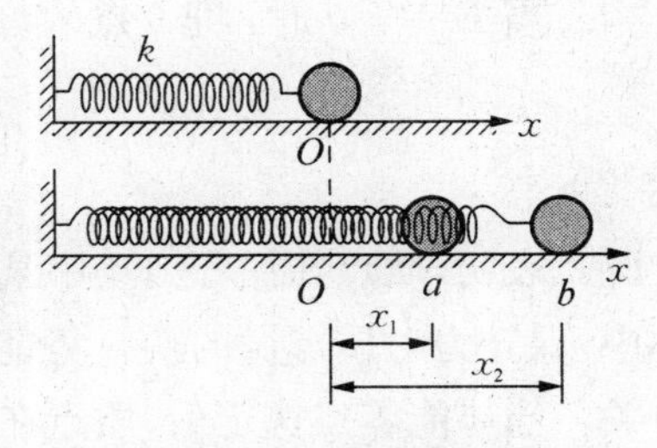

图 1-31 弹性力的功

在元位移 dx 上，弹性力对质点做的元功：

$$dA = -kx\,dx$$

在由 a 运动到 b 的过程中，弹性力对质点做的功为：

$$A = -\int_{r_1}^{r_2} kx\,dx = -\left(\frac{1}{2}kx_2^2 - \frac{1}{2}kx_1^2\right) \qquad (1-6-11)$$

由式(1-6-9)、(1-6-10)和(1-6-11)可见，重力、万有引力和弹性力做功的共同特点是仅由质点的始末位置决定，而与质点运动的具体路径无关。做功具有这种特点的力称为**保守力**。因此，重力、万有引力和弹性力都是保守力。做功不仅与质点的始末位置有关，还与质点运动的路径有关的力，称为**非保守力**。比如，摩擦力做功不仅与质点的始末位置有关，还与质点运动的路径有关，所以摩擦力是非保守力。

地球上的物体都要受到地球作用的重力，我们习惯说地球周围存在着重力场。处在力场中的物体都要受到力的作用。保守力的力场称为保守力场。重力、万有引力和弹性力都是保守力，重力场、万有引力场和弹性力场都是保守力场。非保守力的力场称为非保守力场，摩擦力是非保守力，摩擦力场是非保守力场。

(2) 势能

现在讨论保守力场的一般特性。处在保守力场中的质点，位置发生变化时，保守力对质点做的功，仅由质点始末位置决定，而与质点运动的具体路径无关。功是能量变化的量度。保守力场中的质点从一个位置运动到另一个位置时，只要始末位置确定，质点能量的变化就确定了，可见，质点处在保守力场中一定位置时，具有一定的能量。

式(1-6-9)、(1-6-10)和(1-6-11)表明，保守力场中的质点，由 a 运动到 b 的过程中，保守力 $\boldsymbol{F}(\boldsymbol{r})$做的功

$$A = \int \boldsymbol{F} \cdot d\boldsymbol{r} = E_{p1} - E_{p2} = -(E_{p2} - E_{p1}) = -\Delta E_p \qquad (1-6-12)$$

上式表明，保守力对质点做的功，可以用质点相应的位置函数的增量量度。因此，位置函数 E_p 具有能量的意义。处在保守力场中的质点，由其位置决定的能量称为质点的**势能**。

式(1-6-12)中，$E_{p1} - E_{p2}$ 为质点在 a、b 两点的势能差，$E_{p2} - E_{p1} = \Delta E_p$ 为质点由 a 运动到 b 的势能增量。可见，保守力的功等于质点的势能差，或质点势能增量的负值。

当 $E_{pb} = 0$ 时，即 b 点的势能为零时，质点在 a 点的势能

$$E_{pa} = \int_a^b \boldsymbol{F} \cdot d\boldsymbol{r} \qquad (1-6-13)$$

此式表明，质点在保守力场中某一点的势能，等于质点从该点运动到势能为零的点的过程中，保守力对质点做的功。势能具有相对性，质点在某一点的势能与势能零点的选取有关。当势能零点选定后，质点在给定点的势能值才能唯一确定。

理论上，势能零点可以任意选取，实际上，通常以所得势能的表达式简便为原则。对

于重力场,势能零点通常选在地面上,即 $z_2=0$ 处,$E_{p2}=0$。于是,质量为 m 的质点处在重力场距地面高度为 z 处的重力势能为:

$$E_p=\int_a^0 \boldsymbol{F}\cdot \mathrm{d}\boldsymbol{r}=\int_z^0(-mg)\mathrm{d}z=mgz \tag{1-6-14}$$

对于万有引力场,势能零点通常选在无穷远处,即 $r_2\to\infty$ 处,$E_{p2}=0$。于是,质量为 m 的质点处在质量为 M 的质点产生的引力场中时的引力势能为:

$$E_p=\int_a^0 \boldsymbol{F}\cdot \mathrm{d}\boldsymbol{r}=\int_r^\infty\left(-G\frac{mM}{r^2}\right)\mathrm{d}r=-G\frac{mM}{r} \tag{1-6-15}$$

对于弹性力场,势能零点通常选在弹簧原长处,即 $x_2=0$ 处,$E_{p2}=0$。于是,劲度系数为 k 的弹簧,形变量为 x 时的弹性势能为:

$$E_p=\int_a^0 \boldsymbol{F}\cdot \mathrm{d}\boldsymbol{r}=\int_x^0(-kx)\mathrm{d}x=\frac{1}{2}kx^2 \tag{1-6-16}$$

4 机械能守恒定律

质点系的动能和势能之和称为质点系的机械能,用 E 表示,即:

$$E=E_k+E_p$$

通常,质点系受的力有外力和内力,而内力又有保守内力和非保守内力。因此,质点系的动能定理式(1-6-8)可以写作:

$$A_{外}+A_{内保}+A_{内非}=\Delta E_k$$

由式(1-6-12),$A_{内保}=-\Delta E_p$,代入上式,移项得:

$$A_{外}+A_{内非}=\Delta E_k+\Delta E_p=\Delta E \tag{1-6-17}$$

如果在系统内进行的一个力学过程中,外力对系统做的总功和非保守内力做的总功均为零,即 $A_{外}=0$,$A_{内非}=0$,或者外力的功和非保守内力的功的代数和为零,即 $A_{外}+A_{内非}=0$,则系统机械能的增量为零,即:$\Delta E=\Delta E_k+\Delta E_p=0$,或:$E_2=E_1$
故有:

$$E=E_k+E_p=常量 \tag{1-6-18}$$

可见,**如果外界对系统不做功,同时非保守内力也不做功,或者说只有保守内力做功时,系统的动能和势能可以相互转换,但机械能保持不变**。这称为**机械能守恒定律**。

能量的形式是多样的,除机械能之外,还有热能、电磁能、化学能、核能等。如果外力做功和非保守内力做功不为零时,质点系的机械能将发生变化,实际上是有其他形式的能量与机械能之间的转换。如质点系内有摩擦力做功,就会把机械能转换为热能。然而,实验表明,**自然界中的能量只能从一个物体传递给另一个物体,或者从一种形式转换为另一种形式,既不能消灭,也不能创造**,这就是**能量转换与守恒定律**。它是自然界中普遍遵守的规律之一。

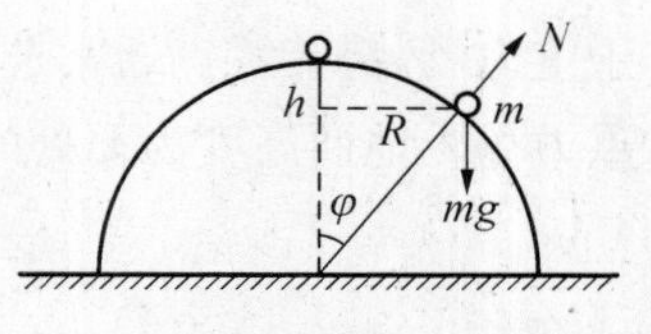

图 1-32　例题 1-17 图

【例题 1-17】 质量为 m 的小球，自半径为 R 的光滑半球面的顶点从静止开始下滑，如图 1-32 所示。试求小球下滑的垂直距离 h 为多大时开始脱离球面。

【解】 以小球为研究对象，在下滑过程中小球受重力 $m\boldsymbol{g}$ 和正压力 $\boldsymbol{N}$ 作用，由于正压力不做功，只有重力做功。因此，小球在下滑过程中机械能守恒。

设小球脱离球面时速率为 v，则相应的动能为 $\frac{1}{2}mv^2$，以顶点为重力势能零点。根据机械能守恒定律，有：

$$0+0=\frac{1}{2}mv^2+(-mgh)=\frac{1}{2}mv^2-mgh \tag{1}$$

根据牛顿第二定律的法向分量式，有：

$$mg\cos\varphi-N=m\frac{v^2}{R} \tag{2}$$

考虑到小球脱离球面的条件为 $N=0$，代入(2)式，求得：

$$mv^2=mgR\cos\varphi=mgR\frac{R-h}{R} \tag{3}$$

再代入(1)式，求解即得：$h=\frac{1}{3}R$。

习　题

1-1　一质点在 xy 平面上运动，运动函数为 $x=2t, y=4t^2-8$。

(1) 求质点运动的轨道方程并画出轨道曲线；

(2) 求 $t_1=1\ \mathrm{s}$ 和 $t_2=2\ \mathrm{s}$ 时，质点的位置、速度和加速度。

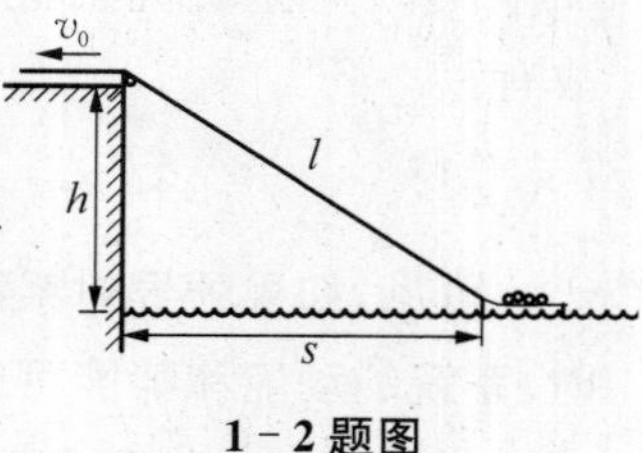

1-2 题图

1-2　如 1-2 题图所示，在离水面高度为 h 的岸边，有人用绳子拉船靠岸，收绳的速率恒为 v_0，求船在离岸边的距离为 s 时的速度和加速度。

1-3　为迎接香港回归，柯受良 1997 年 6 月 1 日驾车飞越黄河壶口。东岸跑道长 265 m，他驾车从跑道东端启动，到达跑道终端时速度为 150 km/h，他随即以仰角 5°冲出，飞越跨度为 57 m，安全落到西岸木桥上。

(1) 按匀加速运动计算，柯受良在东岸驱车的加速度和时间各是多少？

(2) 柯受良跨越黄河用了多长时间？

(3) 若起飞点高出河面10.0 m;柯受良驾车飞行的最高点离河面几米?

(4) 西岸木桥桥面和起飞点的高度差是多少?

1-4 北京正负电子对撞机的储存环的周长为240 m,电子要沿环以非常接近光速的速率运行,这些电子运动的向心加速度是重力加速度的几倍?

1-5 一电梯以$1.2\,\mathrm{m/s^2}$的加速度下降,其中一乘客在电梯开始下降后0.5 s时用手在离电梯底板1.5 m高处释放一小球。求此小球落到底板上所需的时间和它相对地面下落的距离。

1-6 在以2 m/s速率上升的升降机中竖直向上抛一小球,在升降机中的观察者看来,经0.5 s到达最高点,问:

(1) 小球相对于升降机和地面的初速度的大小各为多少?

(2) 在地面上的观察者看来小球经过多少时间到达最高点?(取$g=10\,\mathrm{m/s^2}$)

1-7 一个人骑车以18 km/h的速率自东向西行进时,看见雨点垂直下落,当他的速率增至36 km/h时,看见雨点与他前进的方向成120°角下落,求雨点对地的速度。

1-8 匀加速行驶的车,在6秒内通过相距60米的两点,车经第二点时的速度为16米/秒。求车的加速度和在第一点时的速度。

1-9 质点直线运动的运动学方程为$x=A\cos t$,A为正常数,求质点的速度和加速度。

1-10 沿x轴运动的一质点,速度$v=-0.2\sin t$(米/秒)。

(1) 求加速度随时间变化的规律;

(2) 若$t=0$时,$x=0.2$米,求该质点的运动方程。

1-11 已知质点在时刻t的速度矢量为:$\boldsymbol{v}=20\boldsymbol{i}+2t\boldsymbol{j}$;求质点在$t$=5秒时的速度的大小和方向。

1-12 一质点在平面上运动,已知其运动方程为$x=at^2$,$y=bt^2$,求该质点的位置矢量$\boldsymbol{r}$和轨道方程,并判断该质点做何种运动。

1-13 路灯离地面高度为H,一个身高为h的人,在灯下水平路面上以匀速v_0步行,如1-13题图所示,求当人与灯的水平距离为x时,他头顶在地面上的影子移动的速度的大小。

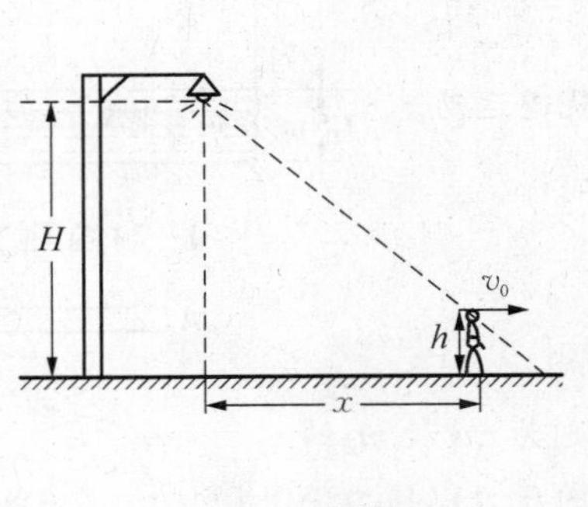

1-13题图

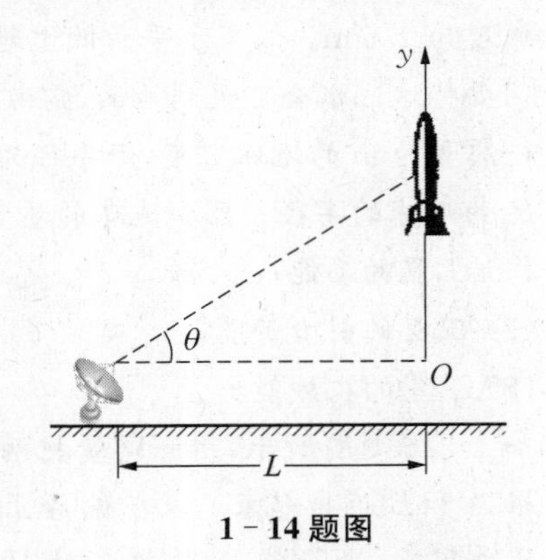

1-14题图

1-14 雷达与火箭发射台的距离为L,观测沿竖直方向向上发射的火箭,如1-14题图所示。观测得θ的规律为$\theta=kt$(k为常量)。试写出火箭的运动学方程,并求出当$\theta=\pi/6$

时，火箭的速度和加速度。

1-15 一质点沿一直线运动，其加速度为 $a=2x$(SI)，试求该质点的速度 v 与位置坐标 x 之间的关系。设当 $x=0$ 时，$v_0=4\ \mathrm{m/s}$。

1-16 桌上有一质量 $M=1\ \mathrm{kg}$ 的板，板上放一质量 $m=2\ \mathrm{kg}$ 的物体，物体和板之间、板和桌面之间的滑动摩擦因数均为 $\mu=0.25$，最大静摩擦因数均为 $\mu_0=0.30$，以水平力 F 作用于板上，如 1-16 题图所示。

(1) 若物体与板一起以 $a=1\ \mathrm{m/s^2}$ 的加速度运动，试计算物体与板以及板与桌面之间相互作用的摩擦力。

(2) 若欲使板从物体下抽出，问：力 F 至少要加到多大？

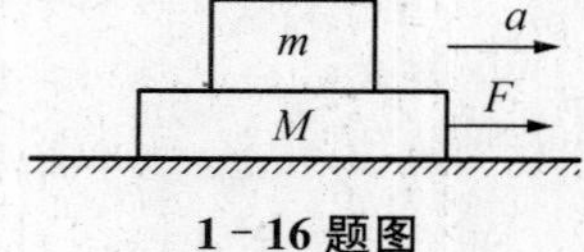

1-16 题图

1-17 在一水平的道路上，一辆车速 $v=90\ \mathrm{km/h}$ 的汽车的刹车距离 $s=35\ \mathrm{m}$。如果路面相同，只是有 1∶10 的下降斜度，这辆汽车的刹车距离将变为多少？

1-18 直九型直升机的每片旋翼长 5.97 m。若按宽度一定厚度均匀的薄片计算，求旋翼以 400 r/min的转速旋转时，其根部受的拉力为其受重力的几倍？

1-19 一物体在倾角为 30°的斜面上，沿斜面匀速下滑，求物体与斜面间的滑动摩擦系数。

1-20 在以 1 米/秒^2 的加速度上升的升降机中，体重为 60 公斤的人对升降机地板的压力为多大？

1-21 重 5 吨的汽车经拱桥顶部时的速度为 10 米/秒，拱桥顶部的曲率半径为 20 米。求汽车在桥顶时对桥面的压力等于多少？

1-22 如 1-22 题图所示的装置中，所有表面都是光滑的。已知 m_1、m_2 和 m_3，问要对 m_1 施加多大的水平力 F 才能使 m_3 不升不降？

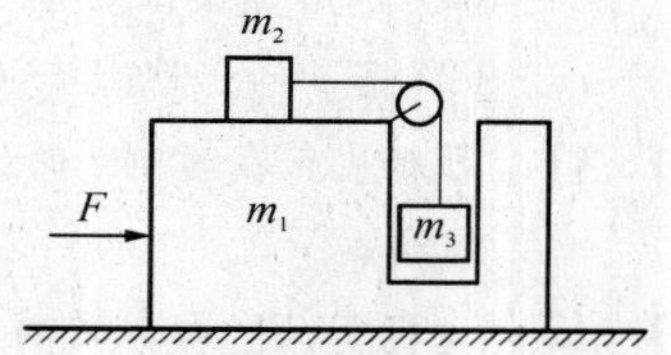

1-22 题图

1-23 在以 $a=2.2$ 米/秒^2 向上加速运动的升降机内，从天花板自由落下一物，要经多少时间落在地板上？已知天花板高 $h=2.5$ 米。

1-24 如 1-24 题图所示，一地下蓄水池，面积为 $50\ \mathrm{m^2}$，储水深度为 1.5 m。假定水平面低于地面的高度是 5.0 m，问要将这池水全部吸到地面，需做多少功？

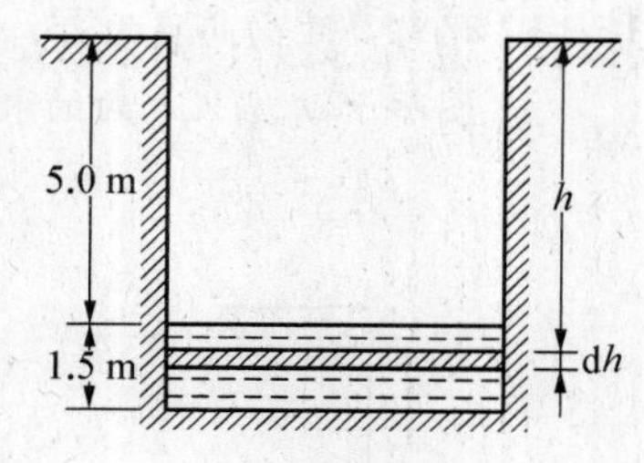

1-24 题图

1-25 一质量为 m 的地球卫星，沿半径为 $3R_e$ 的圆轨道运动。R_e 为地球的半径。已知地球的质量为 M_e，求：

(1) 卫星的动能；

(2) 卫星的引力势能；

(3) 卫星的机械能。

1-26 如 1-26 题图所示，用一弹簧把两块质量分别为 m_1 和 m_2 的板 A 和 B 连接起来。求在板 A 上需加多大的压力以使力停止作用后，恰能使 A 跳起来时 B 稍被提起。(忽略弹簧的质量)

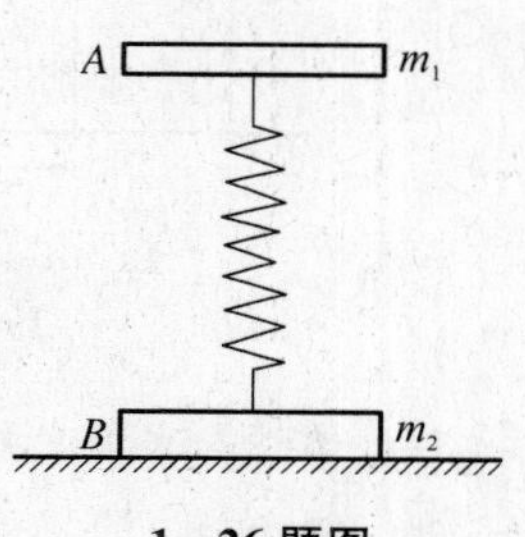

1-26 题图

1-27 质量为 M 的人手里拿着一个质量为 m 的物体，此人用与水平

面成 θ 角的速率 v_0 向前跳，当达到最高点时，他将物体以相对于人为 u 的水平速率向后抛出。问：由于人抛出物体，他跳跃的距离增加了多少(假设人可视为质点)?

1-28 长为 63 cm 的均匀细棒弯成直角形状，一段长为 36 cm，另一段长为 27 cm，如 1-28 题图所示。试求它的质心位置。

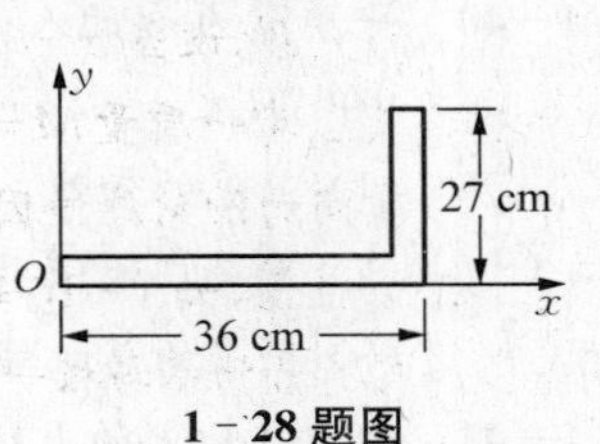

1-28 题图

1-29 角动量为 L、质量为 m 的人造卫星，在半径为 r 的圆轨迹上运行。试求它的动能、势能、总能量以及运行周期。

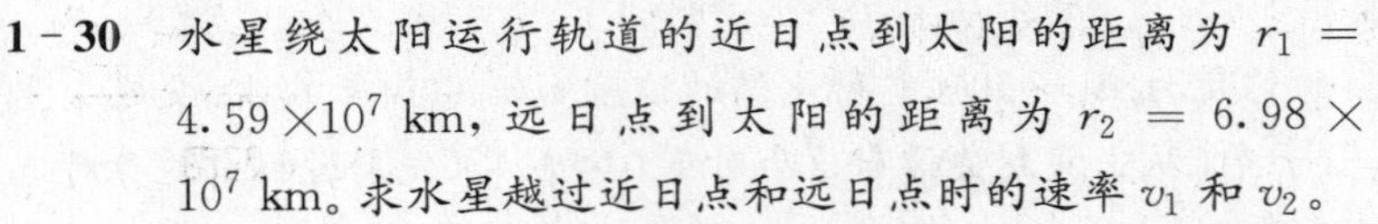

1-30 水星绕太阳运行轨道的近日点到太阳的距离为 $r_1 = 4.59 \times 10^7$ km，远日点到太阳的距离为 $r_2 = 6.98 \times 10^7$ km。求水星越过近日点和远日点时的速率 v_1 和 v_2。

1-31 一质量 $m = 2\,200$ kg 的汽车，以 $v = 60$ km/h 的速度沿一平直公路行驶。问汽车对公路一侧距公路 $d = 50$ m 的一点的角动量是多大？对公路上任一点的角动量又是多大？

1-32 哈雷彗星绕太阳运动的轨道是一个椭圆。它离太阳最近的距离是 $r_1 = 8.75 \times 10^{10}$ m，此时它的速率是 $v_1 = 5.46 \times 10^4$ m/s，它离太阳最远时的速率是 $v_2 = 9.08 \times 10^2$ m/s，这时它离太阳的距离 r_2 是多少？

1-33 我国 1988 年 12 月发射的通信卫星在到达同步轨道之前，先要在一个大的椭圆形“转移轨道”上运行若干圈。此转移轨道的近地点高度为 205.5 km，远地点高度为 35 835.7 km。卫星越过近地点时的速率为 10.2 km/s。求：

(1) 卫星越过远地点时的速率；

(2) 卫星在此轨道上运行的周期。(提示：注意用椭圆的面积公式)

1-34 从高 $h = 8$ 米的台上以 $v_0 = 10$ 米/秒的速率抛出 $m = 1$ 千克的小球，小球落地时的速率为 $v = 15$ 米/秒。求空气阻力做的功。

1-35 把弹簧压缩 0.05 米需施力 200 牛，现要把弹簧压缩 0.20 米，需做多少功？

1-36 如 1-36 题图所示，$k = 490$ 牛/米，$m = 1$ 千克，光滑斜面的倾角 $\theta = 30°$。物体靠在弹簧的自由端，并用力将弹簧压缩 0.1 米，然后从静止释放物体。求物体能沿斜面向上滑动的距离。

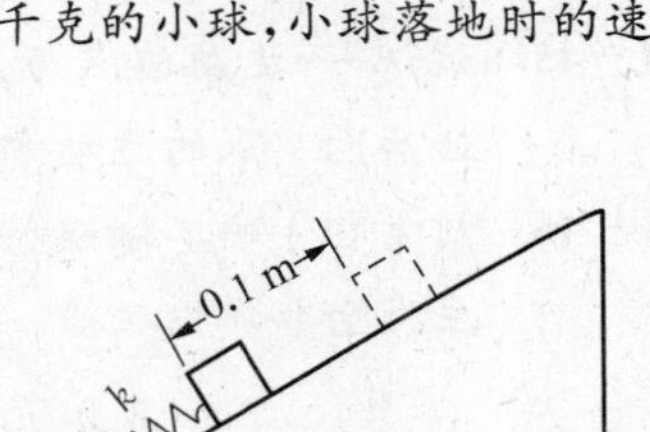

1-36 题图

1-37 如 1-37 题图所示，一物体从半径为 r 的光滑球的顶点，以初速为零开始滑离顶点。问物体滑到离球顶点的竖直高度为何值时，物体将离开球面，并求此时物体的速度的大小和方向。

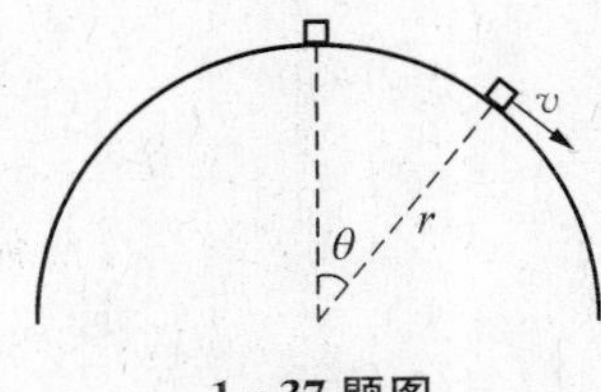

1-37 题图

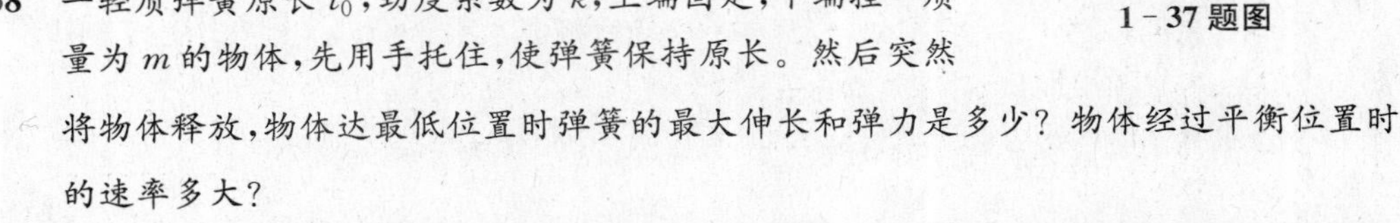

1-38 一轻质弹簧原长 l_0，劲度系数为 k，上端固定，下端挂一质量为 m 的物体，先用手托住，使弹簧保持原长。然后突然将物体释放，物体达最低位置时弹簧的最大伸长和弹力是多少？物体经过平衡位置时的速率多大？

1-39 证明：一质量为 m，动能为 E_k 的粒子轰击质量为 M 的静止粒子而做完全非弹性碰撞时，其动能只有：$\dfrac{M}{M+m}E_{\mathrm{k}}$。

1-40 一质量为 m 的人造地球卫星沿一圆形轨道运动，离开地面的高度等于地球半径的2倍(即 $2R$)。试以 m,R，引力恒量 G，地球质量 M 表示出：

(1) 卫星的动能；

(2) 卫星在地球引力场中的引力势能；

(3) 卫星的总机械能。

1-41 固定在地上的大炮筒的仰角为 $A=60^{\circ}$，发射炮弹的速度 $v=600$ 米/秒。设炮身重1吨，炮弹质量 $m=5$ 千克，从击发到炮弹射出历时0.01秒。求发射过程中炮身对地的压力的大小和方向。

1-42 炮弹在其抛物线轨道的顶点 $h=176$ 米处爆裂为质量相等的两块，其中一块在爆裂后经1秒落到爆裂点的正下方的地面上，此处距炮位 $L=1\,000$ 米。求第二块弹片落地点距离炮位多远？

1-43 质量为 m 的小滑块以初速 v_0 沿水平光滑桌面，向着放在桌面上的静止光滑的弧面楔运动，如1-43题图所示。设弧形楔足够高，其质量为 M，求小滑块能沿弧面上升的最大高度。

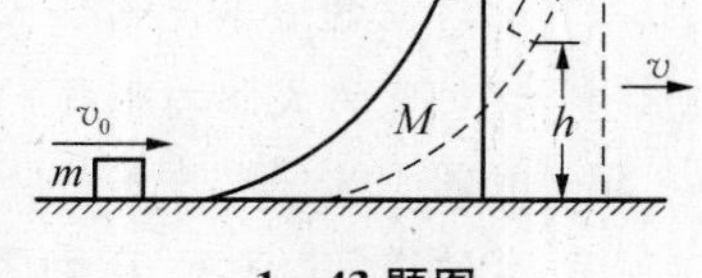

1-43 题图

1-44 质量为 M 的锤从高 h 处自由下落，打在质量为 m 的木楔上，打击后二者合成一体使木楔进入土中的深度为 d，如1-44题图所示。求土对楔的平均阻力为多少？

1-45 试证，一运动质点与另一质量相同的静止质点发生完全弹性斜碰后两质点的运动方向相互垂直。

1-46 质量相等的二球以相同的速率 v_0 沿相互垂直的方向运动，并发生完全非弹性碰撞。求二球碰后黏在一起运动的速度。

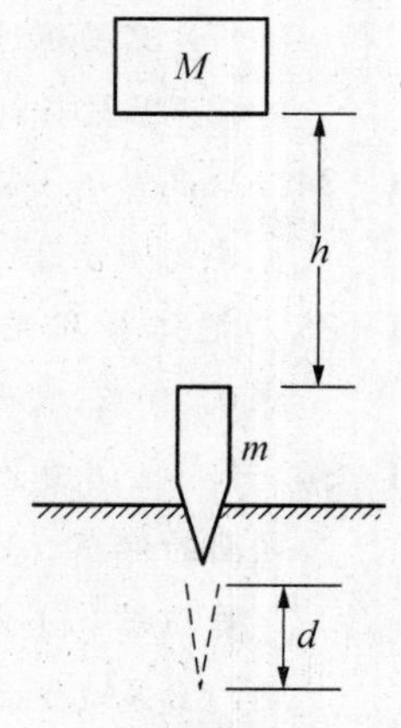

1-44 题图

第2章

刚 体 力 学

当讨论某些问题时，物体的形状、大小往往起重要作用，必须考虑它们的形状大小以及变化。但是，把形状和大小以及它们的变化都考虑在内，会使问题变得相当复杂。于是提出“刚体”的理想模型。**刚体是在任何情况下形状大小都不发生变化的力学研究对象。**

研究刚体力学时，把刚体分成许多部分，每一部分都小到可看作质点，叫作刚体的“质元”。由于刚体不变形，各质元间距离不变，**质元间距离保持不变的质点系叫作“不变质点系”**。把刚体看作不变质点系并运用已知的质点系的运动规律去研究，这是刚体力学的基本方法。

§2-1 刚体运动的描述

1 刚体的平动

刚体最基本的运动形式是平动和绕固定轴的转动。如**刚体上任意一条直线在各个时刻的位置都保持平行，称刚体做平动**，如图 2-1 所示。

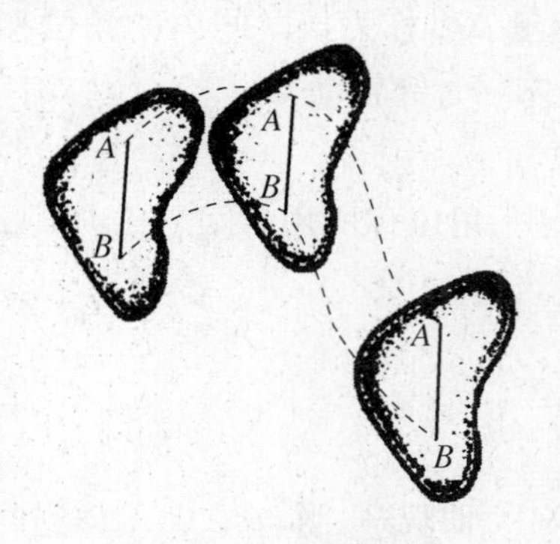

图 2-1 刚体平动

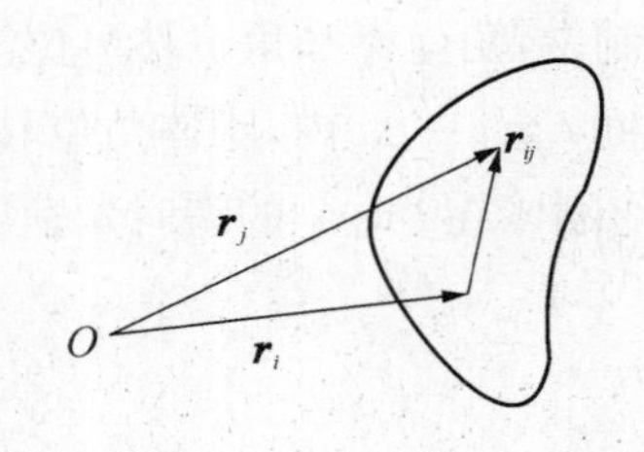

图 2-2 位置矢量

在图 2-2 中，$\boldsymbol{r}_i$和$\boldsymbol{r}_j$表示做平动的刚体上任意二质元的位置矢量，$\boldsymbol{r}_{ij}$表示质元i指向质元j的矢量。显然：

$$\boldsymbol{r}_j = \boldsymbol{r}_i + \boldsymbol{r}_{ij}$$

根据刚体平动特点，$\boldsymbol{r}_{ij}$ 的方向大小在运动中不变，故 $\boldsymbol{r}_{ij}$ 为恒矢量，将上式对时间求一阶及二阶导数，得：

$$\frac{\mathrm{d}\boldsymbol{r}_i}{\mathrm{d}t}=\frac{\mathrm{d}\boldsymbol{r}_j}{\mathrm{d}t},\ \frac{\mathrm{d}^2\boldsymbol{r}_i}{\mathrm{d}t^2}=\frac{\mathrm{d}^2\boldsymbol{r}_j}{\mathrm{d}t^2}$$

式中各量分别表示质元 i 和 j 的速度和加速度，即：$\boldsymbol{v}_j=\boldsymbol{v}_i$，$\boldsymbol{a}_j=\boldsymbol{a}_i$

因质元 i 和 j 是任意选择的，故可得出结论：尽管做平动的刚体上各质元的位置矢量不同，但它们的差别仅为一恒矢量，各质元的速度和加速度却相同。只要了解刚体上某一质元的运动，就足以掌握整个刚体的平动。

2 刚体绕固定轴的转动

若刚体运动时，所有质元都在与某一直线垂直的诸平面上做圆周运动，且圆心在该直线上，则称刚体绕固定轴转动，该直线称作转轴。

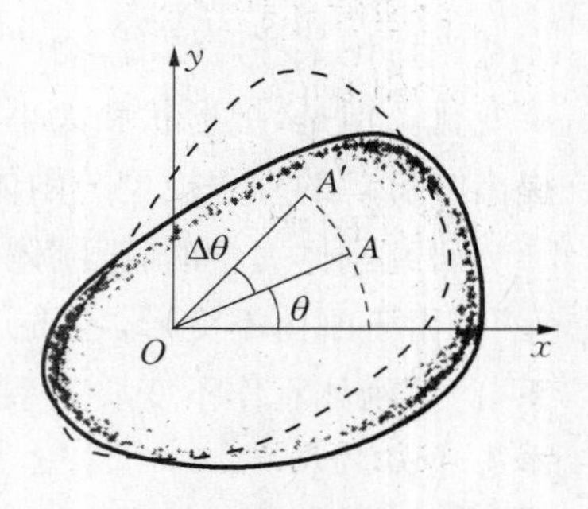

图 2-3 定轴转动

在参考系上固定一直角坐标系 O-xyz，z 轴与转轴重合，在图 2-3 中，它垂直于纸面并指向读者。

显然，凡具有相同的 x、y 坐标但 z 坐标不同的质元，都有相同的运动状态。因此，用 O-xy 坐标平面自刚体截出一平面图形，一旦确定此平面图形的位置，刚体位置便唯一的确定了。

在平面图形上除 O 点外任选一点 A，则图形位置可由 A 的位置决定。设 A 的位置矢量为 $\boldsymbol{r}$，因其大小不变，故其位置可由自 x 轴转至 OA 的角 θ 说明，称作绕定轴转动刚体的角坐标。规定自 x 轴逆时针转向 OA 时，θ 为正。刚体定轴转动可用函数：$\theta=\theta(t)$ 描述。

此即**刚体绕定轴转动的运动学方程**。

绕定轴转动的刚体，在 Δt 时间内角坐标的增量 $\Delta\theta$，称为该时间内的**角位移**。面对 z 轴观察，若 $\Delta\theta>0$，刚体逆时针转动；$\Delta\theta<0$，刚体顺时针转动。

国际制中，角坐标和角位移单位为 rad(弧度)。

在时间 t 至 $t+\Delta t$ 内，刚体角位移 $\Delta\theta$ 与发生这一角位移所用时间之比，当 $\Delta t\to 0$ 时的极限，称作刚体在 t 时刻的瞬时角速度，称**角速度**，记作：

$$\omega=\lim_{\Delta t\to 0}\frac{\Delta\theta}{\Delta t}=\frac{\mathrm{d}\theta}{\mathrm{d}t}\qquad(2-1-1)$$

即瞬时角速度等于角坐标对时间的导数。面对 z 轴观察，当 $\omega>0$，刚体逆时针转动；$\omega<0$，刚体顺时针转动。在国际制中，角速度单位为 rad/s。

工程技术上，常用每分钟转数 n 说明转动快慢，它和角速度的大小即角速率 $|\omega|$ 有如下关系：

$$|\omega|=n\pi/30\ \mathrm{rad/s}$$

设某瞬时 t 刚体角速度为 ω，在瞬时 $t+\Delta t$，角速度变为 $\omega+\Delta\omega$，则角速度增量 $\Delta\omega$ 与发生这一增量所用时间 Δt 之比 $\Delta\omega/\Delta t$，当 $\Delta t\to 0$ 时的极限，叫作刚体在瞬时 t 的**瞬时角加速度**，记作 β：

$$\beta=\lim_{\Delta t\to 0}\frac{\Delta\omega}{\Delta t}=\frac{\mathrm{d}\omega}{\mathrm{d}t} \tag{2-1-2}$$

即**瞬时角加速度等于角速度对时间的导数**，简称**角加速度**。角加速度也有正负，如角加速度的符号与角速度相同，刚体做加速转动；若符号相反，做减速转动。

角加速度的单位在国际制中为 $\mathrm{rad/s^2}$（弧度/秒^2）。

角速度和角加速度在描述刚体定轴转动中所起的作用，与质点运动中速度和加速度的作用相似。

与质点运动学相似，已知刚体角坐标的初始条件，可由角速度求出角坐标随时间的变化规律，由：$\mathrm{d}\theta=\omega(t)\mathrm{d}t$ 作不定积分，得一切可能的角坐标为：

$$\theta=\int\omega(t)\mathrm{d}t=\theta(t)+C$$

设角坐标初始条件为 $t=0,\theta=\theta_0$，得 $C=\theta_0-\theta(0)$。所以**刚体定轴转动的运动学方程**：

$$\theta=\theta_0+\int_0^t\omega(t)\mathrm{d}t \tag{2-1-3}$$

角速度不随时间变化的转动叫作**匀速转动**，这时 $\omega=$ 恒量。在上述初始条件下，匀速转动的运动学方程为：

$$\theta=\omega t+\theta_0 \tag{2-1-4}$$

已知角速度的初始条件和角加速度 $\beta=\beta(t)$，不难推出：

$$\omega=\omega_0+\int_0^t\beta(t)\mathrm{d}t$$

若又知角坐标初始条件，还可进一步求出运动学方程：

$$\theta=\theta(t)$$

角加速度不随时间变化的转动叫作**匀变速转动**，这时 $\beta=$ 恒量，有：

$$\omega=\beta t+\omega_0 \tag{2-1-5}$$

此即匀变速转动的角速度公式，与质点直线运动的 $v_x=v_{0x}+a_xt$ 相对应。对上式积分并以 $t=0,\theta=0$ 作为角坐标的初始条件，得：

$$\theta=\omega_0t+\frac{1}{2}\beta t^2 \tag{2-1-6}$$

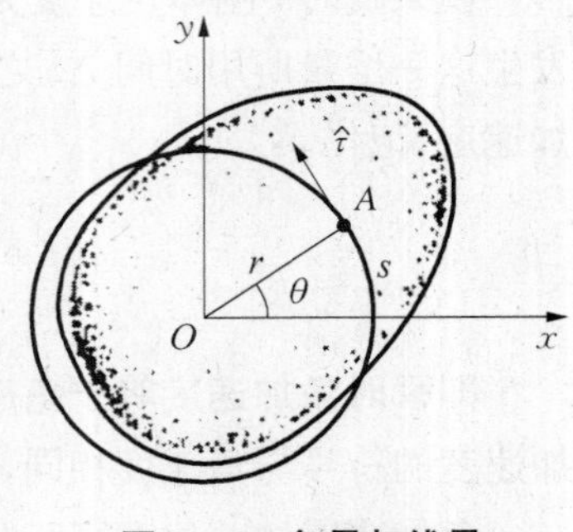

图 2-4 角量与线量

描述刚体内各质点做圆周运动的位移、速度和加速度的物理量称作线位移、线速度和线加速度，即为“线量”；描述刚体转动整体运动的角位移、角速度和角加速度等则称为“角量”。为说明角量和线量的关系，研究刚体上与转轴距离为 r 的 A 点的运动。

在图 2-4 中，以 x 轴和圆轨迹的交点为零点，用弧长 s 描写 A 点的位置，并选择面对 z 轴逆时针方向作为 s 增加的方向，于是有：

$$s=\theta r$$

将此式左右对时间求导数，得：

$$\frac{\mathrm{d}s}{\mathrm{d}t}=r\frac{\mathrm{d}\theta}{\mathrm{d}t}$$

沿 s 增加方向取切向单位矢量，也记作 $\boldsymbol{\tau}$，则 $\mathrm{d}s/\mathrm{d}t=v_\tau$ 即为 A 点的线速度。$\mathrm{d}\theta/\mathrm{d}t=\omega$ 是质点亦即整个刚体的角速度，故：

$$v_\tau=\omega r \tag{2-1-7}$$

这就是刚体定轴转动时刚体上任一点线速度与角速度的关系。

现将刚体上一点的加速度，分解为切向加速度和法向加速度，将上式对时间求导，并注意 $\mathrm{d}v_\tau/\mathrm{d}t$ 即切向加速度 a_τ，得：

$$a_\tau=\beta r \tag{2-1-8}$$

刚体上 A 点的法向加速度为：

$$a_n=\frac{v_\tau^2}{r} \tag{2-1-9}$$

所以：

$$a_n=\omega^2 r \tag{2-1-10}$$

式(2-1-8)、(2-1-9)和(2-1-10)给出了加速度线量和角量的关系。

3 角速度矢量

对于刚体定轴转动，即转轴在空间的方位不变，只有“正”、“反”两种转动方向，通过角速度 ω 的正负即可指明。

角速度具有大小和方向，其相加服从平行四边形法则，规定角速度矢量方向沿转轴，且和刚体的旋转运动组成右手螺旋系统（见图 2-5）。

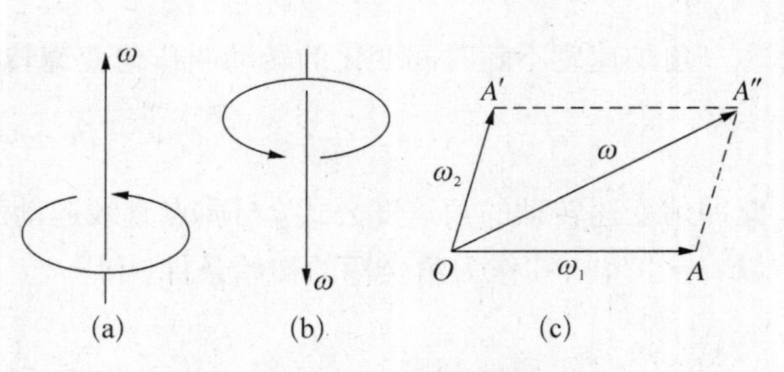

图 2-5 右手螺旋

利用角速度矢量，可进一步以矢量矢积表示刚体上质元线速度 $\boldsymbol{v}$ 和角速度 $\boldsymbol{\omega}$ 的关系，即：

$$\boldsymbol{v} = \boldsymbol{\omega} \times \boldsymbol{r} \tag{2-1-11}$$

$\boldsymbol{r}$ 表示质元对转轴的位置矢量，与转轴垂直，$\boldsymbol{\omega}$、$\boldsymbol{r}$ 和 $\boldsymbol{v}$ 组成右手螺旋系，如图 2-6 所示。

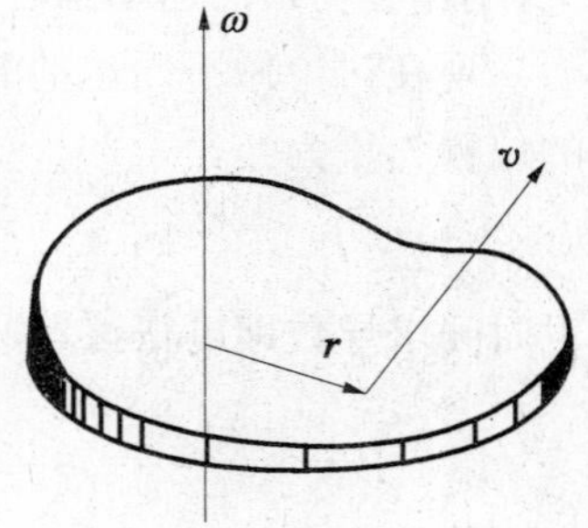

图 2-6 ω、r 和 v

作为角速度对时间的变化率，角加速度也是矢量：

$$\boldsymbol{\beta} = \frac{\mathrm{d}\boldsymbol{\omega}}{\mathrm{d}t} \tag{2-1-12}$$

角速度和角加速度在直角坐标系的正交分解式为：

$$\boldsymbol{\omega} = \omega_x \boldsymbol{i} + \omega_y \boldsymbol{j} + \omega_z \boldsymbol{k}, \ \boldsymbol{\beta} = \beta_x \boldsymbol{i} + \beta_y \boldsymbol{j} + \beta_z \boldsymbol{k}$$

其中：
$$\beta_x = \frac{\mathrm{d}\omega_x}{\mathrm{d}t}, \ \beta_y = \frac{\mathrm{d}\omega_y}{\mathrm{d}t}, \ \beta_z = \frac{\mathrm{d}\omega_z}{\mathrm{d}t}$$

刚体做定轴转动时，可令 z 轴与转轴重合，则 $\omega_x = \omega_y = 0$，故：

$$\boldsymbol{\omega} = \omega_z \boldsymbol{k}, \ \boldsymbol{\beta} = \beta_z \boldsymbol{k}$$

4 刚体的平面运动

刚体上各点均在各自的平面内运动，且这些平面均与一固定平面平行，称作刚体做平面运动，其特点是，刚体内垂直于固定平面的直线上的各点，运动状况都相同。

利用与固定平面平行的平面在刚体内截出一平面图形，此平面图形的位置一经确定，刚体的位置便确定了。

建立坐标系 $O-xyz$，使平面图形在 $O-xy$ 面内，如图 2-7所示，z 轴与纸面垂直。在平面上任选一点 B，称作基点，其位置矢量为 $\boldsymbol{r}_B$，建立以基点 B 为原点，坐标轴与 $O-xyz$系各相应轴保持平行的坐标系 $B-x'y'z'$。若能指出平面图形绕 B 点或刚体绕 z'轴转动的角坐标 θ，刚体位置便可唯一确定。为描述平面运动，必须给出：

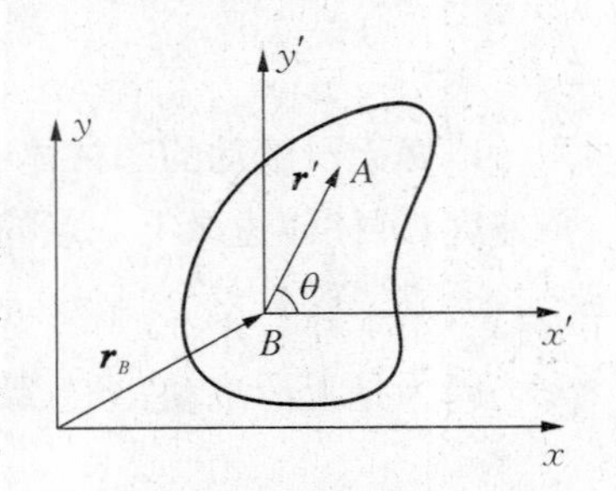

图 2-7 平面运动

$$\boldsymbol{r}_B = \boldsymbol{r}_B(t) = x_B(t)\boldsymbol{i} + y_B(t)\boldsymbol{j}, \ \theta = \theta(t)$$

或：

$$x_B = x_B(t), \ y_B = y_B(t), \ \theta = \theta(t)$$

即需要三个标量函数才能描述刚体的平面运动。在运动学中，基点的选择是任意的。

可将刚体平面运动视为平动与转动的合成，如图 2-8 所示。

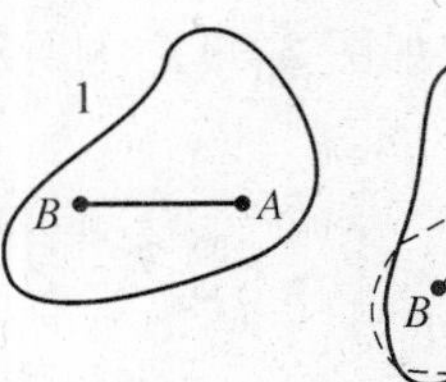

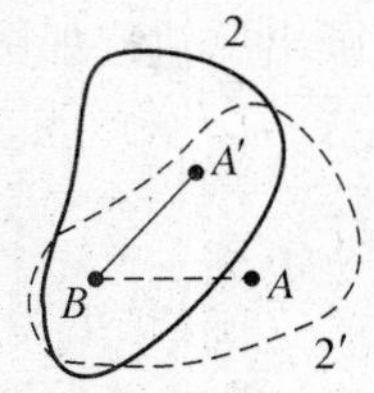

图 2-8 平动与转动

可见，平动和定轴转动不仅是刚体最简单的运动形式，也是最基本的运动形式。事实上，刚体更复杂的运动都可看作是平动与转动的合成。

现在讨论做平面运动的刚体上任意一点的速度，以 A 点为例，该点相对于 $O\text{-}xyz$ 系的位置矢量为：

$$\boldsymbol{r} = \boldsymbol{r}_B + \boldsymbol{r}'$$

对时间求导数即可得该点速度：

$$\boldsymbol{v} = \frac{\mathrm{d}\boldsymbol{r}}{\mathrm{d}t} = \frac{\mathrm{d}\boldsymbol{r}_B}{\mathrm{d}t} + \frac{\mathrm{d}\boldsymbol{r}'}{\mathrm{d}t} = \boldsymbol{v}_B + \boldsymbol{v}' \tag{2-1-13}$$

用 $\boldsymbol{\omega}$ 表示刚体绕过基点轴的角速度，根据：$\boldsymbol{v}' = \boldsymbol{\omega} \times \boldsymbol{r}'$ 上式变为：

$$\boldsymbol{v} = \boldsymbol{v}_B + \boldsymbol{\omega} \times \boldsymbol{r}' \tag{2-1-14}$$

此即做平面运动的刚体上任意一点的速度公式。

下面讨论圆柱体无滑滚动这一特例。若滚动圆柱体边缘上各点与支承面接触的瞬时，与支承面无相对滑动，称圆柱体做无滑滚动。如图 2-9 所示。

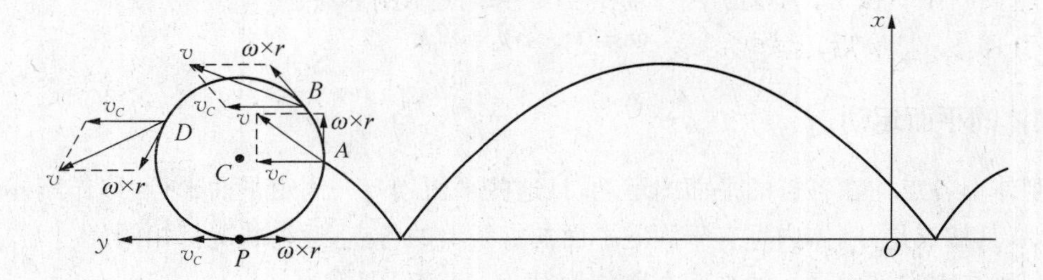

图 2-9　无滑滚动

以做无滑滚动的圆柱体中心轴上一点 C 为基点，用 $\boldsymbol{r}$ 和 $\boldsymbol{\omega}$ 分别表示圆柱体的半径和角速度，圆柱体边缘上一点的线速度为：

$$\boldsymbol{v} = \boldsymbol{v}_C + \boldsymbol{\omega} \times \boldsymbol{r}$$

因为是无滑滚动，当边缘上一点与支承面接触的瞬时，$\boldsymbol{v} = 0$，故：

$$\boldsymbol{v}_C + \boldsymbol{\omega} \times \boldsymbol{r} = 0$$

建立 $O\text{-}xyz$ 坐标系，将 P 点处的 $\boldsymbol{v}_C$ 和 $\boldsymbol{\omega} \times \boldsymbol{r}$ 矢量投影，得：

$$v_{C_y} = \omega_z r$$

人们通常将此式看作是圆柱体做无滑滚动的条件。这时，圆柱体边缘上一点在空间画出的轨迹如图 2-9 右方所示，称作摆线、旋轮线或圆滚线。

§2-2　刚体的动量和质心运动定理

动量是物理学中重要的守恒量，现将它运用于刚体。质点系的动量可表示为：

$\boldsymbol{p}=\sum m_i\boldsymbol{v}_i$ 或 $\boldsymbol{p}=m\boldsymbol{v}_c$

刚体为不变质点系，此二式仍适用。但因质心相对于刚体的位置不变，用 $\boldsymbol{p}=m\boldsymbol{v}_c$ 表示动量更方便。

1 刚体的质心

刚体作为不变质点系，质心坐标也适用公式：

$$x_c=\frac{\sum\limits_i m_i x_i}{m},\ y_c=\frac{\sum\limits_i m_i y_i}{m},\ z_c=\frac{\sum\limits_i m_i z_i}{m}\tag{2-2-1}$$

如果刚体质量连续分布，将求和变为积分运算，即：

$$x_c=\frac{\int_V x\,\mathrm{d}m}{\int_V \mathrm{d}m},\ y_c=\frac{\int_V y\,\mathrm{d}m}{\int_V \mathrm{d}m},\ z_c=\frac{\int_V z\,\mathrm{d}m}{\int_V \mathrm{d}m}\tag{2-2-2}$$

积分遍及刚体体积 V。$\mathrm{d}m$ 可写作 $\mathrm{d}m=\rho\mathrm{d}V$，$\rho$ 表示刚体体密度。

引入体密度 ρ 后，刚体质心坐标的表达式成为：

$$x_c=\frac{\int_V x\rho\,\mathrm{d}V}{\int_V \rho\,\mathrm{d}V},\ y_c=\frac{\int_V y\rho\,\mathrm{d}V}{\int_V \rho\,\mathrm{d}V},\ z_c=\frac{\int_V z\rho\,\mathrm{d}V}{\int_V \rho\,\mathrm{d}V}\tag{2-2-3}$$

若刚体均质，即刚体内各点体密度 ρ 相同，则质心坐标表达式为：

$$x_c=\frac{\int_V x\,\mathrm{d}V}{\int_V \mathrm{d}V},\ y_c=\frac{\int_V y\,\mathrm{d}V}{\int_V \mathrm{d}V},\ z_c=\frac{\int_V z\,\mathrm{d}V}{\int_V \mathrm{d}V}\tag{2-2-4}$$

【例题 2-1】 求半径为 a 的均质半圆球的质心。

【解】 如图 2-10 所示，以球心 O 为原点建立坐标系，由于对称性，质心 C 必定在 z 轴上，薄圆板的体积表示式为：

$$\mathrm{d}V=\pi r^2\mathrm{d}z=\pi(a\sin\theta)^2\mathrm{d}(a\cos\theta)=\pi a^3(1-\cos^2\theta)\mathrm{d}\cos\theta$$

$$z=a\cos\theta$$

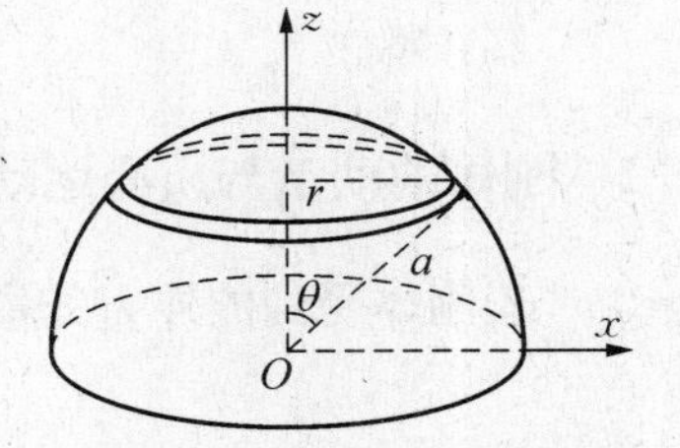

图 2-10 以 O 为原点建立的坐标系

半球的体积为：$V=\frac{1}{2}\cdot\frac{4}{3}\pi a^3=\frac{2}{3}\pi a^3$

把上面各式代入(2-2-4)式，并选择 $u=\cos\theta$ 作为积分变量，得：

$$z_c=\frac{\int z\,\mathrm{d}V}{V}=\frac{\pi a^4\int_0^1(1-u^2)u\,\mathrm{d}u}{\frac{2}{3}\pi a^3}=\frac{3}{2}a\left[\frac{u^2}{2}\Big|_0^1-\frac{u^4}{4}\Big|_0^1\right]=\frac{3}{8}a$$

对于质量相等的两质点，它们的质心在两质点连线中点。若刚体均质，且其形状具有对称性，具有对称轴，则其质心必在对称轴上。若刚体不是均质的，但是质量分布和几何形状具有相同的对称轴，则质心必在对称轴上，如刚体有几条这样的对称轴，则质心必在对称轴的交点处。

如刚体由几个部分组成，刚体质心与其各组成部分质心的关系在形式上与(2-2-1)式相同，式中的 i 表示刚体的不同部分，m_i 表示各部分的质量，x_i、y_i 和 z_i 表示各部分质心的坐标，刚体质心的计算式如下：

$$x_c = \frac{\sum m_i x_{ic}}{\sum m_i},\ y_c = \frac{\sum m_i y_{ic}}{\sum m_i},\ z_c = \frac{\sum m_i z_{ic}}{\sum m_i} \tag{2-2-5}$$

【例题 2-2】 在半径为 R 的均质等厚大圆板的一侧挖掉半径为 $R/2$ 的小圆板，小圆板与大圆板相内切，如图 2-11 所示。求余下部分的质心。

【解】 由对称性可知，余下部分质心的 y 坐标为零，只需求其 x 坐标。

用 σ 表示平板单位面积的质量，则大圆板的质量为：$M = \sigma\pi R^2$，质心坐标为 $x_c = 0$。

小圆板质量为：$m_1 = \sigma\pi R^2/4$，质心坐标为：$x_{1c} = R/2$；

余下部分的质量为：$m_2 = 3\sigma\pi R^2/4$，质心坐标为 x_{2c}；

将以上各量代入(2-2-5)式得：

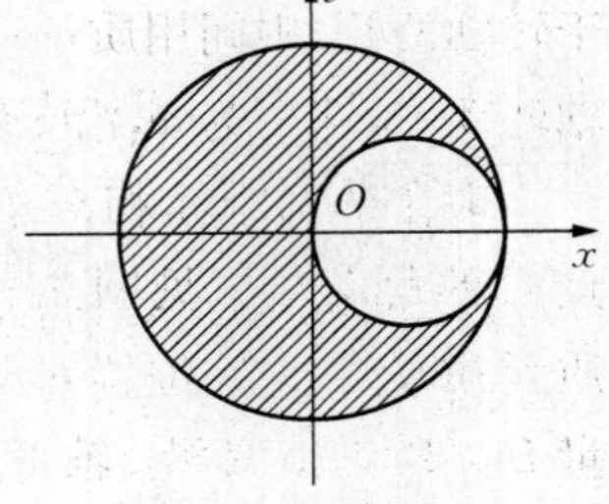

图 2-11 例题 2-2 图

$$0 = \frac{\frac{1}{4}\sigma\pi R^2 \cdot \frac{R}{2} + \frac{3}{4}\sigma\pi R^2 \cdot x_{2c}}{\sigma\pi R^2}$$

解出 x_{2c} 得：$x_{2c} = -R/6$

答：略。

2 刚体的动量与质心运动定理

若刚体受到的外力矢量和为零，动量守恒，即：

$$\boldsymbol{p} = m\boldsymbol{v}_C = \text{恒矢量}$$

将质心运动定理用于刚体，亦有：

$$\sum \boldsymbol{F}_i = m\,\mathrm{d}\boldsymbol{v}_C/\mathrm{d}t = m\boldsymbol{a}_C$$

$\sum \boldsymbol{F}_i$ 表示外力矢量和，$\boldsymbol{a}_C$ 为质心加速度。

【例题 2-3】 一圆盘形均质飞轮质量为 $m = 5.0\ \mathrm{kg}$，半径为 $r = 0.15\ \mathrm{m}$，转速为 $n = 400\ \mathrm{r/min}$。飞轮做匀速转动。飞轮质心距转轴 $d = 0.001\ \mathrm{m}$，求飞轮作用于轴承的压力。

(计入飞轮质量但不考虑飞轮重量)

【解】 飞轮质心沿半径为 d 的圆周运动,其向心加速度为:$a_c = \omega^2 d$,ω 为角速度。因为:$\omega = n\pi/30$

所以:$\omega = 400 \times \pi/30 = 41.9\ \text{rad/s}$

根据质心运动定理有:$F = m\omega^2 d = 5.0 \times 41.9^2 \times 0.001 = 8.78(\text{N})$

答:略。

§2-3 刚体定轴转动的角动量·转动惯量

1 刚体定轴转动对轴上一点的角动量

图 2-12 表示仅由质量各为 $m_1 = m_2 = m$ 的两个质元组成的"刚体",质元对称分布于转轴两侧,中间用质量不计的刚性轻杆连接。此刚体绕过轻杆中心且与轻杆垂直的 z 轴转动,角速度为 ω,沿 z 轴正方向。

现在计算刚体相对于转轴上任一点 O 的角动量。见图 2-12(a),因二质元质量相等且位置对称,故总角动量 $\boldsymbol{L} = \boldsymbol{L}_1 + \boldsymbol{L}_2$ 必沿 z 轴正方向,总角动量大小则等于:

$$L = m_1 r'_1 v_1 \cos\alpha + m_2 r'_2 v_2 \cos\alpha$$

因 $r'_1\cos\alpha = r'_2\cos\alpha = r_1 = r_2 = r$,$r$ 即质元到转轴距离,又 $v_1 = v_2 = \omega r$,故:

$$L = 2mr^2\omega$$

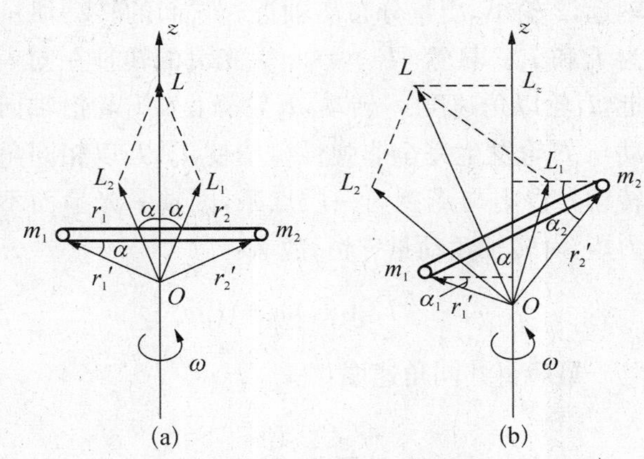

图 2-12 对于转轴上的角动量

图 2-12(b)表示另一种情况,设二质点仍绕过中心轴转动,但轻杆与转轴成一角度,其角速度等于 $\boldsymbol{\omega}$。总角动量 $\boldsymbol{L} = \boldsymbol{L}_1 + \boldsymbol{L}_2$,它不沿转轴。

动量总沿速度方向,而上例表明,当刚体绕固定轴转动时,刚体的角动量矢量并不一定沿角速度方向,它可能和角速度 $\boldsymbol{\omega}$ 成某一角度。

2 刚体对一定转轴的转动惯量

现在研究刚体定轴转动时对转轴的角动量,对轴的角动量是作为对点的角动量在坐标轴上的投影而引入的。设 Oz 轴即刚体转轴,刚体对轴角动量为:

$$L_z = \sum m_i r_i v_{i\tau},$$

因 $v_{i\tau} = \omega_z r$,故有:

$$L_z = \left(\sum m_i r_i^2\right)\omega_z \tag{2-3-1}$$

等式右方括号内为各质元质量与其到转动轴线垂直距离平方乘积之和。显然，它决定于刚体本身的质量分布以及转动轴线的位置，$\sum m_i r_i^2$ 叫作刚体对定轴 z 的**转动惯量**，用 I_z 表示：

$$I_z = \sum m_i r_i^2 \tag{2-3-2}$$

刚体对 z 轴的角动量可写作：

$$L_z = \left(\sum m_i r_i^2\right)\omega_z = I_z\omega_z \tag{2-3-3}$$

将它与动量相比，转动惯量和角速度分别可与惯性质量和速度相比拟。这转动惯量恰是对一定转轴转动惯性的量度。

图 2-13 所示，1 轮边缘厚重，质量大，质量分布离轴远，2 轮小，质量分布离轴近。它们的转动惯量分别为 I_1 和 I_2。显然，$I_1 > I_2$。二光滑的转轴在同一直线上，I_1 轮以角速度 ω_1 转动，I_2 轮静止。I_1 轮沿轴向右滑动与 I_2 轮发生完全非弹性碰撞使 I_1、I_2 以相同角速度转动。将 I_1 与 I_2 视为一质点系，因轴承光滑而不受外力矩，对转轴角动量守恒，故有：

$$(I_1 + I_2)\omega = I_1\omega_1$$

最后得共同角速度：

$$\omega = \frac{I_1}{I_1 + I_2}\omega_1$$

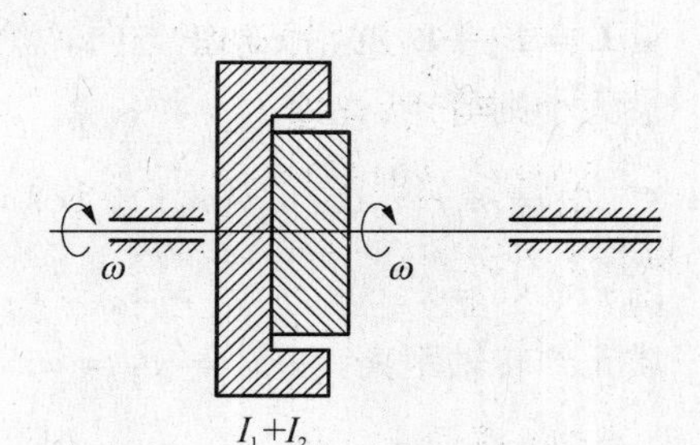

图 2-13　完全非弹性碰撞

由此可知转动惯量的作用。

刚体质量连续分布，为了精确地表示转动惯量，将上式中质元质量 m_i 改为质量微分 $\mathrm{d}m$，将求和变为积分，得：

$$I = \int_V r^2 \mathrm{d}m \tag{2-3-4}$$

积分遍及刚体全部体积。用 ρ 表示刚体密度，用 $\mathrm{d}V$ 表示体积微分，则 $\mathrm{d}m = \rho\mathrm{d}V$，代入上式，即：

$$I = \int_V \rho r^2 \mathrm{d}V \tag{2-3-5}$$

若刚体是均质的，则：

$$I = \rho\int_V r^2 \mathrm{d}V \tag{2-3-6}$$

转动惯量的单位由质量与长度的单位决定，在国际制中为 $\text{kg} \cdot \text{m}^2$。

【例题 2-4】 图 2-14 表示质量为 m、半径为 R、密度均匀的圆盘，求它对过圆心且与盘面垂直的转轴的转动惯量。

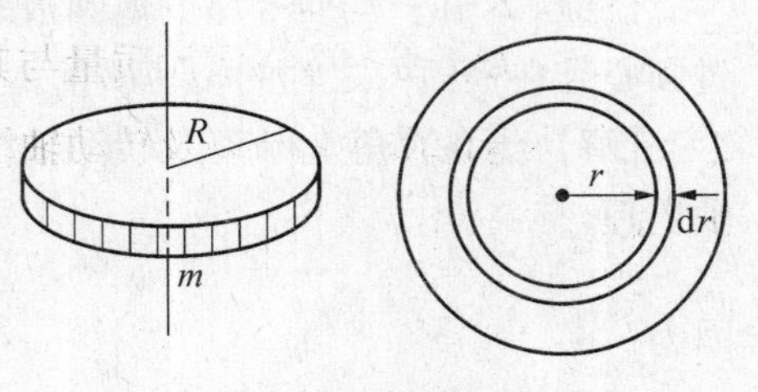

图 2-14　例题 2-4 图

【解】 用 ρ 表示圆盘密度，用 h 表示其厚度，则半径为 r，宽为 $\mathrm{d}r$ 的薄圆环的质量为：

$$\mathrm{d}m = \rho \cdot 2\pi r h \, \mathrm{d}r$$

薄圆环对轴的转动惯量为：

$$\mathrm{d}I = r^2 \mathrm{d}m = 2\pi\rho h r^3 \mathrm{d}r$$

积分得：
$$I = \int_0^R 2\pi\rho h r^3 \mathrm{d}r = 2\pi\rho h \int_0^R r^3 \mathrm{d}r = \frac{1}{2}\pi\rho h R^4$$

其中 $h\pi R^2$ 为圆盘体积，$\rho\pi h R^2$ 为圆盘质量 m，故圆盘转动惯量为：

$$I = \frac{1}{2} m R^2$$

答：略。

下面两个反映转动惯量性质的定理，颇有助于求转动惯量。

(1) 平行轴定理

刚体转动惯量与轴的位置有关。若二轴平行，其中一轴过质心，则刚体对二轴转动惯量有下列关系：

$$I = I_C + md^2 \tag{2-3-7}$$

(2) 垂直轴定理

设刚体为厚度无穷小的薄板，建立坐标系 $O-xyz$，z 轴与薄板垂直，$O-xy$ 坐标面在薄板平面内，刚体对 z 轴的转动惯量为：

$$I_z = I_x + I_y \tag{2-3-8}$$

I_x，I_y 分别表示刚体对 x 轴和 y 轴的转动惯量。

因此，无穷小厚度的薄板对一与它垂直的坐标轴的转动惯量，等于薄板对板面内另二直角坐标轴的转动惯量之和，称垂直轴定理。

【例题 2-5】 均质等截面细杆质量为 m，长为 l，已知其对于过中心且与杆垂直之轴的转动惯量为 $ml^2/12$，求对过端点且与杆垂直之轴的转动惯量。

【解】 两平行轴的间距为 $d = l/2$，根据平行轴定理有：

$$I = I_C + md^2 = \frac{1}{12}ml^2 + m\left(\frac{1}{2}l\right)^2 = \frac{1}{3}ml^2$$

答：略。

【例题 2-6】均质等厚度薄圆板的质量为 m，半径为 R，板的厚度远小于半径。求对过圆心且在板面内之轴的转动惯量。

【解】建立直角坐标系，原点在圆心，x、y 轴在板面间，根据对称性，$I_x = I_y$，由垂直轴定理，有：

$$I_z = I_x + I_y = 2I_x$$

因为：

$$I_z = \frac{1}{2}mR^2$$

所以：

$$I_x = \frac{1}{4}mR^2$$

答：略。

3 刚体定轴转动的角动量定理和转动定理

根据质点系对 z 轴的角动量定理及(2-3-3)式，得**刚体定轴转动对轴的角动量定理**：

$$\sum_i \tau_{iz} = \frac{\mathrm{d}}{\mathrm{d}t}(I_z\omega_z) \tag{2-3-9}$$

将 $\mathrm{d}t$ 乘等号左右两端，得：

$$\sum \tau_{iz}\,\mathrm{d}t = \mathrm{d}\,(I_z\omega_z) \tag{2-3-10}$$

式中 $\tau_{iz}\,\mathrm{d}t$ 称为作用于刚体第 i 个外力矩的**冲量矩**。上式意为**刚体对 z 轴角动量的增量等于对该轴外力矩的冲量矩的代数和，是用冲量矩表述的角动量定理**。

刚体对一定轴线的转动惯量为常量，故上式又可写作：

$$\sum \tau_{iz} = I_z\beta_z \tag{2-3-11}$$

它表明**刚体绕固定轴转动时，刚体对该转动轴线的转动惯量与角加速度的乘积在数量上等于外力对此转动轴线的合力矩**，叫作**刚体定轴转动的转动定理**。

设想力矩、转动惯量、角加速度和力、质量、加速度相比拟，则转动定理可与牛顿第二定律相比。力使质点产生加速度，而力矩产生角加速度。

4 刚体的重心

刚体处于不同方位时重力作用线都要通过的那一点叫作**重心**。

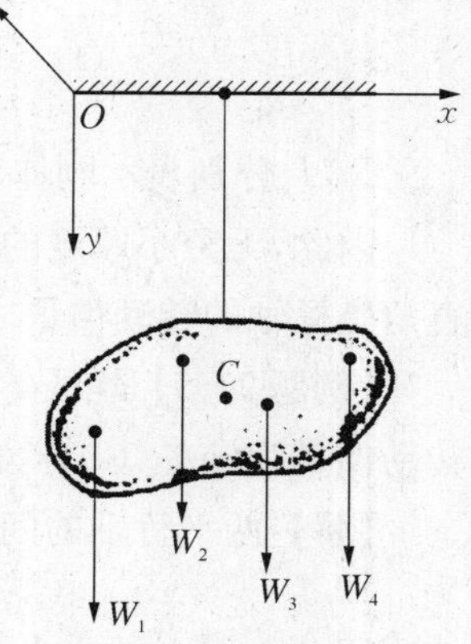

图 2-15 刚体重心

图 2-15，设 C 即重心，所有诸体元重力总效果均过 C，因 C 不动，可视作转轴。又因刚体静止，根据转动定理，诸力对 C

轴的合力矩为零,用 x_i 和 x_C 表示各体元与重心的 x 坐标,按合力矩为零,有:

$$\sum W_i(x_i - x_C) = 0$$

即得:

$$x_C = \frac{\sum_i W_i x_i}{W} \tag{2-3-12a}$$

W_i 和 W 分别表示诸质元重量和刚体总重量,同理可求出:

$$y_C = \frac{\sum_i W_i y_i}{W} \tag{2-3-12b}$$

$$z_C = \frac{\sum_i W_i z_i}{W} \tag{2-3-12c}$$

取 $W_i = m_i g$,则重心坐标与质心坐标相同。不过,在物理概念上,质心与重心不同。

5 典型的例子

运用转动定理连同质心运动定理和牛顿定律,可讨论许多有关转动的动力学问题。

【例题 2-7】 图 2-16(a)表示半径为 R 的放水弧形闸门,可绕图中左方支点转动,总质量为 m,质心在距转轴 $2R/3$ 处,闸门及钢架对支点的总转动惯量为 $I = \frac{7}{9}mR^2$。可用钢丝绳将弧形闸门提起放水,近似认为在开始提升时钢架部分处于水平,弧形部分的切向加速度为 $a = 0.1g$,g 为重力加速度,不计摩擦。

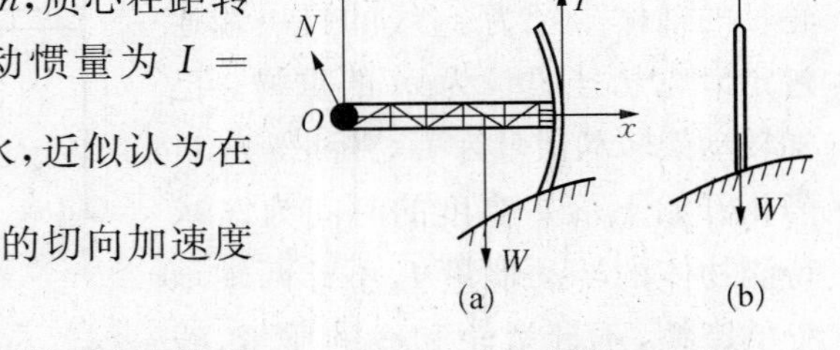

图 2-16 例题 2-7 图

(1) 求开始提升的瞬时,钢丝绳对弧形闸门的拉力和支点对闸门钢架的支承力。

(2) 若以同样加速度提升同样重量的平板闸门[图 2-16(b)]需拉力多少?

【解】 (1) 受力如图 2-16(a),建立直角坐标系 $O\text{-}xyz$,根据质心运动定理:

$$\boldsymbol{T} + \boldsymbol{N} + \boldsymbol{W} = m\boldsymbol{a}_C$$

向 x 及 y 轴投影得:

$$N_x = ma_{Cx}$$

$$T - mg + N_y = ma_{Cy}$$

根据转动定理:$TR - mg \cdot \frac{2}{3}R = \frac{7}{9}mR^2\beta_z$

β_z为闸门角加速度。启动时，闸门质心速度为零，因此其向心加速度亦为零，即：$a_{Cx}=0$

质心的线加速度 a_{Cy} 与刚体的角加速度有如下关系：$a_{Cy}=\dfrac{2}{3}\beta_z R$

同理，弧形闸门的切向加速度 a 为：$\beta_z=a/R$

解上列方程并将 a 的数值代入，得：

$$T=\frac{67}{90}mg,\ N_x=0,\ N_y=\frac{29}{90}mg$$

即启动瞬时绳对闸板的拉力为 $67mg/90$，支点 O 对闸门钢架的支承力竖直向上，大小等于 $29mg/90$。

(2) 用 T' 表示提升平板形闸门所用的拉力，对闸门应用牛顿第二定律，得：

$$T'-mg=ma$$

$$T'=11mg/10$$

可见提升弧形闸门所用的拉力较小。

【例题 2-8】 图 2-17(a)表示一种用实验方法测量转动惯量的装置。待测钢体装在转动架上，线的一端绕在转动架的轮轴上，线与线轴垂直，轮轴的轴体半径为 r，线的另一端通过定滑轮悬挂质量为 m 的重物。已知转动架转动惯量为 I_0，并测得 m 自静止开始下落 h 高度的时间为 t，求待测物体的转动惯量 I，不计两轴承处的摩擦，不计滑轮和线的质量，线的长度不变。

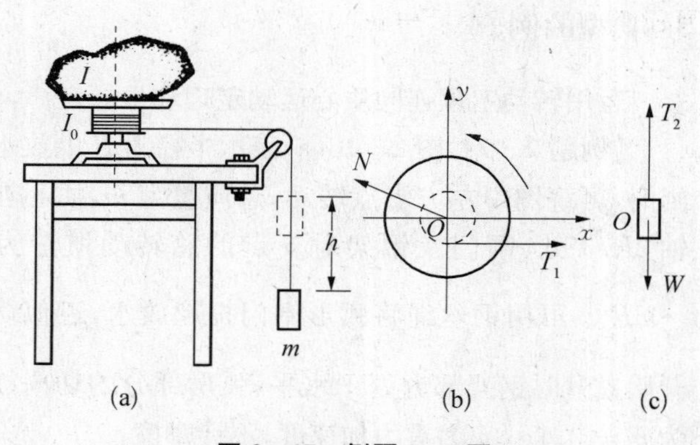

图 2-17　例题 2-8 图

【解】 受力情况如图 2-17(b)、(c)，建立直角坐标系 $O-xyz$，转动系统的总转动惯量为 $I+I_0$，根据转动定理：

$$T_1 r=(I+I_0)\beta$$

根据牛顿第二定律，由图 2-17(c)，有：$-mg+T_2=-ma$

由于不计滑轮和线的质量，不计摩擦，所以：$T_1=T_2$

轮轴边缘的线加速度 $a'=r\beta$，又因线不伸长，故：$a'=a$

即：

$$a=r\beta$$

根据以上公式可判断出 m 将匀加速下落，根据匀变速直线运动公式得：

$$h = \frac{1}{2}at^2$$

从上面方程解出 I,可得:$I = mr^2\left(\frac{gt^2}{2h} - 1\right) - I_0$

已知等号右侧各量的数值,便可求出转动惯量 I。

§2-4 刚体定轴转动的动能定理

1 力矩的功

如图 2-18 所示,在 $O-xyz$ 系中,z 轴与纸面垂直并指向读者,力 $\boldsymbol{F}$ 的作用点 P 沿半径为 r 的圆周经过弧长Δs,对应的角位移为 $\Delta\theta$,根据关于变力沿曲线做功的公式:

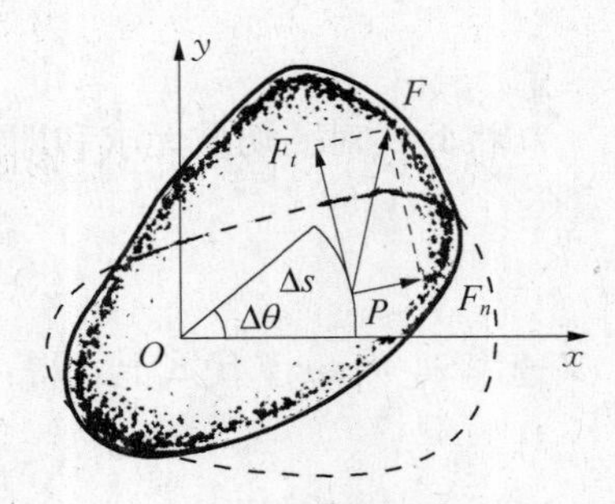

图 2-18 力矩的功

$$A = \int_{\Delta s} F_r \mathrm{d}s$$

因 $\mathrm{d}s = r\mathrm{d}\theta$, $\mathrm{d}s$ 表示与 $\mathrm{d}\theta$ 相对应的角坐标的微分,代入上式,得:

$$A = \int_0^{\Delta\theta} F_r r\,\mathrm{d}\theta$$

式中 $F_r r$ 即力 $\boldsymbol{F}$ 对 z 轴的力矩 τ_z,故:

$$A = \int_0^{\Delta\theta} \tau_z \mathrm{d}\theta \tag{2-4-1}$$

当刚体转动时,力所做的功等于该力对转轴的力矩对角坐标的积分。由于功用力矩和角位移表达,**又叫作力矩做的功**,本质上仍是力做的功。

若上式中力矩为恒量,**力矩做的功**:

$$A = \tau_z \int_0^{\Delta\theta} \mathrm{d}\theta = \tau_z \Delta\theta \tag{2-4-2}$$

即恒力矩做的功等于力矩与角位移的乘积。

力矩所做的元功:

$$\mathrm{d}A = \tau_z \mathrm{d}\theta \tag{2-4-3}$$

左右端均除以 $\mathrm{d}t$,即得**力矩的功率**:

$$P = \frac{\mathrm{d}A}{\mathrm{d}t} = \tau_z \frac{\mathrm{d}\theta}{\mathrm{d}t} = \tau_z \omega_z \tag{2-4-4}$$

即力矩的功率等于力矩与角速度的乘积。

2 刚体定轴转动的动能定理

将质点系动能定理：

$$\sum A_{外}+\sum A_{内}=\sum E_{k}-\sum E_{k0}$$

应用于刚体定轴转动，即得刚体定轴转动的动能定理。

将刚体视作不变质点系，所有质元做圆周运动的动能之和即刚体转动的动能。设质元质量为 m_i，速率为 v_i，质元动能为：

$$E_{ki}=\frac{1}{2}m_iv_i^2$$

将此式对一切质元求和即得刚体的总转动动能：

$$\sum_i E_{ki}=\frac{1}{2}\sum_i(m_iv_i^2) \tag{2-4-5a}$$

又速率 $v_i=\omega r_i$，代入上式得：

$$\sum_i E_{ki}=\frac{1}{2}\sum_i(m_ir_i^2)\omega^2=\frac{1}{2}I_z\omega^2 \tag{2-4-5b}$$

故**刚体绕固定轴转动的动能等于刚体对此轴的转动惯量与角速度平方乘积之半**。作用于转动刚体一切外力矩所做功的代数和 $\sum A_{外}$ 为：

$$\sum A_{外}=\sum\int_0^{\Delta\theta}\tau_{外z}\mathrm{d}\theta=\int_0^{\Delta\theta}\sum\tau_{外z}\mathrm{d}\theta \tag{2-4-6}$$

至于内力的功，因刚体为不变质点系，任意二质元间的距离不变，刚体内任何一对作用力和反作用力做功的和为零。因而刚体内一切内力做功之和总等于零。于是：

$$\sum_i A_i=\frac{1}{2}I_z\omega^2-\frac{1}{2}I_z\omega_0^2 \tag{2-4-7}$$

它表明**刚体绕定轴转动时，转动动能的增量等于刚体所受外力矩做功的代数和，这就是刚体定轴转动的动能定理。**

【例题 2-9】 装置如图 2-19 所示，匀质圆柱体质量为 m_1，半径为 R，重锤质量为 m_2，最初静止，后将重锤释放下落并带动柱体旋转，求重锤下落 h 高度时的速率 v。不计阻力，不计绳的质量及伸长。

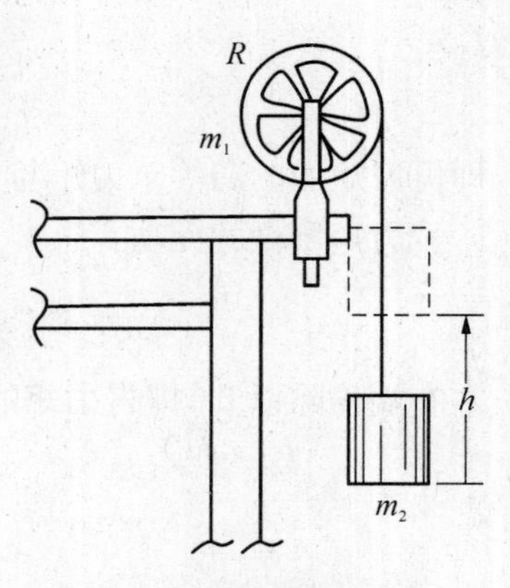

图 2-19 例题 2-9 图

【解】 用两种方法求解。

(1) 利用质点和刚体转动的动能定理求解

对于质点 m_2，重力做正功 m_2gh，绳的拉力 T 做负功

Th，质点动能由零增至 $m_2v^2/2$，按动能定理：

$$m_2gh - Th = \frac{1}{2}m_2v^2 \tag{1}$$

若不计阻力，圆柱体仅受力矩 TR，并做正功 $TR\theta$，θ 为 m_2 下落 h 时圆柱体的角位移，圆柱体转动惯量为 $m_1R^2/2$，转动动能从零增至 $\frac{1}{2}I\omega^2 = \frac{1}{4}m_1R^2\omega^2$，根据刚体定轴转动的动能定理：

$$TR\theta = \frac{1}{4}m_1R^2\omega^2 \tag{2}$$

因悬线不可伸长，则：$R\theta = h$，且：$v = R\omega$

代入(2)式得：$Th = \frac{1}{4}m_1v^2$

解出 T 并代入(1)式

便可求出：

$$v = 2\sqrt{\frac{m_2gh}{m_1 + 2m_2}}$$

(2) 利用质点系动能定理求解

根据质点系动能定理得：

$$m_2gh = \frac{1}{2}m_2v^2 + \frac{1}{2}I\omega^2 = \frac{1}{2}m_2v^2 + \frac{1}{2}\left(\frac{1}{2}m_1R^2\right)\omega^2$$

因绳不可伸长，有 $v = \omega R$，最后求得结果。

3 刚体的重力势能

这是指刚体与地球共有的重力势能，它等于各质元重力势能之和。设刚体任意质元的质量为 m_i，距势能零点的高度为 $h_i = y_i$，如图 2-20 所示，则质元的重力势能为：

$$E_{pi} = m_igh_i = m_igy_i$$

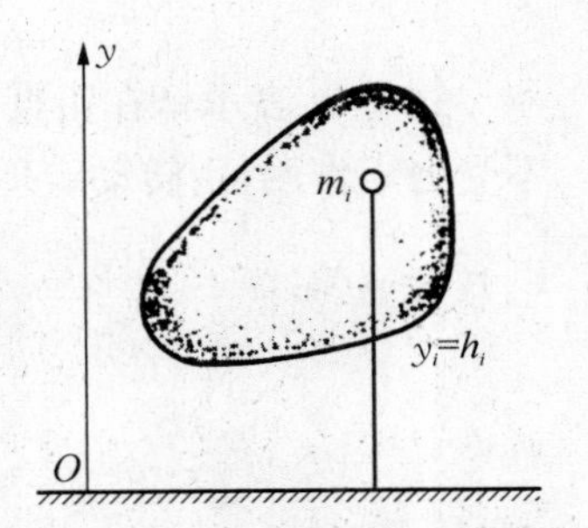

图 2-20 刚体的重力势能

对所有质元求和即得刚体势能：

$$E_p = \sum_i m_igh_i = \sum m_igy_i = mg\frac{\sum m_iy_i}{m}$$

根据刚体重心公式，即：

$$E_p = mgy_C \tag{2-4-8}$$

即刚体重力势能决定于刚体重心距势能零点的高度。

上述结果表明：**刚体的重力势能相当于在刚体重心处的一个质点的重力势能。**

【例题 2-10】 均质杆的质量为 m，长 l，一端为光滑的支点，最初处于水平位置，释放后杆向下摆动，见图 2-21。

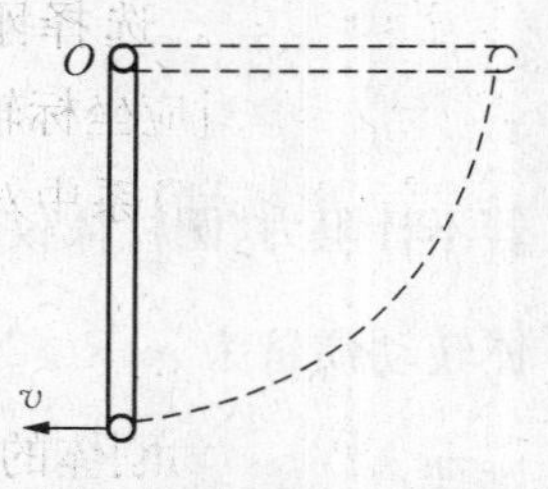

图 2-21　例题 2-10 图

(1) 求杆在铅垂位置时，其下端点的线速度 $\boldsymbol{v}$；

(2) 求杆在铅垂位置时，杆对支点的作用力。

【解】(1) 求 $\boldsymbol{v}$。在杆下摆过程中，只有作用于杆的重力做功，机械能守恒。选择杆在铅垂位置重心（在杆中心）位置为势能零点，得：

$$mgh_C = \frac{1}{2}I\omega^2$$

式中 $h_C = l/2$，至于等号右方，可写作：

$$\frac{1}{2}I\omega^2 = \frac{1}{2}\left(\frac{1}{3}ml^2\right)\omega^2 = \frac{1}{6}mv^2$$

代入前式并解出 v 得：$v = \sqrt{3gl}$

方向向左。

(2) 求支点受力

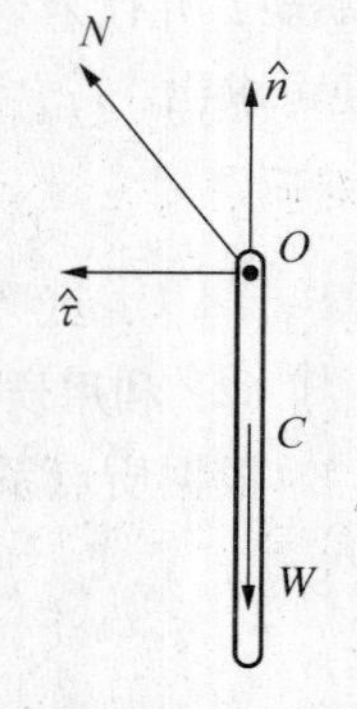

图 2-22　受力图

以杆为研究对象，受力如图 2-22 所示，$\boldsymbol{W} = m\boldsymbol{g}$，$\boldsymbol{N}$ 为支点支承力。根据质心运动定理：$\boldsymbol{N}+\boldsymbol{W} = m\boldsymbol{a}_C$，取自然坐标如图 2-22，得投影方程：

$$N_n - mg = m\frac{v_C^2}{r_C} \qquad (1)$$

$$N_\tau = ma_{C\tau}$$

式中 v_C表示杆在铅直位置的质心速率，r_C表示质心所在处的半径，杆处于铅垂位置时不受力矩作用，由转动定理，角加速度为零，故 $a_{C\tau} = 0$，得：$N_\tau = 0$

以 $r_C = l/2, v_C = v/2 = \frac{1}{2}\sqrt{3gl}$，代入(1)式得：

$$N = N_n = mg + \frac{3}{2}mg = \frac{5}{2}mg$$

方向向上。按牛顿第三定律，杆作用于支点的压力竖直向下且等于 $5mg/2$。

§2-5　刚体平面运动的动力学

1　刚体平面运动的基本动力学方程

在运动学中，可将刚体平面运动视作随任意选定的基点的平动和绕基点轴的转动。讨论动力学问题时，该基点选在质心上，以便应用质心运动定理和对质心的角动量定理。

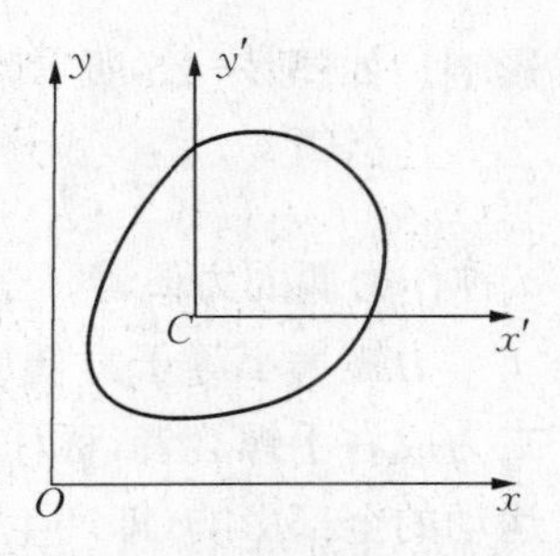

图 2-23 刚体平面运动

在惯性系中建立直角坐标系 $O-xyz$，$O-xy$ 坐标平面与固定平面平行。选择刚体质心为坐标原点，建立质心坐标系 $C-x'y'z'$，对应坐标轴始终两两平行。如图 2-23 所示。

首先，在 O 系中对刚体应用质心运动定理：

$$\sum \boldsymbol{F}_i = m\boldsymbol{a}_C \qquad (2-5-1)$$

式中 m 为刚体的质量。设作用于刚体的力均在 $O-xy$ 坐标面内，得投影式：

$$\sum F_{ix} = ma_{Cx},\ \sum F_{iy} = ma_{Cy}$$

再从 C 系研究刚体绕 z' 轴的角动量对时间的变化率，并将它投影于 z' 轴，得：

$$\sum_i \tau_{iz'} = \frac{\mathrm{d}L'_z}{\mathrm{d}t} \qquad (2-5-2)$$

将它应用于刚体，刚体对 z' 轴角动量对时间的变化率即 $I_{z'}\beta_{z'}$，$I_{z'}$ 和 $\beta_{z'}$ 分别表示刚体对质心轴的转动惯量和角加速度，于是有：

$$\sum \tau_{iz'} = I_{z'}\beta_{z'} \qquad (2-5-3)$$

即作用于刚体各力对质心轴的合力矩等于刚体对该轴的转动惯量与刚体角加速度的乘积，与惯性系中刚体定轴转动定理有完全相同的形式，叫作刚体对质心轴的转动定理。

式(2-5-1)给出了刚体随质心平动的动力学，式(2-5-2)描述刚体绕质心轴转动的动力学。两者合在一起称为**刚体平面运动的基本动力学方程**。

2 作用于刚体上的力

(1) 作用于刚体上的力的两种效果・滑移矢量

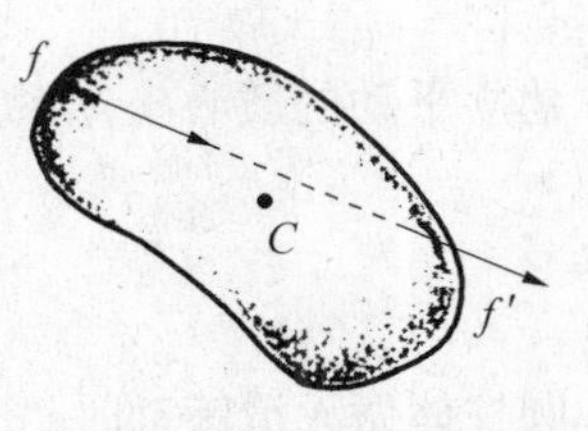

图 2-24 力沿作用线滑移

作用于刚体之力使质心做加速运动；对质心轴力矩使刚体产生角加速度。因此作用于刚体的力有两种效果。见图 2-24，将力 $\boldsymbol{f}$ 大小和方向不变地沿作用线滑移至 $\boldsymbol{f}'$，不改变力对刚体上述两方面的效果。因此，刚体所受力可沿作用线滑移而不改变其效果，即**作用于刚体的力是滑移矢量**。

力有三要素，即大小、方向和作用点。作用于刚体的力的三要素是大小、方向和作用线。若力的作用线通过质心，该力对质心轴力矩为零，故该力仅产生质心加速度。如刚体最初静止，则**作用线通过质心的力使刚体产生平动**。

(2) 力偶和力偶矩

大小相等方向相反彼此平行的一对力叫作力偶。因其矢量和为零，故对质心运动无影响。如图 2－25 所示，二力对质心轴力矩之和的大小为：

$$|\tau_z| = Fd \qquad (2-5-4)$$

d 称作力偶的**力偶臂**。

力矩大小等于力偶中一力与力偶臂乘积而方向与力偶中二力成右手螺旋者，称作该力偶的**力偶矩**。它决定力偶对刚体运动的全部影响，即产生角加速度。

作用于刚体的力，等效于一作用线通过质心的力和一力偶，该力的方向和大小与原力相同，而力偶的力偶矩等于原力对质心轴的力矩。如图 2－26 所示。

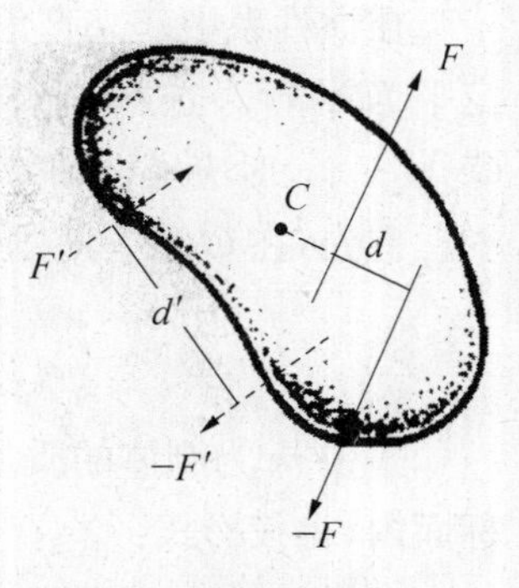

图 2－25　力偶

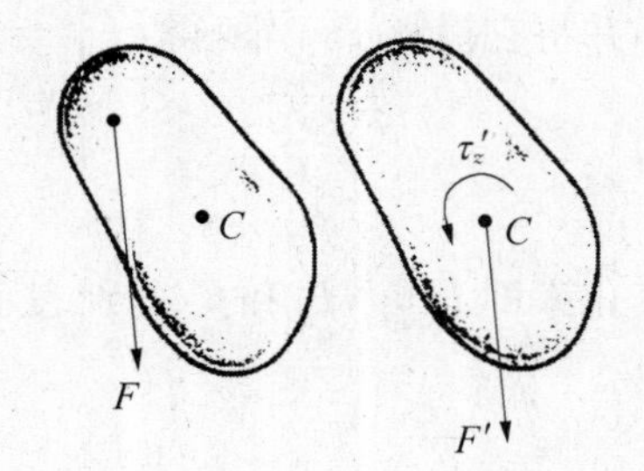

图 2－26　力和力偶

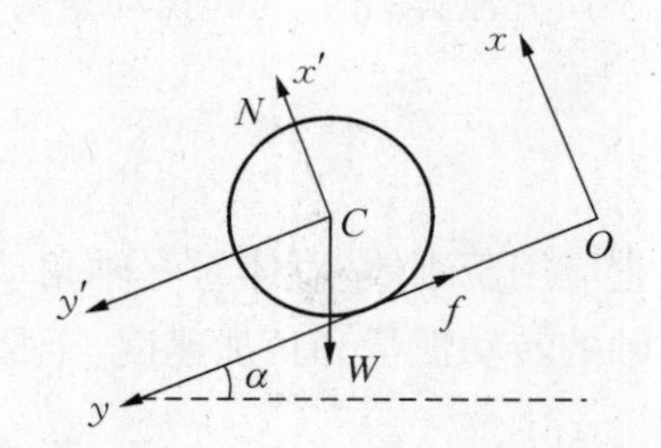

图 2－27　例题 2－11 图

【例题 2－11】 如图 2－27 所示，固定斜面倾角为 α，质量为 m 半径为 R 的均质圆柱体顺斜面向下做无滑滚动，求圆柱体质心的加速度 $\boldsymbol{a}_C$ 及斜面作用于柱体的摩擦力 $\boldsymbol{f}$。

【解】 受力如图 2－27，因为是无滑滚动，所以 $\boldsymbol{f}$ 是静摩擦力，根据质心运动定理：

$$\boldsymbol{N} + \boldsymbol{W} + \boldsymbol{f} = m\boldsymbol{a}_C$$

将此方程在 y 轴上投影得：

$$W\sin\alpha - f = ma_C$$

建立平动的质心坐标系 $C\text{-}x'y'z'$，利用对质心轴的转动定理有：

$$fR = I\beta = \frac{1}{2}mR^2\beta$$

圆柱体做无滑滚动时：$a_C = R\beta$

解以上方程得：

$$a_C = \frac{2}{3}g\sin\alpha$$

$$f = \frac{1}{3}mg\sin\alpha$$

由结果可见，圆柱体下滚时质心的加速度小于物体沿光滑斜面下滑的加速度 $g\sin\alpha$。

【例题 2-12】 质量为 m 的汽车在水平路面上急刹车，前后轮均停止转动。前后轮相距 L，与地面的摩擦系数为 μ，汽车质心离地面高度为 h，与前轮轴水平距离为 l。求前后车轮对地面的压力。

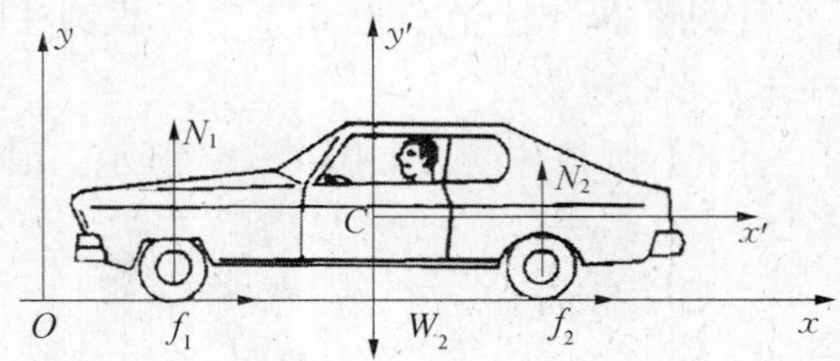

图 2-28 例题 2-12 图

【解】 汽车受力如图 2-28，$\boldsymbol{W}$ 和 $\boldsymbol{N}_1$、$\boldsymbol{N}_2$ 分别代表重力和地面支承力，$\boldsymbol{f}_1$ 和 $\boldsymbol{f}_2$ 均为滑动摩擦力。根据质心运动定理：

$$\boldsymbol{W}+\boldsymbol{N}_1+\boldsymbol{N}_2+\boldsymbol{f}_1+\boldsymbol{f}_2=m\boldsymbol{a}_C$$

将上式向 y 轴投影得：$N_1+N_2-W=0$

滑动摩擦力为：$f_1=\mu N_1, f_2=\mu N_2$

建立平动的质心坐标系 $C\text{-}x'y'z'$，利用对质心轴的转动定理有：

$$(f_1+f_2)h+N_2(L-l)-N_1 l=0$$

解上面方程得：

$$N_1=mg\frac{L-l+\mu h}{L}$$

$$N_2=mg\frac{l-\mu h}{L}$$

根据牛顿第三定律，前后轮对地面的压力大小分别为 N_1、N_2，方向向下。

讨论：若汽车静止，地面对前后轮的支承力为：

$$N_1'=mg\frac{L-l}{L}$$

$$N_2'=\frac{mgl}{L}$$

可见刹车时前轮受的压力比静止时大，造成汽车前倾。

3 刚体平面运动的动能

刚体平面运动动能等于随质心平动动能和刚体相对质心系的动能亦即绕质心轴转动的动能之和，即：

$$E_k=\frac{1}{2}mv_C^2+\frac{1}{2}I_C\omega^2 \tag{2-5-5}$$

其中 I_C 为刚体对质心轴的转动惯量。

根据质点系动能定理，质点系动能增量等于一切内力和外力做功的代数和。对刚体来说，内力做功的代数和为零，故对于刚体的平面运动，动能定理表现为：

$$\sum \Delta A = \Delta\left(\frac{1}{2}mv_C^2 + \frac{1}{2}I_C\omega^2\right) \tag{2-5-6}$$

【例题 2-13】 在例题 2-11 中，设圆柱体自静止开始滚下，求质心下落高度 h 时，圆柱体质心的速率。

【解】 圆柱体受力如图 2-27 所示。因为是无滑滚动，所以只有重力做功，根据(2-5-6)式有：

$$mgh = \frac{1}{2}mv_C^2 + \frac{1}{2}\left(\frac{1}{2}mR^2\right)\omega^2$$

考虑到无滑滚动的条件：

$$v_C = \omega R$$

可解得：$v_C = \dfrac{2}{3}\sqrt{3gh}$

答：略。

§2-6 刚体的平衡与自转

刚体力学包含运动学、动力学和静力学。这里仅讨论刚体所受诸力可视为均作用于同一平面内的情况，得出的结论适用于空间分布力处于平衡的情况。这里讨论的刚体静平衡时得出的结论，也适用于刚体做匀速直线平动的情况。

1 刚体的平衡方程

在参考系中建立直角坐标系 $O-xyz$，令 $O-xy$ 坐标面与各力的作用平面重合，所有的力仅有沿 x、y 轴的分量，力矩则相对于所选择的 z 轴而言。

若刚体静止，外力矢量和必为零：$\sum \boldsymbol{F}_i = 0$；刚体静止时，任何轴均可视作“固定轴”，根据转动定理，各力对该轴的力矩和为零：$\sum \tau_{iz} = 0$。

因此，$\sum \boldsymbol{F}_i = 0$ 和对任意轴 $\sum \tau_{iz} = 0$ 是**刚体平衡的必要条件**。

另一方面，若原来静止的刚体受力的矢量和为零，则其质心加速度为零；又若刚体对任意轴的力矩和为零，则对质心轴的力矩和也为零，根据对质心轴的转动定理，角加速度也为零，于是刚体质心的坐标以及角坐标均保持常数，即刚体继续保持静止。

所以 $\sum \boldsymbol{F}_i = 0$ 和对任意轴 $\sum \tau_{iz} = 0$ 又是**刚体平衡的充分条件**。

总之，若诸力作用于同一平面内，刚体受力矢量和为零，对与力作用面垂直的任意轴的力矩代数和为零，是刚体能保持平衡的充分必要条件。即：

$$\sum \boldsymbol{F}_i = 0,\ \sum \tau_{iz} = 0(\text{对任意 } z \text{ 轴}) \tag{2-6-1}$$

称作**在平面力系作用下刚体的平衡方程**。将力向 x、y 轴投影，得平衡方程的标量形式：

$$\sum F_{ix} = 0,\ \sum F_{iy} = 0,\ \sum \tau_{iz} = 0(\text{对任意 } z \text{ 轴}) \tag{2-6-2}$$

这一组共三个平衡方程。确定做平面运动的刚体的位置，也需要三个坐标。

还可以将平衡方程写成其他形式。因刚体平衡时，诸力对任意轴的力矩和为零，故可选择两参考点 O 和 O'，得出对 O_z 和 $O'_{z'}$ 轴两个力矩平衡方程，再加上诸力矢量和沿 Ox 轴的投影为零的方程，即可构成一组平衡方程：

$$\sum F_{ix} = 0,\ \sum \tau_{iz} = 0,\ \sum \tau_{iz'} = 0 \tag{2-6-3}$$

需要指出，应用此式时，O 与 O' 点的连线不可与 x 轴正交，如果正交，如图 2-29 所示，则若刚体受力 $\boldsymbol{F} \neq 0$，而恰好通过 OO'，这时，上式中三方程均得到满足，但显然刚体不会达到平衡。

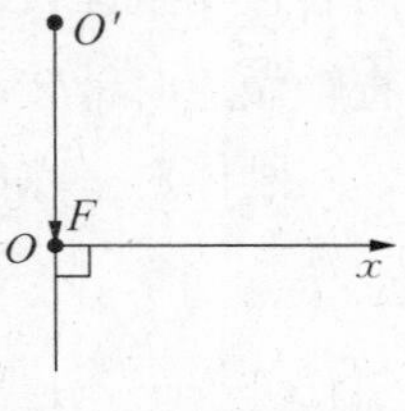

还可以在力的作用平面内选三个参考点 O、O'、O''，写出对 O_z、$O'_{z'}$ 和 $O''_{z''}$ 三个轴的力矩平衡方程：

图 2-29 OO' 与 x 轴正交

$$\sum \tau_{iz} = 0,\ \sum \tau_{iz'} = 0,\ \sum \tau_{iz''} = 0 \tag{2-6-4}$$

这是刚体在同一平面内的力作用下平衡方程的另一种形式。不过，O、O' 和 O'' 三点不应选在同一直线上。故此式连同 O、O' 和 O'' 不共线才是刚体平衡的充分条件。

2 自转与旋进

刚体上仅有一点固定，称刚体的**定点转动**。有时，刚体质心在运动，而刚体又绕质心做"定点转动"。

(1) 常平架回转仪

质量分布与几何形状有共同对称轴的刚体，当绕该对称轴转动时，刚体对轴上任一点的角动量与角速度方向相同。角动量在轴上的投影即对轴的角动量，并可用 $L_z = I_z \omega_z$ 表示。为将对点的角动量的方向表示出来，用：$\boldsymbol{L} = I_z \boldsymbol{\omega}$ 表示刚体对轴上一点的角动量。但就一般情况，因刚体角动量不沿转轴，故不能用此式表示刚体对转轴上一点的角动量。

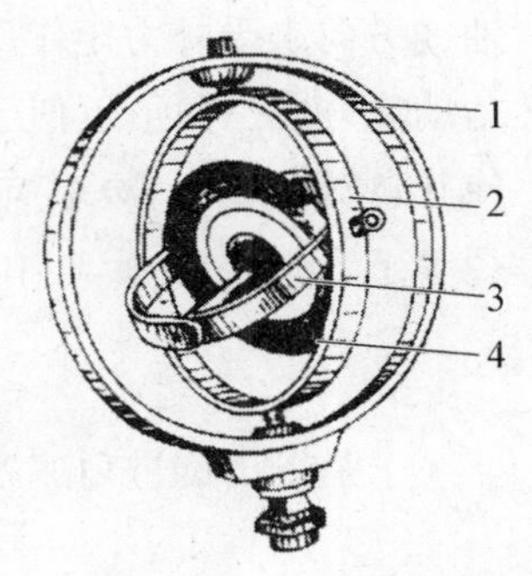

图 2-30 常平架回转仪

均质刚体绕几何对称轴的转动，称自转或自旋，其角动量为 $I\boldsymbol{\omega}$。若丝毫不受外力矩作用，则角动量守恒不仅表现为转动快慢不变，也表现为角速度方向不变。

因角速度沿转轴，故角动量守恒也表现于转轴不变方向。

常平架回转仪利用了这一道理，如图 2-30 所示。在支架 1 上面装着可以转动的外环 2，外环里面装着可以相对于外环转动的内环 3，在内环中安装回转仪 4。三根转动轴线相互垂直，并相交于回转仪的质心，所有轴承都是非常光滑的，这种装置叫**常平架回转仪**。

(2) 回转仪的旋进

参考图 2-31(a)，在杠杆的两端，一端装回转仪 G，另一端装可沿杠杆滑动的重锤 W，杠杆既可绕竖直轴又可绕水平轴转动。

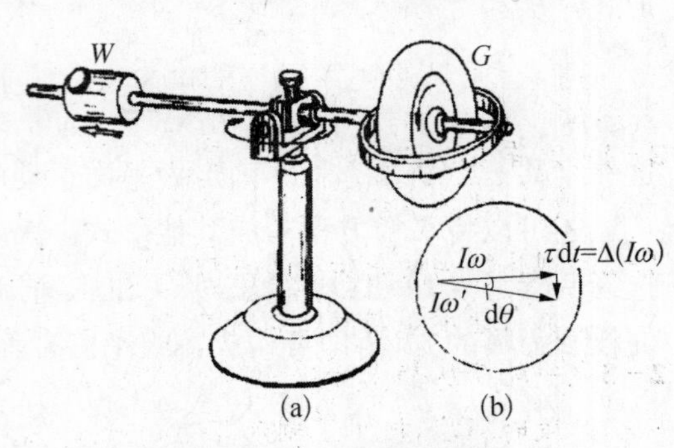

图 2-31 回转仪的旋进

若回转仪 G 原来有所示方向的自转，即自转角速度 $\boldsymbol{\omega}$ 矢量沿杠杆向右，在重锤向左稍移时，杠杆左方不是下沉而是仍保持水平，杠杆系统将绕铅直轴做顺时针转动。反之，向右移动重锤，杠杆仍维持水平，但系统绕铅直轴做逆时针转动。回转仪的这种运动叫作"**旋进**"。

刚体对一点的角动量变化率取决于外力矩，有：

$$\sum \boldsymbol{\tau} = \frac{\mathrm{d}\boldsymbol{L}}{\mathrm{d}t} \tag{2-6-5}$$

$\boldsymbol{\tau}$ 和 $\boldsymbol{L}$ 分别表示刚体对一点的力矩和角动量。用 $\mathrm{d}t$ 乘上式等号两边：

$$\sum \boldsymbol{\tau}\,\mathrm{d}t = \mathrm{d}\boldsymbol{L}$$

$\boldsymbol{\tau}\mathrm{d}t$ 称**元冲量矩**。现在用此式分析旋进。

从旋进现象可以看出，其角速度和自转角速度相比很小，因此在计算回转仪 G 的总角动量时，可以认为它近似等于自转角动量；又由回转仪的对称性可知，自转角动量等于 $I\boldsymbol{\omega}$，I 表示回转仪对自转轴的转动惯量。假设系统重心在杠杆支点的左侧，显然，在图中，外力矩和它在 $\mathrm{d}t$ 内的冲量矩 $\boldsymbol{\tau}\mathrm{d}t$ 以及它所引起的角动量的增量 $\Delta(I\boldsymbol{\omega})$ 的方向都由纸面指向读者。而在图中，为便于观察已将 $\boldsymbol{\tau}\mathrm{d}t$ 与 $I\boldsymbol{\omega}$ 所成图平面转了 90°，按照三角形法则，由初角动量 $I\boldsymbol{\omega}$ 与其增量 $\Delta(I\boldsymbol{\omega})$ 的矢量和便得到后来的角动量 $I\boldsymbol{\omega}'$。由于回转仪在自转轴线方向未受外力矩作用，故自转角动量的大小不变，即 $\omega' = \omega$。角动量的增量与它垂直。角动量合成三角形近似于等腰三角形。因此，回转仪必然要发生一旋进的角位移 $\mathrm{d}\theta$，方能使其自转轴线由 $I\boldsymbol{\omega}$ 转向 $I\boldsymbol{\omega}'$ 的方向。旋进角速度可求出如下，将 $|\Delta(I\boldsymbol{\omega})|$ 近似看作是半径等于 $|I\boldsymbol{\omega}|$ 的圆弧，得：

$$I\omega\,\mathrm{d}\theta = \tau\,\mathrm{d}t$$

于是得出旋进角速度：

$$\Omega = \frac{\mathrm{d}\theta}{\mathrm{d}t} = \frac{\tau}{I\omega} \tag{2-6-6}$$

可见,**自转角动量一定时,旋进角速度与力矩成正比。**

习 题

2-1 汽车发动机的转速在 12 s 内由 1 200 r/min 增加到 3 000 r/min。求:
(1) 假设转动是匀加速转动,求角加速度。(2) 在此时间内,发动机转了多少转?

2-2 刚体转动的角加速度β与时间t的关系为$\beta = 4t^3 - 3t^2$,且初始角速度为ω_0,角坐标θ_0,求角速度ω与角坐标θ与时间t的关系。

2-3 一轮子从静止开始加速,它的角速度在 6 s 内均匀增加到 200 r/min,以这个速度转动一段时间后,使用了制动装置,再过 5 min 轮子停止转动。若轮子的转数为 3 100 r,试计算总的转动时间。

2-4 飞机沿水平方向飞行,螺旋桨尖端所在半径为 150 cm,发动机转速 2 000 r/min。求:
(1) 桨尖相对于飞机的线速率等于多少?(2) 若飞机以 250 km/h 的速率飞行,计算桨尖相对地面速度的大小,并定性说明桨尖的轨迹。

2-5 地球自转是逐渐变慢的。在 1987 年完成 365 次自转比 1900 年长 1.14 s,求在 1900 年到 1987 年这段时间内,地球自转的平均角加速度。

2-6 一质量为m、长为l的均匀细棒,可绕其一端的光滑轴O在竖直平面内转动,今使细棒从水平位置静止释放,如 2-6 题图所示,试求:
(1) 细棒刚释放时的角加速度;
(2) 细棒摆至竖直位置时的角速度和质心C的加速度。

2-6 题图

2-7 掷铁饼运动员手持铁饼转动 1.25 圈后松手,此刻铁饼的速度值达到$v = 25$ m/s。设转动时铁饼沿半径为$R = 1.0$ m 的圆周运动并且均匀加速。求:
(1) 铁饼离手时的角速度;
(2) 铁饼的角加速度;
(3) 铁饼在手中加速的时间(把铁饼视为质点)。

2-8 一个哑铃由两个质量为m,半径为R的铁球和中间一根长L的连杆组成(见 2-8 题图),和铁球的质量相比,连杆的质量可以忽略。求此哑铃对于通过连杆中心C并和它垂直的轴的转动惯量。它对于通过两球的连心线的轴的转动惯量又是多大?

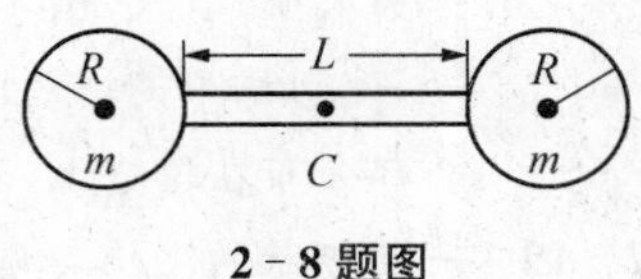

2-8 题图

2-9 现在用阿特伍德机测滑轮转动惯量。用轻线且尽可能润滑轮轴,两端悬挂重物质量各为$m_1 = 0.46$ kg,且$m_2 = 0.5$ kg,滑轮半径为 0.05 m。自静止始,释放重物后并测得 5.0 s 内m_2下降 0.75 m。滑轮转动惯量是多少?

2-10 一个半圆薄板的质量为m,半径为R。当它绕着它的直径边转动时,它的转动惯量多大？

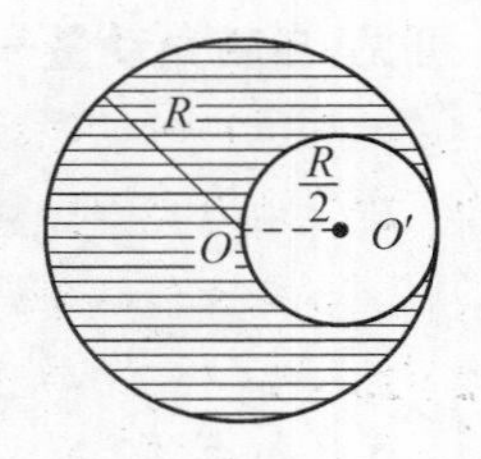

2-11 题图

2-11 从一个半径为R的均匀薄板上挖去一个直径为R的圆板，所形成的圆洞中心在距原薄板中心$R/2$处（见 2-11 题图）。所剩薄板的质量为m。求此时薄板对于通过原中心而与板面垂直的轴的转动惯量。

2-12 转轮的转动惯量为 10 千克·米^2，其转速为 120 转/分，在恒定的摩擦力矩作用下，10 秒后停止转动，求摩擦力矩的值。

2-13 一质量为m_1，速度为v_1的子弹沿水平面击中并嵌入一质量为$m_2 = 99m_1$，长度为L的棒的端点，速度v_1与棒垂直，棒原来静止于光滑的水平面上。子弹击中棒后共同运动，求棒和子弹绕垂直于平面的轴的角速度等于多少？

2-14 一轻绳绕于半径$r = 20\ \text{cm}$的飞轮边缘，在绳端施以$F = 98\ \text{N}$的拉力，飞轮的转动惯量$I = 0.5\ \text{kg}\cdot\text{m}^2$，不计飞轮与转轴间的摩擦，如 2-14 题图所示，试求：

(1) 飞轮的角加速度；

(2) 当绳端下降 5 m 时飞轮所获得的动能；

(3) 如以$m = 10\ \text{kg}$的物体挂在绳端，试计算飞轮的角加速度。

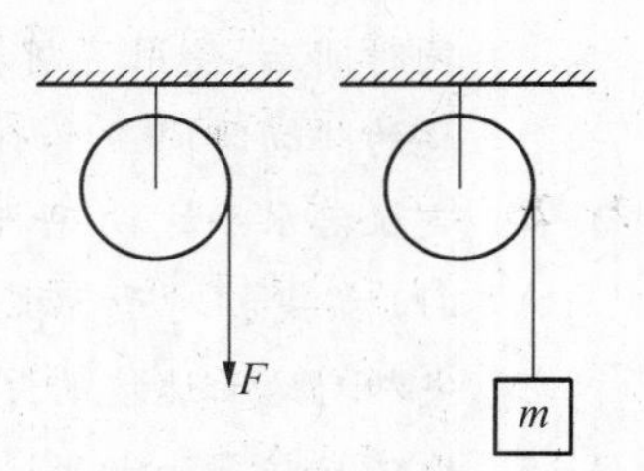

2-14 题图

2-15 一转台绕竖直固定轴转动，每转一周所需时间为$t = 10\ \text{s}$，转台对轴的转动惯量为$I = 1\,200\ \text{kg}\cdot\text{m}^2$。一质量为$M = 80\ \text{kg}$的人，开始时站在转台的中心，随后沿半径向外跑去，当人离转台中心$r = 2\ \text{m}$时，转台的角速度是多大？

2-16 一个质量为M、半径为R、以角速度ω旋转的匀质飞轮A，其边缘飞出一质量为m的碎片B，速度方向正好竖直向上，如 2-16 题图所示。试求碎片B能上升的最大高度及余下部分的角速度、角动量和转动动能（忽略重力矩的影响）。

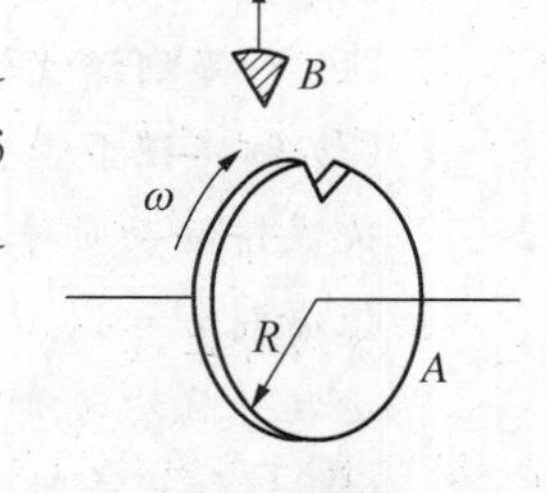

2-16 题图

2-17 11 m 高的烟囱因底部损坏而倒下来，求其上端到达地面时的线速度。设倾倒时，底部未移动，可近似认为烟囱为细均质杆。

2-18 如 2-18 题图所示，飞轮的质量为 60 kg，直径为 0.50 m，转速为$1.0\times10^3\ \text{r/min}$，现用闸杆制动，使其在 5.0 s 内停止转动，设闸杆与飞轮之间的摩擦因数$\mu = 0.40$，飞轮的质量全部分布在轮缘上，求制动力F。

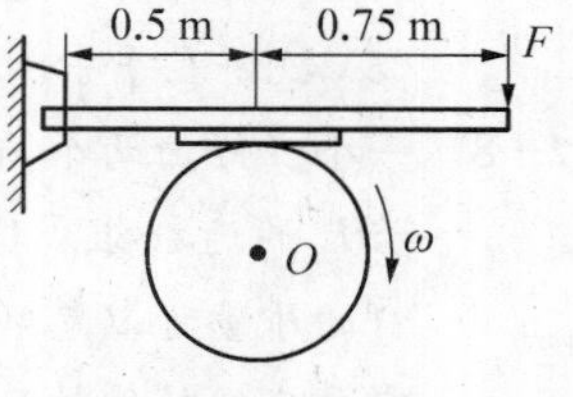

2-18 题图

2-19 一圆板状的飞轮其质量为 100 千克，半径为 0.6 米，其转速为 50 转/分，求其转动动能。

2-20 求地球自转时对于自转轴的动量矩。设地球为均值球体，质量为6×10^{24}千克，半径为6.4×10^6米。

2-21 质量为m长为l的均质杆，其B端放在桌上，A端用手支住，使杆成水平，突然释放A端，在此瞬时，求：

(1) 杆质心的加速度；

(2) 杆 B 端所受的力。

2-22 均匀实心球体沿倾角为 θ 的斜面上滚下，问球体与斜面之间的静摩擦系数至少多大，球才能在斜面上无滑动地滚下？

2-23 如2-23题图所示，在倾角为 θ 的光滑斜面的顶端固定一定滑轮，用一根绳缠绕若干圈后引出，系一质量为 M 的物体。已知滑轮的质量为 m，半径为 R，转动惯量为 $mR^2/2$，滑轮的轴没有摩擦。试求物体沿斜面下滑的加速度 a。

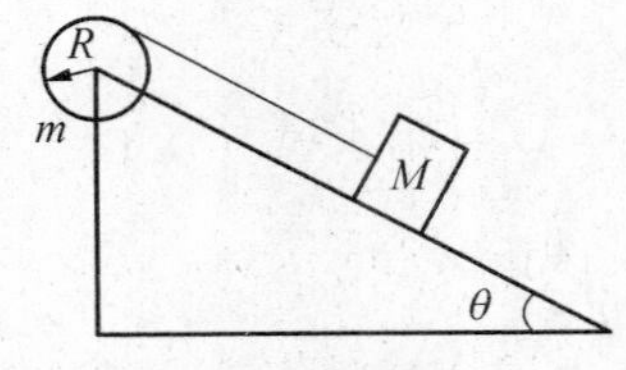

2-23题图

2-24 一发动机其输出功率为10千瓦，转速为120转/分，求发动机产生的转矩的值。若用直径为20厘米的鼓轮装在转轴上，并用绳绕于鼓轮去提升重物，问可提升多重的物体，提升速度多大？若改用直径为10厘米的鼓轮时，提升物体的重量及速度又为多少？

2-25 一长为 $L=0.4\,\text{m}$，质量 $M=1.0\,\text{kg}$ 的均匀木棒，可以绕水平轴 O 在竖直平面内转动。开始时棒自然下垂。现有一质量 $m=8\,\text{g}$ 的子弹，以 $v=200\,\text{m/s}$ 的速度从点 A 射入棒中，设点 A 与点 O 的距离为 $3L/4$，如2-25题图所示。求：

(1) 棒开始转动的角速度；

(2) 棒的最大偏转角。

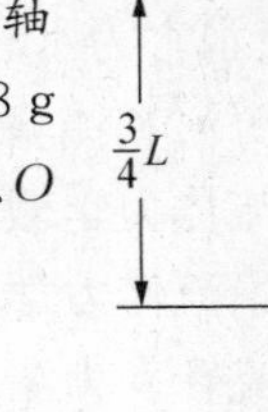

2-25题图

2-26 如2-26题图所示，一匀质细棒长度为 l，质量为 m，可绕通过其端点 O 的水平轴自由转动。当棒从水平位置自由释放后，它在竖直位置上与放在地面上的物体做完全弹性碰撞，该物体的质量为 M，它与地面的摩擦因数为 μ。相撞后，物体沿地面滑行了一段距离 s 后停止，证明：$\mu=\dfrac{6m^2l}{(m+3M)^2s}$

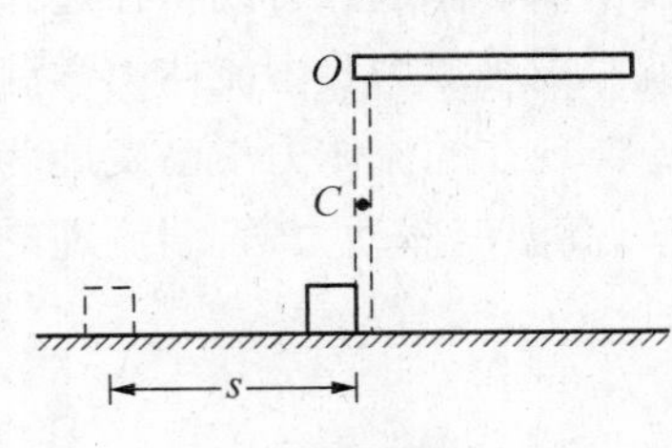

2-26题图

2-27 自行车前轮的转动惯量是 $0.34\,\text{kg}\cdot\text{m}^2$，轮半径为 $0.36\,\text{m}$。在车前进的速率为 $0\,\text{m/s}$ 时，骑车人向右一歪，相当于一个质量为 $60\,\text{kg}$ 的物体挂在轮轴上轮的右侧 $0.04\,\text{m}$ 处，此时前轮应绕竖直轴以多大角速度转动，才能配合这一倾倒力矩？

2-28 半径为 r 的实心小球，可在竖直平面内的弯曲轨道内做纯滚动，而圆环轨道的半径为 R，且 $R\gg r$，如2-28题图所示。问：小球应从多高处由静止启动方能通过圆环段的顶点而不脱离圆环？

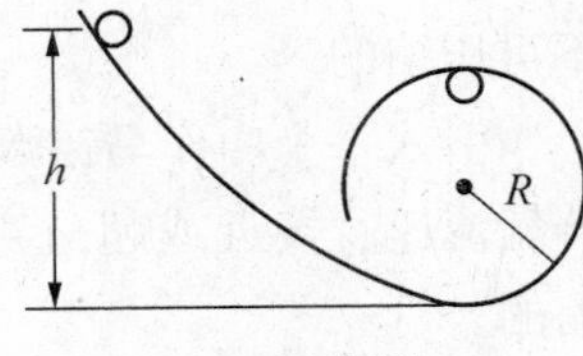

2-28题图

第3章

流 体 力 学

流体包含气体和液体，一般说来，流体不具备保持原来形状的弹性。这就是流体的流动性。**流体力学即研究流动的规律以及它与固体的相互作用。**

公元前阿基米德对流体静力学进行研究。公元前400年前后，西门豹破除迷信并开渠十二条，变水害为水利。李冰于秦昭王时期建都江堰工程，隋代开凿大运河，沟通长江、黄河、淮河、海河和钱塘五大水系。

为近代流体力学做出贡献的约翰·伯努利，建立了理想流体稳定流动的动力学方程，欧拉则为理论流体力学的奠基人，雷诺通过实验显示水流过平板等物体产生涡流，并得出可作为从层流转变为湍流之判据的无量纲数，即**雷诺数**。茹可夫斯基的翼型理论对航空技术影响深远。普朗特在边界层理论、风洞实验技术、机翼理论和湍流等方面都有重要成就。周培源为我国流体力学湍流理论研究的先驱，钱学森曾提出跨声速流动相似律。

现在的流体力学已发展为许多学科，如流体静力学、水力学、气体动力学、磁流体力学、高温流体动力学、湍流理论和相对论流体动力学等。

§3-1 静止流体内的压强

1 理想流体

无论气体还是液体都是可压缩的。因为液体的压缩量很小，所以通常不考虑液体的可压缩性。气体的可压缩性非常明显，但是，在一定条件下，可以把流动着的气体看作是不可压缩的。

引入一个叫作**马赫数**的量，定义为$M=$流速/声速，若$M^2 \ll 1$，可视气体不可压缩。若气流速度接近或超过声速，气体的可压缩性会变得非常明显，不能再看作是不可压缩的。

在一定问题中，若可不考虑流体的压缩性，便可将它抽象为不可压缩流体的理想模型，反之，则需看作是可压缩流体。

流体流动时，将表现出或多或少的**黏性**，它是当流体运动时，层与层之间有阻碍相对运动的内摩擦力。

在某些问题中,若流体的流动性是主要的,黏性居于极次要的地位,可认为流体完全没有黏性,这样的理想模型叫作**非黏性流体**,若黏性起着重要作用,则需看作**黏性流体**。

如果在流体运动的问题中,可压缩性和黏性都处于极为次要的地位,就可以把它当作理想流体。**理想流体是不可压缩又无黏性的流体**。

2 静止流体内一点的压强

在流体内部某一位置沿某一方向取一微小的假想截面,这个假想截面将附近流体分成两部分,并设想将这两部分之间的相互作用力分成与假想截面垂直和与假想截面平行的二分力,前者对应于正压力,后者对应于**剪应力**或称为**内摩擦力**。

首先讨论静止流体内部与假想截面相切的力。观察静止在液面上的木板,无论在多小的推力下都能移动。表明在静止流体内部没有阻碍层与层之间发生相对滑动的阻力。

可以说**静止流体内部无静摩擦力**。大量事实表明,静止流体内任意假想截面两侧的流体间,不会产生沿截面切线方向的作用力,即静止流体不具备弹性体那种抵抗剪切形变的能力或类似于固体之间的静摩擦力。

下面研究静止流体内部与假想面元垂直的"正压力"。

在流体内部某点处取一假想面元,用 ΔF 和 ΔS 分别表示通过该面元两侧流体相互压力的大小和假想面元的面积,则:

$$p = \lim_{\Delta S \to 0} \frac{\Delta F}{\Delta S} \qquad (3-1-1)$$

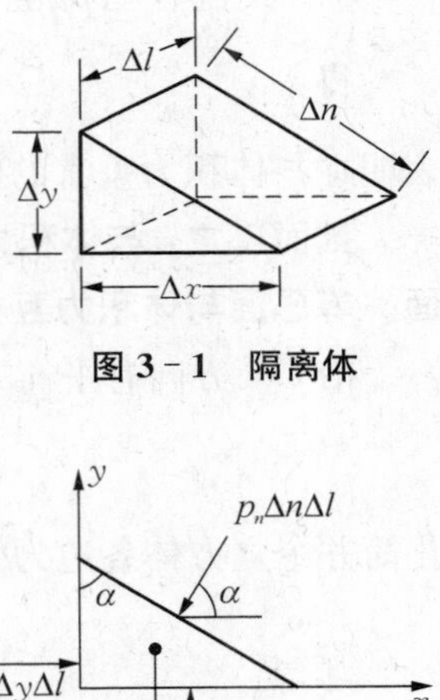

称为与无穷小假想面元 dS 相对应的**压强**。

Δl Δn Δy Δx

图 3-1 隔离体

参考图 3-1,在静止流体中某一点的周围,用假想截面围出微小的三棱直角柱体作为隔离体,柱体横截面沿 x 轴边长为 Δx,沿 y 轴边长为 Δy,斜边长为 Δn,另一边长为 Δl。

隔离体在 O-xy 面内受力如图 3-2 所示,其重量等于:

$$\Delta W = \Delta mg = \frac{1}{2}\rho g \Delta x \Delta y \Delta z$$

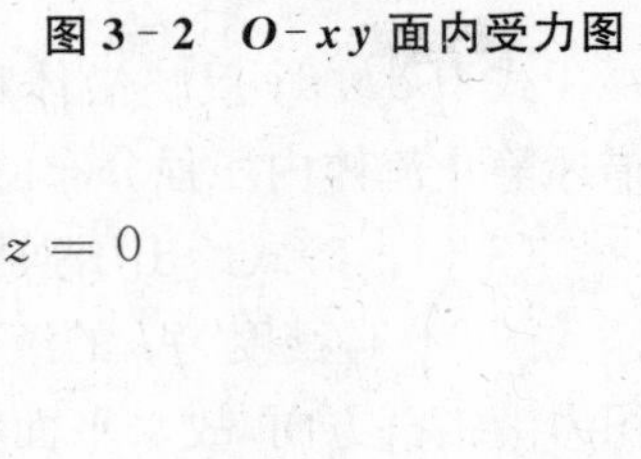

y $p_n\Delta n\Delta l$ α α $p_x\Delta y\Delta l$ O x Δmg $p_y\Delta x\Delta l$

图 3-2 O-xy 面内受力图

周围流体作用于各面的力均垂直于各假想截面,设作用于柱面上的压强分别为 p_x、p_y 和 p_n,得平衡方程:

$$p_x \Delta y \Delta l - p_n \Delta n \Delta l \cos\alpha = 0$$

$$p_y \Delta x \Delta l - p_n \Delta n \Delta l \sin\alpha - \frac{1}{2}\rho g \Delta x \Delta y \Delta z = 0$$

因 $\Delta n \sin\alpha = \Delta x$,$\Delta n \cos\alpha = \Delta y$;代入上式得:

$$p_x = p_n,\ p_y = p_n + \frac{1}{2}\rho g \Delta y$$

令：$\Delta x, \Delta y, \Delta l, \Delta n \to 0$，得：

$$p_x = p_n = p_y \tag{3-1-2}$$

由此式得出结论：**过静止流体内一点各不同方位无穷小面元上的压强大小都相等**。

因此，静止流体内一点的压强，等于过此点任意一假想面元上正压力大小与面元面积之比当面元趋于零时的极限。

在国际制中，压强单位为 Pa（帕），在厘米克秒制中，其单位为 $\mathrm{dyn/cm^2}$。此外，暂时与国际制并用的压强单位还有 bar（巴），$1\ \mathrm{bar} = 10^5\ \mathrm{Pa}$。

3 静止流体内不同空间点压强的分布

流体微团受到两种力：压力作用包围微团的假想截面上，称**面积力**；万有引力、重力等作用于全部体积上，称**体积力**。

见图 3-3，在流体内取微小正六面体，长宽高各为 Δn 和 Δy。用 w 表示单位体积流体受到的体积力，称体积力密度。若仅关心纸面内诸力的平衡，沿 Ol 方向有：

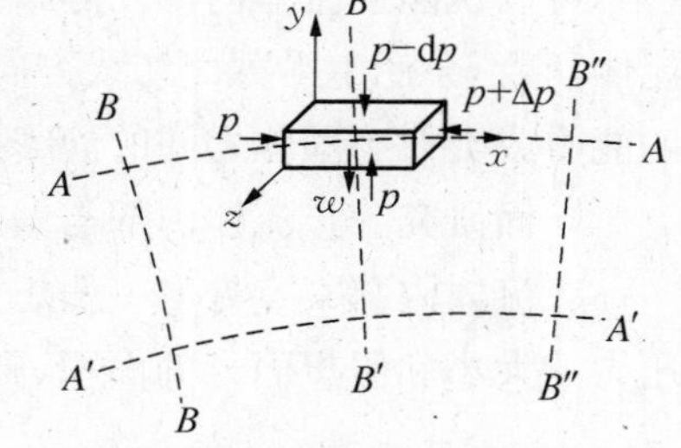

图 3-3 微小正六面体

$$(p + \Delta p)\,\Delta n \Delta y - p \Delta n \Delta y = 0$$

得：

$$\mathrm{d}p = \Delta p = 0$$

表明在与体积力垂直的曲面上相邻两点压强相等。

推而广之：**与体积力垂直的曲面上各点压强相等**。压强相等诸点组成的面称为**等压面**。**等压面与体积力互相正交**。

沿 Oy 方向有平衡方程：

$$-(p + \mathrm{d}p)\,\Delta l \Delta n + p \Delta l \Delta n - w \Delta y \Delta n \Delta l = 0$$

化简并令立方体各边为无穷小量，有：

$$\mathrm{d}p = -w\,\mathrm{d}y$$

或：

$$\frac{\mathrm{d}p}{\mathrm{d}y} = -w \tag{3-1-3}$$

式中 $\mathrm{d}p/\mathrm{d}y$ 反映沿体积力方向压强的变化率，是描述静止流体内压强分布的物理量，称**压强梯度**。

（3-1-3）式给出压强梯度与体积力密度成正比。

图 3-4，密度为 ρ 的液体静止于容器中，因重力体积力沿铅直方向，故水平面为等压面，即等高各点压强相等。

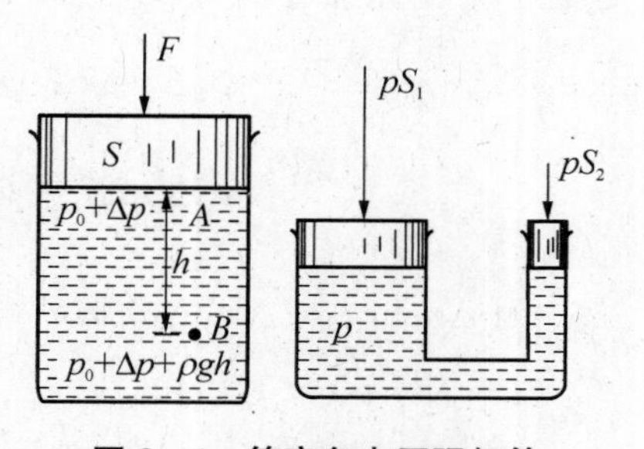

图 3-4 等高各点压强相等

因体积力密度 $w = \rho g$，取 Oy 轴铅直向上，有：

$$dp = -\rho g\, dy$$

即：**静止流体内的压强随流体高度的增加而减小。**

设高度为 y_1、y_2 处的压强分别为 p_1、p_2，有：

$$\int_{p_1}^{p_2} dp = -\int_{y_1}^{y_2} \rho g\, dy$$

即：

$$p_2 - p_1 = -\int_{y_1}^{y_2} \rho g\, dy$$

考虑到液体近于不可压缩，$\rho =$ 恒量，又有：$p_2 - p_1 = -\rho g(y_2 - y_1)$

此式给出高度差为 $y_2 - y_1$ 时的压强差。

图 3－4 中液体有自由表面，此处压强为大气压 p_0，按上式可写出大家熟悉的深度为 h 处的压强：

$$p = p_0 + \rho g h \tag{3-1-4}$$

【例题 3－1】 水坝横截面如图 3－5 所示，坝长 1 000 m，水深 100 m，水的密度为 $1.0\times 10^3\ \text{kg/m}^3$。求水作用于坝身的水平推力。不计大气压。

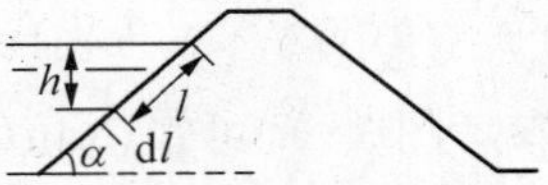

【解】 将坝身迎水沿水平方向分成狭长面元，长度为 L，宽度为 dl，则受力为：

图 3－5　水坝横截面

$$dF = \rho g h L\, dl$$

又因为

$$dh = dl \cdot \sin\alpha$$

所以

$$dF = \rho g h L\, dh/\sin\alpha$$

dF 与斜面垂直，其沿水平方向分力为：

$$dF_{水平} = (\rho g h L\, dh/\sin\alpha) \times \sin\alpha = \rho g h L\, dh$$

所以

$$F_{水平} = \int_0^H \rho g h L\, dh = \frac{1}{2}\rho g L H^2$$

将 $H = 100\ \text{m}$，$L = 1\,000\ \text{m}$，$\rho = 1\times 10^3\ \text{kg/m}^3$ 代入可得：

$$F_{水平} = 4.9\times 10^{10}\ \text{N}$$

答：略。

4　相对于非惯性系静止的流体

相对于非惯性系静止的流体微团还受到惯性力的作用，惯性力与重力相似，亦属体积力。

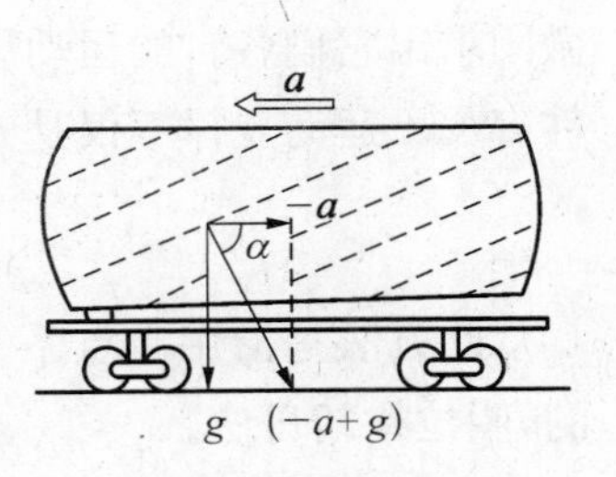

图 3－6　油罐车

图 3－6 表示油罐车沿水平方向以加速度 $\boldsymbol{a}$ 行驶，从车上这一非惯性系去观察，每一体元的油都受到重力和惯性力两种体

积力，总体积力与水平方向的夹角 α 为 $\tan\alpha = g/a$，等压面应与此方向垂直，如图 3－6 中虚线。

【例题 3－2】 水桶绕铅直轴以角速度 ω 匀速转动，设水因黏性而完全随桶一起运动。求水的自由表面达到稳定时的形状。

【解】 以水桶为参考系，在其中固定直角坐标系 $O-xy$，原点在桶底，y 轴铅直向上，x 轴水平，考虑到水面对于 y 轴的对称性，只要求出水表面 $O-xy$ 坐标面交线的曲线方程，就算是了解了液面的形状。

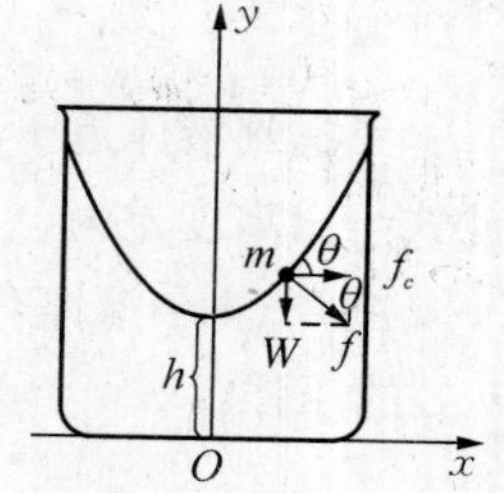

图 3－7　匀速转动水桶

水的自由表面与大气接触，故表面处的压强为大气压，自由水面为一等压面。自由水面形状稳定时，流体相对于水桶参考系处于平衡，等压面与水面流体微团所受的体积力垂直，如图 3－7 所示，水面某处质量为 m 的流体微团受重力 $\boldsymbol{W} = m\boldsymbol{g}$ 和离心惯性力 $\boldsymbol{f}_c = m\omega^2\boldsymbol{m}$。这两个体积力的合力如图 3－7 中 $\boldsymbol{f}$ 所示。流体微团所在处水表面曲线切线的斜率为：

$$\frac{\mathrm{d}y}{\mathrm{d}x} = \tan\theta$$

参考图 3－7 可知，$\tan\theta = \dfrac{m\omega^2 x}{mg} = \dfrac{\omega^2 x}{g}$

于是得微分方程：$\dfrac{\mathrm{d}y}{\mathrm{d}x} = \dfrac{\omega^2 x}{g}$

积分后得：$y = \dfrac{\omega^2}{2g}x^2 + C$

答：水的自由表面达到稳定时的形状截面如图 3－7 所示抛物线。

§3－2　流体运动学的基本概念

1　流迹·流线和流管

研究流体运动的方法有两种。一种是将流体分成许多无穷小流体微团，并追踪流体微团求出它们各自的运动规律。质点的运动规律不仅取决于动力学方程，而且和初始条件有关。运动规律不仅是 t 的函数，而且以初始位置矢量和速度为参量，即：

$$\boldsymbol{r} = \boldsymbol{r}(\boldsymbol{r}_0,\ v_0,\ t) \tag{3-2-1}$$

此方法是沿用质点系动力学的方法来讨论流体的运动，这方法是由拉格朗日提出来的，叫**拉格朗日法**。

一定流体微团运动的轨迹叫该微团的流迹，上式正是以 t 为参量的流迹的参数方程式。

研究流体运动的另一种方法与此大不相同。它把注意力移到各空间点,观察各流体微团经过这些空间点的流速。随时间的推移,各空间点对应的流速 $\boldsymbol{v}$ 又可能发生变化,因此流速是空间点坐标与时间的函数,即:

$$\boldsymbol{v}=\boldsymbol{v}(x,\ y,\ z,\ t) \tag{3-2-2}$$

在有流体流动的空间中的每一点,均有按一定规律随时间变化的流速矢量与之相对应,任何流过此点的流体微团,都要按照此空间点此时刻所对应的流速运动,这种描述流体运动的方法是欧拉提出的,比拉格朗日法更有效,在流体力学得到更广泛应用,叫**欧拉法**。

每一点均有一定的流速矢量与之相对应的空间叫作流速场。在流速场中画许多曲线使得曲线上每一点的切线方向和位于该点处流体微团的速度方向一致,这种曲线称为**流线**,如图 3-8 所示。

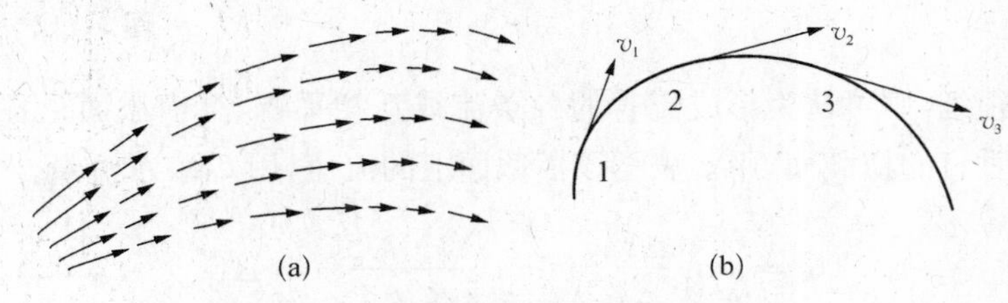

图 3-8　流线

空间各点的流速随时间而变,因此流线走向和分布也随时间而变化,流线分布与一定瞬时相对应。流线不会相交。

图 3-9 给出几种典型情况的流线。

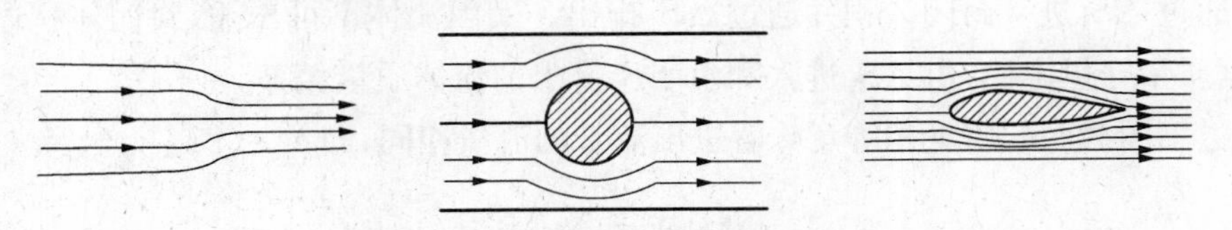

图 3-9　几种典型情况的流线

在流体内部画微小的封闭曲线,通过封闭曲线上各点的流线所围成的细管叫作**流管**,如图 3-10 所示。由于流线不会相交,因此流管内外的流体都不会具有穿过流管壁面的速度,换句话说,流管内的流体不能穿越管外,管外的流体也不能穿越管内。

图 3-10　流管　　　　**图 3-11　流迹不与流线重合**

一般说来,流迹并不与流线重合,如图 3-11 所示。

2　定常流动

流体内各空间点的流速通常随时间而变化。在特殊情况下,尽管各空间点的流速不一定相同，但任意空间点的流速不随时间而改变，这种流动称为**定常流动**，可以表示为：

$$\boldsymbol{v}=\boldsymbol{v}(x,\ y,\ z) \tag{3-2-3}$$

定常流动时的流线和流管均保持固定的形状和位置。

定常流动时，流管无限变细即成为流线，这就意味着流体微团是沿流线运动的，即：**定常流动时的流线与流迹相重合。**

3 不可压缩流体的连续性方程

首先讲流量的概念。参考图 3-12(a)，在 Δt 时间间隔内，通过流管某横截面 ΔS 的流体的体积为 ΔV，ΔV和 Δt 之比，当 $\Delta t\to 0$ 时的极限称为该横截面上的**流量**。

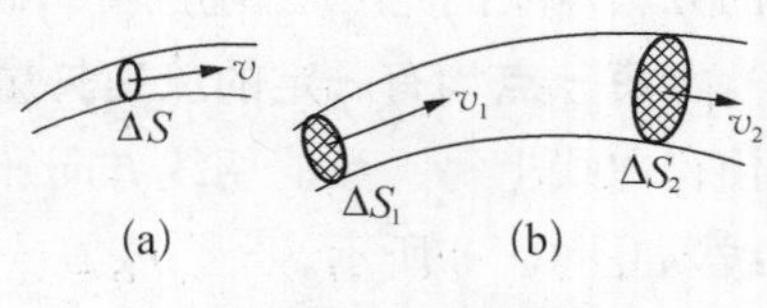

图 3-12 流量

如果流管很细，则可认为形成流管的各条流线互相平行，且横截面上各点流速相等，取与这些流线垂直的横截面，用 v 表示该横截面上的流速，用 Q 表示流量，则：

$$Q=\lim_{\Delta t\to 0}\frac{\Delta V}{\Delta t}=\lim_{\Delta t\to 0}\frac{\Delta l\cdot\Delta S}{\Delta t}=v\Delta S \tag{3-2-4}$$

在国际制中，流量的单位为 m^3/s。

在细流管中任意两点画垂直于流线的假想面元 ΔS_1和 ΔS_2，如图 3-12(b)，与它们之间的流管壁面共同围成封闭体积，根据流管性质，流体不能通过流管壁面出入流管，只能顺流管通过 ΔS_1进入封闭体积并通过 ΔS_2 排出。又因流体不可压缩，封闭体积内质量恒定，根据质量守恒定律，由 ΔS_1进入和由 ΔS_2排出的流体质量相等。

通过不同截面的质量相等意味着进出流管的流量相同，即：

$$v_1\Delta S_1=v_2\Delta S_2 \tag{3-2-5}$$

此式对任意两个与流线垂直的截面都是正确的，一般可以写作：

$$v\Delta S=\text{恒量} \tag{3-2-6}$$

即对于不可压缩流体，通过流管各横截面的流量都相等，叫作不可压缩流体的连续原理。式(3-2-5)和(3-2-6)叫作不可压缩流体的连续性方程。

利用连续性方程，可知，横截面较大处流速较小，横截面较小处流速较大。横截面较大处流线较疏，横截面较小处流线较密。

§3-3 伯努利方程

这里研究在惯性系中，观察理想流体在重力场中做定常流动时，一流线上的压强、流速和高度的关系，即**伯努利方程**。

首先讨论无黏性流体流动时一空间点的压强。设图 3-1 中的隔离体处于运动状态，且加速度为 $\boldsymbol{a}$。根据牛顿第二定律，得：

$$p_x \Delta y \Delta l - p_n \Delta n \Delta l \cos\alpha = \Delta m a_x = \frac{1}{2}\rho \Delta x \Delta y \Delta l a_x$$

$$p_y \Delta x \Delta l - p_n \Delta n \Delta l \sin\alpha - \frac{1}{2}\rho g \Delta x \Delta y \Delta l = \Delta m a_y = \frac{1}{2}\rho \Delta x \Delta y \Delta l a_y$$

化简可得：$p_x - p_n = \frac{1}{2}\rho \Delta x a_x$

$$p_y - p_n - \frac{1}{2}\rho g \Delta y = \frac{1}{2}\rho \Delta y a_y$$

令 $\Delta x, \Delta y \to 0$，可得到：

$$p_x = p_n = p_y \qquad (3-3-1)$$

即对于无黏性运动流体，其内部任一点处，各不同方位无穷小有向面元上的压强大小，可沿用静止流体内一点压强的概念。

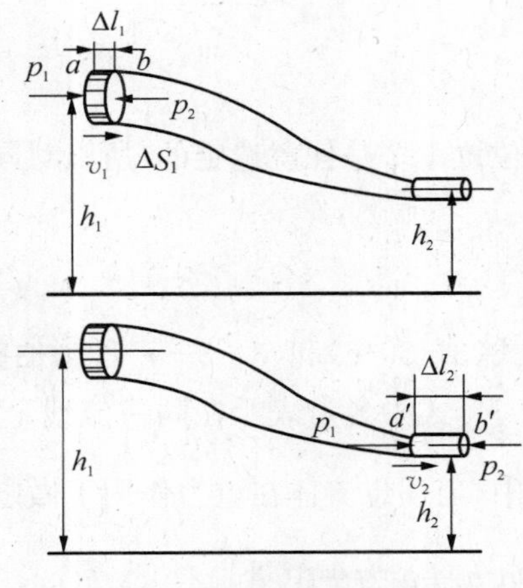

图 3-13 伯努利方程

在惯性系中，讨论理想流体在重力作用下做定常流动的情况。

参考图 3-13，在理想流体内某一细流管中任取微团 ab，自位置 1 运动至位置 2，因形状发生变化，在 1 和 2 处的长度各为 Δl_1 和 Δl_2，底面积各为 ΔS_1 和 ΔS_2。

由于不可压缩，密度 ρ 不变，微团 ab 的质量：

$$m = \rho \Delta l_1 \Delta S_1 = \rho \Delta l_2 \Delta S_2$$

设微团始末位置距重力势能零点的高度各为 h_1 和 h_2，应用质点系功能原理，有：

$$A_{外} + A_{内非} = (E_k + E_p) - (E_{k0} + E_{p0}) \qquad (3-3-2)$$

微团动能增量：

$$E_k - E_{k0} = \frac{1}{2}mv_2^2 - \frac{1}{2}mv_1^2 = \frac{1}{2}\rho \Delta l_2 \Delta S_2 v_2^2 - \frac{1}{2}\rho \Delta l_1 \Delta S_1 v_1^2 \qquad (3-3-3)$$

微团势能增量：

$$E_p - E_{p0} = mgh_2 - mgh_1 = \rho g \Delta l_2 \Delta S_2 h_2 - \rho g \Delta l_1 \Delta S_1 h_1 \qquad (3-3-4)$$

因为是理想流体，没有黏性，故不存在黏性力的功，只需考虑周围流体对微团压力所做的功，但压力总与所取截面垂直，因此作用于柱侧面上的压力不做功，只有作用于微团前后两底面的压力做功。

它包括两部分：作用于后底的压力由 a 至 a' 做的正功及作用于前底面的压力由 b 至 b' 做的负功。

前底和后底都经过路程 ba'，因为是定常流动，它们先后通过这段路程同一位置时的截面积相同，压强也相等，一力做正功，另一力做负功，其和恰好为零。

所以，只包括压力推前底面由 a 至 b 做的正功及压力阻止后底面由 a' 至 b' 做的负功，即：

$$A_{外} + A_{非内} = p_1 \Delta S_1 \Delta l_1 - p_2 \Delta S_2 \Delta l_2 \tag{3-3-5}$$

代入功能原理，得：

$$\frac{1}{2}\rho \Delta l_2 \Delta S_2 v_2^2 + \rho g \Delta l_2 \Delta S_2 h_2 - \frac{1}{2}\rho \Delta l_1 \Delta S_1 v_1^2 - \rho g \Delta l_1 \Delta S_1 h_1 = p_1 \Delta S_1 \Delta l_1 - p_2 \Delta S_2 \Delta l_2$$

因理想流体不可压缩，依连续原理：$\Delta l_1 \Delta S_1 = \Delta l_2 \Delta S_2 = \Delta V$

代入前式，并用 ΔV 除等式两端：

$$\frac{1}{2}\rho v_2^2 + \rho g h_2 + p_2 = \frac{1}{2}\rho v_1^2 + \rho g h_1 + p_1 \tag{3-3-6}$$

位置 1、2 是任意选定的，所以对同一细流管内各不同截面有：

$$\frac{1}{2}\rho v^2 + \rho g h + p = 恒量 \tag{3-3-7}$$

式(3-3-6)和(3-3-7)称为**伯努利方程**。

式中各量表示在同一流线上不同两点 1 和 2 的取值。于是得下面结论：在惯性系中，当理想流体在重力作用下做定常流动时，一定流线上(或细流管内)各点的量 $\frac{1}{2}\rho v^2 + \rho g h + p$ 为一恒量。

此恒量的数值因流线而异。在特殊情况下，不同流线上的恒量相同。

若各流管均来自流体微团以同样速度做匀速直线运动，取 AB 沿竖直方向，如图 3-14。选择一柱形隔离体，其上下底面包含 A、B 点，此隔离体必将沿水平方向匀速运动。由于在竖直方向无加速度，根据平衡条件可得出与静止流体中类似的公式：

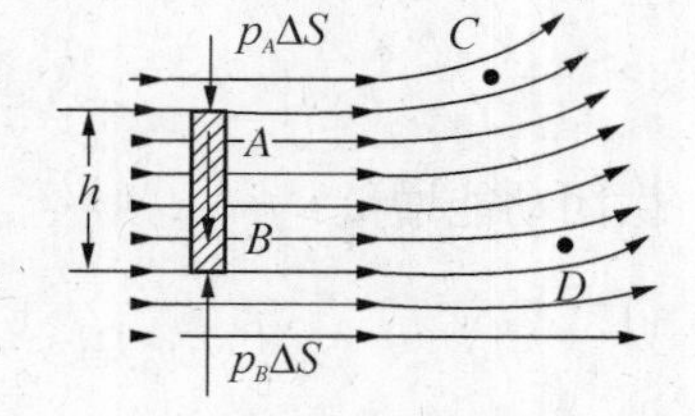

图 3-14 不同流线上的恒量

$$p_B = p_A + \rho g h$$

式中 h 表示 A、B 两点高度差。以 B 点所在高度为重力势能零点，则 A 点所在流线上各点有

$$\frac{1}{2}\rho v^2 + \rho g h + p_A = C_A \tag{3-3-8}$$

式中 C_A 为恒量，在 B 点所在流线上各点有：

$$\frac{1}{2}\rho v^2 + p_B = C_B \tag{3-3-9}$$

式中 C_B 亦为恒量。由以上三式得 $C_A = C_B$，故**不同流线上伯努利方程中的恒量是相等的。**

【例题 3-3】 文特利(Venturi)流量计的原理。文特利管常用于测量液体在管中的流量或流速。图 3-15 在变截面管的下方，装有 U 形管，内装水银。测量水平管道内的流速时，可将流量计串联于管道中，根据水银表面的高度差，即可求出流量或流速。

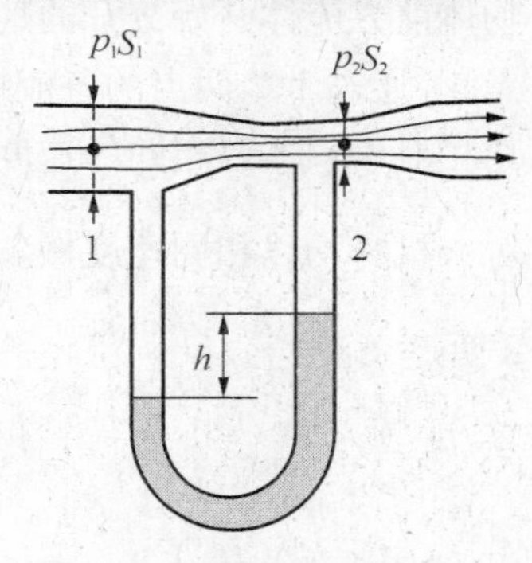

图 3-15 文特利管

已知管道横截面为 S_1 和 S_2，水银与液体的密度各为 $\rho_{汞}$ 与 ρ，水银面高度差为 h，求液体流量。设管中为理想流体做定常流动。

【解】 在惯性系中文特利管内理想流体在重力作用下做定常流动，可运用伯努利方程。根据伯努利方程的要求，在管道中心轴线处取细流线，对流线上 1、2 两点，有

$$\frac{1}{2}\rho v_2^2 + p_2 = \frac{1}{2}\rho v_1^2 + p_1$$

在 1 与 2 处取与管道垂直的横截面 S_1 和 S_2，根据连续性方程，有：

$$v_1 S_1 = v_2 S_2$$

由于通过 S_1 和 S_2 截面的流线是平行的，横截面上压强随高度分布的规律与静止流体中相同，U 形管内显然为静止流体。因此，自 1 点经 U 形管到 2 点，可运用不可压缩静止流体的压强公式，由此得出管道中心线上 1 处与 2 处的压强差为：

$$p_1 - p_2 = \rho_{汞} g h$$

将以上三式联立，可解出流量：

$$Q = v_1 S_1 = v_2 S_2 = \sqrt{\frac{2(\rho_{汞} - \rho) g h S_2^2 S_1^2}{\rho(S_1^2 - S_2^2)}}$$

等式右方除 h 外均为常数，因此可根据高度差求出流量。

【例题 3-4】 皮托(Pitot)管原理。皮托管常用来测量气体的流速，如图 3-16 所示，开口 1 和 1′ 与气体流动的方向平行，开口 2 则垂直于气体流动的方向。两开口分别通向 U 形管压强计的两端，根据液面的高度差便可求出气体的流速。

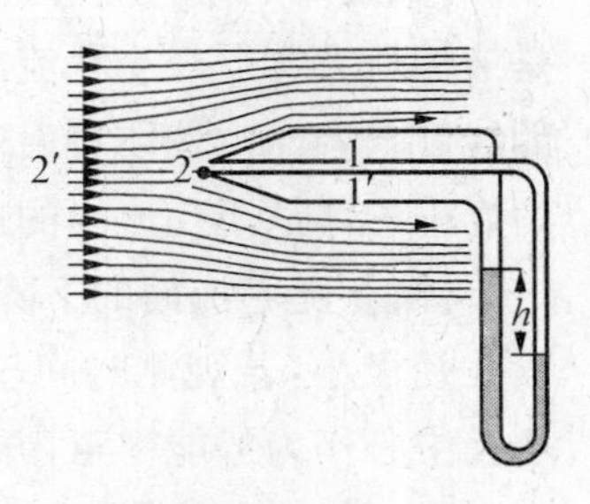

图 3-16 皮托管

已知气体密度为 ρ，液体密度为 $\rho_{液}$，管内液面高度差为 h，求气体流速。气流沿水平方向，皮托管亦水平放置，空气视作

理想流体,并相对于飞机做定常流动。

【解】 因空气可视作理想流体,又知空气做定常流动,并在惯性系内的重力场中,可运用伯努利方程。

用皮托管测流速,相当于在流体内放一障碍物,流体将被迫分成两路绕过此物体,在物体前方流体开始分开的地方,在流线上流速等于零的一点,称为**驻点**(如图 3-16 上的 2 点)。通过 1、2 两点的各流线均来自远处,在远处未受皮托管干扰的地方,流体内各部分均相对于仪器以相同的速度做匀速直线运动(例如飞机在空中匀速直线飞行,远处空气相对于机身均以相同速度做匀速直线运动),空间各点的 $\frac{1}{2}\rho v^2+\rho gh+p$ 为一恒量,对于 1、2 两点来说:

$$\frac{1}{2}\rho v_1^2+\rho gh_1+p_1=\rho gh_2+p_2$$

h_1 和 h_2 表示 1、2 两点相对于势能零点的高度,这两点的高度差很小,可不予考虑,因此:

$$\frac{1}{2}\rho v_1^2=p_2-p_1$$

皮托管的大小和气体流动的范围相比是微乎其微的,仪器的放置对流速分布的影响不大,可近似认为 v_1 即为欲测流速,于是:

$$v=\sqrt{\frac{2(p_2-p_1)}{\rho}}$$

因为:

$$p_2-p_1=\rho_{液}gh$$

故流速等于:$v=\sqrt{\frac{2\rho_{液}\,gh}{\rho}}$

将皮托管用在飞机上,可测空气相对于飞机的航速,但飞机上不宜用 U 形管,而采用金属盒,其内外分别与图 3-16 中 1 和 2 相通,通过金属盒因内外压强差发生变形以测航速。

【例题 3-5】 水库放水、水塔经管道向城市输水以及挂瓶为病人输液等,其共同特点是液体自大容器经小孔流出,由此得出下面研究的理想模型:大容器下部有一小孔,小孔的线度与容器内液体自由表面至小孔处的高度 h 相比很小。液体视作理想流体,求在重力场中液体从小孔流出的速度。

【解】 随着液面的下降,小孔处的流速也会逐渐降低,严格说来,并不是定常流动。但因孔径极小,若观测时间较短,液面高度没有明显变化,仍然可以看作是定常流动。选择小孔中心作为势能零点,并对从自由表面到小孔的流线运用伯努利方程,因为可认为液体自由表面的流速为零,故:

$$\rho gh + p_0 = \frac{1}{2}\rho v^2 + p_0$$

式中 p_0 表示大气压，v 表示小孔处流速，ρ 表示液体密度，解出 v，即得：$v = \sqrt{2gh}$ 结果表明，小孔处流速和物体自高度 h 处自由下落得到的速度是相同的。

§3-4 流体运动与受力

1 流体的动量

见图 3-17，设流体沿弯管做定常流动，则流体对弯管作用以力。

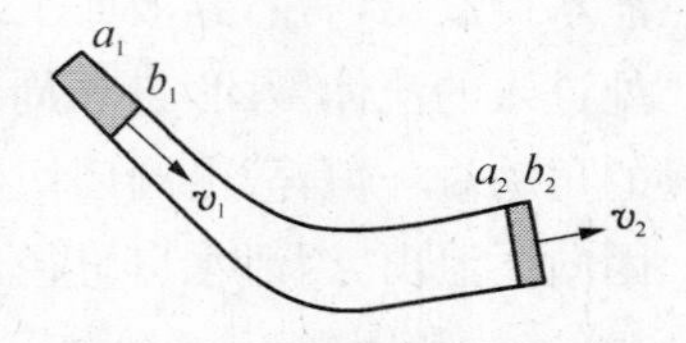

图 3-17 流体对弯管作用力

设流体密度为 ρ，流量为 Q，出入口处横截面上流速均匀分布，流体进入弯管的速度为 $\boldsymbol{v}_1$，出口处流速为 $\boldsymbol{v}_2$。

经过很短时间 Δt 后，流体从 a_1b_1 运动到 a_2b_2。由于是稳定流动，a_2b_1 间流体各点的速度不随时间而改变，其动量不会发生变化，因此，研究对象在 Δt 时间内动量的增量等于 a_2b_2 间流体的动量减去 a_1b_1 间流体的动量。

两段液柱的长度都很短，可把它们看作是圆柱体并认为它们各自内部诸点的流速相同，于是，研究对象在 Δt 时间内动量增量为：

$$\Delta \boldsymbol{K} = \rho \boldsymbol{v}_2 \Delta l_2 \Delta S_2 - \rho \boldsymbol{v}_1 \Delta l_1 \Delta S_1$$

把研究对象视作由流体微团组成的质点系，其内部相互作用的压力为内力，其他部分流体对研究对象的压力、重力以及管壁的压力为外力，若用 $\boldsymbol{F}$ 表示后面三种外力的矢量和在 Δt 时间内的平均值。根据质点系的动量定理：$\boldsymbol{F}\Delta t = \rho \boldsymbol{v}_2 \Delta l_2 \Delta S_2 - \rho \boldsymbol{v}_1 \Delta l_1 \Delta S_1$

以 Δt 除上式，得：$\boldsymbol{F} = \rho \boldsymbol{v}_2 \Delta S_2 \Delta l_2 / \Delta t - \rho \boldsymbol{v}_1 \Delta S_1 \Delta l_1 / \Delta t$

对此式取 $\Delta t \to 0$ 的极限，$\boldsymbol{F}$ 成为瞬时值，再根据不可压缩流体的连续性方程，$Q = v_1 \Delta S_1 = v_2 \Delta S_2$，得：

$$\boldsymbol{F} = \rho Q(\boldsymbol{v}_2 - \boldsymbol{v}_1) \qquad (3-4-1)$$

即流体所受合力与入、出口流速、流量和密度有关。因为是定常流动，Q、$\boldsymbol{v}_1$ 和 $\boldsymbol{v}_2$ 都不变，故力 $\boldsymbol{F}$ 为恒力。

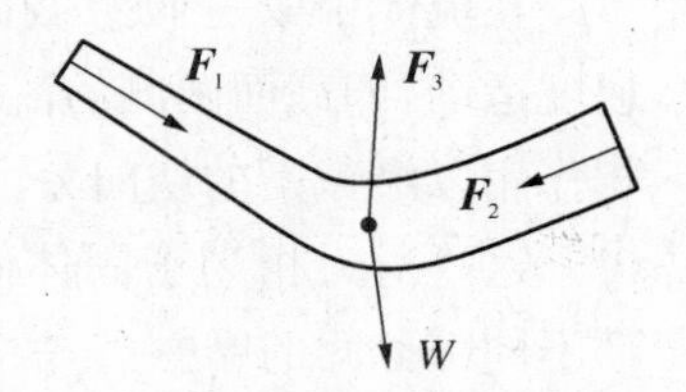

图 3-18 流体所受的力

流体重量 W 常比其他力小得多，可以不计，参见图 3-18。这时，$\boldsymbol{F} = \boldsymbol{F}_1 + \boldsymbol{F}_2 + \boldsymbol{F}_3$。

$\boldsymbol{F}_1$ 和 $\boldsymbol{F}_2$ 分别表示入、出口以外的流体对研究对象的压力，而 $\boldsymbol{F}_3$ 为管壁对流体的压力。于是：

$$\boldsymbol{F}_3 = -\boldsymbol{F}_1 - \boldsymbol{F}_2 + \rho Q(\boldsymbol{v}_2 - \boldsymbol{v}_1) \qquad (3-4-2)$$

入、出口间水流对弯管的作用力则等于：

$$\boldsymbol{F}'_3 = -\boldsymbol{F}_3 = \boldsymbol{F}_1 + \boldsymbol{F}_2 + \rho Q(\boldsymbol{v}_1 - \boldsymbol{v}_2) \quad (3-4-3)$$

此压力与流量的大小、流速的变化以及入口、出口的压力都有关系。

本例说明流体流经弯管改变流动方向时，将对弯管作用以压力，这正是水轮机的基本原理，如图 3－19 所示。

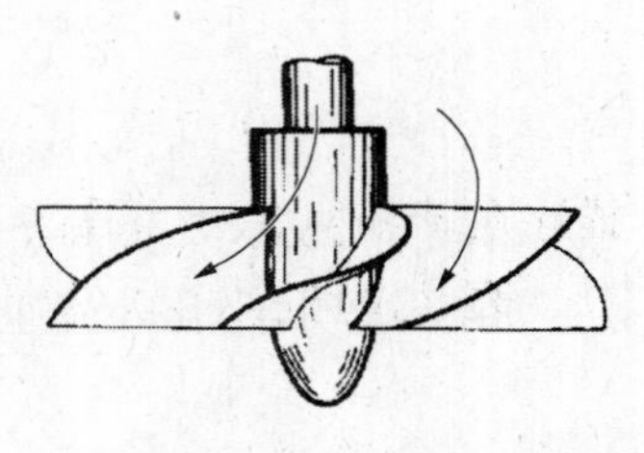

图 3－19 水轮机

2 流体的角动量

参见图 3－20 所示圆桶，自 A 处向容器内供水，自 B 处泄水口放出，将看到液面呈漏斗状，现在作大略的讨论。自 A 处进入的流体微团，自外周向中间旋转。因对圆筒形中轴线的角动量守恒，故沿圆周切向的流速越来越大。此外，流体微团向下泄出，因泄水口直径比圆筒直径小得多，故按连续性方程，流体微团向下运动的分速度也越来越大。

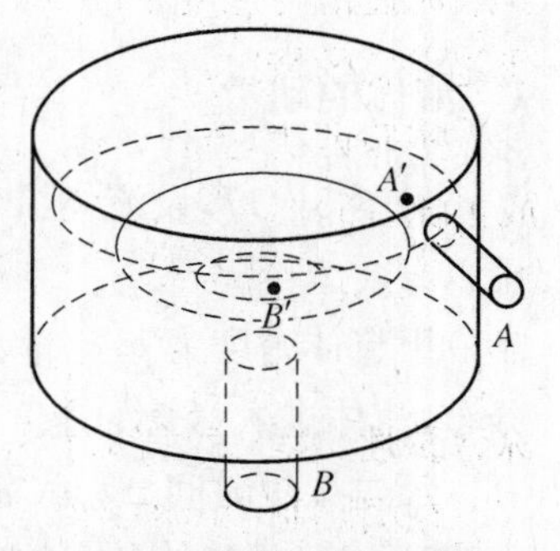

图 3－20 流体的角动量

在液体表面上自 A 处附近至接近 B 处取流线 $A'B'$。因在液面，压强均为大气压，故压强项将在就 $A'B'$ 流线列出的伯努利方程中消失。

A' 处流速 $v_{A'}$ 即供水口处流速，B' 处流速 $v_{B'}$ 为较大的周向速度和较大下泄速度的合速度之大小。

设液面高度差为 h，按伯努利方程：

$$\frac{1}{2}\rho v_{B'}^2 = \frac{1}{2}\rho v_{A'}^2 + \rho g h \qquad (3-4-4)$$

根据上述分析，因角动量守恒和连续性方程，$v_{B'} > v_{A'}$，故 h 不可能为零，即筒内液面不可能保持水平，故中间必下降并呈漏斗状。

3 黏性流体的运动

(1) 黏性定律

在流体中取一假想截面，截面两侧流体沿截面以不同速度运动，即截面两侧的流体具有沿截面的相对速度，将互相作用以沿截面的切向力。

这一对力相当于固体间的“动摩擦力”，因它是流体内部不同部分间的摩擦力，故称为**内摩擦力**，又称为**黏性力**。

图 3－21 为黏性流体内部某一点附近的流动情况，两部分以不同的速率 v_1 和 v_2 运动。建立直角坐标系 $O-xyz$，y 轴与流速 $\boldsymbol{v}_1$、$\boldsymbol{v}_2$ 的方向垂直，且用 Δy 表示以速率 v_1 和 v_2 运动的两层流体间的距离，用比值：

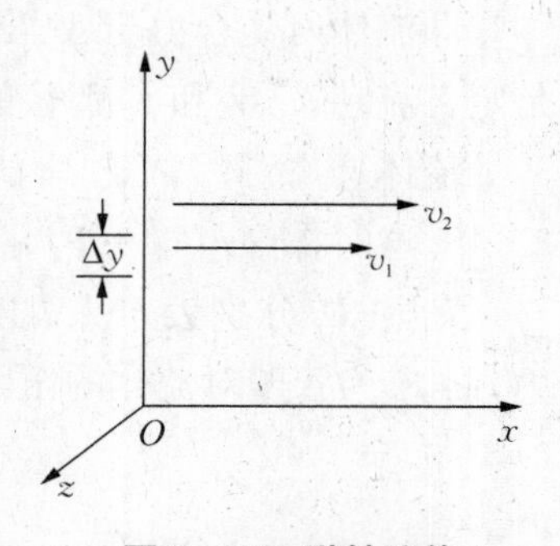

图 3－21 黏性流体

$$\frac{\Delta v}{\Delta y}=\frac{v_2-v_1}{\Delta y}$$

描述在 y 至 $y+\Delta y$ 间流速对空间的平均变化率。

取上式当 $\Delta y\to 0$ 的极限，得：

$$\frac{\mathrm{d}v}{\mathrm{d}y}=\lim_{\Delta y\to 0}\frac{\Delta v}{\Delta y} \tag{3-4-5}$$

流速沿与速度垂直方向上的变化率 $\mathrm{d}v/\mathrm{d}y$ 称为**速度梯度**，它反映了速度随空间位置变化缓急的情况。

实验证明，流体内面元两侧相互作用的黏性力 f 与面元面积 ΔS 及速率梯度 $\mathrm{d}v/\mathrm{d}y$ 成正比，即：

$$f=\eta\frac{\mathrm{d}v}{\mathrm{d}y}\Delta S \tag{3-4-6}$$

称为**黏性定律**，式中的比例系数 η 称为**黏性系数**。

在国际制中 η 的单位为：牛顿・秒/米^2，即"帕斯卡・秒"。国际制符号为 Pa・s；η 除与物质材料有关外，还和温度、压强有关。液体的黏性系数 η 随温度的升高而减少，气体的黏性系数随温度的升高而增加。

压强不太大时，液体黏性变化不大；压强很大时，黏性才急剧增加。气体黏性则基本上不受压强的影响。

一般来说，液体内黏性力小于固体间干摩擦力，故在机械上常用机油润滑，以减少磨损，延长使用寿命。气体黏性力更小。

(2) 雷诺数

雷诺于 1883 年提出用来比较黏性流体流动状态的无量纲数，其定义为：

$$R_e=\frac{\rho vL}{\eta} \tag{3-4-7}$$

式中 ρ 和 η 分别表示流体密度和黏性系数，v 表示特征流速，L 表示流动涉及的特征长度。

流体流动，有所谓流动边界状况或称边界条件问题。如水在圆管中流动，圆管及其粗细即为边界条件。

对于雷诺数有如下相似律：若两种流动边界状况或边界条件相似且具有相同的雷诺数，则流体具有相同的动力特征。

上面原理表明，若流动相似，只要雷诺数不变，流动性质就不变。亦可称作一类"对称性"，即"标度对称性"。这类对称性很有实用价值。

(3) 层流和湍流

见图 3-22 演示实验。

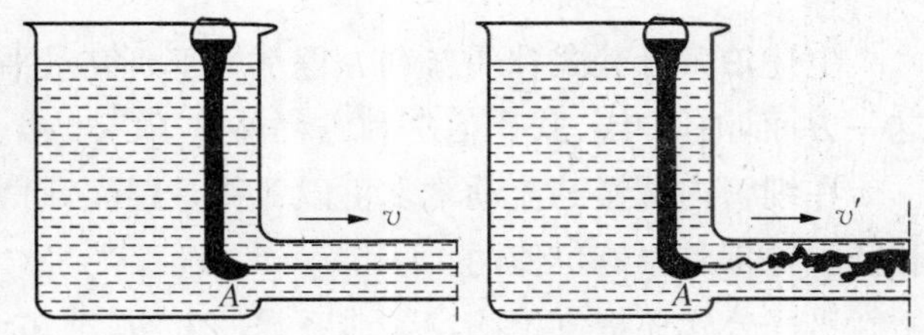

图 3-22　层流和湍流

先令容器内的水缓慢流动，这时，从细管中流出的有色液体呈一细线，表明有色液体随水流动。这种**各层之间不相混杂的分层流动，叫作层流**。

使管内流速加快，有色液体流动的定常性便破坏了，**流动具有混杂、紊乱的特征时，叫湍流**。

黏性较大的流体在直径较小的管道中慢慢流动，会出现层流。黏性较小的流体在直径较大的管道中快速流动，就往往形成湍流。

雷诺数被认为是层流还是湍流的一个判据。从层流向湍流的过渡以一定的雷诺数为标志，叫作临界雷诺数 $R_{e临}$。

$R_e < R_{e临}$ 时为层流，当 $R_e > R_{e临}$ 时则变为湍流。

自从非线性系统混沌现象的研究得到发展，许多学者认为湍流即为一种混沌行为。

(4) 泊肃叶公式

水平放置的圆管中黏性流体做层流运动时，各流层为自管道中心开始而半径逐渐加大的圆筒形。中心处的流速最大，随着半径的增大而流速变小，靠近管壁的流体黏附于壁面，其流速为零。

可以证明，层流流速 v 随半径 r 而变化的规律是：

$$v = \frac{p_1 - p_2}{4\eta l}(R^2 - r^2) \tag{3-4-8}$$

式中 l 表示管内被观测长度，p_1 和 p_2 表示这段长度两端的压强 ($p_1 > p_2$)，R 表示圆管的内半径。根据此式可用图 3-23(b)形象地表示管内的流速分布，速度矢端的曲线是一抛物线。

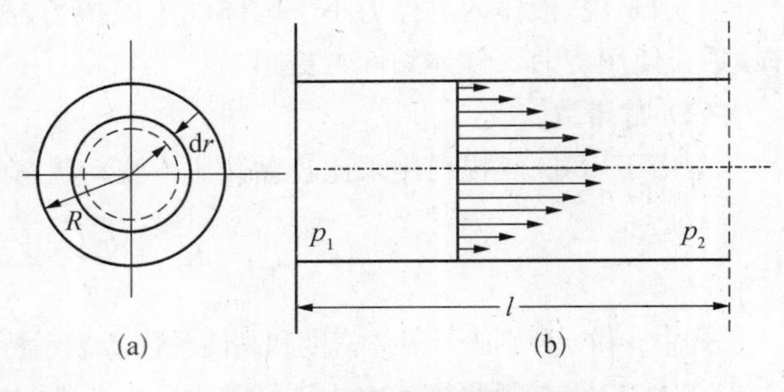

图 3-23 管内的流速分布

还可以计算通过圆管横截面的流量 Q，1840 年，泊肃叶发现了如下公式：

$$Q = \frac{\pi R^4}{8\eta l}(p_1 - p_2) \tag{3-4-9}$$

上述**泊肃叶公式**和伯努利方程都用于研究水平圆管内的流动。在考虑到黏性的影响这一方面，泊肃叶公式比伯努利方程前进了一步。

在细管内缓慢的流动常常可以看作是层流，研究血液的黏性流动对于病理学、诊断学和药学等都是很有价值的。

这一公式还提供了测定黏滞系数的方法，已知细管的半径和长度，并测出这一长度上的压强差和流量，即可由公式算出黏滞系数。

(5) 不可压缩黏性流体定常流动的功能关系

理想流体做定常流动时，量$\frac{1}{2}\rho v^2+\rho gh+p$沿流线守恒。对于不可压缩流体的定常流动，则应计入黏性力做负功造成的能量损失。

用w_{12}表示单位体积流体微团沿流管自点1运动至点2的能量损失，则应将伯努利方程改正如下：

$$\frac{1}{2}\rho v_1^2+\rho gh_1+p_1=\frac{1}{2}\rho v_2^2+\rho gh_2+p_2+w_{12} \tag{3-4-10}$$

此即不可压缩黏性流体做定常流动的**功能关系式**。

现在分别讨论沿水平圆管的层流与湍流的能量损失。

将上式应用于等截面水平管道的定常流动，因$h_1=h_2$，$v_1=v_2$，所以：

$$p_1-p_2=w_{12}$$

圆管内的平均流速v与流量Q有下述关系：$Q=vS=v\pi R^2$

代入泊肃叶公式，得：

$$p_1-p_2=\frac{8\eta l}{R^2}v \tag{3-4-11}$$

将它与前式对比，得：

$$w_{12}=\frac{8\eta l}{R^2}v \tag{3-4-12}$$

表明**对于圆管内的层流，单位体积流体流经一定长度的能量损失与平均流速成正比。**

如管内为湍流，则实验证明：

$$w_{12}=\psi v^2$$

即单位体积的流体流经一定长度的能量损失与平均流速的平方成正比，式中ψ决定于管的长度、直径、雷诺数及管壁的粗糙程度。

上两式说明：**能量损失是均匀地分配在全部流动路程上的，叫作沿程能量损失**；此外，当流体通过弯管、截面积突然膨胀或收缩的管道以及阀门时，造成额外的能量损失，**集中发生于某些局部位置的能量损失，叫作局部能量损失。**

§3-5 固体在流体中的受力

固体在流体中与流体相对运动，受到流体的浮力、压力和阻力。其中阻力包括因摩擦引起的黏性阻力、由压力差引起的压差阻力和激起波浪的兴波阻力。

1 黏性阻力·密立根油滴实验

物体在流体中相对流体运动，物体表面有“附面层”。附面层内存在速度梯度和黏性力，表现为对物体的阻力。

比较小的物体在黏性较大的流体中缓慢地运动，即雷诺数很小的情况下，该阻力是主要因素，叫**黏性阻力**。

斯托克斯公式描述球形物体受到的黏性阻力：

$$f = 6\pi\eta v r \tag{3-5-1}$$

式中 r 为球体半径，v 为球体运动速度，η 为黏性系数。

该公式在 $R_e \ll 1$ 的情况下才适用。

密立根在用实验研究离子所带电荷和证明电荷有最小单位时，应用了此式并进行了改进，使该式更加出名。

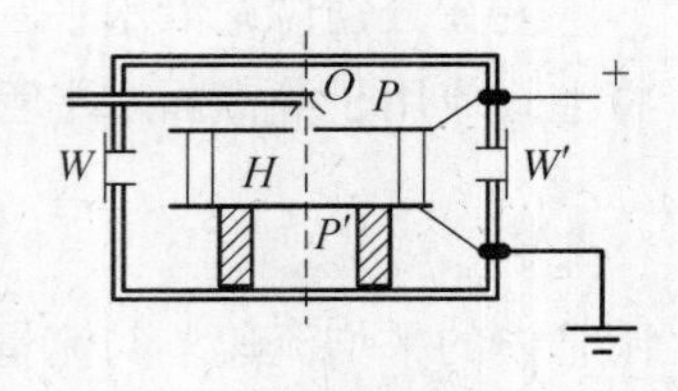

图 3-24 密立根实验图

密立根实验如图 3-24，自窗口 W 输入电子束，使自 O 涌入的油滴带电，带电油滴在由极板 P 和 P' 形成的均匀电场中匀速运动。

观测得液滴不带电时匀速下降速度为 v，带电时为 v'。速度通过窗口 W' 测出。又知电场强度大小为 E，空气黏性系数为 η，油滴与空气密度各为 $\rho_{油}$ 与 ρ，油滴带电量即可得出。

当油滴不带电时，受力如图 3-25(a)，$\boldsymbol{f}$、$\boldsymbol{f}_{浮}$ 和 $\boldsymbol{W}$ 分别表示黏性阻力、浮力和重力。在三力平衡时做匀速运动，设速度为 $\boldsymbol{v}$，并取 Oy 轴向上，有：

$$6\pi\eta v r + \frac{4}{3}\pi r^3 \rho_{油}\, g - \frac{4}{3}\pi r^3 \rho g = 0 \tag{3-5-2}$$

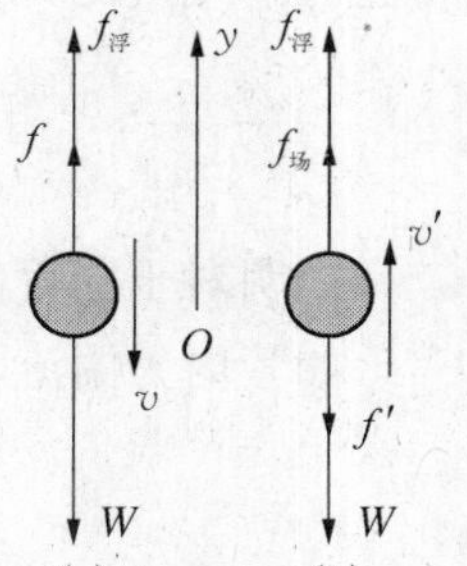

图 3-25 油滴受力图

油滴视作球体，半径为 r，油滴带电时，设电量为 q，油滴受力如图 3-25(b)。$\boldsymbol{f}_{场} = qE$ 表示静电场力，该力使油滴向上运动，在四力平衡时，油滴做匀速运动，设速度为 $\boldsymbol{v}'$，有：

$$-6\pi\eta v' r + \frac{4}{3}\pi r^3 \rho g - \frac{4}{3}\pi r^3 \rho_{油}\, g + qE = 0 \tag{3-5-3}$$

从(3-5-2)式得：

$$r = 3\sqrt{\frac{\eta v}{2(\rho - \rho_{油})g}} \tag{3-5-4}$$

从(3-5-3)式得：

$$q = \frac{18\pi}{E}\sqrt{\frac{\eta^3 v}{2(\rho - \rho_{油})g}}(v + v') \tag{3-5-5}$$

测出右边诸量即可得 q。密立根发现油液电荷总是某基本值的整数倍，于是他认为该值即为电子的电荷。

经过空气黏性的精确测定，又考虑上述实验中油滴大小，需对黏性阻力公式作如下修正：

$$f = 6\pi\eta v \frac{r}{1+\dfrac{b}{pr}} \tag{3-5-6}$$

式中，p 为空气压强，b 为由经验确定的常数，经这些改进，密立根得电子电荷为：

$$e = (1.601 \pm 0.002) \times 10^{-19}\ \mathrm{C}$$

2 涡旋的产生·压差阻力

如图 3-26 所示，圆柱体在接近于理想流体的情况下向左运动，流线分布对称，前后两点流速为零，为驻点。在上下两点，流线最密，流速最大。

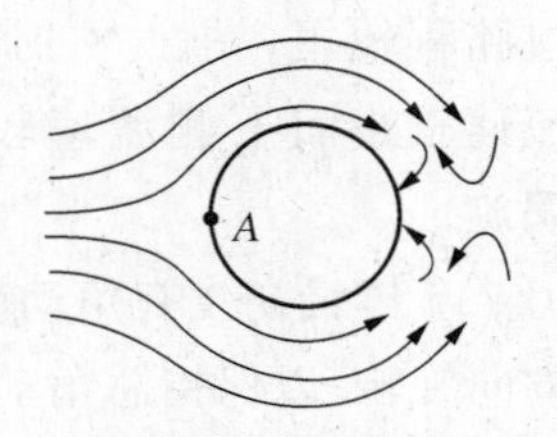

图 3-26 流体中的圆柱体

故：

$$p_{前} = p_0 + 1/2 \cdot \rho v_2 = p_{后} \tag{3-5-7}$$

其中 p_0 是大气压强。此式表明前后两点压强相等并达到最大值。作用于物体前后压力平衡，从整体看，柱体不受阻力。

考虑黏性且雷诺数随速度增加而逐步增加，柱体前端 A 仍为驻点，故受较大压力，自该点后流体分为两路，柱体表面处有附面层，远离附面层处流体受附面层影响小，流动快；靠近附面层的流体流动缓慢。因而在柱体的后侧便因靠近附面层的流体未及时赶到而留下空间，于是外层流体便回旋过来补充，从而形成涡旋。

图 3-26 中的流动仍是稳定的且具空间周期性。随着流速的增加，涡旋不断被主流带走，又不断形成新的涡旋。涡旋的存在阻碍流体往后汇合。于是，在圆柱体后面出现分离区，交替逝去的涡旋形成所谓**“卡门涡街”**。水流过桥墩，定常风吹过烟囱或电线时会形成卡门涡街。这卡门涡街仅在不太宽的雷诺数区间内存在，大体在雷诺数为几十至二三百之间。

随着流速的增加和雷诺数的加大，流动进入湍流，它存在于很大的雷诺数范围。

自有涡旋产生，圆柱体前面的压强便大于后面压强。压强差构成对圆柱体的阻力，称**压差阻力**。从本质上讲，它由黏性引起，但与斯托克斯公式描述的那类黏性阻力有不同的机制。它们同时存在，但就涡旋产生后，黏性阻力不占重要地位。

在流速较大情况下，圆柱体所受阻力与速度平方成正比：

$$f = \frac{1}{2} C_D \rho d l v^2 \tag{3-5-8}$$

式中 ρ、d 和 l 表示流体密度、柱体直径和长度；C_D称**阻力系数**，为一无量纲常数，它随不同雷诺数取不同数值。

此式亦可用于其他物体，仅需将 dl 换为与流速垂直的最大横截面积。

3 机翼的升力

描写飞行快慢用**马赫数** $M = v/v_0$，v 和 v_0分别表示飞行速率和飞行处声速，亚音速飞行时 $M<1$，战斗机常以超音速飞行，马赫数可达到 2 甚至更高。现在讨论亚音速飞机的升力。图 3-27 表示机翼的横截面，机翼前缘到后缘的距离 AB 叫作翼弦，以机身为参考系，空气相对于飞机而流动，翼弦与气流方向的夹角 α 叫冲角。

紧靠上侧绕过机翼的气流通过较长的距离，黏性力影响较大，紧靠机翼下侧气流通过路程较短，黏性力的影响小些。于是，两股气流在机翼尾部汇合时的流速不同，上侧流速较小而下侧流速较大，因此在机翼尾部形成如图 3-27(a)所示的涡旋，称**起动涡旋**。

流体最初没有角动量，未受外力矩作用，其角动量应守恒。流体另一部分必然要沿反方向旋转，以保持总角动量守恒，这反方向的旋转便是围绕机翼的环流，如图 3-27(a)。

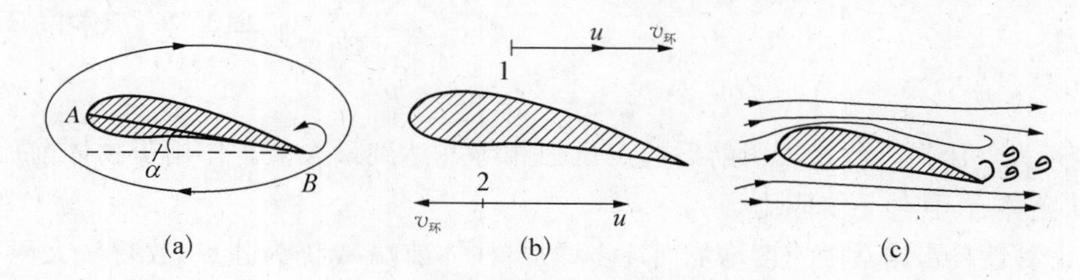

图 3-27 机翼的升力

把机翼附面层以外流体当作没有黏性，低速流动，空气看作是不可压缩，附面层以外空气为理想流体，假设气流为定常流动，可运用伯努利方程。

若不考虑机翼上下的高度差，对图 3-27(b)中点 1 和点 2 来说：

$$\frac{1}{2}\rho v_1^2 + p_1 = \frac{1}{2}\rho v_2^2 + p_2 \tag{3-5-9}$$

用 u 表示未经扰动的气流速度，并粗略认为机器上下因环流而引起的速度的大小相等并等于 $v_{环}$且与气流 u 方向平行，由速度合成得：

$$v_1 = u + v_{环}，v_2 = u - v_{环}$$

代入上式有：

$$p_2 - p_1 = 2\rho u v_{环} \tag{3-5-10}$$

式中的 $v_{环}$与机翼的形状有关。公式表明机翼上下有压强差，足以说明升力的来源。

习题

3-1 冰的密度为917千克/米^3,海水的密度为1 025千克/米^3。问漂浮于海面的冰山在海水面以下的体积是整个冰山体积的百分之几?

3-2 一个直壁平底水库,贮水$Q=1.6\times10^5\ \mathrm{m}^3$,水深$H=16\ \mathrm{m}$,库底开有面积$S=0.2\ \mathrm{m}^2$的敞口涵洞。问:若从此涵洞连续泄水,需多少小时才能将水库中的水泄完?

3-3 如果可用流体静力学估计人体内血液的压强。求1.7米高的人直立时,头、脚之间的血压差。人的血液的比重约为1.06×10^3千克/米^3。

3-4 整桶机器油净重2 943 N,桶直径0.6 m,高1.2 m。求机器油的密度与重度。

3-5 已知空气密度为$\rho_0=1.20\ \mathrm{kg/m^3}$,海平面大气压为$p_0=1.013\times10^5\ \mathrm{N/m^2}$。(1) 海水的密度为$\rho_1=1.03\ \mathrm{g/cm^3}$,求海平面以下300 m处的压强;(2) 求海平面以上10 km高处的压强。

3-6 潜水艇的船舱漏水,某水手企图用木板封住漏洞,但力气不足,不能成功。后来在另一水手的帮助下,共同用木板封住了洞口,他一个人就足以抵住木板了。试解释其故。

3-7 设地球周围大气温度不随高度变化,并视重力加速度g为常量。求大气压及大气密度随高度的变化规律。

3-8 容器内水的高度为H,水自离自由表面h深的小孔流出。(1) 求水流达到地面的水平射程x;(2) 在水面以下多深的地方另开一孔可使水流的水平射程与前者相等?

3-9 重力场中,流体对物体的浮力等于该物体所排开流体的重量——阿基米德原理,试证明之。

3-10 如3-10题图所示,容器A和B中装有同种液体,可视为理想流体,水平管横截面$S_C=S_D/2$,容器A的横截面$S_A\gg S_D$,求E管中的液柱高度($\rho_{液}\gg\rho_{空气}$)。

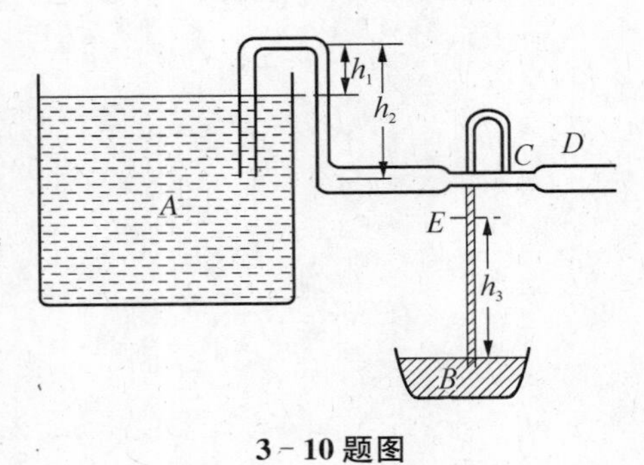

3-10题图

3-11 密闭大水箱内水面与下方小管口的高度差为3米,水箱内水面上的空气压强为20大气压。求管口处水的流速。

3-12 质量$m=80\ \mathrm{g}$,长度$l=1\ \mathrm{m}$,内横截面积$S=0.3\ \mathrm{cm}^2$的玻璃管一端处弯成直角,另一端用橡胶软管接在自来水龙头上(见3-12题图),水流速$v=2\ \mathrm{m/s}$。求:玻璃管偏离铅直线的角度θ(软管弹性不计)。

3-13 容器盛有某种不可压缩黏性流体,流动后各管内液柱高如3-13题图所示,液体密度为$1\ \mathrm{g/cm^3}$,不计大容器内能量损失,水平管截面积相同。求出口流速。

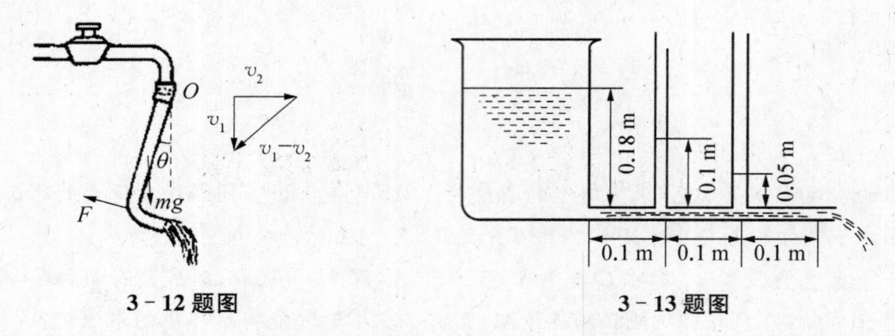

3-12 题图　　　　3-13 题图

3-14 开口水槽的水面比出水管高出 $H=8$ 米，出水管在 1 和 2 两断面处的横截面积分别为 5 厘米^{2}和 2 厘米^2，如 3-14 题图。求水流出管口的速率、流量，以及 1 断面处的压强。

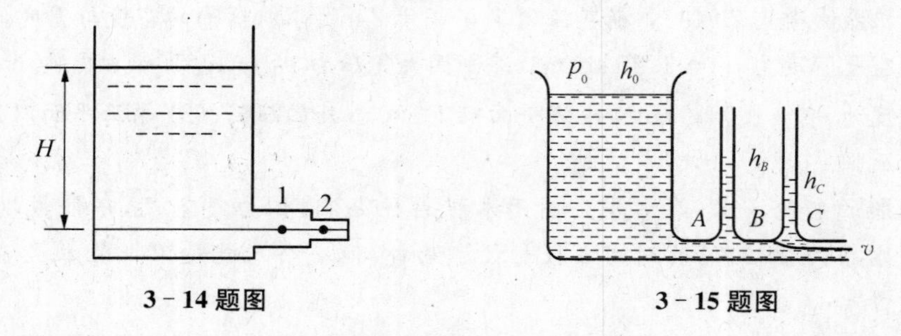

3-14 题图　　　　3-15 题图

3-15 如 3-15 题图所示，容器通过底部小口连通于水平的均匀管道泄水。若已知 $|AB|=4\ \mathrm{m}$，$|BC|=6\ \mathrm{m}$，液柱高度差 $h_B-h_C=0.05\ \mathrm{m}$，$h_0-h_B=0.12\ \mathrm{m}$。求水平管中的水流速率 v。

3-16 管子的直径为 2 厘米，若临界雷诺数为 2 000，求水在管中做层流的最大流速。设水的黏性系数为 1 厘泊，水的密度为 1 克/厘米^3。

第 4 章

机械振动和机械波

§4-1 简谐振动

1 简谐振动的特征及表达式

简谐振动是机械振动中最简单、最基本的一种。物体振动时，其位置坐标随时间按余(或正)弦规律变化，这种振动称为**简谐振动**。例如，在忽略阻力的情况下，弹簧振子的振动，单摆、复摆的小角度振动等都是简谐振动。本节我们以理想的弹簧谐振子模型为例，研究简谐振动的方程。

质量为 m 的物体系于一端固定的轻弹簧(弹簧的质量相对于物体来说可以忽略不计)的自由端，这样的弹簧和物体系统就称为弹簧振子。如将弹簧振子水平放置，如图 4-1所示，当弹簧为原长时，物体所受的合力为零，处于平衡状态，此时物体所在的位置 O 就是其平衡位置。在弹簧的弹性限度内，如果把物体从平衡位置向右拉开后释放，这时由于弹簧被拉长，产生了指向平衡位置的弹性力，在弹性力的作用下，物体便向左运动。当通过平衡位置时，物体所受到的弹性力减小到零，由于物体的惯性，它将继续向左运动，致使弹簧被压缩。弹簧因被压缩而出现向右的指向平衡位置的弹性力，该弹性力将阻碍物体向左运动，使物体的运动速度减小直到为零。之后物体又将在弹性力的作用下向右运动。在忽略一切阻力的情况下，物体便会以平衡位置 O 为中心，在与 O 点等距离的两边做往复运动。

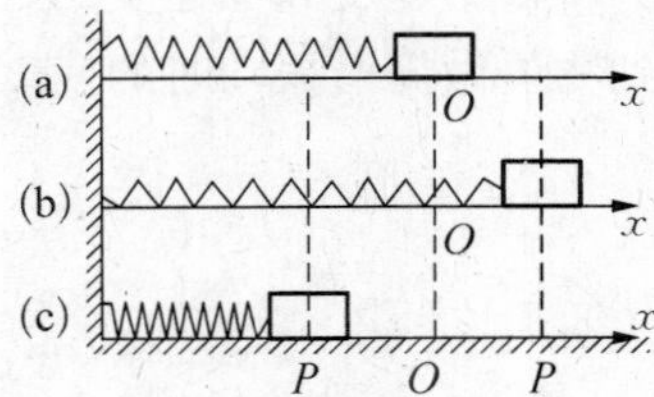

图 4-1 弹簧振子的振动

图 4-1 中，取物体的平衡位置 O 为坐标原点，物体的运动轨迹为 x 轴，向右为正方向。在小幅度振动时，由胡克定律可知，物体所受的弹性力 $\boldsymbol{F}$ 与弹簧的伸长即物体相对平衡位置的位移 $\boldsymbol{x}$ 成正比，弹性力的方向与位移的方向相反，总是指向平衡位置。即

$$\boldsymbol{F}=-k\boldsymbol{x}$$

式中 k 是弹簧的劲度系数，它由弹簧本身的性质(材料、形状、大小等)所决定，负号表示力与位移的方向相反。

根据牛顿第二定律 $F = ma$ 和 $a = \frac{d^2x}{dt^2}$，物体的加速度为

$$a = \frac{F}{m} = -\frac{kx}{m} = \frac{d^2x}{dt^2} \quad \text{即} \quad \frac{d^2x}{dt^2} + \frac{k}{m}x = 0 \tag{4-1-1}$$

对于一个给定的弹簧振子，k 与 m 都是常量，而且都是正值，故令

$$\frac{k}{m} = \omega^2 \tag{4-1-2}$$

代入上式得

$$\frac{d^2x}{dt^2} + \omega^2 x = 0 \tag{4-1-3}$$

这一微分方程的解是

$$x = A\cos(\omega t + \varphi) \tag{4-1-4}$$

式中 A 和 φ 是积分常数，它们的物理意义将在后面讨论。由上式可知，弹簧振子运动时，**物体相对平衡位置的位移按余弦(或正弦)函数关系随时间变化，我们把具有这种特征的运动称为简谐振动。**

根据速度和加速度的定义，将(4-1-4)式分别对时间求一阶导和二阶导，可分别得到物体做简谐振动时的速度和加速度：

$$v = \frac{dx}{dt} = -\omega A\sin(\omega t + \varphi) \tag{4-1-4a}$$

$$a = \frac{d^2x}{dt^2} = -\omega^2 A\cos(\omega t + \varphi) \tag{4-1-4b}$$

上述各式中，式(4-1-3)揭示了简谐振动中的受力特点，故称之为简谐振动的动力学方程，而式(4-1-4)反映的是简谐振动的运动规律，故称为**简谐振动的运动学方程**。

2 简谐振动的振幅、周期、频率和相位

简谐振动的运动学方程(4-1-4)即 $x = A\cos(\omega t + \varphi)$ 反映了简谐振动的运动规律。下面我们逐个分析方程中出现的量。

(1) 振幅

在简谐振动(4-1-4)的表达式中，因余弦(或正弦)函数的绝对值不会大于1，所以物体的振动范围在 $+A$ 和 $-A$ 之间。我们把做简谐振动的物体离开平衡位置的最大位移的绝对值 A 叫作振幅。它描述了振动物体往返运动的范围和幅度。这是一个反映振动强弱的物理量。

(2) 周期和频率

振动的特征之一是运动具有周期性。我们把完成一次完整全振动所经历的时间称为

周期，用 T 来表示，单位是 s。因此，每隔一个周期，振动状态就完全重复一次。

设某时刻 t 物体的位置为 x，在 $t+T$ 时刻物体到达位置 x'

$$x = A\cos(\omega t + \varphi)$$

$$x' = A\cos[\omega(t+T) + \varphi]$$

由周期性，$x = x'$，即　$A\cos[\omega(t+T)+\varphi] = A\cos(\omega t + \varphi)$

上式方程中 T 的最小值应满足　$\omega T = 2\pi$　所以

$$T = \frac{2\pi}{\omega} \quad \text{或} \quad \omega = \frac{2\pi}{T} \tag{4-1-5}$$

单位时间内物体完成全振动的次数称为频率，用 υ 或 f 表示。它的单位是赫兹，符号是 Hz。显然，频率与周期的关系为

$$\upsilon = \frac{1}{T} = \frac{\omega}{2\pi} \quad \text{或} \quad \omega = 2\pi\upsilon \tag{4-1-6}$$

可见振动方程中的 ω 是一个与振动的周期有关的物理量。表示物体在 2π s 的时间内所做的完全振动次数，称为振动的角频率，也称圆频率。它的单位是 rad/s。

周期和频率都是反映振动快慢的物理量。

对于弹簧振子，$\frac{k}{m} = \omega^2$，所以弹簧振子的周期和频率分别为

$$T = 2\pi\sqrt{\frac{m}{k}} \qquad \upsilon = \frac{1}{2\pi}\sqrt{\frac{k}{m}} \tag{4-1-7}$$

由于弹簧振子的质量 m 和劲度系数 k 是其本身固有的性质，所以周期和频率完全由振动系统本身的性质所决定，因此被称为固有周期和固有频率。

(3) 相位和初相

由(4-1-4)式可知，当角频率 ω 和振幅 A 已知时，振动物体在任一时刻 t 的运动状态(位置、速度、加速度等)都由$(\omega t+\varphi)$决定。$(\omega t+\varphi)$是决定简谐振动运动状态的物理量，称为振动的相位。显然 φ 是 $t=0$ 时的相位，称为初相位，简称初相。

在振动和波动的研究中，相位是一个十分重要的概念。物体的振动，在一个周期之内，每一时刻的运动状态都不相同，这相当于相位经历着从 0 到 2π 的变化。例如图 4-1 所示的弹簧振子，我们用余弦函数表示的简谐振动，若某时刻 $(\omega t+\varphi)=0$，即相位为零，则可决定该时刻 $x=A$，$v=0$，表示物体在正位移最大处而速度为零；当相位$(\omega t+\varphi)=\frac{\pi}{2}$ 时，$x=0$，$v=-\omega A$，表示物体在平衡位置并以最大速率 ωA 向 x 轴负方向即向左运动；而当相位$(\omega t+\varphi)=\frac{3\pi}{2}$时，$x=0$，$v=\omega A$，这时物体也在平衡位置，但以最大速率$\omega A$ 向 x 轴正方向即向右运动。可见，不同的相位表示不同的运动状态。凡是位移和速度都

相同的运动状态，它们所对应的相位相差 2π 或 2π 的整数倍。由此可见，相位是反映周期性特点，并用以描述运动状态的重要物理量。

相位概念的重要性还在于比较两个简谐振动之间在"步调"上的差异。设有两个同频率的简谐振动，它们的振动表达式为

$$x_1 = A_1\cos(\omega t + \varphi_1)$$
$$x_2 = A_2\cos(\omega t + \varphi_2)$$

它们的相位差为

$$\Delta\varphi = (\omega t + \varphi_2) - (\omega t + \varphi_1) = \varphi_2 - \varphi_1$$

即它们在任意时刻的相位差都等于它们的初相位之差。当 $\Delta\varphi$ 等于零或 2π 的整数倍时，这时两振动物体将同时到达各自同方向的位移的最大值，同时通过平衡位置而且向同方向运动，它们的步调完全相同，我们称这样的两个振动为同相。当 $\Delta\varphi$ 等于 π 或者 π 的奇数倍时，则一个物体到达正的最大位移时，另一个物体到达负的最大位移处，它们同时通过平衡位置但向相反方向运动，即两个振动的步调完全相反。我们称这样的两个振动为反相。

当 $\Delta\varphi$ 为其他值时，如果 $\varphi_2 - \varphi_1 > 0$，我们称第二个简谐振动超前第一个简谐振动 $\Delta\varphi$，或者说第一个简谐振动落后于第二个简谐振动 $\Delta\varphi$。以此来表达它们振动步调上的差别。

引入相位差的概念，不仅仅是为了描述两个同频率简谐振动之间的步调上的差异，后面将看到，当一个物体同时参与两个或两个以上同频率的简谐振动时，合振动的强弱将取决于这几个振动之间的相位差。在波动理论和波动光学中，相位差这一概念也将继续发挥重要的作用。

(4) 常数 A 和 φ 的确定

如上所述，谐振动方程 $x = A\cos(\omega t + \varphi)$ 中的角频率 ω 是由振动系统本身的性质所决定的。在角频率已经确定的条件下，如果知道在 $t=0$ 时的物体相对平衡位置的位移 x_0 和速度 v_0，就可以确定谐振动的振幅 A 和初相 φ。由式(4-1-4)和式(4-1-4a)可得

$$x_0 = A\cos\varphi$$
$$v_0 = -\omega A\sin\varphi$$

由上两式可得 A、φ 的唯一解是

$$\begin{aligned} A &= \sqrt{x_0^2 + \frac{v_0^2}{\omega^2}} \\ \varphi &= \arctan\frac{-v_0}{\omega x_0} \end{aligned} \tag{4-1-8}$$

其中 φ 所在象限可由 x_0 及 v_0 的正负号确定。

物体在 $t=0$ 时的位移 x_0 和速度 v_0 叫做初始条件。上述结果说明，对一定的弹簧振子(即 ω 为已知量)，它的振幅 A 和初相 φ 是由初始条件决定的。由于谐振动的振幅不随时间而变化，故简谐振动是等幅振动。

【例题 4-1】 如图 4-1 所示，一轻弹簧的劲度系数 $k=50\ \mathrm{N\cdot m^{-1}}$，今将质量为 2 kg 的物体，从平衡位置向右拉长到 $x_0=0.02\ \mathrm{m}$ 处，并以 $v_0=-\dfrac{\sqrt{3}}{10}\ \mathrm{m\cdot s^{-1}}$ 的速度开始运动，试求：

(1) 谐振动方程；(2)物体从初位置运动到第一次经过 $-\dfrac{A}{2}$ 处时的速度。

【解】 (1) 要确定物体的谐振动方程，需要确定角频率 ω、振幅 A 和初相 φ 三个物理量。

角频率
$$\omega=\sqrt{\frac{k}{m}}=\sqrt{\frac{50}{2}}=5\ \mathrm{rad\cdot s^{-1}}$$

振幅和初相由初始条件 x_0 及 v_0 决定，已知 $x_0=0.02\ \mathrm{m}$，$v_0=-\dfrac{\sqrt{3}}{10}\ \mathrm{m\cdot s^{-1}}$，

由式(4-1-8)得

$$A=\sqrt{x_0^2+\frac{v_0^2}{\omega^2}}=\sqrt{0.02^2+\frac{(-\sqrt{3}/10)^2}{5^2}}=0.04\ \mathrm{m}$$

$$\varphi=\arctan\frac{-v_0}{\omega x_0}=\arctan\frac{\sqrt{3}/10}{5\times0.02}=\arctan\sqrt{3}$$

据题意 x_0 为正，v_0 为负，故 $\varphi=\dfrac{\pi}{3}$

将 A、ω、φ 代入谐振动方程 $x=A\cos(\omega t+\varphi)$ 中，可得

$$x=0.04\cos\left(5t+\frac{\pi}{3}\right)\ \mathrm{m}$$

(2) 欲求 $x=-\dfrac{A}{2}$ 处的速度，需先求出物体从初位置运动到第一次抵达 $-\dfrac{A}{2}$ 处的相位。由 $x=A\cos(\omega t+\varphi)=A\cos\left(\omega t+\dfrac{\pi}{3}\right)$ 得

$$\omega t+\frac{\pi}{3}=\arccos\frac{x}{A}=\arccos\frac{-A/2}{A}=\arccos\left(-\frac{1}{2}\right)=\frac{2\pi}{3}\left(\text{或}\frac{4\pi}{3}\right)$$

按题意，物体由初位置 $x_0=0.02\ \mathrm{m}$ 第一次运动到 $x=-\dfrac{A}{2}$ 处的相位　$\omega t=\dfrac{\pi}{3}$

将 A、ω 和 ωt 的值代入速度公式，可得

$$v=-A\omega\sin\left(\omega t+\frac{\pi}{3}\right)=-0.04\times5\times\sin\left(\frac{\pi}{3}+\frac{\pi}{3}\right)=-\frac{\sqrt{3}}{10}=-0.173\ \mathrm{m\cdot s^{-1}}$$

负号表示速度的方向沿 x 轴负方向。

(5) 简谐振动的矢量图示法

为了直观地领会简谐振动中 A、ω 和 φ 三个物理量的意义，并为后面讨论简谐振动的叠加提供简捷的方法，我们介绍简谐振动的旋转矢量表示法。

如图 4-2 所示，一长度为 A 的矢量绕 O 点以恒定角速度 ω 沿逆时针方向转动，这个矢量称为振幅矢量，以 $\mathbf{A}$ 表示。在此矢量转动过程中，矢量的端点 M 在 Ox 轴上的投影点 P 便不断地以 O 为平衡位置往返振动。在任意时刻，投影点在 x 轴上的位置由方程 $x=A\cos(\omega t+\varphi)$ 确定，这正是简谐振动的表达式。因而，做匀速转动的矢量 $\mathbf{A}$，其端点 M 在 x 轴上的投影点 P 的运动是简谐振动。在矢量 $\mathbf{A}$ 的转动过程中，M 点做匀速圆周运动，通常把这个圆称为参考圆。矢量 $\mathbf{A}$ 转一圈所需的时间就是简谐振动的周期。也就是说，一个简谐振动可以借助于一个旋转矢量来表示。它们之间的对应关系是：旋转矢量的长度 A 为投影点简谐振动的振幅；旋转矢量的转动角速度为简谐振动的角频率 ω；而旋转矢量在 t 时刻与 Ox 轴的夹角 $(\omega t+\varphi)$ 便是简谐振动运动方程中的相位；φ 角是起始时刻旋转矢量与 Ox 轴的夹角，就是初相位。

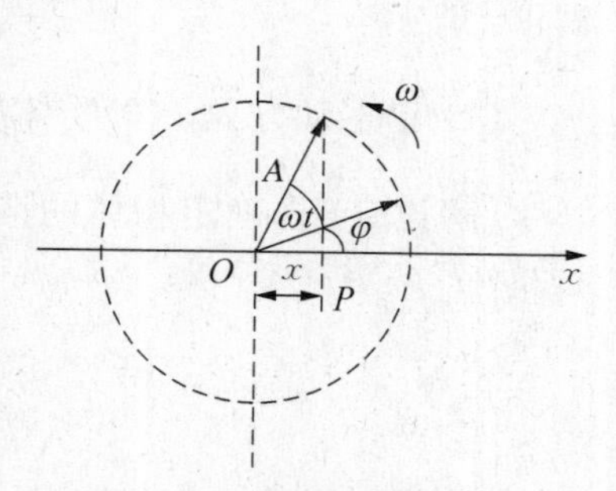

图 4-2 简谐振动的旋转矢量图示法

由此可见，简谐振动的旋转矢量表示法把描写简谐振动的三个特征量非常直观地表示出来了。必须注意，旋转矢量本身并不在做谐振动，而是旋转矢量端点在 Ox 轴上的投影点在做谐振动。

利用旋转矢量图，可以很容易地表示两个简谐振动的相位差。

在简谐振动过程中，相位 $\omega t+\varphi$ 随时间线性变化，变化速率为角频率 ω。即在 Δt 时间间隔内，相位变化为 $\Delta\varphi=\omega\Delta t$。把握住这一点，配合旋转矢量图，就可以巧妙地解决一些看来似乎困难的问题。

【例题 4-2】 用旋转矢量法求解上例中的初相 φ 及物体从初位置运动到第一次经过 $-\dfrac{A}{2}$ 处时的时间。

【解】 (1) 根据初始条件画出振幅矢量的初始位置如图 4-3。

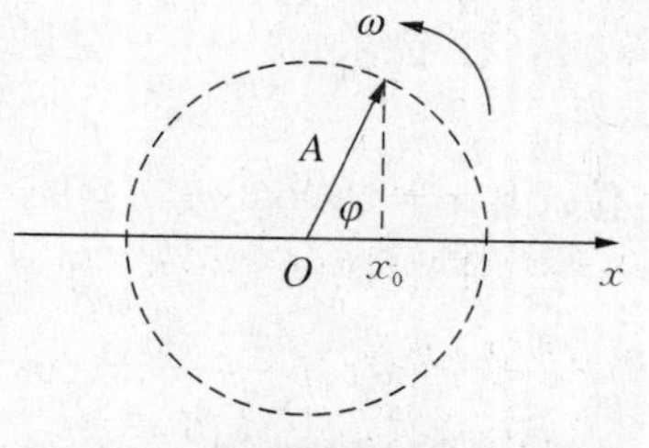

图 4-3 振幅矢量初始位置图

由图可得

$$\varphi=\arccos\frac{x_0}{A}=\arccos\frac{0.02}{0.04}=\arccos\frac{1}{2}=\frac{\pi}{3}$$

(2) 从振幅矢量图 4-4 可知：

从初位置 x_0 运动到第一次经过 $x=-\dfrac{A}{2}$ 处时，旋转矢量转过的角度是 $\pi-2\times\dfrac{\pi}{3}=\dfrac{\pi}{3}$，这就是两者的相位差，由于振幅矢量的角速度为 ω，所以可得到所需的时间

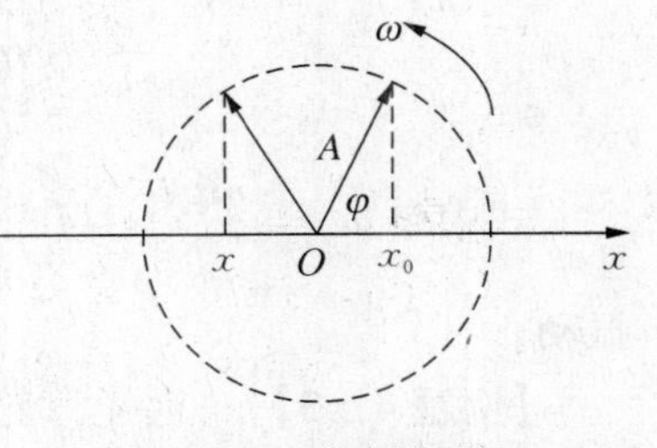

图 4-4　振幅矢量

$$\Delta t=\frac{\Delta\varphi}{\omega}=\frac{\frac{\pi}{3}}{5}=\frac{\pi}{15}=0.209\ \text{s}$$

3　几种常见的简谐振动

(1) 单摆

如图 4-5 所示，一根不会伸缩的细线上端固定，下端悬挂一个体积很小质量为 m 的重物。细线静止地处于铅直位置时，重物在其平衡位置 O 处。

把重物从平衡位置略微移开后放手，重物就在平衡位置附近来回摆动，这种装置称为单摆。

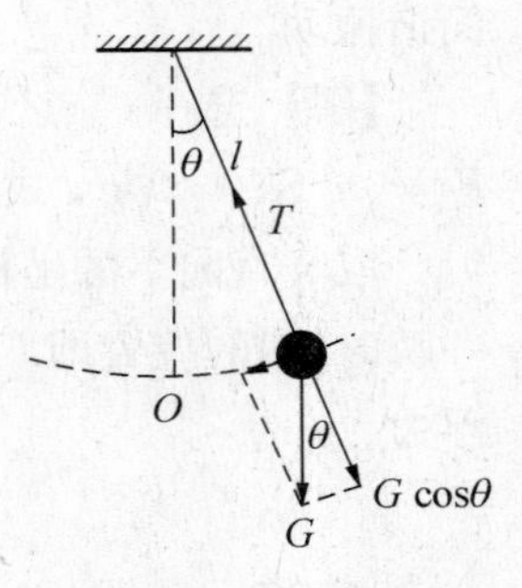

图 4-5　单摆

设在某时刻，单摆的摆线与竖直方向的夹角为 θ，忽略一切阻力时，重物受到重力 $\boldsymbol{G}$ 和线的拉力 $\boldsymbol{T}$ 作用。重力的切向分量 $mg\sin\theta$ 决定重物沿圆周的切向运动。设摆线长为 l，沿逆时针方向转过的 θ 为正，根据牛顿运动定律得

$$-mg\sin\theta=ml\frac{\mathrm{d}^2\theta}{\mathrm{d}t^2}$$

当 θ 很小时，$\sin\theta\approx\theta$，所以

$$\frac{\mathrm{d}^2\theta}{\mathrm{d}t^2}+\frac{g}{l}\theta=0$$

式中令 $\omega^2=\dfrac{g}{l}$。与式(4-1-3)相比较可知，单摆在摆角很小时的振动是简谐振动。

(2) 复摆

一个可绕固定轴 O 转动的刚体称为复摆，如图 4-6 所示。

平衡时，摆的重心 C 在轴的正下方，摆动到任意时刻，重心与轴的连线 OC 偏离竖直位置一个微小角度 θ，我们规定偏离平衡位置沿逆时针方向转过的角位移为正。设复摆对轴 O 的转动惯量为 J，复摆的质心 C 到 O 的距离 $OC=h$。

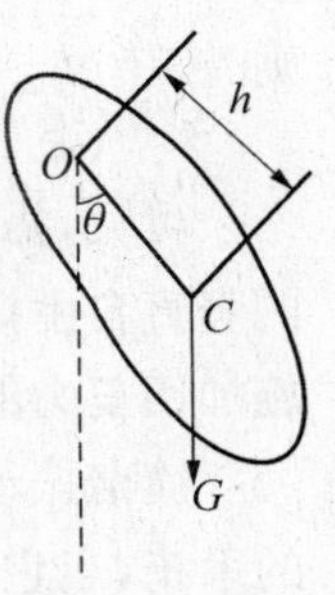

图 4-6　复摆

复摆在角度 θ 处受到的重力矩为 $M=-mgh\sin\theta$，当摆角很小时，$\sin\theta\approx\theta$，所以 $M=-mg\theta h$，由转动定律得

$$-mgh\theta = J\frac{\mathrm{d}^2\theta}{\mathrm{d}t^2} \quad 即 \quad \frac{\mathrm{d}^2\theta}{\mathrm{d}t^2}+\frac{mgh}{J}\theta = 0$$

式中令 $\omega^2=\frac{mgh}{J}$，与式(4-1-3)相比较可知，复摆在摆角很小时的振动是简谐振动。

【例题 4-3】 一远洋海轮，质量为 M，浮在水面时其水平截面积为 S。设在水面附近海轮的水平截面积近似相等，如图 4-7 所示。试证明此海轮在水中做幅度较小的竖直自由振动是简谐振动。

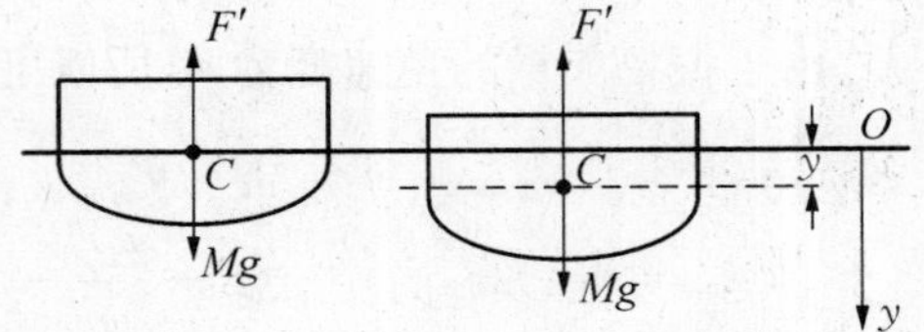

图 4-7 例题 4-3 图

【解】 选择 C 点代表船体。当船处于静浮状态时，此时船所受浮力与重力相平衡，即 $F=\rho gSh=Mg$，式中 ρ 是水的密度，h 是船体 C 以下的平均深度。

取竖直向下的坐标轴为 y 轴，坐标原点 O 与 C 点在水面处重合。设船上下振动的任一瞬时，船的位置即 C 点的坐标为 y（y 即是船相对水面的位移，可正可负），此时船所受浮力

$$F'=\rho gS\ (h+g)$$

则作用在船上的合力

$$\sum F = Mg - F' = -\rho gSy$$

由 $\sum F = M\frac{\mathrm{d}^2y}{\mathrm{d}t^2}$ 得：

$$M\frac{\mathrm{d}^2y}{\mathrm{d}t^2} = -\rho gSy$$

即 $\quad \frac{\mathrm{d}^2y}{\mathrm{d}t^2}+\frac{\rho gS}{M}y=0$

式中 M、S、ρ、g 皆为正，故可令 $\omega^2=\frac{\rho gS}{M}$，

则
$$\frac{\mathrm{d}^2y}{\mathrm{d}t^2}+\omega^2y=0$$

可见，描写船位置的物理量 y 满足简谐振动的动力学方程，故船在水中所做的小幅度的竖直自由振动是简谐振动。**做简谐振动的物体，通常称为谐振子。这个物体，连同对它施加回复力的物体一起组成的振动系统，通常称为谐振系统。**

简谐振动是一种理想的运动过程。严格的简谐振动是不存在的，但对处于稳定平衡的系统，当它对平衡状态发生一微小的偏离后所产生的振动，在阻力很小而可以忽略时，就可以近似地看作是简谐振动。因此，谐振子是一个重要的理想模型。

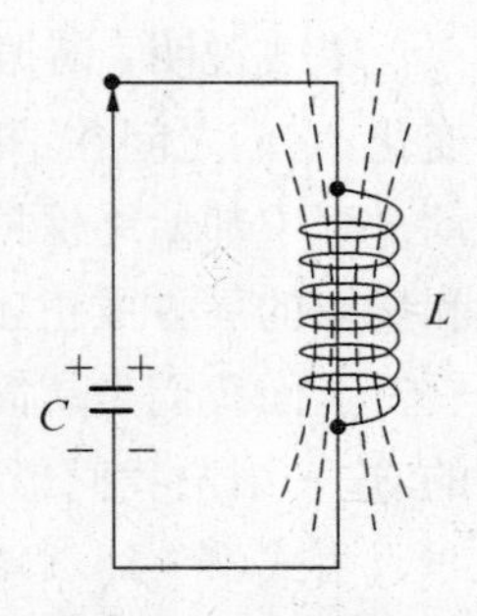

图 4-8　LC 振荡电路

例如由电容 C、电感 L 所组成的一个回路，如图 4-8 所示。若给电容器充上一定的电荷 Q，在忽略阻力的情况下，就能形成在电路内周期性往返流动的电流，并引起电容器内的电场和电感线圈中的磁场的周期性变化，导致无阻尼电磁振荡。进一步的定量研究表明，在无阻尼的电磁振荡过程中，电容器极板上的电荷 Q 和电路中的电流强度 I 皆满足式(4-1-3)的微分方程。此 LC 电路系统遵循谐振动的规律，故亦可称为谐振子。

另外，对微观领域中的某些运动也可以利用谐振子的模型进行研究，像分子、原子、电子的振动等。

由此可见，谐振动的规律不仅出现于力学范畴，它还出现于电磁学、原子物理学、光学及其他领域。因此，一个物理系统，若描写其状态的物理量符合谐振动的定义式(4-1-3)，皆可广义地称为谐振子。

4　简谐振动的能量

现在我们以图 4-1 所示的水平弹簧振子为例来说明振动系统的能量。

设在某一时刻，物体的位置是 x，速度为 v，由(4-1-4)式及(4-1-4a)式，我们知道振子的位置 x 及速度 v 分别为

$$x = A\cos(\omega t + \varphi) \qquad v = -\omega A\sin(\omega t + \varphi)$$

此时系统除了具有动能以外，还具有势能。振动物体的动能为

$$E_k = \frac{1}{2}mv^2 = \frac{1}{2}m\omega^2 A^2 \sin^2(\omega t + \varphi) \tag{4-1-9}$$

如果取物体在平衡位置的势能为零，则弹性势能为

$$E_p = \frac{1}{2}kx^2 = \frac{1}{2}kA^2 \cos^2(\omega t + \varphi) \tag{4-1-10}$$

(4-1-9)式和(4-1-10)式说明物体做简谐振动时，其动能和势能都是随时间 t 做周期性变化。位移最大时，势能达最大，动能为零；物体通过平衡位置时，势能为零，动能达最大值。由于在运动过程中，弹簧振子不受外力和非保守内力的作用，其总的机械能守恒

$$\begin{aligned} E &= E_k + E_p \\ &= \frac{1}{2}m\omega^2 A^2 \sin^2(\omega t + \varphi) + \frac{1}{2}kA^2 \cos^2(\omega t + \varphi) \end{aligned}$$

把 $\frac{k}{m} = \omega^2$ 代入，则上式简化为

$$E = \frac{1}{2}kA^2$$

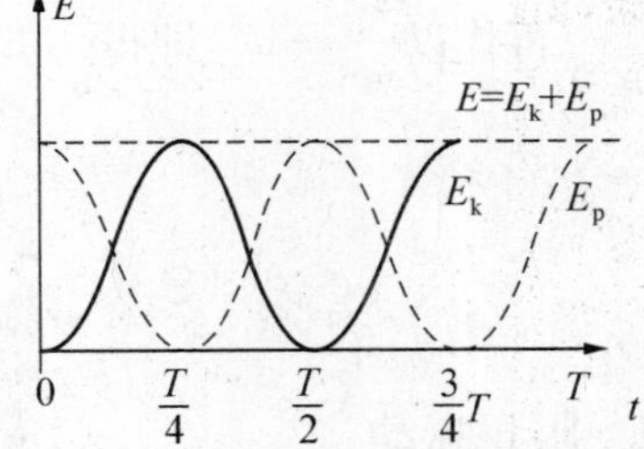

图 4-9　简谐振动的能量

上式说明：谐振系统在振动过程中，系统的动能和势能也都分别随时间发生周期性变化，它们之间在不断地相互转换。但在任意时刻动能和势能的总和即总的机械能在振动过程中却始终保持为一个常量。即系统的总机械能是守恒的。简谐振动系统的总能量和振幅的平方成正比，这一结论对于任一谐振系统都是正确的，如图 4－9 所示。

上面我们是从简谐振动的运动学方程出发得出谐振系统的总机械能守恒这一结论的，这一结论我们也可以用简谐振动的动力学方程导出。

由式(4－1－1)有

$$m\frac{\mathrm{d}^2x}{\mathrm{d}t^2}=-kx$$

两边乘以 $\mathrm{d}x$，得

$$m\frac{\mathrm{d}^2x}{\mathrm{d}t^2}\mathrm{d}x=-kx\,\mathrm{d}x \quad 或 \quad m\frac{\mathrm{d}v}{\mathrm{d}t}\mathrm{d}x=-kx\,\mathrm{d}x$$

即

$$mv\,\mathrm{d}v=-kx\,\mathrm{d}x$$

设初始时刻振子的位置是 x_0，速度是 v_0，对上式两边积分到任一时刻的位置 x 和速度 v，即

$$\int_{v_0}^{v}mv\,\mathrm{d}v=-\int_{x_0}^{x}kx\,\mathrm{d}x$$

得

$$\frac{1}{2}mv^2+\frac{1}{2}kx^2=\frac{1}{2}mv_0^2+\frac{1}{2}kx_0^2$$

等式右边两项之和就是初始时刻振子系统的总机械能 E，即

$$\frac{1}{2}mv^2+\frac{1}{2}kx^2=E$$

式中$\frac{1}{2}mv^2$是弹簧振子的动能，$\frac{1}{2}kx^2$是弹簧振子的弹性势能。把式(4－1－4)和式(4－1－4a)代入即可得

$$\frac{1}{2}m\omega^2A^2\sin^2(\omega t+\varphi)+\frac{1}{2}kA^2\cos^2(\omega t+\varphi)=E$$

再代以$\frac{k}{m}=\omega^2$，即得 $\quad E=\frac{1}{2}kA^2$

§4－2 受迫振动、共振和阻尼振动

1 阻尼振动

前面所讨论的简谐振动，振动系统都是在没有阻力作用下振动的，系统的机械能守

恒，振幅不随时间而变化。就是说，这种振动一经发生，就能够永不停止地以不变的振幅振动下去。一个振动物体不受任何阻力的影响，只在回复力作用下所做的振动，称为无阻尼自由振动。这是一种理想的情况。实际上，振动物体总是要受到阻力作用的。以弹簧振子为例，由于受到空气阻力等的作用，它围绕平衡位置振动的振幅将逐渐减小，最后，终于停止下来。如果把弹簧振子浸在液体里，它在振动时受到的阻力就更大，这时可以看到它的振幅急剧减小，振动几次以后，很快就会停止。当阻力足够大，振动物体甚至来不及完成一次振动就停止在平衡位置上了。在回复力和阻力作用下的振动称为阻尼振动。

在阻尼振动中，振动系统所具有的能量将在振动过程中逐渐减少。能量损失的原因通常有两种：一种是由于介质对振动物体的摩擦阻力使振动系统的能量逐渐转变为热运动的能量，这叫摩擦阻尼。另一种是由于振动物体引起邻近质点的振动，使系统的能量逐渐向四周射出去，转变为波动的能量，这叫辐射阻尼。

实验指出，当物体以不太大的速率在黏滞性的介质中运动时，物体受到的阻力与其运动的速率成正比，即

$$f_r = -\gamma v = -\gamma \frac{\mathrm{d}x}{\mathrm{d}t}$$

式中的 γ 称为阻力系数，它的大小由物体的形状、大小和介质的性质来决定。对弹簧振子，在弹性力 $F = -kx$ 及阻力 f_r 的作用下运动，物体的运动方程为

$$m\frac{\mathrm{d}^2 x}{\mathrm{d}t^2} = -kx - \gamma \frac{\mathrm{d}x}{\mathrm{d}t}$$

对一给定的振动系统，m、k 及 γ 均为常量。令 $\frac{k}{m} = \omega_0^2$，$\frac{\gamma}{m} = 2\beta$，则上式可写成

$$\frac{\mathrm{d}^2 x}{\mathrm{d}t^2} + 2\beta\frac{\mathrm{d}x}{\mathrm{d}t} + \omega_0^2 x = 0 \tag{4-2-1}$$

式中，ω_0 是无阻尼振动系统的固有角频率，β 称为阻尼因子。在 $\beta < \omega_0$ 的条件下，即阻尼较小的情况下，这个微分方程的解是

$$x = A_0 \mathrm{e}^{-\beta t}\cos(\omega' t + \varphi) \tag{4-2-2}$$

式中 $\omega' = \sqrt{\omega_0^2 - \beta^2}$；

A_0 和 φ 为积分常数，由初始条件决定。图 4 - 10 是阻尼振动的位移-时间曲线。从图中可以看出，阻尼振动的振幅 $A\mathrm{e}^{-\beta t}$ 是随时间 t 做指数衰减的，因此阻尼振动也叫减幅振动，不是谐振动。阻尼越大，振幅衰减得越快。但在阻尼不大时，可近似地看作是一种振幅逐渐减小的振动，它的周期 $T = \frac{2\pi}{\omega'} =$

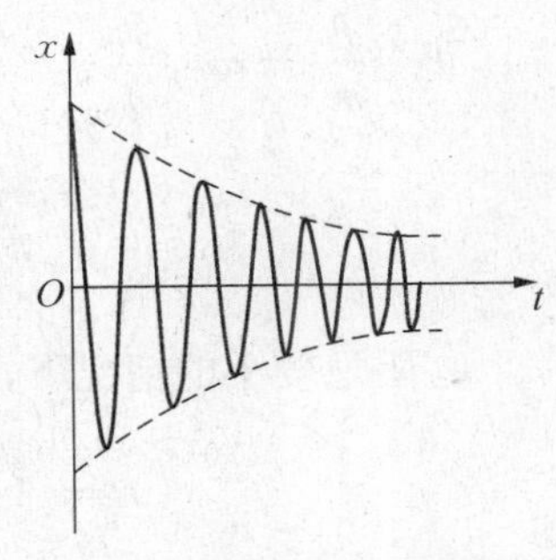

图 4 - 10　阻尼振动

$2\pi/\sqrt{\omega_0^2-\beta^2}$。即有阻尼时的自由振动周期 T 大于无阻尼时的自由振动周期 $T_0(=2\pi/\omega_0)$。

就是说，由于阻尼，振动变慢了。若阻尼很大，即 $\beta>\omega_0$，式(4-2-2)不再是式(4-2-1)的解，此时物体以非周期运动的方式慢慢回到平衡位置，这种情况称为过阻尼。若阻尼满足 $\beta=\omega_0$，则振动物体将刚好能平滑地回到平衡位置，这种情况称为临界阻尼。在过阻尼状态和减幅振动状态，振动物体从运动到静止都需要较长的时间，而在临界阻尼状态，振动物体从静止开始运动回复到平衡位置需要的时间却是最短的。因此当物体偏离平衡位置时，如果要它不发生振动，最快地恢复到平衡位置，常用施加临界阻尼的方法。

在生产实际中，可以根据不同的要求，用不同的方法改变阻尼的大小以控制系统的振动情况。如在灵敏电流计内，表头中的指针是和通电线圈相连的，当它在磁场中运动时，会受到电磁阻力的作用；若电磁阻力过大或过小，会使指针摆动不停或到达平衡点的时间过长，而不便于测量读数，所以必须调整电路电阻，使电表在 $\beta=\omega_0$ 的临界阻尼状态下工作。

2 受迫振动

在实际的振动系统中，阻尼总是客观存在的。所以实际的振动物体如果没有能量的不断补充，振动最后总是要停止下来的。要使振动持续不断地进行，须对系统施加一周期性的外力。这种系统在周期性外力持续作用下所发生的振动，叫受迫振动。如声波引起耳膜的振动、马达转动导致基座的振动等。这种周期性的外力称为驱动力。

为简单起见，假设驱动力有如下的形式

$$F=F_0\cos\omega t$$

式中 F_0 是驱动力的幅值，ω 为驱动角频率。物体在弹性力、阻力和驱动力的作用下，其运动方程为

$$m\frac{\mathrm{d}^2x}{\mathrm{d}t^2}=-kx-\gamma\frac{\mathrm{d}x}{\mathrm{d}t}+F_0\cos\omega t$$

仍令 $\frac{k}{m}=\omega_0^2$，$\frac{\gamma}{m}=2\beta$，则上式可写成

$$\frac{\mathrm{d}^2x}{\mathrm{d}t^2}+2\beta\frac{\mathrm{d}x}{\mathrm{d}t}+\omega_0^2x=\frac{F_0}{m}\cos\omega t \tag{4-2-3}$$

在阻尼较小的情况下，该方程的解是

$$x=A_0\mathrm{e}^{-\beta t}\cos(\sqrt{\omega_0^2-\beta^2}\,t+\varphi')+A\cos(\omega t+\varphi) \tag{4-2-4}$$

即受迫振动是由阻尼振动 $x=A_0\mathrm{e}^{-\beta t}\cos(\sqrt{\omega_0^2-\beta^2}\,t+\varphi')$ 和谐振动 $x=A\cos(\omega t+\varphi)$

合成的。

实际上，在驱动力开始作用时受迫振动的情况是相当复杂的，经过不太长的时间，阻尼振动就衰减到可以忽略不计，即式(4-2-4)右方第一项趋于零，受迫振动达到稳定状态。这时，振动的周期即是驱动力的周期，振动的振幅保持稳定不变。于是受迫振动为谐振动。其振动表达式为

$$x = A\cos(\omega t + \varphi)$$

应该指出，稳态时的受迫振动的表达式虽然和无阻尼自由振动的表达式相同，都是简谐振动，但其实质已有所不同。首先，受迫振动的角频率不是振子的固有角频率，而是驱动力的角频率；其次，受迫振动的振幅和初相位不是决定于振子的初始状态，而是依赖于振子的性质、阻尼的大小和驱动力的特征。据理论计算可得

$$A = \frac{F_0}{m\sqrt{(\omega_0^2 - \omega^2)^2 + 4\beta^2\omega^2}} \tag{4-2-5}$$

$$\tan\varphi = \frac{2\beta\omega}{\omega_0^2 - \omega^2} \tag{4-2-6}$$

3　共振

由式(4-2-5)可知，稳定状态下受迫振动的一个重要特点是：振幅 A 的大小与驱动力的角频率 ω 有很大的关系。当驱动力的角频率 ω 与振动系统的固有角频率 ω_0 相差较大时，受迫振动的振幅 A 比较小，而当 ω 与 ω_0 相接近时，振幅 A 逐渐增大，在 ω 为某一定值时，振幅 A 达到最大。当驱动力的角频率为某一定值时，**受迫振动的振幅达到极大的现象叫作共振**。共振时的角频率叫作共振角频率，以 ω_r 表示。由式(4-2-5)求导数，并令 $\frac{\mathrm{d}A}{\mathrm{d}\omega} = 0$，即可得到共振角频率

$$\omega_r = \sqrt{\omega_0^2 - 2\beta^2} \tag{4-2-7}$$

因此，系统的共振频率是由固有频率 ω_0 和阻尼系数 β 决定的，将式(4-2-7)代入式(4-2-5)可得共振时的振幅

$$A_r = \frac{F_0}{2m\beta\sqrt{\omega_0^2 - \beta^2}} \tag{4-2-8}$$

由上式可知，阻尼系数越小，共振角频率 ω_r 越接近系统的固有角频率 ω_0，同时共振的振幅 A_r 也越大。若阻尼系数趋于零，则 ω_r 趋近于 ω_0，A_r 将趋于无穷大。

§4-3　简谐振动的合成

在实际问题中，常会遇到一个质点同时参与几个振动的情况。例如，当两列声波同时

传播到空间某一处，则该处空气质点就同时参与这两个振动。根据运动叠加原理，这时质点所做的运动实际上就是这两个振动的合成。就是说，物体在任意时刻的位置矢量为物体单独参与每个分振动的位置矢量之和，即

$$\boldsymbol{r} = \boldsymbol{r}_1 + \boldsymbol{r}_2 + \boldsymbol{r}_3 + \cdots$$

一般的振动合成问题比较复杂，下面我们只研究几种特殊情况的谐振动合成。

1 同方向同频率的两个简谐振动的合成

设一质点在一直线上同时参与两个独立的同频率的简谐振动。现在取这一直线为 x 轴，以质点的平衡位置为原点，由于它们的角频率 ω 相同，故在任一时刻 t，这两个振动的位移分别为

$$x_1 = A_1\cos(\omega t + \varphi_1)$$

$$x_2 = A_2\cos(\omega t + \varphi_2)$$

式中 A_1、A_2 和 φ_1、φ_2 分别表示这两个振动的振幅和初相位。既然 x_1 和 x_2 都是表示在同一直线方向上、距同一平衡位置的位移，所以合位移 x 仍在同一直线上，而为上述两个位移的代数和，即

$$x = x_1 + x_2 = A_1\cos(\omega t + \varphi_1) + A_2\cos(\omega t + \varphi_2)$$

应用三角函数的等式关系将上式展开，可以转化成

$$x = A\cos(\omega t + \varphi)$$

式中 A 和 φ 的值分别为

$$A = \sqrt{A_1^2 + A_2^2 + 2A_1A_2\cos(\varphi_2 - \varphi_1)} \tag{4-3-1}$$

$$\varphi = \arctan\frac{A_1\sin\varphi_1 + A_2\sin\varphi_2}{A_1\cos\varphi_1 + A_2\cos\varphi_2} \tag{4-3-2}$$

这说明合振动仍是简谐振动，其振动方向和频率都与原来的两个振动相同。

应用旋转矢量图，可以很方便地得到上述两简谐振动的合振动。如图 4-11 所示，$\boldsymbol{A}_1$ 和 $\boldsymbol{A}_2$ 为代表两简谐振动的振幅矢量，由于它们以相同的角速度 ω 绕 O 点沿逆时针转动，因此它们之间的夹角（$\varphi_2 - \varphi_1$）保持恒定，所以在旋转过程中，矢量合成的平行四边形的形状保持不变，因而合矢量 $\boldsymbol{A}$ 的长度保持不

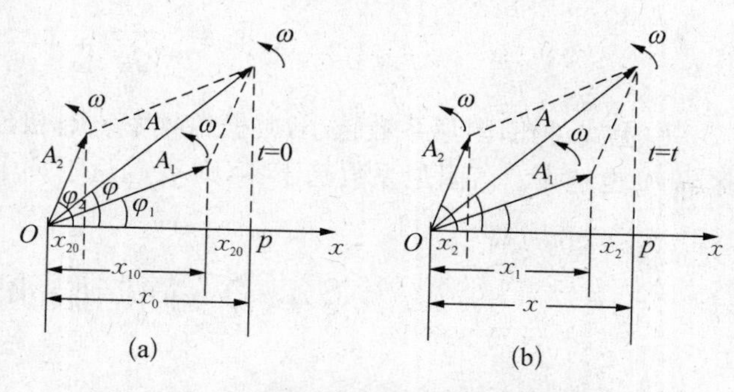

图 4-11 两个同方向同频率简谐振动的合成

变，并以同一角速度 ω 匀速旋转。合矢量 $\mathbf{A}$ 就是相应的合振动的振幅矢量，而合振动的表达式可从合矢量 $\mathbf{A}$ 在 x 轴上的投影给出，A 和 φ 也可以由图简便地得到。

现在来讨论振动合成的结果。从式(4-3-1)可以看出，合振动的振幅 A 除了与原来的两个分振动的振幅有关外，还取决于两个振动的相位差$(\varphi_2-\varphi_1)$。下面讨论两个特例，将来在研究声、光等波动过程的干涉和衍射现象时，这两个特例常要用到。

(1) **两振动同相**，即相位差 $(\varphi_2-\varphi_1)=2k\pi$, $k=0, \pm1, \pm2, \cdots$

这时 $\cos(\varphi_2-\varphi_1)=1$。按式(4-3-1)得

$$A=\sqrt{A_1^2+A_2^2+2A_1A_2}=A_1+A_2$$

即合振动的振幅等于原来两个振动的振幅之和，显然，这是合振动可能达到的最大值，如图 4-12(a)所示。

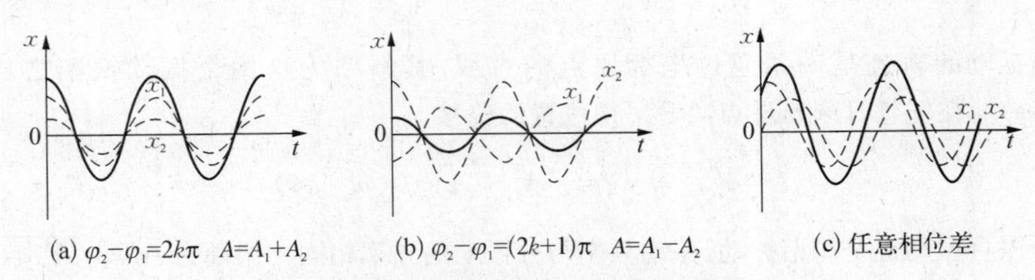

(a) $\varphi_2-\varphi_1=2k\pi$　$A=A_1+A_2$　(b) $\varphi_2-\varphi_1=(2k+1)\pi$　$A=A_1-A_2$　(c) 任意相位差

图 4-12　初相位差不同的两个简谐振动的合成

(2) **两振动反相**，即相位差 $(\varphi_2-\varphi_1)=(2k+1)\pi$, $k=0, \pm1, \pm2, \cdots$

这时 $\cos(\varphi_2-\varphi_1)=-1$。按式(4-3-1)得

$$A=\sqrt{A_1^2+A_2^2-2A_1A_2}=|A_1-A_2|$$

即合振动的振幅等于原来两个振动的振幅之差的绝对值(振幅在性质上是正量，所以在上式中取绝对值)。显然，这是合振动可能达到的最小值，如图 4-12(b)。如果 $A_1=A_2$，则 $A=0$，就是说振动合成的结果使质点处于静止状态。

在一般情形下，相位差 $\varphi_2-\varphi_1$ 是其他任意值时，合振动的振幅在 $|A_1-A_2|$ 与 A_1+A_2 之间，如图 4-12(c)。

2　两个互相垂直的同频率的简谐振动的合成

当一个质点同时参与两个不同方向的振动时，质点的位移是这两个振动的位移的矢量和。一般情况下，质点将在平面上做曲线运动。质点的轨道可有各种形状，轨道的形状由两个振动的周期、振幅和相位差来决定。

设两个同频率的简谐振动分别在 x 轴和 y 轴上进行，振动表达式分别为

$$x=A_x\cos(\omega t+\varphi_x)$$

$$y=A_y\cos(\omega t+\varphi_y)$$

在任意时刻 t，质点的位置是 (x, y)。t 改变时，(x, y) 也改变。所以上列两方程就是用参量 t 来表示的质点运动轨道的参量方程。如果把时间参量 t 消去，就得到轨道的直角坐标方程

$$\frac{x^2}{A_x^2}+\frac{y^2}{A_y^2}-\frac{2xy}{A_xA_y}\cos(\varphi_y-\varphi_x)=\sin^2(\varphi_y-\varphi_x) \tag{4-3-3}$$

一般地说，上述方程是椭圆方程。因为质点的位移 x 和 y 在有限范围内变动，所以椭圆轨道不会超出以 $2A_1$ 和 $2A_2$ 为边的矩形范围。椭圆的具体形状，则由相位差 $\varphi_2-\varphi_1$ 来决定。下面选择几个特殊的相位差进行讨论。

(1) **当相位差 $\varphi_2-\varphi_1=0$，即两振动同相。**这时式(4-3-3)变为

$$\left(\frac{x}{A_x}-\frac{y}{A_y}\right)^2=0 \quad 即 \quad y=\frac{A_y}{A_x}x$$

合振动的轨迹是一条通过坐标原点的直线，其斜率为这两个振动振幅之比[图 4-13(a)]。在任意时刻 t，质点离开平衡位置的位移

$$s=\sqrt{x^2+y^2}=\sqrt{A_x^2+A_y^2}\cos(\omega t+\varphi)$$

所以合振动也是简谐振动，振动频率与分振动的频率相同。振幅为 $A=\sqrt{A_x^2+A_y^2}$。

(2) **当相位差 $\varphi_2-\varphi_1=\frac{\pi}{2}$**，这时式(4-3-3)变为

$$\frac{x^2}{A_x^2}+\frac{y^2}{A_y^2}=1$$

合振动的轨迹是一以坐标轴为主轴的沿顺时针方向运行的正椭圆[图 4-13(b)]。

(3) **当相位差 $\varphi_2-\varphi_1=\pi$，即两振动反相。**这时式(4-3-3)变为

$$y=-\frac{A_y}{A_x}x$$

合振动的轨迹也是一条通过坐标原点的直线，其斜率为这两个振动振幅之比的负值[图 4-13(c)]。也是简谐振动，振动频率与分振动的频率相同。振幅也为 $A=\sqrt{A_x^2+A_y^2}$。

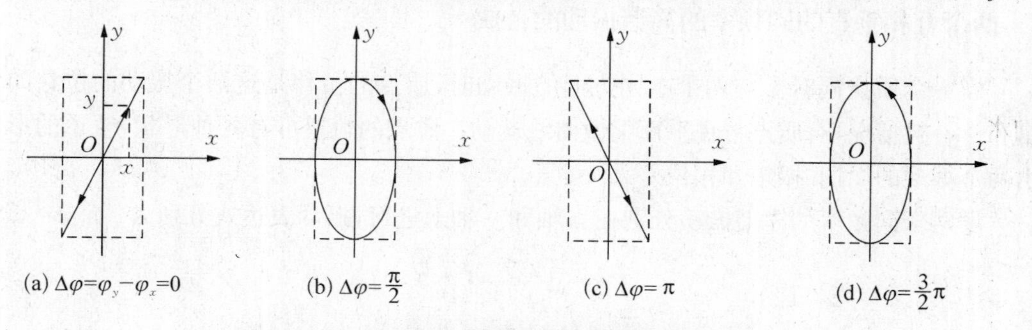

图 4-13　两个互相垂直相同频率简谐振动的合成

(4) **当相位差 $\boldsymbol{\varphi_2-\varphi_1=\frac{3}{2}\pi}$ 或 $\boldsymbol{-\frac{\pi}{2}}$。**这时合振动的轨迹是一以坐标轴为主轴的沿逆时针方向运行的正椭圆[图 4-13(d)]。

当两个等幅($A_1=A_2$)的振动相位差为 $\varphi_2-\varphi_1=\pm\frac{\pi}{2}$ 时，椭圆将变为圆[图 4-14(a)、(b)]。

(a) $\varphi_2-\varphi_1=\frac{\pi}{2}$　(b) $\varphi_2-\varphi_1=-\frac{\pi}{2}$

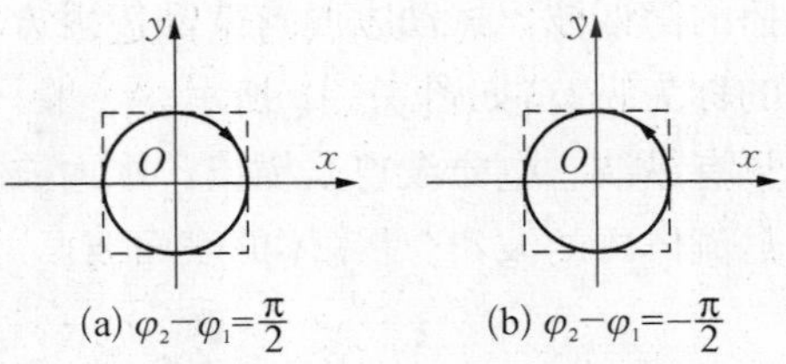

图 4-14　两个等幅的、相位差为 $\pm\frac{\pi}{2}$ 的相互垂直的同频率的简谐振动的合成

总之，两个相互垂直的同频率的简谐振动合成时，合运动的轨道是椭圆。椭圆的性质视两个振动的相位差 $\varphi_2-\varphi_1$ 而定。图 4-15 表示不同相位差的合成图形。

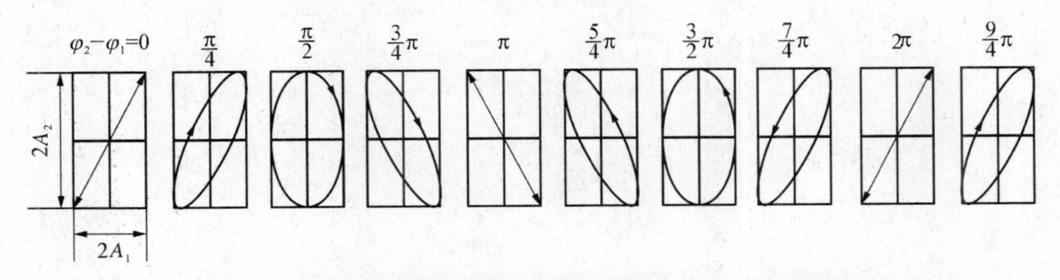

图 4-15　两个相互垂直的振幅不同、频率相同的简谐振动的合成

§4-4　机械波的产生和传播

1　机械波产生的条件

把一块石头投在静止的水面上，可见到石头落水处水发生振动，此处振动引起附近水的振动，附近水的振动又引起更远处水的振动，这样水的振动就从石头落点处向外传播开了，形成了水面波。绳的一端固定，另一端用手拉紧并使之上下振动，这端的振动引起邻近点振动，邻近点的振动又引起更远点的振动，这样振动就由绳的一端向另一端传播，形成了绳波。当音叉振动时，它的振动引起附近空气的振动，附近空气的振动又引起更远处空气的振动，这样振动就在空气中传播，形成了声波。从以上几个例子我们可以看出，波是振动的传播，机械振动在介质中的传播就形成了机械波。

机械波的形成和传播有两个条件，一个是要有波源，如上述水面波波源是石头落水处的水；绳波波源是手拉绳的振动端；声波波源是音叉。二是要有传播介质，如：水面波的传播介质是水；绳波的传播介质是绳；声波的传播介质是空气。要注意，波动不是物质的传播而是振动状态的传播。

2　横波和纵波

简谐振动的传播形成简谐波。最简单的简谐波是一维简谐波，也就是向一个方向传播的简谐波。振动方向与波动传播方向垂直的叫做横波,振动方向与波动传播方向一致的称为纵波,如图 4-16 所示。一般只有固体内才有横波,固体内也可以有纵波。流体中只有纵波。电磁波也是横波。水面波接近于横波,但不是严格意义上的横波,水面波也不是流体内的波,它是流体的表面波。

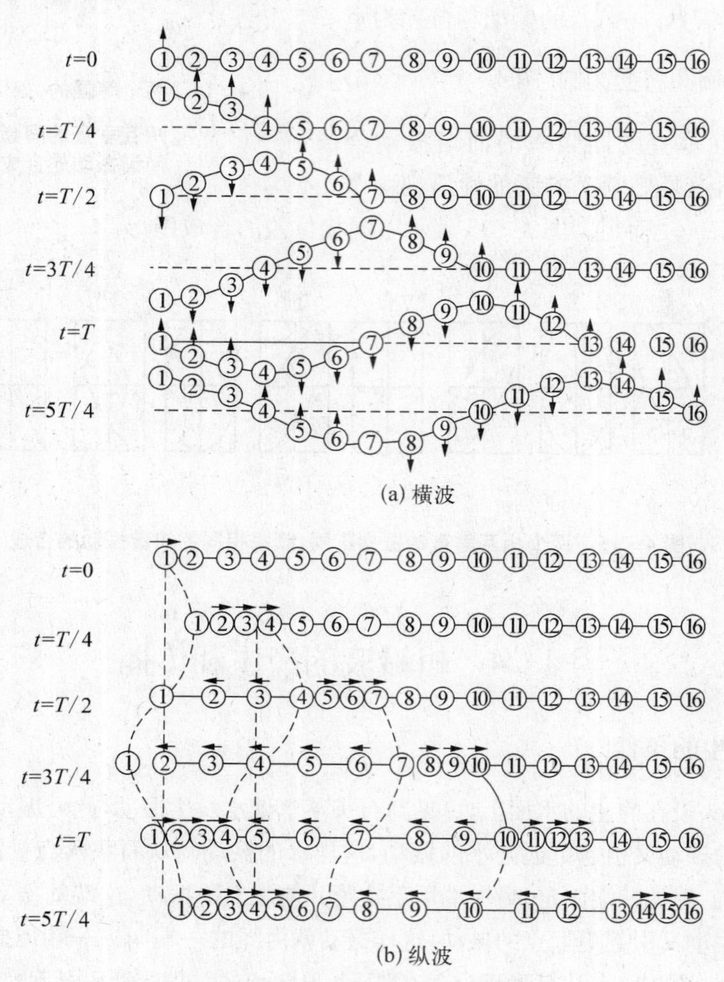

图 4-16 横波与纵波示意图

3 波长和频率、传播速度

波长、波的周期、波的频率、波速是波动过程中的重要物理量,分述如下:

波长是指在波的传播方向上位相差为 2π 的两质点之间的距离,也就是一个完整波的长度,用λ表示。在横波情况下,波长可用相邻波峰或相邻波谷之间的距离表示,如图 4-17 所示。在

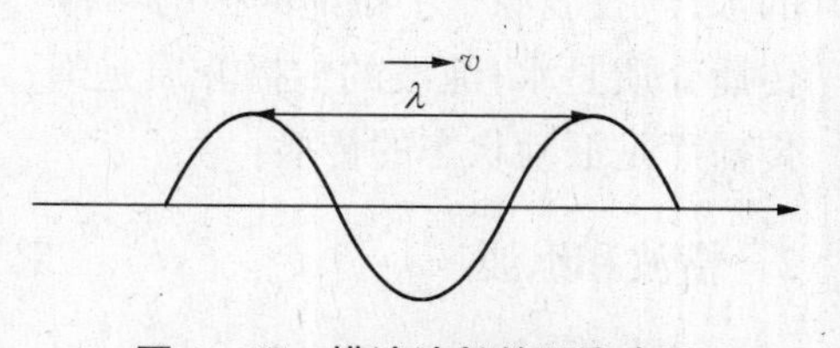

图 4-17 横波波长的距离表示

纵波情况下,波长可用相邻的密集部分中心或相邻的稀疏部分中心之间的距离表示。

波的周期是指波前进一个波长距离所用的时间,或一个完整波形通过波线上某点所需要的时间,用 T 表示。

波的频率是指单位时间内前进的距离中包含的完整波形数目,用 ν 表示。

可有

$$\nu = \frac{1}{T} \tag{4-4-1}$$

由波的形成过程可知,振源振动时,经过一个振动周期,波沿波线传出一个完整的波形,所以,波的传播周期(或频率)=波源的振动周期(或频率)。由此可知,波在不同的介质中其传播周期(或频率)不变。

波速是指某一振动状态在单位时间内传播的距离即单位时间内波传播的距离,用 μ 表示。可有

$$\mu = \nu\lambda = \frac{\lambda}{T} \tag{4-4-2}$$

对弹性波而言,波的传播速度决定于介质的惯性和弹性,具体地说,就是决定于介质的质量密度和弹性模量,而与波源无关。波动速度与质点振动速度是不同的物理量。

§4-5　平面简谐波的波动方程

1　平面简谐波的波动表达式

当波源做谐振动时,介质中各点也都做谐振动,此时形成的波称为简谐波。又叫余弦波或正弦波。一般地说,介质中各质点振动是很复杂的,所以由此产生的波动也是很复杂的,但是可以证明,任何复杂的波都可以看作是由若干个简谐波叠加而成的。因此,讨论简谐波就有着特别重要的意义。

设任一质点坐标为 x,t 时刻位移为 y,则 $y = f(x, t)$ 关系即为波动表达式。

2　波动方程

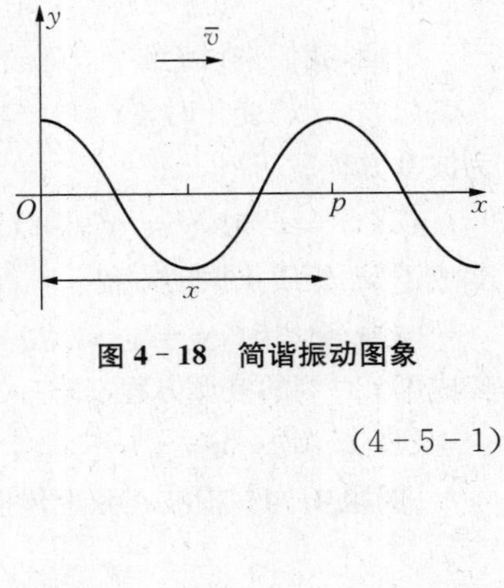

如图 4-18 所示,设一简谐振动沿 $+x$ 方向传播,由于和 x 轴垂直的平面均为同相面,所以任一个同相面上质点的振动状态可用该平面与 x 轴交点处的质点振动状态来描述,因此整个介质中质点的振动研究可简化成只研究 x 轴上质点的振动就行了,设原点处的质点振动方程为

图 4-18　简谐振动图象

$$y_0 = A\cos(\omega t + \varphi) \tag{4-5-1}$$

式中,A 为振幅,ω 为角频率,φ 为初相。

设振动传播过程中振幅不变(即介质是均匀无限大,无吸收的),为了找出波动过程中任一质点任意时刻的位移,我们在 Ox 轴上任取一点 p,坐标为 x,显然,当振动从 O 处传播到 p 处时,p 处质点将重复 O 处质点振动。因为,振动从 O 传播到 p 所用时间为 $\frac{x}{v}$,所以,p 点在 t 时刻的位移与 O 点在 $\left(t-\frac{x}{v}\right)$ 时刻的位移相等,由此 t 时刻 p 处质点位移为

$$y_p = A\cos\left[\omega\left(t-\frac{x}{v}\right)+\varphi\right] \tag{4-5-2}$$

同理,当波沿 $-x$ 方向传播时,t 时刻 p 处质点位移为

$$y_p = A\cos\left[\omega\left(t+\frac{x}{v}\right)+\varphi\right] \tag{4-5-3}$$

利用 $$\omega = 2\pi\nu \qquad v/\nu = \lambda\left(\text{或}\frac{\nu}{v} = \frac{1}{\lambda}\right)$$

由式(4-5-2)和(4-5-3)有

$$\begin{cases} y = A\cos\left[\omega\left(t\mp\frac{x}{v}\right)+\varphi\right] \\ y = A\cos\left[2\pi\left(\nu t\mp\frac{x}{\lambda}\right)+\varphi\right] \\ y = A\cos\left[2\pi\left(\frac{t}{T}\mp\frac{x}{\lambda}\right)+\varphi\right] \end{cases} \tag{4-5-4}$$

式(4-5-4)中,“$-$”表示波沿 $+x$ 方向传播;“$+$”表示波沿 $-x$ 方向传播。(为方便,下标 p 省略)。式(4-5-4)称为平面简谐波方程。根据位相(或 $\omega=2\pi\nu$)关系,式(4-5-4)又可化为

$$y = A\cos\left[\omega t+\varphi\pm\frac{2\pi}{\lambda}x\right] \tag{4-5-5}$$

下面,我们来讨论波动方程的物理意义。

(1) x、t 均变化时,$y = y(x, t)$ 表示波线上各个质点在不同时刻的位移。$y = y(x, t)$ 为波动方程。

(2) $x = x_0$ 时,$y = y(x_0, t)$ 表示 x_0 处质点在任意 t 时刻位移。波动方程 $y = y(x, t)$ 变成了 x_0 处质点振动方程 $y = y(t)$。

(3) $t = t_0$ 时,$y = y(x, t_0)$ 表示 t_0 时刻波线上各个质点位移。波动方程 $y = y(x, t)$ 变成了 t 时刻的波形方程 $y = y(x)$。

(4) x、t 均一定,$y = y(x_0, t_0)$ 表示 t_0 时刻坐标为 x_0 处质点位移。

【例题 4-4】 横波在弦上传播,波动方程为 $y = 0.02\cos[\pi(200t-5x)]$,求:

(1) A、λ、ν、T、μ；

(2) 画出 $t=0.0025$ s、0.005 s 时波形图。

【解】(1) $y = A\cos 2\pi\omega\left(t-\dfrac{x}{\mu}\right) = A\cos 2\pi\left(\upsilon t-\dfrac{x}{\lambda}\right) = A\cos 2\pi\left(\dfrac{t}{T}-\dfrac{x}{\lambda}\right)$

此题波动方程可化为

$$y = 0.02\cos\left[200\pi\left(t-\frac{x}{40}\right)\right] = 0.02\cos\left[2\pi\left(100t-\frac{x}{0.4}\right)\right] = 0.02\cos\left[2\pi\left(\frac{t}{0.01}-\frac{x}{0.4}\right)\right]$$

由上比较知：$\begin{cases} A = 0.02\ \text{m} \\ \mu = 40\ \text{m/s} \\ \nu = 100\ \text{Hz} \\ \lambda = 0.4\ \text{m} \\ T = 0.01\ \text{s} \end{cases}$

另外：求 μ、λ 可从物理意义上求

(a) λ=同一波线上位相差为 2π 的二质点间距离，设二质点坐标为 x_1、x_2（设 $x_2 > x_1$），有 $\pi(200t-5x_1)-\pi(200t-5x_2) = 2\pi$，得 $\lambda = x_2 - x_1 = \dfrac{2}{5} = 0.4(\text{m})$

(b) μ=某一振动状态在单位时间内传播的距离。设 t_1 时刻某振动状态在 x_1 处，t_2 时刻该振动状态传到 x_2 处，有 $\pi(200t_1-5x_1) = \pi(200t_2-5x_2)$

$$5(x_2-x_1) = 200(t_2-t_1)\text{，得 } \mu = \frac{x_2-x_1}{t_2-t_1} = \frac{200}{5} = 40(\text{m/s})$$

(2) 还可由波形方程来作图（描点法），这样做麻烦。此题可这样做：画出 $t=0$ 时波形图，根据波传播的距离再得出相应时刻的波形图，如图4-19（波形平移）。平移距离

$$\Delta x_1 = \mu\Delta t_1 = 40\times 0.0025 = 0.1 = \frac{1}{4}\lambda$$

$$\Delta x_2 = \mu\Delta t_2 = 40\times 0.005 = 0.2 = \frac{1}{2}\lambda$$

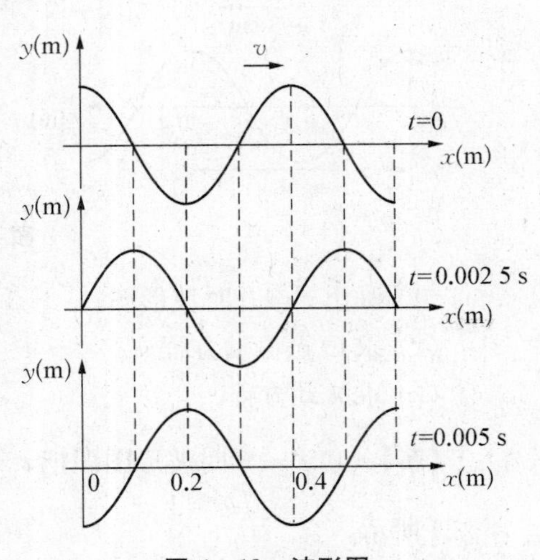

图 4-19　波形图

【例题 4-5】如图 4-20 所示，一平面简谐波沿 $+x$ 方向传播，波速为 20 m/s，在传播路径的 A 点处，质点振动方程为 $y = 0.03\cos 4\pi t$(SI)，试以 A、B、C 为原点，求波动方程。

【解】(1) $y_A = 0.03\cos 4\pi t$，以 A 为原点，波动方程为

$$y = 0.03\cos\left(4\pi t - 2\pi\,\frac{x}{\lambda}\right)$$

$$\lambda = \mu T = \mu \cdot \frac{2\pi}{\omega} = 20 \times \frac{2\pi}{4\pi} = 10\ \mathrm{m}$$

$$y = 0.03\cos\left(4\pi t - \frac{\pi}{5}x\right)$$

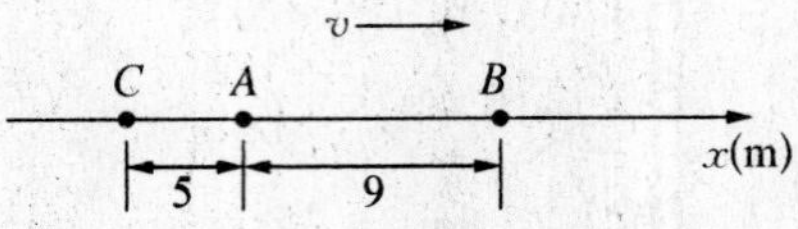

图 4-20 例题 4-5 图

(2) 以 B 为原点

$$y = 0.03\cos\left(4\pi t - \frac{\pi}{5} \cdot 9\right)$$

B 处质点初相为$\left(-\frac{9}{5}\pi\right)$

波动方程为：$y = 0.03\cos\left(4\pi t - \frac{9}{5}\pi - \frac{2\pi x}{\lambda}\right)$即

$$y = 0.03\cos\left(4\pi t - \frac{\pi}{5}x - \frac{9}{5}\pi\right)$$

(3) 以 C 为原点

$$y = 0.03\cos\left[4\pi t - \frac{\pi}{5}(-5)\right] = 0.03\cos(4\pi t + \pi) \quad (C\text{处初相为}\ \pi)$$

波动方程为：$y = 0.03\cos\left(4\pi t + \pi - \frac{2\pi}{\lambda}x\right)$即

$$y = 0.03\cos\left(4\pi t - \frac{\pi}{5}x + \pi\right)$$

【例题 4-6】一平面余弦波在 $t = \frac{3}{4}T$ 时波形图如图 4-21 所示，

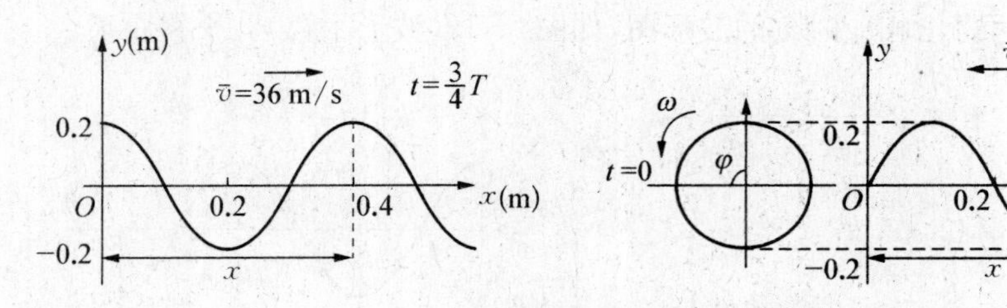

图 4-21 余弦波波形图

(1) 画出 $t = 0$ 时波形图；
(2) 求 O 点振动方程；
(3) 求波动方程。

【解】(1) $t = 0$ 时波形图即把 $t = \frac{3}{4}T$ 时波形自 $-x$ 方向平移$\frac{3}{4}$个周期即可，见图 4-21 所示。

(2) 设 O 处质点振动方程为 $y_0 = A\cos(\omega t + \varphi)$

可知：$\begin{cases} A = 0.2\ \mathrm{m} \\ \omega = 2\pi\nu = 2\pi\dfrac{v}{\lambda} = 2\pi\dfrac{36}{0.4} = 180\pi\ \mathrm{s}^{-1} \end{cases}$

$t=0$ 时，O 处质点由平衡位置向下振动。

$t=0$ 由旋转矢量图知，$\varphi = \dfrac{\pi}{2}$

$$y_O = 0.2\cos\left(180\pi t + \frac{\pi}{2}\right)\ \mathrm{m}$$

(3) 波动方程为：$y = 0.2\cos\left(180\pi t + \dfrac{\pi}{2} - \dfrac{2\pi}{\lambda}x\right)$

即：$y = 0.2\cos\left(180\pi t - 5\pi x + \dfrac{\pi}{2}\right)\ \mathrm{m}$

§4-6　惠更斯原理、波的叠加和干涉

1　惠更斯原理

前面讲过，波动是振动的传播。由于介质中各点间有相互作用，波源振动引起附近各点振动，这些附近点又引起更远点的振动，由此可见，波动传到的各点在波的产生和传播方面所起的作用和波源没有什么区别，都是引起它附近介质的振动，因此波动传到各点都可以看作是新的波源。

如图 4-22 所示，有一任意形状的水波在水面上传播，AB 为障碍物，AB 有小孔 α，小孔 α 的线度与波长相比甚小，这样就可以看见，穿过小孔的波的圆形波，圆心在小孔处，这说明波传播到小孔后，小孔成为波源。惠更斯分析和总结了类似的现象，于 1690 年提出了如下的原理：**介质中波传播到的各点，都可以看作是发射子波的波源，而其后任意时刻，这些子波的包络面就是新的波前（波阵面），这就是惠更斯原理。**

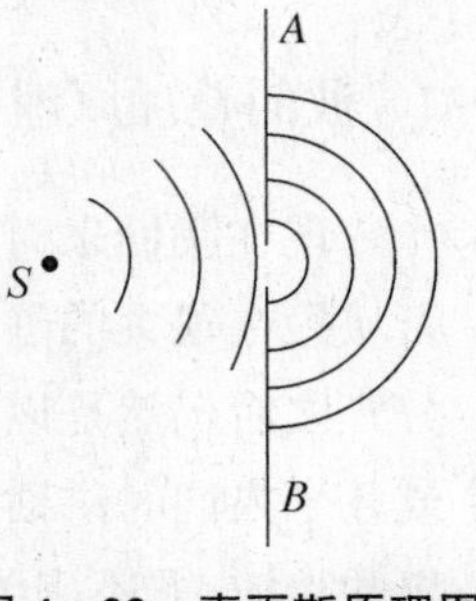

图 4-22　惠更斯原理图

(1) 惠更斯原理指出了从某一时刻出发去寻找下一时刻波阵面的方法。

(2) 惠更斯原理对任何介质中的任何波动过程都成立。（无论是均匀的或非均匀的，是各向同性的或是各向异性的，无论是机械波还是电磁波，这一原理都成立）

(3) 惠更斯原理并不涉及波的形成机制。

(4) 惠更斯原理并没有说明各子波在传播中对某一点振动究竟有多少贡献。

如图 4-23 所示，设球面波在均匀各向同性介质中传播，波速为 v，在 t 时刻波阵面是半径为 R 的球面 S_1，在 $t+\tau$ 时刻波阵面如何？根据惠更斯原理，以 S_1 面上各点为中心，

以 $r = v\tau$ 为半径，画出许多半球形子波，这些子波的包络即为公切于各子波的包络面，就是 $t + \tau$ 时刻新的波阵面。显然是以波源为中心，以 $R + r$ 为半径的球面 S_2。

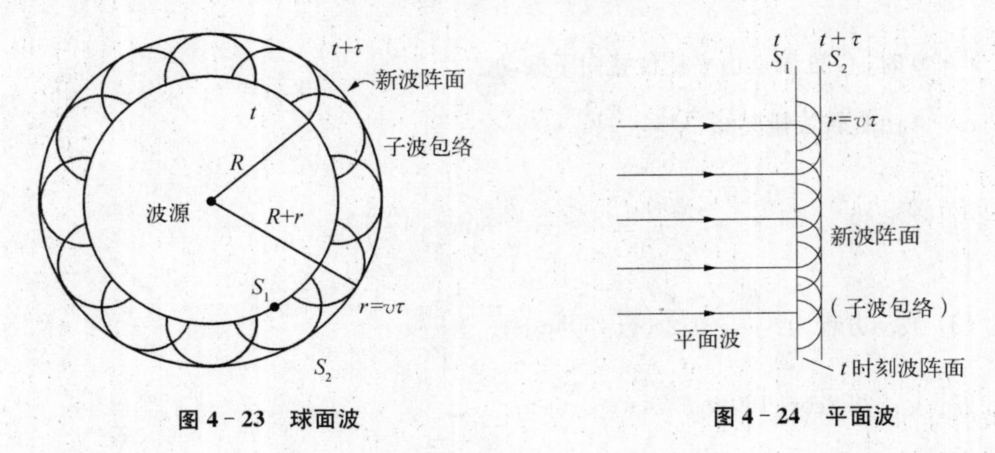

图 4-23 球面波　　图 4-24 平面波

如图 4-24 所示，平面波在均匀各向同性介质中传播，波速为 v，在 t 时刻波阵面为 S_1（平面），在 $t+\tau$ 时刻波阵面如何？根据惠更斯原理，以 S_1 面上各点为中心，以 $r = v\tau$ 为半径，画出许多半球面形子波，这些子波的包络即为公切于各子波的包络面，就是 $t+\tau$ 时刻新的波阵面。显然新波阵面是平行于 t 时刻波阵面 S_1 的平面 S_2。

以上可以看出，球面波及平面波在均匀各向同性介质中传播时，它的波形不变，但在非均匀或各向异性的介质中传播时，波的形状可能发生变化。半径很大的球面波波阵面上的一部分可以看成平面波波阵面。如：从太阳射出的球面波，到达地面上时，就可以看成是平面波。

2 波的叠加原理

现在我们来讨论两个或两个以上的波源发出的波在同一介质中传播情况。把两个小石块投在很大的静止的水面上邻近二点，可见从石头落点发出二圆形波互相穿过，在它们分开之后仍然是以石块落点为中心的二圆形波。说明了它们各自独立传播。当乐队演奏或几个人同时讲话时，能够辨别出每种乐器或每个人的声音，这表明了某种乐器和某人发出的声波，并不因为其他乐器或其他人同时发声而受到影响。通过这些现象的观察和研究，可总结出如下的规律：

几列波在传播空间中相遇时，各个波保持自己的特性（即频率、波长、振动方向、振幅）不变，各自按其原来传播方向继续传播，互不干扰。在相遇区域内，任一点的振动为各列波单独存在时在该点所引起的振动的位移的矢量和。这个规律称为波的叠加原理或波的独立传播原理。

3 波的干涉

一般地说，频率不同、振动方向不同的几列波在相遇各点的合振动是很复杂的，叠加图样不稳定。现在来讨论最简单而又最重要的情况，即满足：(1) 振动方向相同；(2) 频率相同；(3) 位相差恒定。这样两列波叠加问题。

当两列波在空间中某点相遇时，各个波在该点引起的振动位相是一定的(当然在不同点的这个位相可能不同)，因此该点的合振动的振幅是恒定的。由此可知，如果两列波在空间某些点相互加强(即合振幅最大)，则这些点上始终是相互加强的，如果两列波在空间中某些点相互减弱(即合振幅最小)，则在这些点上始终是相互减弱的，可见叠加图样是稳定的。这种现象称为波的干涉现象，相应的波称为相干波，相应的波源称为相干波源。前面的(1)、(2)、(3)为相干条件。

设有相干波源 S_1、S_2，如图 4-25 所示，其振动方程为

$$y_1 = A_1\cos(\omega t + \varphi_1)$$

$$y_2 = A_2\cos(\omega t + \varphi_2)$$

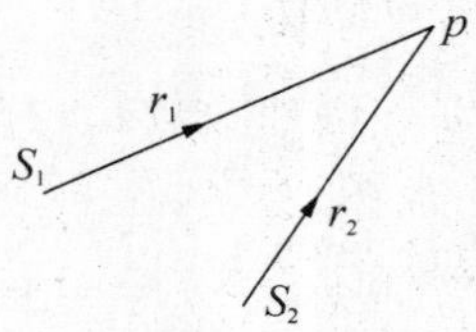

图 4-25　相干波

由波的叠加原理知，此二波在 p 点引起的合振动为这两列波单独存在时在 p 点引起位移的代数和，此二波频率相同而又在同一介质中传播，即波速相同，二波波长相同，设为 λ。此二波在 p 点引起的振动分别为

$$y_1 = A_1\cos\left(\omega t + \varphi_1 - \frac{2\pi r_1}{\lambda}\right)$$

$$y_2 = A_2\cos\left(\omega t + \varphi_2 - \frac{2\pi r_2}{\lambda}\right)$$

p 点合成振动：

$$y = y_1 + y_2 = A_1\cos\left(\omega t + \varphi_1 - \frac{2\pi r_1}{\lambda}\right) + A_2\cos\left(\omega t + \varphi_2 - \frac{2\pi r_2}{\lambda}\right) \quad (4-6-1)$$

对同方向、同频率振动合成，结果为

$$y = A\cos(\omega t + \varphi)$$

其中：

$$A = \sqrt{A_1^2 + A_2^2 + 2A_1A_2\cos\Delta\varphi} \quad (4-6-2)$$

$$\Delta\varphi = \text{在 } p \text{ 处二振动的相位差} = \left(\varphi_2 - \frac{2\pi r_2}{\lambda}\right) - \left(\varphi_1 - \frac{2\pi r_1}{\lambda}\right)$$

$$= (\varphi_2 - \varphi_1) - 2\pi\frac{r_2 - r_1}{\lambda} \quad (4-6-3)$$

$$\tan\varphi = \frac{A_1\sin\left(\varphi_1 - 2\pi\frac{r_1}{\lambda}\right) + A_2\sin\left(\varphi_2 - 2\pi\frac{r_2}{\lambda}\right)}{A_1\cos\left(\varphi_1 - 2\pi\frac{r_1}{\lambda}\right) + A_2\cos\left(\varphi_2 - 2\pi\frac{r_2}{\lambda}\right)} \quad (4-6-4)$$

讨论：(1) $\Delta\varphi=(\varphi_2-\varphi_1)-2\pi\frac{r_2-r_1}{\lambda}=\pm 2k\pi\ (k=0,\ 1,\ 2,\ \cdots)$ 时，$A=A_1+A_2$

（振幅最大，即振动加强）

$\Delta\varphi=(\varphi_2-\varphi_1)-2\pi\frac{r_2-r_1}{\lambda}=\pm(2k+1)\pi(k=0,\ 1,\ 2,\ \cdots)$ 时，$A=|A_1-A_2|$

（振幅最小，即振动减弱）

(2) $\varphi_2=\varphi_1$（即波源初相相同）时，

$\delta=r_2-r_1=\pm 2k\frac{\lambda}{2}\ (k=0,\ 1,\ 2,\ \cdots)$ 时，$A=A_1+A_2$（振动加强）

$\delta=r_2-r_1=\pm(2k+1)\frac{\lambda}{2}(k=0,\ 1,\ 2,\ \cdots)$ 时，$A=|A_1-A_2|$（振动减弱）；

$\delta=r_2-r_1$ 表示二波源到考察点路程之差，称为波程差。由上可知，$\varphi_2=\varphi_1$ 时，波程差等于半波长的偶数倍时，干涉加强，波程差等于半波长奇数倍时，干涉减弱。干涉加强与减弱，不仅与波源振动初相差$(\varphi_2-\varphi_1)$有关，而且也与波程差 $\delta=r_2-r_1$ 引起的位相差 $2\pi\frac{\delta}{\lambda}$ 有关。

【例题 4-7】 如图 4-26，A、B 为同一介质中二相干波源，其振幅均为 5 cm，频率为 100 Hz。A 处为波峰时，B 处恰为波谷。设波速为 10 m/s。试求 P 点干涉结果。

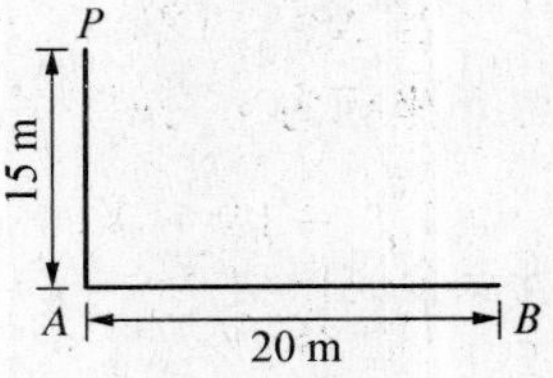

图 4-26　例题 4-7 图

【解】 P 点干涉振幅为

$$A=\sqrt{A_1^2+A_2^2+2A_1A_2\cos\Delta\varphi}$$

$$\Delta\varphi=(\varphi_2-\varphi_1)-2\pi\frac{r_{BP}-r_{AP}}{\lambda}$$

由题意知：

$$\varphi_B-\varphi_A=-\pi(B\text{ 比 }A\text{ 位相落后})$$

$$r_{BP}=\sqrt{AP^2+AB^2}=25\ \text{m}$$

$$r_{AP}=15\ \text{m}$$

$$\lambda=\frac{\mu}{\upsilon}=0.1\ \text{m}$$

$$\Delta\varphi=-\pi-2\pi\frac{25-15}{0.1}=-201\pi$$

$A=0\quad(A_1=A_2)$　即干涉结果为 P 点静止不振动。

【例题 4-8】 A、B 为同一介质中二相干波源，振幅相等，频率为 100 Hz，当 B 为波峰时，A 恰为波谷。若 A、B 相距 30 m，波速为 400 m/s。求：A、B 连线上因干涉而静止的各点的位置。

【解】 如图 4-27 所取坐标

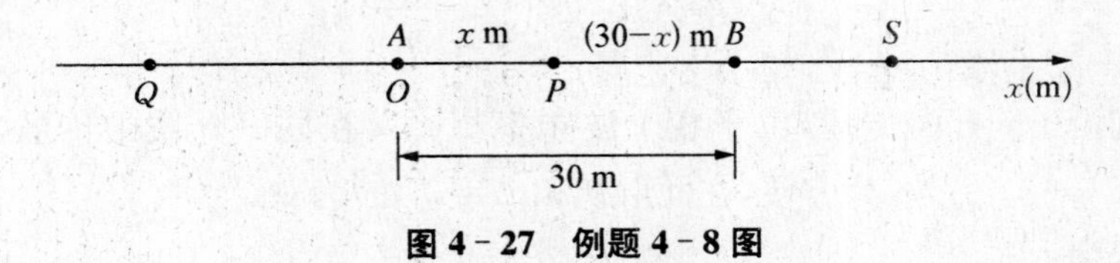

图 4-27　例题 4-8 图

(1) A、B 间情况。任一点 P，二波在此引起振动位相差为

$$\begin{aligned}\Delta\varphi &= (\varphi_B-\varphi_A)-2\pi\frac{r_{BP}-r_{AP}}{\lambda}\\ &= \pi-2\pi\frac{(30-x)-x}{\lambda} \qquad \left(\lambda=\frac{\mu}{\upsilon}=\frac{400}{100}=4\text{ m}\right)\\ &= \pi-(15-x)\pi\\ &= -14\pi+\pi x\end{aligned}$$

当 $\Delta\varphi=(2k+1)\pi\ (k=0,\pm1,\pm2,\cdots)$ 时

坐标为 x 的质点由于干涉而静止。(二振幅相同)。即

$$-14\pi+\pi x=(2k+1)\pi \Rightarrow x=2k+15 \quad (k=0,\pm1,\pm2,\cdots\pm7)$$

(2) 在 A 点左侧情况，对任一点 Q，两波在 Q 点引起振动位相差为：

$$\Delta\varphi=(\varphi_B-\varphi_A)-2\pi\frac{r_{BQ}-r_{AQ}}{\lambda}=\pi-2\pi\frac{30}{4}=-14\pi$$

可见，A 点外侧均为干涉加强，无静止点。

(3) 在 B 点右侧情况。对任一点 S，两波在 S 点引起的振动位相差为

$$\Delta\varphi=(\varphi_B-\varphi_A)-2\pi\frac{r_{BS}-r_{AS}}{\lambda}=\pi-2\pi\frac{-30}{4}=16\pi$$

可见，在 B 点右侧不存在因干涉静止点。

§4-7　驻　　波

1　驻波方程

二振幅相同的相干波，在同一直线上反向传播时，叠加的结果称为驻波。驻波是干涉的一种特殊情况。

以纵波为例,设有两相干波叠加后成驻波,由驻波定义知

$$y_1 = A\cos 2\pi\left(\frac{t}{T} - \frac{x}{\lambda}\right)$$

$$y_2 = A\cos 2\pi\left(\frac{t}{T} + \frac{x}{\lambda}\right)$$

它们分别沿$\pm x$方向传播,由于相干波频率相同又在同一介质中传播,所以波速相同,且$\lambda_1 = \lambda_2 = \lambda$。另外,为方便,在此取初相($x=0$处)为0。

驻波方程为:

$$\begin{aligned} y = y_1 + y_2 &= A\cos 2\pi\left(\frac{t}{T} - \frac{x}{\lambda}\right) + A\cos 2\pi\left(\frac{t}{T} + \frac{x}{\lambda}\right) \\ &= A \cdot 2\cos \frac{2\pi\left(\frac{t}{T} - \frac{x}{\lambda}\right) + 2\pi\left(\frac{t}{T} + \frac{x}{\lambda}\right)}{2} \cdot \cos \frac{2\pi\left(\frac{t}{T} - \frac{x}{\lambda}\right) - 2\pi\left(\frac{t}{T} + \frac{x}{\lambda}\right)}{2} \\ &= 2A\cos 2\pi\frac{t}{T} \cdot \cos\frac{-2\pi x}{\lambda} \\ &= 2A\cos\frac{2\pi x}{\lambda}\cos 2\pi v t \end{aligned}$$

即

$$y = 2A\cos\frac{2\pi x}{\lambda}\cos 2\pi v t \tag{4-7-1}$$

如上可知,驻波方程是2个因子$2A\cos\frac{2\pi x}{\lambda}$和$\cos 2\pi v t$的乘积。

2 驻波的特点

由驻波方程知,x给定时,则驻波方程变成了坐标为x处质点的振动方程,振幅为$2A\left|\cos\frac{2\pi x}{\lambda}\right|$,位相为$(2\pi v t)$。不同点振幅可能不同。

当振幅$2A\left|\cos\frac{2\pi x}{\lambda}\right| = 0$时,$x$对应的质点始终不动,这些点称为**波节**。位置如下式决定:

$$\cos\frac{2\pi x}{\lambda} = 0$$

$$\frac{2\pi x}{\lambda} = \pm(2k+1)\frac{\pi}{2} \quad (k = 0, 1, 2, \cdots) \Rightarrow x_k = \pm(2k+1)\frac{\lambda}{4}$$

$$\text{相邻波节距离} = x_{k+1} - x_k = [2(k+1)+1]\frac{\lambda}{4} - (2k+1)\frac{\lambda}{4} = \frac{\lambda}{2}$$

当 $\left|\cos\dfrac{2\pi x}{\lambda}\right| = 1$ 时，x 对应的质点振动最强，这些点称为**波腹**，其位置为

$$\cos\frac{2\pi x}{\lambda} = \pm 1$$

$$\frac{2\pi x}{\lambda} = \pm k\pi \quad (k = 0, 1, 2, \cdots)$$

$$\text{即 } x_k = \pm k\frac{\lambda}{2}$$

$$\text{相邻波腹距离} = x_{k+1} - x_k = (k+1)\frac{\lambda}{2} - k\frac{\lambda}{2} = \frac{\lambda}{2}$$

3　驻波位相的分布特点

$$\begin{cases} 2A\cos\dfrac{2\pi x}{\lambda} > 0 & x\text{ 对应的各点振动位相均为}(2\pi\nu t) \\ 2A\cos\dfrac{2\pi x}{\lambda} < 0 & x\text{ 对应的各点振动位相均为}(2\pi\nu t + \pi) \end{cases}$$

$$2A\cos\frac{2\pi x}{\lambda}\cos 2\pi\nu t = \left[-2A\cos\frac{2\pi x}{\lambda}\right][-\cos 2\pi\nu t] = \left|2A\cos\frac{2\pi x}{\lambda}\right|\cos(2\pi\nu t + \pi)$$

$$\cos\frac{2\pi x}{\lambda}\quad\text{同号各点：位相相同}$$

$$\cos\frac{2\pi x}{\lambda}\quad\text{异号各点：位相相反}$$

由驻波方程 $y = 2A\cos\dfrac{2\pi x}{\lambda}\cos 2\pi\nu t$ 可画出波形如图 4－28。

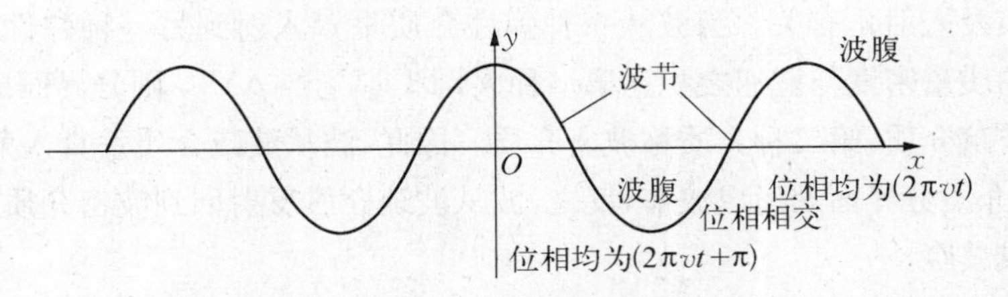

图 4－28　由驻波方程画出波形图

相邻波节间 $2A\cos\dfrac{2\pi x}{\lambda}$ 同号，相邻波节间各点位相相同；

一波节两边 $2A\cos\dfrac{2\pi x}{\lambda}$ 异号，波节两边质点位相相反。

由以上分析可知，相邻波节间质点同步一起振动，波节两边质点反方向振动。驻波分段振动，每段间为一整体同步振动。驻波每时都有一定波形，波形不传播；驻波是一种特殊形式的振动，它不传播能量。

4 半波损失

如图 4-29 所示，弦线的一端固定在音叉上，另一端通过一滑轮系一砝码，使弦线拉紧，现让音叉振动起来，并调节劈尖 B 至适当位置，使 AB 具有某一长度，可以看到 AB 上形成稳定的振动状态。

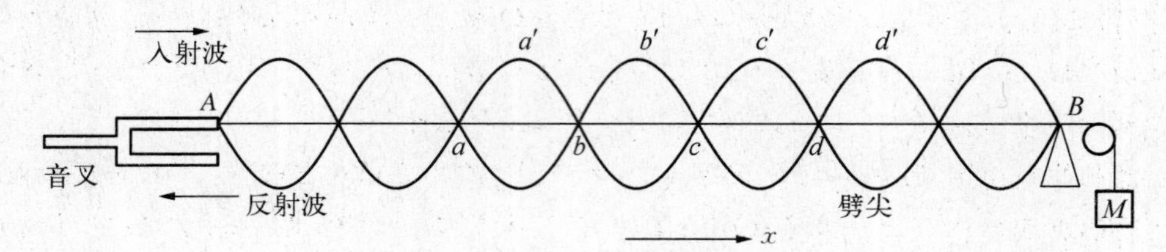

图 4-29 音叉实验

如图可知，a、b、c、d 等为波节，a'、b'、c'、d' 等为波腹。

当音叉振动时，带动弦线 A 端振动，由 A 端振动引起的波沿弦线向右传播，在到达 B 点遇到障碍物(劈尖)后产生反射，反射波沿弦线向左传播。这样，在弦线上向右传播的入射波和向左传播的反射波满足相干条件，二者要产生干涉。这样就出现了所谓的驻波结果。

对于两端固定的弦线，不是任何频率(或波长)的波都能在弦上形成驻波，只有当弦长 l 等于半波长整数倍时才有可能。即

$$l = n\frac{\lambda}{2} \quad (n = 1, 2, 3, \cdots)$$

在音叉实验中，波是在固定点处反射的，在反射处形成波节。如果波是在自由端反射，则反射处为波腹。一般情况下，两种介质分界面处形成波节还是波腹，与波的种类、两种介质的性质及入射角有关。当波从一种弹性介质垂直入射到另一种弹性介质时，如果第二种介质的质量密度与波速之积比第一种大，即 $\rho_2 V_2 > \rho_1 V_1$，则分界面出现波节。第一种介质称波疏介质，第二种介质称波密介质。因此，波从波疏介质垂直入射到波密介质时，反射波在介质分界面处形成波节，反之，波从波疏介质反射回到波密介质时，反射波在反射面处形成波腹。

在反射面处形成波节，说明入射波与反射波位相相反，反射波在该处位相突变 π。在波线上相差半个波长的两点，其位相差为 π，所以，**波从波密介质反射回到波疏介质时，相当于附加(或损失)了半个波长的波程。通常称这种位相突变 π 的现象叫作半波损失。**

习 题

4-1 一物体沿 x 轴做谐振动，振幅为 0.06 m，周期为 2 s，当 $t=0$ 时，位移为 0.03 m，且向 x

轴正方向运动,求:

(1) 初相位;(2) $t=0.5\,\text{s}$时,物体的位移、速度和加速度;(3) 从$x=-0.03\,\text{m}$且向x轴负方向运动这一状态回到平衡位置所需的时间。

4-2 一放置在水平桌面上的弹簧振子,振幅$A=2.0\times10^{-2}\,\text{m}$,周期$T=0.50\,\text{s}$。当$t=0$时,求以下各种情况的振动方程:

(1) 物体在正方向的端点;(2) 物体在负方向的端点;(3) 物体在平衡位置,向负方向运动;(4) 物体在平衡位置,向正方向运动;(5) 物体在$x=1.0\times10^{-2}\,\text{m}$处,向负方向运动;(6) 物体在$x=-1.0\times10^{-2}\,\text{m}$处,向正方向运动。

4-3 原长为$0.50\,\text{m}$的弹簧,上端固定,下端挂一质量为$0.10\,\text{kg}$的砝码。当砝码静止时,弹簧的长度为$0.60\,\text{m}$。若将砝码向上推,使弹簧缩回到原长,然后放手,则砝码做上下振动。

(1) 证明砝码的上下振动是简谐振动;(2) 求此谐振动的振幅、角频率和频率;(3) 若从放手时开始计算时间,求此谐振动的运动方程(正向向下)。

4-4 质量$m=0.01\,\text{kg}$的质点沿x轴做谐振动,振幅$A=0.24\,\text{m}$,周期$T=4\,\text{s}$,$t=0$时质点在$x_0=0.12\,\text{m}$处,且向x轴负方向运动。求:

(1) $t=1.0\,\text{s}$时质点的位置和所受的合外力;(2) 由$t=0$运动到$x=-0.12\,\text{m}$处所需的最短时间。

4-5 当重力加速度g改变$\text{d}g$时,单摆的周期T的变化$\text{d}T$是多少?找出$\dfrac{\text{d}T}{T}$与$\dfrac{\text{d}g}{g}$之间的关系式。一只摆钟(单摆),在$g=9.80\,\text{m}\cdot\text{s}^{-2}$处走时准确,移到另一地点,每天快$10\,\text{s}$,问该地点的重力加速度为多少?

4-6 有一个弹簧振子,振幅$A=2\times10^{-2}\,\text{m}$,周期$T=1\,\text{s}$,初相$\varphi=\dfrac{3\pi}{4}$。

(1) 试写出它的振动方程;(2) 利用旋转矢量图,作出x—t图,v-t图和a-t图。

4-7 质量为$0.10\,\text{kg}$的物体,以振幅$1.0\times10^{-2}\,\text{m}$做谐振动,其最大加速度为$4.0\,\text{m}\cdot\text{s}^{-2}$,求:

(1) 振动的周期;(2) 通过平衡位置时的动能;(3) 总能量;(4) 物体在何处其动能与势能相等?

4-8 一个$0.1\,\text{kg}$的质点做谐振动,其运动方程为$x=6\times10^{-2}\sin(5t-\pi/2)\text{m}$。求:

(1) 振动的振幅和周期;(2) 起始位移和起始位置时所受的力;(3) $t=\pi\,\text{s}$时刻质点的位移、速度和加速度;(4) 动能的最大值。

4-9 一质点同时参与两个同方向、同频率的谐振动,它们的振动方程分别为:

$$x_1=6\cos(2t+\pi/6)\text{cm} \qquad x_2=8\cos(2t-\pi/3)\text{cm}$$

试用旋转矢量法求出合振动方程。

4-10 有两个同方向、同频率的谐振动,其合振动的振幅为$0.2\,\text{m}$,合振动的相位与第一个振动的相位之差为$\pi/6$,若第一个振动的振幅为$0.173\,\text{m}$,求:

(1) 第二个振动的振幅;(2) 第一、二两振动的相位差。

4-11 已知波源的振动周期为 4.00×10^{-2} s，波的传播速度为 300 m/s，波沿 x 轴正方向传播，求位于 $x_1=10.0$ m 和 $x_2=16.0$ m 的两质点振动相位差。

4-12 一平面简谐波沿 x 轴正向传播，波的振幅 $A=10$ cm，波的角频率 $\omega=p$ rad/s。波速为 4 米 / 秒；当 $t=1.0$ s 时，$x=0$ 处的 a 质点正通过其平衡位置向 y 轴负方向运动，求该平面波的表达式。

4-13 一简谐波，振动周期 $T=\dfrac{1}{2}$ s，波长 $\lambda=10$ m，振幅 $A=0.1$ m。当 $t=0$ 时，波源振动的位移恰好为正方向的最大值。若坐标原点和波源重合，且波沿 Ox 轴正方向传播，求：

(1) 此波的表达式；

(2) $t_1=T/4$ 时刻，$x_1=\lambda/4$ 处质点的位移；

(3) $t_2=T/2$ 时刻，$x_1=\lambda/4$ 处质点的振动速度。

4-14 某质点做简谐振动，周期为 2 s，振幅为 0.06 m，$t=0$ 时刻，质点恰好处在负向最大位移处，求：

(1) 该质点的振动方程；

(2) 此振动以波速 $u=2$ m/s 沿 x 轴正方向传播时，形成的一维简谐波的波动表达式（以该质点的平衡位置为坐标原点）；

(3) 该波的波长。

***4-15** 在弦线上有一驻波，其表达式为 $y=2A\cos(2\pi x/\lambda)\cos(2\pi\upsilon t)$，试求两个相邻波节之间的距离。

第二篇　热　学

对热现象的研究按描述方法不同产生两门分支学科，一个是热力学，另一个是统计物理或统计力学。

和力学研究的机械运动不同，热现象就是组成物体的大量分子、原子热运动的集体表现。分子热运动由于分子的数目十分巨大和运动的情况十分混乱，而具有明显的无序性和统计性。就单个分子来说，由于它受到其他分子的复杂作用，其具体运动情况瞬息万变，显得杂乱无章，具有很大的偶然性，这就是分子热运动无序性的表现。但就大量分子的集体表现来看，却存在一定的规律性。这种大量的偶然事件在宏观上所显示的规律性叫作统计规律性。正是由于这些特点，才使热运动成为有别于其他运动形式的一种基本运动形式。在第 5 章我们将根据所假定的气体分子模型，运用统计方法，研究气体的宏观性质和规律，以及它们与分子微观量的平均值之间的关系，从而揭示这些性质和规律的本质。

第 6 章的热力学是研究物质热现象与热运动规律的一门学科，它的观点与采用的方法与第 5 章中的观点和方法很不相同。在热力学中，并不考虑物质的微观结构和过程，而是以观测和实验事实作根据，从能量观点出发，分析研究热力学系统状态变化中有关热功转换的关系与条件。热力学研究对象是研究与热运动有关过程中的能量转化关系和过程进行的方向。采用宏观描述方法，即根据由实验确定的基本定律出发，用逻辑推理的方法来研究系统的宏观热学规律。它不涉及物质的各种微观结构，因而具有普遍性和可靠性。热力学的理论基础是热力学第一定律与热力学第二定律。热力学第一定律其实是包括热现象在内的能量转换与守恒定律。热力学第二定律则是指明过程进行的方向与条件的基本定律。人们发现，热力学过程包括自发过程和非自发过程，都有明显的单方向性，都是不可逆过程。但从理想的可逆过程入手，引进熵的概念以后，就可从熵的变化来说明实际过程的不可逆性。因此，在热力学中，熵是个十分重要的概念。热力学所研究的物质宏观性质，特别是气体的性质，经过统计理论的分析，才能了解其本质。统计规律，经过热力学的研究而得到验证。两者相互补充，不可偏废。

第5章

分子热运动的统计规律

热运动是一种比机械运动更复杂的运动形式，它所遵循的规律——统计规律与机械运动规律也有本质的区别。众所周知，自然界一切宏观物体都是由数量极大的分子所组成，这些分子都处于永不停息的无规则运动(称为分子热运动)之中，各种热现象都是分子热运动的宏观表现。在经典的热运动理论中，假定个别分子的运动都遵循牛顿运动定律，初看起来，似乎只要知道物体中每个分子运动的初始条件和所有分子之间的相互作用，就能通过逐个求解每一分子的运动方程，确定它们在每一时刻的运动情况，从而说明宏观热现象的规律。但实际上这是不可能的，这不仅是因为分子数目太多，使我们无法确定每个分子的初始条件以及分子间相互作用的情况，即使知道了相互作用和初始条件，也无法进行求解。而且在研究热运动规律时，这样做也是不必要的。因为在各种宏观热现象中，起决定作用的，不是个别分子的运动情况，而是大量分子的集体行为。本章将以理想气体为研究对象，从物质的微观结构模型出发，运用统计的方法来研究其热运动规律。

§5-1 理想气体状态方程

1 平衡态

研究与分子热运动有关的问题时，通常将所研究的物体系统称为**热力学系统**，简称**系统**。在气体动理论中，系统就是我们所研究的那部分气体，它包含大量气体分子。每一分子都具有各自的质量、大小、位置、速度、动能、势能等。这些描述个别分子特征的物理量，称为**微观量**。通常在实验中测得的是描述大量分子集体特征的物理量，称为**宏观量**，如气体的体积、压强、温度等，大量分子的集体所处的状态称为宏观态。由系统中所有分子的微观特征来确定的状态称为**微观态**，一个宏观态可能对应于很多个**微观态**，与不同的宏观态对应的微观态的数目，往往是不相同的。宏观量与微观量之间，存在一定的内在联系。运用统计方法。求出大量分子的一些微观量的统计平均值，确定它们与相应的宏观量的关系，用以解释在实验中观察到的气体的宏观性质，这便是气体动理论的任务。

宏观态可分为平衡态或非平衡态。无数实验事实表明，任何一个系统，不论其初始的宏观状态如何，只要不受外界影响，经过一定时间后，必将达到一个确定的状态，在该状态下，系统的一切宏观性质都不随时间变化。例如，在容器内盛入一定量的气体，如果它与外界没有能量交换，系统内部也没有任何形式的能量转换，经过一段时间后，容器中气体的密度、温度、压强等将处处相同，而且不再发生变化。又如，两冷热程度不同的物体相互接触后，冷的物体变热，热的物体变冷。经过一定时间后，两物体各处的冷热程度变得均匀一致，此后如果没有外界影响，它们所组成的系统将始终保持这个状态。不再发生任何变化。这种在不受外界影响的条件下系统宏观性质不随时间变化的状态，称为**平衡态**，否则，就是**非平衡态**。

应当指出，不能把平衡态简单地说成是不随时间变化的状态。例如，把金属杆一端放在沸水中，另一端放在冰水混合物内，经过一定时间后，金属杆各处的温度虽然不同，也不随时间变化。但是，对金属杆来说，这时存在着外界影响，它所处的宏观态并不是平衡态。

还要指出，系统处于平衡态时，虽然宏观性质不再随时间变化，但从微观角度考虑，组成系统的大量分子仍在不停地运动着，只不过是大量分子运动的平均效果不随时间变化而已。例如，有一个密闭容器，被隔板分为 A、B 两部分(图 5-1)，开始时 A 部贮有气体，B 部为真空。把隔板抽出后，A 部的气体就向 B 部运动，在这过程中，气体中各处的状况，例如分子数密度(单位体积的分子数)是不同的，随时间而变化，最后达到处处均匀。此后如果没有外界影响，容器内的气体将始终保持这一状态，不再发生宏观变化，即达到了平衡态。但由于分子永不停息的运动，A 部的分子仍会跑到 B 部去，B 部的分子也会跑到 A 部来，但平均地说，在任意一段时间内，两部分交换的分子数相同，宏观上表现为分子数密度不随时间变化，呈动态平衡，通常把这种平衡称为**热动平衡**。

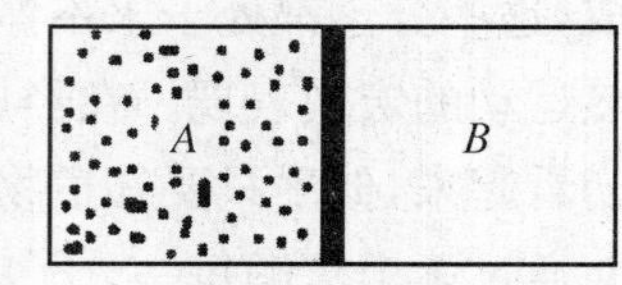

图 5-1　密闭容器

完全不受外界影响，宏观性质保持绝对不变的系统，在实际中是不存在的，所以平衡态只是一种理想的情况，它是在一定条件下对一实际情况的概括和抽象，由于许多实际情况可近似地视为平衡态，处理方法比较简便。所以对平衡态的讨论具有实际意义。

2　状态参量　准静态过程

在一定条件下，物体的状态可以保持不变。为了描述物体的状态，我们常常采用一些物理量来表示物体的有关特性，例如体积、温度、压强、浓度等。这些描述状态的变量，叫做**状态参量**。对于一定的气体(质量为 m，摩尔质量为 M)，它的状态一般可用下列三个量来表征：(1) 气体所占的体积 V；(2) 压强 p；(3) 温度 T 或 t。这三个表示气体状态的量叫作气体的状态参量。为了详尽地描述物体的状态，有时还需知道别的参量。如果系统是由多种物质组成的，那就必须知道它们的浓度；如果物体处在电场或磁场中，那就必须知道电场强度或磁场强度。一般地说，我们常用几何参量、力学参量、化学参量和电磁参量等四类参量来描述系统的状态。究竟用哪几个参量才能完全地描述系统的状态，这是由系统本身的情况决定的。

在气体的上述三个状态参量中，气体的体积是气体分子所能达到的空间，并非气体分子本身体积的总和。气体体积的单位为 m^3。气体有压强，它表现为气体作用在容器壁单位面积上的指向器壁的垂直作用力，是气体分子对器壁碰撞的结果。压强的单位为 Pa，即 N/m^2。

温度的概念比较复杂，它是建立在热平衡基础上的。根据热力学第零定律，对于 A、B、C 三个物体，如果 A 与 B 彼此间处于热平衡，B 与 C 彼此间也处于热平衡，则 A 与 C 也一定处于热平衡。基于这一事实，A、B、C 就具有一个共同的宏观性质，我们将这个性质称为温度。温度的本质与物质分子运动密切有关，温度的不同反映物质内部分子运动剧烈程度的不同。在宏观上，简单说来，我们用温度表示物体的冷热程度，并规定较热的物体有较高的温度。温度数值的标定方法称为温标，常用的有两种：一是热力学温标 T，单位是 K；另一个是摄氏温标 t，单位是℃。热力学温度 T 和摄氏温度 t 的关系是：$t = T - 273.15$。

3　理想气体状态方程

理想气体是分子动理论中的一个理想模型，它所指的是在任何情况下都严格遵守三条实验定律（即玻意耳-马略特定律，盖-吕萨克定律和查理定律）的气体。实验表明，在温度不太低，压强不太大时，很多实际气体，如氢、氦、氨等，都可看作理想气体，因此，研究理想气体状态方程具有重要意义。

实验表明，处于平衡态的气体的 3 个状态参量压强 p、体积 V、温度 T 之间，存在着一定的关系。反映平衡态气体的状态参量压强 p、体积 V、温度 T 之间关系的方程，称为气体的状态方程。状态方程可以写成

$$T = f(p,\ V) \text{ 或 } F(p,\ V,\ T) = 0 \tag{5-1-1}$$

状态方程与气体的性质有关，其形式通常是很复杂的。这里只介绍理想气体的状态方程。

在中学物理中已经介绍过理想气体状态方程的一种常用的形式

$$pV = \frac{M}{\mu}RT \tag{5-1-2}$$

式中 M 为所研究气体的质量，μ 是其摩尔质量，R 为普适气体常量。在 SI 制中，p 的单位是帕斯卡（Pa），V 的单位是米^3（m^3），T 的单位是开尔文（K）。

$$R = 8.31\ \text{J} \cdot \text{mol}^{-1} \cdot \text{K}^{-1}$$

在气体动理论中，常采用理想气体状态方程的另一形式，它容易由式（5-1-2）变换而得。

现在假设所研究的气体中包含有 N 个分子，每个分子的质量为 m，则 $\mu = N_0 m$，代入式（5-1-2），可得

$$pV = \frac{Nm}{N_0 m}RT$$

因 R 与 N_0 均是恒量，两者之比仍为恒量，称为玻尔兹曼常量，用 k 表示。

$$k=\frac{R}{N_0}=\frac{8.31}{6.022\times 10^{23}}=1.38\times 10^{-23}\ \mathrm{J\cdot K}$$

由于 $N/V=n$，n 为单位体积中的分子数，即分子数密度，式(5-1-2)可进一步改写为

$$p=nkT \tag{5-1-3}$$

这就是理想气体状态方程的另一种形式。

§5-2 分子动理论的基本观点

1 分子热运动

人们从大量实验事实中得到了对分子热运动的认识，它可归纳为以下几点：

(1) 宏观物体是由大量分子(或原子)组成的，1 mol 任何物质，都包含有 $N_0=6.022\times 10^{23}$ 个分子，在标准状况下，1 $\mathrm{cm^3}$ 任何气体都包含有 2.7×10^{19} 个分子。

(2) 一切物质的分子都在永不停息地无规则地运动着。每个分子在运动过程中都要与其他分子频繁地发生碰撞，从而导致其速度的大小和方向不断变化，这就使整个物体内部分子的运动状况呈现出一片杂乱无章的现象，这种无规则运动的剧烈程度与物体的温度有关，温度愈高，分子无规则运动愈剧烈。把分子的这种无规则运动称为热运动。

(3) 分子间存在着相互作用力——分子力，分子间存在着引力同时又存在着斥力，二者都随分子间距离 r 的增大而急剧地减小，其合力就是所谓的分子力。分子力 f 与 r 的关系如图 5-2 所示。当 $r<r_0$ 时，$f>0$，分子力表现为斥力；当 $r>r_0$ 时，$f<0$，分子力表现为引力；当 $r=r_0$ 时，$f=0$；当 $r\gg r_0$ 时，$f\to 0$，表明分子力是一种短程力，只有当它们很接近时才能显现出来。分子力起源于电磁相互作用，是一种保守力。

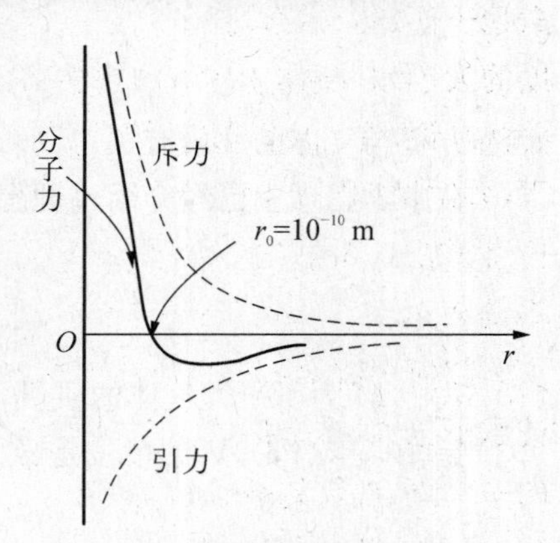

图 5-2 分子间引力和斥力

2 统计规律

我们以伽耳顿板实验为例来阐明统计规律的意义。如图 5-3(a)所示，在一块竖直放置的木板上部，规则地钉上许多铁钉，木板下部用竖直隔板分隔成许多等宽的狭槽，木板顶部放置一漏斗。若向漏斗中投入一个小球，在下落过程中小球先后与多个铁钉相碰，经过曲折的路径，最后落入下部的某一狭槽内。

从实验中可以发现，每次投入的小球究竟落入哪个槽内，完全是偶然的，无法事先预测，这种在一定条件下，可能发生的这样或那样的试验结果，称为偶然事件或随机事件。

向漏斗内投入一个或少数几个小球虽然无法预料其结果，但若先后或同时从漏斗中投入足够多的小球，则可发现小球在槽内的分布表现出的规律性：各槽内落入的小球数目具有大体确定的比例，中部的几个槽内落入的小球较多，两边的槽内落入的小球较少，如图 5-3(b)所示。

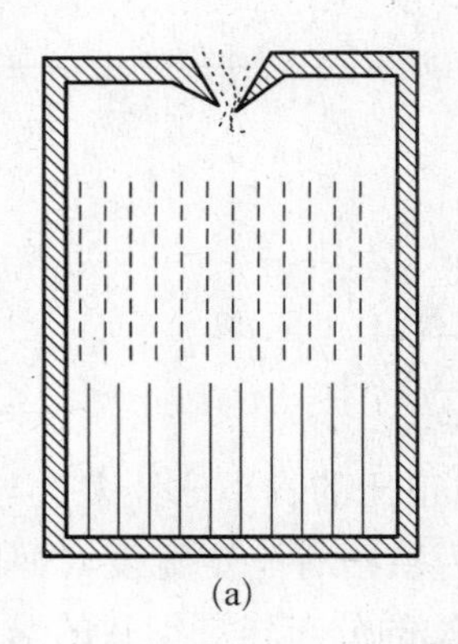
(a)

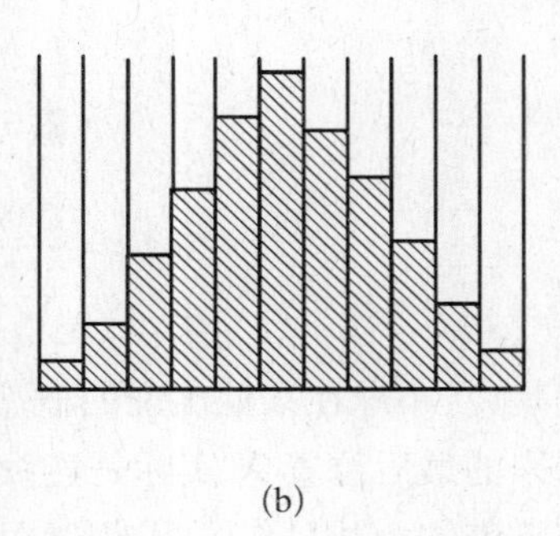
(b)

图 5-3　伽耳顿板实验

在伽耳顿板实验中，个别事件虽具有偶然性，但大量事件却表现出必然性。这种对大量的偶然事件的总体起作用的规律，称为统计规律。个别偶然事件的出现虽有各自的因果关系。但对大量偶然事件而言，个别事件的特征退居次要地位，重要的是在总体上显示了统计规律性。

满足统计规律的前提是必须有大量的事件，参与的事件数目愈多，规律性就愈明显，愈趋于稳定。在通常条件下，一定量气体中所包含的分子数是非常大的，虽然个别分子速度的大小和方向都因频繁的碰撞而经常发生不可预测的变化，但是，对于大量气体分子的总体来说，在一定温度下，分子的速度分布却遵循着确定的统计规律。例如，在相同条件下，多次抛掷同一枚质地均匀的硬币，可以发现出现正面(或反面)的次数与抛掷总次数之比总是在 0.5 左右。当抛掷次数很多时，比值趋于稳定，我们就说出现正面(或反面)的概率是 0.5。

如何用数学函数来描述小球的分布呢？我们可以先在坐标纸上取横坐标 x 表示狭槽的水平位置，纵坐标 A 为狭槽内积累小球的高度。这样，我们就可得到小球按狭槽分布的一个直方图，如图 5-4(a)所示。设第 i 个狭槽的宽度为 ΔX_i，其中积累小球的高度为 H_i，则直方图中此狭槽内小球占据的面积为 ΔA_i，此狭槽内小球的数目 ΔN_i 正比于此面积，即 $\Delta N_i = K\Delta A_i = KH_i\Delta A_i$。令 N 为小球总数，

$$N = \sum_i \Delta N_i = K\sum_i \Delta A_i = K\sum_i H_i \Delta X_i$$

式中 $\sum_i H_i \Delta X_i$ 是小球占据的总面积 A。于是该狭槽内小球数目在总球数中所占百比率 $\Delta N/N$ 可作为每个小球落入第 i 个狭槽的概率，即

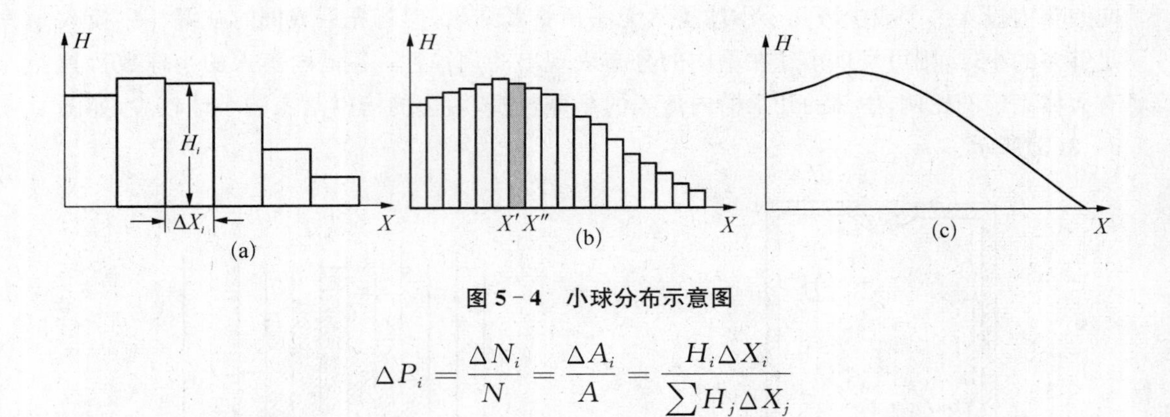

图 5-4 小球分布示意图

$$\Delta P_i = \frac{\Delta N_i}{N} = \frac{\Delta A_i}{A} = \frac{H_i \Delta X_i}{\sum_j H_j \Delta X_j}$$

这就是说，小球在某处出现的概率是和该处的高度成正比的。小球经多次与铁钉碰撞后落下来的最后位置 X 实际是连续取值的，只不过因为狭槽有一定宽度，伽耳顿板实验对于落下来的小球只作了粗的位置分类。要对小球沿 X 的分布作更细致的描述，我们可以一步步地把狭槽的宽度减小、数目加多，如图 5-4(b)所示。在所有 $\Delta X_i \to 0$ 的极限下，直方图的轮廓变成连续的分布曲线[图 5-4(c)]，上式中的增量变为微分，求和变为积分：

$$\mathrm{d}P(X) = \frac{\mathrm{d}N}{N} = \frac{H(X)\mathrm{d}X}{\int H(X)\mathrm{d}X}$$

令

$$F(X) = \frac{H(X)\mathrm{d}X}{\int H(X)\mathrm{d}X}$$

则有

$$\mathrm{d}P = F(X)\mathrm{d}X$$

或

$$F(X) = \frac{\mathrm{d}P}{\mathrm{d}X} = \frac{1}{N}\frac{\mathrm{d}N(X)}{\mathrm{d}X} \tag{5-2-1}$$

式中 $F(X)$称为小球沿 X 的**分布函数**。换句话来说，就是小球落在 X 附近 $\mathrm{d}X$ 区间的概率 $\mathrm{d}P$ 正比于区间的大小 $\mathrm{d}X$，分布函数 $F(X)$代表小球落入 X 附近单位区间的概率 $\mathrm{d}P(X)/\mathrm{d}X$，或者说，$F(X)$是小球落在 X 处的**概率密度**。由式(5-2-1)可见下式应当成立：

$$\int F(X)\mathrm{d}X = \int \frac{\mathrm{d}N(X)}{N} = 1 \tag{5-2-2}$$

这个关系表明，把所有概率全部相加，其总和只能是 100%，即等于 1。通常把上式称为**归一化条件**。为了突出小球按狭槽位置 X 分布的情况，考虑到小球在槽中的积累高度 H 代表的其实就是小球在此出现的概率，可用 $F(x)$代替 H，这样，图 5-4 中介乎 $X = X'$ 与 $X = X''$ 之间的那部分面积，就表示位置在 X' 与 X''之间小球的概率。对某一个任意选定的球来说，$F(X)\mathrm{d}X$ 也可理解为球的位置在 X 与 $X+\mathrm{d}X$ 之间的概率。知道了 $F(x)$ 和小球总数 N，则位置在 X 与 $X+\mathrm{d}X$ 之间的球数 $\mathrm{d}N$ 即可求得为

$$\mathrm{d}N = NF(X)\mathrm{d}X$$

不仅如此，知道了分布函数 $F(X)$，我们还可以计算小球的平均位置。按上式，位置在 X 与 $X+\mathrm{d}X$ 间隔内的 $\mathrm{d}N$ 个球的总位置为 $X\mathrm{d}N$，这样，N 个球的平均位置应为 N 个球的总位置除以小球总数，即

$$\overline{X} = \frac{\int X\mathrm{d}N}{N} = \frac{\int NXF(X)\mathrm{d}X}{N} = \int XF(X)\mathrm{d}X \qquad (5-2-3)$$

对具有统计性的事物来说，在一定的宏观条件下，总存在着确定的分布函数。因此，由式(5-2-3)所表示的知道分布两数求平均值的方法是有普遍意义的，不仅仅适用于位置的计算。在物理学中，我们可把 X 理解为要求平均值的任一物理量。

§5-3　理想气体的压强和温度公式

压强和温度是气体的两个重要的宏观量，下面我们从理想气体的微观模型出发，阐明这两个量的微观本质，并运用统计方法，导出它们与描述分子运动的微观量之间的关系。

从实验中知道，在标准状态下，气体的密度大约是它凝结成液体的 1/1 000。假如认为在液体中分子是紧密排列的，则气体分子之间的平均距离大约是分子本身线度的 10 倍 ($1\,000^{1/3}$)。分子在气体系统内分布得相当稀疏，分子间的相互作用力，除碰撞瞬时外，极为微小。据此人们提出理想气体的微观模型如下：

(1) 理想分子可视为体积可以忽略的小球。

(2) 除分子间发生碰撞或分子与器壁发生碰撞的瞬间作用力之外，分子间及分子与器壁之间的其他相互作用力可以忽略。

(3) 把分子看成是完全弹性球，分子之间及分子与器壁之间的碰撞是完全弹性碰撞。

概括地说，理想气体是大量自由、无规则地运动着的弹性球分子的集合，它是真实气体的近似。气体愈稀薄，温度愈高，真实气体愈接近理想气体。

1　理想气体压强

具体推导理想气体压强公式时，对于大量气体分子的集体，还需提出统计假设。根据平衡态下气体密度到处均匀这一事实，我们可以假定，对大量气体分子来说，分子沿各个方向运动的机会是均等的，即向各个方向运动的概率相同。由此可以推断，分子速度沿各个方向的分量的统计平均值均等于零，各分量的平方的统计平均值相等，即

$$\bar{v}_x = \bar{v}_y = \bar{v}_z = 0$$

$$\overline{v_x^2}=\overline{v_y^2}=\overline{v_z^2}$$

由分子速率与速度分量间的关系 $v^2=v_x^2+v_y^2+v_z^2$，可进一步推得

$$v_x^2=v_y^2=v_z^2=\frac{1}{3}\overline{v^2}$$

气体的压强是气体作用在容器器壁单位面积上的指向器壁的垂直作用力。从气体动理论的观点来看，压强是大量气体分子对器壁碰撞的平均效应。无规则运动的气体分子与器壁不断发生碰撞，使器壁受到冲力作用，就个别分子而言，它每次碰在什么地方，对器壁的冲力多大，都是偶然的、断续的。但是对大量分子的整体来说，由于每一时刻都有许多分子在各处与器壁相碰，器壁就受到一个均匀、恒定、持续的作用力，这便是压强产生的微观本质。

现在从理想气体的微观模型出发，对各个分子应用力学定律，对大量气体分子的集体运用统计假设和统计平均方法，推导平衡态下理想气体的压强和描述分子运动的微观量之间的关系。

为简便起见，假设在一各边分别为 l_1、l_2、l_3 的长方体容器内装有某种气体(图 5-5)，其中共有 N 个气体分子。每个分子的质量为 m，由于分子所受的重力可以忽略不计，分子的总能量仅有动能。

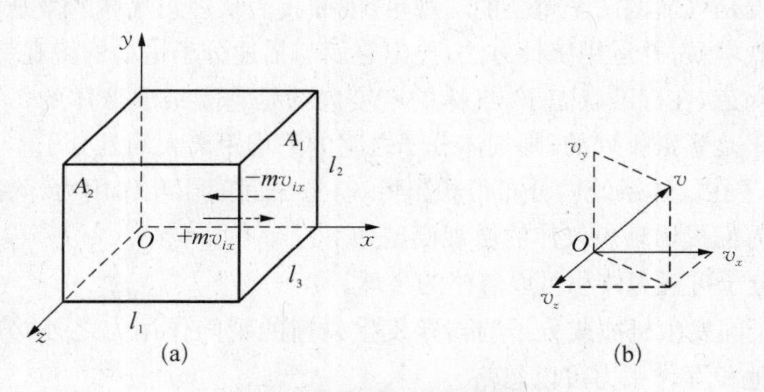

图 5-5 微观模型示意图

在平衡态下，气体的压强处处相同，因此只需考虑某个特定的器壁(A_1 面)。计算气体对它的压强，具体步骤如下：

(1) 求第 i 个分子与器壁碰撞一次施于器壁的冲量。

设第 i 个分子与 A_1 面发生弹性碰撞，碰撞前速度的 x 分量为 v_{ix}，碰撞后速度的 x 分量变为 $-v_{ix}$，碰撞前后第 i 个分子在 x 方向的动量增量应为 $-2mv_{ix}$。根据动量定理，器壁 A_1 面施于分子 i 的冲量为 $-2mv_{ix}$，由牛顿定律可知，分子 i 施于 A_1 面的冲量为 $2mv_{ix}$。

(2) 求第 i 个分子对 A_1 面平均冲力。

分子 i 从 A_1 面弹回后，沿 $-x$ 方向运动，与 A_2 面碰撞后弹回又与 A_1 面碰撞。在此过程中分子 i 沿 x 方向经过的路程为 $2l_1$，经历的时间应为 $2l_1/v_{ix}$。很显然，单位时间内的

碰撞次数为 $v_{ix}/2l_1$，于是单位时间内第 i 个分子施于 A_1 面的冲量(即平均冲力)为

$$2mv_{ix}\frac{v_{ix}}{2l_1}=\frac{mv_{ix}^2}{l_1}$$

(3) 求 N 个分子施于 A_1 面的平均冲力。

由于容器内每个分子都与 A_1 面碰撞，因此 N 个分子施于 A_1 面的平均冲力为

$$\overline{F}=\sum_{t=1}^{N}\frac{mv_N^2}{l_2}=\frac{m}{l_1}(v_1^2+v_2^2+\cdots+v_N^2)=\frac{Nm}{l_1}\frac{(v_1^2+v_2^2+\cdots+v_N^2)}{N}=\frac{Nm}{l_1}\overline{v_x^2}$$

其中$\overline{v_x^2}=\dfrac{(v_1^2+v_2^2+\cdots+v_N^2)}{N}$是所有分子速度的 x 分量平方的平均值。

(4) 求 A_1 面受到的压强。

由压强的定义可得 A_1 面受到的压强为

$$p=\frac{\overline{F}}{S}=\frac{Nm}{l_1l_2l_3}\overline{v_x^2}=nm\overline{v_x^2}$$

其中 $n=N/V=N/(l_1l_2l_3)$，为分子数密度。

(5) 求理想气体的压强。

对处于平衡态的理想气体应用统计假设

$$\overline{v_x^2}=\frac{1}{3}\overline{v^2}$$

可得

$$p=\frac{1}{3}nm\overline{v^2}$$

或

$$p=\frac{2}{3}n\left(\frac{1}{2}m\overline{v^2}\right)=\frac{2}{3}n\overline{\varepsilon_k} \tag{5-3-1}$$

式中$\overline{\varepsilon_k}$是气体分子的平均平动动能。式(5-3-1)，即为理想气体压强公式。

从上述推导过程可以看出，压强公式是一条统计规律，只适用于大量气体分子组成的系统，宏观量 p 是微观量 n、$\overline{\varepsilon}_k$ 的统计平均值，压强 p 只具有统计意义，对单个分子或少数分子谈压强是没有意义的。

2　理想气体温度

将压强公式(5-3-1)和状态方程(5-1-3)相比较可得，

$$\overline{\varepsilon}_k=\frac{1}{2}m\overline{v^2}=\frac{3}{2}kT \tag{5-3-2}$$

或

$$T = \frac{2}{3k}\bar{\varepsilon}_k \tag{5-3-3}$$

该式称为理想气体的温度公式。它给出了宏观量 T 与微观量的统计平均值$\bar{\varepsilon}_k$间的联系，也是一条统计规律，它揭示了温度的微观本质：气体的温度是大量气体分子热运动剧烈程度的量度，温度这个物理量也只具有统计意义，对一个或几个分子谈论温度是无意义的。最后需要指出，由式(5-3-2)似乎可以得出，当 $T=0\text{ K}$ 时，分子热运动将会停息。这个结论是不正确的，因该式是建立在经典物理基础上，有一定的局限性。该式只对理想气体才适用，在达到绝对零度前，气体早已变成液态或固态，公式已不再适用，近代的理论计算指出，即使在 0 K 时，固体的点阵粒子仍具有能量，这已得到实验的证实。

【例题 5-1】 氧气的温度为 300 K，求氧分子的方均根速率和平均平动动能。

【解】 首先推导方均根速率公式，再代入数据计算。

由式(5-3-2)得出方均根速率 $\sqrt{\overline{v^2}} = \sqrt{\dfrac{3kT}{m}}$ (5-3-4)

等号右端根号内分子分母同乘以阿伏加德罗常数 N_0。注意到 $\mu = mN_0$ 及 $R = N_0k$ 则有

$$\sqrt{\overline{v^2}} = \sqrt{\frac{3RT}{\mu}} \tag{5-3-5}$$

所以 300 K 时氧分子的方均根速率为

$$\sqrt{\overline{v^2}} = \sqrt{\frac{3\times 8.31\times 300}{32\times 10^{-3}}} = 484\ \text{m}\cdot\text{s}^{-1}$$

又由式(5-3-2)得氧分子的平均平动动能为

$$\overline{\varepsilon_k} = \frac{1}{2}m\overline{v^2} = \frac{3}{2}kT = \frac{3}{2}\times(1.38\times 10^{-23})\times 300 = 6.21\times 10^{-21}\ \text{J}$$

【例题 5-2】 有 10^{23} 个质量为 5×10^{-26} kg 的气体分子，贮于容积为 $10^{-3}\ \text{m}^3$ 的容器内，已知气体分子的方均根速率为 $400\ \text{m}\cdot\text{s}^{-1}$，求气体的压强和温度。

【解】 由式(5-3-1)得气体的压强为

$$p = \frac{2}{3}n\left(\frac{1}{2}m\overline{v^2}\right) = \frac{2}{3}\times\frac{10^{23}}{10^{-3}}\times\left(\frac{1}{2}\times 5\times 10^{-26}\times 400^2\right)\approx 2.67\times 10^5(\text{N}\cdot\text{m}^2)$$

又由式(5-3-3)得气体的温度为

$$T = \frac{2}{3k}\overline{\varepsilon_k} = \frac{2}{3k}\left(\frac{1}{2}m\overline{v^2}\right) = \frac{m\overline{v^2}}{3k} = \frac{5\times 10^{-26}\times 400^2}{3\times 1.38\times 10^{-23}}\approx 193\ \text{K}$$

§5-4　麦克斯韦速率分布律

处于平衡状态时,由于热运动,气体分子以不同的速率沿不同方向运动着。由于分子间的频繁碰撞,对每一个分子来说,速度的大小和方向瞬息万变,因此单个分子的运动情况完全是偶然的,然而从大量分子的整体来看,平衡态下的分子速率却遵循着一定的统计规律,又是必然的。本节介绍麦克斯韦速率分布律。

1　分子速率的分布函数

研究分子速率的分布规律时,常常需要把分子速率按大小分成若干个相等的区间,分别测出各区间的分子数 ΔN 占总分子数的百分比,以得到分子速率的分布表或分子速率分布图。根据 §5-2 内容,如果图 5-4 中,横坐标表示划分的各速率区间,纵坐标表示各速率区间内分子数占总分子数的百分比。但这样的表示法中,纵坐标百分比与所划分的速率间隔 Δv 有关,Δv 越大,百分比就越大。为了消除 Δv 的影响,可以以速率 v 为横坐标,$\Delta N/(N\Delta v)$ 为纵坐标,如图 5-6(a)所示,$\Delta N/(N\Delta v)$ 表示单位速率区间内分子的百分比,图中每一个小矩形面积为

$$\frac{\Delta N}{N\Delta v}\times\Delta v=\frac{\Delta n}{N}\tag{5-4-1}$$

为精确描述气体分子的速率分布,可以将速率区间取到足够小,当 $\Delta v\to 0$ 时,即取 $\mathrm{d}v$ 为分子速率区间,其相应分子数为 $\mathrm{d}N$,这时以速率 v 为横坐标,$f(v)=\mathrm{d}N/N\mathrm{d}v$ 为纵坐标所得 $f(v)-v$ 分布曲线就成为一条平滑的曲线,称为**速率分布曲线**。而函数 $f(v)$ 称为分子的**速率分布函数**,它表示速率 v 附近单位速率区间内的分子数占总分子数的百分比。或表述为任一单个分子在速率 v 附近单位速率区间内出现的概率,$f(v)$ 即所谓的**概率密度**。

2　麦克斯韦速率分布规律

实际上,在近代测定气体分子速率的实验获得成功之前,麦克斯韦已于 1860 年根据概率论在气体分子在空间均匀分布的条件下,从理论上导出了理想气体分子的速率分布函数的数学形式

$$f(v)=4\pi\left(\frac{m}{2\pi kT}\right)^{\frac{3}{2}}\mathrm{e}^{-\frac{mv^2}{2kT}}v^2\tag{5-4-2}$$

由式(5-4-2)可得

$$\frac{\mathrm{d}N}{N}=f(v)\mathrm{d}v=4\pi\left(\frac{m}{2\pi kT}\right)^{\frac{3}{2}}\mathrm{e}^{-\frac{mv^2}{2kT}}v^2\,\mathrm{d}v\tag{5-4-3}$$

这就是**麦克斯韦速率分布律**。它指出了在任一速率区间，$[v, v+\mathrm{d}v]$ 内的分子数 $\mathrm{d}N$ 占总分子数 N 的比率。式(5-4-3)中 T 为气体的热力学温度，m 为气体分子的质量，k 为玻尔兹曼常量。

为了形象地表明速率分布情况，以 v 为横坐标，$f(v)$ 为纵坐标画出一曲线，称为麦克斯韦速率分布曲线，如图 5-6(b)所示。

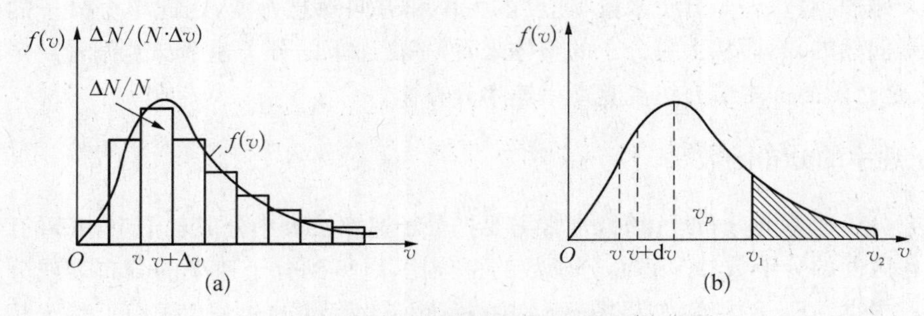

图 5-6 麦克斯韦速率分布曲线

根据速率分布曲线作如下讨论：

(1) 气体分子的速率有一个宽广的分布。从图 5-6 可以看出，从原点出发，经过一极大值后，随 v 的增大而渐近于横轴，这表明气体分子的速率可以取由零到无限大的一切可能值，但速率很大和速率很小的分子所占有的百分比都很小，而具有中等速率的分子所占的百分比则很大。由于最小速率是零，最大速率却趋于无限大，所以，与曲线极大值相对应的速率两边的曲线是不对称的。

(2) 速率分布曲线有一极大值，与其对应的速率称为**最概然速率**，常以 v_p 表示，其物理意义是：如果把整个速率范围划分为许多相等的小区间，则分布在 $[v_p, v_p+\mathrm{d}v]$，所在区间内的气体分子所占的比率最大，或者说，气体分子具有这个速率区间内的速率的概率最大。

(3) 曲线下 $[v, v+\mathrm{d}v]$ 区间面积 $\mathrm{d}s$ 给出了速率分布在该区间的分子数占总分子数的比率，即

$$\mathrm{d}s = f(v)\mathrm{d}v = \frac{\mathrm{d}N}{N}$$

有限速率区间$[v_1, v_2]$内的分子数比率

$$\frac{\Delta N}{N} = \int_{v_1}^{v_2} f(v)\mathrm{d}v$$

等于$[v_1, v_2]$曲线下的面积

相应的归一化条件

$$\int_{v_1}^{v_2} f(v)\mathrm{d}v = 1$$

代表了整个曲线下的面积。

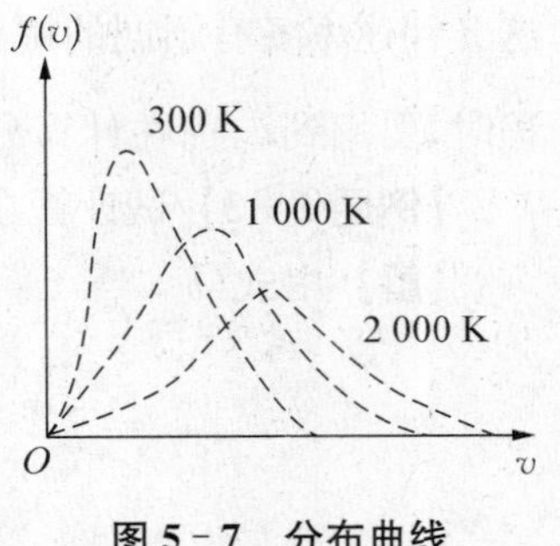

图 5-7　分布曲线

(4) 对于一定质量的气体，速率分布曲线的形状随温度而异，温度升高时，气体中速率较大的分子数增多，曲线峰值的位置将右移，但由于曲线下的总面积是恒定的，所以曲线的高度要降低，变得较为平坦。图 5-7 给出了氧分子在 300 K，1 000 K 和 2 000 K 三个温度下的速率分布曲线。

(5) 在相同温度下，速率分布曲线的形状随气体分子的质量而异。分子质量较小的气体中，大速率的分子较多，曲线峰值位置向右延伸，高度降低，分布曲线变得较为平坦，比照图 5-7 读者可自己画图表示此关系。

3　三个速率统计值

利用速率分布函数可求得气体分子的 3 种统计速率。

(1) 最概然速率 v_p　由于最概然速率对应于速率分布函数曲线的极大值，故 v_p 可由令 $f(v)$ 对 v 的一阶导数为零求得，即

$$\left.\frac{\mathrm{d}f(v)}{\mathrm{d}v}\right|_{v_p}=0$$

将 $f(v)$ 的表达式(5-4-2)代入上式计算可得

$$v_p=\sqrt{\frac{2kT}{m}}=\sqrt{\frac{2RT}{\mu}} \tag{5-4-4}$$

(2) 平均速率 $\bar{v}$　气体分子速率的统计平均值称为气体分子的平均速率。将式(5-4-2)代入 $\bar{v}=\int_v vf(v)\mathrm{d}v$ 经过计算可得

$$\bar{v}=\int_0^v vf(v)\mathrm{d}v=\sqrt{\frac{8kT}{\pi m}}=\sqrt{\frac{8kT}{\pi\mu}}=1.60\sqrt{\frac{RT}{\mu}} \tag{5-4-5}$$

(3) 方均根速率 $\sqrt{\overline{v^2}}$　气体分子速率的平方的统计平均值的平方根叫方均根速率。根据上面同样的计算

$$\overline{v^2}=\int_0^v v^2 f(v)\mathrm{d}v$$

可得

$$\sqrt{\overline{v^2}}=\sqrt{\frac{3kT}{m}}=1.73\sqrt{\frac{RT}{\mu}} \tag{5-4-6}$$

由上面的计算可知，这 3 种速率都具有统计意义。比较 3 种速率值可以看出，它们具有相同的规律；与 $\sqrt{T}$ 成正比，与 $\sqrt{m}$ (或 $\sqrt{\mu}$) 成反比。它们的大小顺序为：$v_p<\bar{v}<\sqrt{\overline{v^2}}$，

这 3 种速率各有不同的用处，在讨论速率分布时，要用到 v_p，在后面计算分子的平均自由程时，要用到$\bar{v}$，而在计算分子的平均平动动能时，要用到 $\sqrt{\overline{v^2}}$。

【例题 5-3】 试计算在 $t=20$℃ 时，氢气和氧气的方均根速率。

【解】 由式(5-4-6)可得

$$\sqrt{\overline{v^2}}\,\Big|_{H_2}=1.73\sqrt{\frac{RT}{\mu}}=1.73\sqrt{\frac{8.31\times 293}{2.0\times 10^{-3}}}=1.91\times 10^3(\mathrm{m\cdot s^{-1}})$$

$$\sqrt{\overline{v^2}}\,\Big|_{O_2}=1.73\sqrt{\frac{RT}{\mu}}=1.73\sqrt{\frac{8.31\times 293}{32\times 10^{-3}}}=4.77\times 10^2(\mathrm{m\cdot s^{-1}})$$

由计算结果可知，在相同温度下，氢的气体分子的方均根速率大，如果将摩尔质量不同的气体分子组成的混合气体，装于抽真空的带有一多孔壁的容器中的一边，混合气体在通过多孔壁向真空一边扩散的过程中，较轻的分子由于方均根速率大就会跑在前面，应用多级"过滤"法，就可分离出较轻的气体分子。此法可用来分离同位素，如可从六氟化铀中分离出含量较少的核燃料^{235}U。

【例题 5-4】 求标准状况下 100 $\mathrm{cm^3}$ 氮气中速率在 500 $\mathrm{m\cdot s^{-1}}$ 到 501 $\mathrm{m\cdot s^{-1}}$ 之间的分子数。

【解】 由 $p=nkT$ 得

$$n=\frac{p}{kT}=\frac{1.013\times 10^5}{1.38\times 10^{-23}\times 273}=2.69\times 10^{23}\ \mathrm{m^{-3}}$$

所以 100 $\mathrm{cm^3}$ 氮气中分子总数为

$$N=nV=2.69\times 10^{23}\times 10^{-4}=2.69\times 10^{19}(\text{个})$$

因考虑的分子速率区间很小，麦克斯韦速率分布律可直接写成

$$\frac{\Delta N}{N}=4\pi\left(\frac{m}{2\pi kT}\right)^{\frac{3}{2}}\mathrm{e}^{-\frac{mv^2}{2kT}}v^2\Delta v$$

为计算方便，再将上式作适当变换。因为 $v_p=\sqrt{\dfrac{2kT}{m}}$，所以上式中 $\sqrt{m/2kT}$ 部分可用 v_p^{-1} 来表示，即$\dfrac{\Delta N}{N}=\dfrac{4}{\sqrt{\pi}}v_p^{-3}\mathrm{e}^{-\frac{v^2}{v_p^2}}v^2\Delta v$，又因 $v_p=\sqrt{\dfrac{2RT}{\mu}}=\sqrt{\dfrac{2\times 8.31\times 273}{28\times 10^{-3}}}=402\ \mathrm{m\cdot s^{-1}}$

$$\Delta v=501-500=1\ \mathrm{m\cdot s^{-1}}$$

故速率在 500～501($\mathrm{m\cdot s^{-1}}$) 区间内的分子数为

$$\Delta N=\frac{4N}{\sqrt{\pi}}v_p^{-3}\mathrm{e}^{-\frac{v^2}{v_p^2}}v^2\Delta v=\frac{4N}{\sqrt{\pi}}v_p^{-1}\cdot\mathrm{e}^{-\frac{v^2}{v_p^2}}\left(\frac{v}{v_p}\right)^2\Delta v$$

由于 500 与 501 相差甚微，所以在该区间内气体分子的速率均可取 $v = 500(\mathrm{m \cdot s^{-1}})$ 代入数据有：

$$\Delta N = \frac{4 \times (2.69 \times 10^{19})}{\sqrt{3.142}} (402)^{-1} \cdot \mathrm{e}^{-\left(\frac{500}{402}\right)^2} \cdot \left(\frac{500}{402}\right)^2 \cdot 1 = 5.00 \times 10^{16}(\text{个})$$

请注意，如果速率间隔较大，则要用式

$$\frac{\Delta N}{N} = \int_{v_1}^{v_2} f(v)\mathrm{d}v$$

通过积分求得。

§5-5　玻尔兹曼分布律

前面我们研究的是气体处于平衡态时分子速率的分布规律，玻尔兹曼把这一规律推广到分子处于外力场(如重力场、电场等)的情况，得到了分子按能量的分布规律——波尔兹曼能量分布律。

设分子的势能为 $E_{\mathrm{p}} = (x,\ y,\ z)$，动能为 $E_{\mathrm{k}} = E_{\mathrm{k}}(v_x,\ v_y,\ v_z)$，总能量 $E = E_{\mathrm{k}} + E_{\mathrm{p}}$，玻尔兹曼从理论上导出：当系统在外力场中处于热平衡态时，坐标介于区间 $[x,\ x + \mathrm{d}x]$，$[y,\ y + \mathrm{d}y]$，$[z,\ z + \mathrm{d}z]$ 内，同时速度介于 $[v_x,\ v_x + \mathrm{d}v_x]$，$[v_y,\ v_y + \mathrm{d}v_y]$，$[v_z,\ v_z + \mathrm{d}v_z]$ 内的分子数为

$$\mathrm{d}N = n_0 \left(\frac{m}{2\pi kT}\right)^{\frac{3}{2}} \mathrm{e}^{-\frac{E_{\mathrm{p}} + E_{\mathrm{k}}}{kT}} \mathrm{d}v_x \mathrm{d}v_y \mathrm{d}v_z \mathrm{d}x \mathrm{d}y \mathrm{d}z \qquad (5-5-1)$$

式中 n_0 为势能 $E_{\mathrm{p}} = 0$ 处，单位体积内的分子数，这个结论称为**玻尔兹曼能量分布律**。它是一个普遍的规律，对处于任何力场中的任何微粒系统(如气体、液体、固体中的原子和分子)，只要微粒间的相互作用可以忽略，定律均能适用。

式(5-5-1)表明了在给定区间内分子数和区间间隔及能量有关。当区间间隔给定时，$\mathrm{d}N \propto \mathrm{e}^{-\frac{E}{kT}}$，它表示在相等的间隔内，能量较大的分子数较少，能量较小的分子数较多。换言之，从统计观点看，在一定温度下分子处于低能态的概率要大一些。

若认为分子可以具有各种速度，考虑到麦克斯韦速率分布函数所满足的归一化条件，计算可以得出分布在坐标区间 $[x,\ x + \mathrm{d}x]$，$[y,\ y + \mathrm{d}y]$，$[z,\ z + \mathrm{d}z]$ 内具有各种速度的分子数为

$$\mathrm{d}N = n_0 \mathrm{e}^{\frac{-E_{\mathrm{p}}}{kT}} \mathrm{d}x \mathrm{d}y \mathrm{d}z \qquad (5-5-2)$$

它给出了分子在保守力场中的分布规律，由式(5-5-2)看出，在相同的坐标间隔(或

体积元 $dx\,dy\,dz$)内,分子数的分布与 $e^{-\frac{E_p}{kT}}$ 有关,势能愈小,分子数愈多。

若用分子数密度 $n=\dfrac{dN}{dx\,dy\,dz}$ 表示上式,则有分子按势能的分布律

$$n=n_0 e^{-\frac{E_p}{kT}} \tag{5-5-3}$$

下面我们用玻尔兹曼能量分布律来研究几个问题。

(1) 在重力场中粒子按高度的分布。气体分子受到两种互相对立的作用,即无规则热运动将使气体分子均匀分布于它们所能到达的空间,而重力则要使气体分子聚集在地面上。当这两种作用达到平衡时,气体分子在空间做不均匀的分布,分子数密度随高度减小。

根据玻尔兹曼分布,可以确定气体分子在重力场中按高度分布的规律。

取 z 轴竖直向上,并以 $z=0$ 处为重力势能的零点,且令 $z=0$ 处分子数密度为 n_0,则由式(5-5-3)求得分子在高度 z 处单位体积内的分子数为

$$n=n_0 e^{-\frac{mgz}{kT}} \tag{5-5-4}$$

它表示在重力场中,分子密度 n 随高度的增大按指数规律而减少。这一规律也仅适用于布朗运动的微粒。

(2) 气压随高度的变化——气压公式。若把气体视为理想气体,则有 $p=nkT$,由式(5-5-4)可得

$$p=n_0 kT e^{-\frac{mgz}{kT}}=p_0 e^{-\frac{mgz}{kT}}=p_0 e^{-\frac{\mu gz}{RT}} \tag{5-5-5}$$

其中 $p_0=n_0 kT$ 表示在 $z=0$ 处的压强。式(5-5-5)称为**等温气压公式**,表明大气压随高度的增加按指数规律减小,但由于大气温度随高度而变,故上式计算结果,仅在一定的情况下才与实际相符。

【例题 5-5】 求上升到什么高度时大气压强减至地面的75%?设空气温度为0℃,空气的摩尔质量 $\mu=0.028\,9$ kg。

【解】 由气压公式 $p=p_0 e^{-\frac{mgz}{kT}}$ 得

$$\frac{p}{p_0}=e^{-\frac{mgz}{kT}}$$

两边取对数得

$$z=\frac{RT}{\mu g}\ln\frac{p_0}{p}$$

代入数据

$$z=\frac{8.31\times 273}{0.0289\times 9.8}\ln\frac{100}{75}=2.3(\mathrm{km})$$

在航空、登山活动中，先测量所在高度的大气压强，然后利用气压公式来估算所在处的高度。

§5-6　能量按自由度均分定理

1　自由度

完全确定一物体在空间位置所需的独立坐标数目，叫作这个物体的**自由度**。决定一个在空间任意运动的质点的位置，需要三个独立坐标，如(x,y,z)，因此质点有三个自由度，它们都是平动自由度。若由 N 个互相独立的质点组成一个系统，则该系统应为 $3N$ 个自由度。

如果对质点的运动加以限制（约束），把它限制在一个平面或曲面上运动，这样的质点就只有两个自由度了，若限制质点在一条给定的直线或曲线上运动，则质点就只有一个自由度了。把飞机、轮船和火车当作质点看，则在天空中任意飞行的飞机有三个自由度，在海面上任意航行的轮船有两个自由度，在路轨上行驶的火车只有一个自由度。

一个刚体在空间做任意运动时，除平动外还有转动（如图 5-8）。它的运动可以分解为质心的平动及绕通过质心的轴的转动，其中：(1) 为了确定质心 O' 在平动过程中任一时刻的位置，需要三个独立坐标(x,y,z)，即刚体有三个平动自由度；(2) 与此同时，为了确定刚体绕通过质心 O' 的轴的转动状态，首先在确定该轴在空间的方位，这可用三个方向余弦（$\cos\alpha$，$\cos\beta$，$\cos\gamma$）表示，但由于存在着 $\cos^2\alpha+\cos^2\beta+\cos^2\gamma=1$ 的关系，所以三个量中只有两个是独立的，即确定转轴方位的自由度仅有两个；其次，要确定刚体绕该轴的转动，可用转角 θ 表示，这就又有一个自由度。这样，刚体绕通过质心的轴的转动，共有三个转动自由度。

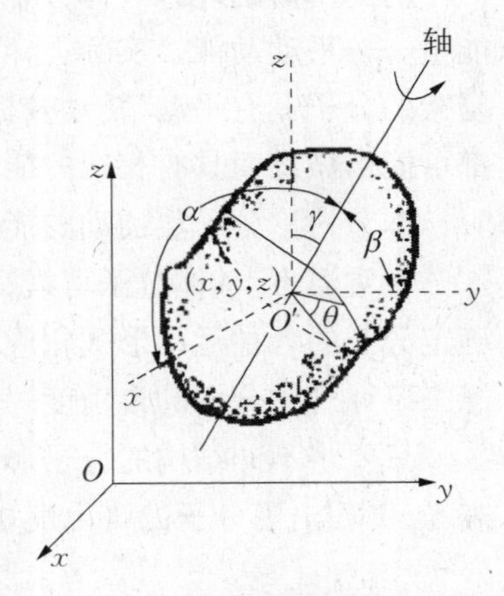

图 5-8　刚体自由度

因此，任意运动的刚体共有六个自由度，即三个平动自由度和三个转动自由度，当刚体的运动受到某种限制，它的自由度将减少。若把刚体的两点固定，它就只能绕通过此两点的连线（转轴）做定轴转动，刚体便只有一个转动自由度。

现在按照上述概念来确定分子的自由度。从分子的结构上来说，有单原子、双原子、三原子和多原子分子。单原子分子（如氦、氖、氩等），可看作自由运动的质点，有三个自由度[图 5-9(a)]。双原子分子（如氢、氧、氮、一氧化碳等）中的两个原子是通过键连接起来的[图 5-9(b)]，若把键看作是刚性的（即认为两原子间的距离不会改变），则双原子分子就可看作是两端分别连接一个质点(原子)的直线,因此,需用三个独立坐标(x, y, z)来决定其质心的所在位置,需用两个独立坐标(如 α、β)决定其连线的方位,而两个质点绕其连线为轴的转动是不存在的,这样,双原子分子共有五个自由度:三个平动自由度,两个转动自由度。三个或三个以上的原子所组成的分子,如果其中原子之间保持刚性连接,则可将其看作是自由运动的刚体[图 5-9(c)],共有六个自由度。实际上,双原子或多原子的气体分子并不完全是刚性的,在原子间相互作用力的支配下,分子内部还存在振动,因此还应有振动自由度。

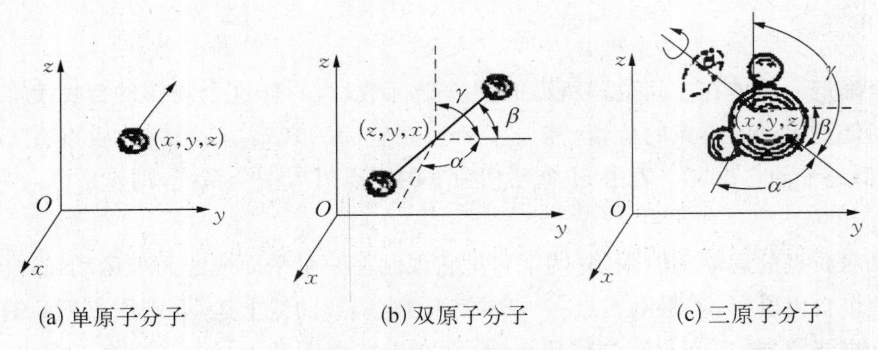

图 5-9 原子、分子模型

前面所讲的理想气体分子热运动,是把分子视为质点,只研究了分子的平动及相应的能量——平动动能。实际上,除单原子分子外,还有双原子、三(多)原子分子。这种结构复杂的分子具有平动、转动及振动的运动形式,在分子的相互碰撞过程中,各种运动形式都可能被激发而具有相应的能量。

本节讨论分子热运动的能量所遵循的统计规律,从而分析理想气体的内能。

在常温下,气体分子可视为刚性分子,不考虑分子内部的振动及其相应的能量。为了确定分子的各种运动形式相应的能量的平均值,我们根据以前所讨论的物体的自由度概念来研究气体分子的自由度——决定分子位置所需要的独立坐标数目。

只要将不同结构的分子和不同类型的物体进行类比,就可决定气体分子的自由度。表 5-1 列出了分子的自由度,供以后研究问题时参考。

表 5-1 分子的自由度

分子自由度数 / 分子类型	平动自由度(t)	转动自由度(r)	总自由度(i)($i=t+r$)
单原子分子——质点	3	0	3
刚性双原子分子——双质点刚体系统	3	2	5
刚性多原子分子——刚体	3	3	6

2 能量按自由度均分定理

由研究结果知,分子能量是按自由度分配的,先从平动讨论起。由理想气体的温度公式

$$\frac{1}{2}m\overline{v^2}=\frac{3}{2}kT$$

根据统计性假设，$\overline{v_x^2}=\overline{v_y^2}=\overline{v_z^2}$ 给其两端同乘以$\left(\frac{1}{2}m\right)$并与温度公式比较可得

$$\frac{1}{2}m\overline{v_x^2}=\frac{1}{2}m\overline{v_y^2}=\frac{1}{2}m\overline{v_z^2}=\frac{1}{2}kT$$

上式可理解为，理想气体分子的平均平动能均匀地分配在每一个平动自由度上，即每一个平动自由度都具有大小为$\frac{1}{2}kT$ 的平均平动动能。

分子的任何一种热运动都机会均等，都不会比另一种热运动占优势，因此上述结论可推广到转动和振动。即在温度为 T 的平衡态下，分子的每一自由度平均地都具有相同的平均动能，其大小为$\frac{1}{2}kT$，这称为**能量按自由度均分定理**。

该定理不仅适用于气体，而且对液体和固体也是正确的，已经得到严格的证明。如果气体有 i 个自由度，则气体分子的平均动能为

$$\overline{\varepsilon_k}=\frac{i}{2}kT$$

式中对单原子分子，$i=3$；刚性双原子分子，$i=5$；刚性多原子分子，$i=6$。能量按自由度均分原理是一条统计规律，是对平衡态下大量分子进行统计平均的结果。

3 理想气体内能

物质系统内部所包含的总能量称为**物质系统的内能**。

气体的内能是指气体内所有分子的动能与势能的总和，对常温下的理想气体，由于忽略了分子间的势能和分子内部的振动，故理想气体的内能就等于所有分子的平动动能和转动动能的总和。设有分子自由度为 i 的理想气体，当温度为 T 时，1 个分子的平均动能为 $\varepsilon_k=\frac{i}{2}kT$。那么 1 mol 的理想气体的内能为

$$E_0=N_0\frac{i}{2}kT=\frac{i}{2}RT$$

对于质量为 M，摩尔质量为 μ 的理想气体，其内能为

$$E=\frac{M}{\mu}\frac{i}{2}RT \tag{5-6-1}$$

常用到的是内能变化，即

$$\Delta E=\frac{M}{\mu}\frac{i}{2}R\Delta T \tag{5-6-2}$$

由式(5-6-1)可知，一定量某种理想气体的内能完全决定于它的温度，而与气体和压强无关。就是说，理想气体的内能是温度(也就是状态)的单值函数。

【例题 5-6】 质量为 0.05 kg，温度为 18℃的氮气(视为理想气体)，盛装在容积为 10 m^3 的密封绝热容器内，容器以 $v = 200\ \mathrm{m \cdot s^{-1}}$ 的速率做匀速直线运动。若容器突然停止，其定向运动能全部转化为气体分子的热运动动能，则平衡后，氮气的温度和压强各增大多少？

【解】 依题意得氮气的定向运动动能为

$$E_k = \frac{1}{2}Mv^2$$

氮气分子的热运动动能(即内能)为

$$E = \frac{M}{\mu}\frac{5}{2}RT$$

当温度变化 ΔT 时，内能的改变量为

$$\Delta E = \frac{M}{\mu}\frac{5}{2}R\Delta T$$

因 $E_k = \Delta E$，即 $\frac{1}{2}Mv^2 = \frac{M}{\mu}\frac{5}{2}R\Delta T$

所以 $\Delta T = \frac{\mu v^2}{5R} = \frac{28 \times 10^{-3} \times 200^2}{5 \times 8.31} = 27(\mathrm{K})$

压强增量 $\Delta p = \frac{M}{\mu}\frac{R\Delta T}{V} = \frac{50}{28 \times 10^{-3}}\frac{8.31 \times 27}{10} = 4.0 \times 10^4(\mathrm{Pa})$

§5-7 气体分子的平均自由程

1 分子间的碰撞

在室温下，气体分子的平均速率为每秒数百米。初看起来，在气体中发生的一切过程似乎都应进行得很快。如打开香水瓶盖，只要经过百分之几秒，就可在几米远处闻到香味。实际情况并非如此。这种情况在历史上曾引起一些物理学家对气体动理论的怀疑。克劳修斯首先解决了这个疑团，他指出，气体分子速率虽然很大，但由于分子数密度很大，每个分子在运动过程中都要与其他分子发生频繁碰撞，走迂回曲折的路径如图 5-10 所示，因此尽管平均速率很大，单位时间内发生的位移并不大，分子从一处到另一处仍然需要相当长时间。

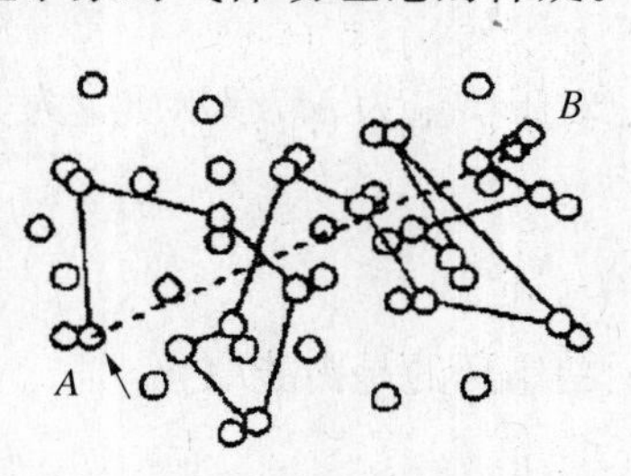

图 5-10 分子碰撞示意图

把气体分子视为点状的粒子，所导出的结论与实验结果相当符合，这是因为研究的问题。与分子的碰撞没有直

接关系，但在考虑与分子碰撞有关的问题时，尽管分子很小却不能认为是数学上的一个几何点，应该有一定的大小。因为如§5-1中曾讨论过的分子间存在着分子力的作用。所谓分子的碰撞，实质上是在分子力的作用下分子间的相互散射过程。当一个分子飞向另一个分子，相互间的距离小于某一数值时，分子间的斥力使它们改变原来的方向而飞开，这便是分子间的散射，为简化计算，通常把分子视为具有一定体积的弹性小球，称为**分子作用球**，而把分子间的相互散射过程视为弹性球的碰撞。应该注意分子作用球并不是分子本身的大小，而是代表入射的分子能否被另一个分子散射的范围。

由于两个分子相碰时质心间的最小距离与它们的相对速度有关，因此对于不同分子，其最小距离是不同的，我们把两个分子相碰时质心间最小距离的平均值，称为**分子的有效直径**，以 d 表示，近似地视为常数，其大小均为 10^{-13} m的数量级。

在讨论问题时，为方便起见引入**分子的有效碰撞(或散射)截面 σ**，即是说入射分子的中心位置如果通过这个 σ 的范围内就会被散射掉，σ 的大小与相互碰撞的两个分子的结构有关，很显然 $\sigma=\pi d^2$。

2 平均自由程

前面讲过，分子与分子间不断碰撞，气体内部的热平衡，就是分子相互碰撞的结果，考察一特定分子在任意两次连续碰撞之间所走的路程，时长时短，无规律可循，但对分子总体而言，却遵循着确定的统计规律，为了描述分子相互碰撞的频繁程度，我们引入了两个物理量，一个分子在连续两次和其他分子碰撞之间经过的一段路程，称为**分子的自由程**；大量分子自由程的平均值，称为**分子平均自由程**，以 $\bar{\lambda}$ 表示。与自由程相关的是把单位时间内每一个分子与其他分子相碰的平均次数称为**平均碰撞频率** $\bar{z}$。

很显然 $\dfrac{1}{\bar{z}}$ 表示连续两次碰撞相隔的时间，若以 $\bar{v}$ 表示分子的平均速率，则有

$$\bar{\lambda}=\frac{\bar{v}}{\bar{z}} \tag{5-7-1}$$

$\bar{\lambda}$ 和 $\bar{z}$ 的大小与气体性质和状态有关。下面我们来讲影响 $\bar{\lambda}$ 和 $\bar{z}$ 的因素。

首先在众多分子中追踪一个分子，如分子 A。假设其他分子都静止不动，只有分子 A 以相对平均速率 $\bar{u}$ 在分子间穿梭运动，不断与其他分子发生碰撞，其球心的轨迹是一条复杂的折线，并且假定分子是直径均为 d 的球，以分子 A 球心的轨迹为轴，d 为半径作一曲折的圆柱体(如图5-11)，其截面积 $\sigma=\pi d^2$ 即为有效碰撞截面。在时间 t 内，分子 A 走过 $\bar{u}\,t$ 的路程，即折线的总长，若将曲折圆柱拉长就得到长为 $\bar{u}\,t$、截面积为 σ 的直圆柱体。

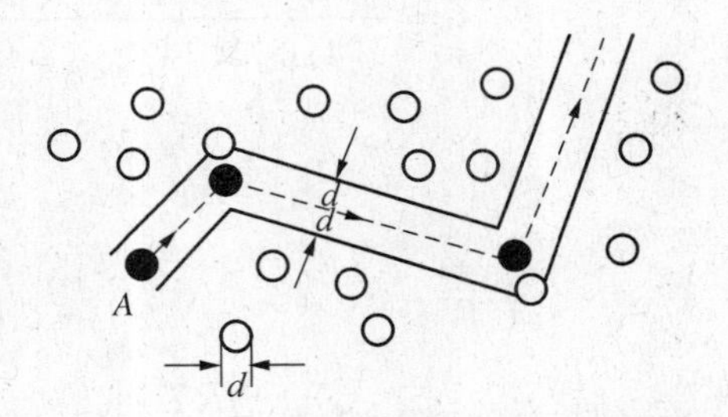

图5-11 分子碰撞次数的计算

由图5-11可知，凡是球心离开折线的距离小

于 d 的其他分子都将和分子 A 发生碰撞。设距离小于 d 的分子数为 N，则 N 就等于时间 t 内的碰撞次数，依平均碰撞频率的定义得

$$\bar{z} = \frac{N}{t}$$

问题变为只须计算图上所示圆柱体积中有多少个分子球心即可。分子数密度为 n，而圆柱体截面积为 σ，则圆柱体的分子数 $N = n \cdot \pi d^2 \bar{u} t$，所以

$$\bar{z} = \pi d^2 \bar{u} \cdot n$$

推导过程假定只有分子 A 在运动不十分合理，应该考虑所有分子的运动，利用麦克斯韦速率分布律可以证明，分子的平均相对速率 $\bar{u} = \sqrt{2}\,\bar{v}$，其中 $\bar{v}$ 为气体分子的平均速率，由此可得平均碰撞频率

$$\bar{z} = \sqrt{2}\pi d^2 \bar{v} n \tag{5-7-2}$$

由式(5-7-1)得到平均自由程的表达式为

$$\bar{\lambda} = \frac{1}{\sqrt{2}\pi d^2 n} \tag{5-7-3}$$

若分子数的密度愈大，分子有效直径愈大，分子的碰撞次数就愈多，平均自由程就愈短。

【例题 5-7】 若氖分子的有效直径为 2.04×10^{-10} m，问在温度为 600 K、压强为 133.32 Pa，氖分子的平均自由程和平均碰撞频率。

【解】 由

$$\bar{\lambda} = \frac{1}{\sqrt{2}\pi d^2 n}$$

$$及 \quad p = nkT$$

可得平均自由程和压强的关系为

$$\bar{\lambda} = \frac{kT}{\sqrt{2}\pi d^2 p}$$

代入数据得

$$\bar{\lambda} = \frac{1.38 \times 10^{-23} \times 600}{1.41 \times 3.142 \times (2.04 \times 10^{-10})^2 \times 133.32} = 3.4 \times 10^{-4}\,(\text{m})$$

又由

$$\bar{z} = \frac{\bar{v}}{\bar{\lambda}}$$

而 $$\bar{v} = 1.60\sqrt{\frac{RT}{M}} = 1.60\sqrt{\frac{8.31 \times 600}{20.2 \times 10^{-3}}} = 7.95 \times 10^2\,(\text{m} \cdot \text{s}^{-1})$$

故
$$\bar{z}=\frac{7.95\times 10^{2}}{3.4\times 10^{-4}}=2.34\times 10^{6}(\mathrm{s}^{-1})$$

最后需要指出的是，分子的线度是通过晶体的研究来确定的，粒子碰撞的研究可作为确定分子有效直径的方法。

习 题

5-1 气体在平衡态时有何特征？气体的平衡态与力学中的平衡态有何不同？

5-2 何谓微观量？何谓宏观量？它们之间有什么联系？

5-3 计算下列一组粒子平均速率和方均根速率。

N_i	21	4	6	8	2
$v_i(\mathrm{m\cdot s^{-1}})$	10.0	20.0	30.0	40.0	50.0

5-4 速率分布函数 $f(v)$ 的物理意义是什么？试说明下列各量的物理意义（n 为分子数密度，N 为系统总分子数）。

(1) $f(v)\mathrm{d}v$　(2) $nf(v)\mathrm{d}v$　(3) $Nf(v)\mathrm{d}v$

(4) $\int_0^v f(v)\mathrm{d}v$　(5) $\int_0^\infty f(v)\mathrm{d}v$　(6) $\int_{v_1}^{v_2} Nf(v)\mathrm{d}v$

5-5 最概然速率的物理意义是什么？方均根速率、最概然速率和平均速率，它们各有何用处？

5-6 容器中盛有温度为 T 的理想气体，试问该气体分子的平均速度是多少？为什么？

5-7 在同一温度下，不同气体分子的平均平动动能相等，就氢分子和氧分子比较，氧分子的质量比氢分子大，所以氢分子的速率一定比氧分子大，对吗？

5-8 如果盛有气体的容器相对某坐标系运动，容器内的分子速度相对这坐标系也增大了，温度也因此而升高吗？

5-9 5-9题图(a)是氢和氧在同一温度下的两条麦克斯韦速率分布曲线，哪一条代表氢？5-9题图(b)是某种气体在不同温度下的两条麦克斯韦速率分布曲线，哪一条的温度较高？

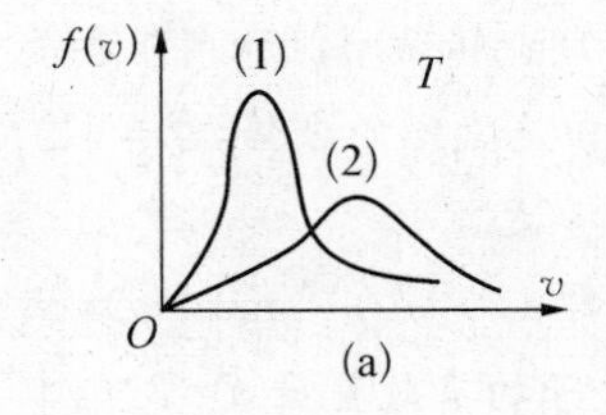

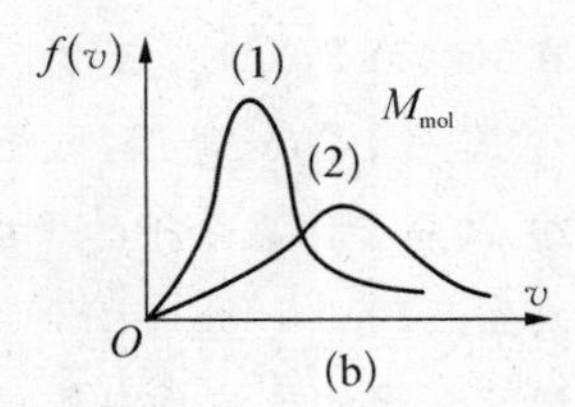

5-9题图

5-10 温度概念的适用条件是什么？温度微观本质是什么？

5-11 下列系统各有多少个自由度？

(1) 在一平面上滑动的粒子；

(2) 可以在一平面上滑动并可围绕垂直于平面的轴转动的硬币；

(3) 一弯成三角形的金属棒在空间自由运动。

5-12 试说明下列各量的物理意义。

(1) $\frac{1}{2}kT$　　(2) $\frac{3}{2}kT$　　(3) $\frac{i}{2}kT$

(4) $\frac{M}{M_{\text{mol}}}\frac{i}{2}RT$　　(5) $\frac{i}{2}RT$　　(6) $\frac{3}{2}RT$

5-13 有两种不同的理想气体，同压、同温而体积不等，试问下述各量是否相同？

(1) 分子数密度；(2) 气体质量密度；(3) 单位体积内气体分子总平动动能；(4) 单位体积内气体分子的总动能。

5-14 何谓理想气体的内能？为什么理想气体的内能是温度的单值函数？

5-15 如果氢和氦的摩尔数和温度相同，则下列各量是否相等，为什么？

(1) 分子的平均平动动能；(2) 分子的平动动能；(3) 内能。

5-16 有一水银气压计，当水银柱为 0.76 m 高时，管顶离水银柱液面 0.12 m，管的截面积为 $2.0\times10^{-4}\ \text{m}^2$，当有少量氦气(He)混入水银管内顶部，水银柱高度下降为 0.6 m，此时温度为 27℃，试计算有多少质量氦气在管顶(He 的摩尔质量为 $0.004\ \text{kg}\cdot\text{mol}^{-1}$)？

5-17 设有 N 个粒子的系统，其速率分布如 5-17 题图所示。求：

(1) 分布函数 $f(v)$ 的表达式；

(2) a 与 v_0 之间的关系；

(3) 速度在 $1.5v_0$ 到 $2.0v_0$ 之间的粒子数；

(4) 粒子的平均速率；

(5) $0.5v_0$ 到 v_0 区间内粒子平均速率。

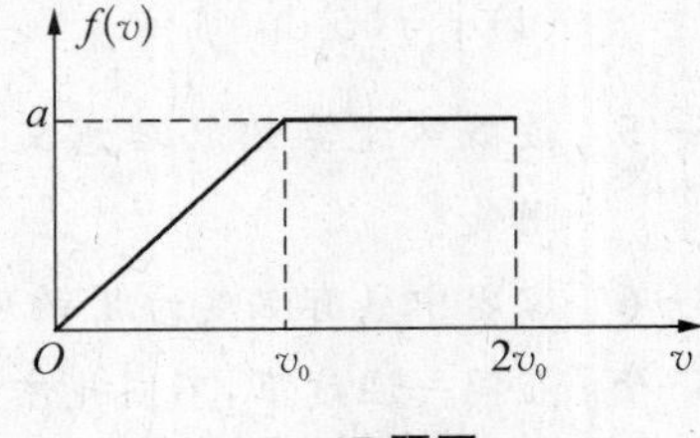

5-17 题图

5-18 试计算理想气体分子热运动速率的大小介于 $v_p - v_p\cdot100^{-1}$ 与 $v_p + v_p\cdot100^{-1}$ 之间的分子数占总分子数的百分比。

5-19 容器中贮有氧气，其压强为 $p=0.1$ MPa (即 1 atm)，温度为 27℃，求：

(1) 单位体积中的分子 n；(2) 氧分子的质量 m；(3) 气体密度 ρ；(4) 分子间的平均距离 e；(5) 平均速率 v；(6) 方均根速率 v；(7) 分子的平均动能 $\bar{\varepsilon}$。

5-20 1 mol 氢气，在温度为 27℃时，它的平动动能、转动动能和内能各是多少？

5-21 一瓶氧气，一瓶氢气，等压、等温，氧气体积是氢气的 2 倍，求：(1) 氧气和氢气分子数密度之比；(2) 氧分子和氢分子的平均速率之比。

5-22 一真空管的真空度约为 1.38×10^{-3} Pa(即 1.0×10^{-5} mmHg)，试求在 27℃时单位体积中的分子数及分子的平均自由程(设分子的有效直径 $d=3\times10^{-10}$ m)。

5-23 (1) 求氮气在标准状态下的平均碰撞频率；(2) 若温度不变，气压降到 1.33×10^{-4} Pa，平均碰撞频率又为多少(设分子有效直径 10^{-10} m)?

5-24　1 mol 氧气从初态出发,经过等容升压过程,压强增大为原来的 2 倍,然后又经过等温膨胀过程,体积增大为原来的 2 倍,求末态与初态之间(1) 气体分子方均根速率之比;(2) 分子平均自由程之比。

5-25　飞机起飞前机舱中的压力计指示为 1.0 atm(1.013×10^5 Pa),温度为 27℃;起飞后压力计指示为 0.8 atm(0.8104×10^5 Pa),温度仍为 27℃,试计算飞机距地面的高度。

5-26　上升到什么高度处大气压强减少为地面的 75%(设空气的温度为 0℃)。

第6章

热力学基础

§6-1　热力学第一定律

热力学是以实验事实为基础。从能量转换观点出发，研究物质状态变化过程中，热功转换、热量传递等有关物理量之间所遵循的宏观规律，不涉及物质的微观结构，是一种宏观理论。而上一章的气体动理论是微观理论，它们是从不同的角度研究物质热运动规律的，两者相辅相成。

1　热力学过程

在研究热力学问题时，一般把所研究的宏观物体对象称为热力学系统，简称**系统**，而把与热力学系统有相互作用的周围环境称为系统的**外界**。

当系统与外界有能量交换时，其状态将随时间而变化。这时系统将从一个状态变化到另一个状态，称系统经历了一个热力学过程。由于系统经历的中间状态不同，热力学过程可分为准静态过程和非准静态过程。

一个系统从开始时的某一平衡状态经过一系列状态变化后到达另一平衡状态，若任一中间状态都无限接近于平衡，可近似当作平衡态，那么这个状态变化过程称作**准静态过程**。显然，准静态过程是一种理想过程。实际发生的过程，往往始末状态之间所经历的中间状态不可能都是平衡态，而是存在着非平衡态，称为**非准静态过程**。

我们结合图 6-1 来说明准静态过程和非准静态过程的关系，在带有活塞的气缸内贮存有一定量的气体，活塞可沿容器壁滑动。开始时，气体处于平衡状态，其状态参量为 p_1、V_1、T_1，推进活塞压缩气缸内的气体时，气体的状态参量将发生变化。在任一时刻，气体各部分的温度压强及密度并不完全相同。显然靠近活塞处的气体密度较大，压强也较大，温度较高，即气体处于非平衡状态，经过一定时间后，气体中各处密度、压强、温度才能处处相等，达到平衡状态。如果压缩过程进行得非常缓慢，各时刻系统的状态就可看作近似地处于平衡态。准静态过程就是这种足够缓慢过程的理想极限。在处理实际问题时，除了一些进行极快的过程（如爆炸等过程）外，大多数情况下都可以把实际过程按准静态过程处理。

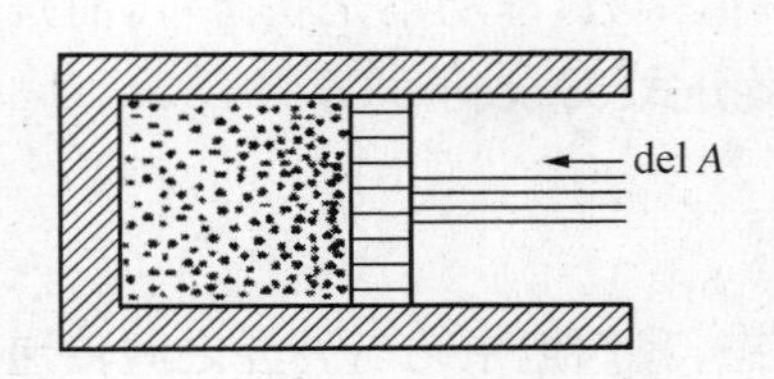

图6-1 压缩气体时气缸内各处密度不均匀

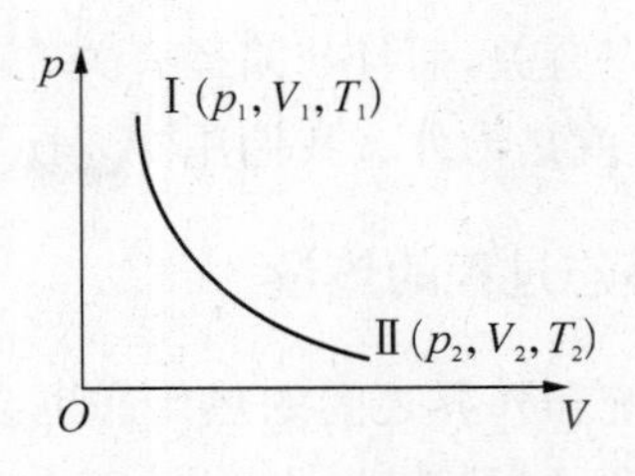

图6-2 p-V 曲线图

对于准静态过程,可以用系统的状态图描述,如 $p-V$ 图,$p-T$ 图,$V-T$ 图等。例如图6-2的 $p-V$ 曲线图,曲线上任一点就表示系统某时刻的一个平衡态,一条曲线就表示由一系列平衡态组成的准静态过程,图示为由初始平衡态Ⅰ(p_1, V_1, T_1)变化到末平衡态Ⅱ(p_2, V_2, T_2)的某一准静态过程的曲线。

对于非准静态过程,因非平衡态不能用一定的状态参量描述,因此也就不能用状态图来表示。

2 准静态过程的功

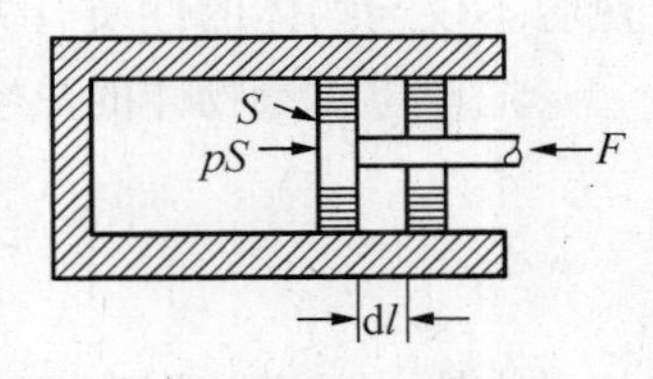

图6-3 气体做功

做功是能量传递和转换的一种方式,是系统状态发生变化的原因之一,我们现在来讨论准静态过程中的功。

如图6-3所示,设想一定量的气体在气缸内进行无摩擦的准静态膨胀。活塞面积为 S,气体某一时刻压强为 p,作用于活塞的压力为 $F=pS$,当气体推动活塞向外缓慢移动一微小距离 $\mathrm{d}l$ 时,气体对外界所做的微功为

$$\mathrm{d}A = F\mathrm{d}l = pS\mathrm{d}l = p\,\mathrm{d}V \tag{6-1-1}$$

$\mathrm{d}V$ 为气体的体积变化量。

显然,当气体膨胀时,$\mathrm{d}V>0$,系统对外界做功;当气体被压缩时,$\mathrm{d}V<0$,系统做负功,或者说外界对系统做功。

当系统经历一个有限的准静态过程,体积由 V_1 变化到 V_2 时,系统对外界所做功为

$$A = \int \mathrm{d}A = \int_{V_1}^{V_2} p\,\mathrm{d}V \tag{6-1-2}$$

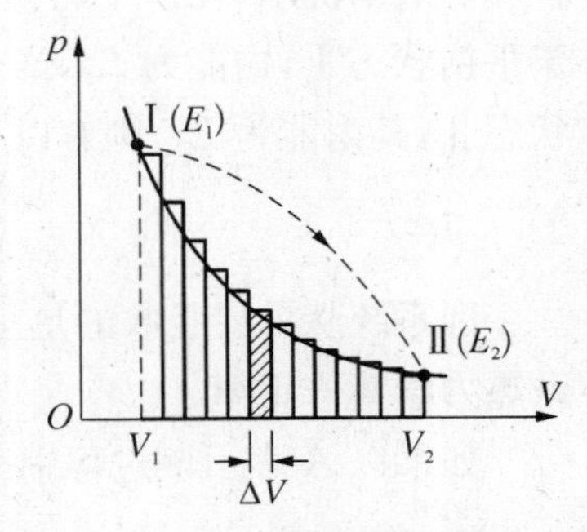

图6-4 准静态过程功

如果知道准静态过程中压强与体积的关系式,就可由(6-1-2)式求出功的大小。因系统的任一准静态过程都可在 $p-V$ 图中用过程曲线来表示,由积分的意义可知,系统所做的功等于过程曲线下的面积大小,如图6-4所示。由于从状态Ⅰ到状态Ⅱ可以有无穷多条曲线(准静态过程),系统的功也就有无穷多个。所以系统所做的功不仅与系统

始末状态有关，而且与路径有关。功不是状态的单值函数，即功不是状态量，而是一个过程量，这就是为什么我们用$đA$表示微功而不用全微分式dA表示的原因。

3 准静态过程的热量

系统和外界之间的热传递也会改变系统的状态，我们把系统与外界之间传递的能量叫做热量，用Q表示。

应当注意的是，这种热传递可使系统的温度发生变化。也可能维持系统的温度不变（例如等温过程）。当热传递引起系统本身温度变化时，可用热容来描述温度变化和热传递的关系。

质量为M的物体，在某一过程中吸收（或放出）热量$đQ$，其温度升高（或降低）dT时，该物体在这个过程中的**热容**定义为

$$C=\frac{đQ}{dT}$$

热容不仅与物体的性质有关，还与所经历过程有关。它和功一样是个过程量。

把单位质量物体的热容称为该物体的比热容

$$c=\frac{C}{M}=\frac{đQ}{MdT}$$

如果物体的温度从初态T_1变化到末态T_2时，则其吸收（或放出）的热量为

$$Q=M\int_{T_1}^{T_2}c\,dT$$

一般情况下，c是温度的函数，只有在温度变化范围不太大，可视为常量时，此时

$$Q=Mc(T_1-T_2)$$

当$T_2>T_1$时，$Q>0$，系统吸热；当$T_2<T_1$时，$Q<0$，系统放热。

4 热力学第一定律

一般情况下，在一个热力学过程中，做功和传递热量往往同时存在，若开始时系统处于平衡状态Ⅰ，内能为E_1，当外界对其做功为A'和系统从外界吸热Q后，系统到达平衡状态Ⅱ，其内能为E_2，则有以下实验结论

$$\Delta E=E_2-E_1=Q+A' \tag{6-1-3a}$$

即系统从外界吸收的热量和外界对系统做功之和等于系统内能的增量。这一结论叫做**热力学第一定律**。

如果以A表示该过程中系统对外界做的功，则由于有$A=-A'$，故上式可写成

$$Q=\Delta E+A \tag{6-1-3b}$$

这是热力学第一定律的另一种表达形式。它表明,系统从外界吸收的热量,一部分使系统的内能增加,另一部分用于系统对外界做功。热力学第一定律是能量守恒定律在热力学中的具体体现。

对微小的状态变化过程,热力学第一定律可写成

$$đQ = dE + đA \tag{6-1-3c}$$

从第一定律知,功和热之间的转换不能直接进行,而是通过物质系统来完成的,外界向系统传递热量使系统的内能增加,再由系统的内能减少而对外做功;或者外界对系统做功,使系统的内能增加,再由内能的减少,系统向外界放出热量,因此,通常所说的热转换为功或功转换为热,只是不严格的通俗用语。

在热力学第一定律被发现以前,人们曾幻想制造一种机器,它既不需要消耗系统的内能,又不需要外界向它传递热量,即不消耗任何能量而能不断地对外做功,这种机器叫作第一类永动机。显然这种机器是违反热力学第一定律的,当然这种机器是不可能制造出来的,所以热力学第一定律还可叙述为:第一类永动机不可能实现。

【例题 6-1】 一系统由图 6-5 所示的 a 状态沿 acb 到达 b 状态,有 345 焦的热量传入系统,而系统对外做功为 125 焦。

(1) 若沿 adb 过程时,系统对外做功为 40 焦,问有多少热量传入系统?

(2) 当系统由 b 状态沿曲线 ba 返回到 a 状态时,外界对系统做功为 80 焦,试问系统是吸热,还是放热?传递的热量为多少?

(3) 若系统 bd 的内能变化量为 $\Delta E_{bd} = 75$ 焦,试问沿 ad 吸收多少热量?

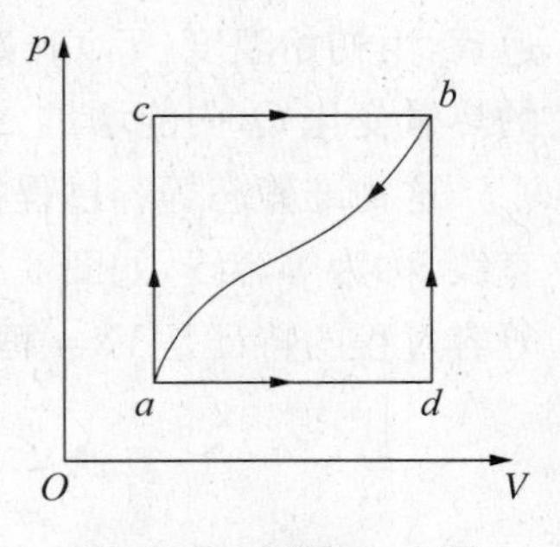

图 6-5 例题 6-1 图

【解】(1) 根据热力学第一定律

$$Q = \Delta E + A$$

由已知条件,在 acb 过程中,得出 b、a 两状态的内能变化量为

$$\Delta E_{ba} = Q_{acb} - A_{acb} = 345 - 125 = 220(\text{焦})$$

因为 b、a 两状态内能的变化量与过程无关,故在 adb 过程中,传入系统的热量为

$$Q_{adb} = \Delta E_{ba} + A_{adb} = 220 + 40 = 260(\text{焦})$$

(2) 从 b 沿曲线到 a 的过程中,仍根据热力学第一定律有

$$Q_{ba} = \Delta E_{ab} + A_{ba} = -\Delta E_{ba} + A_{ba} = -220 + (-80) = -300(\text{焦})$$

负号表示系统放热。

(3) 因为 db 为等容过程,故 $A_{db} = 0$,在 db 过程中,吸收的热量为

$$Q_{db} = \Delta E_{bd} + A_{db} = -\Delta E_{bd} = 75(\text{焦})$$

因为 $Q_{adb} = 260$(焦)，故在 ad 过程中吸热为

$$Q_{ad} = Q_{adb} - Q_{db} = 260 - 75 = 185(\text{焦})$$

从以上分析可看出，求解此类题目的关键是利用内能状态的单值函数性质。

§6-2 热力学第一定律对理想气体的应用

在本节中，我们将利用热力学第一定律来计算三个**等值过程**(等压、等温、等体)中的功、热和内能的改变量及它们之间的关系。

1 等容过程

设有质量为 M，摩尔质量为 μ 的理想气体，做体积 V=常量(即 $\mathrm{d}V=0$)的升温准静态过程，由初始温度(T_1)升高到末态温度(T_2)，计算该过程中的热量变化 Q，内能增量 ΔE 及对外界做功 A。

这种准静态等容过程在 $p-V$ 图上是一条与 p 轴平行的直线，称为等容线，如图 6-6 箭头表示过程进行的方向。等容过程的特征是 $V=$ 恒量，即 $\mathrm{d}V=0$，故

$$A = \int_{V_1}^{V_2} p\mathrm{d}V = 0 \qquad (6-2-1)$$

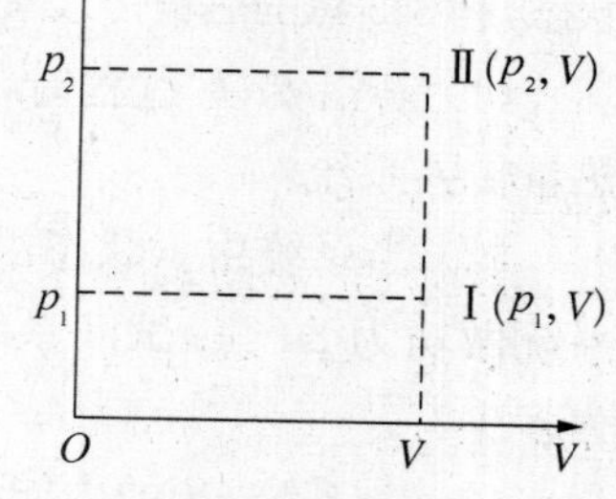

图 6-6 等容过程

即等容过程中系统不做功。内能与过程无关，则内能增量为

$$\Delta E = E_2 - E_1 = \frac{M}{\mu}\frac{i}{2}R(T_2 - T_1) \qquad (6-2-2)$$

根据热力学第一定律可得系统从外界吸收的热量为

$$Q_V = \Delta E + A = \frac{M}{\mu}\frac{i}{2}R(T_2 - T_1) \qquad (6-2-3)$$

即等容过程中，气体吸收的热量全部用来增加气体的内能。

热量还可采用量热法来表示，我们定义理想气体的等容摩尔热容，设有 1 mol 理想气体在等容过程中，由温度 T 升至 $T+\mathrm{d}T$，所吸收的热量为 $\mathrm{d}Q_V$，则该种气体的等容摩尔热容为

$$C_{V\cdot m} = \frac{\mathrm{d}Q_V}{\mathrm{d}T} \qquad (6-2-4)$$

其单位为焦·摩尔$^{-1}$·开$^{-1}$，符号为 $\mathrm{J\cdot mol^{-1}\cdot K^{-1}}$，则

$$C_{V\cdot m}=\frac{đQ_V}{\mathrm{d}T}=\left(\frac{\mathrm{d}E}{\mathrm{d}T}\right)_V=\frac{\frac{i}{2}R\mathrm{d}T}{\mathrm{d}T}=\frac{i}{2}R \tag{6-2-5}$$

若已知 $C_{V\cdot m}$ 则对质量为 M 的理想气体在等容过程中，温度由 T_1 变为 T_2 时，吸收的热量为

$$Q_V=\frac{M}{\mu}C_{V\cdot m}(T_2-T_1)=\frac{M}{\mu}\frac{i}{2}R(T_2-T_1) \tag{6-2-6}$$

(6-2-6)式和(6-2-3)式结果相同，对于一个微小等容过程内能增加

$$\mathrm{d}E=\mathrm{d}Q_V=\frac{M}{\mu}C_{V\cdot m}\mathrm{d}T \tag{6-2-7}$$

因此，对等容摩尔热容给定的一定量理想气体，其内能增量仅与温度的增量有关。与状态的变化过程无关，基于这个原因，我们可利用(6-2-2)式和(6-2-7)式来计算任何准静态过程理想气体内能的变化。

2 等压过程

设有质量为 M，摩尔质量为 μ 的理想气体，做压强 p 保持不变的等压膨胀过程，计算该过程中的热量 Q，内能增量 ΔE 及对外做功 A。

这种准静态的等压过程在 $p-V$ 图上是一条与 V 轴平行的直线，称为**等压线**，如图 6-7 所示。等压过程的特征是 $p=$ 恒量，系统对外界做功为

$$A=\int_{V_1}^{V_2}p\mathrm{d}V=p\int_{V_1}^{V_2}\mathrm{d}V=p(V_2-V_1) \tag{6-2-8}$$

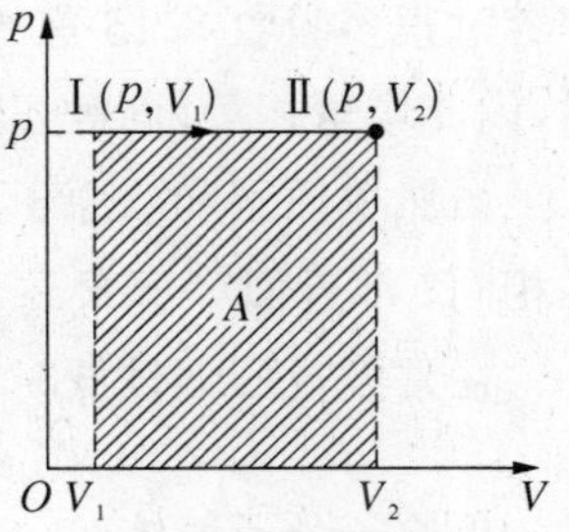

图 6-7 等压过程气体做的功

由理想气体状态方程

$$pV=\frac{M}{\mu}RT$$

(6-2-8)式还可写成

$$A=\frac{M}{\mu}R(T_2-T_1) \tag{6-2-9}$$

在 $p-V$ 图上，均可用等压线上的面积表示。在等压过程中，内能的增量仍为

$$\Delta E=E_2-E_1=\frac{M}{\mu}\frac{i}{2}R(T_2-T_1)$$

由热力学第一定律可得外界向系统传递的热量为

$$Q_p=\Delta E+A=\frac{M}{\mu}\frac{i}{2}R(T_2-T_1)+\frac{M}{\mu}R(T_2-T_1)$$

$$=\frac{M}{\mu}\left(\frac{i}{2}R+R\right)(T_2-T_1) \tag{6-2-10}$$

即理想气体在等压膨胀过程中吸收的热量一部分用来增加系统的内能，一部分转换为对外所做的功。对于微小过程有

$$đQ_p=\frac{M}{\mu}\left(\frac{i}{2}R+R\right)\mathrm{d}T \tag{6-2-11}$$

则等压摩尔热容 $C_{p\cdot m}$ 为

$$C_{p\cdot m}=\frac{đQ}{\mathrm{d}T}=\frac{\left(\frac{i}{2}R+R\right)\mathrm{d}T}{\mathrm{d}T}=\frac{i}{2}R+R=C_{V\cdot m}+R$$

故有

$$C_{p\cdot m}-C_{V\cdot m}=R \tag{6-2-12}$$

称为**迈耶公式**。

上式说明理想气体的等压摩尔热容与等容摩尔热容之差为摩尔气体常量 $R\approx 8.31\ \mathrm{J\cdot mol^{-1}\cdot K^{-1}}$，也就是说，在等压过程中，1 mol 理想气体温度升高 1 K 时，要比其等容过程多吸收 8.13 焦的热量以用于对外做功。这是因为无论什么过程，温度变化相同时，内能增量相等，而等容过程不对外做功。

虽然单原子和双原子及多原子理想气体的 $C_{p\cdot m}$，和 $C_{V\cdot m}$ 不同，但其差 $C_{p\cdot m}-C_{V\cdot m}$ 基本相同，都近似等于 R。

在常温及压强较低时，$C_{p\cdot m}$ 和 $C_{V\cdot m}$ 都只与分子自由度有关，与气体的温度无关。

单原子分子气体 $\qquad C_{V\cdot m}=\frac{3}{2}R \quad C_{p\cdot m}=\frac{5}{2}R$

刚性双原子分子气体 $\qquad C_{V\cdot m}=\frac{5}{2}R \quad C_{p\cdot m}=\frac{7}{2}R$

刚性多原子分子气体 $\qquad C_{V\cdot m}=3R \quad C_{p\cdot m}=4R$

在已知 $C_{p\cdot m}$，时，由(6-2-10)式可知

$$Q_p=\frac{M}{\mu}C_{p\cdot m}(T_2-T_1) \tag{6-2-13}$$

在实际应用中，常用到 $C_{p\cdot m}$ 与 $C_{V\cdot m}$ 的比值，称为摩尔热容比即

$$\gamma=\frac{C_{p\cdot m}}{C_{V\cdot m}}=\frac{C_{V\cdot m}+R}{C_{V\cdot m}}=1+\frac{R}{C_{V\cdot m}}=\frac{i+2}{i} \tag{6-2-14}$$

3 等温过程

对于质量为 M，摩尔质量为 μ 的理想气体系统，当温度(T)保持不变时，由初始体积 V_1 膨胀到体积 V_2，计算该等温过程中的热量 Q，内能增量 ΔE 及对外做功 A。

等温过程的特征是 $T=$ 恒量，根据等温过程 $pV=$ 衡量，故在 $p-V$ 图上的过程曲线(等温线)是等轴双曲线的一支，如图 6-8 所示。由于理想气体的内能只与其温度有关，因此在等温过程中内能保持不变。

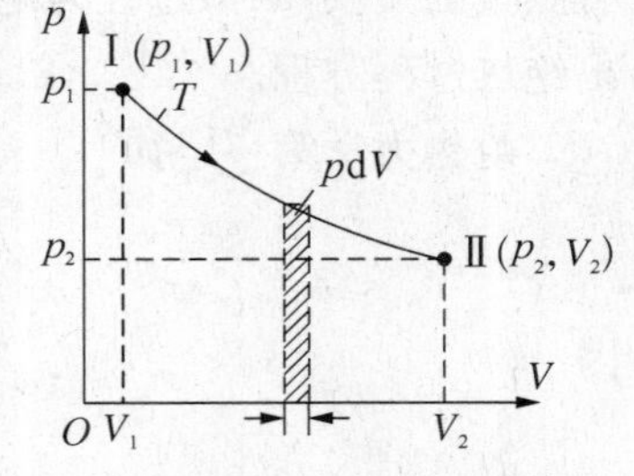

图 6-8 等温过程气体做的功

由热力学第一定律有

$$Q=A \tag{6-2-15}$$

或

$$\mathrm{đ}Q=\mathrm{đ}A=p\,\mathrm{d}V \tag{6-2-16}$$

故

$$Q=A=\int_{V_1}^{V_2}p\mathrm{d}V$$

由理想气体状态方程 $pV=\dfrac{M}{\mu}RT$，上式可写成

$$A=\int_{V_1}^{V_2}\frac{M}{\mu}RT\frac{\mathrm{d}V}{V}=\frac{M}{\mu}RT\int_{V_1}^{V_2}\ln\frac{V_2}{V_1} \tag{6-2-17}$$

又因等温过程的过程方程 $p_1V_1=p_2V_2$，则上式又可写成

$$A=\frac{M}{\mu}RT\ln\frac{p_1}{p_2} \tag{6-2-18}$$

即

$$Q=A=\frac{M}{\mu}RT\ln\frac{V_2}{V_1}=\frac{M}{\mu}RT\ln\frac{p_1}{p_2} \tag{6-2-19}$$

因此，在等温过程中，理想气体膨胀所吸收热量全部用来对外做功；当气体被压缩时($V_2<V_1$)，外界对气体所做的功，全部以热量形式由系统传递给外界。应注意，在等温过程中，无法定义等温摩尔热容，因等温过程 $\dfrac{\mathrm{d}Q}{\mathrm{d}T}\to\infty$ 无意义。故对于等温过程不能用量热法计算热量。

§6-3 绝热过程

在系统的状态发生变化的过程中，如果系统与外界之间没有热量的传递，这种过程叫做绝热过程。绝热过程是热力学中一个十分重要的过程。实际上，真正的绝热过程是没有的，但有些过程，虽然系统与外界有热量传递，但所传递的热量很小，可以忽略不计，这种过程就可以近似地作为绝热过程。

1 绝热方程

对于质量为M,摩尔质量为μ的理想气体系统状态发生变化过程中,若系统与外界没有热量的交换,则该过程为绝热过程。绝热过程的特征为$Q=0$或$\mathrm{d}Q=0$。首先我们来导出绝热过程方程。

由热力学第一定律

$$\mathrm{d}Q=\mathrm{d}E+p\,\mathrm{d}V$$

因 $$\mathrm{d}Q=0$$

故 $$\mathrm{d}E=-p\,\mathrm{d}V$$

由于理想气体的内能仅是温度的函数,故

$$\frac{M}{\mu}C_V\mathrm{d}T=-p\,\mathrm{d}V \tag{6-3-1}$$

对于理想气体状态方程 $pV=\frac{M}{\mu}RT$ 取全微分有

$$p\,\mathrm{d}V+V\mathrm{d}p=\frac{M}{\mu}R\,\mathrm{d}T \tag{6-3-2}$$

从(6-3-1)和(6-3-2)式中消去 $\mathrm{d}T$ 有

$$(C_{V\cdot m}+R)p\,\mathrm{d}V+C_{V\cdot m}V\mathrm{d}p=0$$

又因 $$C_{V\cdot m}+R=C_{p\cdot m},\ \gamma=\frac{C_{p\cdot m}}{C_{V\cdot m}}$$

则此式可写为

$$\frac{\mathrm{d}p}{p}+\gamma\frac{\mathrm{d}V}{V}=0$$

积分有

$$\ln p+\gamma\ln V=C$$

或 $$pV^{\gamma}=C_1 \tag{6-3-3}$$

式中C,C_1为常数,(6-3-3)式叫**泊松公式**。利用理想气体状态方程,还可以得到

$$TV^{\gamma-1}=C_2 \tag{6-3-4}$$

$$p^{\gamma-1}T^{\gamma}=C_3 \tag{6-3-5}$$

式中 C_2, C_3 都是常数。因此,理想气体除满足状态方程外,在准静态绝热过程中,各状态参量还需满足(6-3-3)式、(6-3-4)式及(6-3-5)式,此三式称作绝热过程的**绝热方程**。

图 6-9 为绝热过程的 p-V 图,绝热线也是双曲线的一支。

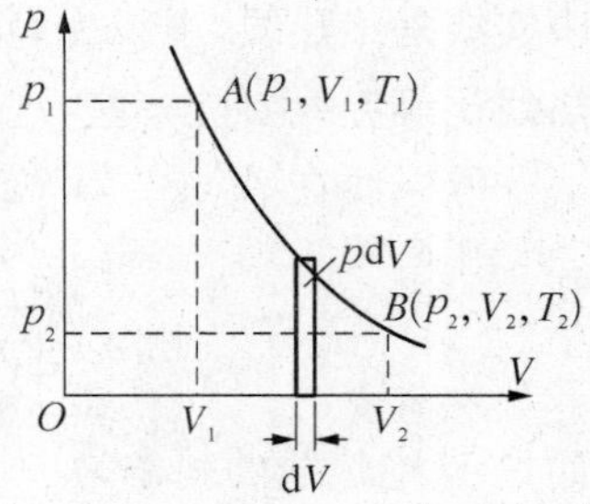

图 6-9 绝热过程

若理想气体状态由Ⅰ(p_1, V_1, T_1)变化到状态Ⅱ(p_2, V_2, T_2),系统内能的增量为

$$\Delta E = E_2 - E_1 = \frac{M}{\mu}\frac{i}{2}R(T_2 - T_1)$$

$$= \frac{M}{\mu}C_{V\cdot m}(T_2 - T_1) \tag{6-3-6}$$

绝热过程中的功可利用热力学第一定律得

$$A = -\Delta E = -\frac{M}{\mu}C_{V\cdot m}(T_2 - T_1) \tag{6-3-7}$$

从上式可看出,如果 $T_1 > T_2$,则 $A > 0$,气体绝热膨胀系统对外做正功;如果 $T_1 < T_2$,则 $A < 0$,气体被绝热压缩,外界对系统做正功。气体在被绝热压缩时,温度升高,外界对气体做的功等于系统内能的增量。气体绝热膨胀时,温度降低,内能的减少全部用于对外做功,例如在实际生活中,用打气筒给轮胎打气时,筒壁会发热;当压缩气体从气筒喷嘴中急速喷出时,气体绝热膨胀,气体变冷,甚至液化。

我们还可用功的定义求绝热过程的功。

由绝热过程方程 $p_1V_1^\gamma = pV^\gamma$ 得 $p = \dfrac{p_1V_1^\gamma}{V^\gamma}$,代入功的定义式 $A = \int_{V_1}^{V_2} p\,\mathrm{d}V$ 有

$$A = \int_{V_1}^{V_2}\frac{p_1V_1^\gamma}{V^\gamma}\mathrm{d}V = \frac{p_1V_1^\gamma}{\gamma-1}\left[\frac{1}{V_1^{\gamma-1}} - \frac{1}{V_2^{\gamma-1}}\right] = \frac{p_1V_1}{\gamma-1}\left[1 - \left(\frac{V_1}{V_2}\right)^{\gamma-1}\right] \tag{6-3-8}$$

再利用 $p_1V_1^\gamma = p_2V_2^\gamma$ 代入上式有

$$A = \frac{p_1V_1 - p_2V_2}{\gamma - 1} \tag{6-3-9}$$

绝热过程的功也等于 p-V 图中过程曲线下的面积。

2 绝热线与等温线

我们将绝热线和等温线作一比较,按绝热方程

$$pV^\gamma = \text{常量}$$

和等温方程

$$pV = 常量$$

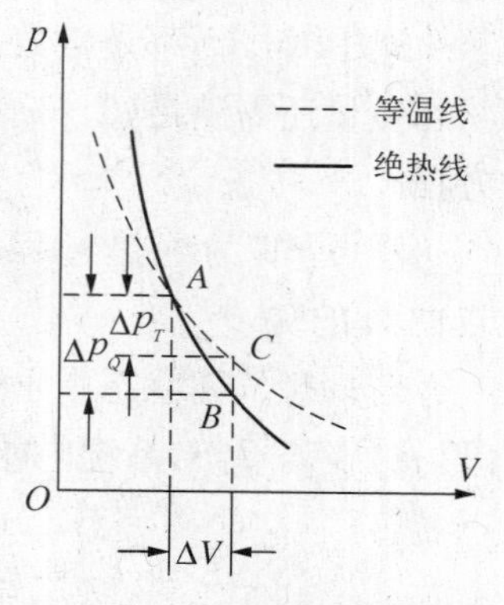

图 6－10 绝热、等温线

在同一 $p-V$ 图上作出这两过程的曲线，如图 6－10 所示，图中实线是绝热线，虚线为等温线。两线在图中的 A 点相交，绝热线比等温线要陡一些，这一点通过比较 A 点处的斜率可知。

等温线在 A 点的斜率为

$$\left(\frac{\mathrm{d}p}{\mathrm{d}V}\right)_T = -\frac{p_A}{V_A}$$

而 A 点绝热线的斜率为

$$\left(\frac{\mathrm{d}p}{\mathrm{d}V}\right)_Q = -\gamma\frac{p_A}{V_A}$$

因为 $\gamma > 1$，所以，绝热线比等温线要陡，我们可从分子运动论观点加以理解。对同样的气体都从状态 A 出发，膨胀同样的体积 ΔV，经等温过程到达 C 状态，而经绝热过程到达 B 状态。在等温过程中，随着体积的增大，气体分子密度将减小，但分子平均动能不变。根据公式 $p = \frac{2}{3}n\bar{\varepsilon}$ 气体压强将减小 Δp_T，而在绝热过程中，气体分子密度随体积减小外，由于气体对外做功，温度也将降低，分子平均动能变小，因此绝热过程中的压强减小量 Δp_Q 更大一些，即 $\Delta p_Q > \Delta p_T$，因此，绝热线要比等温线陡一些。

§6－4 循环过程 卡诺循环

1 循环过程

热力学理论的发展是随着研究热机的工作过程而建立起来的。所谓热机就是某种工作物质（工质）不断地把吸收的热量转变为机械能的装置。简单地说，热机就是利用热来做功的机器，例如蒸汽机、汽轮机、内燃机等。

为了能使热机将热转化为功的过程持续地进行下去，就需要利用循环过程。系统经过一系列状态过程后，又回到原来状态的过程叫做**热力学循环过程**，简称**循环**。理想气体的等温膨胀过程能够把从外界吸收的热量全部用来对外做功，热能转化为功的效果最好，但是仅借助于这种过程，不可能制成实用的热机。这是因为气体在膨胀过程中，气体的体积越来越大，压强则越来越小，最终，系统内压强和外界压强相等，膨胀过程就不能继续了，因此，单一的热力学过程，无法实现对外持续不断地做功。为了在循环过程中，使系统对外做功，就需要系统在膨胀过程和压缩过程中所经历的路径不能重复。考虑以气体为工质的准静态循环过程。在 $p-V$ 图上可用一条闭合曲线来表示，如图 6－11 所示。系统从初态Ⅰ开始，沿ⅠaⅡ曲线膨胀到状态Ⅱ，此过程中，系统从外界（高温热源）吸热 Q_1，并

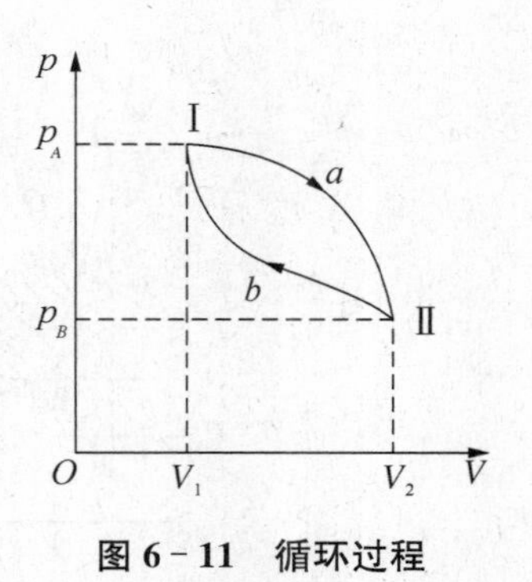

图 6-11 循环过程

对外做功 A(等于 V_1 ⅠaⅡV_2 包围的面积);然后再将气体由状态Ⅱ经ⅡbⅠ压缩回到初态Ⅰ,此过程中,外界对系统做功 A_2(等于 V_1 ⅠbⅡV_2 包围的面积)向外界(低温热源)放出热量 Q_2,整个循环过程中,系统对外做的净功为 $A = A_1 - |A_2|$,其大小等于闭合曲线ⅠaⅡbⅠ包围的面积。如果循环沿顺时针方向进行,则循环中系统对外做正功,这样的循环称为**正循环**;反之,若循环沿逆时针方向进行,则循环中系统对外做负功,这样的循环称为**逆循环**。在逆循环中,外界对系统做功,系统从低温热源(冷库)吸热而向外界放热,系统做逆循环的机器称为制冷机。因为内能是系统状态的单值函数,所以系统经历一个循环过程后,它的内能没有改变,即 $\Delta E = 0$,这是循环过程的重要特征。

在正循环中,目的是利用热机对外做功。因此定义热机的工作物质在一次正循环中对外所做的功与它从外界吸收的热量 Q 的比值称为热机效率(循环效率)。即

$$\eta = \frac{A}{Q_1} \times 100\% = \frac{Q_1 - Q_2}{Q_1} \times 100\% = \left(1 - \frac{Q_2}{Q_1}\right) \times 100\%$$

上式表明,当循环过程中工作物质吸收的热量相同时,对外做净功愈多,热机效率愈高。

逆循环过程中,制冷机的目的是通过消耗外界的机械功,使工作物质从低温热源(冷库)中吸取热量,释放到高温热源处。因此,定义可逆循环中工质从冷库中吸取的热量 Q_2 与外界对工作物质做的功 A 的比值,称为循环的制冷系数,即

$$w = \frac{Q_2}{A}$$

此式说明,当外界消耗的功相同时,工作物质从冷库中吸取的热量愈多,制冷系数愈大。

2 卡诺循环 热机和制冷机

设计一种热机,使其在吸收一定的热量下对外做功最多,是 18 世纪末和 19 世纪初热机工程师追求的目标。1824 年,法国青年工程师卡诺通过对当时英国蒸汽机的研究。成功地设计出一种理想热机,该循环不考虑内摩擦等各种损耗,整个循环工作于两个热源之间,由四个准静态过程组成,其中有两个是等温过程,两个是绝热过程,称为卡诺循环。卡诺循环对工作物质没有规定。为方便讨论,我们以理想气体为工质。

如图 6-12(a)所示,Ⅰ→Ⅱ过程与高温热源相接触,进行等温膨胀,并对外做功;Ⅱ→Ⅲ为绝热膨胀过程,温度降到与低温热源的温度相同,并对外做功;Ⅲ→Ⅳ过程与低温热源接触,并进行等温压缩,外界对气体做功,气体向低温热源放热;Ⅳ→Ⅰ为绝热压缩过程,外界对气体做功,温度升高,恢复到初始状态,完成一个循环。这种正循环为**卡诺正循环**,又称**卡诺热机**,图 6-12(b)为工作示意图。下面我们来求卡诺热机的效率,因为两个绝热过程没有热交换,用求净热的方法求效率较为简便。

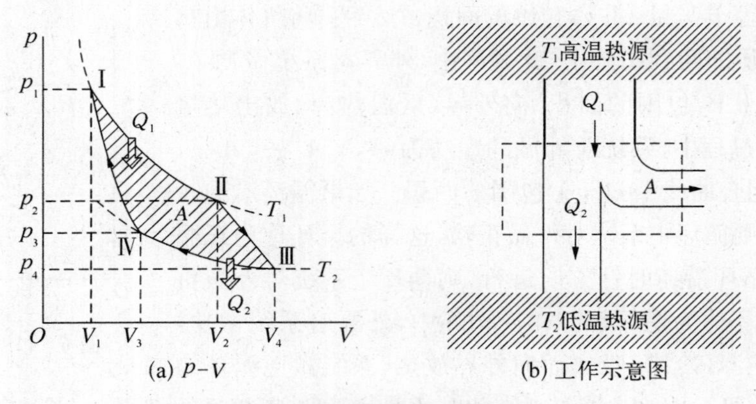

(a) $p-V$ (b) 工作示意图

图 6-12 卡诺热机工作示意图及 $p-V$ 图线

在Ⅰ→Ⅱ等温膨胀过程中，气体由高温热源吸收的热量为

$$Q_1 = A_1 = \frac{M}{\mu} R T_1 \ln \frac{V_2}{V_1}$$

其中，M 为工质质量，μ 为摩尔质量，T_1、V_1 为初态Ⅰ的温度和体积，V_2 为状态Ⅱ的体积。

在Ⅲ→Ⅳ等温压缩过程中，气体向低温热源放出的热量为

$$-Q_2 = A_3 = \frac{M}{\mu} R T_2 \ln \frac{V_4}{V_3}$$

即

$$Q_2 = \frac{M}{\mu} R T_2 \ln \frac{V_3}{V_4}$$

其中 T_2 为低温热源处温度，V_3、V_4 为状态Ⅲ和状态Ⅳ的体积。由热机效率的定义有

$$\eta = \left(1 - \frac{Q_2}{Q_1}\right) \times 100\% = \left(1 - \frac{T_2}{T_1} \cdot \frac{\ln \frac{V_3}{V_4}}{\ln \frac{V_2}{V_1}}\right) \times 100\% \quad (6-4-1)$$

又由理想气体绝热方程 $TV^{\gamma-1}=$ 常量，可得

两式相除有

$$\frac{V_2}{V_1} = \frac{V_3}{V_4}$$

$$\eta = \left(1 - \frac{T_2}{T_1}\right) \times 100\% = \frac{T_1 - T_2}{T_1} \times 100\% \quad (6-4-2)$$

由上述结果可得出以下结论：

(1) 要完成一次卡诺循环必须有高温热源和低温热源，若工作物质在高温热源（温度 T_1）和低温热源（温度 T_2）处分别吸热 Q_1 和放热 Q_2，则有

$$\frac{Q_1}{T_1}=\frac{Q_2}{T_2} \tag{6-4-3}$$

(2) 给出了提高热机效率的途径，卡诺热机的效率与工作物质无关，只与两个热源的温度有关，高温热源与低温热源的温度差越大，卡诺循环的效率越高。

(3) 指出了热机效率的极限。

$$w=\frac{Q_2}{Q_1-Q_2}=\frac{T_2}{T_1-T_2} \tag{6-4-4}$$

【例题 6-2】 如图 6-13 所示，为一定量理想气体所经历的循环过程，其中 AB 和 CD 是等压过程，BC 和 DA 为绝热过程。已知 B 点和 C 点的温度分别为 T_B 和 T_C，求循环效率，这是卡诺循环吗？

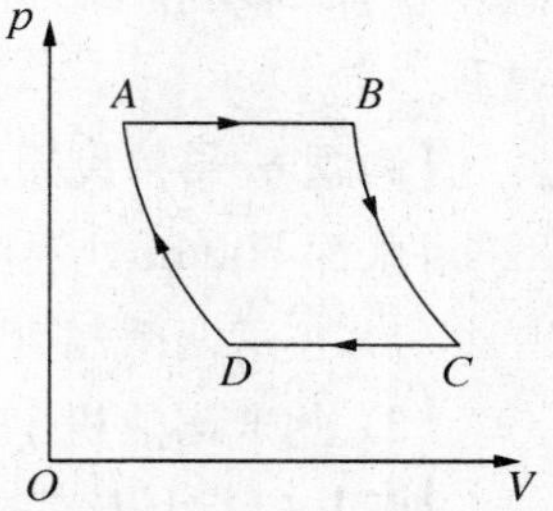

【解】 根据热机效率定义

$$\eta=\left(1-\frac{Q_2}{Q_1}\right)\times 100\%$$

图 6-13 例题 6-2 图

在此循环过程中只有 AB 过程吸热，有

$$Q_1=\frac{M}{\mu}C_P(T_B-T_A)$$

在 CD 过程中放热大小为

$$Q_2=\frac{M}{\mu}C_P(T_C-T_D)$$

因此有

$$\eta=\left(1-\frac{\frac{M}{\mu}C_P(T_C-T_D)}{\frac{M}{\mu}C_P(T_B-T_A)}\right)\times 100\%=\left(1-\frac{T_C-T_D}{T_B-T_A}\right)\times 100\%=1-\frac{T_C\left(1-\frac{T_D}{T_C}\right)}{T_B\left(1-\frac{T_A}{T_B}\right)}\times 100\% \tag{1}$$

利用过程方程求 T_D, T_C, T_B, T_A 关系。

根据等压过程方程有

$$\begin{cases}\dfrac{V_B}{V_A}=\dfrac{T_B}{T_A} & (2)\\[2ex] \dfrac{V_D}{V_C}=\dfrac{T_D}{T_C} & (3)\end{cases}$$

根据绝热过程方程有

$$V_C^{\gamma-1}T_C=V_B^{\gamma-1}T_B \tag{4}$$

$$V_D^{\gamma-1}T_D = V_A^{\gamma-1}T_A \tag{5}$$

联立求解(2)(3)(4)(5)式得

$$\frac{T_A}{T_B} = \frac{T_D}{T_C} \tag{6}$$

将(6)式代入(1)式得

$$\eta = \left(1 - \frac{T_C}{T_B}\right) \times 100\%$$

从 η 的形式上看像卡诺循环，但实际上不是，因为 T_C和 T_B只是 C 和 B 两状态的温度。而 AB 和 CD 过程中各状态的温度是不同的。而卡诺循环必须有两个等温过程。

【例题 6-3】 设想利用海水表面和深处的温度差来制成热机。已知海水表面温度约22℃，水深 500 m 处温度约 2℃。求：

(1) 在这两个温度之间工作的卡诺热机的效率是多大？

(2) 此卡诺热机工作时获得的机械功率是 1 MW。它将以何速率排出废热？

【解】 (1) 由卡诺热机效率公式

$$\eta_0 = \left(1 - \frac{T_2}{T_1}\right) \times 100\%$$

其中
$$T_1 = 273 + 22 = 295(\text{K})$$

$$T_2 = 273 + 2 = 275(\text{K})$$

所以效率为

$$\eta_0 = \left(1 - \frac{275}{295}\right) \times 100\% = 6.8\%$$

(2) 由热机效率定义

$$\eta = \left(1 - \frac{Q_2}{Q_1}\right) \times 100\% = \left(1 - \frac{Q_2}{A + Q_2}\right) \times 100\%$$

可得

$$Q = \frac{A(1-\eta)}{\eta} = \frac{A(1-\eta_0)}{\eta_0} = \frac{10^6 \times (1 - 0.068)}{0.068} = 14 \times 10^6(\text{J})$$

即热机将以 14 MW 的速率排出废热。

计算热机循环效率和制冷系数的问题，首先判断是否为准静态过程，对准静态循环过程，可先画出循环的 $p-V$ 图，分析工质在各个过程中吸热、放热及做功情况。对于计算

功和吸热 Q，较简便时利用 $\eta=\dfrac{A}{Q_2+A}$ 计算效率，只有循环为卡诺循环时才能利用 $\eta=1-\dfrac{T_2}{T_1}$ 计算效率。对于逆循环过程求制冷系数的计算方法与热机效率的计算类似。

§6-5 热力学第二定律

1 开尔文表述

热力学第一定律指出违背能量守恒定律的第一类永动机是不可能制成的。科学家们思考着是否可能制成一种循环动作的热机，把从一个热源吸取的热量全部转变为功，而不放出热量给低温热源，因而它的效率可达100%。这样的热机并不违反热力学第一定律，然而在提高热机效率的过程中，大量的事实说明，在任何情况下，热机都不可能只有一个热源，热机要不断地把从高温热源吸收的热量变为有用功，就不可避免地将一部分热量传给低温热源。在总结这些及其他一些实践经验的基础上，开尔文提出了一条新的普遍原理：

不可能从单一热源吸取热量，使之完全变为有用功而不产生其他影响。

开尔文表述中"单一热源"是指温度均匀并且恒定不变的热源。若热源不是单一的热源，则工作物质就可以由热源中温度较高的一部分吸热，而向热源中温度较低的另一部分放热，这实际上就相当于两个热源。"其他影响"是指除了由单一热源吸热，把所吸的热量用来做功之外的任何其他变化。开尔文表述指的是循环工作的热机，如果工作物质进行的不是循环过程，而是像等温膨胀那样的过程，理想气体与单一热源接触做等温膨胀，内能不变。这是可以把从一个热源吸收的热量全部用于对外做功的，但是，这时却产生了其他影响，即理想气体的体积膨胀了。

从单一热源吸收热量，使之完全变为有用功而不产生其他影响的机器，称为第二类永动机。第二类永动机并不违反热力学第一定律，不违反能量守恒定律，因而对人们更具有诱惑性。曾有人做过估算，如果能制成第二类永动机，使它吸收海水的热量而做功，那么海水的温度只要降低0.01 K，所做的功就可供全世界所有的机器使用一千多年。然而，人们经过长期的实践认识到第二类永动机是不可能实现的，所以热力学第二定律的开尔文表述还可以表达为：第二类永动机是不可能造成的。

2 克劳修斯表述

在一个与外界没有能量传递的孤立系统中(亦称不受外界影响的系统)，如果有一个温度为 T_1 的高温物体和一个温度为 T_2 的低温物体，那么，经过一段时间后，整个系统将达到温度为 T 的热平衡状态。这说明在一个孤立系统内，热量是由高温物体向低温物体传递的。我们有这样的经验，就是从未见过在一个孤立系统中低温物体的温度会自动地越来越低，高温物体的温度会自动地越来越高，即热量能自动地由低温物体向高温物体传递。显然，这一过程并不违反热力学第一定律，但在实践中确实无法实现。要使热量由低温物体传递到高温物体（如制冷机）。只有依靠外界对它做功才能实现，克劳修斯在总结这些规律后得出如下结论：

不可能把热量从低温物体自动传递到高温物体而不引起其他变化。

3 两种表述等价性

热力学第二定律的克劳修斯表述与开尔文表述看起来是各自独立的，其实，二者是等价的。也就是说，若一种表述不成立，另一种表述也必然不成立。虽然两种表述形式不同，却是互为因果的。

下面我们用反证法来论证：如果克劳修斯的表述不成立，那么，开尔文的表述也不成立。如图 6－14 所示，在温度为 T_1 的高温热源和温度为 T_2 的低温热源之间有一热机。若该热机违反克劳修斯表述，可以将热量 W 由低温热源自动传递到高温热源，而不产生其他影响，我们在此温度为 T_1 的高温热源和温度为 T_2 的低温热源之间设计一个卡诺热机，令它在一个循环中从高温热源吸取热量 Q_1，对外做功 A，并把热量 Q_2 传递给低温热源，卡诺热机是能够实现的，如图 6－14(b)所示。当这一过程完成时，高温热源放出的热量和吸收的热量相等，低温热源放出的热量大于吸收的热量，即低温热源净放出的热量为 $Q_1 - Q_2$，而热机对外所做的功为 $A = Q_1 - Q_2$。总的结果是高温热源没有发生任何变化，而只从单一的低温热源吸取热量 $Q_1 - Q_2$，并全部用于对外做功。显然这是违反开尔文表述的，所以，如果一个系统违反克劳修斯表述，必然也违反开尔文表述。

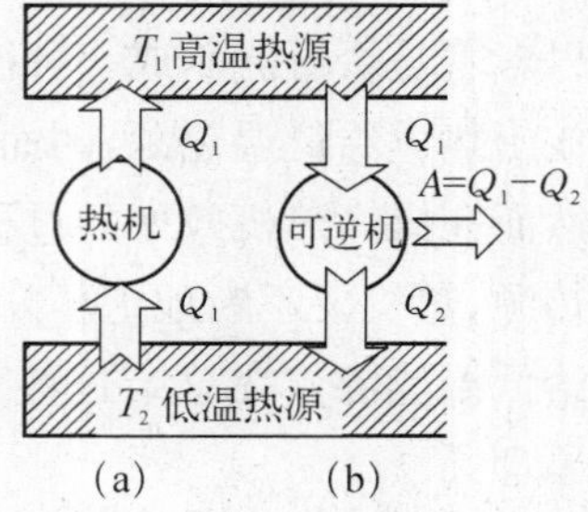

图 6－14 高、低温热源之间的热机

类似地，可以证明如果开尔文表述不成立，克劳修斯表述也就不成立。从而证明了这两种表述的等价性。

热力学第二定律是大量实验和经验的总结，虽然我们不能直接去验证它的正确性，但它得出的推论与客观实际相符而得到肯定。

热力学第二定律的克劳修斯表述和开尔文表述表明，在一个孤立系统中，热量的传递和热功间的转换都是有方向性的。这个方向性就是：在一个孤立系统中，热量只能自动地从高温物体传递给低温物体，而不能反向进行；在一个循环过程中，功可以转变为热，而热不能全部转变为功，功和热的转变是不对称的。

4 自然过程的方向性

自然过程的单向性指出了时间流逝的单向性，这种时间的单向流逝常被称为“时间箭头”，这种规律是热力学第一定律所不能概括的。而牛顿的动力学方程 $F = m\dfrac{\mathrm{d}^2 r}{\mathrm{d}t^2}$ 具有时间反演对称性，即若把时间“t”(前进的时间)换成“$-t$”(倒退时间)，方程形式不变，表明“过去”与“将来”等价，也无法提供时间箭头的依据，热力学第二定律给出了时间流逝单向性，依据这种单向性使得“过去”和“未来”不再扮演同样的角色，这中间包含了“时间箭头”。时间和空间位置一样只是描述运动的一根坐标轴，这样，人们就可以把时间和空间位置合起来构成四维空间(在狭义相对论中)。

§6-6 卡诺定理

1 可逆和不可逆过程

可逆过程和不可逆过程是热力学中的重要概念。由热力学第二定律的克劳修斯表述可知，高温物体能够自动地把热量传递给低温物体，而低温物体不可能自动地把热量传递给高温物体。如果我们把热量由高温物体传递给低温物体作为正过程，而把热量由低温物体传递给高温物体作为逆过程，很显然逆过程是不能自动进行。为此，我们把可逆过程和不可逆过程定义如下：

在系统状态变化过程中，如果逆过程能重复正过程的每一状态，而且不引起其他变化，这样的过程称为可逆过程；反之，在不引起其他变化的条件下，不能使逆过程重复正过程的每一状态，或者虽然能重复但必然会引起其他变化，这样的过程就称为不可逆过程。

如图 6－15 所示，把隔板抽开后，气体由 A 向真空室 B 扩散。最后两部分达到平衡态。这个过程，我们是可以观察到的，但是，上述过程的逆过程却无法自动实现。我们从未观察到 B 中的气体，在没有外界作用的情况下，能自动回到 A 中去，恢复隔板抽开前的状况，显然，气体的扩散是一个不可逆过程。在日常生活中，与此类似的例子可以经常见到，例如，在一个小房间里打开香水瓶盖子，不久，我们可以觉察到香水味道弥漫于整个房间，但我们绝不会觉察到房间空气中的香水分子能自动地跑回到香水瓶中去，香水的扩散过程也是不可逆过程。“飞流直下三千尺”这是诗人赞美庐山瀑布水的壮观，河水从悬崖高处向下奔泻，这是自然规律，但是，我们绝看不到从悬崖高处奔流而下的河水能自动回到悬崖高处去。河水从悬崖高处奔流而下也是一个不可逆过程。

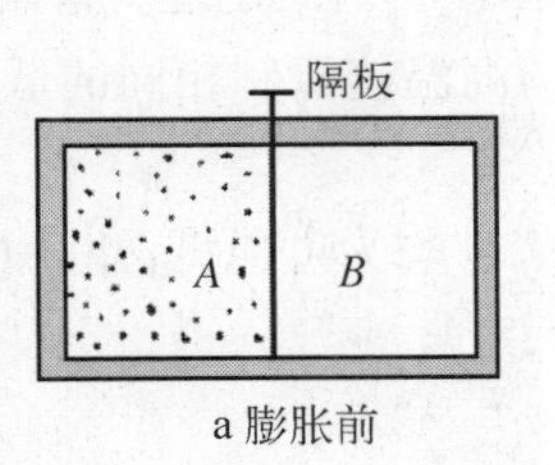

a 膨胀前

隔板

b 膨胀后

图 6－15

除此之外，热功转换、热传导、固体的升华、生命科学里的生长和衰老等都是不可逆过程。在自然界中，不可逆过程是普遍存在的，自然界实际发生的过程都是不可逆的。

可逆过程是理想的，是对准静态过程的进一步理想化，它是实际过程的近似。在系统状态变化过程中，要使逆过程能重复正过程的所有状态，而且不引起其他变化，必须满足：(1) 过程进行得无限缓慢，属于准静态过程；(2) 没有摩擦力、黏滞力或其他耗散力做功，能量耗散效应可以忽略不计。同时符合这两个条件的过程才为可逆过程。严格地讲，完全无摩擦的准静态过程是不存在的，它只是一种理想过程。但是，我们可以做到非常接近无摩擦的准静态过程的可逆过程，无论是在理论还是在计算上，可逆过程这个概念都有着重要意义。

2 卡诺定理

卡诺提出，在温度为 T_1 的高温热源和温度为 T_2 的低温热源之间工作的循环动作的机器，必须遵守以下两条结论，即**卡诺定理**。

(1) 在相同的高温热源和低温热源之间工作的一切可逆机，都具有相同的效率，与工作物质无关。若以 η 代表可逆机的效率，则

$$\eta = 1 - \frac{Q_2}{Q_1} = 1 - \frac{T_2}{T_1} \tag{6-6-1}$$

(2) 工作在相同的高温热源和低温热源之间的一切不可逆机的效率都不可能大于可逆机的效率。若以 η' 代表不可逆机的效率。则

$$\eta' \leqslant 1 - \frac{T_2}{T_1} \tag{6-6-2}$$

式中"="适用于可逆机，而"<"适用于不可逆机。

下面利用热力学第二定律证明卡诺定理。采用反证法。

先证明第一条，在相同的高温热源和相同的低温热源之间工作的一切可逆机效率都相同，与工作物质无关。

如图 6-16 所示，假设 C、D 均为可逆机，并且 C 的效率 η 大于 D 的效率 η'，即

$$\eta = \frac{A}{Q_1} > \eta' = \frac{A'}{Q'_1}$$

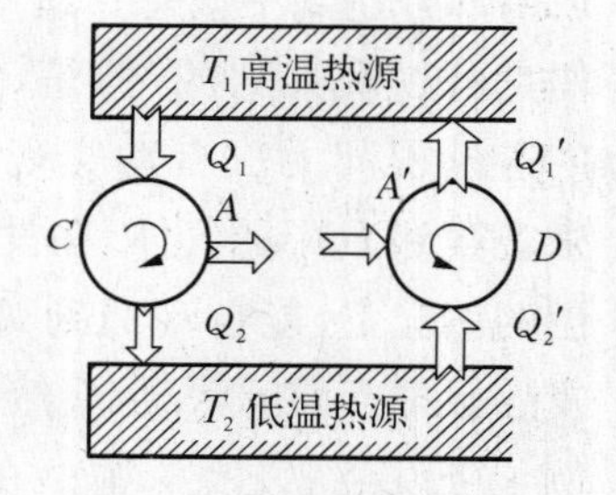

图 6-16 证明卡诺定理

将两台可逆机联合，并令 C 为正循环，D 为逆循环，调整这两台可逆机，使 $A = A'$，则有

$$Q_1 - Q_2 = Q'_1 - Q'_2$$

因为 $\eta > \eta'$，则 $Q_1 < Q'_1$，联合机没有外界做功，却将热量 $Q'_2 - Q_2$，从低温热源传递到高温热源。违反了热力学第二定律，即 $\eta > \eta'$ 的设定不成立。

同理可以证明，D 机的效率 η' 大于 C 机的效率 η($\eta' > \eta$)也不成立。所以，只有 C、D 机的效率相同，即 $\eta' = \eta$。

再证明第二条，设 C 为不可逆机，D 为可逆机，如图 6-16 所示，与上面的证明过程相同，可证明不可逆机 C 的效率不可能大于可逆机 D 的效率。反过来，若可逆机 D 的效率不可能大于不可逆机 C 的效率，则不能成立。所以，在相同的高温热源和相同的低温热源

之间工作的一切不可逆机的效率不可能大于可逆机的效率。

卡诺定理指出了提高热机效率的途径。就过程而论，应当使实际不可逆机尽量地接近可逆机。对高温热源和低温热源的温度来说，应该尽量地提高两热源的温度差，温度差愈大则热量的可利用价值也愈大。但是在实际热机中，如蒸汽机等，低温热源的温度就是用来冷却蒸汽的冷凝器的温度。想获得更低的低温热源温度，就必须用制冷机，而制冷机要消耗外功，因此，用降低低温热源的温度来提高热机的效率是不经济的，所以要提高热机的效率应当从提高高温热源的温度着手。

§6-7　波尔兹曼熵

1　热力学第二定律的微观意义

热力学第二定律所指出的热量传递方向和热功转化方向的不可逆性是与大量分子的不规则运动分不开的。这种不可逆性是实验中总结出来的，也可以用统计的意义来解释。

为了说明这种不可逆性，先举一个日常生活中的事例。假设一个长方盒内盛有许多小球，黑白各半，开始时黑白球分开各放一边，如果把盒子摇几下，黑白两种球就要混合。经过多次摇动后，则可发现黑白球的分布几乎是均匀的，若球数很多，摇动次数也很多，则盆内任一处的黑白球数目几乎相同，这种均匀分布便是一种最可几的情况。现在要问：是否可能在某次摇动后黑白两种球又各在一边呢？回答是：可能的，但机会极少，或者说概率极小。每次摇动后，黑白两种球均匀分布的概率远远超过黑白球各在一边的概率。与之相似，当用统计观点来看两种物体的互相扩散时，扩散的结果就是要达到一个出现的概率为最大的状态，亦即分子在整个容器内均匀分布的状态。

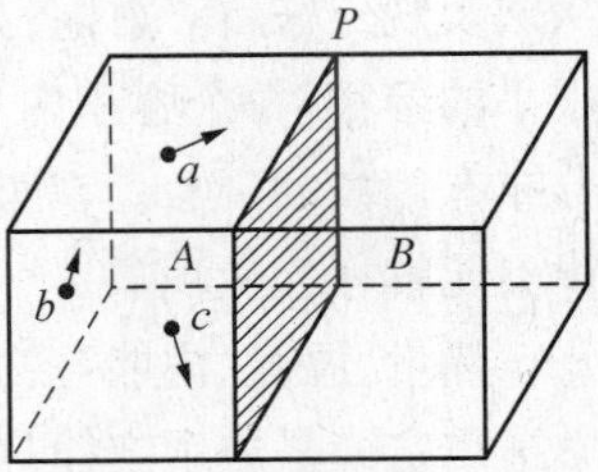

现在，再用概率的概念来说明气体自由膨胀过程的不可逆性——气体可以自动地膨胀却不能自动地收缩。如图6-17所示，用一活动隔板 P，将容器分为容积相等的 A、B 两室，A 中充满气体，B 中保持真空。考虑气体中的任一个分子，比如说分子 a 在隔板抽掉前，这个分子只能在 A 室运动，把隔板抽掉后，它就能在整个容器中运动，由于碰撞，它可能一会儿飞到 A 室，一会儿又飞到 B 室。因此，就单个分子来说，它是有可能自动地退回到 A 室的，由于 A、B 两室容积相等，应该说它在 A、B 两室的机会是均等的，所以退回到 A 室的概率是 $\frac{1}{2}$。如果考虑三个分子 a、b、c 它们原先都在 A 室，如果把隔板抽掉，它们就有可能飞到 B 室。总之，这三个分子在容器中的分配有八种方式，情况如表6-1所示。可以看到 a、b、c 三个分子全部回到 A 室(自动收缩)的概率为 $\frac{1}{2^3}=$

图6-17　隔成两个等体积的容器

$\frac{1}{8}$。根据概率理论，如果分子数为 N，上述的自动收缩的概率应为$\frac{1}{2^N}$，所以分子数 N 愈大，自动收缩的概率愈小。假定容器中的气体为 1 mol，分子总数是 $N_0 \approx 6\times10^{23}$，则气体自由膨胀之后自动完全收缩的概率是$\frac{1}{2^{6\times10^{23}}}$，这个概率是微不足道的，实际上也就是说气体的这种膨胀是一个不可逆过程。

表 6-1　分子在容器中的分配方式

A 室	abc	ab	ac	bc	a	b	c	0
B 室	0	c	b	a	bc	ac	ab	abc

从上述可知，不可逆过程实质上是一个从概率较小的状态到概率较大的状态的转变过程。所以与此相反的过程的概率是非常小的，这相反的过程并非原则上不可能，但因概率非常小实际上是观察不到的。在一个孤立系统内，一切实际过程都向着状态的概率增大的方向进行。只有在理想的可逆过程中，概率才保持不变。

对于热量的传递，高温物体分子的平均动能比低温物体分子的平均动能大，两物体相接触时，显然是能量从高温物体传到低温物体的概率要比反向传递的概率大得多，这与上面所说两种气体扩散的情形相似。对于热功转化的问题，功转化为热是在外力作用下宏观物体的有规则的（或有一定方向的）运动转变为分子的不规则运动的过程，这种转化的概率大。反之，热转化为功则是分子的不规则运动转变为宏观物体有规则的运动的过程，这种转换的概率很小，所以热力学第二定律在本质上是一条统计性的规律。

统计性规律是近似的，求平均值时所根据的个别事件的数目愈大，则根据统计性规律所得出的结论与观察的结果就愈符合。在小范围内与统计性规律有偏离是可能的。例如从宏观观点来看，气体各处密度都相同的概率为最大，但是如果在气体中划出两个相邻的很小的容积，每个容积内只含有少数的分子，结果在这两个小容积内就会发生与分子均匀分布有偏离的现象。在小范围内存在的与平均值有偏离的现象称为**起伏**。热力学第二定律不能解释起伏现象。

热量、温度、内能等物理量是宏观量，这些宏观量对于个别分子是没有意义的。热力学第二定律是宏观定律，热力学第一定律也一样是宏观规律，它们都是针对大量分子组成的系统而言的，对少量分子组成的系统是不适用的。这里，需要把能量转化和守恒定律与热力学第一定律区分开来。能量转化和守恒定律不仅适用于宏观物体的运动过程（包括热运动），也适用于分子、原子、原子核和基本粒子等微观粒子的相互作用过程，是自然界的一条普遍规律。而热力学第一定律则是能量转化和能量守恒这一自然界的普遍规律在热力学过程中的一个具体表达，它对只包括少数粒子在内的微观过程是没有意义的。

另一方面，热力学中所说的孤立系统是指不受外界（机械的和热的）作用的许多物体的集合，而且它也并不是完全没有外界的，如果要对这个系统施加机械作用或热的作用是可以办到的，因此不能把热力学第二定律无原则地推广到整个宇宙。例如，有些物理学家把全宇宙看作"孤立系统"，因此认为整个宇宙必将达到温度均衡而形成不再有热量传递的所谓"热寂"状态，一切变化都将停止，从而宇宙也将死亡，这就完全错了。

2 波尔兹曼熵

根据上面的分析，我们用 W 表示系统(宏观)状态所包含的微观状态数，或把 W 理解为(宏观)状态出现的概率，并称为热力学概率。玻尔兹曼给出如下关系：

$$S = k\ln W \tag{6-7-1}$$

其中 k 是玻尔兹曼常量，上式称为玻尔兹曼关系。熵的这个定义表明它是分子热运动无序性或混乱程度的量度。为什么这样说呢？以气体为例，分子数目愈多，它可以占有的体积愈大，分子所可能出现的位置与速度就愈多样化。这时，系统可能出现的微观状态就愈多，我们说分子运动的混乱程度就愈高，如果把气体分子设想为都处于同一速度元间隔与同一空间元间隔之内，则气体的分子运动将是很有规则的，混乱程度应该是零。显然，由于这时宏观状态只包含一个微观状态，亦即系统的宏观状态只能以一种方式产生出来，所以状态的热力学概率是1，代入式(6-7-1)而得到熵等于零的结果。但是，如果系统的宏观状态包含许多微观状态，那么，它就能以许多方式产生出来，W 将是很大的，宏观状态的熵因而也是大的。对自由膨胀这类不可逆过程来说，实质上表明这个系统内自发进行的过程总是沿着熵增加的方向进行的。

最后，我们将通过具体过程中分子运动无序性的增减来说明熵的增减。例如，在等压膨胀过程中，由于压强不变，所以体积增大的同时温度也在上升。体积的增大，表明气体分子分布的空间范围变大了；而温度的升高，则意味着气体分子的速率分布范围扩大了，这两种分布范围的变大，使气体分子运动的混乱程度增加，因而熵是增加的。又如在等温膨胀过程中，在内能不变条件下，因气体体积的增大，分子可能占有的空间位置增多了，可能出现的微观状态的数目（即状态概率）也因而增加，混乱程度增高，熵是增加的。在等体降温过程中，由于温度的降低，麦克斯韦速率分布曲线变得高耸起来，气体中大部分分子速率分布的范围变窄，因此分子运动的混乱程度有所改善，熵将是减小的。最有意义的是绝热过程，对绝热膨胀来说，因系统体积的增大，分子运动的混乱程度是增大的，但系统温度的降低，却使分子运动的混乱程度减少。计算表明，在可逆的绝热过程中，这两个截然相反的作用恰好相互抵消。因此，可逆的绝热过程是个等熵过程。

【例题 6-4】 试用（6-7-1）式计算理想气体在等温膨胀过程中的熵变。

【解】 在这个过程中，对于一指定分子，在体积为 V 的容器内找到它的概率 W_1 是与这个容器的体积成正比的，即

$$W_1 = cV$$

式中 c 是比例系数。对于 N 个分子，它们同时在 V 中出现的概率 W，等于各单个分子出现概率的乘积，而这个乘积也就是在 V 中由 N 个分子所组成的宏观状态的概率，即

$$W=(W_1)^N=(cV)^N$$

由式(6-7-1)得系统的熵为

$$S=k\ln W=kN\ln(cV)$$

经等温膨胀,熵的增量为

$$\Delta S=kN\ln(cV_2)-kN\ln(cV_1)=kN\ln\frac{V_2}{V_1}=\frac{R}{N_A}\frac{N_A m}{\mu}\ln\frac{V_2}{V_1}=\frac{m}{\mu}R\ln\frac{V_2}{V_1}$$

事实上,这个结果已在自由膨胀的论证中计算出来。

§6-8 克劳修斯不等式 熵增加原理

1 克劳修斯不等式

克劳修斯将卡诺定理推广应用于一个任意的循环过程,得到一个既可描述可逆循环又可描述不可逆循环特征的表达式,称作克劳修斯不等式。根据卡诺定理:工作在相同的高温热源 T_1 和低温热源 T_2 之间的一切不可逆机的效率都不可能大于可逆机的效率

$$\eta=1-\frac{Q_2}{Q_1}\leqslant 1-\frac{T_2}{T_1}$$

其中,等号对应于可逆卡诺热机;不等号对应于不可逆卡诺热机。同时,上式可以变形为

$$\frac{Q_2}{T_2}\geqslant\frac{Q_1}{T_1}\quad 或\quad \frac{Q_1}{T_1}-\frac{Q_2}{T_2}\leqslant 0$$

其中,Q_1 为系统吸收的热量;Q_2 为系统放出的热量。

为了方便讨论,采用热力学第一定律中对热量正负的规定,规定吸热为正,放热为负。则上式可以表示为

$$\frac{Q_1}{T_1}+\frac{Q_2}{T_2}\leqslant 0 \tag{6-8-1}$$

式(6-8-1)中,Q_1 和 Q_2 均为代数值,$\frac{Q_1}{T_1}$ 和 $\frac{Q_2}{T_2}$ 分别表示吸收热量与热源温度的比值,称为热温比。因此,上式可以理解为,系统经历一个卡诺循环后,其热温比的总和小于或等于零。

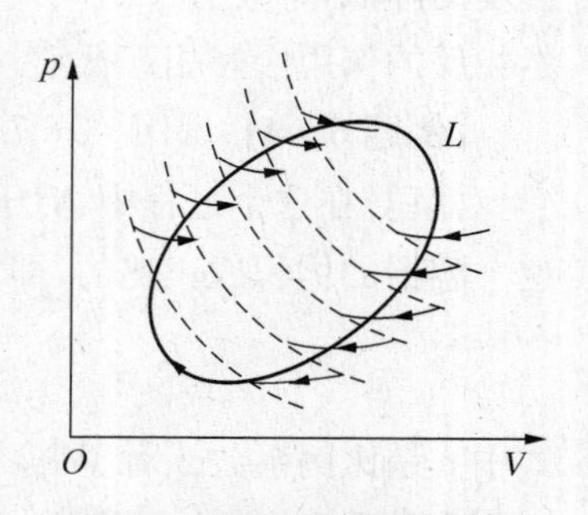

图 6-18 折线趋于曲线 L

而任一循环 L 可近似地看成由一系列微小的卡诺循环构成。如图 6-18 所示,当一个卡诺循环趋于无限小时,由无数条等温线和绝热线组成的折线,就趋于曲线 L。曲线 L

是可逆循环，则所进行的微循环为可逆卡诺循环，即 L 可等价于所有微小卡诺循环的总和(相邻两个卡诺循环中绝热线上，过程在正反方向各进行一次，结果抵消)。因为对于每一个卡诺循环，式(6-8-1)总是成立的，所以对于任意的循环 L 有

$$\sum_{i=1}^{n}\frac{Q_i}{T_i}\leqslant 0$$

当 $n\to\infty$ 时，每个卡诺循环趋于无穷小，上式用积分表示为

$$\oint_L \frac{đQ}{T}\leqslant 0 \tag{6-8-2}$$

式(6-8-2)称为**克劳修斯不等式**。其中，$đQ$ 表示为系统从温度为 T 的热源吸收的热量。等号对应于可逆循环过程，不等号对应于不可逆循环过程。因此，系统经历一个可逆循环过程，其热温比总和等于零；经历一个不可逆循环过程，其热温比总和小于零。

2 克劳修斯熵

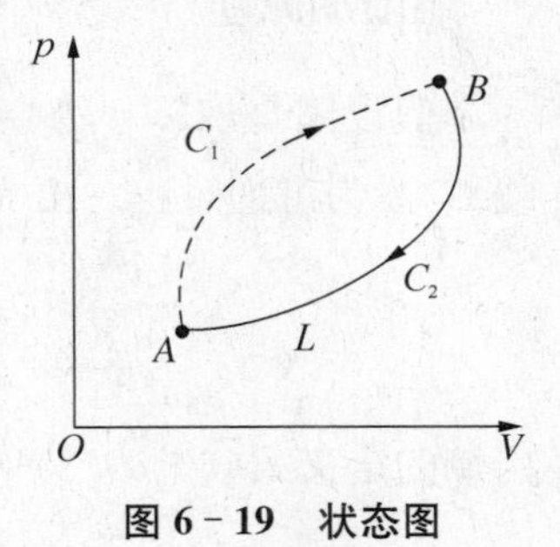

图 6-19 状态图

应用克劳修斯不等式可以定义克劳修斯熵。如图 6-19 所示，设系统由平衡态 A 经可逆过程 C_1 变到平衡态 B，又由平衡态 B 经可逆过程 C_2 变到平衡态 A，构成一可逆循环。应用(6-8-2)式得

$$\int_{C_1}\frac{đQ}{T}+\int_{C_2}\frac{đQ}{T}=\oint\frac{đQ}{T}=0$$

即

$$\int_A^B\frac{đQ}{T}=-\int_B^A\frac{đQ}{T}$$

上式表明，热温比 $\frac{đQ}{T}$ 的积分仅与系统的始、末状态有关，而与经历的过程无关。参照保守力做功引入势能函数，根据热温比 $\frac{đQ}{T}$ 的积分仅与路径无关引入熵函数 S：

$$S_B-S_A=\int_A^B\frac{đQ}{T}(\text{可逆过程}) \tag{6-8-3}$$

这就是**克劳修斯熵**公式。对于一个无限小的过程，上式可以写成

$$\mathrm{d}S=\frac{đQ}{T} \tag{6-8-4}$$

应用式(6-8-3)或(6-8-4)计算一个系统的始、末态的熵变时，注意以下几点：

(1) 熵是状态的函数，和内能一样，始、末两平衡态的熵差仅由始、末两态决定，与过程无关。

(2) 计算始、末两态之间的熵差时,必须沿着连接始、末两态的可逆过程进行计算,如果实际过程是不可逆过程,则必须寻找一个能够连接始、末两态的可逆过程。由于熵差与过程无关,这样的可逆过程可以任意选取。

(3) 熵具有可加性,因此大系统的熵变等于组成它的各个子系统熵变之和。全过程的熵变等于组成它的各个子过程的熵变之和。

玻尔兹曼熵表示了系统的某一宏观态所对应的微观态数,不管系统是否处于平衡态,都有一个确定的熵值。而克劳修斯熵是与系统的宏观参量(p、V、T)密切相关的。在非平衡态,这些宏观参量本身无法描述系统的热力学性质。因此,克劳修斯熵只对系统的平衡态才有意义。从这个意义上说,克劳修斯熵对应于玻尔兹曼熵的极大值。玻尔兹曼熵相对于克劳修斯熵更具有普遍意义。但由于克劳修斯熵可以通过宏观参量进行方便的运算,所以,在热力学中,相关的运算都采用克劳修斯熵。

3 熵增加原理

假设图 6-19 中,$L(AC_1BC_2)$为一不可逆循环过程,其中虚线C_1段为不可逆过程,实线C_2段为可逆过程。由克劳修斯不等式,对此不可逆循环过程,有

$$\oint_L \frac{dQ}{T} = \int_{\substack{A \\ C_1}}^{B} \frac{dQ}{T} + \int_{\substack{B \\ C_2}}^{A} \frac{dQ}{T} < 0$$

由熵的定义式(6-8-3)得

$$\int_{\substack{B \\ C_2}}^{A} \frac{dQ}{T} = -\int_{\substack{A \\ C_2}}^{B} \frac{dQ}{T} = -(S_B - S_A)$$

将此式代入上式,可得

$$S_B - S_A \geqslant \int_A^B \frac{dQ}{T} \tag{6-8-5}$$

上式表明:任何不可逆过程熵的增量一定大于过程中系统的热温比之和。而按熵的定义,任何可逆过程熵的增量等于过程中系统的热温比之和。把这两方面结合起来,则任何一个过程都满足

$$S_B - S_A \geqslant \int_A^B \frac{dQ}{T}$$

S_A和S_B分别是过程末态和初态的熵,"$>$"号对应不可逆过程,"$=$"号对应可逆过程。对于绝热过程$dQ = 0$,所以

$$S_B - S_A \geqslant 0 \text{ 或 } \Delta S \geqslant 0 \tag{6-8-6}$$

对可逆绝热过程,$\Delta S = 0$;对不可逆绝热过程,$\Delta S > 0$。

由此可以得出结论,**熵增加原理**:当热力学系统从一个平衡态经绝热过程到达另一

个平衡态时，它的熵永不减少；如果过程可逆，则熵不变；如果过程不可逆，其熵增加。(6-8-6)式就是熵增加原理的数学表示式。熵增加原理又常表述为：一个孤立系统的熵永不减少。

孤立系统是与外界不发生任何相互作用的系统，它与外界之间必然没有热量的传递，因此，一个孤立系统内所进行的过程必定是绝热过程，其熵永不减少。乍看起来，熵增加原理只是对单一物体的孤立系统来说的。实际上，这是一个十分普遍的规律，因为任何一个热过程，只要把过程所涉及的物体都看作系统的一部分，那么，该系统对于这个过程来说就是孤立系统，过程中这个系统一定遵守熵增加原理。

熵增加原理表明了自然过程的不可逆性，若开始时一个孤立系统处于非平衡态，后来逐渐向平衡态过渡，在此过程中熵不断地增大，最后系统将达到一个熵值不能再增加的状态，这时系统内发生的各种实际热过程都会停止，系统的宏观性质也将稳定而不再变化。这时系统将处于平衡态，系统处于平衡态时其熵达到最大值，因此，用熵增加原理不仅可以判断过程进行的方向，而且可以判断过程的限度。

以熵增加原理表明的自然过程的不可逆性也给出了“时间的箭头”——时间的流逝总是沿着熵增加的方向，逆此方向的时间倒流是不可能的。一旦孤立系统达到了平衡态，时间对该系统就毫无意义了。电影屏幕上显现着向下奔流的洪水冲垮了房屋，你决不会怀疑此惨景的发生。但是，当电影屏幕上显现洪水向上奔流，把房屋碎片收拢在一起，房屋又被重建起来。而洪水向上退去的画面时，你一定会想到的是电影倒着放了，因为这种时间倒流的过程实际上根本不可能发生。热力学第二定律决定着在满足能量守恒的条件下，哪些事情可能发生，哪些事情不可能发生。

习　题

6-1 1 mol 单原子理想气体从 300 K 加热到 350 K，

(1) 容积保持不变；

(2) 压强保持不变。

问：在这两个过程中各吸收了多少热量？增加了多少内能？对外做了多少功？

6-2 在 1 g 氦气中加进了 1 J 的热量，若氦气压强并无变化，它的初始温度为 200 K，求它的温度升高多少？

6-3 压强为 1.0×10^5 Pa、体积为 0.008 2 m^3 的氮气，从初始温度 300 K 加热到 400 K，加热时，

(1) 体积不变；

(2) 压强不变。

问各需热量多少？哪一个过程所需热量大？为什么？

6-4 2 mol 的氮气，在温度为 300 K、压强为 1.0×10^5 Pa 时，等温地压缩到 2.0×10^5 Pa。求

气体放出的热量。

6-5 质量为 1 g 的氧气，其温度由 300 K 升高到 350 K。若温度升高是在下列 3 种不同情况下发生的：

(1) 体积不变；

(2) 压强不变；

(3) 绝热。问其内能改变各为多少？

6-6 将 500 J 的热量传给标准状态下 2 mol 的氢。

(1) 若体积不变，问这热量变为什么？氢的温度变为多少？

(2) 若温度不变，问这热量变为什么？氢的压强及体积各变为多少？

(3) 若压强不变，问这热量变为什么？氢的温度及体积各变为多少？

6-7 有一定量的理想气体，其压强按 $p=C/V^2$ 的规律变化，C 是常量。求气体从容积 V_1 增加到 V_2 所做的功。该理想气体的温度是升高还是降低？

6-8 1 mol 氢，在压强为 1.0×10^5 Pa、温度为 20℃时，其体积为 V_0，今使它经以下两种过程达同一状态：

(1) 先保持体积不变，加热使其温度升高到 80℃，然后令它做等温膨胀，体积变为原体积的 2 倍；

(2) 先使它做等温膨胀至原体积的 2 倍，然后保持体积不变，加热到 80℃。

试分别计算以上两种过程中吸收的热量，气体对外做的功和内能的增量；并作 p-V 图。

6-9 理想气体做绝热膨胀，由初态 (p_0, V_0) 至末态 (p, V)。试证明：

(1) 在此过程中其他所做的功为：$A=(p_0V_0-pV)/\gamma$；

(2) 设 $p_0=1.0\times10^6$ Pa，$V_0=0.001\ \text{m}^3$，$p=2.0\times10^5$ Pa，$V=0.003\,16\ \text{m}^3$，气体的 $\gamma=1.4$，试计算气体做的功。

6-10 在一个密闭的抽空气缸中，有个劲度系数为 k 的弹簧，下面吊着一个质量不计且没有摩擦的滑动活塞，如 6-10 题图所示。弹簧下活塞的平衡位置位于气缸的底部。当活塞下面的空间引进一定量的摩尔定体热容为 C_V 的理想气体时，活塞上升到高度 h。弹簧作用在活塞上的力正比于活塞的位移。如果该气体从原来的温度 T 升高到 T_1，并吸热 Q。问活塞所在的高度 h' 等于多少？

h

6-10 题图

6-11 气缸内有单原子理想气体，若绝热压缩使其容积减半，问气体分子的平均速率变为原来速率的几倍？若为双原子理想气体，又为几倍？

6-12 高压容器中含有未知气体，可能是 N_2 或 Ar。在 298 K 时取出试样，从 $5\times10^{-3}\ \text{m}^3$ 绝热膨胀到 $6\times10^{-3}\ \text{m}^3$，温度降到 277 K。试判断容器中是什么气体？

6-13 (1) 有一 $10^{-6}\ \text{m}^3$ 的 373 K 的纯水，在 1.013×10^5 Pa 的压强下加热，变成 $1.671\times10^{-3}\ \text{m}^3$ 的同温度的水蒸气。水的汽化热为 2.26×10^6 J/kg。问水变气后，内能改变多少？

(2) 在标准状态下 10^6 kg 的 373 K 的冰化为同温度的水，试问内能改变多少？（标准状态下水和冰的密度分别为 10^3 kg/m^3 和 1.1×10^3 kg/m^3。冰的溶解热为 3.34×10^5 J/kg)

6-14 在室温27℃下一定量理想气体氧的体积为 2.3×10^{-3} m^3，压强为 1.0×10^5 Pa，经过一过程后，体积变为 4.1×10^{-3} m^3，压强变为 0.5×10^5 Pa。求：

(1) 内能的改变；

(2) 吸收的热量；

(3) 氧膨胀时对外所做的功。已知氧的 $C_V=5R/2$。

6-15 设某理想气体的摩尔热容随温度按 $c=aT$ 的规律变化，a 为一常数，求此理想气体 1 mol的过程方程式。

6-16 如果在0℃、1.0×10^5 Pa下空气中的声速 $v=332$ m/s，空气的密度 $\rho=1.29$ kg/m^3，求空气的 γ。

6-17 1 mol范德瓦尔斯气体，初始体积为 V_1，向真空做绝热膨胀至体积 V_2。

(1) 求温度的增量 ΔT。

(2) 气体温度的变化是否由于其内能变化了？

(3) 如果这是理想气体，温度变化如何？

6-18 设有一以理想气体为工作物质的热机循环，如6-18题图所示，试证明其效率为：

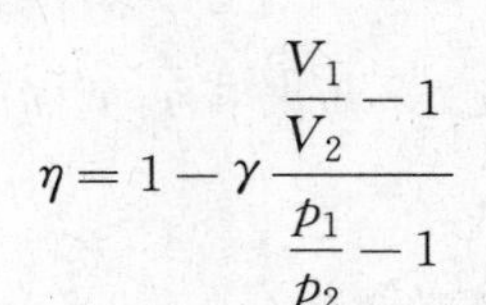

$$\eta=1-\gamma\frac{\dfrac{V_1}{V_2}-1}{\dfrac{p_1}{p_2}-1}$$

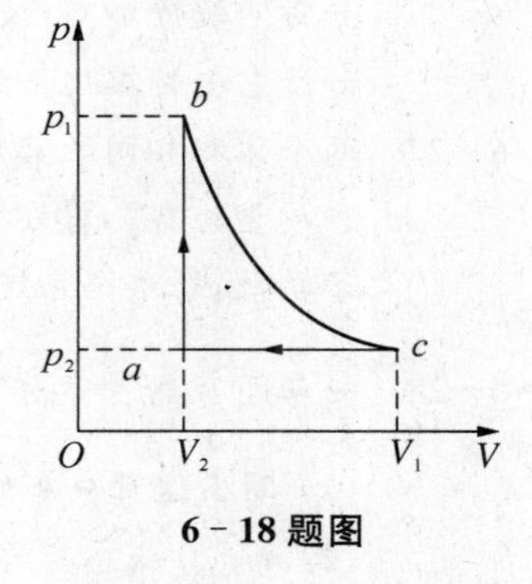

6-18题图

6-19 1 mol理想气体在400 K与300 K之间完成一卡诺循环，在400 K的等温线上，起始体积为0.001 0 m^3，最后体积为0.005 0 m^3，试计算气体在此循环中所做的功，以及从高温热源吸收的热量和传给低温热源的热量。

6-20 一热机在1 000 K和300 K的两热源之间工作。如果(1) 高温热源提高到1 100 K，(2) 低温热源降到200 K，求理论上的热机效率各增加多少？为了提高热机效率哪一种方案更好？

6-21 有25 mol的单原子气体，做如6-21题图所示的循环过程(ac 为等温过程)。$p_1=4.15\times10^3$ Pa，$V_1=2.0\times10^{-2}$ m^3，$V_2=3.0\times10^{-2}$ m^3。求：

(1) 各过程中的热量、内能改变以及所做的功；

(2) 循环的效率。

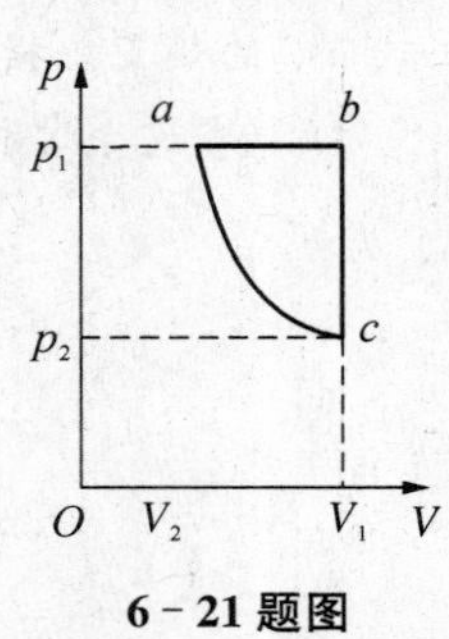

6-21题图

6-22 两部可逆机串联起来，如6-22题图所示，可逆机1工作于温度为 T_1 的热源1与温度为 $T_2=400$ K的热源2之间。可逆机2吸入可逆机1放给热源2的热量 Q_2，转而放热给 $T_3=300$ K的热源3。在

(1) 两部热机效率相等；

(2) 两部热机做功相等的情况下求 T_1。

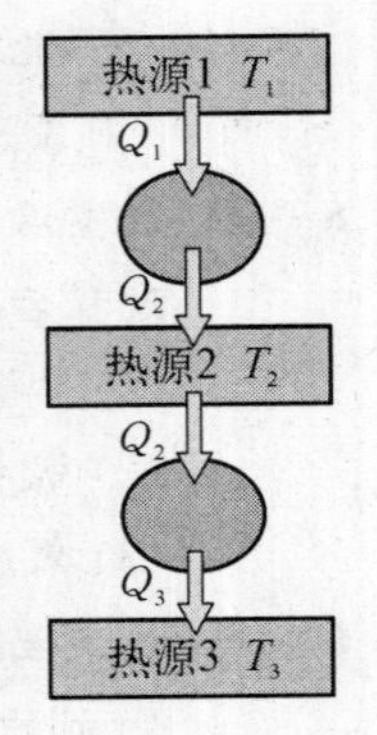

6-22 题图

6-23 一热机每秒从高温热源($T_1=600\ \text{K}$)吸取热量 $Q_1=3.34\times10^4\ \text{J}$,做功后向低温热源($T_2=300\ \text{K}$)放出热量 $Q_2=2.09\times10^4\ \text{J}$。

(1) 问它的效率是多少?它是不是可逆机?

(2) 如果尽可能地提高了热机的效率,问每秒从高温热源吸热 $3.34\times10^4\ \text{J}$,则每秒最多能做多少功?

6-24 一绝热容器被铜片分成两部分,一边盛 80℃的水,另一边盛 20℃的水,经过一段时间后,从热的一边向冷的一边传递了 4 186 J 的热量,问在这个过程中的熵变是多少?假定水足够多,传递热量后的温度没有明显变化。

6-25 把质量为 5 kg,比热容(单位质量物质的热容)为 544 J/(kg·℃)的铁棒加热到 300℃,然后浸入一大桶 27℃的水中。求在这冷却过程中铁的熵变。

6-26 一固态物质,质量为 m,熔点为 T_m,熔解热为 L,比热容(单位质量物质的热容)为 c。如对它缓慢加热,使其温度从 T_0 上升为 T_m,试求熵的变化。假设供给物质的热量恰好使它全部熔化。

6-27 两个体积相同的容器盛有不同的理想气体,一种气体质量为 M_1,摩尔质量为 μ_1,另一种质量为 M_2,摩尔质量为 μ_2。它们的压强与温度都相同。两者相互连通起来,开始了扩散,求这个系统总的熵变。

6-28 一房间有 N 个气体分子,半个房间的分子数为 n 的概率为:$W(n)=\sqrt{\dfrac{2}{N\pi}}\mathrm{e}^{-2\left(n-\frac{N}{2}\right)^{2/N}}$

(1) 写出这种分布的熵的表达式 $S=k\ln W$;

(2) $n=0$ 状态与 $n=N/2$ 状态之间的熵变是多少?

(3) 如果 $N=6\times10^{23}$,计算这个熵差。

6-29 1 kg 水银,初始温度为-100℃。如果加足够的热量使其温度升到 100℃,问水银的熵变有多大?[水银的熔点为-39℃,熔解热为 1.17×10^4 (kg·℃),而比热容为-138 J/(kg·℃)]

6-30 有 2 mol 的理想气体,经过可逆的等压过程,体积从 V_0 膨胀到 $3V_0$。求在这一过程中的熵变。提示:设想气体从初始状态到最终状态是先沿等温曲线,然后沿绝热曲线(在这个过程中熵没有变化)进行的。

第三篇 电 磁 学

自然界无比巨大,异常复杂,像一个变化万千的大舞台,电磁现象是这个舞台上最基本、最重要的角色之一。电磁学主要研究电荷、电流产生的电场和磁场的基本规律,电场与磁场的相互联系,电磁场对电荷、电流的作用规律,电磁场与物质的相互作用以及电磁场的基本性质,等等。电磁学是经典物理学的一部分。

任何一门科学都有其发展史,都是人类长期实践活动和理论思维的产物。人类对电磁现象的认识已有两千多年的历史,但电磁学理论却是近二百年内形成的。电磁学的发展主要经历了三个阶段。

第一阶段是从公元前600年到18世纪中期。早期人们偶然发现了磁石吸铁和摩擦起电等简单的电磁现象,16世纪以后才开始进行有目的的实验研究,制成了摩擦起电机,发现了导体和绝缘体的区别,制成储电设备——莱顿瓶,发现了尖端放电等现象。

第二阶段由18世纪后期到19世纪前期。期间已经具备了较好实验设备,人们对电磁现象的研究进入到系统的定量研究阶段,发现了电磁现象的基本实验规律,揭示了电与磁之间的相互转化。在此期间,相关的重大事件有:

1785年,法国的库仑(Charles Auguatín de Coulomb, 1736—1806)设计了扭秤实验,发现了库仑定律,为静电学的发展奠定了基础。

1820年初,丹麦的奥斯特(Hans Christian Oersted, 1777—1851)发现了电流的磁效应,从实验上找出了电与磁的联系,电流磁效应的发现开拓了电学研究的新纪元。

同年10月,法国的毕奥(Jean Baptiste Biot, 1774—1862)和萨伐尔(Felix Savart, 1791—1841)发现了电流激发磁场的基本规律;几乎与此同时,法国的安培(Andre Marie Ampere, 1775—1836)发现了载流导线间的相互作用规律。

1831年,英国的法拉第(Michael Faraday, 1791—1867)在经过10年的系统研究后,终于发现了电磁感应现象,证实磁也能转化成电。法拉第还提出了场的重要观念,这是物理学中一个开创性的见解。

第三阶段从19世纪60年代到20世纪初。这一时期是对电磁现象的基本规律进行总结、补充和统一的阶段,使电磁学成为物理学中独立的、完善的学科。在此期间,相关的重大事件有：

1862 年，英国的麦克斯韦 (James Clerk Maxwell，1831 —1879)提出了涡旋电场和位移电流两个重要概念，并于 1865 年提出电磁现象的普遍规律——麦克斯韦方程组，从而形成了统一的电磁理论，在此基础上预言了电磁波的存在，并且大胆提出光是一种电磁波的看法。

1888 年，德国的赫兹(Heinrich Rudolf Hertz，1857—1894)通过实验证实了电磁波的存在，并开创了无线电电子技术的新时代。

1896 年，荷兰的洛仑兹(Heindrik Antoon Lorentz，1853—1928)提出了电子论，将麦克斯韦方程组应用到微观领域，解释了物质的电磁性质。

1905 年，爱因斯坦(Albert Einstein，1879—1955)建立了狭义相对论，进一步实现了电场和磁场、电力和磁力的统一，使经典电磁理论达到了完善的地步。

第7章

静 电 场

电磁现象是自然界中普遍存在的一种现象，电磁运动是物质的一种基本运动形式，电磁运动的规律不仅是人类深入认识物质世界、探索自然的理论武器，而且在现代科学技术和工程技术中都有着广泛的应用。

本章讨论真空中相对于观察者静止的电荷在周围空间所激发电场(静电场)的性质。首先从静电场对电荷有静电力的作用，以及电荷在电场中移动时电场力对它做功两个方面，引入描述电场性质的两个重要物理量——电场强度和电势，并讨论它们的叠加原理，以及两者之间的积分和微分关系；然后介绍反映静电场基本性质的两个重要定理——静电场的高斯定理和静电场的环路定理；最后论述导体和绝缘体(电介质)在电场中的静电特性，以及静电场的能量。

§7-1 静电的基本现象和基本规律

1 电荷

人们对于电的认识，最初来自摩擦起电现象和自然界的雷电现象，最早的观察记录可追溯到公元前6世纪。物体之所以能产生电磁现象，都归因于物体带上了电荷以及这些电荷的运动。通过对电荷的各种相互作用的研究发现，目前人们所认识到的电荷的基本性质可大体归结为以下几方面：

(1) 电荷的种类

实验表明：电荷有两种，同种电荷相互排斥，异种电荷相互吸引。历史上，美国物理学家富兰克林(Franklin, 1706—1790)首先以正、负电荷的名称来区分两种电荷，**用丝绸摩擦过的玻璃棒所带的电荷被称为正电荷**，这种命名法一直延续至今。宏观带电体所带电荷种类的不同，源于组成它们的微观粒子所带电荷种类的不同。现代物理实验证实：电子带负电荷，质子带正电荷，中子不带电荷，电子的电荷集中在半径小于 10^{-18} m 的体积内，质子中只有正电荷，都集中在半径为 10^{-15} m 的体积内。

带电体所带电荷的多少叫电量，一个带电体的带电量为其所带正负电荷电量的代数和。电量用 Q 或 q 表示，在国际单位制(SI)中，它的单位为库仑，简记作 C。

(2) 电荷的量子化

实验证明，自然界中物质所带的电荷量不能连续地变化，而只能一份一份地增加或减少，电荷总是以一个基本单元的整数倍出现的这种特性称为**电荷的量子化**。迄今所知，这个基本单元是一个电子所带电量的绝对值，用 e 表示

$$e=1.602\times10^{-19}\ \mathrm{C}$$

尽管 1964 年物理学家提出的夸克模型中认为中子和质子等粒子是由分别具有 $-\frac{1}{3}e$ 和 $\frac{2}{3}e$的电荷的夸克组成，但迄今还没有在实验上发现处于自由状态的夸克，即使发现了带分数电荷的粒子，也不破坏电荷的量子性，仅是基本单元变得更小而已。

量子化是微观世界的一个基本概念，在以后的学习中我们将会知道，能量、角动量等也是量子化的。

(3) 电荷的对称性

基本粒子物理研究发现，对每种带正电荷的基本粒子，必然存在与之对应的、带等量负电荷的另一种基本粒子，称为**电荷的对称性**。例如，电子和正电子，质子和反质子，π^+介子和 π^- 介子等。

(4) 电荷的相对论不变性

电荷的电量与运动状态无关，或者说，在不同的参照系中观察，同一带电粒子的电量不变，这一性质称为**电荷的相对论不变性**。

(5) 电荷守恒

实验证明，在一个与外界没有电荷交换的系统内，无论经历怎样的物理过程，系统内正、负电荷的代数和总是保持不变，这就是**电荷守恒定律**。

近代科学实验证明，电荷守恒定律是物理学中普遍的基本定律之一。不仅在一切宏观过程中成立，而且在微观物理过程更是得到了精确验证。

2 库仑定律

(1) 库仑定律

1785 年，法国物理学家库仑(Coulomb，1736—1806)通过扭秤实验(图 7－1)建立了库仑定律，可定量描述两个带电体之间的相互作用力。

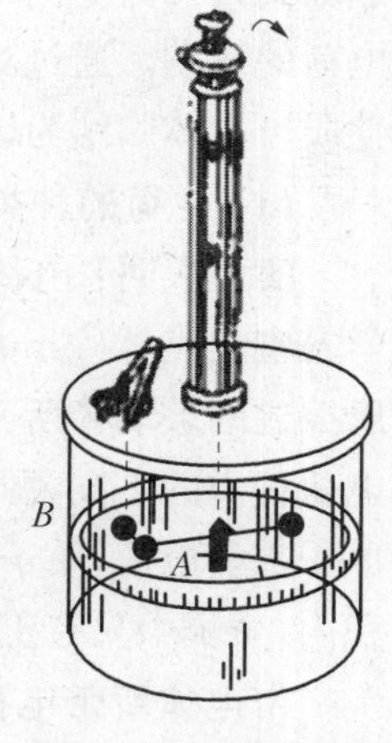

图 7－1 扭秤实验

带电体之间的相互作用力，与带电体所带电量以及相互之间的距离有关，还与带电体的大小、形状、电荷在带电体上的具体分布有关。当带电体的线度比它到其他带电体的距离小得多时，可以忽略该带电体的形状、大小及其电荷分布对相互作用力的影响，将其视为**点电荷**。

点电荷是从实际带电体中抽象出来的理想物理模型。与力学中的质点的概念类似，点电荷具有相对的意义，点电荷本身不一定是一个非常小的带电体，只要在所研究的问题中，它的几何线度可忽略，就可视为点电荷。

库仑定律内容如下：

真空中两个静止点电荷 q_1 和 q_2 之间的相互作用力 F 的大小与 q_1 和 q_2 的乘积成正比，与它们之间距离 r 的平方成反比，作用力的方向沿着它们的连线，同号电荷相斥，异号电荷相吸。

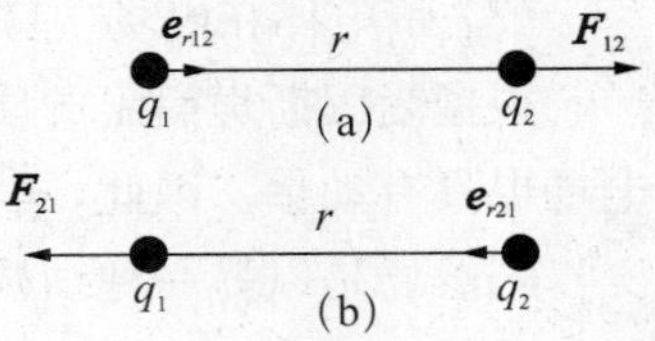

如图 7-2 所示，q_1 对 q_2 的作用力用 $\boldsymbol{F}_{12}$ 表示，$\boldsymbol{e}_{r12}$ 表示由 q_1 指向 q_2 的单位矢量；q_2 对 q_1 的作用力为 $\boldsymbol{F}_{21}$，$\boldsymbol{e}_{r21}$ 表示由 q_2 指向 q_1 的单位矢量，则库仑定律可用矢量式表示为：

图 7-2 库仑定律

(q_1、q_2 同号情况)

$$\boldsymbol{F}_{12} = k\frac{q_1 q_2}{r^2}\boldsymbol{e}_{r12} = -\boldsymbol{F}_{21} \qquad (7-1-1)$$

式中，k 为比例系数，k 的数值、量纲与单位制的选取有关，在国际单位制(SI)中，将其写成

$$k = \frac{1}{4\pi\varepsilon_0}$$

其中，ε_0 称为真空电容率或真空介电常数，它是物理学中一个基本常数，1986 年推荐值为 $\varepsilon_0 = 8.854\,187\,817 \times 10^{-12}\ \mathrm{C^2/(N \cdot m^2)}$。

(2) 静电力的叠加原理

两个静止点电荷之间的相互作用遵循库仑定律。实验证明，当空间存在多个静止点电荷时，作用于每个点电荷上的总静电力等于其他点电荷单独存在时，作用于该电荷上的静电力的矢量和，称为**静电力的叠加原理**。用数学公式表示为

$$\boldsymbol{F} = \sum_{i=1}^{n}\boldsymbol{F}_i \qquad (7-1-2)$$

§7-2 静电场 电场强度

1 电场

库仑给出了两个静止点电荷之间的相互作用力的规律，但是没有说明这种电荷相互作用力是如何传递的。历史上曾经有过两种观点：一种认为是超距作用，即两个点电荷之间的相互作用力不需要媒介，也不需要传递时间；另一种认为是近距作用，并认为电荷相互作用是通过一种充满在宇宙空间的稀薄、透明并且具有弹性的媒质——“以太”来传递的。近代物理学的理论和实验证实，库仑力既不是超距作用，空间也不存在“以太”，而是通过一种物质——“电场”来作用的，电场传递也需要时间，即

电荷⟺ 电场 ⟺电荷

如果带电体相对观察者来说是静止的，那么在它的周围存在的电场就称为**静电场**。科学实验和广泛的生产实践完全肯定了场的观点，并证明电场可以脱离电荷而独立存在。静电场的基本性质如下：

(1) 处在电场中的带电体，都会受到电场力的作用。

(2) 带电体在电场中移动时，电场力做功，这表明电场具有能量。

根据爱因斯坦提出的质能关系式可知，有能量就有质量，所以电场也有质量。另外，电场也具有动量。因此，同实物物质一样，电场也是一种物质。

既然场是以另一种结构形式存在的物质，那么如何来探知静电场呢？如前所述，场能传递相互作用力，那么引入到电场中的电荷或带电体都将受到力的作用，在这里将从电场中的电荷受力这一角度来引入描述静电场的一个物理量——电场强度。

2 电场强度

电场的一个重要特性是对位于场内的其他电荷有力的作用。因此，可以通过电场对电荷的作用力来研究电场，并用电荷作为研究和检测电场的工具。例如，把一点电荷逐次置于空间某个区域的各个位置上，如果这个点电荷总是不受力的作用，则该区域内无其他电荷的电场存在；反之，则存在电场。用于研究和检测电场的电荷称为**试探电荷**或**检测电荷**，产生电场的电荷称为**源电荷**。源电荷可以是若干个点电荷，也可以是具有某种电荷分布和某种形状的带电物体。试探电荷则应满足一定的条件，首先，它所带电荷 q_0 应足够小，使得它对源电荷的作用非常小，这样试探电荷的引入几乎不会引起源电荷电场的分布；其次，试探电荷本身的几何线度应尽可能小，这样才可能用它来探测场内每一点的性质。今后凡讲到试探电荷，都认为是满足这些条件的。

在电场内任一确定点，试探电荷 q_0 受到的电场作用力与试探电荷的电量 q_0 有关，电场对试探电荷 q_0 的作用力是由电场与试探电荷 q_0 共同决定的。若在电场同一处分别放入试探电荷 $2q_0$，$3q_0$，…，则电场力 $\boldsymbol{F}$ 也相继变为 $2\boldsymbol{F}$，$3\boldsymbol{F}$，…，但是电场对试探电荷的作用力 $\boldsymbol{F}$ 与试探电荷电量 q_0 的比值是一个与试探电荷无关而仅由电场本身性质决定的物理量，我们用它来描写电场，称为**电场强度**，简称**场强**。

若电量为 q_0 的试探电荷在场内某点受到的作用力为 $\boldsymbol{F}$，则该点的电场强度定义为

$$\boldsymbol{E}=\frac{\boldsymbol{F}}{q_0} \tag{7-2-1}$$

即电场强度的大小等于单位正电荷在该点所受电场力的大小，其方向是正电荷在该点所受电场力的方向。电场强度 $\boldsymbol{E}$ 是表征空间每一点电场特性的物理量。

一般来讲，空间不同点的场强的大小和方向都是不同的，即电场强度是空间位置 (x, y, z) 的函数，即

$$\boldsymbol{E}=\boldsymbol{E}(x,\ y,\ z)$$

电场是矢量场,若空间各点场强的大小和方向都相同,则称之为**均匀电场**或**匀强电场**。电场强度的单位是 N/C,以后可知,场强的单位也可是 V/m。

根据场强的定义,单位正电荷在场中某点受力为 $\boldsymbol{E}$,那么一个具有电荷 q 的点电荷在该点所受**电场力**为

$$\boldsymbol{F}=q\boldsymbol{E} \tag{7-2-2}$$

显然,正电荷所受电场力方向与场强方向相同,负电荷所受电场力方向与场强方向相反。

3 点电荷的场强与场强叠加原理

(1) 点电荷的场强

如图 7-3 所示,设源电荷是电量为 q 的点电荷,为了研究它的电场,设想把电量为 q_0 的试探电荷置于场内的任意点 P 处,考察点 P 常被称为**场点**。P 点到点电荷 q 的距离为 r。由库仑定律,源电荷 q 作用于试探电荷 q_0 的力为

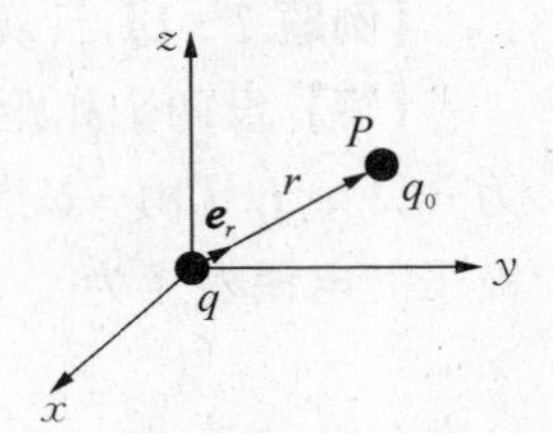

图 7-3 点电荷电场

$$\boldsymbol{F}=\frac{1}{4\pi\varepsilon_0}\frac{qq_0}{r^2}\boldsymbol{e}_r$$

式中,$\boldsymbol{e}_r$ 是从 q 指向 q_0 的单位矢量。由(7-2-1)式可得场点 P 的电场强度为

$$\boldsymbol{E}=\frac{\boldsymbol{F}}{q_0}=\frac{1}{4\pi\varepsilon_0}\frac{q}{r^2}\boldsymbol{e}_r \tag{7-2-3}$$

上式可表述为:**点电荷在空间任一点激发的电场强度的大小,与点电荷的电量成正比,与点电荷所在位置(源点)到场点的距离的平方成反比。**当源电荷 q 是正电荷时,$\boldsymbol{E}$ 与 $\boldsymbol{e}_r$ 同方向;当 q 为负电荷时,$\boldsymbol{E}$ 与 $\boldsymbol{e}_r$ 方向相反。

由(7-2-3)式可知,在距点电荷等距离的各场点的电场强度的大小相等,方向沿以 q 为原点的矢径方向,即该电场具有球对称性。但此式不能给出 q 所在点的场强,因为 $r=0$ 时,$E\to\infty$ 是无意义的。事实上,当 $r\to\infty$ 时,我们不能将带电体仍然作为一个几何点处理,而应该考虑电荷在带电体上的具体分布,这样,在电荷分布的区域,$r=0$ 处 E 就不会达到无穷大。

(2) 场强叠加原理

若源电荷是由 n 个点电荷 q_1, q_2, q_3, …, q_n 组成的点电荷系,设 $\boldsymbol{E}_i$ 为第 i 个点电荷 q_i 在场点 P 处产生的场强,由(7-2-3)式得

$$\boldsymbol{E}_i=\frac{1}{4\pi\varepsilon_0}\frac{q_i}{r_i^2}\boldsymbol{e}_{r_i}$$

式中,r_i 是 q_i 到 P 点的距离,$\boldsymbol{e}_{r_i}$ 是 q_i 指向 P 点的单位矢量。根据力的叠加原理,试探电荷

q_0在考察点 P 处所受的电场力为

$$\boldsymbol{F}=\boldsymbol{F}_1+\boldsymbol{F}_2+\cdots+\boldsymbol{F}_n=\sum\boldsymbol{F}_i$$

式中 $\boldsymbol{F}_1$, $\boldsymbol{F}_2$, …, $\boldsymbol{F}_n$为 q_1, q_2, …, q_n单独存在时 q_0所受的电场力。

将上式两边同除以 q_0得

$$\boldsymbol{E}=\boldsymbol{E}_1+\boldsymbol{E}_2+\cdots+\boldsymbol{E}_n=\sum\boldsymbol{E}_i=\frac{1}{4\pi\varepsilon_0}\sum\frac{q_i}{r_i^2}\boldsymbol{e}_{r_i} \qquad (7-2-4)$$

上式即为场强叠加原理,可表述为**点电荷系所激发的电场中某点的场强等于各个点电荷单独存在时各自激发的电场在该点场强的矢量和。**

应当注意,场强叠加是矢量叠加,要用矢量加法计算。

【例题 7-1】计算电偶极子的电场强度。

【解】设两个相距很近等量异号的点电荷之间的距离为 l,场点 P 到 l 中点 O 的距离为 r, $l\ll r$, $\boldsymbol{l}$ 由 $-q$ 指向 $+q$。由这两个点电荷组成的点电荷系称为**电偶极子**,定义电偶极子的**电偶极矩**为

$$\boldsymbol{p}=q\boldsymbol{l} \qquad (7-2-5)$$

它是表征电偶极子整体特性的物理量。电偶极子是电磁学中的一个重要模型,在研究电介质的极化和电磁波辐射等问题时常用到它。

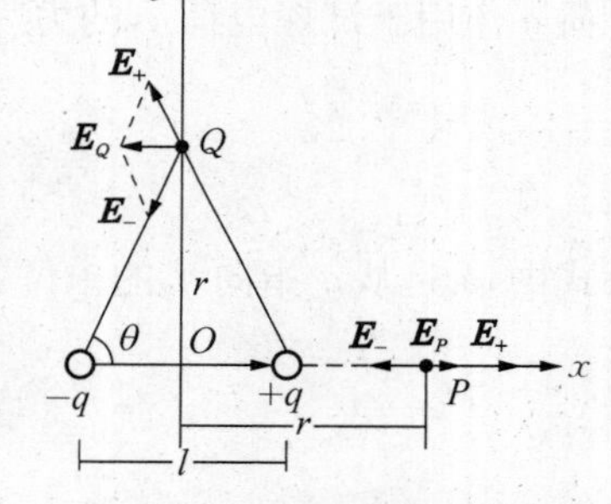

图 7-4 电偶极子的场强

下面计算电偶极子在 l 的延长线上一点 P 的场强和在 l 的中垂线上一点 Q 的场强,见图 7-4。

由点电荷的场强及场强叠加原理可得 P 点的场强为:

$$\boldsymbol{E}_P=\boldsymbol{E}_++\boldsymbol{E}_-=\frac{q}{4\pi\varepsilon_0}\left[\frac{1}{\left(r-\frac{l}{2}\right)^2}-\frac{1}{\left(r+\frac{l}{2}\right)^2}\right]\boldsymbol{i}=\frac{q}{4\pi\varepsilon_0}\frac{2rl}{\left[r^2-\left(\frac{l}{2}\right)^2\right]^2}\boldsymbol{i} \qquad (1)$$

上式中,$\boldsymbol{E}_+$为$+q$ 在 P 点产生的场强,$\left(r-\frac{l}{2}\right)$为$+q$ 到 P 点的距离;$\boldsymbol{E}_-$为$-q$ 在 P 点产生的场强,$\left(r+\frac{l}{2}\right)$为$-q$ 到 P 点的距离,坐标系如图 7-4 所示。

考虑到 $l\ll r$,则有 $2rl\Big/\left[r^2-\left(\frac{l}{2}\right)^2\right]^2\approx 2l/r^3$,电偶极子的**电偶极矩**为 $\boldsymbol{p}=q\boldsymbol{l}=ql\boldsymbol{i}$,因此(1)式最终可表示为

$$\boldsymbol{E}_P=\frac{1}{4\pi\varepsilon_0}\frac{2\boldsymbol{p}}{r^3} \qquad (7-2-6)$$

Q 点的场强计算如下:

组成电偶极子的两点电荷在 Q 点产生的场强大小相等，方向分别沿 $\pm q$ 与 Q 的连线，如图 7-4 所示。由对称性分析可知 $\boldsymbol{E}_+$ 和 $\boldsymbol{E}_-$ 在 y 方向的分量大小相等，方向相反，彼此抵消，合场强的大小为 $2E_+\cos\theta$，方向沿 x 轴反方向，即

$$\boldsymbol{E}_Q = \boldsymbol{E}_+ + \boldsymbol{E}_- = -2\boldsymbol{E}_+\cos\theta\boldsymbol{i} \tag{2}$$

其中，$E_+ = E_- = \dfrac{1}{4\pi\varepsilon_0}\dfrac{q}{r^2+(l/2)^2}$，$\cos\theta = \dfrac{l}{2\left[r^2+(l/2)^2\right]^{\frac{1}{2}}}$，则(2)式可表示为

$$\boldsymbol{E}_Q = -\frac{1}{4\pi\varepsilon_0}\frac{ql}{\left[r^2+\left(\dfrac{l}{2}\right)^2\right]^{\frac{3}{2}}}\boldsymbol{i} \tag{3}$$

考虑到 $l \ll r$，则有 $l/\left[r^2+(l/2)^2\right]^{\frac{3}{2}} \approx l/r^3$，因此(3)式最终可表示为

$$\boldsymbol{E}_Q = -\frac{1}{4\pi\varepsilon_0}\frac{\boldsymbol{p}}{r^3} \tag{7-2-7}$$

上述结果表明，电偶极子在远处的场强取决于电偶极矩 $\boldsymbol{p}$，并与电偶极子的中心到场点的距离 r 的三次方成反比。

4 任意带电体电场的场强

任意带电体的电荷分布从宏观上看可认为是连续的。根据不同的情况，可以把电荷看成在一定体积内的连续分布(**体分布**)、在一定面积上的连续分布(**面分布**)或在一定曲线上的连续分布(**线分布**)，相应地可以引入电荷的体密度 ρ、面密度 σ 和线密度 λ，可表示成下列形式：

$$\begin{cases}\rho = \lim\limits_{\Delta V\to 0}\dfrac{\Delta q}{\Delta V} = \dfrac{\mathrm{d}q}{\mathrm{d}V}\\[2ex] \sigma = \lim\limits_{\Delta S\to 0}\dfrac{\Delta q}{\Delta S} = \dfrac{\mathrm{d}q}{\mathrm{d}S}\\[2ex] \lambda = \lim\limits_{\Delta l\to 0}\dfrac{\Delta q}{\Delta l} = \dfrac{\mathrm{d}q}{\mathrm{d}l}\end{cases} \tag{7-2-8}$$

式(7-2-8)中，对应的 $\mathrm{d}q$ 可视作点电荷，整个带电体可视为由无穷多个点电荷 $\mathrm{d}q$ 组成的点电荷系。这样就可以利用场强叠加原理来计算任意带电体电场的场强，不过应将式(7-2-4)中的求和换成积分。计算步骤如下：

(1) 分割连续带电体，取电荷元 $\mathrm{d}q = \rho\mathrm{d}V$、$\mathrm{d}q = \sigma\mathrm{d}S$ 或 $\mathrm{d}q = \lambda\mathrm{d}l$。

(2) 写出电荷元 $\mathrm{d}q$ 在所研究的场点 P 激发的场强 $\mathrm{d}\boldsymbol{E}$，即

$$\mathrm{d}\boldsymbol{E} = \frac{1}{4\pi\varepsilon_0}\frac{\mathrm{d}q}{r^2}\boldsymbol{e}_r \tag{7-2-9}$$

式中，r 为 $\mathrm{d}q$ 到点 P 的距离，$\boldsymbol{e}_r$ 为 $\mathrm{d}q$ 指向点 P 的单位矢量。

(3) 根据场强叠加原理，场点 P 的场强为

$$\boldsymbol{E}=\int \mathrm{d}\boldsymbol{E} \tag{7-2-10}$$

即

$$\boldsymbol{E}=\frac{1}{4\pi\varepsilon_0}\int\frac{\mathrm{d}q}{r^2}\boldsymbol{e}_r \tag{7-2-11}$$

上式为矢量积分，只有当带电体的所有电荷元 $\mathrm{d}q$ 在场点 P 激发的场强 $\mathrm{d}\boldsymbol{E}$ 的方向相同时，才有如下形式：

$$E=\int \mathrm{d}E=\frac{1}{4\pi\varepsilon_0}\int\frac{\mathrm{d}q}{r^2}$$

如各电荷元 $\mathrm{d}q$ 在点 P 激发的 $\mathrm{d}\boldsymbol{E}$ 方向不同，则

$$E\neq\int \mathrm{d}E$$

这时应根据研究的问题建立适当的坐标系，如在直角坐标系中可将 $\mathrm{d}\boldsymbol{E}$ 沿坐标轴投影为 $\mathrm{d}E_x$、$\mathrm{d}E_y$ 和 $\mathrm{d}E_z$，先计算出 $\boldsymbol{E}$ 在坐标轴上的投影 E_x、E_y 和 E_z

$$E_x=\int \mathrm{d}E_x,\ E_y=\int \mathrm{d}E_y,\ E_z=\int \mathrm{d}E_z \tag{7-2-12}$$

再由矢量和求得 $\boldsymbol{E}$，即

$$\boldsymbol{E}=E_x\boldsymbol{i}+E_y\boldsymbol{j}+E_z\boldsymbol{k} \tag{7-2-13}$$

其中 $\boldsymbol{E}$ 的大小是

$$E=\sqrt{E_x^2+E_y^2+E_z^2} \tag{7-2-14}$$

式(7-2-10)、(7-2-11)和(7-2-12)中的积分区域由激发电场的电荷分布区域确定。

在多个带电体共同激发的电场中，可先求各个带电体在场点的场强，然后由式(7-2-13)求出合场强。

5 点电荷和带电体在外电场中所受的作用

对于点电荷，由场强的定义式 $\boldsymbol{E}=\boldsymbol{F}/q$，可得

$$\boldsymbol{F}=q\boldsymbol{E} \tag{7-2-15}$$

式中 $\boldsymbol{E}$ 是除 q 以外的所有其他电荷在 q 所在处的合场强。

任意带电体可看成无穷多个电荷元 $\mathrm{d}q$ 的集合，每个电荷元 $\mathrm{d}q$ 都可视为点电荷。任一电荷元所受的外电场力 $\mathrm{d}\boldsymbol{F}=\boldsymbol{E}\mathrm{d}q$，而整个带电体在外电场中所受的合力为

$$\boldsymbol{F}=\int \mathrm{d}\boldsymbol{F} \tag{7-2-16}$$

另外，带电体在外电场中通常还要受到力矩的作用。

【例题 7-2】 分析电偶极子在外电场中所受的作用。

【解】 设外场强为 $\boldsymbol{E}$，$\boldsymbol{l}$ 与 $\boldsymbol{E}$ 之间的夹角为 θ，如图 7-5 所示。两个电荷所受的力分别为 $-qE$ 和 $+qE$，这两个力大小相等、方向相反，故合力为零。但这两个力不在同一直线上，所以合力矩不为零。合力矩的大小为

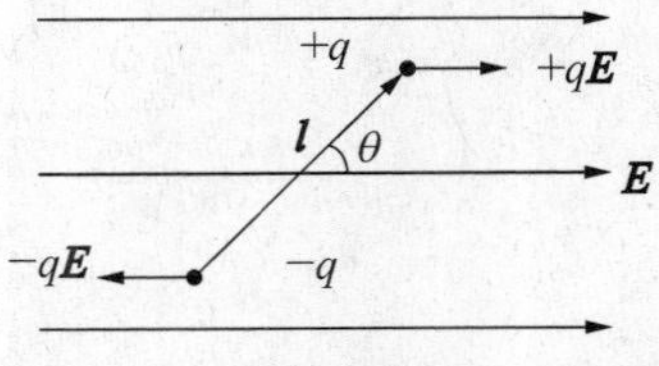

图 7-5 电偶极子所受力矩

$$M=qEl\sin\theta=pE\sin\theta$$

考虑力矩的方向，上式写成矢量式为

$$\boldsymbol{M}=\boldsymbol{p}\times\boldsymbol{E} \tag{7-2-17}$$

可见，电偶极子在外电场中一般不发生平动，由于所受合力矩一般不为零，故要发生转动。力矩的作用总使 θ 角减小，直到电偶极子的轴线与外电场方向一致（$\theta=0$），从而达到稳定平衡状态。

【例题 7-3】 设真空中有一均匀带电直线，长为 L，电量为 q，线外一点 P 距离直线的垂直距离为 a，P 点和直线两端连线与带电直线间的夹角分别为 θ_1 和 θ_2，如图 7-6 所示，求 P 点的电场强度。

【解】 设 P 点到直线的垂足 O 为原点，取坐标系 O-xy，如图 7-6 所示。在带电直线上离原点 y 处取长为 $\mathrm{d}y$ 的电荷元 $\mathrm{d}q$，电荷线密度 $\lambda=q/L$，则 $\mathrm{d}q=\lambda\mathrm{d}y$，$\mathrm{d}q$ 很小可视为点电荷，它在 P 点产生的电场 $\mathrm{d}\boldsymbol{E}$ 为：

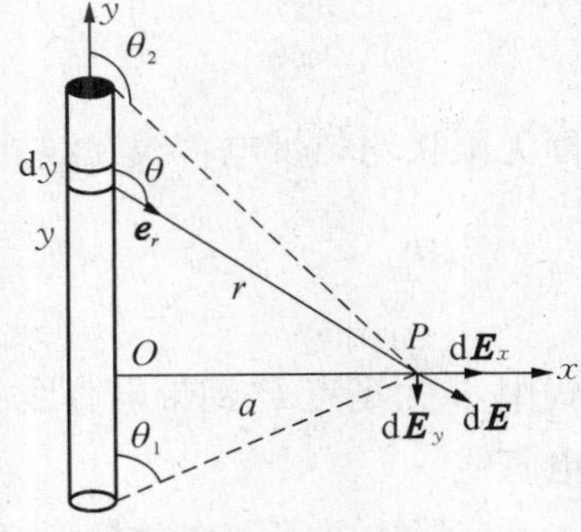

图 7-6 均匀带电直线场强

$$\mathrm{d}\boldsymbol{E}=\frac{1}{4\pi\varepsilon_0}\frac{\lambda\mathrm{d}y}{r^2}\boldsymbol{e}_r$$

$\mathrm{d}\boldsymbol{E}$ 的坐标分量分别为：

$$\mathrm{d}E_x=\mathrm{d}E\sin\theta=\frac{\lambda\mathrm{d}y}{4\pi\varepsilon_0 r^2}\sin\theta \tag{1}$$

$$\mathrm{d}E_y=-\mathrm{d}E\cos\theta=-\frac{\lambda\mathrm{d}y}{4\pi\varepsilon_0 r^2}\cos\theta \tag{2}$$

$$\mathrm{d}E_z=0 \tag{3}$$

上列式中 y、r、θ 都是变量，由图 7-6 可知

$$y=a\tan\left(\theta-\frac{\pi}{2}\right)=-a\cot\theta$$

$$\mathrm{d}y=a\csc^2\theta\mathrm{d}\theta \tag{4}$$

$$r^2 = a^2 + y^2 = a^2\csc^2\theta \tag{5}$$

将(4)、(5)式代入(1)、(2)式中，得

$$\mathrm{d}E_x = \frac{\lambda}{4\pi\varepsilon_0 a}\sin\theta\,\mathrm{d}\theta$$

$$\mathrm{d}E_y = -\frac{\lambda}{4\pi\varepsilon_0 a}\cos\theta\,\mathrm{d}\theta$$

分别积分得

$$E_x = \int \mathrm{d}E_x = \int_{\theta_1}^{\theta_2}\frac{\lambda}{4\pi\varepsilon_0 a}\sin\theta\,\mathrm{d}\theta = \frac{\lambda}{4\pi\varepsilon_0 a}(\cos\theta_1 - \cos\theta_2) \tag{6}$$

$$E_y = \int \mathrm{d}E_y = \int_{\theta_1}^{\theta_2} -\frac{\lambda}{4\pi\varepsilon_0 a}\cos\theta\,\mathrm{d}\theta = \frac{\lambda}{4\pi\varepsilon_0 a}(\sin\theta_1 - \sin\theta_2) \tag{7}$$

P 点的电场强度为

$$\boldsymbol{E} = E_x\boldsymbol{i} + E_y\boldsymbol{j}$$

如果这个均匀带电直线是无限长，即有 $\theta_1 = 0, \theta_2 = \pi$ 代入以上(6)、(7)式得

$$E_x = \frac{\lambda}{2\pi\varepsilon_0 a},\ E_y = 0$$

即无限长均匀带电直线在线外任意一点产生的场强为

$$\boldsymbol{E} = E_x\boldsymbol{i} = \frac{\lambda}{2\pi\varepsilon_0 a}\boldsymbol{i} \tag{7-2-18}$$

式中，a 为场点 P 到带电直线的垂直距离，可见场强 $\boldsymbol{E}$ 的大小与 a 成反比，方向垂直于带电直线。

实际中并不存在数学意义上的无限长带电直线，但是若直线长 $L \gg a$，或场点 P 非常靠近带电直线，则可以将长直带电线抽象为物理上的无限长带电直线来处理。

【例题 7-4】 求一均匀带电细圆环轴线上一点 P 的电场强度 $\boldsymbol{E}$。已知圆环半径为 R，带电量为 Q。

【解】 如图 7-7 所示，设环心为坐标原点，环位于 O-yz平面，P 点在 x 轴上与原点相距 x 处。在环上取线元 $\mathrm{d}l$，圆环上电荷线密度为 $\lambda = Q/2\pi R$，则线元带电为 $\mathrm{d}q = \lambda\mathrm{d}l$。电荷元 $\mathrm{d}q$ 可视为点电荷，它在 P 点产生的电场 $\mathrm{d}\boldsymbol{E}$ 为

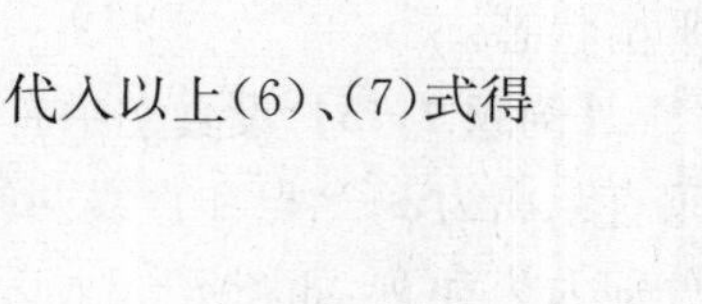

图 7-7 均匀带电细圆环轴线的电场强度 $\boldsymbol{E}$

$$\mathrm{d}\boldsymbol{E} = \frac{\mathrm{d}q}{4\pi\varepsilon_0 r^2}\boldsymbol{e}_r$$

$\mathrm{d}\boldsymbol{E}$ 可分为两个分量：平行于 x 轴的分量 $\mathrm{d}\boldsymbol{E}_{/\!/}$ 和垂直于 x 轴的分量 $\mathrm{d}\boldsymbol{E}_{\perp}$。由于圆环电荷

分布相对轴线对称，所以圆环上所有电荷元的 $d\boldsymbol{E}_{\perp}$ 分量互相抵消，即该分量的矢量和 $\boldsymbol{E}_{\perp}=0$。因此 P 点的场强沿轴线方向，即 x 轴方向，其大小为

$$E=\int dE_x=\int dE\cos\theta=\int_Q \frac{dq}{4\pi\varepsilon_0 r^2}\cos\theta$$

由圆环的对称性可知，每一个电荷元 dq 的 θ 角和 r 都是相同的，所以将因子 $\frac{\cos\theta}{4\pi\varepsilon_0 r^2}$ 移到积分号外，得

$$E=\frac{\cos\theta}{4\pi\varepsilon_0 r^2}\int_Q dq=\frac{Q\cos\theta}{4\pi\varepsilon_0 r^2} \tag{1}$$

由图 7-7 中的几何关系，有 $\cos\theta=\frac{x}{r}$，$r=\sqrt{R^2+x^2}$

则(1)式可写为

$$E=\frac{Qx}{4\pi\varepsilon_0(R^2+x^2)^{3/2}} \tag{7-2-19}$$

从上面结果不难得出：

(1) 若 $x=0$，则 $E=0$，即圆环中心场强为零。

(2) 若 $x\gg R$，则 $E=\frac{Q}{4\pi\varepsilon_0 x^2}$，即远离环心处的电场相当于将电荷 Q 全部集中在环心处的点电荷所产生的电场。

由以上两点可知，当 $x=0$ 或 $x\to\infty$ 时，场强 $E=0$，而 x 为其他值时，$E\neq 0$，说明在 $x=0$ 或 $x\to\infty$ 之间，场强 E 有极大值，读者可验算，在 $x=\frac{\sqrt{2}}{2}R$ 处，极大值为 $E_{max}=\frac{Q}{6\sqrt{3}\pi\varepsilon_0 R^2}$。

§7-3 静电场的高斯定理

1 电场线 电通量

(1) 电场线

电场是矢量场，为了形象直观地表现出电场在空间的分布，英国物理学家法拉第(Faraday，1791—1867)引入了**电场线**(或**电力线**)的概念，并且电场线与电场强度有如下关系：

a. 电场线上每一点的切线方向和该点的电场强度方向一致。

b. 在电场中任意一点通过垂直于场强 $\boldsymbol{E}$ 的单位面积上的电场线条数(即**电场线密

度)正比于该点的场强 $\boldsymbol{E}$ 的大小。

设通过电场中某点垂直于该点场强方向的无限小面元 $dS_{\perp}$ 的电场线条数为 $d\psi_E$,那么,该点处的电场线密度就是$\frac{d\psi_E}{dS_{\perp}}$。按上述规定

$$E \propto \frac{d\psi_E}{dS_{\perp}}$$

在国际单位制(SI)中,场强 $\boldsymbol{E}$ 的大小等于电场线密度,即

$$E = \frac{d\psi_E}{dS_{\perp}} \tag{7-3-1}$$

于是,电场线的疏密就描述了场强大小的分布情况,电场线密集处场强大,电场线稀疏处场强小。

应该指出,电场线不是客观存在的,但是这些假想的曲线可以为电场中各处场强的大小和方向描绘出直观的、一目了然的图像。

几种常见带电体的电场的电场线分布如图 7-8 所示:

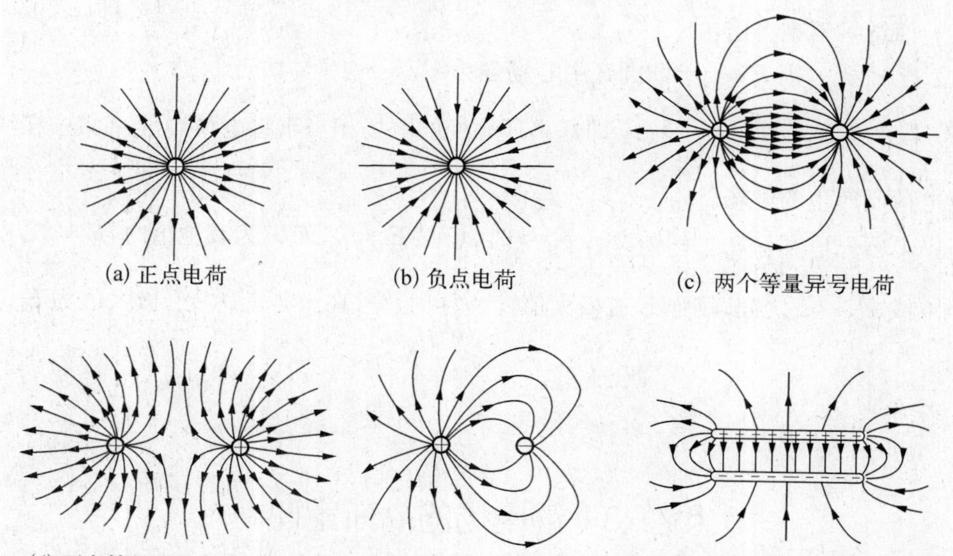

(a) 正点电荷　(b) 负点电荷　(c) 两个等量异号电荷

(d) 两个等量同号电荷　(e) 电量分别为 $+2q$ 和 $-q$ 的两个点电荷　(f) 均匀带等量异号电荷的平行板

图 7-8　几种带电体的电场的电场线分布

从以上的电场分布图可以看出静电场的电场线有下列基本性质:

a. 电场线起于正电荷(或无穷远处),止于负电荷(或无穷远处),不能在没有电荷处中断;电场线不形成闭合线。

b. 任何两条电场线都不会在没有电荷处相交。

电场线可用实验定性地演示,将花粉、草籽或短发浸在插有电极的蓖麻油内,它们在电场力的作用下会沿电场方向排列起来。

(2) 电通量

为了形象化起见，将**通过电场中任意一给定面的电场线总条数定义为通过该面的电通量**，用 ψ_E 表示。

设在匀强电场 $\boldsymbol{E}$ 中有一平面 S，其法线方向为 $\boldsymbol{e}_n$，如图 7－9 所示。令

$$\boldsymbol{S} = S\boldsymbol{e}_n$$

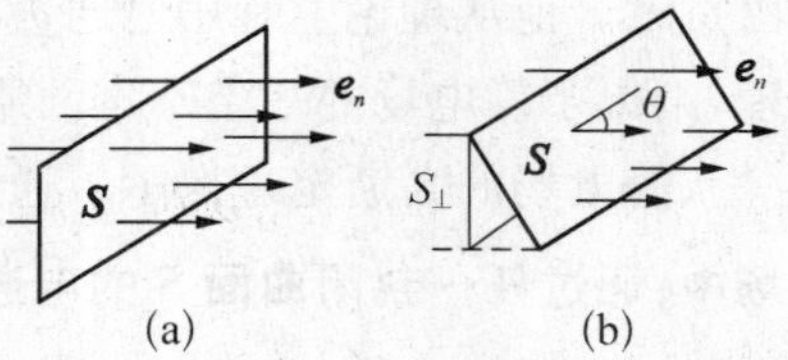

当平面 $\boldsymbol{S}$ 与场强 $\boldsymbol{E}$ 方向相同时，如图 7－8(a)所示，则由(7－3－1)式可得通过平面 $\boldsymbol{S}$ 的电通量为

$$\psi_E = \boldsymbol{E} \cdot \boldsymbol{S} = ES$$

图 7－9　通过 S 面的电通量

如果平面 $\boldsymbol{S}$ 与场强 $\boldsymbol{E}$ 的夹角为 θ，如图 7－8(b)所示，则通过 $\boldsymbol{S}$ 面的电场线数目，与通过 $\boldsymbol{S}$ 在垂直于电场方向的投影面 $S_\perp$ 上的电场线数目相同，即通过 $\boldsymbol{S}$ 面的电通量为

$$\psi_E = ES_\perp = ES\cos\theta = \boldsymbol{E} \cdot \boldsymbol{S}$$

一般情况下，在均匀电场中，一平面上的电通量等于场强与该面矢量的矢量标积，即

$$\psi_E = \boldsymbol{E} \cdot \boldsymbol{S} = ES\cos\theta \tag{7-3-2}$$

由上式可知，通过一给定面的电通量可正可负，正负取决于该面的法线 $\boldsymbol{e}_n$ 与电场 $\boldsymbol{E}$ 之间的夹角。

在非均匀电场中，由于场中各点 $\boldsymbol{E}$ 的大小一般不相等，方向也不尽相同，因此在计算通过任意曲面 S 的电通量时，可在曲面上取面元 $\mathrm{d}\boldsymbol{S}$($\mathrm{d}\boldsymbol{S} = \mathrm{d}S\boldsymbol{e}_n$)，如图 7－10 所示。面元上的电场可视为均匀电场，则通过这个面元的电通量为

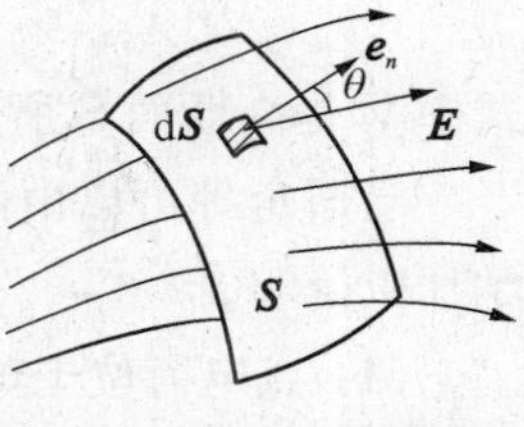

$$\mathrm{d}\psi_E = \boldsymbol{E} \cdot \mathrm{d}\boldsymbol{S}$$

图 7－10　通过任意曲面的电通量

通过任意曲面的电通量即为 S 上所有面元的电通量的代数和，可由积分求得

$$\psi_E = \int_S \psi_E = \int_S \boldsymbol{E} \cdot \mathrm{d}\boldsymbol{S} = \int_S E\cos\theta \mathrm{d}S \tag{7-3-3}$$

积分号的下标 S 是对整个曲面的积分。

如果 S 是闭合曲面，则

$$\psi_E = \oint_S \boldsymbol{E} \cdot \mathrm{d}\boldsymbol{S} = \oint_S E\cos\theta \mathrm{d}S \tag{7-3-4}$$

上式是对整个闭合曲面 S 积分。

在应用(7－3－4)式计算电通量时，我们规定：闭合曲面 S 上的任一面元 $\mathrm{d}\boldsymbol{S}$ 的方向总是取为曲面的自内向外方向。这样，对于闭合曲面 S 来说，如果电场线自内向外穿出，

则电通量为正；反之电通量为负。

2 高斯定理

德国数学家、物理学家高斯(Gauss，1777—1855)在数学和物理两个领域都做出了杰出贡献。他从理论上利用电通量的概念导出了电场与源电荷的一个普遍关系——高斯定理，给出了静电场的一条基本性质。

静电场的高斯定理揭示了通过封闭曲面的电通量与电荷的关系，可叙述为：**在静电场中，通过任一封闭曲面 S 的电通量等于此封闭曲面所包围的电荷代数和 $\sum q_i$ 除以 ε_0**，其数学表达式为

$$\psi_E = \oint_S \boldsymbol{E} \cdot \mathrm{d}\boldsymbol{S} = \frac{1}{\varepsilon_0}\sum q_i \qquad (7-3-5)$$

闭合曲面 S 习惯上称为**高斯面**。

若包围在 S 面内的电荷具有一定的体分布(体密度为 ρ)，则

$$\sum q_i = \int_V \rho \, \mathrm{d}V$$

高斯定理又可写成

$$\psi_E = \oint_S \boldsymbol{E} \cdot \mathrm{d}\boldsymbol{S} = \frac{1}{\varepsilon_0}\int_V \rho \, \mathrm{d}V \qquad (7-3-6)$$

式中 V 是高斯面 S 所包围的体积。

高斯定理可以由库仑定律和场强叠加原理导出，以下只通过几种特殊情况的分析归纳加以说明。

(1) 点电荷位于球体中心

如图 7-11(a)所示，在点电荷 $q(q>0)$ 的电场中，以 q 为球心作一半径为 r 的球面 S。显然，在球面上任一点处，$\boldsymbol{E}$ 与 $\mathrm{d}\boldsymbol{S}$ 之间的夹角为零，所以通过 S 面的电通量应为

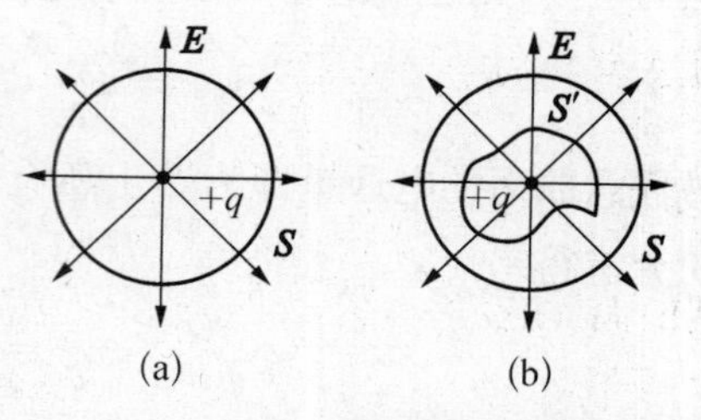

图 7-11 闭合曲面包围电荷的情况

$$\psi_E = \oint_S \boldsymbol{E} \cdot \mathrm{d}\boldsymbol{S} = \oint_S E \, \mathrm{d}S$$

在球面 S 上各点场强 $\boldsymbol{E}$ 的大小处处相等，即

$$E = \frac{q}{4\pi\varepsilon_0 r^2}$$

所以

$$\psi_E = \frac{q}{4\pi\varepsilon_0 r^2}\oint_S \mathrm{d}S = \frac{q}{4\pi\varepsilon_0 r^2} 4\pi r^2 = \frac{q}{\varepsilon_0}$$

可见，对于这种情况，高斯定理是正确的。

上述结果表明，通过闭合球面的电通量 ψ_E 和球面（即高斯面）包围的电荷量成正比，而和所取球面的半径无关。即如果以点电荷 q 为球心作一系列的同心球面 S_1、S_2、S_3…，通过各球面的电通量 ψ_E 都等于$\frac{q}{\varepsilon_0}$。

(2) 包围点电荷的任意曲面

如图 7-11(b)所示，S'为包围点电荷的任意闭合面，S 为在外面作的包围 S'的以 q 为中心的闭合球面。由于电场线的连续性，穿过闭合面 S 和闭合面 S'的电场线条数是相等的。由前面的讨论知穿过 S 的电通量为$\frac{q}{\varepsilon_0}$，所以对 S'面也有

$$\psi_E = \oint_S \boldsymbol{E} \cdot \mathrm{d}\boldsymbol{S} = \frac{q}{\varepsilon_0}$$

(3) 不包围点电荷的任意曲面

如图 7-1 (a)所示，S'为不包围点电荷的任意闭合面，由于电场线的连续性，穿进闭合面 S'的与穿出 S'的电场线条数完全相等，即

$$\psi_E = \oint_S \boldsymbol{E} \cdot \mathrm{d}\boldsymbol{S} = 0$$

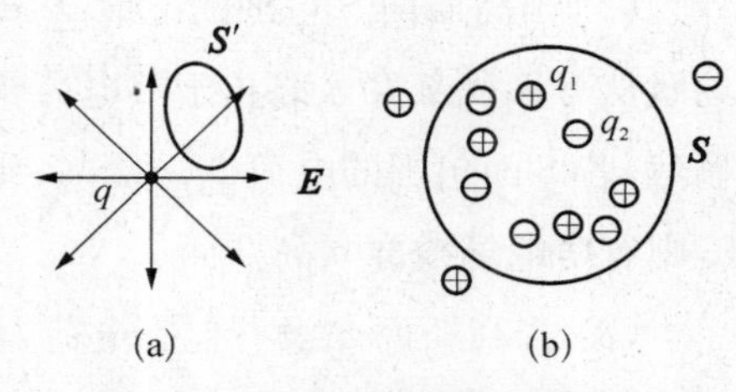

图 7-12 闭合曲面不包围电荷和一般情况

(4) 点电荷系电场中的任意闭合曲面

如图 7-12(b)所示，S 为包围部分点电荷的任意闭合曲面。根据电场的叠加原理，高斯面上任意点的场强为

$$\boldsymbol{E} = \boldsymbol{E}_1 + \boldsymbol{E}_2 + \cdots + \boldsymbol{E}_n$$

则通过 S 面的电通量应为

$$\psi_E = \oint_S \boldsymbol{E} \cdot \mathrm{d}\boldsymbol{S} = \oint_S \boldsymbol{E}_1 \cdot \mathrm{d}\boldsymbol{S} + \oint_S \boldsymbol{E}_2 \cdot \mathrm{d}\boldsymbol{S} + \cdots + \oint_S \boldsymbol{E}_n \cdot \mathrm{d}\boldsymbol{S} = \psi_{E_1} + \psi_{E_2} + \cdots + \psi_{E_n}$$

根据前面讨论的单个点电荷的情况可知，通过 S 面的电通量可表示为

$$\psi_E = \oint_S \boldsymbol{E} \cdot \mathrm{d}\boldsymbol{S} = \frac{1}{\varepsilon_0} \sum q_i$$

上式中 $\sum q_i$ 只是 S 面所包围的点电荷的代数和。

同样可以证明，对于任意带电体或任意形状的高斯面，高斯定理都是正确的。

对于高斯定理的理解应注意以下两点：

a. 高斯定理数学表达式(7-3-5)或(7-3-6)中，等式中的场强 $\boldsymbol{E}$ 是高斯面上任意点的场强（即高斯面上每个面元 $\mathrm{d}\boldsymbol{S}$ 上的电场强度），它是由高斯面内部和外部所有电荷共同激发的合场强。

b. 通过高斯面的总电通量ψ_E只取决于它所包围的电荷,即只有高斯面内的电荷才对总电通量ψ_E有贡献,而高斯面外部有无电荷及电荷如何分布,只会影响高斯面上各处的场强,对高斯面的总电通量ψ_E无贡献。由此可知,如果通过高斯面的电通量为零,并不意味着高斯面上每一点的场强也为零。

3 高斯定理的意义

(7-3-5)式或(7-3-6)式直接给出了电场和源电荷的普遍关系,其含义可概括如下:

(1) 对于空间某高斯面S,当S面内包围了正电荷,则通过S面的电通量$\psi_E > 0$,这表明有电场线从S面内部穿出,即正电荷发出了电场线。当S面内包围了负电荷,则通过S面的电通量$\psi_E < 0$,这表明有电场线从S面外部穿入并终止于负电荷,即负电荷接收了电场线。

(2) 当高斯面S包围的电荷$\sum q_i = 0$,则通过S面的电通量$\psi_E = 0$,这表明有多少电场线从S面外部穿入终止于负电荷,其内部的正电荷就发出相同数量的电场线穿出S面。显然,若S面包围的电荷$\sum q_i > 0$,则有净电场线穿出高斯面,当S面包围的电荷$\sum q_i < 0$,则有净电场线穿入高斯面。

(3) 当高斯面S没有包围电荷,则通过S面的电通量$\sum q_i = 0$,这表明有多少电场线从S外穿入,就有多少电场线从S内穿出,即电场线不会在没有电荷的区域中断。

由上可知,正电荷是发出电场线的源,常称正电荷为静电场的**源头**;负电荷是接收电场线的源,所以称负电荷为静电场的**尾闾**。高斯定理给出了静电场的重要性质:**静电场是有源场,正负电荷就是静电场的场源**。

4 高斯定理的应用

前面已介绍了用库仑定律和场强的叠加原理计算$\boldsymbol{E}$,原则上这种方法可以计算任何带电系统的电场的场强分布,但是在有些问题中积分非常复杂。在静电学范围内,当电荷分布具有某些特殊的对称性,从而使相应的电场分布也具有一定的对称性时,选取合适的闭合积分曲面(即高斯面),就有可能应用高斯定理来计算电场强度。用高斯定理来求解这种带电体所产生的场强分布,比用库仑定律和场强叠加原理要简便得多。

用高斯定理计算场强$\boldsymbol{E}$可按如下步骤进行:

(1) 分析给定的带电体电场分布的对称性,明确$\boldsymbol{E}$的方向和大小分布的特点。

(2) 作合适的高斯面。待求场强的场点应该在此高斯面上,一般使高斯面上各面元法线单位矢量$\boldsymbol{e}_n$与$\boldsymbol{E}$或平行或垂直,在$\boldsymbol{e}_n$与$\boldsymbol{E}$平行的那部分高斯面上,$\boldsymbol{E}$的大小各处要相等,以便使积分$\oint_S \boldsymbol{E} \cdot \mathrm{d}\boldsymbol{S}$中的$E$能以常量的形式从积分号内提出。

(3) 分别求出$\oint_S \boldsymbol{E} \cdot \mathrm{d}\boldsymbol{S}$和$\sum q_i$,从而求出$\boldsymbol{E}$的大小,同时说明$\boldsymbol{E}$的方向。

下面举例说明。

【例题 7－5】 求电荷呈球对称分布时所激发的电场强度。

【解】 设球半径为R,球所带的电荷量为q。根据球对称的特点,激发的电场分布也具有球对称性。不论场点P是在球面外还是在球面内,过P点作半径为r与带电球同心的闭合球面作为高斯面,在这个高斯面上各点电场强度的大小都相等,方向均沿径向。

按照电荷q均匀分布在球体内和均匀分布在球面上两种情况来讨论。

(1) 假定电荷q均匀分布在整个球体内。如果P点在球外,通过高斯面的$\boldsymbol{E}$通量为

$$\psi_E = \oint_S \boldsymbol{E} \cdot \mathrm{d}\boldsymbol{S} = E\oint_S \mathrm{d}S = 4\pi r^2 E$$

此闭合球面所包围的电荷就是整个球体的电荷量q,根据高斯定理可得

$$4\pi r^2 E = \frac{q}{\varepsilon_0}$$

于是

$$E = \frac{q}{4\pi\varepsilon_0 r^2}$$

考虑场强的方向性,可表示为

$$\boldsymbol{E} = \frac{q}{4\pi\varepsilon_0 r^2}\boldsymbol{e}_r \tag{7-3-7}$$

上式与点电荷的电场强度公式完全相同。可见,电荷呈球对称分布时它在球外各点的电场强度与所带电荷全部集中在球心处的点电荷所激发的电场强度一样。

如果P点在球内,同样地,过P点作半径为r与带电球同心的高斯面。根据高斯定理可得通过高斯面的$\boldsymbol{E}$通量为

$$\oint_S \boldsymbol{E} \cdot \mathrm{d}\boldsymbol{S} = E\oint_S \mathrm{d}S = 4\pi r^2 E$$

而高斯面所包围的电荷量是半径为$r(r<R)$的球体内的电荷量,即

$$q' = \rho\frac{4}{3}\pi r^3$$

式中的电荷体密度ρ可表示为

$$\rho = \frac{q}{\frac{4}{3}\pi R^3}$$

于是得到

$$4\pi r^2 E = \frac{q'}{\varepsilon_0} = \frac{qr^3}{\varepsilon_0 R^3}$$

即

$$E=\frac{q'}{4\pi\varepsilon_0 r^2}=\frac{qr}{4\pi\varepsilon_0 R^3}$$

考虑场强的方向性，可表示为

$$\boldsymbol{E}=\frac{qr}{4\pi\varepsilon_0 R^3}\boldsymbol{e}_r \tag{7-3-8}$$

可见球体内部的电场强度随 r 线性地增加。

(2) 若电荷量 q 均匀分布在半径为 R 的球面上，又如果 P 点在球外，按照高斯定理不难推算出球面外的电场强度公式与电荷均匀分布在整个球体内完全相同。但如果 P 点在球内，则过 P 点的高斯面包围的电荷量为零，由高斯定理得

$\oint_S \boldsymbol{E}\cdot \mathrm{d}\boldsymbol{S}=E\oint_S \mathrm{d}S=4\pi r^2 E=0$，所以 $\boldsymbol{E}=0$。由此可见，均匀带电球面内任何点的电场强度为零。

由上述计算结果可画出球内、球外各点的电场强度随距离 r 的变化，如图 7-13 所示。从图中可以看出，在球面情况下，电场强度 $\boldsymbol{E}$ 在球面($r=R$)附近的值有突变。在球体带电时，其内部的电场强度随 r 线性地增加，在球面上达最大值，且在球体表面内外两侧的电场强度是连续变化的。

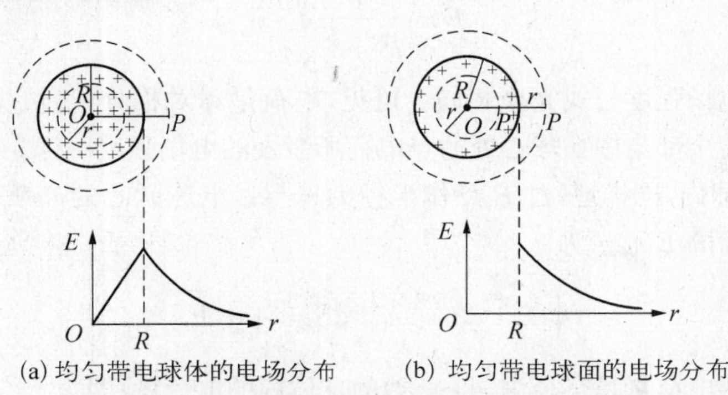

(a) 均匀带电球体的电场分布　　(b) 均匀带电球面的电场分布

图 7-13　球内、外各点的电场强度随距离 r 的变化

【例题 7-6】 电荷均匀分布在一个“无限大”平面上，求它所激发的电场强度。

【解】 设平面上的电荷面密度为 σ。相对于场点 P 到平面上垂足的连线而言，平面上的电荷分布是轴对称的。因此两侧距平面等远点处的电场强度大小一样，方向处处与平面垂直，指向两侧。过场点 P 和平面左侧对称的点 P' 作一个圆柱形的高斯面，其轴线与平面垂直，两底面与平面平行，面积为 S，如图7-14所示。由于在圆柱侧面上电场线与侧面平行，所以通过侧面的 $\boldsymbol{E}$ 通量为零，在圆柱两底面上的电场强度 $\boldsymbol{E}$ 大小相等、方向相

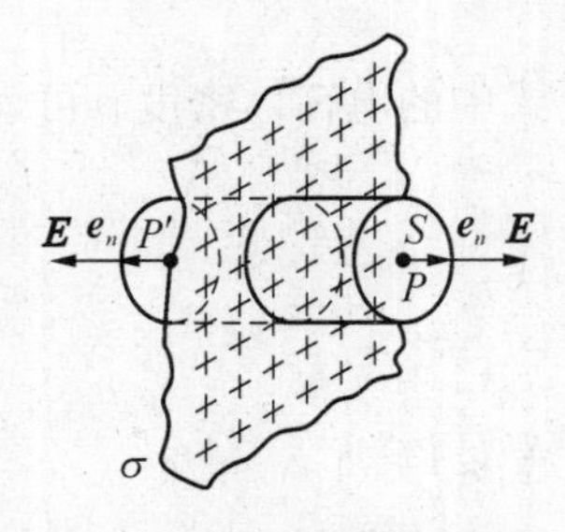

图 7-14　“无限大”均匀带电平面电场

反，电场线都垂直穿过左、右两个底面。因而通过两底面的 $\boldsymbol{E}$ 通量即是通过圆柱形闭合面（高斯面）的 $\boldsymbol{E}$ 通量，可表示为

$$\psi_E = ES + ES$$

已知圆柱形面所包围的电荷量为 σS，由高斯定理得

$$ES + ES = \frac{\sigma S}{\varepsilon_0}$$

于是可求得 P 点的电场强度为

$$E = \frac{\sigma}{2\varepsilon_0}$$

考虑场强的方向性，可表示为

$$\boldsymbol{E} = \frac{\sigma}{2\varepsilon_0}\boldsymbol{e}_n \qquad (7-3-9)$$

式中 $\boldsymbol{e}_n$ 是带电平面两侧的法线单位矢量。上式表明，“无限大”带电平面所激发的电场强度与离平面的距离无关，即在平面的两侧形成一均匀场。

应用本例题的结果和电场强度叠加原理，读者可以证明一对电荷面密度等值异号的“无限大”均匀带电平行平面间电场强度的大小为

$$E = \frac{\sigma}{\varepsilon_0} \qquad (7-3-10)$$

其方向从带正电平面指向带负电平面，而在两个平行平面外部空间各点的电场强度为零。

在实验室里，常利用一对均匀带电的平板电容器（忽略边缘效应）来获得均匀电场。

【例题 7-7】 求电荷呈“无限长”圆柱形轴对称均匀分布时所激发的电场强度。

【解】 设该圆柱的半径为 R，单位长度所带的电荷量为 λ。由于电荷分布是轴对称的，而且圆柱是无限长的，由前两题相似的对称性分析，可以确定其电场也具有轴对称性。即与圆柱轴线距离相等的各点，电场强度 $\boldsymbol{E}$ 的大小相等，方向垂直柱面呈辐射状，如图 7-15 所示。为了求任一点 P 处的电场强度，过场点 P 作一个与带电圆柱共轴的圆柱形高斯面 S，柱高为 h、底面半径为 r。因为在圆柱面的曲面上各点电场强度 $\boldsymbol{E}$ 的大小相等、方向处处与曲面正交，所以通过该曲面的电通量为 $2\pi rhE$，通过圆柱两底面的电通量为零。因此，通过整个闭合面 S 的 $\boldsymbol{E}$ 通量为

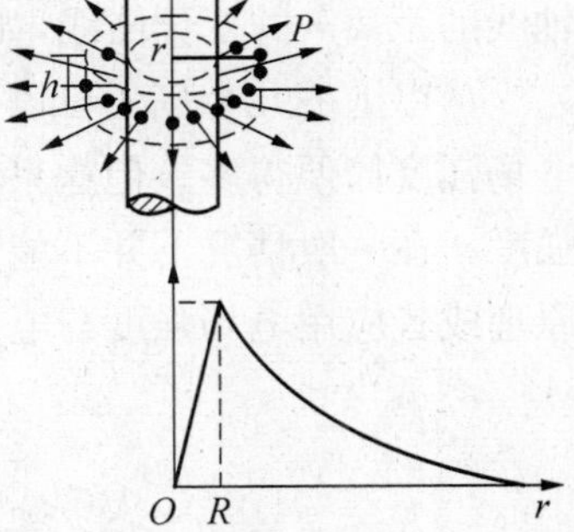

图 7-15 “无限长”均匀带电圆柱面的电场分布图

$$\psi_E = 2\pi rhE$$

如果 P 点位于带电圆柱之外（$r>R$），则闭合面内所包围的电荷量为 λh。由高斯定理可得

$$2\pi rhE=\frac{\lambda h}{\varepsilon_0}$$

则 P 点的电场强度为

$$E=\frac{\lambda}{2\pi\varepsilon_0 r}$$

考虑场强的方向性，可表示为

$$\boldsymbol{E}=\frac{\lambda}{2\pi\varepsilon_0 r}\boldsymbol{e}_r \tag{7-3-11}$$

由此可见，“无限长”圆柱形轴对称均匀分布电荷在圆柱外各点的电场强度，与所带电荷全部集中在其轴线上的均匀线分布电荷所激发的电场强度一样。

如果 P 点在带电圆柱之内($r<R$)，电荷均匀分布在整个圆柱体内，则闭合面 S 内所包围的电荷量为 $q'=\lambda hr^2/R^2$，由高斯定理得

$$2\pi rhE=\frac{\lambda h}{\varepsilon_0 R^2}r^2$$

于是可求得圆柱体内任一点 P 处的电场强度为

$$E=\frac{\lambda r}{2\pi\varepsilon_0 R^2}$$

考虑场强的方向性，可表示为

$$\boldsymbol{E}=\frac{\lambda r}{2\pi\varepsilon_0 R^2}\boldsymbol{e}_r \tag{7-3-12}$$

根据上述结果，画出“无限长”均匀带电圆柱体空间各点的电场强度随各点离带电圆柱体轴线的距离 r 的变化曲线，如图 7-15 所示。

从以上的几个例子可以看出，应用高斯定理求解电场强度要比用式(7-2-12)计算电场强度简便得多。但这只有当电场具有高度对称性，才有可能应用高斯定理求解电场强度。在一般情况下并不能直接用高斯定理来求解电场强度，只能应用电场强度的叠加原理或者应用电场强度与电势关系(见§7-5)来求解。

§7-4 静电场的环路定理 电势

前面从电场对电荷的作用力出发，引入了电场强度 $\boldsymbol{E}$ 这一物理量来描述电场的性质，根据库仑定律和场强叠加原理得到了静电场的高斯定理。本节仍根据这两条基本规律，

从电场力对电荷做功出发，证明静电场力所做的功与路径无关，由此导出反映静电场性质的另一定理——静电场的“环路定理”。对静电场性质的进一步研究表明，我们还可以引入另一个物理量电势来描写电场的性质。

1 静电场的环路定理

在静止点电荷 q 的电场中，将试探电荷 q_0 由 P 点沿任意路径移到 Q 点，如图 7-16 所示，电场力对 q_0 做功为

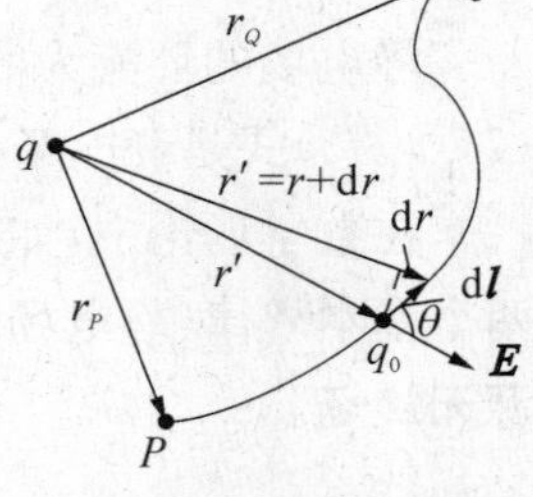

图 7-16 电场力做功

$$A_{PQ}=\int_L \mathrm{d}A=\int_P^Q \boldsymbol{F}\cdot\mathrm{d}\boldsymbol{l}=\int_P^Q q_0\boldsymbol{E}\cdot\mathrm{d}\boldsymbol{l}=q_0\int_P^Q E\cos\theta\,\mathrm{d}l$$

上式中，$\mathrm{d}\boldsymbol{l}$ 是路径上任一线元，$\boldsymbol{E}$ 是 q 在 $\mathrm{d}\boldsymbol{l}$ 处的场强，θ 是 $\boldsymbol{E}$ 与 $\mathrm{d}\boldsymbol{l}$ 的夹角，由图可知

$$\mathrm{d}l\cos\theta=\mathrm{d}r,\ E=\frac{1}{4\pi\varepsilon_0}\frac{q}{r^2}$$

得

$$A_{PQ}=q_0\int_{r_P}^{r_Q}\frac{q}{4\pi\varepsilon_0 r^2}\mathrm{d}r=\frac{q_0 q}{4\pi\varepsilon_0}\int_{r_P}^{r_Q}\frac{1}{r^2}\mathrm{d}r=\frac{q_0 q}{4\pi\varepsilon_0}\left(-\frac{1}{r}\right)\bigg|_{r_P}^{r_Q}=\frac{q_0 q}{4\pi\varepsilon_0}\left(\frac{1}{r_P}-\frac{1}{r_Q}\right) \tag{7-4-1}$$

式中，r_P和r_Q分别是P 点和Q 点到场源q 的距离。式(7-4-1)表明，在点电荷的电场中，电场力做功与路径无关，仅与试探电荷的始末位置有关。

对于任意带电体的电场，带电体可以看成电荷元的集合，每个电荷元可以看成一个点电荷，所以由场强叠加原理可得

$$A_{PQ}=\int_P^Q q_0\boldsymbol{E}\cdot\mathrm{d}\boldsymbol{l}=\int_P^Q q_0\left(\sum\boldsymbol{E}_i\right)\cdot\mathrm{d}\boldsymbol{l}=\sum\int_P^Q q_0\boldsymbol{E}_i\cdot\mathrm{d}\boldsymbol{l}=\sum\frac{q_0 q_i}{4\pi\varepsilon_0}\left(\frac{1}{r_{i_P}}-\frac{1}{r_{i_Q}}\right) \tag{7-4-2}$$

上式右边每一项积分均与路径无关，所以电场力所做的功 A_{PQ}与路径无关。

根据上面讨论，可得到如下结论：**试探电荷在任何静电场中移动时，电场力所做的功只与试探电荷的电量及其始末位置有关，与路径无关，即静电场力是保守力。**

设试探电荷在电场中从某点出发，沿任意闭合路线 L 运动一周又回到原来位置，由式(7-4-2)可知电场力做功为零，亦即

$$q_0\oint_L \boldsymbol{E}\cdot\mathrm{d}\boldsymbol{l}=0$$

因为 $q_0\neq 0$，所以

$$\oint_L \boldsymbol{E}\cdot\mathrm{d}\boldsymbol{l}=0 \tag{7-4-3}$$

上式的左边是场强 $\boldsymbol{E}$ 沿闭合路径的线积分，也称**场强 $\boldsymbol{E}$ 的环流**，因此我们称式(7-4-3)为静电场的环路定理，表述为：**静电场场强的环流恒为零**。它和"静电场力做功与路径无关"的说法完全等价。

静电场的环流为零还表明，在闭合路径上移动单位正电荷，静电力做功为零，所以(7-4-3)式是静电场保守性的另一种表示。

在数学场论中，如果一个矢量场的环流为零，则该矢量场为**无旋场**。至此，静电场的两个基本规律(静电场的高斯定理和环路定理)全面反映了静电场的性质——**静电场是有源无旋场**。

2 电势

(1) 电势能

在力学中我们讨论过重力场是保守力场，可引入重力势能的概念。当物体处在重力场中确定位置时，就具有一定的重力势能，当物体的位置发生变化时，重力对物体做功，重力势能随之改变。

从上一节讨论可知，静电场力做功与重力做功相似，因此，可相应地引入静电势能的概念。当电荷在静电场中一定位置时，也具有一定的静电势能，并把电场力对电荷所做的功作为电荷电势能改变的量度。

设在静电场 $\boldsymbol{E}$ 中，点电荷 q_0 从 P 沿任意路径移到另一点 Q，电场力做功为

$$A_{PQ}=\int_P^Q q_0 E\cdot \mathrm{d}l$$

定义：**静电场力做的功等于静电势能增量的负值。**若用 W_P 和 W_Q 分别表示点电荷 q_0 在 P 点和 Q 点的静电势能，则有

$$A_{PQ}=q_0\int_P^Q E\cdot \mathrm{d}l=-(W_Q-W_P)=W_P-W_Q \tag{7-4-4}$$

静电势能与重力势能相似，是一个相对的量。为了确定电荷在电场中某一点静电势能的大小，必须选定一个静电势能的零参考点，零参考点的选取与力学中重力势能零点的选取一样是可以任意的，在通常的情况下，对于有限大小的带电体，常选定电荷 q_0 在无限远处的静电势能为零，亦即令 $W_\infty=0$，由此电荷 q_0 在电场中任意 P 点的静电势能为

$$W_P=W_{P\infty}=q_0\int_P^\infty \boldsymbol{E}\cdot \mathrm{d}\boldsymbol{l} \tag{7-4-5}$$

即电荷 q_0 在电场中某一点 P 处的电势能 W_P 在数值上等于 q_0 从 P 点移到无限远处电场力所做的功 $A_{P\infty}$。

需要指出的是，与重力势能相似，静电势能也是属于一定的系统。式(7-4-5)反映了静电势能是点电荷 q_0 与场源电荷所激发的电场之间的相互作用能量，所以静电势能是属于点电荷 q_0 和电场这个系统的。电势能 W_P 与电场的性质有关，也与引入电场中点电

荷 q_0 的电荷量有关,它并不能直接描述某一给定点 P 处电场的性质。

(2) 电势差

由(7-4-4)式可得,电场中任意两点的静电势能差值与该电荷的电量的比值为

$$\frac{W_P}{q_0} - \frac{W_Q}{q_0} = \int_P^Q \boldsymbol{E} \cdot \mathrm{d}\boldsymbol{l}$$

它与电荷无关,反映了电场本身在 P 点和 Q 点的属性。可用静电场内两点 P、Q 的电势差来表示这一比值,即

$$U_{PQ} = U_P - U_Q = \int_P^Q \boldsymbol{E} \cdot \mathrm{d}\boldsymbol{l} \tag{7-4-6}$$

这就是说,在静电场内任意两点 P 和 Q 的电势差,**在数值等于一个单位正电荷从 P 点沿任一路径移到 Q 点的过程中,电场力所做的功。电势差**又称**电势降落**或**电压**。

当任一电荷 q_0 在电场中从点 P 移到点 Q 时,电场力所做的功可用电势差表示为

$$A_{PQ} = q_0 U_{PQ} \tag{7-4-7}$$

在实际应用中,常常知道两点间的电势差,就可以使用公式(7-4-7)来计算电场力做功和电势能的增减变化。例如,一个电子通过电势差为 1 V 的区间加速,电场力对它做的功为

$$A = eU = 1.60 \times 10^{-19}\ \mathrm{C} \times 1\ \mathrm{V} = 1.60 \times 10^{-19}\ \mathrm{J}$$

电子从而获得 1.60×10^{-19} J 的能量,在近代物理中,常常把该能量值称为**电子伏特**,符号为 eV,即

$$1\ \mathrm{eV} = 1.60 \times 10^{-19}\ \mathrm{J}$$

微观粒子的能量往往很高,常用兆电子伏(MeV)、吉电子伏(GeV)等单位,它们之间的换算关系为:$1\ \mathrm{MeV} = 10^6\ \mathrm{eV}$,$1\ \mathrm{GeV} = 10^9\ \mathrm{eV}$。

(3) 电势

静电场内任意给定两点的电势差是完全确定的,但电场内某点的电势则取决于电势零参考点的选择。由于零参考点不同,同一点的电势具有不同的数值。所谓某点的电势总是相对预先选定的零参考点而言的。若取 Q 点为电势零点,则任一点 P 的电势可表示为

$$U_P = \int_P^Q \boldsymbol{E} \cdot \mathrm{d}\boldsymbol{l} \tag{7-4-8}$$

在理论分析中,若产生电场的源电荷分布在空间有限的范围内(如点电荷、带电球面、带电球体、有限长带电线、有限大带电板等),则选取无限远处作为电势的零参考点是方便的,在此条件下,静电场内某一点 P 的电势实质上就是 P 点与无限远处的电势差,即

$$U_P = \int_P^{\infty} \boldsymbol{E} \cdot \mathrm{d}\boldsymbol{l} \tag{7-4-9}$$

它在数值上等于把单位正电荷由 P 点移到无限远处的过程中电场力做的功。

与静电势能的零点选取一样，电势零点的选取也是任意的，可以由我们处理问题的需要而定。对于电荷分布在无限空间（如无限长带电线、无限大带电板、无限长带电圆柱等），电势零点不能选在无限远处，应选在有限远点，否则会导致场点的电势为无限大或不确定。工程上常常选取大地或设备的外壳的电势为零。当然，电场中任意两点的电势差与电势零点的选取无关，只与它们的相对位置有关。但是在电势零点选定后，电场中各点的电势就有了确定的值，这些值就构成电场中的电势分布，所以电势是描写电场的标量函数。

在 SI 单位制中，电势或电势差的单位为 V（伏特）。把 1 C 的正电荷从静电场内一点移到另一点的过程中，若电场力做的功为 1 J，则称这两点的电势差为 1 V，即

$$1\ \mathrm{V} = 1\ \mathrm{J/C}$$

3 电势的计算

(1) 点电荷电场中的电势

当场源是电量为 q 的点电荷时，距离点电荷为 r 的 P 点的电势为

$$U_P = \int_P^{\infty} \boldsymbol{E} \cdot \mathrm{d}\boldsymbol{l}$$

上式中 $\mathrm{d}\boldsymbol{l}$ 为从 P 点到无穷远处任意路径上的元位移。因为点电荷 q 激发的电场呈辐射状，且静电场力做功与路径无关，所以可选从 P 点到无穷远处的一直线路径（与电场线重合）作为积分路径，再在直线路径上取一元位移 $\mathrm{d}\boldsymbol{r}$，这样 $\boldsymbol{E}$ 与 $\mathrm{d}\boldsymbol{r}$ 在同一直线上，于是

$$U_P = \int_P^{\infty} \boldsymbol{E} \cdot \mathrm{d}\boldsymbol{l} = \int_P^{\infty} \boldsymbol{E} \cdot \mathrm{d}\boldsymbol{r} = \int_r^{\infty} E\,\mathrm{d}r\cos 0 = \int_r^{\infty} \frac{1}{4\pi\varepsilon_0}\frac{q}{r^2}\mathrm{d}r = \frac{q}{4\pi\varepsilon_0 r}$$

由于点 P 是任意的，于是得到点电荷 q 激发的电场中的电势分布公式为

$$U = \frac{1}{4\pi\varepsilon_0}\frac{q}{r} \tag{7-4-10}$$

当 q 为正时，电势 U 也为正，离点电荷越远，电势越小，在无限远处电势最小，其值为零；当 q 为负时，电势也为负，离点电荷越远电势越大，在无限远处电势最大，其值为零。

(2) 点电荷系电场中的电势　电势叠加原理

当电场由一组点电荷共同产生，各点电荷的电量分别为 q_1，q_2，…，q_n，由场强叠加原理可得

$$\boldsymbol{E} = \boldsymbol{E}_1 + \boldsymbol{E}_2 + \cdots + \boldsymbol{E}_n$$

则任意点 P 的电势为

$$\begin{aligned} U_P &= \int_P^{\infty}(\boldsymbol{E}_1+\boldsymbol{E}_2+\cdots+\boldsymbol{E}_n)\cdot \mathrm{d}\boldsymbol{l} \\ &= \int_P^{\infty}\boldsymbol{E}_1\cdot \mathrm{d}\boldsymbol{l}+\int_P^{\infty}\boldsymbol{E}_2\cdot \mathrm{d}\boldsymbol{l}+\cdots+\int_P^{\infty}\boldsymbol{E}_n\cdot \mathrm{d}\boldsymbol{l} \\ &= \sum_{i=1}^{n}\int_P^{\infty}\boldsymbol{E}_i\cdot \mathrm{d}\boldsymbol{l}=\sum_{i=1}^{n}U_{iP} \end{aligned} \tag{7-4-11}$$

由式(7－4－10)有

$$U_{iP}=\frac{1}{4\pi\varepsilon_0}\frac{q_i}{r_i}$$

上式中 r_i 为第 i 个点电荷到点 P 的距离。代入(7－4－11)式即得**电势叠加原理：**

点电荷系的电场中某点的电势，等于各个点电荷单独存在时在该点产生的电势的代数和。即

$$U=\sum U_i=\sum\frac{1}{4\pi\varepsilon_0}\frac{q_i}{r_i} \tag{7-4-12}$$

(3) 任意带电体电场中的电势

如果电场是由具有连续电荷分布的带电体所激发的，且带电体分布在有限区域内，那么可将带电体分成无限多个电荷元 $\mathrm{d}q$，每个电荷元即为点电荷。由电势叠加原理，可得带电体在场中某点 P 的电势，只不过此式(7－4－12)中的求和应改为积分，即：

$$U=\frac{1}{4\pi\varepsilon_0}\int\frac{\mathrm{d}q}{r} \tag{7-4-13}$$

上式中 r 是电荷元 $\mathrm{d}q$ 到场点的距离。对于体分布的电荷，$\mathrm{d}q=\rho\mathrm{d}V$，对于面分布的电荷或线分布的电荷，$\mathrm{d}q=\sigma\mathrm{d}S$ 或 $\mathrm{d}q=\lambda\mathrm{d}l$。

4 例题

由公式 $U_P=\int_P^{Q}\boldsymbol{E}\cdot\mathrm{d}\boldsymbol{l}$ 和 $U=\frac{1}{4\pi\varepsilon_0}\int\frac{\mathrm{d}q}{r}$ 可知，若已知电荷分布，计算电势的方法有两种。第一种方法是先根据电荷分布求出电场强度，然后选取参考点 Q 的电势，计算场点 P 的电势，要注意的是只有当电荷分布在有限区域内时，才能设 $U_Q=U_{\infty}=0$。第二种方法是直接根据电势叠加原理的公式 $U=\sum U_i=\sum\frac{1}{4\pi\varepsilon_0}\frac{q_i}{r_i}$ 或 $U=\frac{1}{4\pi\varepsilon_0}\int\frac{\mathrm{d}q}{r}$ 计算电势，用第二种方法时，带电体也应分布在有限区域内。

【例题 7－8】 求半径为 R、带电量为 q 的均匀带电球面产生的电场中的电势分布。

【解】 由于电荷分布是球对称的，可利用高斯定理求得球面内外的场强分布为

$$E=\begin{cases}0\ (r<R)\\ \dfrac{1}{4\pi\varepsilon_0}\dfrac{q}{r^2}\ (r>R)\end{cases}$$

方向沿径向。

计算电势时，把场强沿矢径积分(设 $q>0, U_\infty=0$)，P 是球外一点，则

$$U_P=\int_P^\infty \boldsymbol{E}\cdot \mathrm{d}\boldsymbol{l}=\frac{1}{4\pi\varepsilon_0}\int_r^\infty \frac{q}{r^2}\mathrm{d}r=\frac{1}{4\pi\varepsilon_0}\frac{q}{r}\ (r>R)$$

若 P 是球内一点，则

$$U_P=\int_r^\infty \boldsymbol{E}\cdot \mathrm{d}\boldsymbol{l}=\int_r^R \boldsymbol{E}\cdot \mathrm{d}\boldsymbol{l}+\int_R^\infty \boldsymbol{E}\cdot \mathrm{d}\boldsymbol{l}$$

在上式右边第一项积分式中 $E=0$，故积分为零，于是

$$U_P=\frac{1}{4\pi\varepsilon_0}\int_R^\infty \frac{q}{r^2}\mathrm{d}r=\frac{1}{4\pi\varepsilon_0}\frac{q}{R}$$

U 随 r 变化的关系曲线，如图 7－17 所示。可知均匀带电球面内电势处处相等，且与球表面电势值相同，球面外电势分布与电荷集中在球心的点电荷电场的电势分布一样。

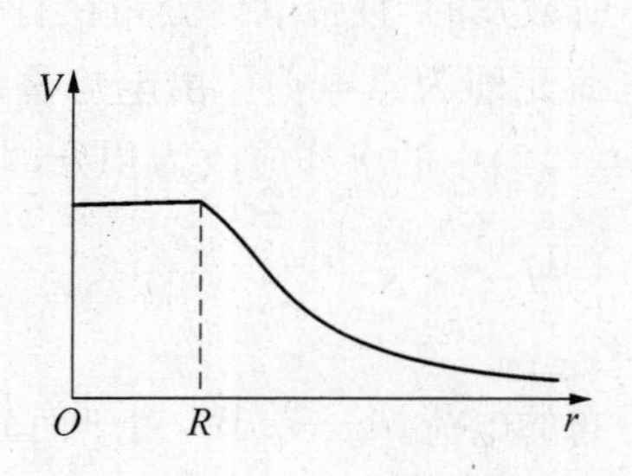

图 7－17　均匀带电球面的电势分布

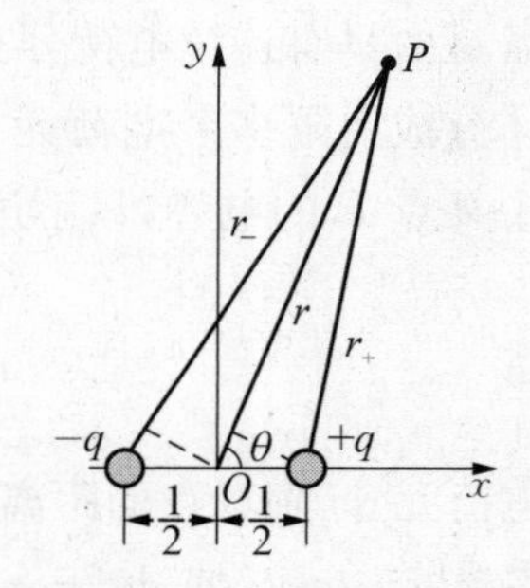

图 7－18　例题 7－9 图

【例题 7－9】求电偶极矩 $\boldsymbol{p}=q\boldsymbol{l}$ 的电偶极子场中电势的分布。

【解】如图 7－18 所示，O 是电偶极子的中心，场点 P 离 O 的距离为 r，r 和 l 的夹角为 θ。

取 $U_\infty=0$，$+q$ 和 $-q$ 单独存在时，在 P 点的电势分别为

$$U_+=\frac{1}{4\pi\varepsilon_0}\frac{q}{r_+}$$

$$U_-=-\frac{1}{4\pi\varepsilon_0}\frac{q}{r_-}$$

式中，r_+ 和 r_- 是 P 到 $\pm q$ 的距离。根据电势叠加原理，可得 P 点电势为

$$U=U_{+}+U_{-}=\frac{q}{4\pi\varepsilon_0}\left(\frac{1}{r_{+}}-\frac{1}{r_{-}}\right) \tag{1}$$

因为 $r\gg l$，可作近似计算

$$r_{-}-r_{+}=l\cos\theta,\ r_{+}\cdot r_{-}\approx r^2$$

代入(1)式，得

$$U=\frac{ql\cos\theta}{4\pi\varepsilon_0 r^2}=\frac{p\cos\theta}{4\pi\varepsilon_0 r^2}$$

或写成如下形式

$$U=\frac{1}{4\pi\varepsilon_0}\frac{\boldsymbol{p}\cdot\boldsymbol{r}}{r^3}$$

由上式可知，$\theta=\frac{\pi}{2}$ 时，即在电偶极子的中垂面上，$U=0$。

【例题 7-10】 求半径为 R，带电量为 q 的均匀带电圆环轴线上的电势。

【解】 如图 7-19 所示，P 是轴线上的一点，距离环心的距离为 y，圆环的电荷线密度为 $\lambda=\frac{q}{2\pi R}$，把圆环分成无限多个电荷元，每个电荷元看作一个点电荷，$\mathrm{d}q=\lambda\,\mathrm{d}l$，则在 P 点产生的电势为

$$\mathrm{d}U_P=\frac{\mathrm{d}q}{4\pi\varepsilon_0 r}=\frac{\lambda\,\mathrm{d}l}{4\pi\varepsilon_0 r}$$

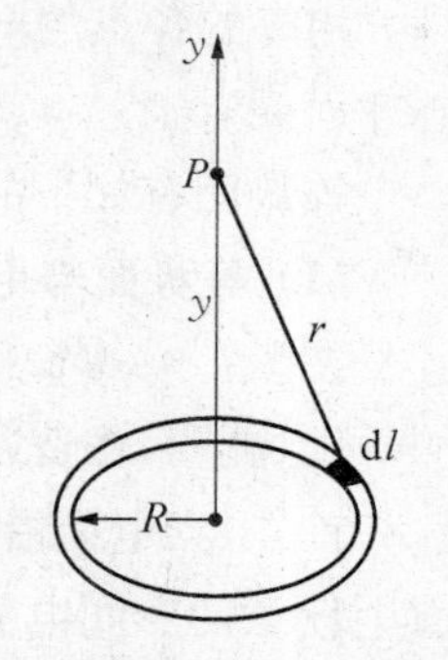

图 7-19 例题 7-10 图

由电势的叠加原理可得整个圆环在 P 点的电势为

$$U_P=\oint \mathrm{d}U_P=\frac{\lambda}{4\pi\varepsilon_0}\frac{1}{r}\oint \mathrm{d}l=\frac{\lambda}{4\pi\varepsilon_0 r}\cdot 2\pi R=\frac{q}{4\pi\varepsilon_0 r}$$

积分式中 $r=\sqrt{R^2+y^2}$ 对所有电荷元都相等，代入上式可得

$$U_P=\frac{1}{4\pi\varepsilon_0}\frac{q}{\sqrt{R^2+y^2}} \tag{1}$$

当 $R\ll y$ 时，式(1)为

$$U=\frac{q}{4\pi\varepsilon_0 y}$$

相当于点电荷电场的电势公式。

当 $y=0$ 时，式(1)为

$$U=\frac{q}{4\pi\varepsilon_0 R}$$

§7-5 等势面 场强和电势梯度

至此,已经有了两个描述静电场的物理量——电场强度和电势,其中电场强度是从电场力的角度来描述静电场的,而电势则是从电场力做功的角度来描述静电场的。既然这两个物理量是从两个不同角度描述同一个对象,那么它们两者之间必然存在着一定的联系。本节将讨论它们之间的微分关系。

1 等势面

本章第三节中,曾用电场线来形象地描绘电场强度的分布。同样地,可以引入等势面来描绘静电场中电势的分布。

当电势的零点选定后,电场内各点电势都有确定的值。**静电场中电势相等的各点的轨迹一般是一个曲面,称为等势面。**例如,在点电荷的电场中,由公式$U=\dfrac{q}{4\pi\varepsilon_0 r}$可知,凡是$r$相等的各点的电势均相等,所以点电荷电场的等势面是以点电荷为球心的一系列同心球面。

等势面有如下的性质:

(1) 等势面与电场线处处正交

在图 7-20(a)的点电荷的等势面图像中,明显可以看出等势面与电场线是处处正交的,可以证明,在普遍的情况下这个结论也成立。证明如下:

首先,当电荷沿等势面移动时,电场力不会做功。由式$A_{PQ}=q_0(U_P-U_Q)$,因在等势面上任意两点间电势差$U_P-U_Q=0$,所以$A_{PQ}=0$。如图 7-21 所示,设一试探电荷q_0沿等势面作一任意元位移 $\mathrm{d}\boldsymbol{l}$,于是电场力做功$q_0E\mathrm{d}l\cos\theta=0$,但$q_0$、$E\mathrm{d}l$都不等于零,必然有$\cos\theta=0$,即$\theta=\pi/2$。这就是说,场强$\boldsymbol{E}$与 $\mathrm{d}\boldsymbol{l}$ 垂直。上述结论适用于电场中任何地方,**所以电场强度(电场线)与等势面必须处处正交。**

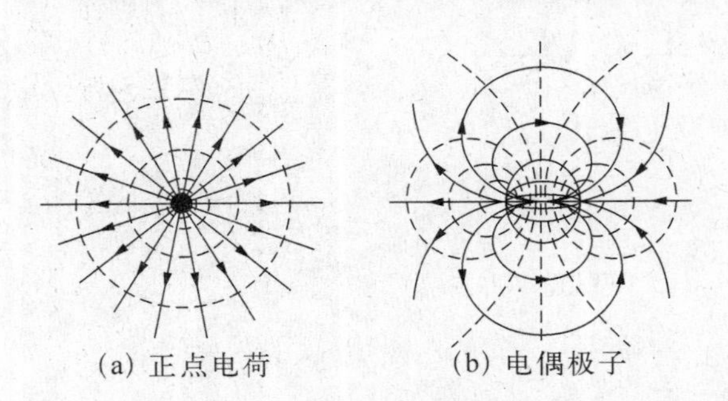
(a) 正点电荷　(b) 电偶极子

图 7-20 两种电场的电场线与等势面关系图

(虚线表示等势面,实线表示电场线,相邻的两个等势面间的电势差相等)

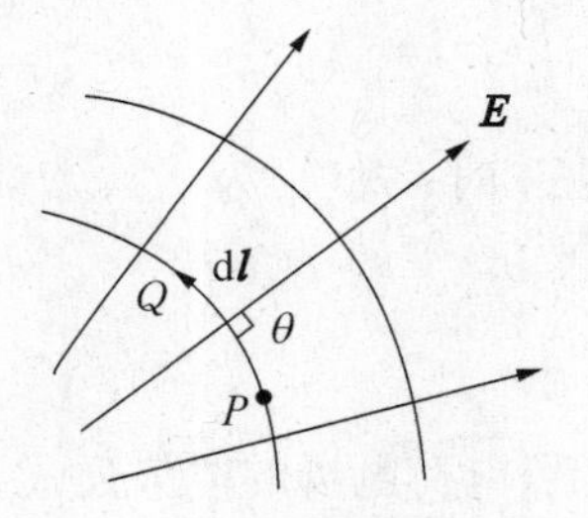

图 7-21 电场线与等势面正交的证明

图7-20给出两种带电体系的等势面和电场线分布，可以清楚地看出，等势面与电场线处处正交。

(2) 等势面密集的地方场强大，稀疏的地方场强小

根据等势面的分布图，不仅可以知道场强的方向，还可判断它的大小。如图7-22所示，取一对电势分别为 U 和 $U+\Delta U$ 靠得很近的等势面，作一条电场线与两等势面分别交于 P、Q 两点。因为两个面十分接近，PQ 可看成是两等势面间的垂直距离 Δn。由于 Δn 很小，可得

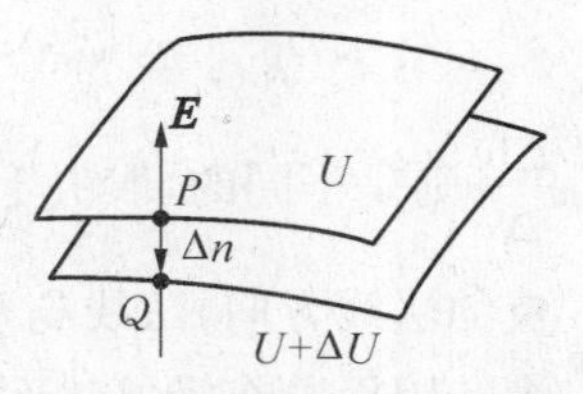

图7-22 等势面的间隔 Δn 与场强

$$\Delta U = \left| \int_P^Q \boldsymbol{E} \cdot \mathrm{d}\boldsymbol{l} \right| \approx E \Delta n$$

或

$$E \approx \left| \frac{\Delta U}{\Delta n} \right|$$

取 $\Delta n \to 0$ 的极限，得

$$E = \left| \lim_{\Delta n \to 0} \frac{\Delta U}{\Delta n} \right|$$

上式表明，在同一对邻近的等势面间，Δn 小的地方 E 大，Δn 大的地方 E 小。在作等势面图时，常取各等势面间的电势间隔 ΔU 都一样，这样就可以通过等势面的疏密来反映出场强的大小。

2 场强与电势梯度

电势是标量，计算电势比计算场强方便，若能从电势分布求出场强，显然是非常有意义的。下面找出电场和电势的微分关系。

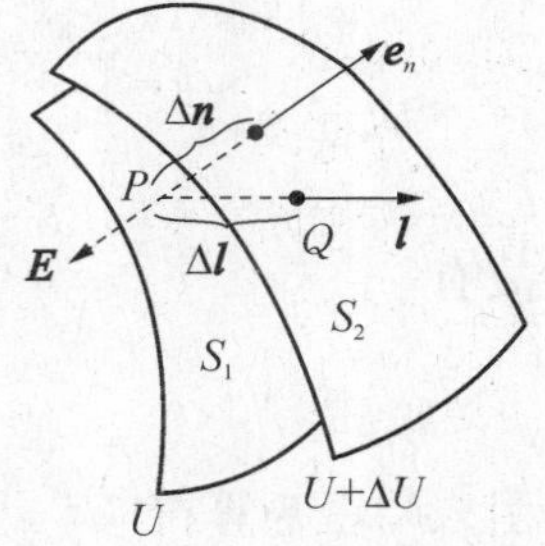

图7-23 电场沿等势面法线且指向电势降落方向

考虑电势为 U 和 $U+\Delta U$ 的两个等势面 S_1 和 S_2，ΔU 很小，S_1 和 S_2 相距很近，如图7-23所示。设想一个单位正电荷从 S_1 上的 P 点出发，沿任意方向 $\boldsymbol{l}$ 移到等势面 S_2 上的 Q 点，位移为 $\Delta \boldsymbol{l}$，则电场力做的功为

$$\Delta A = \boldsymbol{E} \cdot \Delta \boldsymbol{l} = U - (U + \Delta U) = -\Delta U$$

或

$$E_l \Delta l = -\Delta U$$

于是

$$E_l = -\frac{\Delta U}{\Delta l} \tag{7-5-1}$$

上式中 E_l 是电场强度 $\boldsymbol{E}$ 在 $\boldsymbol{l}$ 方向的分量大小，$\dfrac{\Delta U}{\Delta l}$ 是电势沿 $\boldsymbol{l}$ 方向的变化率。从等势面 S_1 上的 P 点到等势面 S_2 上的任一点，电势的变化量都是 U，但沿不同方向电势的变化率 $\dfrac{\Delta U}{\Delta l}$ 则是不同的，取决于 $\boldsymbol{l}$ 的方向。在 $\boldsymbol{l}$ 的各种可能的方向中，有一个方向是等势面上 P 点的法线方向，法线与两等势面相交的两点间的距离为 Δn，它是所有 Δl 中的最小的一个。因面电势沿等势面法线方向的变化率是过 P 点沿各个不同方向的电势变化率中最大的一个，由(7-5-1)式有

$$E_n=-\frac{\Delta U}{\Delta n}$$

上式中 E_n 是 $\boldsymbol{E}$ 在 P 点法线方向的分量，亦是各个不同方向的分量中最大的一个分量，显然它就是该点场强 $\boldsymbol{E}$ 的大小。注意到场强的方向由高电势指向低电势，若以 $\boldsymbol{e}_n$ 表示等势面上 P 点的法向单位矢量，方向指向电势升高的方向，在极限情况下则有

$$\boldsymbol{E}=-\frac{\partial U}{\partial n}\boldsymbol{e}_n \tag{7-5-2}$$

$\dfrac{\partial U}{\partial n}$ 是电势沿等势面法线方向的方向导数。在数学中，对于电势 U 可定义其梯度，**大小等于电势 U 沿其等势面的法线方向的方向导数，方向沿等势面的法线方向**，并用 $\mathrm{grad}U$ 表示 U **的梯度**，于是

$$\mathrm{grad}U=\frac{\partial U}{\partial n}\boldsymbol{e}_n$$

故有

$$\boldsymbol{E}=-\mathrm{grad}U \tag{7-5-3}$$

引入哈密顿算符"∇"，上式可写为

$$\boldsymbol{E}=-\mathrm{grad}U=-\nabla U \tag{7-5-4}$$

即静电场中任何一点的电场强度等于该点电势梯度的负值，其大小等于该点电势梯度的大小，方向与电势梯度的方向相反，指向电势降落的方向。

上式表示，电场中某点的场强决定于该点电势的变化率。电势为零的点，其变化率不一定为零，则该点的场强就不一定为零。

为了方便使用，写出常见的几种坐标系中电场强度与电势梯度的关系式：

直角坐标中

$$\boldsymbol{E}=-\mathrm{grad}U=-\left(\frac{\partial U}{\partial x}\boldsymbol{i}+\frac{\partial U}{\partial y}\boldsymbol{j}+\frac{\partial U}{\partial z}\boldsymbol{k}\right)=-\left(\frac{\partial}{\partial x}\boldsymbol{i}+\frac{\partial}{\partial y}\boldsymbol{j}+\frac{\partial}{\partial z}\boldsymbol{k}\right)U$$

球坐标中

$$E = -\operatorname{grad}U = -\left(\frac{\partial}{\partial r}\boldsymbol{e}_r + \frac{1}{r}\frac{\partial}{\partial \theta}\boldsymbol{e}_\theta + \frac{1}{r\sin\theta}\frac{\partial}{\partial \varphi}\boldsymbol{e}_\varphi\right)U$$

柱坐标中

$$E = -\operatorname{grad}U = -\left(\frac{\partial}{\partial \rho}\boldsymbol{e}_\rho + \frac{1}{\rho}\frac{\partial}{\partial \varphi}\boldsymbol{e}_\varphi + \frac{\partial}{\partial z}\boldsymbol{e}_z\right)U$$

利用以上电场强度与电势梯度的关系，可以通过电势（的表达式）求场强，这样做的优点是避免了复杂的矢量运算。

【例题 7-11】 由电势梯度求例题 7-5 中均匀带电球面内外的场强。

【解】 因为本例中电荷的分布具有球对称性，可知场强的方向沿径向，所以

$$E = E_r = -\frac{\mathrm{d}U}{\mathrm{d}r}$$

在球面内，因为 U 是常数，所以

$$E = 0$$

在球面外

$$E = E_r = -\frac{\mathrm{d}}{\mathrm{d}r}\left(\frac{q}{4\pi\varepsilon_0 r}\right) = \frac{q}{4\pi\varepsilon_0 r^2}$$

§7-6 静电场中的导体

1 导体的静电平衡条件

导体的种类很多，本节所讨论的导体专指金属导体。

金属导体在电结构方面的特征是其中有大量的自由电子。当把导体放在外电场 $\boldsymbol{E}_0$ 中，导体中的自由电子除了做无规则的热运动外，还会在电场力的作用下做宏观定向运动。如图 7-24(a)。此时导体中的电荷重新分布，使得导体表面出现等量异号的电荷，这种现象称为**静电感应现象**。导体表面的电荷叫**感应电荷**，如图 7-24(b)。

感应电荷在导体内部产生一附加电场 $\boldsymbol{E}'$，它与外电场 $\boldsymbol{E}_0$ 的方向相反。在静电感应现象开始的时候，感应电荷较少，$\boldsymbol{E}'$ 较弱，则自由电子在总电场 $\boldsymbol{E} = \boldsymbol{E}' + \boldsymbol{E}_0$ 的作用下继续做宏观定向运动，从而使感应电荷继续增加，因而 $\boldsymbol{E}'$ 增强。只有在导体内任一点 $E_0 = E'$ 时，导体内才没有电荷的宏观定向移动。对于导体表面上各点来说，若电场 $\boldsymbol{E}$ 垂直于导体表面，则自由电子也不能在导体上移动，这时导体才处于真正的静电平衡状态。如图 7-22(c)。

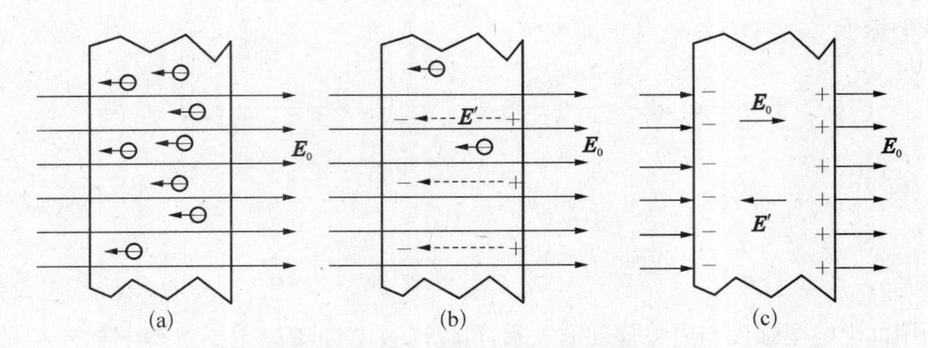

图 7-24 金属导体的静电感应现象

导体上任何部分都没有电荷做宏观运动的状态，称为导体的静电平衡状态，简称为**静电平衡**。

归纳起来，导体处于静电平衡状态的条件为：

(1) 导体内部任何一点的场强为零；

(2) 导体表面上任何一点的场强方向垂直于该点的表面。

导体的静电平衡条件也可用电势来表述。在导体内部任取两点 a、b，从 a 到 b 场强沿任一路径的积分即为两点之间的电势差 $U_{ab}=\int_a^b \boldsymbol{E}\cdot \mathrm{d}\boldsymbol{l}$。当导体处于静电平衡时，导体内各点 $\boldsymbol{E}$ 等于零，则 $U_{ab}=\int_a^b \boldsymbol{E}\cdot \mathrm{d}\boldsymbol{l}=0$，即导体内各点电势都相等；若 a、b 在导体表面上，导体处于静电平衡时，表面上各点电场 $\boldsymbol{E}$ 垂直于表面，则 $U_{ab}=\int_a^b \boldsymbol{E}\cdot \mathrm{d}\boldsymbol{l}=0$，因而导体表面上各点电势也相等。综合说来，当导体处于静电平衡状态时，**导体表面是等势面，整个导体是等势体。**

2 静电平衡时导体上的电荷分布

(1) 带电导体无空腔(实心导体)

如图 7-25(a)在导体内部作一任意形状的高斯面(虚线所示的闭合曲面 S_1 或 S_2)。因为导体内部场强为零，则穿过此高斯面的 $\boldsymbol{E}$ 通量也为零，根据高斯定理，此高斯面内的净电荷(即未被抵消的正、负电荷)必为零。因为此高斯面是任取的，所以可推断带电导体处于静电平衡时，其内部必无电荷，电荷只能分布在导体的表面上。

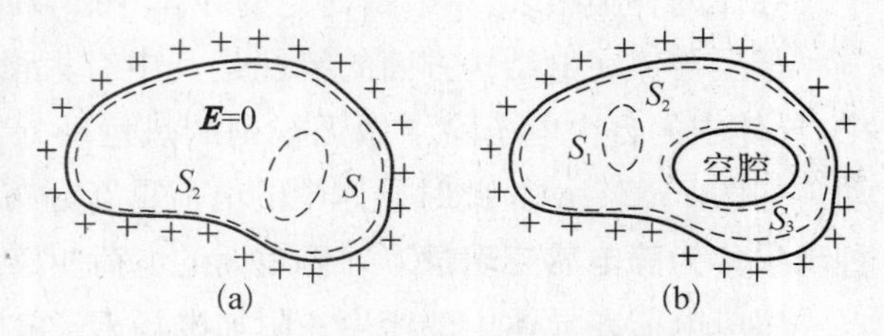

图 7-25 静电平衡时电荷只能分布在导体的外表面上

(2) 导体壳(腔内无带电体)

如果带电导体内有空腔，而且腔内没有其他带电体，如图 7-25(b)所示。则在导体内部取贴近导体内表面的闭合曲面 S_3 作为高斯面，由于静电平衡的导体内部场强处处为零，同样可用高斯定理证明 S_3 内的净电荷为零。这有两种可能，一是导体的内表面无电荷；二是导体的内表面上一部分带有正电荷，另一部分带有负电荷，但其代数和为零。如果是后一种情况，则必有电场线从正电荷出发，终止于负电荷。但由电场线的性质可知，电场线始点的电势必高于终点的电势，这样导体的内表面就不是一个等势面，这与导体是个等势体的结论相矛盾。故腔内无其他带电体时，导体的内表面必然处处无电荷。

综合以上(1)、(2)两点可得：**当带电导体壳达到静电平衡时，其内部无电荷存在，电荷只分布在它的外表面上。**

(3) 导体壳(腔内有带电体)

导体壳内表面的带电量与腔内电荷的代数和为零。

当腔内有一电荷为 q 的带电体时，在导体壳内外表面之间作一高斯面 S，如图 7-26 所示。由于高斯面处在导体内部，在静电平衡时导体内部处处 $\boldsymbol{E}=0$，所以 S 的电通量等于零。根据高斯定理，高斯面内 $\sum q=0$，故导体壳内表面所带电荷必等于 $-q$。

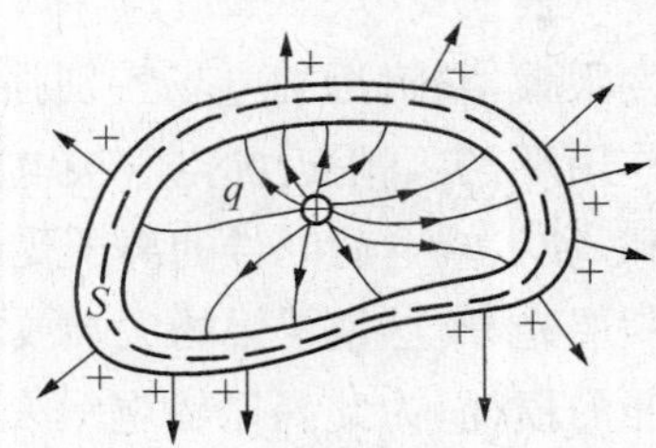

图 7-26 导体壳内表面带电荷为 $-q$

由电荷守恒定律可知，腔内的电荷在壳外表面引起的感应电荷为 q。因此壳内电场的分布完全由腔内电荷 q 的大小、位置和壳内表面的形状决定。腔内电荷 q 发出的电场线终止于内表面的感应电荷 $-q$ 上；外表面的电荷在外部空间激发电场，它间接地反映了腔内电荷对外部空间的影响，其电场线由外表面的 q 发出，终止于无限远处。

3 带电导体表面附近的场强与电荷面密度的关系

导体达静电平衡时，其表面上一点处的场强与该点的面电荷密度成正比。这一关系可用高斯定理得到。

在导体表面上任取一面积元 ΔS，设该处的场强为 E，面电荷密度为 σ，如图 7-27 所示。做一圆柱形封闭面 S(高斯面)包围该面积元 ΔS，圆柱的轴线垂直 ΔS，上底面 ΔS_1 在表面外，下底面 ΔS_2 在导体内，$\Delta S_1=\Delta S_2=\Delta S$。由于导体内部场强 $\boldsymbol{E}=0$，而导体表面紧邻处的场强与表面垂直，所以通过 ΔS_2 面及圆柱侧面的电通量为零，根据高斯定理有

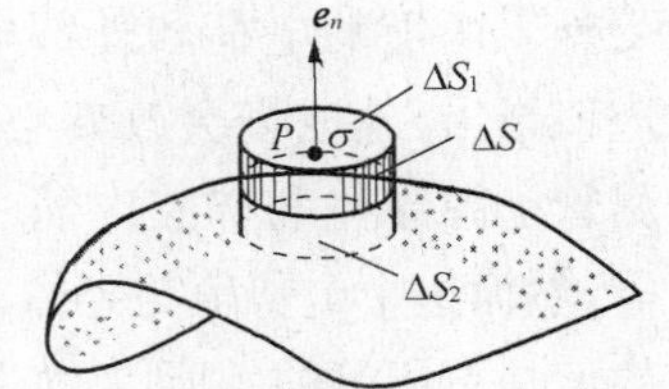

图 7-27 导体表面附近的场强

$$\oint_S \boldsymbol{E}\cdot \mathrm{d}\boldsymbol{S}=E\Delta S_1=\frac{\sigma\Delta S}{\varepsilon_0}$$

则有

$$E=\frac{\sigma}{\varepsilon_0}$$

若用 $\boldsymbol{e}_n$ 表示导体表面 ΔS 处法线方向的单位矢量，上式可写成矢量式：

$$\boldsymbol{E}=\frac{\sigma}{\varepsilon_0}\boldsymbol{e}_n \tag{7-6-1}$$

即导体表面任意点的场强与该点的电荷面密度成正比，并且当$\sigma>0$时，$\boldsymbol{E}$垂直于表面指向导体外部；当$\sigma<0$时，$\boldsymbol{E}$垂直于表面指向导体内部。

应该指出(7-6-1)式很容易被误解为导体表面某点紧邻处的场强$\boldsymbol{E}$仅由该点的电荷产生，实际上该点紧邻处的场强是导体上的所有电荷以及导体外存在的其他电荷共同产生的。

根据式(7-6-1)，导体表面电荷面密度大，它附近的场强就大。导体尖端电荷面密度很大，它附近的电场特别强，可使附近空气分子电离，产生**尖端放电**现象。在强电场的作用下，尖端附近的空气被电离，与尖端上电荷异号的离子被吸引到尖端，与尖端电荷中和，和尖端电荷同号的离子受到排斥而飞向远方。夜间在高压输电线附近隐约地笼罩着一层光晕，这是缓慢的尖端放电现象，称为**电晕**。由于电晕放电增加了高压输电过程中电能的损耗，为此高压输电线表面应做得光滑，其半径也不能过小。此外，一些高压设备的电极常做成光滑的球面，也是为了避免尖端放电的漏电现象，以维持高电压。

尖端放电的典型应用是**避雷针**。在高大建筑物上安装避雷针，用粗铜缆将避雷针通地，通地的一端埋在几尺深的潮湿泥土里，或接到埋在地下的金属电极上，以保持避雷针与大地接触良好。当带电云层接近建筑物时，通过避雷针和接地导体放电，可使建筑物免遭雷击而损坏。

4 静电屏蔽

如前所述，在静电平衡状态下，将任意形状的空腔导体放入电场中时，电场线只垂直地终止或垂直地离开导体的外表面，而不能穿过导体进入空腔，如图7-28(a)所示。这样导体壳就“保护”了它所包围的区域，使之不受外表面上的电荷和外部电场的影响。但应该指出，外电场会改变空腔导体的电势，尽管空腔导体和空腔内部的电势仍处处相等，然而这个电势值与导体未放入外电场时的值是不相等的。所以，如果要使空腔导体(包括腔内)的电势不受影响，就应该把空腔导体接地，使其始终保持与大地的电势相等。

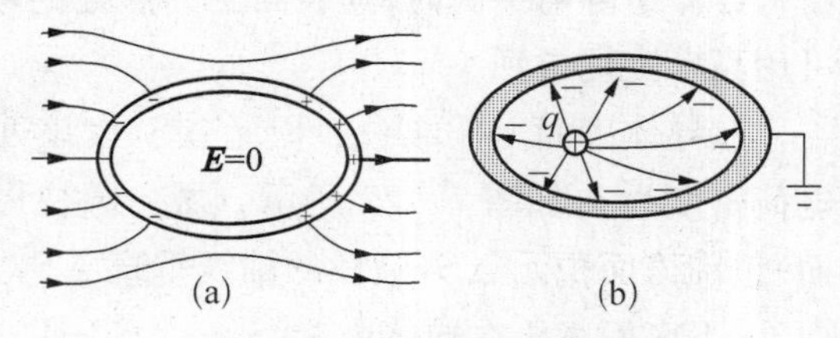

图7-28 静电屏蔽

空腔导体不仅可以用来屏蔽外电场，也可用于使空腔导体内任何带电体的电场不对外界产生影响，但必须将空腔导体接地。由于静电感应，空腔导体内、外表面将分别出现等量异号电荷，空腔导体的外表面上的感应电荷因接地而被中和，这样就消除了腔内带电体对外界的影响，如图7-28(b)所示。综上所述可知：

一个接地的空腔导体可以隔离内外静电场的影响，这种现象称为**静电屏蔽**，此时导体空腔称为**静电屏**。

静电屏蔽在实际中有许多应用。例如，火药库以及有爆炸危险的建筑物和物体都可用金属网屏蔽起来，以避免由于雷电而引起的爆炸。又如，电业工人进行高压带电作业时要穿一种用细铜丝和纤维编织在一起的导电性能良好的屏蔽服，它相当于一个导体壳，可以屏蔽外电场对人体的影响，并且使感应出来的交流电通过屏蔽服而不危害人体。另一方面，为了使某些带电体不影响周围空间，可用一个接地的导体壳将它罩起来。如将一些高压电器放在接地的金属外壳里，既进行了静电屏蔽，又可防止人体触电。

【例题 7－12】 如图 7－29 所示，一面积为 S 的很大的金属平板 A，带有正电荷，电量为 Q。A_1 和 A_2 是金属板的两个表面，计算两表面上的电荷单独产生的场强和它们的合场强。

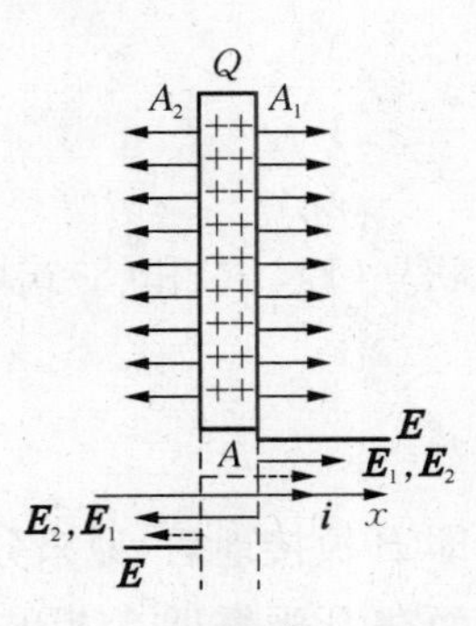

图 7－29 大金属平板 A 表面的场强

【解】 因导体板的面积很大，厚度很小，可以认为电荷 Q 均匀分布在 A_1 和 A_2 两个表面上，电荷面密度为

$$\sigma=\frac{Q}{2S}$$

每个面可看作无限大的带电平面。设 $\boldsymbol{E}_1$（图中用实线标示）和 $\boldsymbol{E}_2$（图中用虚线标示）分别代表 A_1 和 A_2 表面上的电荷单独产生的电场的场强，$\boldsymbol{i}$ 表示垂直金属板向右的单位矢量，则

$$\boldsymbol{E}_1=\begin{cases}\dfrac{1}{2\varepsilon_0}\sigma\boldsymbol{i} & (A_{1右})\\[2ex] -\dfrac{1}{2\varepsilon_0}\sigma\boldsymbol{i} & (A_{1左})\end{cases}\qquad \boldsymbol{E}_2=\begin{cases}\dfrac{1}{2\varepsilon_0}\sigma\boldsymbol{i} & (A_{2右})\\[2ex] -\dfrac{1}{2\varepsilon_0}\sigma\boldsymbol{i} & (A_{2左})\end{cases}$$

所以在 A_1 的右侧、A_1 和 A_2 之间以及 A_2 的左侧的总场强分别为

$$\boldsymbol{E}=\boldsymbol{E}_1+\boldsymbol{E}_2=\begin{cases}\dfrac{1}{\varepsilon_0}\sigma\boldsymbol{i} & (A_{1右})\\[2ex] 0 & (A_1、A_2)\\[2ex] -\dfrac{1}{\varepsilon_0}\sigma\boldsymbol{i} & (A_{2左})\end{cases}$$

电场的分布如图 7－29 所示。这个结论在分析导体表面附近的电场时已得到，但这里并不限于导体表面附近。

【例题 7－13】 如图 7－30 所示，在例题 7－12 中，若把另一面积亦为 S 的接地的不带电的金属平板 B 平行放在 A 板附近，求 A、B 两板表面上的电荷面密度。

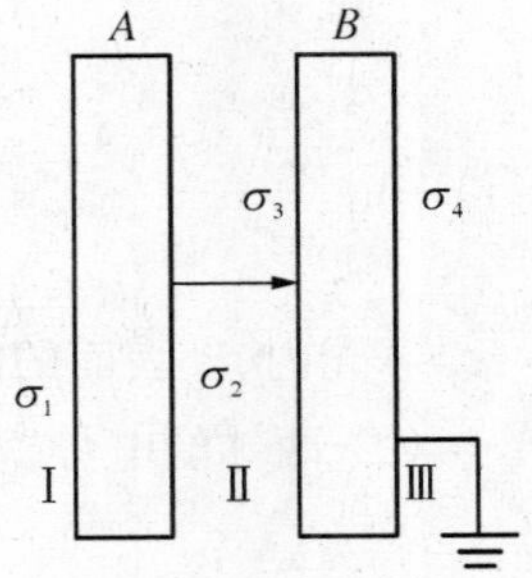

【解】 B 板接地后，B 板和大地变成同一导体，B 板外侧表面不带电，即

$$\sigma_4=0$$

图 7－30 例题 7－13 图

根据电荷守恒定律

$$\sigma_1+\sigma_2=\frac{Q}{S} \tag{1}$$

根据静电平衡条件,A、B 两板内部电场强度为零,故有

$$\frac{\sigma_1}{2\varepsilon_0}-\frac{\sigma_2}{2\varepsilon_0}-\frac{\sigma_3}{2\varepsilon_0}=0 \tag{2}$$

$$\frac{\sigma_1}{2\varepsilon_0}+\frac{\sigma_2}{2\varepsilon_0}+\frac{\sigma_3}{2\varepsilon_0}=0 \tag{3}$$

联立(1)、(2)和(3)式可得

$$\sigma_1=0,\ \sigma_2=\frac{Q}{S}=-\sigma_3$$

即 B 板接地后,原来分布在 A 板两个表面上的电荷全部集中到靠近 B 板的一个表面上,而在 B 板靠近 A 板的那个表面上出现与 A 板等量异号的感应电荷,电场只分布在区域Ⅱ内。

【例题 7-14】 如图 7-31 所示,在内外半径分别 R_1 和 R_2 的导体球壳内,有一个半径为 r 的导体小球,小球与球壳同心,让小球与球壳分别带上电荷量 q 和 Q。试求:(1) 小球的电势以及球壳内、外表面的电势;(2) 小球与球壳的电势差;(3) 若球壳外表面接地,求小球与球壳的电势差。

【解】 (1) 由对称性可知,小球表面上和球壳内外表面上的电荷分布是均匀的。小球上的电荷 q 将在球壳的内外表面上分别感应出 $-q$ 和 $+q$ 的电荷,而 Q 只能分布在球壳的外表面上,故球壳外表面上的总电荷为 $q+Q$。

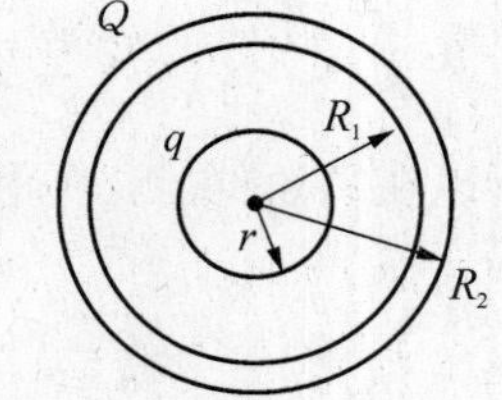

图 7-31 例题 7-14 图

由例题 7-8 的结果以及电势叠加原理,可以得到小球和球壳内外表面的电势分别为

$$U_r=\frac{1}{4\pi\varepsilon_0}\left(\frac{q}{r}-\frac{q}{R_1}+\frac{q+Q}{R_2}\right)$$

$$U_{R_1}=\frac{1}{4\pi\varepsilon_0}\left(\frac{q}{R_1}-\frac{q}{R_1}+\frac{q+Q}{R_2}\right)=\frac{1}{4\pi\varepsilon_0}\frac{q+Q}{R_2}$$

$$U_{R_2}=\frac{1}{4\pi\varepsilon_0}\left(\frac{q}{R_2}-\frac{q}{R_2}+\frac{q+Q}{R_2}\right)=\frac{1}{4\pi\varepsilon_0}\frac{q+Q}{R_2}$$

球壳内、外表面的电势相等。

(2) 两球的电势差为

$$U_r-U_R=\frac{q}{4\pi\varepsilon_0}\left(\frac{1}{r}-\frac{1}{R_1}\right)$$

(3) 若外球壳接地,则球壳外表面上的电荷消失,两球的电势分别为

$$U_r=\frac{q}{4\pi\varepsilon_0}\left(\frac{1}{r}-\frac{1}{R_1}\right)$$

$$U_{R_1}=U_{R_2}=0$$

两球的电势差仍为

$$U_r-U_R=\frac{q}{4\pi\varepsilon_0}\left(\frac{1}{r}-\frac{1}{R_1}\right)$$

由以上计算结果可以看出,不管外球壳接地与否,两球的电势差恒保持不变。而且,当 q 为正值时,小球的电势高于球壳的电势;当 q 为负值时,小球的电势低于球壳的电势,后一结论与小球在壳内的位置无关,如果两球用导线相连或小球与球壳相接触,则不论 q 是正是负,也不管球壳是否带电,电荷 q 总是全部迁移到球壳的外表面上,直到 $U_r-U_R=0$ 为止。

§7-7 静电场中的电介质 有电介质时的高斯定理

*1 电介质的极化

从物质的电结构来看,导体能够很好地导电是由于导体中存在着大量可以自由移动的电荷,即自由电子,这些自由电子在外电场的作用下可在金属中做定向运动。在达到静电平衡时,导体内的电场强度为零。电介质的主要特征是它的分子中的电子被原子核束缚在一个很小的尺度范围之内(约 10^{-10} m)。在外电场的作用下,电子一般只能相对于原子核有一微小的位移,而不像导体中的自由电子那样能够脱离所属原子做宏观运动,则可理想化为没有自由电子,因此其导电性能很差,亦称**绝缘体**。电介质在外电场作用下达到静电平衡时,电介质内部的场强不为零。通常状况下,把电阻率较大、导电能力差的物质称为**电介质**。常见的电介质有空气、纯净的水、油类、玻璃、云母等。本书只简要介绍均匀电介质的极化现象。

在无外电场时,有些电介质分子正、负电荷的中心不相重合,这类电介质称为**有极分子电介质**,如氯化氢(HCl)、水(H_2O)、氨(NH_3)、甲醇(CH_3OH)等。还有一类电介质,在无外电场时其正、负电荷的中心是重合的,这类电介质称为**无极分子电介质**,如氦(He)、氮(N_2)、甲烷(CH_4)等。

在外电场的作用下,有极分子电介质和无极分子电介质都要发生变化。由于两类电介质的电结构不同,它们在外电场中的变化过程也不同,下面分别予以讨论。

无极分子电介质处在外电场中,分子的正负电荷中心将发生相对位移,构成一等效的

电偶极子(称为**分子偶极子**),其等效电偶极矩为 $\boldsymbol{p}=q\boldsymbol{l}$ (q 为分子中全部正电荷或负电荷的电量,$\boldsymbol{l}$ 为正电荷中心与负电荷中心之间的连线,方向自负电荷中心指向正电荷中心)。这些电偶极子的电偶极矩 $\boldsymbol{p}$ 的方向都与外电场$\boldsymbol{E}_0$的方向一致,这样在垂直$\boldsymbol{E}_0$方向的介质两端表面就会分别出现正、负电荷,如图 7-32(a)(b)(c)所示。

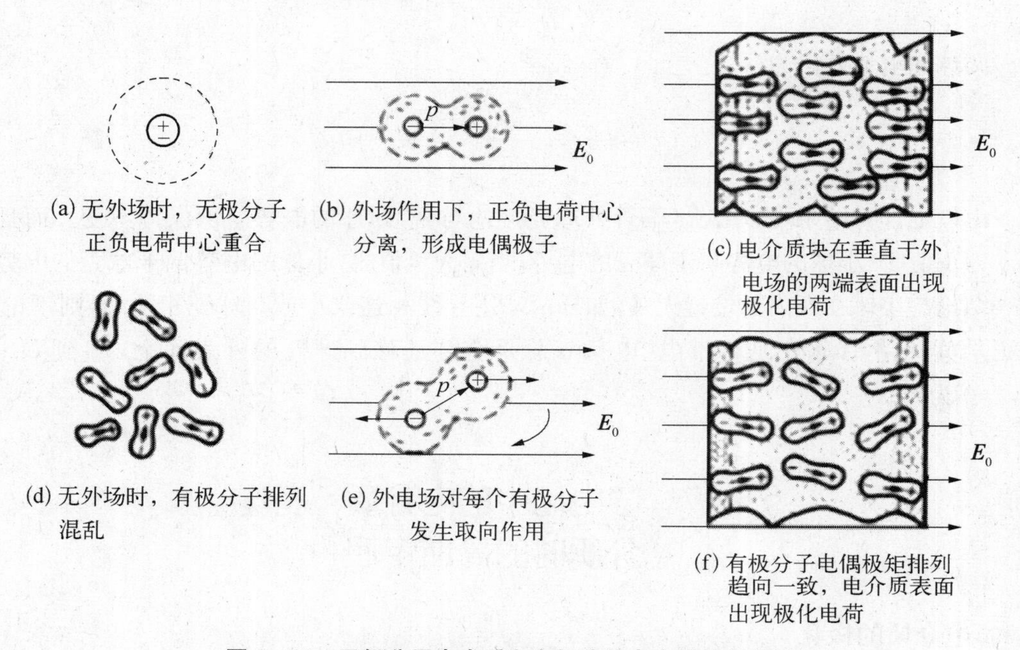

图 7-32 无极分子电介质和有极分子电介质的极化过程

有极分子电介质处在外电场中,将受到外电场的力矩作用,从而使其电偶极矩 $\boldsymbol{p}$ 的取向与外电场$\boldsymbol{E}_0$的方向趋于一致。这样在垂直 $\boldsymbol{E}_0$方向的介质两端表面上也会出现正、负电荷,如图 7-32(d)(e)(f)所示。

介质两端表面出现的正负电荷称为**极化电荷**,又称为**束缚电荷**。在外电场作用下电介质出现极化电荷(束缚电荷)的现象,称为**电介质的极化。**由无极分子中正负电荷中心相对位移引起的极化称为**位移极化**;由电偶极子转向引起的极化称为**取向极化**。电介质的极化过程,就是使电偶极子的电偶极矩增大或有一定取向的过程。

2 电介质中的电场

由于极化电荷被束缚在原子的范围内,均匀电介质两端表面出现的极化电荷的数量要比导体因静电感应而在两端表面出现的感应电荷少得多。因此,在电介质内部极化电荷产生的附加电场 $\boldsymbol{E}'$与外电场$\boldsymbol{E}_0$叠加的结果,会使介质内部的电场削弱,即 $\boldsymbol{E}=\boldsymbol{E}_0-\boldsymbol{E}'<\boldsymbol{E}_0$,但不会完全抵消而变为零。经实验测定,**如果真空中自由电荷激发的场强大小为 E_0,则充满均匀电介质后,介质内的场强大小 E 将削弱为 E_0 的 ε_r 分之一**。即

$$\boldsymbol{E}=\boldsymbol{E}_0-\boldsymbol{E}'=\frac{\boldsymbol{E}_0}{\varepsilon_r} \qquad (7-7-1)$$

式中 ε_r 称为电介质的**相对介电常数**(**相对电容率**)。真空的 $\varepsilon_r = 1$;空气的 $\varepsilon_r = 1.005$,可认为近似等于1;其他电介质的 ε_r 都大于1。电介质的相对介电常数 ε_r 和真空介电常数 ε_0 的乘积,即 $\varepsilon = \varepsilon_0\varepsilon_r$ 称为电介质的**绝对介电常数**,简称为**介电常数**。

3 电位移矢量 有电介质时的高斯定理

我们知道,高斯定理在真空中的表达式为

$$\oint_S \boldsymbol{E} \cdot \mathrm{d}\boldsymbol{S} = \frac{1}{\varepsilon_0} \sum q_i$$

事实上,该表达式对电介质中的静电场也是适用的,只不过此时等号右端的电荷还应包括极化电荷,也就是说高斯面内包围的电荷是自由电荷 $\sum q_i$ 与极化电荷 $\sum q'_i$ 的代数和。则高斯定理在电介质中的表达式为

$$\oint_S \boldsymbol{E} \cdot \mathrm{d}\boldsymbol{S} = \frac{1}{\varepsilon_0}\left[\sum q_i + \sum q'_i\right] \tag{7-7-2}$$

由于电介质中的极化电荷 q' 通常难于测定,因此将式(7-7-2)直接用于求解电介质中的场强分布是困难的,可以设法避开极化电荷 q' 来计算介质中的场强。

下面通过一个特例进行推导,然后加以推广。

以无限大均匀电介质充满均匀带电导体球为例来推导高斯定理在电介质中的表达式。如图7-33所示,导体球的电量 q 均匀分布在外表面上,电介质与导体球接触的内表面的极化电荷为 q',均匀分布在电介质内表面上。也就是说,导体球和电介质内表面的球面都是均匀带电球面,它们在电介质中产生的电场 $\boldsymbol{E}_0$ 和附加电场 $\boldsymbol{E}'$ 的大小分别为

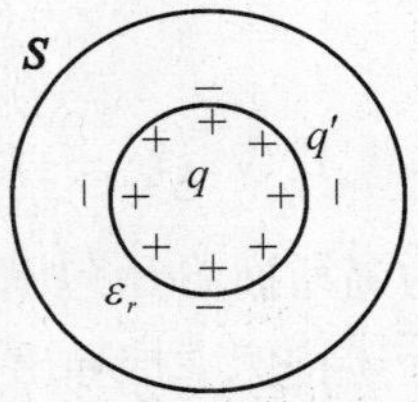

图7-33 高斯定理在电介质中的应用

$$E_0 = \frac{q}{4\pi\varepsilon_0 r^2},\ E' = \frac{q'}{4\pi\varepsilon_0 r^2}$$

根据场强叠加原理,空间各点的场强 $\boldsymbol{E}$ 是自由电荷激发的场强 $\boldsymbol{E}_0$ 和极化电荷激发的附加电场 $\boldsymbol{E}'$ 叠加的结果,即

$$\boldsymbol{E} = \boldsymbol{E}_0 - \boldsymbol{E}'$$

又因为放入电介质后的电场 $\boldsymbol{E}$ 和真空中的电场 $\boldsymbol{E}_0$ 的关系为

$$\boldsymbol{E} = \boldsymbol{E}_0 - \boldsymbol{E}' = \frac{\boldsymbol{E}_0}{\varepsilon_r}$$

则在电介质中的任意点总有

$$\frac{q}{4\pi\varepsilon_0 r^2} + \frac{q'}{4\pi\varepsilon_0 r^2} = \frac{q}{4\pi\varepsilon_0 r^2}\frac{1}{\varepsilon_r}$$

得

$$q+q'=\frac{q}{\varepsilon_r},\ q'=\frac{q}{\varepsilon_r}-q$$

因为 $\varepsilon_r>1$（真空情况除外），有 $\frac{q}{\varepsilon_r}<q$，显然 $q'<0$，即极化电荷与自由电荷的符号相反。

在电介质中作包围带电导体球且与带电导体球同心的球面 S 为高斯面，如图 7－33 所示。则有

$$\oint_S \boldsymbol{E}\cdot \mathrm{d}\boldsymbol{S}=\frac{1}{\varepsilon_0}\left(\sum q_i+\sum q_i'\right)=\frac{q+q'}{\varepsilon_0}=\frac{1}{\varepsilon_0}\left[q+\left(\frac{q}{\varepsilon_r}-q\right)\right]=\frac{q}{\varepsilon_0\varepsilon_r}$$

整理上式可得

$$\oint_S \varepsilon_0\varepsilon_r \boldsymbol{E}\cdot \mathrm{d}\boldsymbol{S}=q \tag{7-7-3}$$

引入描述电场的辅助物理量——**电位移矢量**：

$$\boldsymbol{D}=\varepsilon_0\varepsilon_r \boldsymbol{E} \tag{7-7-4}$$

将式(7－7－4)代入式(7－7－3)，则(7－7－3)可简化为

$$\oint_S \boldsymbol{D}\cdot \mathrm{d}\boldsymbol{S}=q \tag{7-7-5}$$

式(7－7－5)左边的积分为通过闭合曲面 S 的电位移通量（即 $\psi_D=\oint_S \boldsymbol{D}\cdot \mathrm{d}\boldsymbol{S}$），右边为高斯面 S 所包围的自由电荷的代数和，这就避开了极化电荷 q'。式(7－7－5)虽然是从上述特例中推导出来的，但可以证明它在一般情况下也是适用的。于是可得高斯定理在电介质中的结论为：

通过闭合曲面的电位移通量($\boldsymbol{D}$ 通量)等于这闭合曲面(高斯面)所包围的自由电荷的代数和，即

$$\psi_D=\oint_S \boldsymbol{D}\cdot \mathrm{d}\boldsymbol{S}=\sum q \tag{7-7-6}$$

需要强调的是，高斯面 S 上任意处的电位移矢量 $\boldsymbol{D}$ 不仅与自由电荷有关，而且还与极化电荷有关；不仅与高斯面内的电荷有关，而且还与高斯面外的电荷有关，即与全空间所有电荷有关。但是，电位移矢量 $\boldsymbol{D}$ 对闭合曲面的积分（即电位移通量 ψ_D）只与闭合曲面内的自由电荷有关。

电位移矢量只是一个描述电场的辅助物理量，它并没有实质性的物理意义。在存在电介质的情况下，往往用它来计算具有某种对称性的电场的场强。其步骤是，先用表达式(7－7－6)求出电位移矢量 $\boldsymbol{D}$ 的大小及方向，然后由式(7－7－4)便可求出均匀各向同性电介质中的电场强度 $\boldsymbol{E}$。式(7－7－6)避开了极化电荷的求解，因此使得计算大为简化。

【例题 7－15】 如图 7－34 所示，两块面电荷密度分别为 $+\sigma$、$-\sigma$ 的平行金属板之间的

电压为$U=300$ V。保持两板上的电荷不变，将相对介电常数为$\varepsilon_r=5$的电介质充满极板间的一半空间。求两板间的电压变为多少？（计算时忽略边缘效应）

【解】如图7-34所示，设金属板的面积为S，两极板间距为d，在放电介质前极板间电场为$E=\dfrac{\sigma}{\varepsilon_0}$，两极板间电压$U=Ed=300$ V。

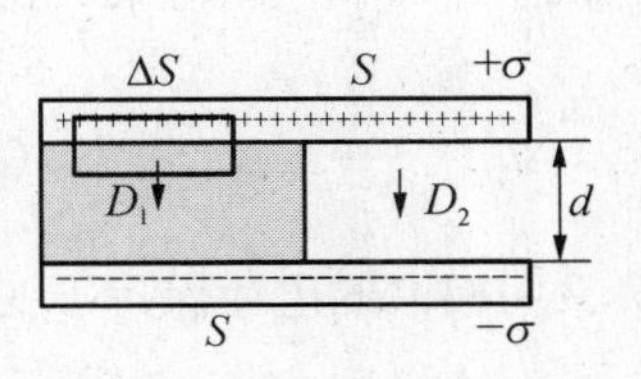

图7-34 例题7-15图

充电介质后，忽略边缘效应，则极板间各处的电场在两板空间分布均匀，且方向都垂直于板面。设σ_1、σ_2分别表示金属板上左半部和右半部的面电荷密度，$\boldsymbol{E}_1$和$\boldsymbol{D}_1$、$\boldsymbol{E}_2$和$\boldsymbol{D}_2$分别表示金属板间左半部和右半部的电场强度和电位移矢量。

在板间左半部取底面积为ΔS的高斯柱面（图中虚线），其侧面与金属板面垂直，两底面与板面平行，并且上底面在金属板内（上底面、下底面和侧面分别用序号1、2和3表示）。根据高斯定理可知通过该高斯面的电位移通量为

$$\oint_S \boldsymbol{D}\cdot \mathrm{d}\boldsymbol{S}=\int_1 \boldsymbol{D}_1\cdot \mathrm{d}\boldsymbol{S}+\int_2 \boldsymbol{D}_1\cdot \mathrm{d}\boldsymbol{S}+\int_3 \boldsymbol{D}_1\cdot \mathrm{d}\boldsymbol{S}$$

由于上底面处电场为零，$\boldsymbol{D}$也为零；侧面$\boldsymbol{D}$与$\mathrm{d}\boldsymbol{S}$垂直，所以通过上底面和侧面的电位移通量均为零，则

$$\oint_S \boldsymbol{D}\cdot \mathrm{d}\boldsymbol{S}=\int_2 \boldsymbol{D}_1\cdot \mathrm{d}\boldsymbol{S}=D_1\Delta S$$

根据高斯定理得

$$D_1\Delta S=\sigma_1\Delta S$$

即

$$D_1=\sigma_1$$

电介质内的电场强度为

$$E_1=\frac{D_1}{\varepsilon_0\varepsilon_r}=\frac{\sigma_1}{\varepsilon_0\varepsilon_r} \tag{1}$$

同理，对右半部有

$$D_2=\sigma_2$$

即

$$E_2=\frac{D_2}{\varepsilon_0}=\frac{\sigma_2}{\varepsilon_0} \tag{2}$$

由于两金属板都是等势体，因此左、右两边极板间的电势差应相等，即

$$E_1 d = E_2 d \tag{3}$$

联立(1)、(2)和(3)式可得

$$\sigma_2 = \frac{\sigma_1}{\varepsilon_r} \tag{4}$$

又两板上的电荷保持不变,故

$$\sigma_1 \frac{S}{2} + \sigma_2 \frac{S}{2} = \sigma S \tag{5}$$

由此得

$$\sigma_1 + \sigma_2 = 2\sigma \tag{6}$$

联立(4)、(6)式求解得

$$\sigma_1 = \frac{2\varepsilon_r}{1+\varepsilon_r}\sigma = \frac{5}{3}\sigma \tag{7}$$

$$\sigma_2 = \frac{2}{1+\varepsilon_r}\sigma = \frac{1}{3}\sigma \tag{8}$$

此时两极板间的电场强度为

$$E_1 = E_2 = \frac{\sigma_2}{\varepsilon_0} = \frac{\sigma}{3\varepsilon_0} = \frac{1}{3}E$$

两板间的电压

$$U' = E_1 d = E_2 d = \frac{1}{3}Ed = \frac{1}{3} \times 300\ \text{V} = 100\ \text{V}$$

§7-8 电容和电容器 静电场的能量

1 电容和电容器

(1) 孤立导体的电容

设想在一个导体附近没有其他导体或带电体,则该导体的电学行为仅由其自身的性质所决定,这样的导体就称为**孤立导体**。对孤立导体来说,它的电势和所带电荷存在着什么样的关系呢?

当一孤立导体带有电荷 q 时,其在空间任一点的电场强度是确定的,导体的电势也完全确定。如果导体上的电荷增加为原来的 n 倍,根据叠加原理,场中各点的电场强度以及导体的电势也将增加为原来的 n 倍。这就是说,导体的电势与它本身所带的电荷之间的

关系是线性的。以真空中一个半径为 R 的孤立导体球为例，令其带电量为 q，则它的电势为

$$U=\frac{q}{4\pi\varepsilon_0 R}$$

显然，它所带的电荷与相应的电势成正比，其比值

$$\frac{q}{U}=4\pi\varepsilon_0 R$$

仅是一个与其几何形状和尺寸有关的量。由此定义比值 q/U 为**孤立导体的电容**，用 C 表示，即

$$C=\frac{q}{U}$$

电容是表征导体储电能力的物理量。其含义是，**使导体升高单位电势所需的电荷量**。对同一个导体来说，它的电容 C 是一个常数，它与导体本身的大小、形状以及周围的电介质等因素有关，而与构成导体的质料无关，也和是否带电或所带电荷的多少无关。如上述中处于真空中半径为 R 的孤立导体球的电容为

$$C=\frac{q}{U}=4\pi\varepsilon_0 R$$

在国际单位制中，电容的单位为 F(1 F=1 C/V)，称为**法拉或法**。在实际应用中，常用 μF(微法)或 pF(皮法)等较小的单位，它们之间的换算关系为

$$1\ \text{F}=10^6\ \mu\text{F}=10^{12}\ \text{pF}$$

(2) 电容器的电容

孤立导体是一种理想化状况。实际上在一个带电导体附近，总会有其他物体存在，该导体的电势不但与自身所带的电量有关，还取决于附近导体的形状、位置以及带电状况。这时，一个导体的电势 U 与它自身所带电荷量 q 间的正比关系已不再成立。为了消除其他导体的影响，可采用静电屏蔽的原理，用一个封闭的导体壳 B 将导体 A 包围起来，如图 7-35 所示。这样就可以使由导体 A 和导体壳 B 构成的一对导体体系的电势差为

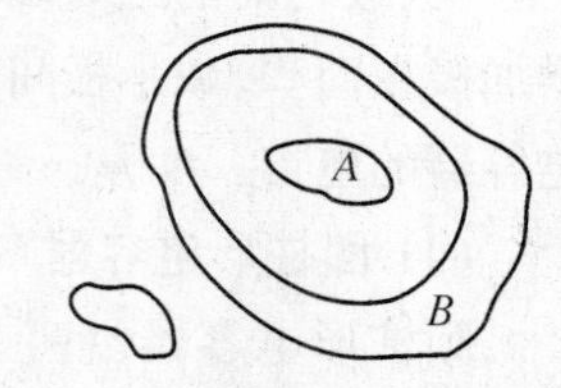

图 7-35 导体 A 和导体壳 B 构成电容器

$$U_{AB}=U_A-U_B$$

不再受到壳外导体的影响而维持恒定。我们**把由导体壳 B 和壳内导体 A 构成的一对导体体系称为电容器**。一般情况下，使电容器中 A、B 两导体(又称极板)的相对表面上带等量异号电荷 $\pm q$，当两导体的电势差 $U_{AB}=U_A-U_B$ 时，将比值

$$C=\frac{q}{U_{AB}}=\frac{q}{U_A-U_B} \tag{7-8-1}$$

定义为**电容器的电容**,其值仅取决于两极板的大小、形状、相对位置及极板间电介质的种类等,而与其带电量无关。**电容在量值上等于两导体间的电势差为一个单位时任一极板上所带电荷量的绝对值。**

根据电容器电容的定义,下面来计算几种常用电容器的电容。

(3) 平行板电容器

平行板电容器是最常用的一种电容器,它是由两块同样大小的平行金属极板构成,电量在极板上均匀分布,极板之间还充满相对介电常数为 ε_r 的电介质。设 A、B 两极板面积均为 S,相距为 d,如图 7-36 所示。通常两极板靠得很近,使得两板的线度远大于两板的距离。当两极板分别带上电荷 $+q$ 和 $-q$ 后,除极板边缘部分外,可把两板间的电场看成由两块无限大均匀带电平板产生的电场。因此两极板间的电场为

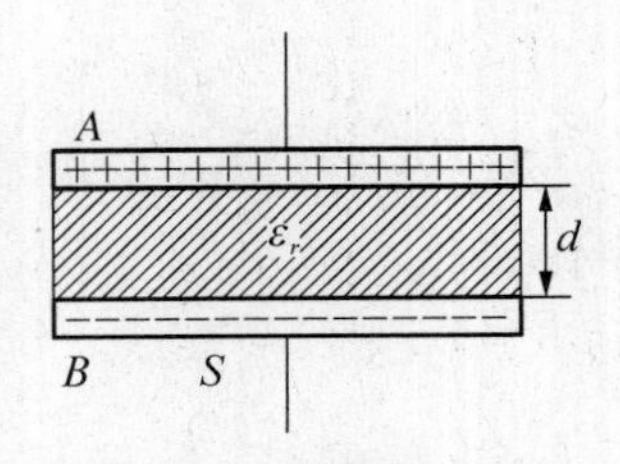

图 7-36 平行板电容器

$$E=\frac{\sigma}{\varepsilon_0\varepsilon_r}=\frac{q}{\varepsilon_0\varepsilon_r S}$$

两极板间的电势差为

$$U_{AB}=E\cdot d=\frac{qd}{\varepsilon_0\varepsilon_r S}$$

将上式代入到(7-8-1)式,可得平行板电容器的电容为

$$C=\frac{q}{U_{AB}}=\frac{\varepsilon_0\varepsilon_r S}{d} \tag{7-8-2}$$

此结果表明,平行板电容器的电容,与极板面积 S 和电介质的相对介电常数 ε_r 成正比,与极板之间的距离 d 成反比,而与其带电量 q 无关。因此,常用增加极板面积、减小板间距离以及用介电常数大的电介质来提高该电容器的电容。

(4) 圆柱形电容器

圆柱形电容器由两个同轴的金属圆筒 A、B 构成,且两柱面间的距离比其长度小得多。设两个圆筒的长度均为 L,内筒的半径为 R_1,外筒的半径为 R_2,它们之间电介质的相对介电常数为 ε_r,如图 7-37所示。设 A 筒带电 $+q$,B 筒带电 $-q$,忽略边缘效应,电荷各自均匀地分布在 A 筒的外表面和 B 筒的内表面上,则单位长度电荷量的绝对值为 $\lambda=q/L$。由于 $L\gg R_2-R_1$,可以把 A、B 两圆柱面间的电场看作为无限长圆柱面间的电场,由对称性可知电介质中的

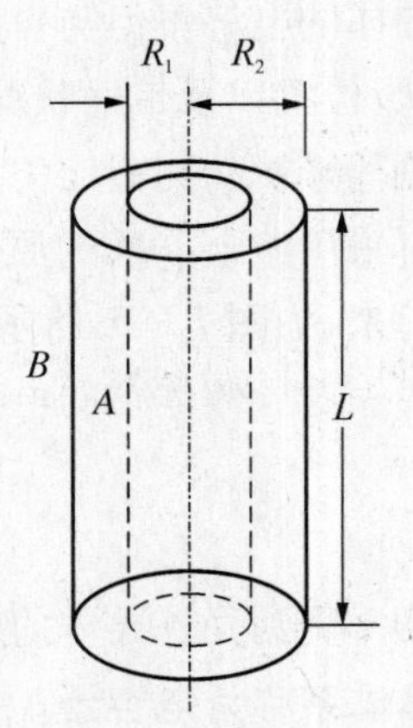

图 7-37 圆柱形电容器

$\boldsymbol{D}$ 和 $\boldsymbol{E}$ 都垂直于圆柱轴线沿径向向外。作长为 l、半径为 r 的同轴圆柱面为高斯面，由有电介质时的高斯定理可得

$$D \cdot 2\pi rl = \lambda l$$

故

$$D = \frac{\lambda}{2\pi r}$$

两柱面间的电场强度为

$$E = \frac{D}{\varepsilon} = \frac{\lambda}{2\pi\varepsilon_0\varepsilon_r r}$$

两柱面间的电势差为

$$U_{AB} = \int_{R_1}^{R_2} \boldsymbol{E} \cdot \mathrm{d}\boldsymbol{l} = \int_{R_1}^{R_2} \frac{\lambda}{2\pi\varepsilon_0\varepsilon_r r}\mathrm{d}r = \frac{q}{2\pi\varepsilon_0\varepsilon_r L}\ln\frac{R_2}{R_1}$$

因此圆柱形电容器的电容为

$$C = \frac{q}{U_{AB}} = \frac{2\pi\varepsilon_0\varepsilon_r L}{\ln\dfrac{R_2}{R_1}} \tag{7-8-3}$$

可见圆柱形电容器的长度越大，其电容越大；两圆柱面之间的间隙越小，其电容越大。

(5) 球形电容器

球形电容器由半径分别为 R_A 和 R_B 的两个同心导体球壳所组成，两球壳间电介质的相对介电常数为 ε_r，设内、外导体球壳所带电量分别为 $+q$ 和 $-q$，显然两球壳之间的电场分布具有球对称性。以球壳中心为球心、以 r 为半径($R_A<r<R_B$)作一球面作为高斯面，如图 7-38 所示。根据有电介质时的高斯定理可得

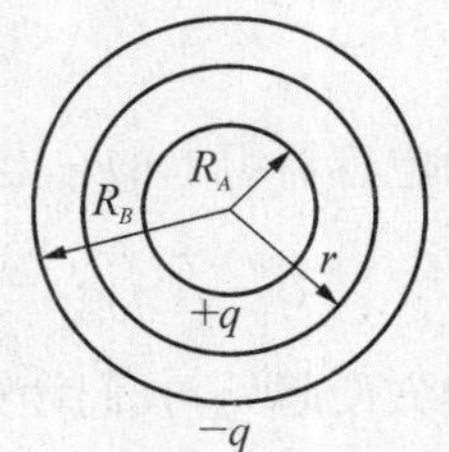

图 7-38 球形电容器

$$\oint_S \boldsymbol{D} \cdot \mathrm{d}\boldsymbol{S} = q$$

由于球壳间电场具有球对称性，所以有

$$D \cdot 4\pi r^2 = q$$

即

$$D = \frac{q}{4\pi r^2}$$

由 $\boldsymbol{D} = \varepsilon_0\varepsilon_r \boldsymbol{E}$ 可得高斯面上任一点场强 $\boldsymbol{E}$ 的大小为

$$E = \frac{q}{4\pi\varepsilon_0\varepsilon_r r^2}$$

两球壳之间的电势差为

$$U=\int_l \boldsymbol{E}\cdot \mathrm{d}\boldsymbol{l}=\int_{R_A}^{R_B}\boldsymbol{E}\cdot \mathrm{d}\boldsymbol{r}=\int_{R_A}^{R_B}E\,\mathrm{d}r=\frac{q}{4\pi\varepsilon_0\varepsilon_r}\left(\frac{1}{R_A}-\frac{1}{R_B}\right)$$

则球形电容器的电容可表示为

$$C=4\pi\varepsilon_0\varepsilon_r\frac{R_AR_B}{R_B-R_A} \qquad (7-8-4)$$

若 $\varepsilon=\varepsilon_0$，即球壳间为真空，且 $R_B\to\infty$，在这种情况下，内球壳就是前面讨论过的孤立导体，由式(7-8-4)可得

$$C=4\pi\varepsilon_0R_A$$

此结果与前面所得孤立导体球壳的电容是一致的。

2 电容器的连接

一个实际电容器的性能主要由其电容 C 和耐压值 U 来标定。在使用电容时，所加的电压不能超过规定的耐压值，否则在电介质中会产生过大的场强，电介质会被击穿。在实际应用中，若已有电容器的电容或耐压值不满足要求时，可以把几个电容器连接起来构成一个电容器组。连接的基本方式有两种：串联和并联。

(1) 电容器的串联

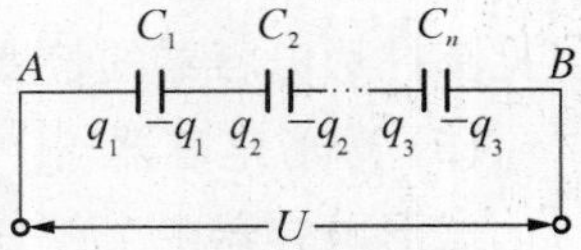

电容器的串联如图 7-39 所示。充电后，由于静电感应，每个电容器都带上等量异号电荷 $+q$ 和 $-q$，这也是电容器组所带的电量，故有

图 7-39 电容器的串联

$$q=q_1=q_2=\cdots=q_n$$

而电容器组上的总电压为各电容器的电压之和：

$$U=U_1+U_2+\cdots+U_n$$

为方便起见，我们计算电容器组的等效电容的倒数：

$$\frac{1}{C}=\frac{U}{q}=\frac{U_1+U_2+\cdots+U_n}{q}$$

即

$$\frac{1}{C}=\frac{1}{C_1}+\frac{1}{C_2}+\cdots+\frac{1}{C_n} \qquad (7-8-5)$$

上式表明**串联电容器组的等效电容的倒数等于各单个电容器电容的倒数之和**。这样，电容器串联后总电容变小，但每个电容器两极板间的电势差都比总电压小，因此电容器组的耐压程度有了提高，这是电容器串联的优点。

(2) 电容器的并联

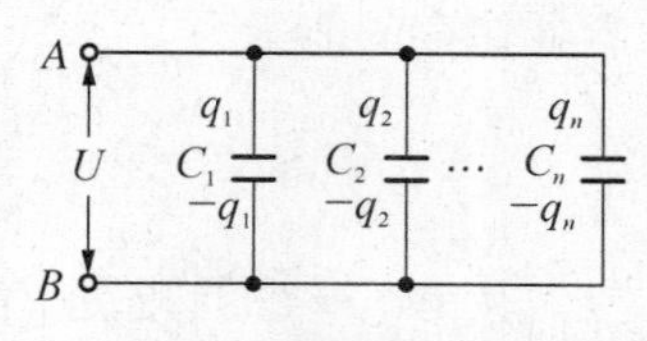

图 7-40 电容器的并联

如图 7-40 所示，并联电容器组所带的总电量 q 等于各个电容器带电量之和，总电压 U 与各单个电容器的电压相等，因此并联电容器组的电容为

$$C=\frac{q}{U}=\frac{q_1+q_2+\cdots+q_n}{U}$$

即

$$C=C_1+C_2+\cdots+C_n \tag{7-8-6}$$

上式表明并联电容器组的等效电容等于各单个电容器电容之和。这样，如果电容器容量太小，可采用多个电容器并联后使用，这是电容器并联的优点。但是电容器组的耐压能力受到耐压能力最小的那个电容器的限制。

所以，在电容器组的实际使用过程中常常既有并联又有串联。

3 静电场的能量

(1) 电容器的储能

在电场中电荷受到电场力的作用。移动电荷电场力要做功，这说明电场蕴藏着一定的能量——静电能。电容器放电时，常伴随有光、热、声等现象的产生，这便是电容器储存的电场能转换为其他形式能量的结果。另一方面，物体或电容器的带电过程就是建立电场的过程，在这个过程中必定有其他形式的能量转换为电场的能量。下面我们将通过平行板电容器这一具体实例，来说明静电场具有的能量特征。

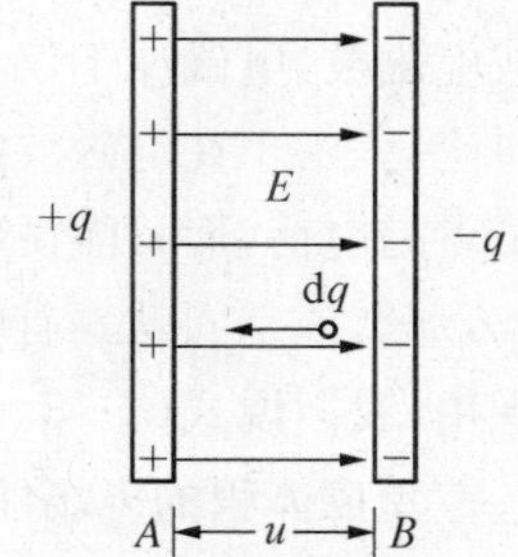

图 7-41 电容器充电过程

一个电容器在没充电的时候是没有电能的，在充电过程中，无论是用什么装置、什么方法，总是把一定量的电荷从一个极板输运到另一个极板，从而使两个极板带上等量异号的电荷，如图 7-41所示。在这个过程中，外力要克服静电场力做功，把其他形式的能量转化为电能。

设电容器的电容为 C，当两极板上分别带有电荷 $+q$ 和 $-q$，两极板间电势差为 u 时，如果将电荷 $\mathrm{d}q(\mathrm{d}q>0)$ 从负极板移到正极板上，电源所做的元功为

$$\mathrm{d}A=u\,\mathrm{d}q=\frac{q}{C}\mathrm{d}q$$

若充电结束时，两极板上电荷分别为 $+Q$ 和 $-Q$，两极板间电势差为 U，则充电的全过程中，电源所做的总功为

$$A=\int\mathrm{d}A=\int_0^Q\frac{q}{C}\mathrm{d}q=\frac{1}{2}\frac{Q^2}{C}$$

根据功能原理，电容器所储存的静电能应等于充电过程中电源所做的总功。所以带电电

容器储存的能量为

$$W_e = \frac{1}{2}\frac{Q^2}{C} = \frac{1}{2}CU^2 = \frac{1}{2}UQ \qquad (7-8-7)$$

从 $W_e = CU^2/2$ 知，在一定的电压下，电容 C 大的电容器储能也多，故电容器电容的物理意义可理解为：**电容 C 是电容器储能本领大小的标志**。对给定的电容器，电压越高储能越多。但需注意，实际的电容器两极板间都充有电介质，使用电容器时不能超过电介质的耐压值，否则就会使电介质击穿而损坏。

电容器的储能作用在电容焊、摄影用的闪光灯、激光光源、电子同步加速器等装置中都有应用。

(2) 电场能量　电场能量密度

对于极板面积为 S、极板间距为 d 的平板电容器，若不计边缘效应，则电场所占的空间体积为 $V = Sd$，此电容器储存的能量为

$$W_e = \frac{1}{2}CU^2 = \frac{1}{2}\frac{\varepsilon_0\varepsilon_r S}{d}(Ed)^2 = \frac{1}{2}\varepsilon E^2 Sd = \frac{1}{2}\varepsilon E^2 V \qquad (7-8-8)$$

公式(7－8－7)和(7－8－8)的物理意义是不同的。公式(7－8－7)表明，电容器之所以储存有能量是因为在外力作用下将电荷从一个极板移至另一个极板，因此电容器能量的携带者是电荷。而公式(7－8－8)却表明，在外力做功的情况下，使原来没有电场的电容器的两极板之间建立了确定的电场，因此电容器能量的携带者应当是电场。静电场的场强是不变化的，而且静电场总是伴随着电荷而产生，所以在静电场范围内上述两个公式是等效的。但对于变化的电磁场来说情况就不同了，变化的电场和磁场在空间的传播形成电磁波，电磁波不仅含有电场能量，而且含有磁场能量(关于磁场能量将在后面章节中讨论)。由于在电磁波的传播过程中并没有电荷伴随着传播，所以不能说电磁波能量的携带者是电荷，而只能说电磁波能量的携带者是电场和磁场。因此，如果某一空间具有电场，那么该空间就具有电场能量，可用电场强度这个物理量来表述电场的能量。基于上述理由，我们说式(7－8－8)比式(7－8－7)更具普遍意义。

单位体积的电场能量定义为电场能量体密度，用 ω_e 表示。一般情况下，电场在空间的分布是不均匀的，所以 ω_e 的一般定义式为

$$\omega_e = \frac{\mathrm{d}W_e}{\mathrm{d}V} \qquad (7-8-9)$$

式中 $\mathrm{d}W_e$ 是体元中的电场能量。均匀电场中

$$\omega_e = \frac{W_e}{V}$$

将公式(7－8－8)应用到(7－8－9)中，得

$$\omega_e = \frac{1}{2}\varepsilon E^2 \qquad (7-8-10)$$

上式表明，电场的能量密度与场强的平方成正比。场强越大，电场的能量密度也越大。这一结论虽然是从平行板电容器这一特例中导出，但可以证明对任意电场，这个结论都是正确的。

在非均匀电场中，任一体元 $\mathrm{d}V$ 中的电场能量为

$$\mathrm{d}W_e = \omega_e \mathrm{d}V = \frac{1}{2}\varepsilon E^2 \mathrm{d}V$$

则整个电场的总能量为

$$W_e = \int_V \frac{1}{2}\varepsilon E^2 \mathrm{d}V \tag{7-8-11}$$

式中的积分区域遍及整个电场空间 V。

【例题 7-16】 计算一均匀带电球面的电场能。已知球面半径为 R，总电量为 Q，球外为真空。

【解】 已知带电球面的电场分布为

$$E = \begin{cases} 0 \ (r < R) \\ \dfrac{Q}{4\pi\varepsilon_0 r^2} \ (r \geqslant R) \end{cases}$$

在球面外半径为 r 处，取厚度为 $\mathrm{d}r$、与球面同心的球壳，其体积为 $\mathrm{d}V = 4\pi r^2 \mathrm{d}r$，该体积内的电场能为

$$\mathrm{d}W_e = \frac{1}{2}\varepsilon_0 E^2 \mathrm{d}V = 2\pi\varepsilon_0 E^2 r^2 \mathrm{d}r$$

总电场能

$$W_e = \int_R^\infty 2\pi\varepsilon_0 E^2 r^2 \mathrm{d}r = 2\pi\varepsilon_0 \int_R^\infty \left(\frac{Q}{4\pi\varepsilon_0 r^2}\right)^2 r^2 \mathrm{d}r = \frac{Q^2}{8\pi\varepsilon_0 R}$$

习 题

7-1 为得到 1 库仑电量大小的概念，试计算两个都是 1 库仑的点电荷在真空中相距 1 米时和相距 1 千米时的相互作用力。

7-2 把某一电荷分成 q 与 $Q-q$ 两个部分，且此两部分相隔一定距离，如果使这两部分有最大库仑斥力，则 Q 与 q 有什么关系？

7-3 在边长为 a 的正方形的四角，依次放置点电荷 q、$2q$、$-4q$ 和 $2q$，它的正中放着一个单位正电荷，求这个电荷受力的大小和方向。

7-4 一个正π介子由一个u夸克和一个反d夸克组成。u夸克带电量为$\frac{2}{3}e$,反d夸克带电量为$\frac{1}{3}e$。将夸克作为经典粒子处理,试计算正π介子中夸克间的电场力。(设它们之间的距离为1.0×10^{-15} m)

7-5 两个电量都是$+q$的点电荷,相距$2a$,连线的中点为O,今在它们连线的垂直平分线上放另一点电荷q_0,q_0与O相距r。(1) 求q_0所受的力;(2) q_0放在哪一点时,所受的力最大;(3) 若q_0在所放的位置上从静止释放,任其自己运动,问q_0将如何运动?试分别讨论q_0与q同号与异号两种情况。

7-6 在离某点电荷0.4 m处场强为2.0×10^{2} V/m,求该点电荷的电量。

7-7 求电子在$E=1.0\times10^{8}$ V/m的匀强电场中的加速度。若电子从静止开始,需经多长时间它的速率达到光速的十分之一?(光速取3.0×10^{8} m/s)

7-8 真空中有一长$L=10$ cm的细杆,杆上均匀分布线密度为$\lambda=1.0\times10^{-9}$ C/m的电荷,在杆的延长线上离杆的一端距离为$d=10$ cm的一点上,有一电量为$q_0=2.0\times10^{-5}$ C的点电荷。试求:(1) 带电细杆在q_0处产生的电场强度;(2) q_0所受的电场力。

7-9 两个电量分别为$q_1=2.0\times10^{-7}$ C和$q_2=-2.0\times10^{-7}$ C的点电荷,相距0.3 m。求距离q_1为0.4 m、距离q_2为0.5 m处的P点的电场强度。

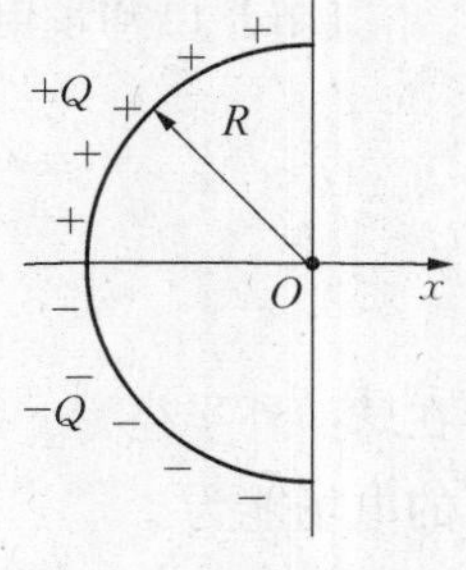

7-10 题图

7-10 如7-10题图所示,一个细玻璃棒被弯成半径为R的半圆形,其上半部分均匀分布有电量$+Q$,其下半部分均匀分布有电量$-Q$,求圆心O处的电场强度。

7-11 一个2.0×10^{-7} C的点电荷,处在一边长为0.2 m的立方形高斯面的中心,通过此高斯面的电通量为多少?

7-12 在半径为R,高为$2R$的圆柱面中心处放一个点电荷q,求通过此圆柱侧面的电通量。

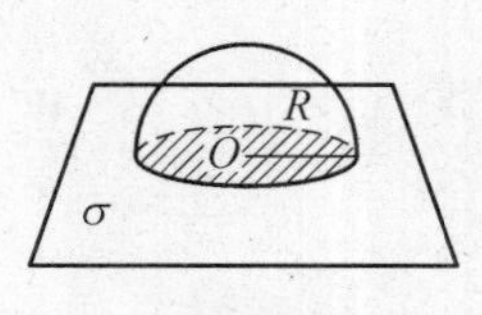

7-13 题图

7-13 电荷面密度为σ的均匀带电无限大平板,以平板上的任一点O为中心,R为半径作一半球面,如7-13题图所示,求通过此半球面的电通量。

7-14 两个半径分别为R_1和R_2的同心均匀带电球面($R_1<R_2$)分别带有等量异号电荷$+q$和$-q$,求其场强分布。

7-15 半径为R的"无限长"均匀带负电的直圆柱体,电荷体密度为$-\rho$,试求圆柱体内和圆柱体外两个区域中任一点的场强。

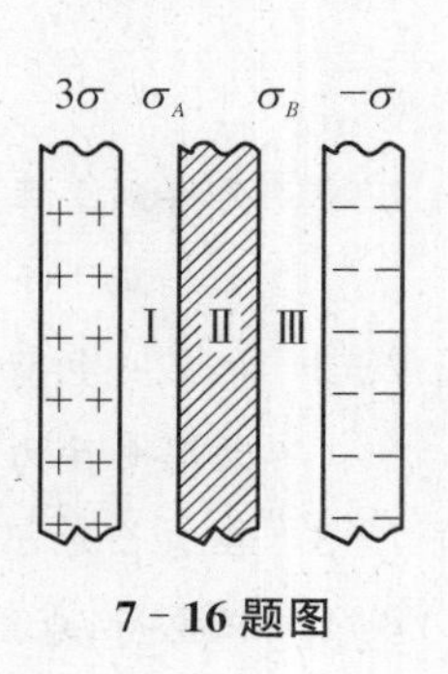

7-16 题图

7-16 有三个特大导体平板彼此平行,如7-16题图所示。外面的两块平板均匀带电,电荷面密度分别为3σ和$-\sigma$,中间那块平板接地。应用高斯定理求解下列问题:(1) 中间那块板左、右两面上的电荷面密度σ_A和σ_B;(2) 图中Ⅰ、Ⅱ、Ⅲ区域内的电场强度。

7-17　两个均匀带电的同心球面，半径分别为 0.1 m 和 0.3 m，小球面带电 1.0×10^{-8} C，大球面带电 1.5×10^{-8} C。求离球心为(1) 5×10^{-2} m；(2) 0.2 m；(3) 0.5 m 处的电场强度。

7-18　试用高斯定理求半径为 R，电荷体密度为 $\rho=A/r$（A 为常数）的非均匀带电球体的电场强度分布。

7-19　一半径为 R 的均匀带电无限长直圆柱体，电荷体密度为 $+\rho$。求带电圆柱体内、外的电场分布。

7-20　两条相互平行的无限长直导线，相距为 a，均匀带有电荷线密度为 $+\lambda$ 和 $-\lambda$ 的异种电荷。求：(1) 两导线所构成的平面上任一点的场强；(2) 单位长度上导线间的相互作用力。

7-21　若电荷以相同的面密度 σ 均匀分布在半径分别为 $r_1=10$ cm 和 $r_2=20$ cm 的两个同心球面上。设无穷远处电势为零，已知球心电势为 300 V，求两球面的电荷面密度 σ 的值。

7-22　一半径为 R 的长棒，其内部的电荷分布是均匀的，体密度为 ρ。求：(1) 棒表面的场强；(2) 棒的轴线上一点与棒表面间的电势差。

7-23　两个同心球面，半径分别为 R_1、R_2，内球面带电 $-q$，外球面带电 $+Q$。求距球心为 r 处一点的电势。(1) $r<R_1$；(2) $R_1<r<R_2$；(3) $r>R_2$。

7-24　在一点电荷电场中，把一电量为 $q_1=1.0\times10^{-9}$ C 的试探电荷从无限远处移到离某点电荷为 0.1 m 处，电场力做功为 1.8×10^{-5} J，求该点电荷的电量。

7-25　均匀带电球面，半径为 R，电荷面密度为 σ，求离球心为 r 处的电势。

7-26　一半径为 R 的均匀带电圆盘，电荷面密度为 σ_0。(1) 求圆盘轴线任一点的电势；(2) 用场强和电势的关系求轴线上任一点的场强。

7-27　已知某空间区域的电势函数 $V=x^2+2xy$，试求：(1) 电场强度函数；(2) 坐标(2，3，3)处的电势及其与原点的电势差。

7-28　一半径 $R=8$ cm 的圆盘，其上均匀带有电荷面密度为 $\sigma=2.0\times10^{-3}\ \mathrm{C/m^2}$ 的电荷，试求：(1) 轴线上任一点的电势；(2) 从电场强度和电势的关系求该点的电场强度；(3) 计算 $x=6$ cm 处的电势和电场强度。

7-29　在一个不带电的金属球旁，有一点电荷 $+q$，金属球半径为 R，点电荷与金属球心间的距离为 r。(1) 求金属球上感应电荷在球心处产生的电场强度 $\boldsymbol{E}$ 及此球心处的电势 U；(2) 若将金属球接地，求球上的净电荷。

7-30　把一块不带电的金属板 B 移近一块已带有正电荷 Q 的金属板 A，两板为平行放置。设两板的面积都是 S，板间距是 d，忽略边缘效应。试求：(1) B 板不接地时，板间电势差；(2) B 板接地时，板间电势差。

7-31　半径为 $R_1=1.0$ cm 的导体球，带有电荷 $q_1=1.0\times10^{-10}$ C，球外有一个内、外半径分别为 $R_2=3.0$ cm、$R_3=4.0$ cm 的同心导体球壳，壳上带有电荷 $Q=11\times10^{-10}$ C，试计算：(1) 两球的电势 U_1 和 U_2；(2) 用导线把球和壳连在一起后 U_1 和 U_2 分别是多少？(3) 若外球接地，U_1 和 U_2 为多少？

7-32 三平行金属板 A、B、C 面积均为 $200\ \mathrm{cm}^2$，A、B 间相距 4 mm，A、C 间相距 2 mm，B 和 C 两板都接地。如果使 A 板带正电 3.0×10^{-7} C。求：(1) B、C 板上的感应电荷；(2) A 板的电势。

7-33 如 7-33 题图所示，在半径为 R 的金属球之外包有一层均匀电介质层，外半径为 R'。设电介质的相对电容率为 ε_r，金属球的电荷量为 Q，求：(1) 电介质层内、外的场强分布；(2) 电介质层内、外的电势分布；(3) 金属球的电势。

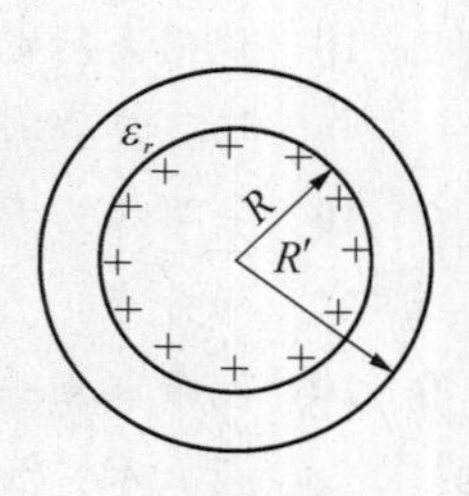

7-33 题图

7-34 半径为 R_0 的导体球带有电荷 Q，球外有一层均匀电介质的同心球壳，其内外半径分别为 R_1 和 R_2，相对电容率为 ε_r，求电介质内外的电场强度 $\boldsymbol{E}$ 和电位移 $\boldsymbol{D}$。

7-35 有一导体球壳，内外半径分别为 $R_1 = 10$ cm 与 $R_3 = 20$ cm，内表面 A 带有电荷 -4.0×10^{-8} C，外表面 B 带有电荷 1.0×10^{-7} C，球壳间有两层电介质，内层介质的 $\varepsilon_r = 4.0$，外层介质的 $\varepsilon_r = 2.0$，其分界面的半径为 $R_2 = 15$ cm。球壳外表面的外部空间为真空。求：(1) 两球壳间的电势差；(2) 离球心 30 cm 处的场强；(3) 球壳内表面 A 的电势。

7-36 某介质的 $\varepsilon_r = 2.8$，击穿场强为 18×10^6 V/m，如果用它来做平板电容器的电介质，要获得电容为 0.07 μF、而耐压为 4 000 V 的电容器，它的极板面积至少要多大？

7-37 两极板间距离为 0.5 mm 的空气平板电容器，若使它的电容为 1 F，这个电容器每极板面积为多大？

7-38 有两块非常靠近的平行平板，面积均为 $2\times10^{-2}\ \mathrm{m}^2$，带异号电荷。它们之间电场可认为是匀强电场，电场强度大小为 5×10^4 V/m，求每板所带电量。

7-39 平板电容器极板间的距离为 d，保持极板上的电荷不变，把相对电容率为 ε_r、厚度为 $\delta(\delta<d)$ 的玻璃板插入极板间，求无玻璃板时和插入玻璃板后极板间电势差的比。

7-40 一平行板电容器有两层电介质，$\varepsilon_{r1} = 4$，$\varepsilon_{r2} = 2$，厚度为 $d_1 = 2.0$ mm，$d_2 = 3.0$ mm，极板面积为 $S = 40\ \mathrm{cm}^2$，两极板间电压为 200 V。计算：(1) 每层电介质中的电场能量密度；(2) 每层电介质中的总电能。

7-41 两个同轴的圆柱，长度都是 l，半径分别为 R_1 和 R_2，这两个圆柱带有等值异号电荷 Q，两圆柱之间充满电容率为 ε 的电介质。(1) 在半径为 $r(R_1<r<R_2)$，厚度为 $\mathrm{d}r$ 的圆柱壳中任一点的电场能量密度是多少？(2) 这柱壳中的总电场能是多少？(3) 电介质中的总电场能是多少？(4) 由电介质中的总电场能求圆柱形电容器的电容。

7-42 一平板电容器，圆形极板的半径为 8.0 cm，极板间距为 1.0 mm，中间介质的 $\varepsilon_r = 5.5$，如果对它充电到 100 V，问它带多少电量？贮有多少电能？

7-43 一球形电容器，由半径分别为 R_1 和 R_2 的两同心球壳构成，球壳间填以相对介电常数为 ε_r 的均匀电介质。若电容器所带电量为 q，求此电容器中所储存的能量。

第8章

稳恒磁场

电流通过导体时，除了产生热效应，还会产生磁效应。稳恒电流产生的磁场称为稳恒磁场，磁场对处在场内的电流有力的作用。本章将讨论真空中稳恒磁场的性质，建立稳恒磁场的基本方程式。

§8－1　稳恒电流　电源及其电动势

1　稳恒电流　电流密度矢量

在通常情况下，导体内有大量的自由电子在不停地做无规则的热运动。在没有外电场的情况下，自由电子朝任意方向运动的概率是一样的。所以，如果在导体内任作一个截面 ΔS，在任意单位时间内，从两边穿过 ΔS 面的电子的数目必定相等，不会形成电子的定向运动，也就不形成电流。但是，如果在导体的两端加上电压，导体中的自由电子将在电场力作用下，从电势低的地方向电势高的地方做定向运动，从而形成电流。**电流强度定义为单位时间内通过导体任一截面的正电荷的电量的大小**，用 I 表示，即

$$I=\lim_{\Delta t\to 0}\frac{\Delta q}{\Delta t}=\frac{\mathrm{d}q}{\mathrm{d}t} \tag{8-1-1}$$

如果通过导体任意截面的电流的大小和方向都不随时间改变，则称为**稳恒电流**，或称**直流电**。国际单位制中电流的单位为安培，用 A 表示。电流是一标量，本没有方向可言，但由于电荷有正负之分以及历史的原因，**电流的方向定义为正电荷运动的方向**，所以与实际的自由电子的运动方向相反。

若流过导体不同截面上的电流的大小和方向并不相同，如图 8－1 所示。即电流在导体内形成一定的分布，为了细致地描述导体内各点电流分布的情况，必须引入一个新的物理量——**电流密度矢量**，用符号 $\boldsymbol{j}$ 表示。**该矢量在导体中各点的方向即为该点电流的方向；其大小等于在该点通过垂直于电流方**

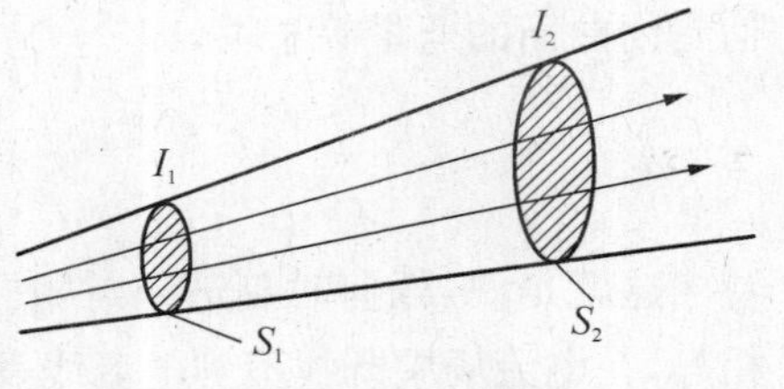

图 8－1　导体内的电流分布

向的单位面积的电流，记为

$$j = \frac{\mathrm{d}I}{\mathrm{d}S_{\perp}}$$

因此，通过导体任意截面的电流的大小可表示为

$$I = \int \boldsymbol{j} \cdot \mathrm{d}\boldsymbol{S} = \int j \cos\theta \mathrm{d}S \tag{8-1-2}$$

在导体中的各点，电流密度矢量 $\boldsymbol{j}$ 可以有不同的数值和方向，这样就构成了一个矢量场，称为**电流场**。电流场可用**电流线**来形象地描述，电流线上每点切线的方向和该点电流密度矢量的方向一致。在国际单位制中，电流密度的单位是 $\mathrm{A/m^2}$。

2 电流的连续性方程 稳恒电流的闭合性

设想在导体内任取一封闭曲面 S，根据(8－1－2)式，通过封闭曲面的电流为

$$I = \oint_S \boldsymbol{j} \cdot \mathrm{d}\boldsymbol{S}$$

若 $I = \oint_S \boldsymbol{j} \cdot \mathrm{d}\boldsymbol{S} > 0$，则表示有电荷通过封闭曲面向外迁移，单位时间内通过封闭曲面迁移的电量为 I。根据电荷守恒定律，单位时间内通过封闭曲面向外迁移的电荷量应等于该封闭曲面内单位时间所减少的电荷量。相反，若 $I = \oint_S \boldsymbol{j} \cdot \mathrm{d}\boldsymbol{S} < 0$，则表示有电荷通过封闭曲面进入其内部，由电荷守恒定律，单位时间内通过封闭曲面进入其内部的电荷量应等于该封闭曲面内单位时间所增加的电荷量。以 $\mathrm{d}q/\mathrm{d}t$ 表示封闭曲面内的电荷量随时间的变化率，则可得到**电流的连续性方程**，表示为

$$\oint \boldsymbol{j} \cdot \mathrm{d}\boldsymbol{S} = -\frac{\mathrm{d}q}{\mathrm{d}t} \tag{8-1-3}$$

上式中的负号表示“减少”，它是电荷守恒定律的数学表述。由电流的连续性方程可知，**电流场的电流线是有头有尾的，凡有电流线发出的地方，那里的正电荷的量必随时间减少；凡有电流线汇聚的地方，那里的正电荷的量必随时间增加。**

稳恒电流指电流场不随时间变化，这就要求电荷的分布不随时间变化，也就是说导体中必定不存在电荷不断积聚的地方。根据电流的连续性方程，对于稳恒电流来说，$\boldsymbol{j}$ 对任何封闭曲面的通量等于零，即

$$\oint \boldsymbol{j} \cdot \mathrm{d}\boldsymbol{S} = 0 \tag{8-1-4}$$

这就是说，任何时刻进入封闭曲面的电流线的条数与穿出该封闭曲面的电流线条数相等，在电流场中既找不到电流线发出的地方，也找不到电流线汇聚的地方，稳恒电流的电流线只可能是无头无尾的闭合曲线。这是稳恒电流的一个重要特性，称为**稳恒电流的**

闭合性。

3 电源 电动势

将一个电势较高、带正电的导体 A 同一个电势较低、带负电的导体 B 用导线连接起来，正电荷将沿着存在电场的导线从电势高的导体 A 流向电势低的导体 B。随着电荷的不断迁移，导体 A 和 B 间的电势差逐渐减小，导线中的电流也随之减小，直至 A 和 B 的电势相等，金属导线内的电场强度为零，电流也随之停止，整个导体组达到静电平衡。以上过程极其短暂，所以仅仅依靠的静电场不可能使金属导体内的自由电子保持持久的宏观定向运动，从而形成稳恒的电流。要想把到达电势低的导体 B 的正电荷不断地输送到电势高的导体 A 上，形成循环流动的电流，就需要一个能提供性质与静电力不同的"非静电力"装置，这个装置称为**电源**(如图 8-2)。在这一过程当中，非静电力要克服静电力做功，把其他形式的能量转化为电势能。常见的电源有化学电池、发电机、热电偶、硅(硒)太阳电池、核反应堆等，它们分别是把化学能、机械能、热能、太阳能、核能转变为电势能的装置。

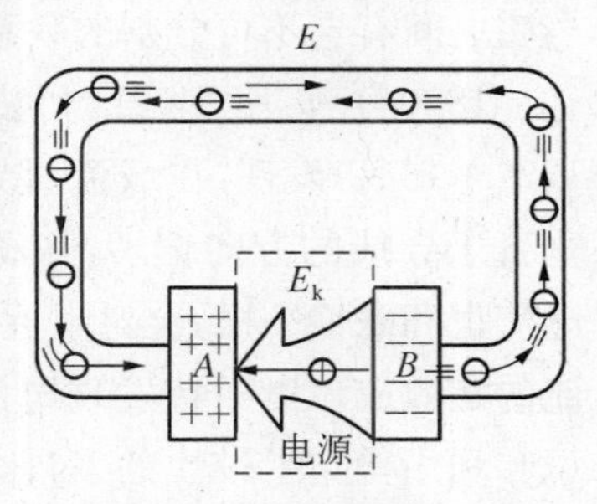

图 8-2 电源原理图

为了描述电源内移动电荷的"非静电力"做功的本领，引入**电动势**这个物理量，定义为**把单位正电荷从电源的负极经电源内部移到正极的过程中非静电力所做的功**。用 ε 表示：

$$\varepsilon = \int_{-}^{+} \boldsymbol{E}_{\mathrm{k}} \cdot \mathrm{d}\boldsymbol{l} \qquad (8-1-5)$$

上式中的 $\boldsymbol{E}_{\mathrm{k}}$ 为电源内部的**非静电性场强**。

一个电源的电动势具有一定的数值，它与外电路的性质以及电路接通与否都没有关系，是表征电源本身的特征量。电动势是标量，其单位与电势的单位相同，也是伏特。

因为非静电性场强只存在于电源内部，所以有时电源电动势也可以表示为

$$\varepsilon = \oint_{l} \boldsymbol{E}_{\mathrm{k}} \cdot \mathrm{d}\boldsymbol{l}$$

上式中的 l 指整个导体回路。

§8-2 磁场 磁感应强度

1 磁现象 磁场

人类在很早以前就发现了自然界中一些物质能够吸引铁，它们主要是含四氧化三铁的矿石，我们将这些物质称为**天然磁铁**；后来人们又用人工的方法制造出各种形状的**人造**

磁铁，如针形、条形、马蹄形等，不管是天然磁铁还是人造磁铁都称**永磁铁**，都具有吸引铁、钴、镍等物质的特性，这种性质称为**磁性**，磁铁上磁性最强的区域称为**磁极**。当磁铁（或磁针）在水平面内自由转动时，它总是沿南北取向，指南的一端叫南极，用S表示；指北的一端叫北极，用N表示。研究发现，磁铁的磁极之间存在着相互作用力，**同号磁极相互排斥，异号磁极相互吸引**。自然界中存在独立的正电荷或负电荷，但一直以来却没有观察到独立的N极和S极，即磁极总是成对出现的，这是磁极和电荷的重要区别。

在历史上很长一段时间里，磁学和电学的研究一直是彼此独立地发展，人们曾认为磁与电是两类截然无关的现象。直到19世纪初，一系列重要的发现才使人们开始认识到电与磁之间有着不可分割的联系。

1820年7月21日，丹麦物理学家奥斯特（Oersted，1777—1851）发现，在载流直导线附近，平行放置的磁针向垂直于导线的方向偏转，如图8-3所示。这个现象说明，电流也和磁铁一样，会对附近的磁针产生作用力，这就是**电流的磁效应**。奥斯特发现电流的磁效应后，人们对磁的认识和利用得到了较快的发展，改变了把电与磁截然分开的观点，开始了电与磁内在联系的探索。

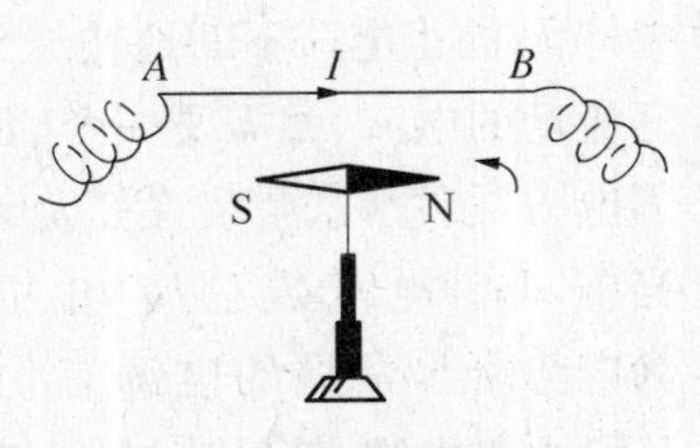

图8-3 奥斯特实验

奥斯特发现电流的磁效应表明，电流对磁体有作用力。随后法国物理学家安培的一系列实验又发现了磁体对载流导线和载流线圈也有作用力，他还发现电流与电流之间会有相互作用力，同方向的电流相互吸引，反方向的电流相互排斥，这些作用力统称为**磁力**。那么磁力的本质又是什么呢？

1822年安培（Ampère，1775—1836）提出了分子环流假说：组成磁铁的最小单元（磁分子）就是环形电流。若这些分子环流定向地排列起来，在宏观上就会显示出N、S极，如图8-4所示，这就是**安培分子环流假说**。

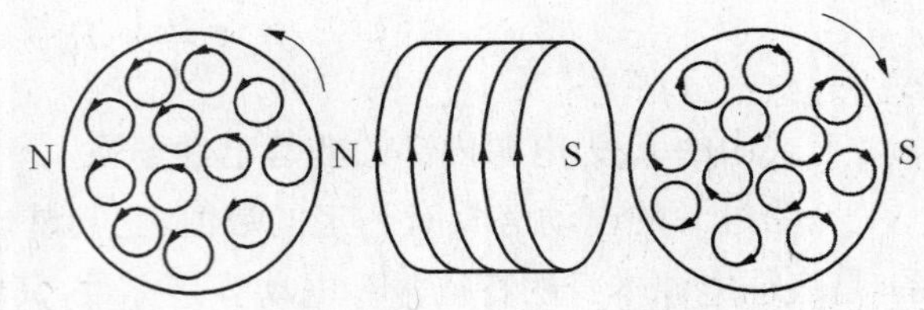

图8-4 安培分子环流假说

近代物理的发展为安培分子环流假说找到了微观依据。现在已知道，分子、原子等微观粒子内电子的绕核轨道运动以及电子本身的自旋运动构成了等效的分子电流。可见，安培分子环流假说与近代物质微观结构理论相当符合。近代物理实验确实证实了运动电荷能够激发磁场，磁场也能对运动电荷施加作用力。

综上所述，无论是导线中的电流（传导电流）还是磁铁，它们磁性的本源都是“电荷的运动”。运动电荷在其周围空间激发磁场，磁场对运动电荷施加作用力，运动电荷（即电流）之间的相互作用是通过**磁场**来传递的。用图示表示为

$$\text{电流} \Longleftrightarrow \boxed{\text{磁场}} \Longleftrightarrow \text{电流}$$

应该注意，无论电荷静止还是运动（速度远小于光速时），它们之间都存在着库仑相互

作用，但只有运动着的电荷之间才存在着磁相互作用。

2 磁感应强度

电场最基本的性质之一是对放入其中的电荷有电场力的作用，根据电场对试探电荷的作用力来测量电场的强弱，从而引入了电场强度 $\boldsymbol{E}$。磁场最基本的性质之一是对放入磁场中的电流具有磁场力的作用，类似地，也可根据磁场对电流作用力的性质来描述磁场的强弱。描述磁场的物理量称为**磁感应强度**，用 $\boldsymbol{B}$ 表示。

在磁场中，我们用载流导线中的一段微元所受到的磁场力来测量磁场中各点的磁感应强度。若载流导线中的电流为 I，导线中的微元用线元 $\mathrm{d}l$ 表示，则 $I\mathrm{d}\boldsymbol{l}$ 称为**电流元**。**电流元是个矢量，它的大小为 $I\mathrm{d}l$，它的方向沿该点电流的方向**。

把电流元 $I\mathrm{d}\boldsymbol{l}$ 放置在磁场中某一点，发现电流元所受磁场力的大小与电流元和磁感应强度 $\boldsymbol{B}$ 的夹角 θ 有关。当 $\theta=\pi/2$ 时，$\boldsymbol{B}$ 的值最大，用 $\mathrm{d}\boldsymbol{F}_{\max}$ 表示；当 $\theta=0$ 或 $\theta=\pi$ 时，$\mathrm{d}F=0$。这就是说，置于磁场中某处的电流元所受的力，与它的取向有关，$I\mathrm{d}\boldsymbol{l}$、$\boldsymbol{B}$ 和 $\mathrm{d}\boldsymbol{F}$ 之间满足右手螺旋定则，如图 8-5 所示。

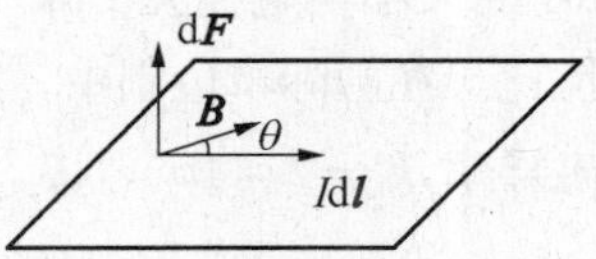

图 8-5 $I\mathrm{d}\boldsymbol{l}$、$\boldsymbol{B}$ 和 $\mathrm{d}\boldsymbol{F}$ 三者满足右手螺旋法则

当电流元受力最大时，有

$$B=\frac{\mathrm{d}F_{\max}}{I\mathrm{d}l} \tag{8-2-1}$$

此时 $\mathrm{d}\boldsymbol{F}_{\max}$、$I\mathrm{d}\boldsymbol{l}$ 与 $\boldsymbol{B}$ 互相垂直。至此，$\boldsymbol{B}$ 的大小和方向被唯一确定。

由式(8-2-1)可定义磁感应强度 $\boldsymbol{B}$，磁感应强度是描述磁场基本特征的物理量，某**点的磁感应强度矢量 $\boldsymbol{B}$ 的大小等于单位电流元所受到的最大磁场力，其方向为矢量积 $\mathrm{d}\boldsymbol{F}_{\max}\times I\mathrm{d}\boldsymbol{l}$ 的方向**。

上面所说的用电流元来测量磁感应强度只是一个假想的实验，通常用载流小线圈来测量磁感应强度。

在国际单位制中，磁感应强度的单位是特斯拉，符号为 T，$1\ \mathrm{T}=1\ \mathrm{N/(A\cdot m)}$。T 是一个较大的单位，地球磁场的磁感应强度数量级约为 10^{-4} T，一般永久磁铁的磁感应强度为 $10^{-1}\sim10^{-2}$ T，利用超导体可产生数量级为 10 T 的强磁场。工程上还常用高斯(G)作为磁感应强度的单位，二者之间的换算关系为 $1\ \mathrm{T}=10^{4}\ \mathrm{G}$。

§8-3 毕奥-萨伐尔定律

1 毕奥-萨伐尔定律

上一节讨论了如何根据电流元在磁场中的受力规律定义磁感应强度矢量 $\boldsymbol{B}$，本节研究稳恒电流与它产生的磁场 $\boldsymbol{B}$ 之间的关系及其应用。

1820年10月法国科学家毕奥(Biot，1774—1862)和萨伐尔(Savart，1791—1841)发表了关于载流长直导线磁场的实验结果，拉普拉斯(Laplace，1749—1827)分析了他们的实验资料，找出了电流元在空间某点处产生磁感应强度的规律，称之为**毕奥-萨伐尔定律**。用公式表示为

$$\mathrm{d}B = \frac{\mu_0}{4\pi}\frac{I\,\mathrm{d}l\sin\theta}{r^2} \tag{8-3-1}$$

上式中的 r 是从电流元 $I\,\mathrm{d}l$ 所在点到 P 点的位矢 $\boldsymbol{r}$ 的大小，θ 为 $I\mathrm{d}\boldsymbol{l}$ 与 $\boldsymbol{r}$ 之间小于 π 的夹角，$\mathrm{d}\boldsymbol{B}$ 的方向垂直于 $I\,\mathrm{d}\boldsymbol{l}$ 和 $\boldsymbol{r}$ 组成的平面，指向由 $I\,\mathrm{d}\boldsymbol{l}$ 经 θ 角转向 $\boldsymbol{r}$ 时右螺旋前进的方向，如图8-6所示。上式表明，电流元 $I\,\mathrm{d}l$ 在距离它 r 点处产生的磁感应强度 $\mathrm{d}\boldsymbol{B}$ 的大小与电流元 $I\,\mathrm{d}\boldsymbol{l}$ 和 $\boldsymbol{r}$ 之间的夹角 θ 的正弦成正比，与 r^2 成反比。在国际单位制中，上式中 $\mu_0 = 4\pi\times10^{-7}\ \mathrm{T\cdot m/A}$，称为真空磁导率，$k = \mu_0/4\pi = 10^{-7}\ \mathrm{T\cdot m/A}$。把式(8-3-1)写成矢量式为

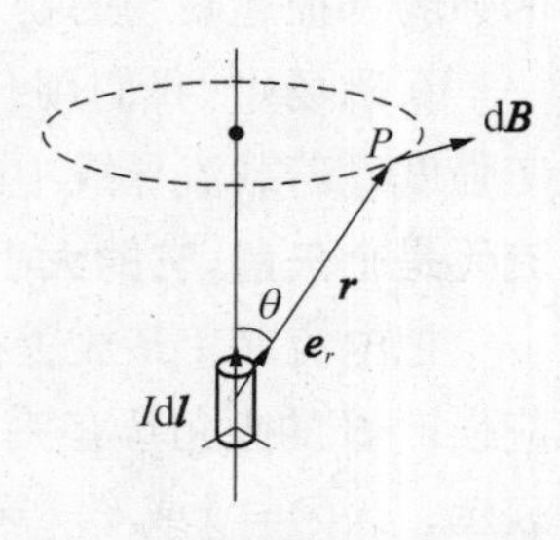

图8-6 毕奥-萨伐尔定律

$$\mathrm{d}\boldsymbol{B} = \frac{\mu_0}{4\pi}\frac{I\,\mathrm{d}\boldsymbol{l}\times\boldsymbol{e}_r}{r^2} \tag{8-3-2}$$

上式中 $\boldsymbol{e}_r$ 为电流元 $I\,\mathrm{d}\boldsymbol{l}$ 指向场点 P 的单位矢量。

由以上两式可知，电流元 $I\,\mathrm{d}l$ 在场点 P 产生的磁感应强度 $\mathrm{d}\boldsymbol{B}$ 的方向，是以 $I\,\mathrm{d}l$ 方向为轴的圆周的切线方向，或者说磁感应线是以 $I\,\mathrm{d}l$ 方向为轴的同心圆，$\mathrm{d}\boldsymbol{B}$ 与 $I\,\mathrm{d}l$ 之间遵从右手螺旋定则。由式(8-3-2)可知，在同一条磁感应线上，$\mathrm{d}\boldsymbol{B}$ 的量值处处相等。

毕-萨定律是电磁学中的一条基本定律，它在研究电流磁场时的地位相当于静电学中点电荷的场强表达式，由毕-萨定律原则上可以求出空间任一点的磁感应强度。

2 磁场叠加原理

理论分析和实验都表明，描述磁场性质的物理量磁感应强度 $\boldsymbol{B}$ 遵守叠加原理，即**磁场中某点的磁感应强度等于所有电流元各自在该点产生的磁感应强度的矢量和**。即

$$\boldsymbol{B} = \int \mathrm{d}\boldsymbol{B} \tag{8-3-3}$$

这个结论称为磁感应强度的叠加原理。

由上述结论可知，一段有限长的电流在某点产生的磁感应强度为

$$\boldsymbol{B} = \int_L \mathrm{d}\boldsymbol{B} = \int_L \frac{\mu_0}{4\pi}\frac{I\,\mathrm{d}\boldsymbol{l}\times\boldsymbol{e}_r}{r^2} \tag{8-3-4}$$

对于闭合电流，上式要对整个闭合电路积分。

对于多个闭合电流产生的磁场中某点的总磁感应强度 $\boldsymbol{B}$ 等于各个闭合电流单独在该点产生的磁感应强度的矢量和，即

$$\boldsymbol{B}=\sum \boldsymbol{B}_i \tag{8-3-5}$$

应当指出，与点电荷不同的是，电流元不可能单独存在，所以毕奥-萨伐尔定律不可能由实验直接验证。但是，由毕奥-萨伐尔定律出发计算的磁感应强度与实验结果吻合，从而间接证明了毕奥-萨伐尔定律的正确性。毕奥-萨伐尔定律和磁场的叠加原理是稳恒电流磁场的基本规律。

下面将应用毕奥-萨伐尔定律和磁场叠加原理来计算几种常见载流导体所激发的磁场。

3 毕奥-萨伐尔定律的应用

(1) 载流直导线周围的磁感应强度

设一长为 L 的载流直导线通有电流 I，P 为载流直导线周围空间的任一点，从 P 点到直导线的垂直距离为 a，求 P 点的磁感应强度。

计算 P 点的磁感应强度时，先在载流直导线上任取一个电流元 $I\mathrm{d}\boldsymbol{l}$，它到 P 点的矢径为 $\boldsymbol{r}$，$I\mathrm{d}\boldsymbol{l}$ 与 $\boldsymbol{r}$ 之间的夹角为 θ，如图 8-7 所示。由毕奥-萨伐尔定律可得，电流元 $I\mathrm{d}\boldsymbol{l}$ 在给定点 P 产生的磁感应强度 $\mathrm{d}\boldsymbol{B}$ 的大小为

$$\mathrm{d}B=\frac{\mu_0}{4\pi}\frac{I\mathrm{d}l\sin\theta}{r^2}$$

$\mathrm{d}\boldsymbol{B}$ 的方向由 $I\mathrm{d}\boldsymbol{l}\times\boldsymbol{r}$ 来确定，即垂直纸面向里，在图中用$\otimes$表示。由于载流直导线上所有电流元在 P 点产生的磁感应强度 $\mathrm{d}\boldsymbol{B}$ 的方向都相同(垂直纸面向里)，所以 P 点总的磁感应强度等于各个电流元产生的磁感应强度的代数和，即矢量积分 $\boldsymbol{B}=\int\mathrm{d}\boldsymbol{B}$ 可转化为标量积分：

$$B=\int_A^B\mathrm{d}B=\int_{\theta_1}^{\theta_2}\frac{\mu_0}{4\pi}\frac{I\mathrm{d}l\sin\theta}{r^2}$$

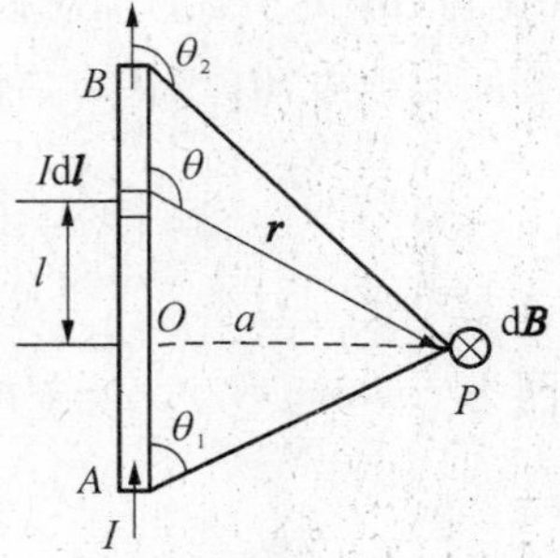

图 8-7 载流直导线的磁感应强度计算

上式中，l、r、θ 都是变量，必须用一个统一变量才能便于积分。由图 8-7 可得

$$l=a\cot(\pi-\theta)=-a\cot\theta,\ r=\frac{a}{\sin(\pi-\theta)}=\frac{a}{\sin\theta}$$

将以上关系代入积分式，得

$$B=\frac{\mu_0 I}{4\pi a}\int_{\theta_1}^{\theta_2}\sin\theta\mathrm{d}\theta=\frac{\mu_0 I}{4\pi a}(\cos\theta_1-\cos\theta_2) \tag{8-3-6}$$

上式中，θ_1 为载流直导线电流流入端的电元 $I\mathrm{d}\boldsymbol{l}$ 与它到 P 点的矢径的夹角，θ_2 为载流直导线电流流出端的电流元 $I\mathrm{d}\boldsymbol{l}$ 与它到 P 点的矢径的夹角。由以上分析过程可知，P 点处磁感应强度的方向与图中 $\mathrm{d}\boldsymbol{B}$ 的方向一致，即沿着以 O 为圆心、OP 为半径并位于和

导线垂直的平面内的圆在点 P 的切线。显然，凡是位于上述圆上的点，$\boldsymbol{B}$ 的大小都与 P 点相同，方向均沿着圆周的切线。可见，通电直导线的磁场分布在垂直于导线的平面内，为一系列以直导线为轴线的同心圆。

讨论：

a. 若直导线 AB 为无限长，则 $\theta_1=0,\theta_2=\pi$，那么 $B=\dfrac{\mu_0 I}{2\pi a}$。

b. 若直导线 AB 为半无限长，即 P 点的垂足在直导线的一个端点上，另一端可无限延长，则 $\theta_1=\pi/2,\theta_2=\pi$，或 $\theta_1=0,\theta_2=\pi/2$，那么 $B=\dfrac{\mu_0 I}{4\pi a}$。

(2) 圆形电流轴线上的磁场

设圆形电流的半径为 R，电流为 I，轴线上任意一点 P 到圆心的距离为 x，如图 8-8 所示。计算 P 点的磁感应强度。

在圆环上任取电流元 $I\mathrm{d}\boldsymbol{l}$，由于 $I\mathrm{d}\boldsymbol{l}\perp\boldsymbol{r}$，它在 P 点产生的磁感应强度大小为

$$\mathrm{d}B=\frac{\mu_0}{4\pi}\frac{I\mathrm{d}l}{r^2}$$

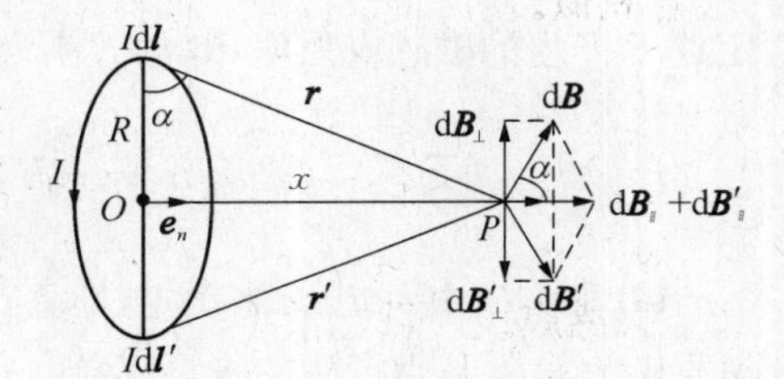

图 8-8 圆形电流轴线上的磁场计算

方向如图 8-8 所示，由于电流的分布具有轴线对称性，在圆环上取与 $I\mathrm{d}\boldsymbol{l}$ 在同一直径上的等长电流元 $I\mathrm{d}\boldsymbol{l}'$，它产生的场强大小为

$$\mathrm{d}B'=\mathrm{d}B=\frac{\mu_0}{4\pi}\frac{I\mathrm{d}l'}{r^2}$$

$\mathrm{d}\boldsymbol{B}'$ 与 $\mathrm{d}\boldsymbol{B}$ 关于 Ox 轴对称，它们的垂直分量相互抵消，只剩下平行分量。因此，由磁场的叠加原理可知，P 点的总磁感强度 $\boldsymbol{B}$ 必定沿轴线，其大小为

$$B=\oint_L \mathrm{d}B\cos\alpha=\oint_L\frac{\mu_0 I}{4\pi}\frac{\mathrm{d}l}{r^2}\cos\alpha=\frac{\mu_0 I}{4\pi r^2}\cos\alpha\oint_L\mathrm{d}l$$

因为 $\cos\alpha=R/r,r=\sqrt{R^2+x^2}$，则

$$B=\frac{\mu_0 IR^2}{2(R^2+x^2)^{3/2}} \tag{8-3-7}$$

$\boldsymbol{B}$ 的方向沿轴线向右。

下面讨论两个特殊点磁场的情况。

a. 圆环中心处，即当 $x=0$ 时，O 点处的磁感应强度，其值为

$$B_O=\frac{\mu_0 I}{2R} \tag{8-3-8}$$

b. 在远离线圈处，即 $x\gg R,x\approx r$，则轴线上各点的磁感应强度可近似为

$$B = \frac{\mu_0 IR^2}{2x^3} = \frac{\mu_0 I \pi R^2}{2\pi x^3} \tag{8-3-9}$$

至于轴线外的场强，已非简单的积分运算能求得，不再赘述。

引入面矢量 $\boldsymbol{S} = \pi R^2 \boldsymbol{e}_n$，其中 $\boldsymbol{e}_n$ 为圆环面的法向单位矢量，其指向与电流流向成右手螺旋关系，令 $\boldsymbol{m} = I\boldsymbol{S}$，称为该**载流线圈的磁矩**，式(8-3-9)可用矢量形式表示为

$$\boldsymbol{B} = \frac{\mu_0 \boldsymbol{m}}{2\pi x^3} \tag{8-3-10}$$

将上式与静电场中的电偶极矩为 $\boldsymbol{p}$ 的电偶极子在其电荷连线的延长线上、距离电偶极子中心 x 处产生的电场强度公式

$$\boldsymbol{E} = \frac{\boldsymbol{p}}{2\pi\varepsilon_0 x^3}$$

比较可知，磁矩为 $\boldsymbol{m}$ 的圆形电流产生磁场的规律与电偶极矩为 $\boldsymbol{p}$ 的电偶极子产生电场的规律相似。

§8-4 稳恒磁场的"高斯定理"和安培环路定理

1 磁感应线 磁通量

(1) 磁感应线

在静电学中用电场线形象地描绘了空间的电场分布，类似地，也可以用**磁感应线**形象地描述空间磁场的分布。

磁感应线是一簇曲线，曲线上每点的切线方向沿着该点的磁感应强度 $\boldsymbol{B}$ 的方向。与电场线一样，磁感应线是假想的曲线，实际上并不存在。实验中常用细铁屑来显示磁场的分布情况，即在磁场中放一块玻璃板，在上面均匀地洒一薄层细铁屑，轻敲之后，铁屑就会在磁场的作用下，有规则地排列起来，可以显示磁场分布。理论研究上用磁感应线表示磁场分布，图 8-9(a)、(b)、(c)和(d)分别画出了条形磁铁、长直载流导线、载流圆环和载流螺线管的磁感应线分布图。从磁感应线分布图可以看出，磁感应线具有如下基本性质：

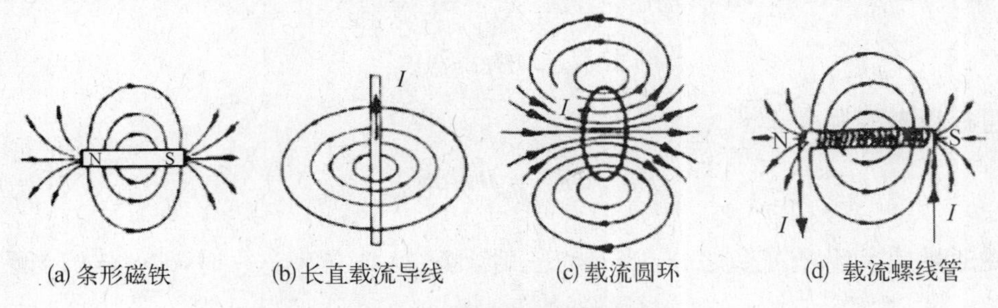

图 8-9 几种常见的磁感应线分布

(a) 磁感应线不会相交。磁感应线上任一点的切线方向就是该点的磁感应强度 $\boldsymbol{B}$ 的方向,如果磁场中某点有几条磁感应线相交,过交点对每条磁感应线都可作一切线,则交点处的磁感应强度 $\boldsymbol{B}$ 就有几个方向,这与磁场中任一点的磁感应强度 $\boldsymbol{B}$ 都具有确定方向矛盾,因此磁感应线不会相交。

(b) 磁感应线一定是无头无尾的闭合曲线,或从无限远伸向无限远。静电场中的电场线一般是有头有尾的,所以从磁感应线的闭合性中可以看出稳恒电流的磁场与静电场具有不同的性质。

(c) 磁感应线与电流相互环连。磁感应线的方向与电流方向之间的关系可以用右手螺旋定则来确定。若大拇指指向电流方向,则弯曲的四指表示磁感应线的绕行方向;若以弯曲的四指表示电流的绕行方向,则伸开的大拇指指向就是磁感应线的方向。一般情况下,前一种方法判断直线电流方向与磁感应线方向的关系较为方便,后一种方法判断环形电流方向与磁感应线方向的关系较为方便。

(d) 磁感应线的疏密程度表示磁感应强度 $\boldsymbol{B}$ 的大小。通常约定,磁感应线密集处,磁感应强度大;磁感应线稀疏处,磁感应强度小。

(2) 磁通量

为了将磁感应线的分布与磁场的强弱联系起来,规定通过磁场中某点处垂直于 $\boldsymbol{B}$ 的单位面积的磁感应线条数等于该点 $\boldsymbol{B}$ 的量值,即

$$B=\frac{\mathrm{d}\Phi_m}{\mathrm{d}S_\perp} \tag{8-4-1}$$

所以,**磁场中某处磁感应强度 $\boldsymbol{B}$ 的大小就是该处的磁通量密度**,磁感应强度的大小也称作**磁通量密度**。式(8-4-1)中 $\mathrm{d}S_\perp$ 为 $\mathrm{d}\boldsymbol{S}$ 在垂直于磁感应强度方向上的投影面积。

通过任一给定曲面的磁感应线条数称为通过该曲面的磁通量,用 Φ_m 表示。它的计算方法完全类似于静电学中电通量的计算方法。如图 8-10 所示,在曲面上取面元 $\mathrm{d}\boldsymbol{S}$,通过面元 $\mathrm{d}\boldsymbol{S}$ 的磁通量为 $\mathrm{d}\Phi_m=B\mathrm{d}S_\perp$,设 $\mathrm{d}\boldsymbol{S}$ 的法线方向 $\boldsymbol{e}_n$ 与 $\boldsymbol{B}$ 的夹角为 θ,则

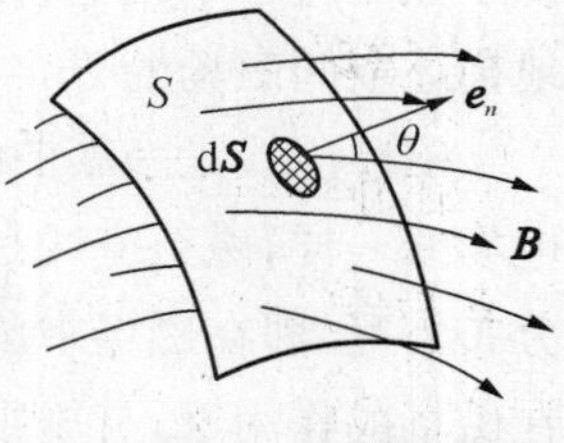

图 8-10 任意曲面磁通量的计算

$$\mathrm{d}S_\perp=\mathrm{d}S\cos\theta$$

所以

$$\mathrm{d}\Phi_m=B\cos\theta\,\mathrm{d}S \tag{8-4-2}$$

用矢量标积表示为

$$\mathrm{d}\Phi_m=\boldsymbol{B}\cdot\mathrm{d}\boldsymbol{S} \tag{8-4-3}$$

磁通量是标量,有正负之分,当 $\theta<\frac{\pi}{2}$ 时,$\mathrm{d}\Phi_m>0$;当 $\theta=\frac{\pi}{2}$ 时,$\mathrm{d}\Phi_m=0$;当 $\theta>\frac{\pi}{2}$ 时,$\mathrm{d}\Phi_m<0$。

将式(8-4-3)对任意曲面积分,便得到通过该曲面的磁通量

$$\Phi_m = \int \mathrm{d}\Phi_m = \iint_S \boldsymbol{B} \cdot \mathrm{d}\boldsymbol{S} = \iint_S B\cos\theta \mathrm{d}S \tag{8-4-4}$$

对于闭合曲面而言,一般规定自内向外的方向为任意面元矢量的正方向。这样磁感应线从闭合面穿出时磁通量为正,进入时磁通量为负。

磁通量的单位为 $\mathrm{T \cdot m^2}$,称为韦伯,用 Wb 表示,即 $1\ \mathrm{Wb} = 1\ \mathrm{T} \times \mathrm{m}^2$。

2 稳恒磁场的"高斯定理"

由于稳恒电流的磁感应线总是闭合曲线或延伸到无限远的曲线,因此对任一闭合曲面 S,每条磁感应线若与它相交,必定相交两次,一次进入,另一次则穿出,对 S 的磁通量的贡献为零。所以,**磁感应强度 $\boldsymbol{B}$ 对任何闭合曲面 S 的磁通量总是零**,即

$$\oint\!\!\!\oint_S \boldsymbol{B} \cdot \mathrm{d}\boldsymbol{S} = \oint\!\!\!\oint_S B\cos\theta \mathrm{d}S = 0 \tag{8-4-5}$$

上式称为**稳恒磁场的高斯定理**,是电磁场理论的基本方程之一。

磁场的高斯定理表明了稳恒电流磁场的一个重要性质,稳恒电流的磁感应线总是连续的,没有起点也没有终点,即 $\boldsymbol{B}$ 线是闭合的,数学上将具有这种性质的场称为**无源场**。而静电场的高斯定理表明,静电场是有源场,其场源是电荷。式(8-4-5)表明,磁场是一个无源场,即自然界中不存在与电荷相对应的磁荷,通常人们把磁荷又称为**磁单极子**。迄今为止,还没有可以确定磁单极子存在的实验证据,因此认为磁场的高斯定理式(8-4-5)是普遍成立的。

3 安培环路定理

在静电场中电场强度的环流等于零,反映了静电场是保守力场。在磁场中,磁感应强度 $\boldsymbol{B}$ 沿任意闭合曲线的积分,即磁感应强度的环流 $\oint_L \boldsymbol{B} \cdot \mathrm{d}\boldsymbol{l}$ 等于多少呢?我们以真空中无限长直线电流的磁场为例进行分析。

如图 8-11(a)所示,在电流为 I 的无限长直线电流的磁场中取一垂直于该直线电流的平面,在这平面上作一包围电流的闭合曲线 L。由上节的毕奥-萨伐尔定律得到的结论可知,曲线上任一点 P 的磁感应强度为

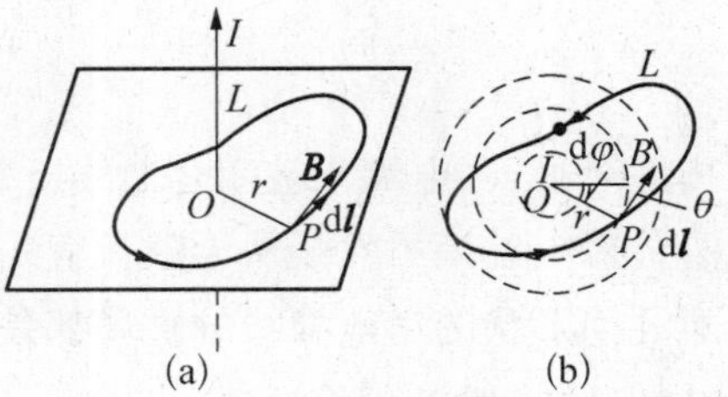

图 8-11 安培环路定理

$$B = \frac{\mu_0 I}{2\pi r} \tag{8-4-6}$$

r 为 P 点离开直导线的距离。沿闭合曲线 L 作 $\boldsymbol{B}$ 的积分,则有

$$\oint_L \boldsymbol{B} \cdot \mathrm{d}\boldsymbol{l} = \oint B\cos\theta \mathrm{d}l \tag{8-4-7}$$

θ 为 $\boldsymbol{B}$ 与 $\mathrm{d}\boldsymbol{l}$ 的夹角，从图 8－11(b)中可以看到

$$\mathrm{d}l\cos\theta = r\,\mathrm{d}\varphi \tag{8-4-8}$$

把式(8－4－6)和式(8－4－8)代入式(8－4－7)得

$$\oint \boldsymbol{B}\cdot\mathrm{d}\boldsymbol{l} = \int_0^{2\pi}\frac{\mu_0 I}{2\pi r}r\,\mathrm{d}\varphi = \frac{\mu_0 I}{2\pi}\int_0^{2\pi}\mathrm{d}\varphi = \mu_0 I \tag{8-4-9}$$

在图 8－11 中，所取闭合曲线的绕行方向与电流 I 的方向符合右手螺旋定则，上式中的 I 取正值；如果曲线绕行方向相反，则所得的结果是负的，即 I 应取负值。因此，可根据闭合曲线的绕行方向来决定 I 的正负：用右手四指沿绕行方向弯曲，若电流沿大拇指方向，则为正值；若电流与大拇指方向相反，则为负值。

如果闭合曲线 L 不在垂直于直线电流的平面内，则可将 L 上每一段线元 $\mathrm{d}\boldsymbol{l}$ 分解为该直线电流平面内的分矢量 $\mathrm{d}\boldsymbol{l}_{/\!/}$ 与垂直于此平面的分矢量 $\mathrm{d}\boldsymbol{l}_{\perp}$，因此有

$$\begin{aligned}\oint_L \boldsymbol{B}\cdot\mathrm{d}\boldsymbol{l} &= \oint_L \boldsymbol{B}\cdot(\mathrm{d}\boldsymbol{l}_{\perp}+\mathrm{d}\boldsymbol{l}_{/\!/})\\ &= \oint_L B\cos\frac{\pi}{2}\mathrm{d}l_{\perp}+\oint_L B\cos\theta\,\mathrm{d}l_{/\!/}\\ &= 0+\oint_L Br\,\mathrm{d}\varphi = \int_0^{2\pi}\frac{\mu_0 I}{2\pi r}r\,\mathrm{d}\varphi = \mu_0 I\end{aligned} \tag{8-4-10}$$

积分结果与上面(8－4－9)相同。

如果闭合曲线不包围电流，如图 8－12 所示，L 为在垂直于无限长直线电流平面内而又不包围该直线电流的任一闭合曲线。由该直线电流和平面的交点 O 作 L 的切线，将 L 分成 L_1 和 L_2 两部分，沿图示方向取 $\boldsymbol{B}$ 的环流，有

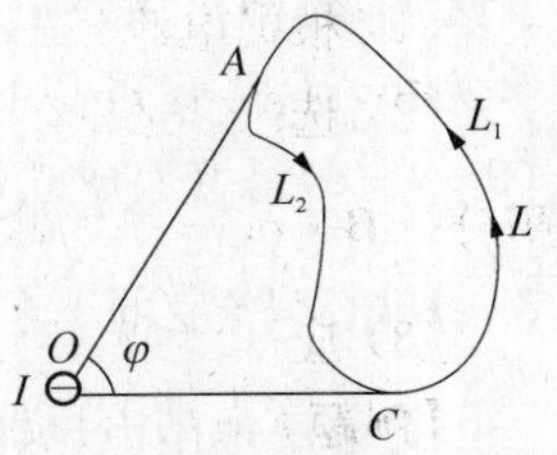

图 8－12　安培环路不包围电流

$$\begin{aligned}\oint \boldsymbol{B}\cdot\mathrm{d}\boldsymbol{l} &= \int_{L_1}\boldsymbol{B}\cdot\mathrm{d}\boldsymbol{l}+\int_{L_2}\boldsymbol{B}\cdot\mathrm{d}\boldsymbol{l}\\ &= \frac{\mu_0 I}{2\pi}[\varphi+(-\varphi)] = 0\end{aligned} \tag{8-4-11}$$

由此可见，当电流不被闭合曲线所包围时，该电流对这一闭合回路的 $\boldsymbol{B}$ 的环流等于零。

以上结果虽然是从无限长直线电流的磁场的特例导出的，但其结论具有普遍性，对任意几何形状的通电导线的磁场都是适用的，而且当闭合曲线包围多根载流导线时也同样适用，故一般可写成

$$\oint_L \boldsymbol{B}\cdot\mathrm{d}\boldsymbol{l} = \mu_0\sum I \tag{8-4-12}$$

式(8－4－12)表达了电流与它所激发磁场之间的普遍规律，称为**安培环路定理**。安培环路定理可表述为：**在稳恒电流的磁场中，磁感应强度 $\boldsymbol{B}$ 沿任意闭合曲线的线积分（亦称环流）等于闭合曲线所包围的电流的代数和的 μ_0 倍**。式中的闭合曲线 L 常称为“**安培环路**”。

为了更好地理解安培环路定理表达式中各物理量的含义，对定理作进一步的说明。

(1) $\sum I$ 为安培环路 L 所包围的所有电流的代数和，其中的正负按右手螺旋定则确定。

(2) 式(8-4-12)中的 $\boldsymbol{B}$ 是安培环路上各点的磁感应强度，它是 L 内、外所有电流激发的总磁场。但是，只有被 L 包围的电流才对 $\oint_L \boldsymbol{B}\cdot \mathrm{d}\boldsymbol{l}$ 有贡献。

(3) L 包围的电流是指穿过以 L 为边界的任意曲面的电流。

(4) 安培环路定理仅适用于闭合的稳恒电流回路，对一段电流不适用。对于非稳恒定磁场也不适用。

静电场中有 $\oint_L \boldsymbol{E}\cdot \mathrm{d}\boldsymbol{l}=0$，所以静电场是保守场，即无旋场，从而可引入标量电势的概念；但稳恒磁场中一般有 $\boldsymbol{B}$ 的环流不为零，所以稳恒磁场是非保守场，即有旋场，不能引入标量势的概念。

4　安培环路定理的应用

安培环路定理是以积分形式表达了稳恒电流和它所激发磁场间的普遍关系，而毕奥-萨伐尔定律则是部分电流和部分磁场相互联系的微分表达式。原则上两者都可用来求解已知电流分布的磁场问题，但当电流分布具有某种对称性时，利用安培环路定理能更方便地计算出磁感应强度。具体计算可按如下步骤：

(1) 根据电流分布的对称性分析磁场分布的对称性。

(2) 选取合适的闭合积分路径 L，即安培环路。注意安培环路 L 的选择一定要便于使积分 $\oint_L \boldsymbol{B}\cdot \mathrm{d}\boldsymbol{l}=0$ 中的 $\boldsymbol{B}$ 能以标量的形式从积分号中提出来。

(3) 应用安培环路定理求出 $\boldsymbol{B}$ 的量值，并确定 $\boldsymbol{B}$ 的方向。

【例题 8-1】 求长直圆柱形载流导线内外的磁场。

【解】 设圆柱截面的半径为 R，稳恒电流 I 沿轴线方向流动，并呈轴对称分布。当所考察的场点 P 离导线的距离比 P 离导线两端的距离小得很多时，可把导线视为无限长。在此区域内，磁场对圆柱形轴线具有对称性，磁感应线是在垂直于轴线平面内以轴线为中心的同心圆[如图 8-13(a)所示]。过点 P 取一半径为 r 的磁感应线为安培回路，由于线上任一点的 $\boldsymbol{B}$ 的大小相等，方向与该点的 $\mathrm{d}\boldsymbol{l}$ 方向一致，所以有

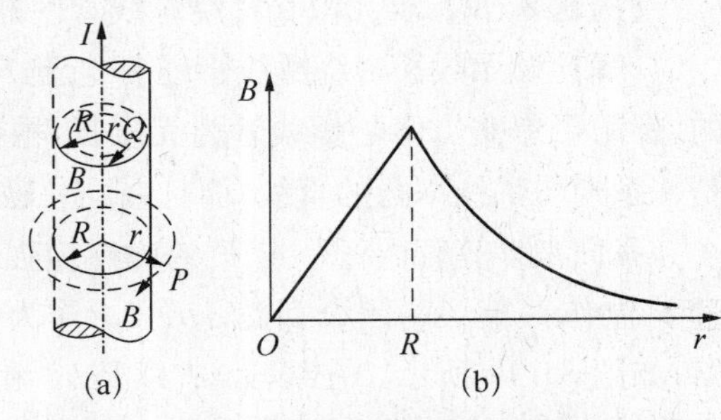

图 8-13　长直圆柱形载流导线的磁场分布

$$\oint_L \boldsymbol{B}\cdot \mathrm{d}\boldsymbol{l}=B2\pi r=\mu_0 I$$

即

$$B=\frac{\mu_0 I}{2\pi r} \tag{8-4-13}$$

由此可见长圆柱形载流导线外的磁场与长直载流导线激发的磁场相同。

如果 $r<R$，即在圆柱形导线内部，可取图 8-13(a)中的任意点 Q，考虑两种可能的电流分布：

(1) 当电流均匀分布在圆柱形导线表面层时，则穿过安培环路的电流为零，由安培环路定理可得

$$B2\pi r=0$$

即

$$B=0$$

柱内任一点的磁感应强度为零。

(2) 当电流均匀分布在圆柱形导线截面上时，则穿过安培环路的电流应是

$$I'=(I/\pi R^2)\pi r^2$$

应用安培环路定理可得

$$\oint_L \boldsymbol{B}\cdot \mathrm{d}\boldsymbol{l}=B2\pi r=\mu_0\frac{I}{\pi R^2}\pi r^2$$

由此算出导线内 Q 点的磁感应强度为

$$B=\frac{\mu_0 Ir}{2\pi R^2} \tag{8-4-14}$$

可见在圆柱形导线内部，磁感应强度和离开轴线的距离 r 成正比，图 8-13(b)中画出了磁感应强度与离轴线距离 r 的关系曲线。由图可知，在柱面上 B 是连续的且有最大值。如将导体圆柱换以薄壁圆筒，利用上述方法，可得到筒外磁场仍如式(8-4-13)；而筒内 $B=0$，因为这时安培环路不包围任何电流，可见圆筒上的电流在内部产生的磁场互相抵消。

【例题 8-2】 求无限长密绕螺线管内部的磁场。

【解】 设无限长密绕螺线管通有电流 I，单位长度上绕有 n 匝线圈，因螺线管是密绕的，螺距可忽略。由于螺线管为无限长，根据电流分布的对称性，可以确定管内的磁感线是一系列与轴线平行的直线，而且在同一磁感线上各点的 $\boldsymbol{B}$ 相同。

我们来计算管内任一点 P 的磁感应强度。通过 P 点作一矩形的闭合回路 $abcda$ 作为安培环路，如图 8-14 所示。在线段 cd 以及 bc 和 da 位于管外的部分上，因为螺线管外 $B=0$，所以 $\boldsymbol{B}\cdot\mathrm{d}\boldsymbol{l}=0$。在 bc 和 da 位于管内的部分，虽然 $\boldsymbol{B}\neq 0$，但 $\mathrm{d}\boldsymbol{l}$ 与 $\boldsymbol{B}$ 垂直，所以也有 $\boldsymbol{B}\cdot\mathrm{d}\boldsymbol{l}=0$。线段 ab 上各点磁感应强度大小相等，方向都与积分路径 $\mathrm{d}\boldsymbol{l}$ 一

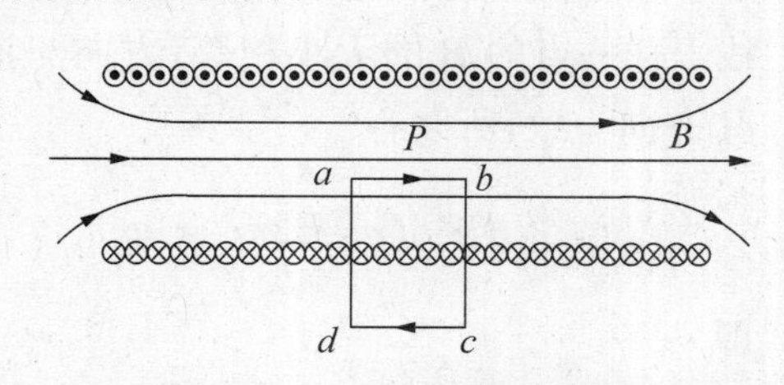

图 8-14 无限长密绕螺线管内部的磁场计算

致(从 a 到 b)，故 $\boldsymbol{B}$ 矢量沿安培环路 $abcda$ 的线积分为

$$\oint_L \boldsymbol{B} \cdot \mathrm{d}\boldsymbol{l} = \int_a^b \boldsymbol{B} \cdot \mathrm{d}\boldsymbol{l} + \int_b^c \boldsymbol{B} \cdot \mathrm{d}\boldsymbol{l} + \int_c^d \boldsymbol{B} \cdot \mathrm{d}\boldsymbol{l} + \int_d^a \boldsymbol{B} \cdot \mathrm{d}\boldsymbol{l} = \int_a^b \boldsymbol{B} \cdot \mathrm{d}\boldsymbol{l} = B\overline{ab}$$

因螺线管单位长度上有 n 匝线圈，通过每匝线圈的电流为 I，所以回路 $abcd$ 所包围的电流总和为 $\overline{ab} \cdot nI$，根据右手螺旋定则知该电流为正值，根据安培环路定理可得

$$\oint_{abcda} \boldsymbol{B} \cdot \mathrm{d}\boldsymbol{l} = B\overline{ab} = \mu_0 \overline{ab}\, nI$$

因此

$$B = \mu_0 nI \tag{8-4-15}$$

由于矩形回路是任取的，不论 ab 段在管内任何位置，式(8-4-15)都成立。所以，无限长密绕螺线管内任一点的磁感应强度 $\boldsymbol{B}$ 的大小相同，方向平行于轴线，即螺线管内是均匀磁场，管外磁感应强度可视为零。

【例题 8-3】 求螺绕环内部的磁场分布。

【解】 均匀密绕在环形管上的线圈形成环形螺线管，称为螺绕环，如图 8-15 所示。当线圈密绕时，可认为磁场几乎全部集中在管内，管内的磁感应线都是与环共轴的一系列圆周，在同一条磁感应线上，$\boldsymbol{B}$ 的大小相等，方向就是该圆形磁感应线的切线方向。现在计算管内任一点 P 的磁感应强度。

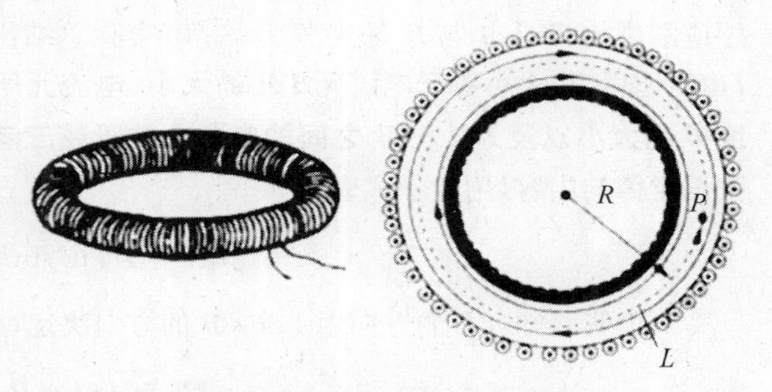

图 8-15　螺绕环内部的磁场计算

在螺绕环内取通过 P 点的磁感应线 L 作为安培环路，则有

$$\oint_L \boldsymbol{B} \cdot \mathrm{d}\boldsymbol{l} = B\oint_L \mathrm{d}l = BL$$

设螺绕环共有 N 匝线圈，每匝线圈的电流为 I，因线圈是密绕的，每匝线圈都可以认为是一圆形电流，则闭合回路 L 所包围的电流强度的代数和为 NI。根据安培环路定理可得

$$\oint_L \boldsymbol{B} \cdot \mathrm{d}\boldsymbol{l} = BL = \mu_0 NI$$

即

$$B = \mu_0 \frac{N}{L} I$$

当环形螺线管截面的直径比闭合回路 L 的长度小很多时，管内的磁场可近似认为是

均匀的，L 可认为是环形螺线管的平均长度，所以$\dfrac{N}{L}=n$为单位长度上的线圈匝数，因此可得螺绕环内部的任一点的磁感应强度 $\boldsymbol{B}$ 的大小为

$$B=\mu_0 nI \tag{8-4-16}$$

方向与电流流向成右手螺旋关系。

§8-5 磁场对载流导线和载流线圈的作用

1 安培力

磁场最基本的性质之一是对放入磁场中的电流具有磁场力的作用，磁场对载流导线的作用力称为**安培力**。安培力的规律是安培在实验中确立的，称为**安培定律**。如图 8-16 所示，电流元 $I\mathrm{d}\boldsymbol{l}$ 所在处的磁感应强度为 $\boldsymbol{B}$，$I\mathrm{d}\boldsymbol{l}$ 与 $\boldsymbol{B}$ 的夹角为 θ。由实验总结出：**磁场对电流元 $I\mathrm{d}\boldsymbol{l}$ 的作用力，大小等于电流元 $I\mathrm{d}\boldsymbol{l}$ 的大小、电流元所在处的磁感应强度 $\boldsymbol{B}$ 的大小以及 $I\mathrm{d}\boldsymbol{l}$ 与 $\boldsymbol{B}$ 之间的夹角 θ 的正弦三者的乘积**。这就是**安培定律**的内容，用数学式表示如下

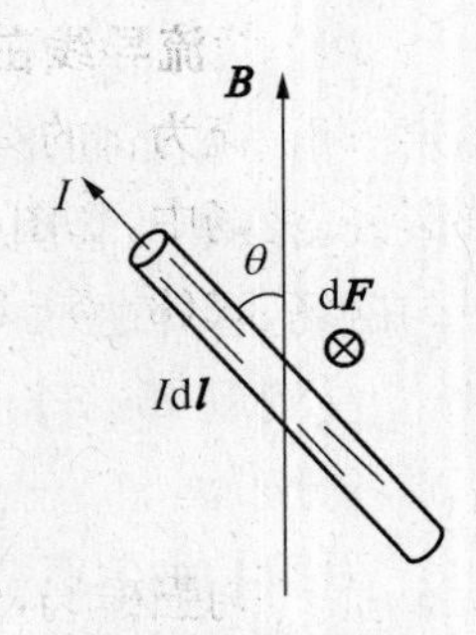

图 8-16 安培力

$$\mathrm{d}F=BI\,\mathrm{d}l\sin\theta \tag{8-5-1}$$

又由实验知，$\mathrm{d}\boldsymbol{F}$ 的方向由 $I\mathrm{d}\boldsymbol{l}\times\boldsymbol{B}$ 的方向决定。因此，上式可写成矢量式

$$\mathrm{d}\boldsymbol{F}=I\,\mathrm{d}\boldsymbol{l}\times\boldsymbol{B} \tag{8-5-2}$$

这就是安培定律的数学表达式，常称之为**安培力公式**。

根据安培力公式(8-5-2)，原则上可用积分来计算各种形状载流导线在磁场中所受的作用力。任意一根载流导线可视为由无限多个电流元用 $I\mathrm{d}\boldsymbol{l}$ 所组成，它所受的安培力就等于这些电流元所受的磁场力 $\mathrm{d}\boldsymbol{F}$ 的矢量积分，即

$$\boldsymbol{F}=\int\mathrm{d}\boldsymbol{F}=\int_L I\,\mathrm{d}\boldsymbol{l}\times\boldsymbol{B} \tag{8-5-3}$$

对于一段长为 L 的载流直导线，若电流强度为 I，电流方向与均匀磁场 $\boldsymbol{B}$ 的夹角为 θ，则由式(8-5-3)得

$$F=\int_0^L BI\,\mathrm{d}l\sin\theta=BIL\sin\theta \tag{8-5-4}$$

当 $\theta=\pi/2$，即电流方向与 $\boldsymbol{B}$ 垂直时，有

$$F=BIL \tag{8-5-5}$$

式(8-5-5)正是在中学物理中经常使用的公式，它只是安培力公式的一个特例。

安培力方向的判定一般采用下面两种定则中的一种：

(1) **右手螺旋定则**：右手四指由 $I\mathrm{d}\boldsymbol{l}$ 的方向经小于 π 角转向 $\boldsymbol{B}$ 的方向，则伸直的大拇指所指的方向就是安培力 $\mathrm{d}\boldsymbol{F}$ 的方向。

(2) **左手定则**：伸开左手，使大拇指与四指垂直，让垂直于电流的 $\boldsymbol{B}$ 分量垂直穿过掌心，并且四指指向电流方向，则伸直的大拇指指向安培力的方向。

2 磁场对载流导线的作用

由上述安培力计算公式，可以计算载流导线在匀强磁场和非匀强磁场中所受的安培力。

(1) 载流导线在匀强磁场中所受的安培力

设电流为 I 的一段载流导线 AB，放在磁感应强度为 $\boldsymbol{B}$ 的匀强磁场中，如图 8-17 所示，计算该导线所受的安培力。

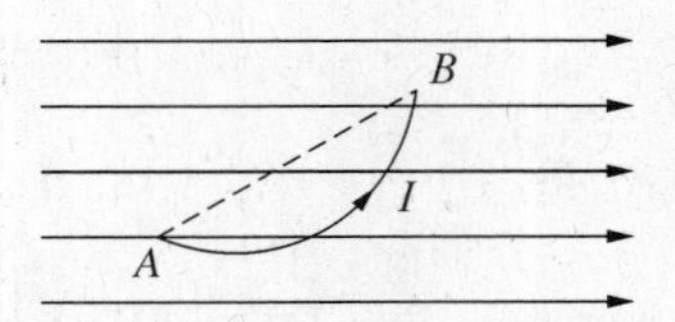

图 8-17 载流导线在匀强磁场中所受的安培力

根据式(8-5-3)，有

$$\boldsymbol{F}=\int_L I\,\mathrm{d}\boldsymbol{l}\times\boldsymbol{B}=I\int_L \mathrm{d}\boldsymbol{l}\times\boldsymbol{B}$$

对于匀强磁场，$\boldsymbol{B}$ 为常矢量，可提到积分号外，故

$$\boldsymbol{F}=I\left(\int_L \mathrm{d}\boldsymbol{l}\right)\times\boldsymbol{B}$$

曲线积分 $\int_L \mathrm{d}\boldsymbol{l}$ 等于曲线上各线元 $\mathrm{d}\boldsymbol{l}$ 的矢量和，即由起点 A 指向终点 B 的矢量 $\boldsymbol{L}$，所以有

$$\boldsymbol{F}=I\boldsymbol{L}\times\boldsymbol{B} \tag{8-5-6}$$

可见，在匀强磁场中任意形状的一段载流导线所受的安培力等于由起点指向终点的载流直导线在磁场中所受的安培力。

(2) 载流导线在非匀强磁场中所受的安培力

在通有电流为 I_0 的无限长直导线近旁有一段电流为 I 的直导线 AB(电流方向由 A 流向 B)，AB 与无限长直导线垂直，其长为 L，A 端离无限长直导线的距离为 d，计算 AB 受到的安培力。

无限长直导线 I_0 周围的磁场是非匀强磁场，磁场方向在 AB 一侧垂直纸面向里，空间中任一点的磁感应强度 $\boldsymbol{B}$ 的大小为

$$B=\frac{\mu_0 I_0}{2\pi x}$$

上式中 x 为该点离直导线 I_0 的距离。根据右手螺旋定则可知，AB 上各电流元 $I\,\mathrm{d}\boldsymbol{l}$ 所受的磁场力 $\mathrm{d}\boldsymbol{F}$ 的方向都相同，垂直 AB 向上，如图 8-18 所示。所以 AB 受到的安培

力 $\boldsymbol{F}$ 的大小就等于各段电流元 $I\,\mathrm{d}\boldsymbol{l}$ 所受磁场力 $\mathrm{d}\boldsymbol{F}$ 的大小的积分，即

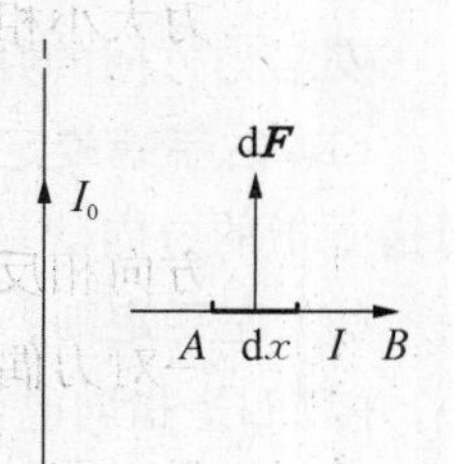

图 8-18 载流导线在非匀强磁场中所受的安培力

$$F=\int \mathrm{d}F$$

在 AB 上距无限长直导线 I_0 为 x 处取线元 $\mathrm{d}x$，则电流元 $I\,\mathrm{d}\boldsymbol{l}$ 的大小为 $I\,\mathrm{d}x$，由于电流元 $I\,\mathrm{d}\boldsymbol{l}$ 与磁感应强度 $\boldsymbol{B}$ 垂直，因此

$$\mathrm{d}F=BI\,\mathrm{d}x=\frac{\mu_0 I_0 I\,\mathrm{d}x}{2\pi x}$$

于是

$$F=\int \mathrm{d}F=\int_d^{d+L}\frac{\mu_0 I_0 I\,\mathrm{d}x}{2\pi x}=\frac{\mu_0 I_0 I}{2\pi}\ln\left|\frac{d+L}{d}\right|=\frac{\mu_0 I_0 I}{2\pi}\ln\frac{d+L}{d}$$

$\boldsymbol{F}$ 的方向垂直 AB 向上。

上面介绍的只是一个特例，一般来说当载流导线位于非均匀磁场中，各线元 $\mathrm{d}\boldsymbol{l}$ 上所受的安培力 $\mathrm{d}\boldsymbol{F}$ 的大小和方向都有所不同，原则上可先把 $\mathrm{d}\boldsymbol{F}$ 分解为 $\mathrm{d}\boldsymbol{F}_x$、$\mathrm{d}\boldsymbol{F}_y$、$\mathrm{d}\boldsymbol{F}_z$ 三个分矢量，求出合力 $\boldsymbol{F}$ 的分量，即

$$\boldsymbol{F}_x=\int \mathrm{d}\boldsymbol{F}_x,\ \boldsymbol{F}_y=\int \mathrm{d}\boldsymbol{F}_y,\ \boldsymbol{F}_z=\int \mathrm{d}\boldsymbol{F}_z$$

则合力为

$$\boldsymbol{F}=\boldsymbol{F}_x+\boldsymbol{F}_y+\boldsymbol{F}_z \tag{8-5-7}$$

3 磁场对载流线圈的作用

为便于叙述，规定线圈平面的法线矢量方向与线圈中电流的流向符合右手螺旋定则：即右手四指顺着线圈中电流的方向弯曲，则伸直的大拇指所指的方向就是线圈平面的法线方向（如图 8-19 所示）。

图 8-19 右手螺旋法则

在匀强磁场 $\boldsymbol{B}$ 中有一个刚性的矩形载流线圈 $ABCD$，一组邻边的长度分别为 $AD=l_1$ 和 $AB=l_2$，线圈中电流强度为 I，电流的流向为 $ABCDA$，线圈平面的法线方向 $\boldsymbol{e}_n$ 与匀强磁场 $\boldsymbol{B}$ 之间的夹角为 φ，AB、CD 两边与磁场垂直，线圈可绕其中心轴自由转动，如图 8-20 所示。作用在 AD、BC 两边上的安培力 $\boldsymbol{F}_1'$、$\boldsymbol{F}_1$ 大小相等，数值为 $F_1'=F_1=BIl_1\cos\varphi$，方向相反，且两力的作用在一条直线上，因此它们的合力为零，合力矩也为零。作用在 AB、CD 两条

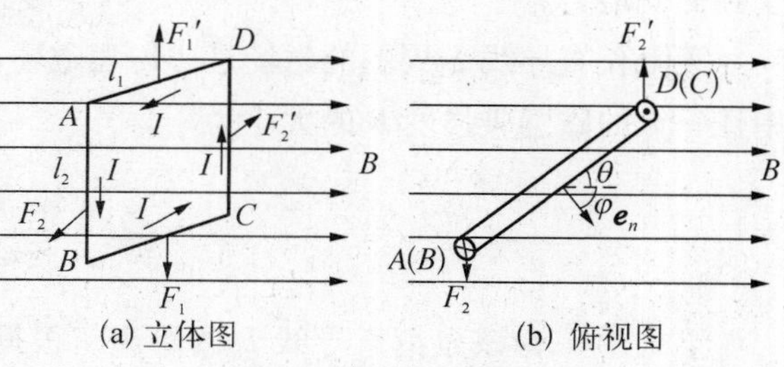

图 8-20 矩形载流线圈所受力矩

边上的安培力大小相等，即

$$F_2 = F_2' = BIl_2$$

两力的方向相反，但作用线不在一条直线上，其合力为零，合力矩却不为零。则 $\boldsymbol{F}_2$、$\boldsymbol{F}_2'$两力构成一对力偶，力偶矩的大小为

$$M = BIl_2 \cdot l_1 \cos\theta = BIl_2 l_1 \cos\theta = BIS\cos\theta = BIS\sin\varphi \qquad (8-5-8)$$

上式中 $S = l_1 l_2$ 是矩形线圈所包围的面积。

我们引入面矢量 $\boldsymbol{S}$，其方向为面的法线方向 $\boldsymbol{e}_n$，定义**载流回路的磁矩**为

$$\boldsymbol{m} = I\boldsymbol{S} = IS\boldsymbol{e}_n \qquad (8-5-9)$$

该磁矩的定义对任意形状的平面载流回路都适用，也适用于描述分子、原子的磁学性质。

利用磁矩的定义，可以把(8-5-8)式表示为

$$M = Bm\sin\varphi$$

又因为 φ 正是两个矢量 $\boldsymbol{m}$ 和 $\boldsymbol{B}$ 之间的夹角，因此，考虑到 $\boldsymbol{M}$、$\boldsymbol{m}$、$\boldsymbol{B}$ 三个矢量之间的方向关系，可得

$$\boldsymbol{M} = \boldsymbol{m} \times \boldsymbol{B} \qquad (8-5-10)$$

下面对以上结果作进一步的讨论：

(1) 由矩形载流线圈情况得到的公式 $\boldsymbol{M} = \boldsymbol{m} \times \boldsymbol{B}$ 可以推广应用于任意形状的平面载流线圈。

(2) 由 $M = mB\sin\varphi$ 可以看出，在均匀磁场和载流平面线圈给定的情况下，线圈所受的力矩完全由 φ 角决定。

当 $\varphi = 0$ 时，$M = 0$，此时线圈处于稳定平衡状态，若线圈受到扰动，磁场对线圈的力矩将使它回到平衡位置；当 $\varphi = \pi$ 时，$M = 0$，此时线圈处于不稳定平衡状态，若线圈受到扰动，磁场对线圈的力矩将使它继续偏转，一直达到 $\varphi = 0$ 的稳定平衡位置；当 $\varphi = \pi/2$ 时，$M = mB$，此时力矩具有最大值。总之，载流线圈在均匀磁场中所受的力矩，总是使线圈的磁矩 $\boldsymbol{m}$ 转向外磁场 $\boldsymbol{B}$ 的方向。

平面载流线圈在均匀磁场中任意位置所受的合力均为零，仅受力矩的作用。因此在均匀磁场中的平面载流线圈只发生转动，而不会发生整个线圈的平动。若平面载流线圈处在非均匀磁场中，各个电流元所受到的作用力的大小和方向一般并不相同，因此，合力和合力矩一般也不会等于零，所以线圈除转动外还有平动。

应用安培定律研究载流线圈在均匀磁场中所受力矩具有重要的实际意义，磁场对载流线圈作用力矩的规律是制成各种电动机、动圈式电表和电流计等机电设备和仪表的基本原理。

§8-6 带电粒子在电场和磁场中的运动

载流导线在磁场中会受到作用力，而电流是由电荷运动形成的，本节将讨论运动的带电粒子在磁场中的受力规律及其在磁场中的运动情况，这个问题在近代物理学的许多方面都有着重大的意义。

1 洛仑兹力

实验发现，静止的电荷在磁场中不受力作用，只有当电荷运动时，才受到磁场的作用力。例如把一阴极射线管置于磁场中，电子射线在磁场的作用下其运动轨迹将发生偏转（图 8－21）。实验还证实，在磁场中运动的任何带电粒子，不管其带正电还是负电，都将受到磁场力作用。

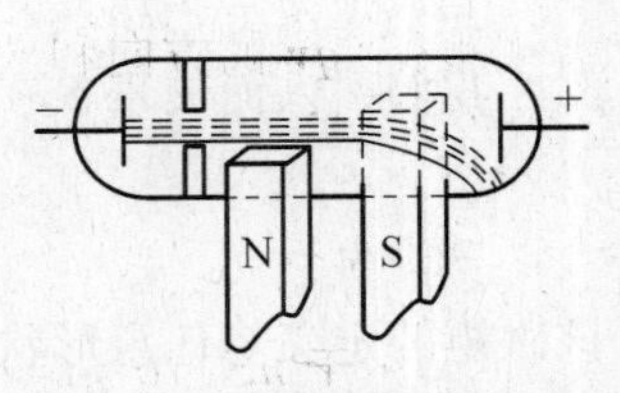

图 8－21 阴极射线受磁场的作用

实验证明，运动带电粒子在磁场中受到的力 $\boldsymbol{F}$ 与粒子的电荷 q、速度 $\boldsymbol{v}$ 以及磁感应强度 $\boldsymbol{B}$ 有如下关系：

$$\boldsymbol{F} = q\boldsymbol{v} \times \boldsymbol{B} \tag{8-6-1}$$

其大小为

$$F = |q| vB\sin\theta$$

上式中 θ 是 $\boldsymbol{v}$、$\boldsymbol{B}$ 之间的夹角，作用力 $\boldsymbol{F}$ 的方向垂直于 $\boldsymbol{v}$ 和 $\boldsymbol{B}$ 决定的平面。若 $q > 0$ 时，$\boldsymbol{F}$ 的方向与 $\boldsymbol{v} \times \boldsymbol{B}$ 的方向一致，如图 8－22 所示；若 $q < 0$ 时，$\boldsymbol{F}$ 的方向与前者相反。

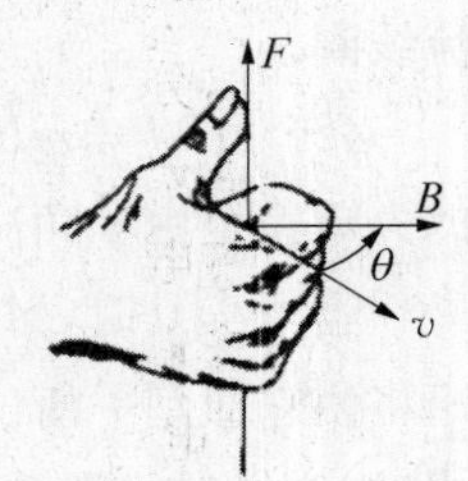

图 8－22 洛仑兹力的方向

运动电荷在磁场中受的力称为洛仑兹力，式(8－6－1)称为**洛仑兹力公式**，它是荷兰物理学家洛仑兹(Lorentz，1853—1928)提出的。

由洛仑兹力公式可知，洛仑兹力总是和带电粒子的速度相垂直，这一事实说明洛仑兹力只能使带电粒子的运动方向发生偏转，而不会改变其速度的大小。因此洛仑兹力对带电粒子所做的功恒等于零，这是洛仑兹力的一个重要特征。

当空间既存在电场又存在磁场时，运动电荷将同时受到电场力和磁场力作用，即

$$\boldsymbol{F} = q\boldsymbol{E} + q\boldsymbol{v} \times \boldsymbol{B} \tag{8-6-2}$$

上式常称为**洛仑兹关系式**，它是电磁场的基本规律之一。

2 洛仑兹力与安培力的关系

导线中的电流是由其中的载流子定向移动形成的，当把载流导线放入磁场中时，这些

运动的载流子就要受到洛仑兹力的作用,结果表现为载流导线受到安培力的作用。下面我们来证明这一结论。

设导线的截面积为 S,其中有电流 I 通过,考虑导线中的一段微元 $\mathrm{d}l$。电流元 $I\mathrm{d}\boldsymbol{l}$ 的方向与电流方向一致,即与 $q\boldsymbol{v}$ 的方向相同。设导线单位体积内的载流子数为 n,每个载流子电量都为 q,载流子的漂移速度为 v。由于每个载流子受到的洛仑兹力都是 $q\boldsymbol{v}\times\boldsymbol{B}$,而在 $\mathrm{d}l$ 段中共有 $nS\mathrm{d}l$ 个载流子,因此这些载流子受力的矢量和为

$$\mathrm{d}\boldsymbol{F} = (nS\mathrm{d}l)(q\boldsymbol{v}\times\boldsymbol{B}) \qquad (8-6-3)$$

因为 $q\boldsymbol{v}$ 的方向和 $\mathrm{d}\boldsymbol{l}$ 的方向相同,所以 $q\boldsymbol{v}\,\mathrm{d}l = |q|\,v\mathrm{d}\boldsymbol{l}$。利用这一关系,式(8-6-3)可写成

$$\mathrm{d}\boldsymbol{F} = nS\,|q|\,v(\mathrm{d}\boldsymbol{l}\times\boldsymbol{B})$$

又由于 $nS\,|q|\,v = n\,|q|\,V = I$,即为通过 $\mathrm{d}\boldsymbol{l}$ 的电流强度。最终可得

$$\mathrm{d}\boldsymbol{F} = I\,\mathrm{d}\boldsymbol{l}\times\boldsymbol{B}$$

这正好与安培力公式相同,可以验证力的方向也一致。所以,**载流导线在磁场中所受安培力的本质是洛仑兹力的宏观表现**。

3 带电粒子在磁场中的运动

下面分别讨论带电粒子在均匀磁场和非均匀磁场中的运动。

(1) 带电粒子在均匀磁场中的运动

设有一均匀磁场,磁感应强度为 $\boldsymbol{B}$,一电荷量为 q、质量为 m 的粒子,以初速度 $\boldsymbol{v}_0$ 进入磁场运动,分三种情况进行讨论。

a. 若 $\boldsymbol{v}_0$ 与 $\boldsymbol{B}$ 的方向平行,由洛仑兹力公式可知,作用于带电粒子上的洛仑兹力等于零,因此带电粒子不受磁场的影响,进入磁场后仍做匀速直线运动。

b. 若 $\boldsymbol{v}_0$ 与 $\boldsymbol{B}$ 的方向垂直,这时洛仑兹力 $\boldsymbol{F}$ 的大小为 $F = qv_0B$, $\boldsymbol{F}$ 的方向垂直于 $\boldsymbol{v}_0$ 和 $\boldsymbol{B}$,所以带电粒子速度的大小不变,只改变方向,带电粒子在洛仑兹力作用下将做匀速圆周运动,而洛仑兹力提供匀速圆周运动的向心力,因此

$$R = \frac{mv_0}{qB} \qquad (8-6-4)$$

式中 R 是粒子的圆形轨道半径。

从式(8-6-4)可以看出,对于荷质比一定的带电粒子(即 q/m 为常量),其轨道半径与带电粒子的运动速度成正比,而与磁感应强度成反比。

带电粒子运动的周期为

$$T = \frac{2\pi R}{v_0} = 2\pi\frac{m}{qB} \qquad (8-6-5)$$

可见这一周期与带电粒子的运动速度无关。

c. 若 $\boldsymbol{v}_0$ 与 $\boldsymbol{B}$ 成任意夹角 θ，如图 8-23 所示。这时可以把 $\boldsymbol{v}_0$ 分解为 $v_{0x}=v_0\cos\theta$ 和 $v_{0y}=v_0\sin\theta$ 两个分量，它们分别平行和垂直于 $\boldsymbol{B}$。如果只有速度分量 v_{0y}，粒子将在垂直于 $\boldsymbol{B}$ 的平面内做匀速圆周运动，其回旋半径

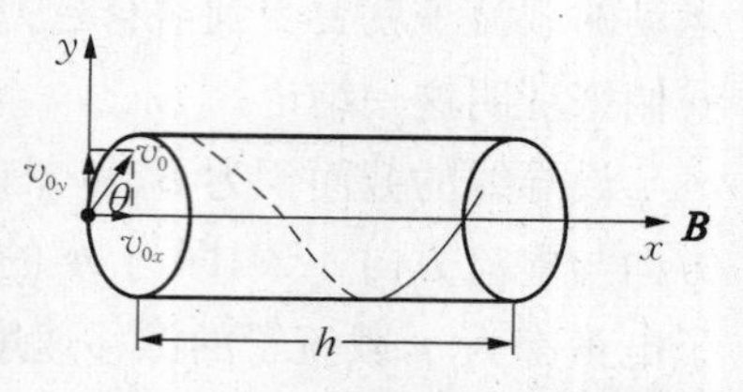

图 8-23 $\boldsymbol{v}_0$ 与 $\boldsymbol{B}$ 成任意夹角（$\boldsymbol{B}$ 为匀强磁场）

$$R=\frac{mv_{0y}}{qB}=\frac{mv_0\sin\theta}{qB} \qquad (8-6-6)$$

如果只有速度分量 v_{0x}，粒子不受磁场的影响，所以粒子在平行于磁场方向上的分运动是匀速直线运动。当速度的两个分量同时存在时，带电粒子两个分运动的合成为螺旋运动，即合运动的轨迹是一螺旋线，螺旋线的半径即为式(8-6-6)中的 R，旋转一周的时间是

$$T=\frac{2\pi R}{v_0\sin\theta}=\frac{2\pi m}{qB}$$

螺旋线的螺距即带电粒子在螺旋线上每旋转一周，沿磁场方向所前进的距离为

$$h=v_{0x}T=v_{0x}\frac{2\pi R}{v_{0y}}=\frac{2\pi mv_0\cos\theta}{qB} \qquad (8-6-7)$$

式(8-6-7)表明，螺距 h 只和平行于磁场的速度分量 v_{0x} 有关，而和垂直于磁场的速度分量 v_{0y} 无关。

上述结果是一种最简单的磁聚焦原理。如图 8-24 所示，设想从磁场某点 A 发射出的一束很窄的带电粒子流，其速率差不多相等，且与磁场 $\boldsymbol{B}$ 的夹角 θ 都很小，则

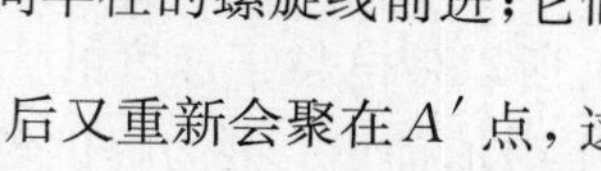

图 8-24 磁聚焦原理

$$v_{/\!/}=v\cos\theta\approx v,\ v_{\perp}=v\sin\theta\approx v\theta$$

因为速度的垂直分量 $v_{\perp}$ 不同，在磁场的作用下，各粒子将沿不同半径的螺旋线前进；它们速度的平行分量 $v_{/\!/}$ 近似相等，经过距离 $h=\dfrac{2\pi mv_{/\!/}}{qB}\approx\dfrac{2\pi mv}{qB}$ 后又重新会聚在 A' 点，这与光束经透镜后聚焦的现象类似，因此称为**磁聚焦**。磁聚焦原理在许多电真空器件中应用，特别是电子显微镜中。

在实际应用中，用得更多的是非均匀磁场的聚焦作用，例如短线圈产生的非均匀磁场的聚焦作用。

(2) 带电粒子在非均匀磁场中的运动

一般情况下，带电粒子在均匀磁场中做螺旋运动，在垂直于磁场的方向上，带电粒子的运动会被限制在半径为 R 的圆周上，从这个意义上可以说是横向运动受到磁场的约束。如图 8-25 所示，在非均匀磁场中，速度方向和磁场方向不同的带电粒子，同

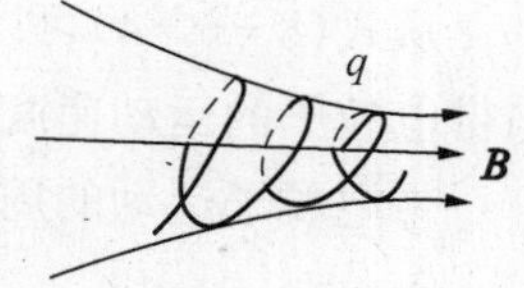

图 8-25 带电粒子在非均匀磁场中的运动

样也要做螺旋运动，但半径和螺距都将不断发生变化。特别是当粒子具有一分速度向磁场较强处螺旋前进时，它受到的磁场力会有一个与前进方向相反的分量。这一分量有可能使粒子的前进速度减小到零，并继而沿反方向前进。强度逐渐增加的磁场能使粒子发生“反转”，因而把这种磁场分布称为**磁镜**。

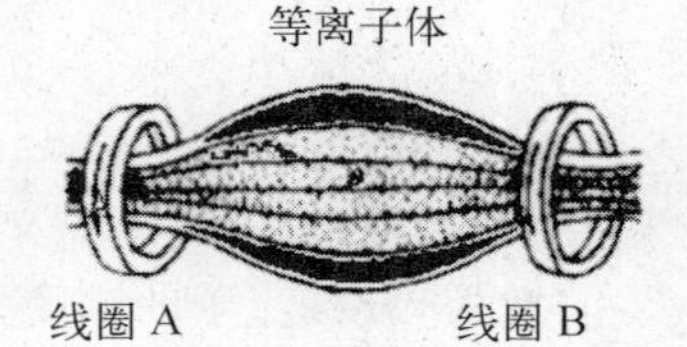

图 8-26 磁瓶示意图

可以用两个电流方向相同的线圈产生一个中间弱、两端强的磁场，这一磁场区域的两端就形成两个磁镜，与磁场方向平行的速度不太大的带电粒子将被约束在两个磁镜间的磁场内来回运动而不能逃脱，这种能约束带电粒子的磁场分布叫**磁瓶**(如图 8-26)。在现代研究受控热核反应的实验中，需要把极高温度的等离子体约束在一定空间区域内，上述磁约束就成了达到这种目的的常用方法之一。

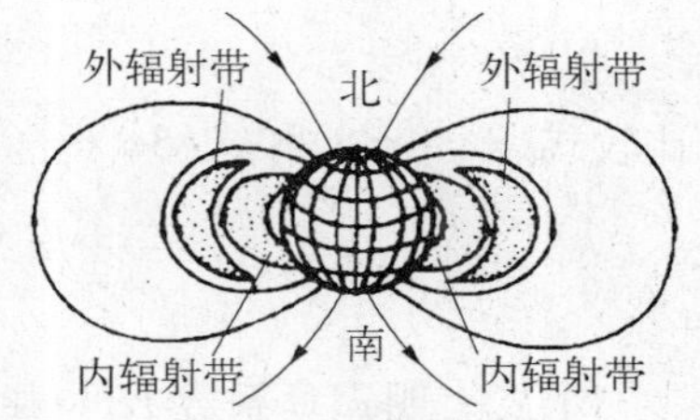

图 8-27 范-阿伦辐射带

磁约束现象同样也存在于宇宙空间中。地球的磁场是一个不均匀磁场，中间弱、两极强，是一个天然的磁捕获器。1958 年人造卫星的探测发现，距地面几千公里和两万公里的高空，分别存在内、外两个环绕地球的辐射带，现称之为**范-阿伦辐射带**(图 8-27)。辐射带是由地磁场俘获宇宙射线中的带电粒子(绝大部分是质子和电子)组成的。在辐射带中的带电粒子就围绕地磁场的磁力线做螺旋运动而在靠近两极处被反射回来。这样，带电粒子就在范-阿伦辐射带中来回振荡直到由于粒子间的碰撞而被逐出为止。有时因太阳表面状况的变化(如太阳黑子大小的变动)，地磁场的分布会受到严重的影响，而使大量的带电粒子在两极附近漏掉，光彩绚丽的极光就是这些漏出的带电粒子进入大气层时形成的。

4 霍耳效应

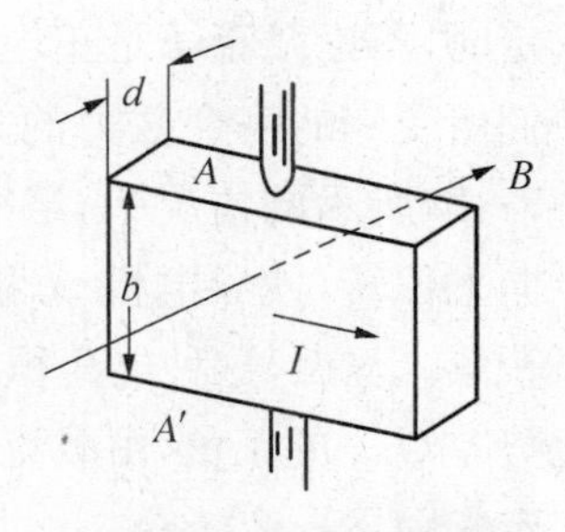

图 8-28 霍耳效应

如图 8-28 所示，将一导电板放在垂直于它的磁场中，当有电流通过它时，在导板的 A、A' 两侧会产生一个电势差 $U_{AA'}$，这种现象称作**霍耳效应**，是霍耳(Hall, 1811—1898)在 1879 年发现的。实验表明，在磁场不太强时，电势差 $U_{AA'}$ 与电流强度 I 和磁感应强度 B 成正比，与导电板的厚度 d 成反比。即

$$U_{AA'} = K\frac{IB}{d} \tag{8-6-8}$$

式中的比例系数 K 称为**霍耳系数**。

霍耳效应可以用洛仑兹力来说明。设导电板内载流子的平均定向速率为 v，则它们在磁场中受到的洛仑兹力量值为 qvB，该力使导体内移动的电荷(载流子)发生偏转，结果在 A 和 A' 两侧分别聚集了正、负电荷，从而形成了电势差。于是，载流子又受到了一个与

洛仑兹力方向相反的静电力 $qE = qU_{AA'}/b$，其中 E 为电场强度，b 为导电板的宽度。最后达到稳恒状态时两个力平衡，即

$$qvB = q\frac{U_{AA'}}{b}$$

所以 $U_{AA'} = bvB$

此外，设载流子的浓度为 n，则电流强度 I 与 v 的关系为

$$I = bdnqv \text{ 或 } v = \frac{I}{bdnq}$$

将 v 代入 $U_{AA'} = bvB$，整理后可得

$$U_{AA'} = \frac{1}{nq}\frac{IB}{d} \tag{8-6-9}$$

比较式(8-6-8)和式(8-6-9)，可得霍耳系数的表达式

$$K = \frac{1}{nq} \tag{8-6-10}$$

上式表明霍耳系数 K 与载流子浓度 n 成反比。因此通过霍耳系数的测量，可以确定导体内载流子的浓度 n。半导体内载流子的浓度远比金属中的载流子浓度小，所以半导体的霍耳系数要比金属的大得多，而且半导体内载流子的浓度受温度、杂质以及其他因素的影响很大，所以霍耳效应为研究半导体载流子浓度的变化提供了重要的方法。

式(8-6-10)还表明，霍耳系数 K 的正负取决于载流子电荷 q 的正负。当 $q>0$ 时，载流子定向运动速度 $\boldsymbol{v}$ 的方向与电流方向相同；当 $q<0$ 时，载流子的定向运动速度 $\boldsymbol{v}$ 的方向与电流方向相反。所以，当电流方向一定时，不论载流子是正电荷还是负电荷，它们所受到的洛仑兹力的方向都相同。在图8-29所示的情况下，洛仑兹力都使载流子向上偏转，使导电板 A 和 A' 两侧产生电荷积累。显然，这种电荷积累所产生的横向电势差 $U_{AA'}$ 的正负，由载流子电荷 q 的正负决定。图 8-29(a)，$q>0$，$U_{AA'}>0$；图 8-29(b)，$q<0$，$U_{AA'}<0$。

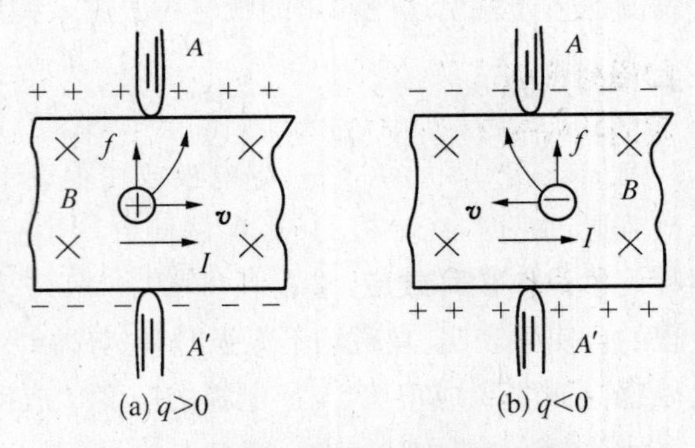

图 8-29 霍耳效应与载流子电荷正负的关系

半导体有电子型(N 型)和空穴型(P 型)两种，前者的载流子为电子，带负电；后者的载流子为“空穴”，相当于带正电的粒子。因此可根据霍耳系数的正负来判断半导体的导电类型。

近年来霍耳效应在科学技术领域得到越来越普遍的应用。利用霍耳效应已制成多种半导体材料的霍耳元件，应用于测量磁场、直流或交流电路中的电流和功率，以及转换和放大电信号等。

§8-7 有磁介质存在时的安培环路定理

1 磁介质

如果磁场中有实物物质存在，则由于磁场和实物之间的相互作用，实物物质的分子状态发生变化，从而改变原来磁场的分布。这种在磁场作用下，其内部状态发生变化，并反过来影响磁场分布的物质，称为**磁介质**。磁介质在磁场作用下内部状态的变化称为**磁化**。例如，通电螺线管中放入一铁芯，空间各点的磁场就会大大加强，这正是由于磁场对处于磁场中的铁芯(磁介质)产生作用，使其磁化；磁化了的铁芯将产生附加磁场，影响原磁场的分布。

实验表明，不同的物质对磁场的影响差异很大。若均匀磁介质处于磁感应强度为$\boldsymbol{B}_0$的外磁场中，磁介质要被磁化，从而产生附加磁场$\boldsymbol{B}'$，则磁介质中的总磁感应强度$\boldsymbol{B}$是$\boldsymbol{B}_0$和$\boldsymbol{B}'$的矢量叠加，即

$$\boldsymbol{B} = \boldsymbol{B}_0 + \boldsymbol{B}' \tag{8-7-1}$$

对不同的磁介质，附加磁场$\boldsymbol{B}'$的大小和方向可能有很大的差异。为方便讨论磁介质的种类，引入一个表征磁介质性质的物理量μ_r，称为**磁介质的相对磁导率**。当均匀磁介质充满整个磁场时，磁介质的相对磁导率定义为

$$\mu_r = \frac{B}{B_0} \tag{8-7-2}$$

上式中B为磁介质中的总磁场的磁感应强度的大小，B_0为真空中磁场或者说外磁场的磁感应强度的大小，μ_r可用来描述不同磁介质磁化后对原磁场的影响。我们定义磁介质的绝对磁导率(简称为磁导率)为

$$\mu = \mu_0 \mu_r$$

实验指出，就磁性而言磁介质可分为三类：

(1) 抗磁质。这类磁介质的相对磁导率$\mu_r < 1$，在外磁场中，其附加磁感应强度$\boldsymbol{B}'$与$\boldsymbol{B}_0$方向相反，因此总磁感应强度的大小$B < B_0$。常见的抗磁质有汞、银、铜、碳、锌、铅等。

(2) 顺磁质。这类磁介质的相对磁导率$\mu_r > 1$，在外磁场中，其附加磁感应强度$\boldsymbol{B}'$与$\boldsymbol{B}_0$方向相同，因此总磁感应强度的大小$B > B_0$。常见的顺磁质有空气、氧、锰、铬、铂、钠等。

(3) 铁磁质。这类磁介质的相对磁导率$\mu_r \gg 1$，在外磁场中，其附加磁感应强度$\boldsymbol{B}'$与$\boldsymbol{B}_0$方向相同，且$B' \gg B_0$，因此总磁感应强度的大小$B \gg B_0$。例如铁、钴、镍以及它们的合金等。

抗磁质和顺磁质的磁性都很弱,统称为**弱磁质**。它们的相对磁导率 μ_r 既可以大于 1 又可以小于 1,但是都很接近 1,而且 μ_r 都是与外磁场无关的常数。铁磁质的磁性都很强,属于强磁性物质。

2 顺磁质和抗磁质的磁化机理

在任何物质的分子中,每一个电子都同时参与两种运动,即绕原子核的轨道运动和电子本身的自旋运动。这两种运动都将形成微小的环形电流,因而具有一定的磁矩,分别称为轨道磁矩和自旋磁矩。一个分子中全部电子的轨道磁矩和自旋磁矩的矢量和统称为分子的固有磁矩,简称为**分子磁矩**,用符号 $\boldsymbol{m}$ 表示。分子磁矩可等效于一个圆电流的磁矩,这个圆电流常称为**分子电流**。磁介质的磁化可用分子电流的宏观表现——磁化电流来体现,它是磁介质中附加磁场 $\boldsymbol{B}'$ 的起源。

在外磁场 $\boldsymbol{B}_0$ 作用下,分子中每个电子的运动将更加复杂,除了保持上述两种运动外,还要增加一种以外磁场方向为轴线的转动。该转动也相当于一个圆电流,因而也会引起一个附加磁矩,其方向总是与外磁场的方向相反,一个分子内所有电子的附加磁矩的矢量和称为该分子在磁场中的附加磁矩,用符号 $\Delta\boldsymbol{m}$ 表示。

顺磁质和抗磁质两者的区别在于电子结构的不同。抗磁质分子中所有电子的轨道磁矩和自旋磁矩的矢量和为零,即分子的固有磁矩 $\boldsymbol{m}=0$,只有在外磁场作用时才有附加磁矩 $\Delta\boldsymbol{m}$;而顺磁质分子的固有磁矩 $\boldsymbol{m}\neq 0$,尽管其在外磁场作用下也产生附加磁矩 $\Delta\boldsymbol{m}$,但是它比分子的固有磁矩小得多,即对顺磁质而言有 $\Delta\boldsymbol{m}\ll\boldsymbol{m}$,因而附加磁矩 $\Delta\boldsymbol{m}$ 可以不予考虑。铁磁质是顺磁质的一种特殊情况,本书不加以讨论。

不存在外磁场时,由于分子的热运动的缘故,从而使顺磁质的各分子固有磁矩 $\boldsymbol{m}$ 的取向变得杂乱无章,它们相互抵消,即 $\sum\boldsymbol{m}=0$,因此宏观上不显现磁性,如图 8-30(a)所示。有外磁场存在时,顺磁质分子的固有磁矩 $\boldsymbol{m}$ 将受到外磁场的力矩 $\boldsymbol{M}=\boldsymbol{m}\times\boldsymbol{B}$ 的作用,因此各分子磁矩都将转向外磁场 $\boldsymbol{B}_0$ 的方向排列起来。对抗磁质而言,只有在外磁场作用下,它的分子才产生与外磁场方向相反的分子附加磁矩,如图 8-30(b)所示。

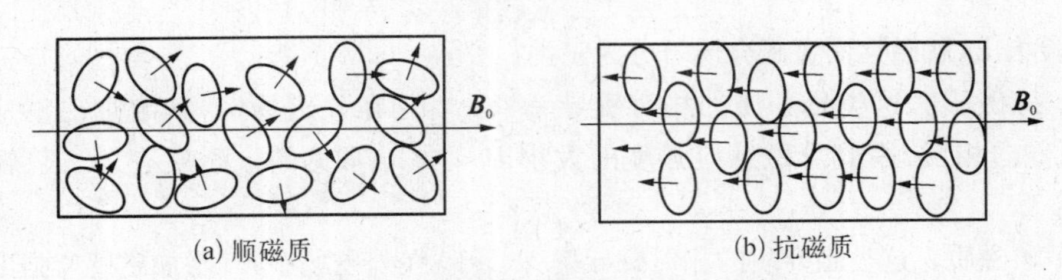

(a) 顺磁质　　(b) 抗磁质

图 8-30　顺磁质和抗磁质的磁化机理图

为简单起见,我们选一特例来讨论。设有一长直螺线管,内部均匀充满某种磁介质,线圈中的传导电流在管内产生一均匀外磁场 $\boldsymbol{B}_0$,图 8-31 所示为顺磁质的情况。这时,在磁力矩 $\boldsymbol{M}$ 的作用下,顺磁质中每一个分子的磁矩将趋向于外磁场 $\boldsymbol{B}_0$ 的方向,与分子磁矩相对应的分子电流平面将趋向于与磁场方向相垂直,这个过程也就是前面所述的介质的磁化。图 8-31(b)给出了磁介质内任一横截面上分子电流的排列情况。由图可知,在磁介质内部任意一点处总有方向相反的分子电流流过,它们的效果相互抵消,各分子电流只有在靠近横截面的边缘上的那部分未被抵消,它们沿相同方向流动,形成与截面边缘重合的一个圆电流,如图 8-31(c)所示。由于在各个横截面的边缘都出现这种圆形电流,宏观上相当于在介质圆柱体表面上有一层电流流过,这种电流称为**磁化电流**,也称为**束缚电流**,用符号 I'表示。

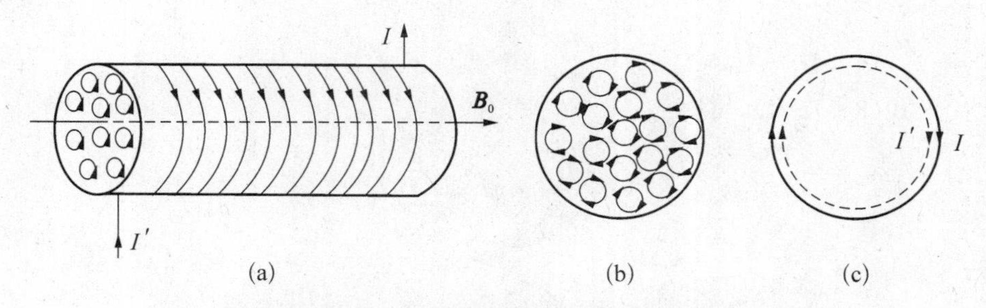

图 8-31 均匀磁介质表面磁化电流的产生机理图

需要指出的是,若在不均匀磁介质内部,由于排列的分子电流未能相互抵消,此时磁介质内部各点都将有磁化电流。

3 磁场强度 有磁介质时的安培环路定理

在磁场中有磁介质存在时,因磁化在磁介质表面出现磁化电流 I',所以在介质内外任一点处的总磁感应强度 $\boldsymbol{B}$ 应是导体中传导电流 I_0 激发的磁场 $\boldsymbol{B}_0$ 和磁化电流 I'激发的附加磁场$\boldsymbol{B}'$的矢量和,即

$$\boldsymbol{B} = \boldsymbol{B}_0 + \boldsymbol{B}'$$

这时安培环路定理应写成

$$\oint_L \boldsymbol{B} \cdot \mathrm{d}\boldsymbol{l} = \mu_0 \left(\sum I_0 + \sum I' \right) \qquad (8-7-3)$$

上式等号右边的两项电流是穿过以安培环路为边界的任一曲面的总电流,即传导电流 $\sum I_0$ 和磁化电流 $\sum I'$ 的代数和。一般说来,传导电流 $\sum I_0$ 是可以测量的;而磁化电流 $\sum I'$ 不能事先给定,也无法直接测量,因为它依赖于介质磁化的具体状况,而介质的磁化状况又依赖于磁介质中的总的磁感应强度 $\boldsymbol{B}$,因此无法直接用(8-7-3)式计算磁感应强度。在式(8-7-3)中如果能够避开磁化电流 $\sum I'$,那么计算将变得简单。

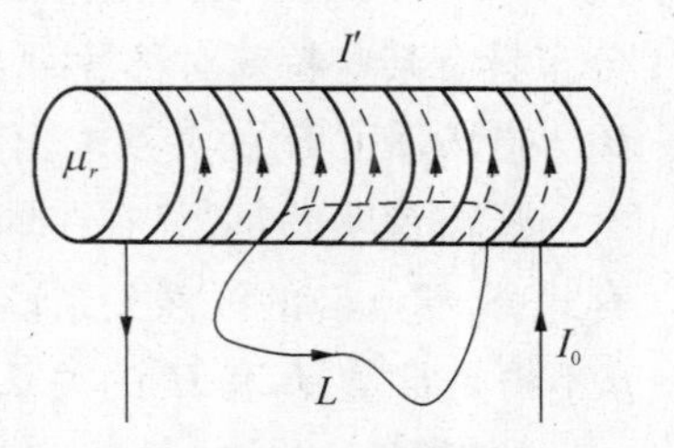

图 8-32 磁介质中的安培环路定理

为此我们仍考虑一长直载流螺线管,设管内均匀充满相对磁导率为 μ_r的磁介质,如图 8-32 所示。设导线中通

有传导电流 I_0，它在螺线管内产生的磁感应强度为 $\boldsymbol{B}_0$，即管内为真空时的磁场。对图中的任意安培回路 L，应用安培环路定理

$$\oint_L \boldsymbol{B}_0 \cdot \mathrm{d}\boldsymbol{l} = \mu_0 \sum I_0 \tag{8-7-4}$$

上式中，$\sum I_0$ 是穿过 L 的传导电流。由式(8-7-2)，可得

$$B_0 = \frac{B}{\mu_r}$$

将上式代入式(8-7-4)，可得

$$\oint_L \frac{\boldsymbol{B}}{\mu_0\mu_r} \cdot \mathrm{d}\boldsymbol{l} = \sum I_0$$

或

$$\oint_L \frac{\boldsymbol{B}}{\mu} \cdot \mathrm{d}\boldsymbol{l} = \sum I_0 \tag{8-7-5}$$

式(8-7-5)体现了有磁介质存在时磁感应强度 $\boldsymbol{B}$ 与传导电流 I_0 的关系，在上式中磁化电流 I' 虽然没有出现，但磁介质对磁场的影响通过介质的相对磁导率 μ_r 得以体现。式(8-7-5)虽然是从充满均匀磁介质的长直载流螺线管这一特例导出的，但可以证明它是有磁介质存在时磁场的一个普遍规律。

引入一个新的辅助矢量**磁场强度**，用符号 $\boldsymbol{H}$ 表示(通常称为 $\boldsymbol{H}$ 矢量)，表示为

$$\boldsymbol{H} = \frac{\boldsymbol{B}}{\mu} \tag{8-7-6}$$

在国际单位制中，$\boldsymbol{H}$ 的单位是 A/m。

把式(8-7-6)代入式(8-7-5)可得

$$\oint_L \boldsymbol{H} \cdot \mathrm{d}\boldsymbol{l} = \sum I_0 \tag{8-7-7}$$

式(8-7-7)称为**有磁介质时的安培环路定理**。它表明 $\boldsymbol{H}$ 矢量的环流只和传导电流 I_0 有关，而在形式上与磁介质的磁化无关。因此引入 $\boldsymbol{H}$ 这个辅助矢量后，在磁场及磁介质的分布具有某些特殊对称性时，可以由传导电流 I_0 的分布求出 $\boldsymbol{H}$ 的分布，再由磁感应强度 $\boldsymbol{B}$ 与磁场强度 $\boldsymbol{H}$ 的关系求出 $\boldsymbol{B}$ 的分布。

还需说明的是，只有在均匀的各向同性非铁磁质(顺磁质和抗磁质)中 $\boldsymbol{B}$ 和 $\boldsymbol{H}$ 之间才有式(8-7-6)的线性关系；对于铁磁质，$\boldsymbol{B}$ 和 $\boldsymbol{H}$ 之间虽然在形式上相同，但式中的磁导率 μ 不再是常量，$\boldsymbol{B}$ 和 $\boldsymbol{H}$ 的关系要复杂得多，本书不再讨论。

【例题 8-4】 如图 8-33 所示，一个半径为 R_1 的无限长圆柱体导体，其中均匀地通有电流 I，在它外面有半径为 R_2 的无限长同轴圆柱面，两者之间充满着磁导率为 μ 的均匀磁

介质，在圆柱面上通有相反方向的电流 I，试求：(1) 圆柱体外圆柱面内一点的磁场；(2) 圆柱体内一点的磁场；(3) 圆柱面外一点的磁场。

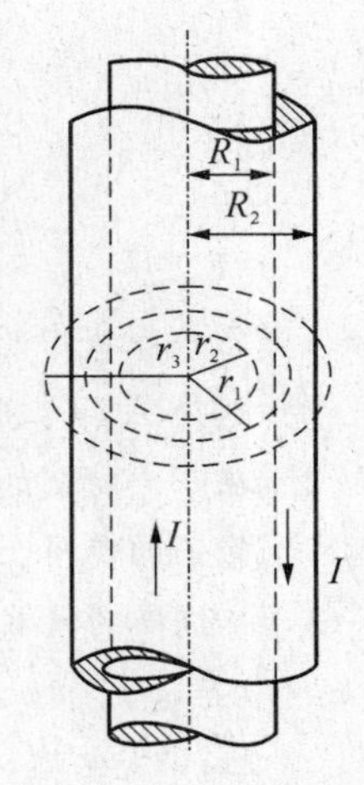

图 8-33　例题 8-4 图

【解】(1) 当两个无限长的同轴圆柱体和圆柱面中有电流通过时，它们所激发的磁场是轴对称分布的，而磁介质亦呈同样的轴对称分布，因而不会改变磁场的轴对称分布特性。设圆柱体外、圆柱面内一点到轴的垂直距离是 r_1，以 r_1 为半径作一圆周，取此圆周为安培环路，根据安培环路定理有

$$\oint_L \boldsymbol{H} \cdot \mathrm{d}\boldsymbol{l} = H\int_0^{2\pi r_1} \mathrm{d}l = H2\pi r_1 = I$$

可得

$$H = \frac{I}{2\pi r_1}$$

由式(8-7-6)得

$$B = \mu H = \frac{\mu I}{2\pi r_1}$$

(2) 设在圆柱体内一点到轴的垂直距离为 r_2，则以 r_2 为半径作一圆周，取此圆周为安培环路，应用安培环路定理得

$$\oint_L \boldsymbol{H} \cdot \mathrm{d}\boldsymbol{l} = H\int_0^{2\pi r_2} \mathrm{d}l = H2\pi r_2 = I\,\frac{\pi r_2^2}{\pi R_1^2} = I\,\frac{r_2^2}{R_1^2}$$

式中 $I\,\dfrac{r_2^2}{R_1^2}$ 是该安培环路所包围的电流，由此得

$$H = \frac{I r_2}{2\pi R_1^2}$$

由 $B = \mu H$，得

$$B = \frac{\mu I r_2}{2\pi R_1^2}$$

(3) 在圆柱面外取一点，它到轴的垂直距离是 r_3，以 r_3 为半径作一圆周，取此圆周为安培环路，应用安培环路定理，考虑到该环路中所包围的电流的代数和为零，所以得

$$\oint_L \boldsymbol{H} \cdot \mathrm{d}\boldsymbol{l} = H\int_0^{2\pi r_3} \mathrm{d}l = 0$$

即 $H = 0$，则 $B = 0$。

习　题

8-1 已知导线中的电流按 $I=t^2-0.5t+6$ 的规律随时间 t 变化，式中电流和时间的单位分别为 A 和 s，计算在 $t=1\ \mathrm{s}$ 到 $t=3\ \mathrm{s}$ 的时间内通过导线截面的电荷量。

8-2 在一个特制的阴极射线管中，测得其射线电流为 $60\ \mu\mathrm{A}$，求每 10 s 有多少个电子击打在管子的荧屏上。

8-3 一铜棒的横截面积为 $(20\times 80)\mathrm{mm}^2$，长为 2.0 m，两端的电势差为 50 mV。已知铜电导率 $\gamma=5.7\times 10^7\ \mathrm{S/m}$，铜内自由电子的电荷体密度为 $1.36\times 10^{10}\ \mathrm{C/m^3}$。求：(1) 它的电阻；(2) 电流；(3) 电流密度；(4) 棒内的电场强度；(5) 所消耗的功率。

8-4 如 8-4 题图所示，被折成钝角的长导线中通有 20 A 的电流，求 A 点的磁感应强度。设 $d=2\ \mathrm{cm}$，$\alpha=120°$。

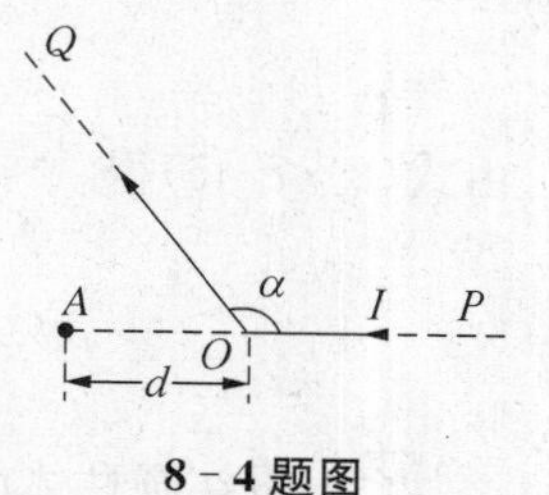

8-4 题图

8-5 高为 h 的等边三角形的回路载有电流 I，试求该三角形中心处的磁感应强度。

8-6 一无限长直导线，其中部被弯成半圆环形状，环的半径 $r=10\ \mathrm{cm}$，当导线中通有电流 4 A 时，试求环心 O 处的磁感应强度。

8-7 两根长直导线沿半径方向引到铁环上 A、B 两点，并与很远的电源相连，如 8-7 题图所示，求环中心的磁感应强度。

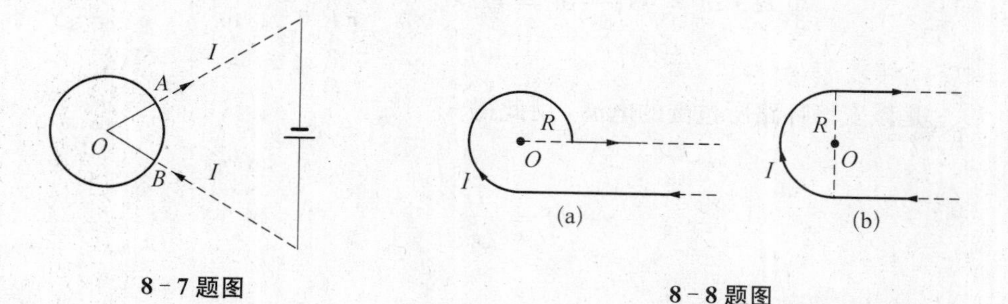

8-7 题图　　　8-8 题图

8-8 电流 I 沿 8-8 题图所示的导线流过（直线部分伸向无穷远，圆周部分半径为 R），求 O 点的磁感应强度。

8-9 螺线管线圈的直径是它的轴线长度的 4 倍，每厘米长度内的匝数 $n=200$，所通电流 $I=0.10\ \mathrm{A}$，试求：(1) 螺线管中点 P 处磁感应强度的大小；(2) 在螺线管的一端中心 O 处磁感应强度的大小。

8-10 如8-10 题图所示，电流均匀地流过宽为 $2a$ 的无穷长平面导体薄板，电流强度为 I，通过板的中线并与板面垂直的平面上有一点 P，P 到板的垂直距离为 x，设板的厚度可以略去不计，

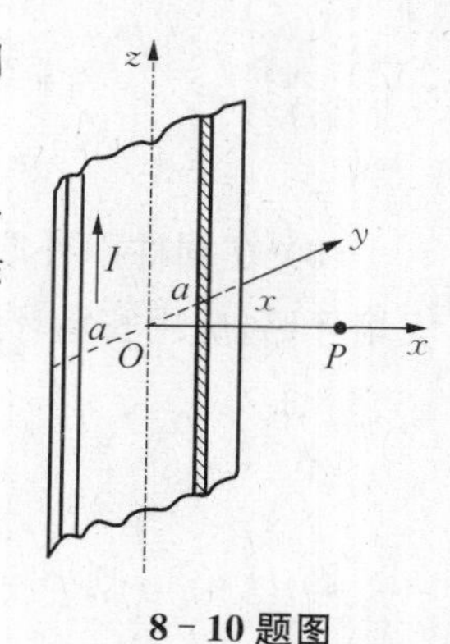

8-10 题图

求 P 点的磁感应强度。

8-11　半径为 R 的薄圆盘上均匀带电，总电量为 q，令此圆盘绕通过圆盘中心且垂直盘面的轴线匀速转动，角速度为 ω，求轴线上距圆盘中心 x 处的磁感应强度。

8-12　设 8-12 题图中两导线中的电流 I_1、I_2 均为 8 A，对图示的三条闭合曲线 a、b、c，分别写出安培环路定理等式右边电流的代数和，并讨论：(1) 在各条闭合曲线上，各点的磁感应强度的大小是否相等？(2) 在闭合曲线 c 上，各点的磁感应强度是否为零，为什么？

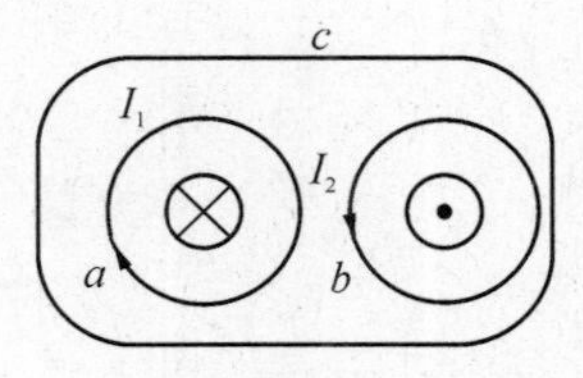

8-12 题图

8-13　设一均匀磁场沿 x 轴正方向，其磁感应强度值 $B=1\ \mathrm{Wb/m^2}$。求在下列情况下，穿过面积为 $2\ \mathrm{m^2}$ 的平面的磁通量：(1) 平面和 O-yz 面平行；(2) 平面与 O-xz 面平行；(3) 平面与 y 轴平行，且与 x 轴成 $\pi/4$。

8-14　一边长为 $l=0.15\ \mathrm{m}$ 的立方体如 8-14 题图放置，有一均匀磁场 $\boldsymbol{B}=(6\boldsymbol{i}+3\boldsymbol{j}+1.5\boldsymbol{k})\mathrm{T}$ 通过立方体所在区域，计算：(1) 通过立方体上阴影面的磁通量；(2) 通过立方体六个面的总磁通量。

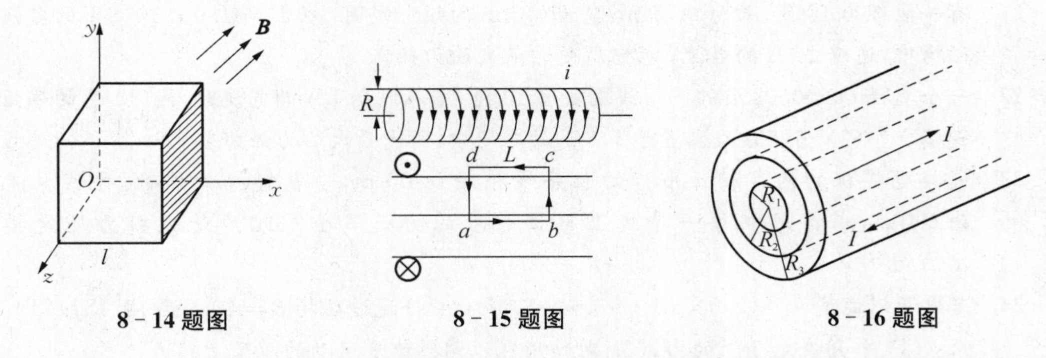

8-14 题图　　8-15 题图　　8-16 题图

8-15　半径为 R 的无限长圆筒上有一层均匀分布的面电流，电流都绕着轴线流动并与轴线垂直，如 8-15 题图所示，若面电流密度为 i，求轴线上的磁感应强度。

8-16　有一根很长的同轴电缆，由一圆柱形导体和一同轴圆筒状导体组成，圆柱的半径为 R_1，圆筒的内外半径分别为 R_2 和 R_3，如 8-16 题图所示。在这两个导体中，载有大小相等而方向相反的电流 I，电流均匀分布在各导体的截面上。(1) 求圆柱导体内各点 $(r<R_1)$ 的磁感应强度 $\boldsymbol{B}$；(2) 求两导体之间 $(R_1<r<R_2)$ 的 $\boldsymbol{B}$；(3) 求外圆筒导体内 $(R_2<r<R_3)$ 的 $\boldsymbol{B}$；(4) 求电缆外 $(r>R_3)$ 各点的 $\boldsymbol{B}$。

8-17　有三根彼此相距为 10 cm 的平行长直导线 A, B, C。(1) 设 A, B, C 中各通有 10 A 的同方向的电流，求各导线每厘米长度上所受的作用力；(2) 当三根导线中通入的电流分别为 $I_A=I_B=5.0\ \mathrm{A}$, $I_C=10\ \mathrm{A}$，而且 I_C 与 I_A、I_B 的方向相反时，求导线 C 每厘米长度上所受的力。

8-18　有一根长为 50 cm、质量为 10 g 的直导线，用细线平挂在磁感应强度 $B=1\ \mathrm{T}$ 的均匀磁场中，如 8-18 题图所示。问在导

8-18 题图

线中通以多大的电流、流向如何才能使线中的张力为零？

8-19 如8-19题图所示，在一通以电流 I_1 的“无限长”直导线的右侧放一个矩形线圈，线圈中的电流为 I_2，它与直导线在同一平面内，试求作用在矩形线圈上的力。

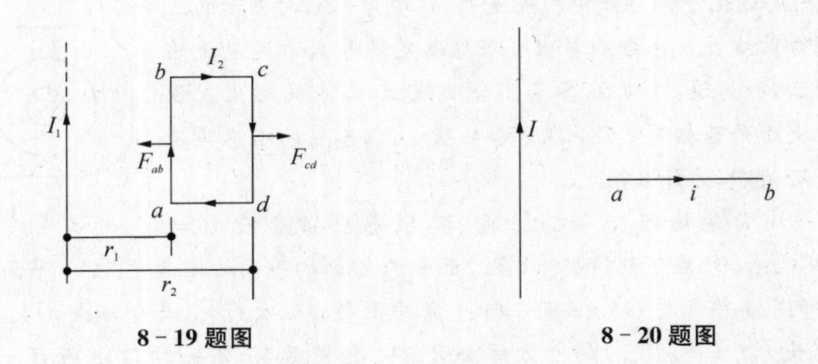

8-19题图　　　　8-20题图

8-20 一长直导线通有电流 I，其旁有另一载流导线段 ab，通以电流 i。它与前者垂直（如8-20题图所示），试求导线段 ab 所受的力。

8-21 有一匝数为10匝、长为0.25 m、宽为0.1 m的矩形线圈，在 $B=1.0\times10^{-3}$ T的匀强磁场中，通以15 A的电流，求它所受的最大磁力矩。

8-22 一个直径 $D=0.02$ m的圆形线圈共有10匝，当通以0.1 A的电流时，问(1) 它的磁矩是多少？(2) 若将该线圈置于1.5 T的磁场中，所受最大磁力矩为多少？

8-23 连接电焊机的两条相互平行的长导线相距0.05 m，当电焊机工作时，导线电流为200 A，求作用在每一导线上单位长度的力是多少？此力是吸引力还是排斥力？

8-24 若电子以速度 $\boldsymbol{v}=(2.0\times10^6\boldsymbol{i}+3.0\times10^6\boldsymbol{j})$(m/s) 通过磁场 $\boldsymbol{B}=(0.03\boldsymbol{i}-0.15\boldsymbol{j})$(T)。求：(1) 作用在电子上的力；(2) 对作用在以同样速度运动的质子上的力。

8-25 如8-25题图所示，两带电粒子同时射入均匀磁场，速度方向皆与磁场垂直。(1) 如果两粒子质量相同，速率分别是 v 和 $2v$；(2) 如果两粒子速率相同，质量分别是 m 和 $2m$，哪个粒子先回到原出发点？

8-25题图

8-26 一电子以 $v=3.0\times10^7$ m/s的速率射入匀强磁场内，它的速度方向与 $\boldsymbol{B}$ 垂直，$B=10$ T。已知电子电荷 $-e=-1.6\times10^{-19}$ C。质量 $m=9.1\times10^{-31}$ kg，求这些电子所受到的洛仑兹力，并与它在地面上所受到的重力加以比较。

8-27 已知磁场 $\boldsymbol{B}$ 的大小为0.4 T，方向在 O-xy 平面内，且与 y 轴成 $\pi/3$ 角。试求以速度 $\boldsymbol{v}=10^7\boldsymbol{k}$(m/s) 运动，电量为 $q=10$ C的电荷所受的磁场力。

8-28 空间某一区域有均匀电场 $\boldsymbol{E}$ 和均匀磁场 $\boldsymbol{B}$，$\boldsymbol{E}$ 和 $\boldsymbol{B}$ 方向相同，一电子在场中运动，分别求下列情况下电子的加速度 $\boldsymbol{a}$ 和电子的轨迹。开始时，(1) $\boldsymbol{v}$ 与 $\boldsymbol{E}$ 方向相同；(2) $\boldsymbol{v}$ 与 $\boldsymbol{E}$ 方向相反；(3) $\boldsymbol{v}$ 与 $\boldsymbol{E}$ 垂直；(4) $\boldsymbol{v}$ 与 $\boldsymbol{E}$ 有一夹角 θ。

8-29 如8-29题图所示，一个铜片厚度为 $d=1.0$ mm，放在 $B=1.5$ T的磁场中，磁场的方向与铜片表面垂直。已知铜片中自由电子密度为 8.4×10^{22} 个/立方厘米，每个电子的电荷为 $-e=-1.6\times10^{-19}$ C，当铜片中有 $I=200$ A 的电流时，(1) 求铜片两侧的电势差 $U_{aa'}$；(2) 铜片宽度 b 对 $U_{aa'}$ 有无影响？为什么？

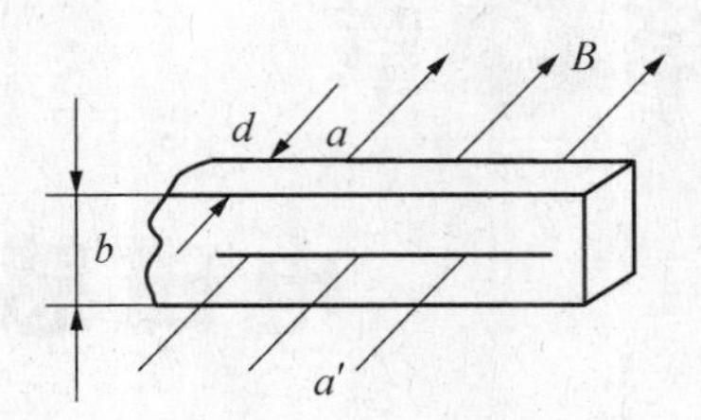

8-29 题图

8-30 一长直导线载有电流 50 A，离导线 5.0 cm 处有一电子以速率 1.0×10^{7} m/s 运动。求下列情况下作用在电子上的洛仑兹力：(1) 设电子的速率 v 平行于导线；(2) 设电子的速率 v 垂直于导线并指向导线；(3) 设电子的速率 v 垂直于导线和电子所构成的平面。

8-31 根据测量，地球的磁矩为 8.0×10^{22} A·m^2，如果在地球赤道上绕一个单匝导线的线圈，则导线上得通多大的电流才能产生如此大的磁矩？

8-32 半径为 R，相对磁导率为 μ_r 的无限长圆柱形导体，沿轴线方向通有均匀分布的电流 I。试求：(1) 导体内任一点的 $\boldsymbol{B}$；(2) 导体外任一点的 $\boldsymbol{B}$；(3) 通过长为 L 的圆柱体的纵截面的一半的磁通量。

8-33 在一长直螺线管中，铁芯的横截面积为 1.2×10^{-3} m^2，设其中磁通量为 4.5×10^{-3} Wb，铁的相对磁导率 $\mu_r=5\,000$，求螺线管内的磁场强度。

8-34 螺绕环中心周长 $l=10$ cm，环上均匀密绕线圈 $N=200$ 匝，线圈中通有电流 $I=100$ mA。(1) 求管内的磁感应强度 $\boldsymbol{B}_0$ 和磁场强度 $\boldsymbol{H}_0$；(2) 若管内充满相对磁导率 $\mu_r=4\,200$ 的磁性物质，则管内的 $\boldsymbol{B}$ 和 $\boldsymbol{H}$ 各是多少？

8-35 一铁制的螺绕环平均周长 30 cm，截面积为 1 cm^2，在环上均匀绕以 300 匝导线。当绕组内的电流为 0.032 A 时，环内的磁通量为 2×10^{-6} Wb，试计算：(1) 环内的磁通量密度；(2) 磁场强度。

8-36 一个磁导率为 μ_1 的无限长圆柱形直导线，半径为 R_1，其中均匀地通有电流 I，在导线外包一层磁导率为 μ_2 的圆柱形不导电的磁介质，其外半径为 R_2，如 8-36 题图所示。试求：磁场强度和磁感应强度的分布。

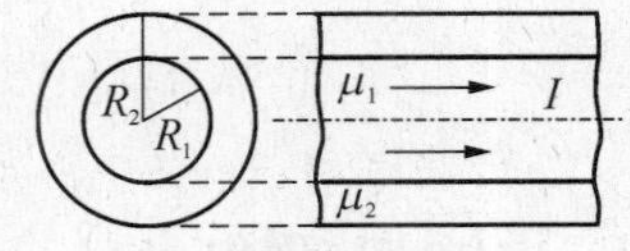

8-36 题图

8-37 一个"无限长"圆柱形直导线外有一层相对磁导率为 μ_r 的圆筒形磁介质，导线半径为 R_1，磁介质的外半径为 R_2，若圆柱形直导线中通以电流 I，求磁介质内、外的磁场强度分布和磁感应强度分布。

第 9 章

电磁感应　电磁场理论

电磁感应现象是电磁学中最重大的发现之一，它进一步揭示了电与磁之间的密切关系，开辟了人类从理论上认识电磁现象本质的新阶段，为后来麦克斯韦建立完整的电磁理论奠定了基础。在实践上，电磁感应定律为人类获取巨大而廉价的电能开辟了道路，为人类历史上第二次工业和技术革命奠定了重要基础。发电机、变压器等电器设备都是根据电磁感应定律制造的，电工技术、电子技术中应用电磁感应原理的实例不胜枚举，在电磁测量中，许多重要电磁量的测量都是直接应用电磁感应原理，还有许多非电磁量也可利用电磁感应原理转变成电磁量进行测量，从而发展了各种自动化仪表。

麦克斯韦系统地总结了从库仑到法拉第等人的电磁学说的全部成就，并在此基础上提出了"涡旋电场"和"位移电流"的假说，揭示了电场和磁场的内在联系，把电场和磁场统一为电磁场，并归纳出电磁场的基本方程——麦克斯韦方程组，建立了完整的电磁场理论体系。麦克斯韦的电磁场理论不仅成功地预言了电磁波的存在，还极大地推动了现代电工技术和无线电技术的发展，对科学技术和社会生产力的发展起了重大的推动作用。

§9-1　电磁感应定律

1　电磁感应现象

自从奥斯特发现电流的磁效应后，人们一直设法寻找其逆效应，即由磁产生电流的现象。历史上曾进行过许多实验，但结果都是否定的。1822 年，在奥斯特的启发下法拉第(Faraday，1791—1867)发现了电磁转动现象，这实际上就是原始的电动机，从此他开始对电学研究发生兴趣。经过十年的艰苦探索，做过很多次的实验，直到 1831 年他终于找到了正确的实验方法。法拉第发现：磁的电效应仅在某种东西正在变动的时刻才会发生，例如让两根导线中的一根通过电流，当电流变化时，在另一根导线中将会出现电流；一块磁铁位于导线旁边，当磁铁运动时，导线中也会出现电流。其中出现的电流就是感应电流，这种现象就是法拉第所发现的**电磁感应现象**。

下面我们通过几组演示实验来观察电磁感应现象，并逐步归纳实验结果，弄清产生电磁感应现象的条件。

(1) 演示实验一

如图 9－1 所示，将线圈 A 与电流计 G 接成闭合回路。当条形磁铁插入线圈 A 时，可以观察到电流计的指针发生了偏转，这表明线圈 A 中有电流通过[图 9－1(a)]。在把磁铁从线圈内拔出的过程中，电流计的指针又反向偏转，这表明线圈里产生了反方向的电流。

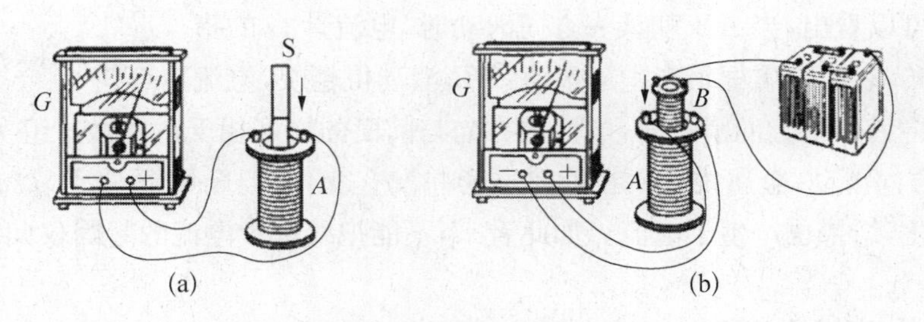

图 9－1　演示实验一

若磁铁不动，线圈 A 相对磁铁运动；或两者同时相对运动，线圈 A 中都有电流产生。在上述实验过程中，A 中电流的方向与磁铁的极性和相对运动方向有关；电流的大小则与磁铁的相对速度有关，相对速度越大，产生的电流就越强；当磁铁停止相对运动时，电流也就随之消失。

若用通电螺线管 B 代替条形磁铁重复上述的实验过程[图 9－1(b)]，将看到完全相同的现象。

通过上述的两组实验，可以发现，当磁铁或通电螺线管 B 与线圈 A 做相对运动时，线圈 A 中会产生电流。那么，究竟是因为相对运动还是因为线圈 A 处磁场的变化使 A 中产生了电流呢？为了弄清这个问题，请看下面的实验。

(2) 演示实验二

如图 9－2 所示，将螺线管 B 与直流电源和开关 S 串联起来，并把 B 插入线圈 A 中。可以看到，在接通开关 S 的瞬间，电流计的指针突然偏转，并随即回到了零点；在断开 S 的瞬间，电流计的指针突然反向偏转后也随即回到了零点。可见是在螺线管 B 通电或断电瞬间，线圈 A 处的磁场发生了变化，从而使线圈 A 中产生了电流。

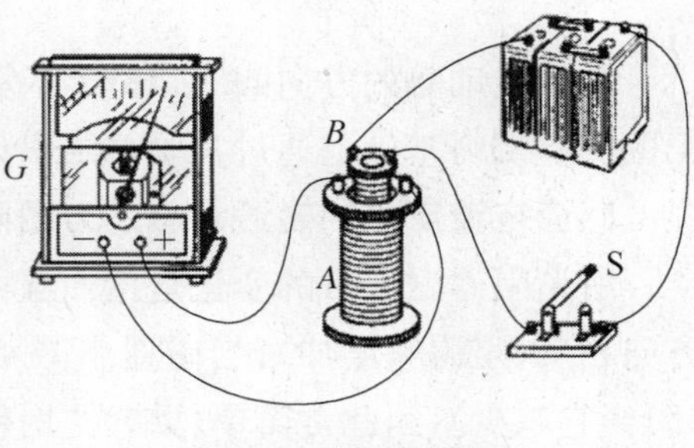

图 9－2　演示实验二

如果用滑动变阻器代替开关 S，通过调节电阻来改变螺线管 B 中的电流，也会使 A 处的磁场发生变化，同样可看到电流计的指针发生偏转，即线圈 A 中产生了电流，并且当调节电阻的动作越快，线圈 A 中的电流就越大。

在做这组实验时，螺线管 B 与线圈 A 之间并无相对运动，由此可见相对运动本身不是线圈 A 中产生电流的原因，因此 A 中电流产生的原因，应该归结为线圈 A 所在处磁场的变化。

以上的认识是从有限的实验条件下得出的，是否全面呢？还需要继续观察下面的实验。

(3) 演示实验三

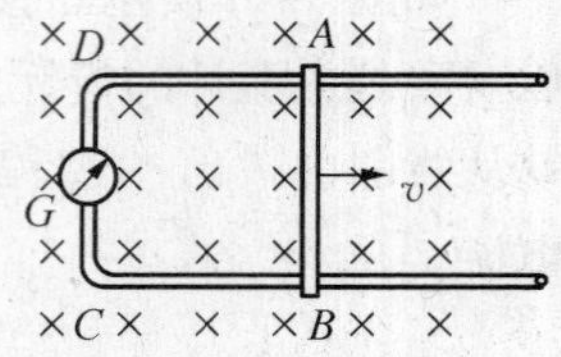

图 9-3 演示实验三

如图 9-3 所示，处在稳恒磁场中有一闭合的金属线框 $ABCD$，其中串联一个灵敏电流计 G，线框的 AB 部分可沿水平方向滑动。可以看出，当 AB 朝某一方向滑动时，电流计 G 的指针就发生偏转，表明金属框里产生了电流，AB 滑动得越快，电流就越大。当将 AB 反方向滑动时，电流的方向与前面的恰好相反。在做这组实验时，无论 AB 朝哪个方向滑动，金属线框所在处的磁场并没有变化，但金属框 $ABCD$ 所围的面积却发生了变化，结果也产生了电流。如此看来，不能把线框中电流的起因仅归结成磁场的变化。

综上所述，可以看到，不论是相对运动，还是磁场变化，从它们的变化效果上看有一个共同的事实，那就是它们都使穿过闭合回路的磁通量发生了变化，结果在闭合回路中产生了电流。

归纳以上和大量其他的实验结果，得到如下结论：**当穿过一个闭合导体回路所包围的面积内的磁通量发生变化时，不管这种变化是由什么原因引起的，在导体回路中就会产生感应电流**。

由第八章可知，闭合回路中有电流，说明回路中有电动势存在，这种由于磁通量变化而引起的电动势称为**感应电动势，当穿过回路的磁通量发生变化时，回路中产生感应电动势的现象称为电磁感应**。以后我们会看到，即使不形成闭合回路，这时不存在感应电流，但感应电动势却仍然存在，感应电动势比感应电流更能反映电磁感应现象的本质。

2 楞次定律

关于电动势的方向问题，1834 年爱沙尼亚物理学家楞次(Lenz，1804—1865)在法拉第的实验资料基础上通过实验总结出如下规律：

感应电流产生的磁通量总是力图阻碍引起感应电流的磁通量变化。

所谓阻碍磁通量的变化是指：当磁通量增加时，感应电流的磁通量与原来的磁通量方向相反(阻碍它增加)；当磁通量减小时，感应电流的磁通量与原来的磁通量方向相同(阻碍它减少)，因此常简单总结为“增反减同”。

在图 9-4(a)中，当磁铁插入线圈时，穿过线圈的磁通量增加，根据楞次定律，感应电流激发的磁通量应与原磁通量反向，根据右手螺旋定则可知，感应电流的方向如线圈中箭头所示。反之，当磁铁拔出时，穿过线圈的磁通量在减少，感应电流的方向如图 9-4(b)所示。

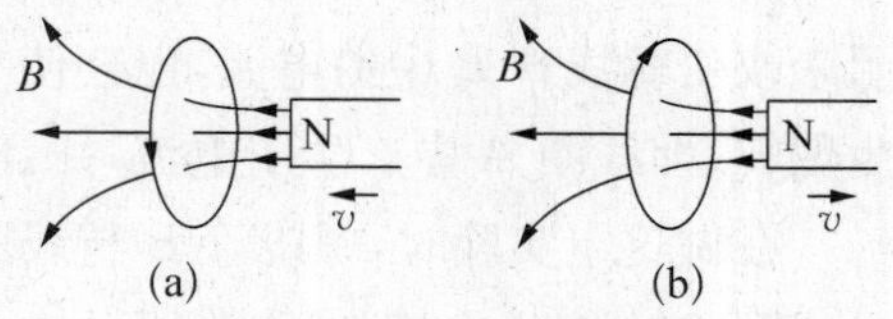

图 9-4 磁铁插入与拔出线圈时感应电流的方向

楞次定律实质上是能量守恒定律的一种体现。为此，我们从功和能的角度重新分析图

9-4(a)的实验。当磁铁插入线圈时要受到一个斥力，为使磁铁匀速插入线圈，必须借助外力克服这个斥力做功，同时感应电流流过线圈时要释放焦耳热，这个热量正是外力的功转化而来的，可见楞次定律符合能量转化和守恒这一普遍规律。我们可换一个角度考虑，假设感应电流的方向与楞次定律的结论相反，图 9-4(a)中的线圈右端就相当于 S 极，它与向左插入的磁铁左端的 N 极相吸引，磁铁在这个吸引力的作用下将加速向左运动，于是线圈的感应电流越来越大，线圈与磁铁的吸引力也就越来越强，如此循环，一方面磁铁的动能不断增加，另一方面感应电流释放出更多的焦耳热，这一过程中竟然没有任何外力做功，显然是违背能量守恒定律的。所以，感应电流的方向遵从楞次定律的事实表明：**楞次定律本质上就是能量守恒定律在电磁感应现象中的具体体现**。

3　法拉第电磁感应定律

法拉第对电磁感应现象作了定量的研究，得出电磁感应的基本定律：**回路中感应电动势 ε_i 的大小与穿过回路的磁通量对时间的变化率成正比**。采用国际单位制，有

$$\varepsilon_i = -\frac{\mathrm{d}\Phi}{\mathrm{d}t} \tag{9-1-1}$$

式中负号是楞次定律的数学表现，反映了感应电动势的方向。

由式(9-1-1)确定 ε_i 方向时，符号的规则是：首先在回路上任意选定一个绕行的正方向，则回路所包围面积的法线方向 $\boldsymbol{e}_n$ 与回路绕行方向满足右手定则，参见图 9-5。这样便可根据 $\Phi = \iint_S \boldsymbol{B} \cdot \mathrm{d}\boldsymbol{S}$ 来确定通过该回路所包围面积的磁通量的正负。然后考虑 Φ 的变化，当 $\frac{\mathrm{d}\Phi}{\mathrm{d}t} > 0$ 时，则 $\varepsilon_i < 0$，表示感应电动势的方向和回路所选定的正方向相反。在图 9-5 中，(a)、(c)图中 $\boldsymbol{B}$ 值在增大，(b)、(d)图中 $\boldsymbol{B}$ 值在减小。这样(a)图中，$\Phi > 0$，$\frac{\mathrm{d}\Phi}{\mathrm{d}t} > 0$，则 $\varepsilon_i < 0$，表示 ε_i 和回路正方向相反。(b)、(c)、(d)中的情况可作类似的讨论。

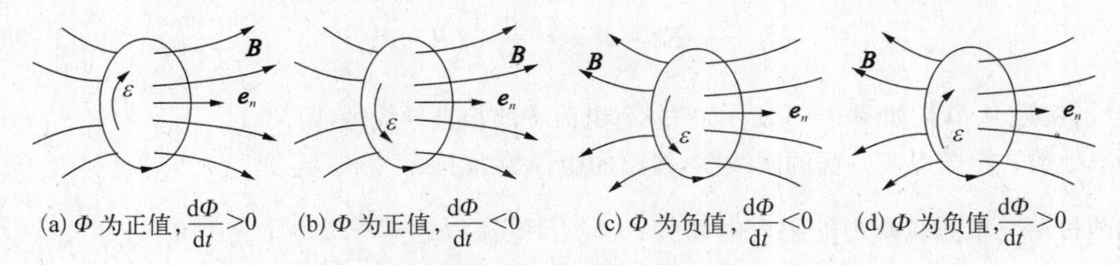

图 9-5　感应电动势方向与 Φ 的变化间的关系

式(9-1-1)可推广到多匝线圈回路，对于由 N 匝线圈串联而成的回路，整个线圈中的感应电动势 ε_i 应等于各匝线圈的感应电动势之和。假设通过各匝线圈的磁通量分别为 Φ_1、Φ_2、…、Φ_N，则

$$\varepsilon_i = -\frac{d\Phi_1}{dt} - \frac{d\Phi_2}{dt} - \cdots - \frac{d\Phi_N}{dt} = -\frac{d}{dt}(\Phi_1 + \Phi_2 + \cdots + \Phi_N) = -\frac{d\Psi}{dt}$$

式中，$\Psi = \Phi_1 + \Phi_2 + \cdots + \Phi_N$ 称作**磁通匝链数**，简称**磁链**或**全磁通**。如果每匝线圈磁通量相同，即 $\Psi = N\Phi$，则整个线圈中的感应电动势为

$$\varepsilon_i = -N\frac{d\Phi}{dt} \tag{9-1-2}$$

如果闭合回路的电阻为 R，则在回路中的感应电流为

$$I_i = \frac{\varepsilon_i}{R} = -\frac{1}{R}\frac{d\Phi}{dt} \tag{9-1-3}$$

利用公式 $I = dq/dt$，可算出在 t_1 到 t_2 这段时间内通过导线的任一截面的感生电荷量

$$q = \int_{t_1}^{t_2} I_i dt = -\frac{1}{R}\int_{\Phi_1}^{\Phi_2} d\Phi = \frac{1}{R}(\Phi_1 - \Phi_2) \tag{9-1-4}$$

上式中 Φ_1、Φ_2 分别是 t_1、t_2 时刻通过导线回路所包围面积的磁通量。

式(9-1-4)表明，在一段时间内通过导线截面的电荷量与这段时间内导线回路所包围的磁通量的变化值成正比，而与磁通量自身变化的快慢无关。如果测出感生电荷量，而回路中的电阻又为已知时，便可以计算磁通量的变化量。常用的磁通计就是依据这个原理设计的。

根据电动势的概念可知，当通过闭合回路的磁通量变化时，在回路中应该出现某种非静电力，感应电动势等于把单位正电荷沿闭合回路移动一周这种非静电力所做的功。若用 $\boldsymbol{E}_k$ 表示单位正电荷所受到的非静电力，则感应电动势 ε_i 可表示为

$$\varepsilon_i = \oint_L \boldsymbol{E}_k \cdot d\boldsymbol{l} \tag{9-1-5}$$

又因通过闭合回路所包围面积的磁通量 $\Phi = \iint_S \boldsymbol{B} \cdot d\boldsymbol{S}$，于是可以把法拉第电磁感应定律用积分形式表示为

$$\varepsilon_i = \oint_L \boldsymbol{E}_k \cdot d\boldsymbol{l} = -\frac{d}{dt}\iint_S \boldsymbol{B} \cdot d\boldsymbol{S} \tag{9-1-6}$$

【例题 9-1】 如图 9-6 所示，一载有电流 I 的长直导线旁，距离为 r 处放一个与电流共面的圆线圈，线圈的半径为 R 且 $R \ll r$。就下列两种情况求圆线圈中的感应电动势：(1) 若电流以速率 $\frac{dI}{dt}$ 增加；(2) 若线圈以速率 v 向右平移。

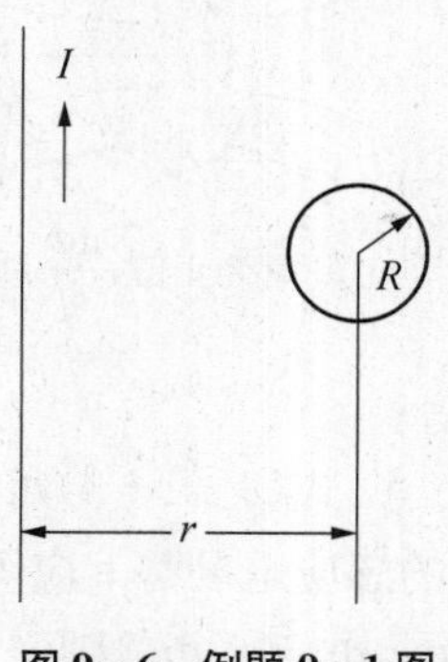

图 9-6 例题 9-1 图

【解】 线圈所在处磁场可看作均匀，即

$$B = \frac{\mu_0 I}{2\pi r}$$

且方向向里。因此穿过线圈的磁通量为

$$\Phi = BS = \frac{\mu_0 I}{2\pi r} \cdot \pi R^2 = \frac{\mu_0 IR^2}{2r}$$

(1) 根据法拉第电磁感应定律,线圈中的感应电动势大小为

$$\varepsilon = \left| \frac{\mathrm{d}\Phi}{\mathrm{d}t} \right| = \frac{\mathrm{d}}{\mathrm{d}t}\left(\frac{\mu_0 IR^2}{2r}\right) = \frac{\mu_0 R^2}{2r} \cdot \frac{\mathrm{d}I}{\mathrm{d}t}$$

由楞次定律可知,感应电动势为逆时针方向。

(2) 若线圈以速率 v 向右平移,根据法拉第电磁感应定律

$$\varepsilon = \left| \frac{\mathrm{d}\Phi}{\mathrm{d}t} \right| = \left| \frac{\mathrm{d}}{\mathrm{d}t}\left(\frac{\mu_0 IR^2}{2r}\right) \right| = \frac{\mu_0 IR^2}{2} \left| \frac{\mathrm{d}}{\mathrm{d}t}\left(\frac{1}{r}\right) \right| = \frac{\mu_0 IR^2}{2} \cdot \frac{1}{r^2} \frac{\mathrm{d}r}{\mathrm{d}t}$$

由于 $\frac{\mathrm{d}r}{\mathrm{d}t} = v$, 故

$$\varepsilon = \frac{\mu_0 IR^2 v}{2r^2}$$

根据楞次定律,感应电动势为顺时针方向。

§9－2　动生电动势和感生电动势

法拉第电磁感应定律说明,只要闭合回路的磁通量发生了变化,就有感应电动势产生,无论这种变化由于什么原因。实际上,磁通量变化无非可归纳为三类：第一类是磁场不随时间变化(稳恒磁场),只是闭合回路的整体或局部在运动,这样产生的感应电动势也称为**动生电动势**;第二类是磁场随时间变化而闭合回路不动,这样产生的感应电动势也称为**感生电动势**;第三类是磁场随时间变化同时闭合回路也在运动,不难看出这时的感应电动势是动生电动势和感生电动势的叠加。本节我们将分别讨论动生电动势和感生电动势的本质以及电磁感应定律在各种特殊情形中的应用。

1　动生电动势

如图 9－7(a)所示,一个矩形导体回路位于均匀磁场 $\boldsymbol{B}$ 中,长为 l 的导体棒 MN 以速度 $\boldsymbol{v}$ 向右运动。某时刻穿过回路所包围面积的磁通量为

$$\Phi = BS = Blx$$

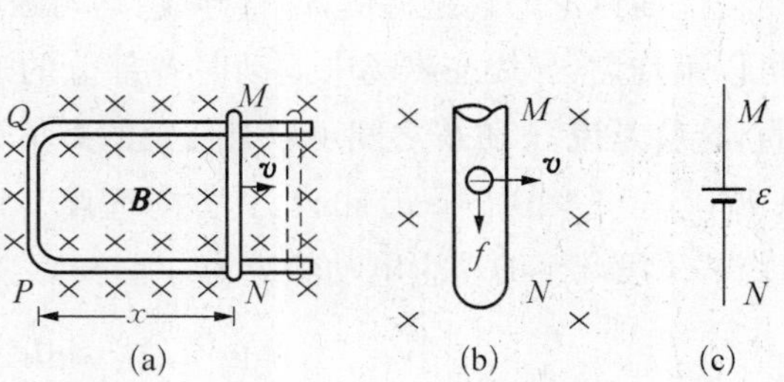

(a)　(b)　(c)

图 9－7　动生电动势产生原理

随着棒 MN 向右运动，回路所围面积发生变化，因而回路中的磁通量也发生变化。由(9-1-1)式可算出回路中感应电动势为

$$\varepsilon_i = -\frac{\mathrm{d}\Phi}{\mathrm{d}t} = -Blv \tag{9-2-1}$$

上式中负号表示动生电动势的方向为由 N 指向 M。

因为其他边都未动，所以动生电动势应归之于 MN 棒的运动。当导体 MN 以速度 $\boldsymbol{v}$ 向右运动时，导体内的自由电子也随棒以速度 $\boldsymbol{v}$ 运动，因而 MN 中各个电子都受到洛仑兹力的作用[见图 9-7(b)]

$$\boldsymbol{f} = -e(\boldsymbol{v} \times \boldsymbol{B})$$

其方向由 M 指向 N。

在洛仑兹力的作用下，电子在 N 端积累，而 M 端出现正电荷。因而产生一个由 M 指向 N 的电场力 $\boldsymbol{F}_e$，当电场力与洛仑兹力 $\boldsymbol{f}$ 达到平衡时，即 $\boldsymbol{F}_e + \boldsymbol{f} = 0$，电荷停止积累，导体 MN 两端形成一个稳定的电势差。所以 MN 就相当于一个电源[如图 9-7(c)]。若导体 MN 与固定导体框构成闭合回路，将形成沿 $MQPNM$ 方向的电流。

作用在电子上的洛仑兹力是非静电力，所以单位正电荷所受的非静电力为

$$\boldsymbol{E}_{\mathrm{k}} = \frac{\boldsymbol{f}}{(-e)} = \boldsymbol{v} \times \boldsymbol{B} \tag{9-2-2}$$

根据电动势的定义，导体 MN 上的动生电动势 ε_i 为

$$\varepsilon_i = \int_-^+ \boldsymbol{E}_{\mathrm{k}} \cdot \mathrm{d}\boldsymbol{l} = \int_N^M (\boldsymbol{v} \times \boldsymbol{B}) \cdot \mathrm{d}\boldsymbol{l} \tag{9-2-3}$$

如图 9-7 的情形，由于 $\boldsymbol{v} \perp \boldsymbol{B}$，因此 $(\boldsymbol{v} \times \boldsymbol{B})$ 的方向与 $\mathrm{d}\boldsymbol{l}$ 方向一致，式(9-2-3)积分为

$$\varepsilon_i = \int_N^M vB\,\mathrm{d}l = vBl$$

这与(9-2-1)式完全一致，这表明**动生电动势的实质是运动电荷受洛仑兹力的结果**。

上面讨论的只是特例，即直导线、均匀磁场、导线垂直磁场运动。在一般情况下，磁场可以不均匀，导线在磁场中运动时各部分的速度也可以不同，$\boldsymbol{v}$、$\boldsymbol{B}$ 和 $\mathrm{d}\boldsymbol{l}$ 也可以不相互垂直，这就是说，$\boldsymbol{v}$ 和 $\boldsymbol{B}$ 之间可以有任意的夹角 θ，此时 $\mathrm{d}\boldsymbol{l}$ 段上的非静电性场强 $\boldsymbol{E}_{\mathrm{k}}$ 的大小为 $|\boldsymbol{E}_{\mathrm{k}}| = |\boldsymbol{v} \times \boldsymbol{B}| = vB\sin\theta$，其方向垂直于 $\boldsymbol{v}$ 和 $\boldsymbol{B}$ 决定的平面，$\boldsymbol{E}_{\mathrm{k}}$ 也可能与 $\mathrm{d}\boldsymbol{l}$ 不同向，所以在 $\mathrm{d}\boldsymbol{l}$ 段产生的动生电动势应为

$$\mathrm{d}\varepsilon_i = \boldsymbol{E}_{\mathrm{k}} \cdot \mathrm{d}\boldsymbol{l} = (\boldsymbol{v} \times \boldsymbol{B}) \cdot \mathrm{d}\boldsymbol{l} \tag{9-2-4}$$

那么运动导线内总的动生电动势就可用下式来计算：

$$\varepsilon_i = \int_L (\boldsymbol{v} \times \boldsymbol{B}) \cdot \mathrm{d}\boldsymbol{l} \tag{9-2-5}$$

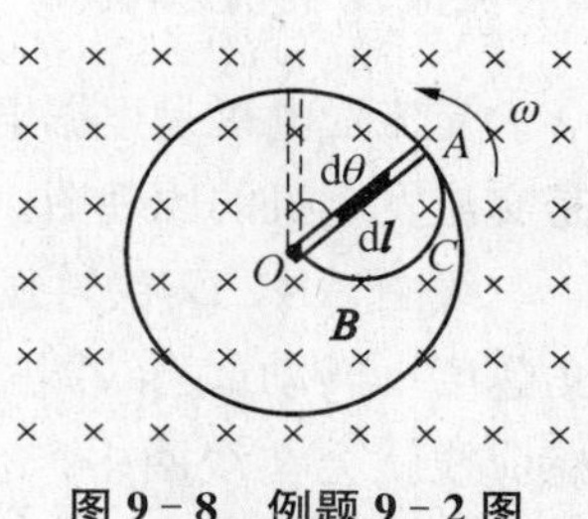

图 9-8　例题 9-2 图

【例题 9-2】 如图 9-8 所示，长为 L 的导体棒在磁感应强度为 $\boldsymbol{B}$ 的均匀磁场中以角速度 ω 绕过 O 点的轴沿逆时针方向转动。求：(1) 导体棒中感应电动势的大小和方向；(2) 直径为 OA 的半圆弧导体 $\overset{\frown}{OCA}$ 以同样的角速度 ω 绕 O 轴转动时，导体 $\overset{\frown}{OCA}$ 中的感应电动势。

【解】 (1) 方法一：用本节的动生电动势的方法求解。

在 OA 上任取线元 $\mathrm{d}\boldsymbol{l}$，由图可知，其速度 $\boldsymbol{v}$ 与 $\boldsymbol{B}$ 垂直且 $\boldsymbol{v}\times\boldsymbol{B}$ 与 $\mathrm{d}\boldsymbol{l}$ 方向相反，故

$$\mathrm{d}\varepsilon = (\boldsymbol{v} \times \boldsymbol{B}) \cdot \mathrm{d}\boldsymbol{l} = vB\,\mathrm{d}l\cos\pi = -\omega Bl\,\mathrm{d}l$$

则 OA 上的动生电动势为

$$\varepsilon_{OA} = \int \mathrm{d}\varepsilon = \int_O^A (\boldsymbol{v} \times \boldsymbol{B}) \cdot \mathrm{d}\boldsymbol{l} = \int_0^L -\omega Bl\,\mathrm{d}l = -\frac{1}{2}\omega BL^2$$

感应电动势 ε 的实际方向从 A 指向 O。

方法二：用上节的法拉第电磁感应定律求解。

设导体棒 OA 在 $\mathrm{d}t$ 时间内转了 $\mathrm{d}\theta$ 角，则 OA 扫过的面积 $S = \frac{1}{2}L^2\mathrm{d}\theta$，穿过 S 的磁通量为

$$\mathrm{d}\Phi = BS = \frac{1}{2}BL^2\mathrm{d}\theta$$

由法拉第电磁感应定律，面积为 S 的回路中，只有半径 OA 在切割磁感应线，所以 OA 上感应电动势为

$$\varepsilon_{OA} = -\frac{\mathrm{d}\Phi}{\mathrm{d}t} = -\frac{1}{2}BL^2\frac{\mathrm{d}\theta}{\mathrm{d}t} = -\frac{1}{2}\omega BL^2$$

ε 的方向仍可用洛仑兹力判断，所得结果与第一种方法完全一致。

(2) 由于由半径 OA 和半圆 $\overset{\frown}{ACO}$ 组成的闭合导体回路在磁场中以角速度 ω 旋转时穿过回路的磁通量恒定不变，所以整个半圆形回路的感应电动势 $\varepsilon = 0$，又因为

$$\varepsilon = \varepsilon_{OA} + \varepsilon_{\overset{\frown}{ACO}}$$

所以

$$\varepsilon_{\overset{\frown}{ACO}} = -\varepsilon_{OA} = \frac{1}{2}\omega BL^2$$

ε 的实际方向由 A 点沿半圆弧指向 O 点。

2 交流发电机原理

交流发电机是根据电磁感应原理制成的，是动生电动势的一个重要应用，图 9－9(a) 是交流发电机的原理图。

线圈 $ABCD$ 在匀强磁场 $\boldsymbol{B}$ 中绕固定转轴以角速度 ω 转动。当线圈的 AB 边和 CD 边切割磁感应线就会在线圈中产生交变电动势，如果接上外电路，在闭合回路中就会出现感应电流。

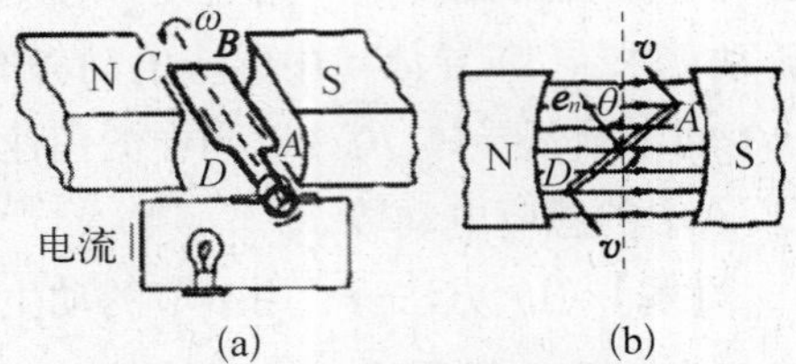

图 9－9 交流发电机的基本原理

在线圈转动过程中，线圈中感应电动势的大小和方向在不断地变化，若线圈 AB 边长为 l_1，BC 边长为 l_2，开始时线圈平面的法线方向 $\boldsymbol{e}_n$ 竖直向上，t 时刻 $\boldsymbol{e}_n$ 与竖直方向间的夹角为 θ，见图 9－9(b)。此时线圈中的感应电动势 ε 实际为四条边动生电动势之和。因 BC 边和 DA 边不切割磁感应线，故不产生动生电动势。AB 边的动生电动势为

$$\varepsilon_{AB}=\int_A^B(\boldsymbol{v}\times\boldsymbol{B})\cdot \mathrm{d}\boldsymbol{l}=\int_A^B vB\sin\left(\frac{\pi}{2}+\theta\right)\mathrm{d}l=vBl_1\cos\theta$$

同理 CD 边的感应电动势为

$$\varepsilon_{CD}=\int_C^D(\boldsymbol{v}\times\boldsymbol{B})\cdot \mathrm{d}\boldsymbol{l}=\int_C^D vB\sin\left(\frac{\pi}{2}-\theta\right)\mathrm{d}l=vBl_1\cos\theta$$

整个线圈中的感应电动势为

$$\varepsilon=\varepsilon_{AB}+\varepsilon_{CD}=2vBl_1\cos\theta$$

其中 $v=\frac{l_2}{2}\omega,\theta=\omega t$，线圈的面积 $S=l_1l_2$，则

$$\varepsilon=2\cdot\frac{l_2}{2}\omega Bl_1\cos\omega t=\omega BS\cos\omega t \tag{9-2-6}$$

上述结果也可用法拉第电磁感应定律求得，当线圈处于如图 9－9(b)的位置时，穿过线圈的磁通量为

$$\Phi=B\cdot S=BS\cos\left(\frac{\pi}{2}+\theta\right)=-BS\sin\omega t$$

由法拉第电磁感应定律可得

$$\varepsilon=-\frac{\mathrm{d}\Phi}{\mathrm{d}t}=\omega BS\cos\omega t$$

两种计算方法结果完全一致。

当线圈中形成感应电流时，它在磁场中要受到安培力的作用，此力要阻碍线圈的运

动，为了继续发电，发电机保持线圈转动必须克服阻力矩做功。可见，发电机的作用就是利用电磁感应原理将机械能转化为电能。

3　涡旋电场　感生电动势

除了导线或线圈在磁场中运动时所产生的感应电动势外，当导体回路固定不动，而磁通量的变化完全由磁场的变化所引起时，导体回路内也将产生感应电动势，这种**由于磁场变化引起的感应电动势称为感生电动势**。由于回路并无运动，产生感生电动势的非静电力不再是洛仑兹力。麦克斯韦（Maxwell，1831—1879）分析了这个事实后提出了一个新的观点，他认为变化的磁场在其周围激发了一种电场，这种电场称为**涡旋电场**。当闭合导体回路处在变化的磁场中时，涡旋电场作用于导体中的自由电荷，从而在导体中引起感生电动势和感应电流。如用 $\boldsymbol{E}_i$ 表示涡旋电场的场强，则当回路固定不动，回路中磁通量的变化完全是由磁场的变化所引起时，法拉第电磁感应定律可表示为

$$\varepsilon_i = \oint_L \boldsymbol{E}_i \cdot \mathrm{d}\boldsymbol{l} = -\iint_S \frac{\partial \boldsymbol{B}}{\partial t} \cdot \mathrm{d}\boldsymbol{S} \qquad (9-2-7)$$

上式明确反映出变化的磁场能激发电场。从场的观点来看，无论空间是否有导体回路存在，变化的磁场总是要在空间激发电场的。也就是说，如果有导体回路存在时，涡旋电场的作用是使导体中的自由电荷做定向运动，从而显示出感应电流；如果不存在导体回路，就没有感应电流，但是变化的磁场所激发的电场还是客观存在的。

因此，在自然界中存在着两种以不同方式激发的电场，所激发电场的性质也截然不同。在前面章节中我们曾讲过，由静止电荷所激发的电场是保守力场（无旋场），在该场中电场强度沿任一闭合回路的线积分恒等于零，即 $\oint_L \boldsymbol{E} \cdot \mathrm{d}\boldsymbol{l} = 0$；但变化磁场所激发的涡旋电场沿任一闭合回路的线积分一般不等于零，而是满足式（9－2－7），说明涡旋电场不是保守力场，其电场线既无起点也无终点，永远是闭合的，像旋涡一样。因为式（9－2－7）中规定面元 $\mathrm{d}\boldsymbol{S}$ 的法线方向与回路绕行方向成右手螺旋关系，所以式中的负号给出 $\boldsymbol{E}_i$ 线的绕行方向和所围的 $\dfrac{\partial \boldsymbol{B}}{\partial t}$ 的方向成左手螺旋关系，如图 9－10 所示。

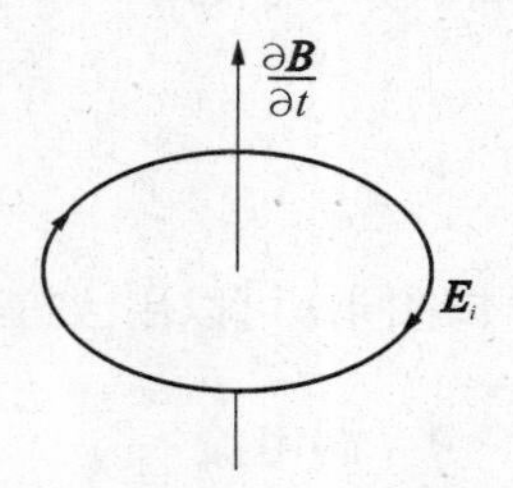

图 9－10　$\boldsymbol{E}_i$ 线绕行方向与 $\dfrac{\partial \boldsymbol{B}}{\partial t}$ 方向满足左手螺旋关系

【例题 9－3】 一长为 L 的金属棒 AB 放在匀强磁场中，若该磁场被限定在半径为 R 的圆筒内，并以匀速率 $\partial \boldsymbol{B}/\partial t$ 变化，如图 9－11 所示，求棒中感生电动势 ε_i。

【解】 因为磁场被限定在圆筒内，其分布具有轴对称性，由式（9－2－7）和 $\boldsymbol{E}_i$ 线的闭合性可知：$\boldsymbol{E}_i$ 线应是呈轴对称的同心圆分布。因此可在筒内作一个以 O 点为圆心，以 r 为半径的圆环形积分环路，如图 9－11 所示。由式（9－2－7）

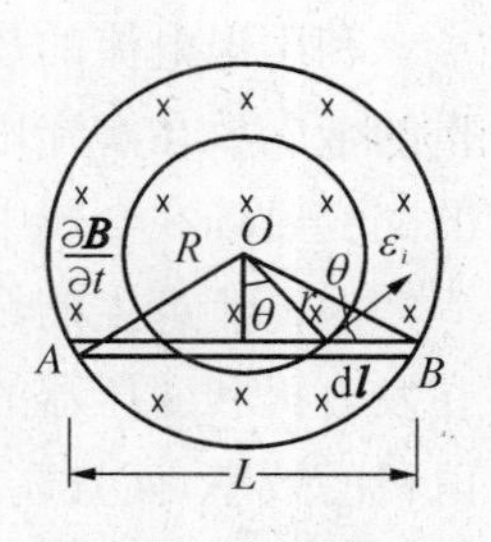

图 9－11　例题 9－3 图

$$\varepsilon_i = \oint_L \boldsymbol{E}_i \cdot \mathrm{d}\boldsymbol{l} = -\iint_S \frac{\partial \boldsymbol{B}}{\partial t} \cdot \mathrm{d}\boldsymbol{S}$$

可得

$$E_i \cdot 2\pi r = -\frac{\partial B}{\partial t}\pi r^2$$

故

$$E_i = -\frac{r}{2}\frac{\partial B}{\partial t}$$

式中负号表示 $\boldsymbol{E}_i$ 与 $\dfrac{\partial \boldsymbol{B}}{\partial t}$ 方向之间满足左手螺旋关系。

$$\varepsilon_i = \int_A^B \boldsymbol{E}_i \cdot \mathrm{d}\boldsymbol{l} = \int_0^L \frac{r}{2}\frac{\partial B}{\partial t}\cos\theta \mathrm{d}l \tag{1}$$

上式中 θ 是涡旋电场 $\boldsymbol{E}_i$ 与金属棒 AB 的夹角，由图 9-11 可知

$$\cos\theta = \frac{\sqrt{R^2 - \left(\frac{L}{2}\right)^2}}{r} \tag{2}$$

将式(2)代入式(1)，可得金属棒 AB 两端的感生电动势

$$\varepsilon_i = \frac{L}{2}\frac{\partial B}{\partial t}\sqrt{R^2 - \left(\frac{L}{2}\right)^2}$$

本题同样可以用法拉第电磁感应定律求解。

*4 涡电流

在一些电器设备中，常常遇到大块的金属导体在磁场中运动或者处在变化的磁场中，此时金属内部会产生感应电流，这种**在金属导体内部自成闭合回路的电流称为涡电流**。由于在大块金属中电流流经的横截面积很大、电阻很小，所以涡电流可能达到很大的数值。

利用涡电流的热效应可以对金属导体进行加热。如高频感应冶金炉就是把难熔或贵重的金属放在陶瓷坩埚里，坩埚外面套上线圈，线圈中通以高频电流，利用高频电流激发的交变磁场在金属中产生的涡电流使金属熔化。

涡电流产生的热效应虽然有着广泛的应用，但在有些情况下也有很大的危害。例如在发电机和变压器的铁芯中因涡电流而产生了大量的热量，不仅消耗了部分电能，降低了电机的效率，而且还会因铁芯严重发热不能正常工作。为了减少涡电流，我们可以把铁芯做成层状，层与层之间用绝缘材料隔开，一般变压器铁芯均做成叠片式就是这个道理。为

进一步减小涡电流，常常还用电阻率较大的硅钢作为铁芯材料，以增大铁芯电阻。

*5　电子感应加速器

利用涡旋电场加速电子的加速器称为**电子感应加速器**，它是涡旋电场存在的最有力的证据之一，其结构如图 9－12 所示。画斜线区域为电磁铁的两极，在其间隙有一环形真空室（图下半部为俯视图）。在交变电流的激励下，电磁铁两极间出现交变磁场，这一交变磁场又会激发一涡旋电场（其场线为一系列同心圆，如图虚线所示）。从电子枪将电子注入环形真空室，射入的电子一方面受到涡旋电场的作用，从而沿圆形轨道的切向加速；另一方面受到磁场沿径向的洛仑兹力作用，该力充当维持电子做圆周运动的向心力。

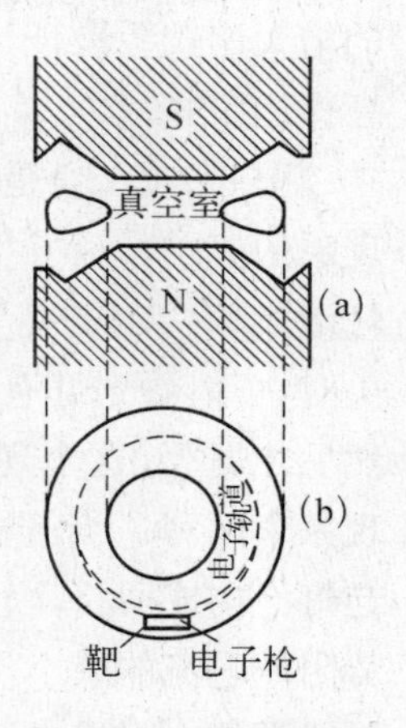

图 9－12　电子感应加速器结构示意图

由于磁场和涡旋电场都是交变的，所以在交变电流的一个周期内只有当涡旋电场的方向与电子绕行的方向相反时，电子才能被加速。因此，在每次电子束注入并得到加速以后，必须在电场方向改变之前就把电子束引出利用。但因为电子在注入真空室时的初速度很大，电子在电场改变方向之前其实已经转了几十万圈，所以电子可获得很大的速度和能量。利用电子感应加速器获得的高能粒子主要用于核物理研究，用被加速的电子束（人工的 β 射线）轰击各种靶时，将发出穿透力很强的电磁辐射（人工的 γ 射线）。近年来还采用电子感应加速器来产生硬 X 射线用于工业探伤、医学诊断等方面。

小型电子感应加速器一般可将电子加速到数十万电子伏特，大型的可达数百万电子伏特，它们的体积和重量有很大的差别。100 MeV 的电子感应加速器中电磁铁的重量可达 100 吨以上，励磁电流的功率近 500 千瓦，环形真空室的直径约 1.5 米，加速过程中电子经过的路程超过 1 000 千米。

§9－3　自感　互感　磁场的能量

1　自感

当一个线圈中的电流变化时，它所激发的磁场通过线圈自身面积的磁通量也在变化，使线圈自身产生感应电动势。这种**由于线圈自身电流变化而在线圈自身所引起的电磁感应现象称为自感现象**，所产生的感应电动势称为**自感电动势**。自感现象可用图 9－13 所示的实验来演示。

图 9－13(a) 中 S_1 和 S_2 是两个规格完全相同的灯泡，L 是带铁芯的多匝线圈，R 是一个可变电阻器，实验前调节电阻器 R 的阻值等于线圈 L 的阻值。当接通开关 K 时，可看到灯泡 S_1 先亮，S_2 逐渐变亮，过一段时间后才能达到和 S_1 同样的亮度。这是因为在 S_2 的支路中，当电流从零开始逐渐增加的过程中，变化的电流使线圈 L 产生自感电动势。根据

楞次定律，它要阻碍电流的增加，电流的增大比较缓慢，于是灯泡 S_2 也比 S_1 亮得迟缓些。

图 9－13(b)是切断电路时自感现象的演示。设开关原来是接通的，灯泡 S 以一定的亮度发光，当切断开关时，可以看到灯泡 S 先是猛然一亮，然后才熄灭，这个现象同样可用自感现象来解释。当开关切断时，线圈 L 与灯泡构成回路，因无电源，电流从有减小到无。按照楞次定律，线圈 L 产生的自感电动势阻碍电流的减小，因此回路中的电流不会立刻减小为零，所以灯泡 S 不会立即熄灭。如果线圈的电阻远小于灯泡的电阻，在开关接通时线圈的电流就远大于灯泡的电流，在切断开关的瞬间，线圈的这一电流流过灯泡就使灯泡比原来还亮，当然只能维持很短时间。

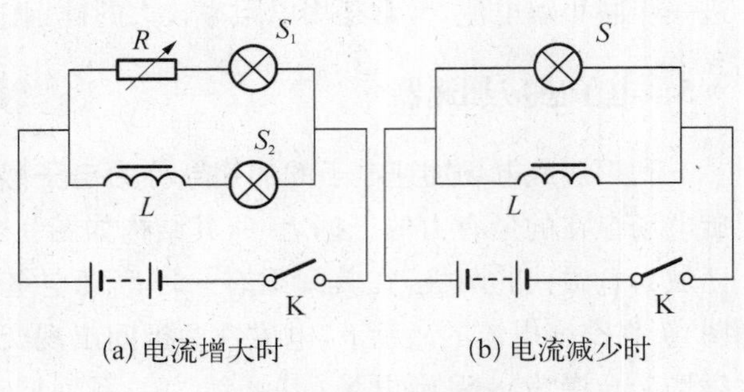

(a) 电流增大时　　(b) 电流减少时

图 9－13　自感现象

根据毕奥-萨伐尔定律，线圈中的电流所激发的磁感应强度与电流强度成正比，因而通过线圈的磁通量也与电流强度成正比。如讨论 N 匝密绕的线圈，则每一匝可近似看成一个闭合线圈，线圈电流激发的穿过每匝线圈的磁通量 Φ 近似相等，通过 N 匝线圈的磁通量

$$\Psi = N\Phi \tag{9-3-1}$$

上式中的 Ψ 称为线圈的自感磁链，则自感磁链也与电流强度成正比，即

$$\Psi = LI \tag{9-3-2}$$

比例系数 L 称为线圈的**自感系数**(简称**自感**)，它的大小与电流无关(铁磁质除外)，只由线圈的大小、形状、匝数及线圈内磁介质的性质决定。

当线圈中电流变化时，它所产生的自感磁链也是变化的，变化的磁链在线圈中会产生自感电动势，根据法拉第电磁感应定律

$$\varepsilon = -\frac{\mathrm{d}\Psi}{\mathrm{d}t} = -L\frac{\mathrm{d}I}{\mathrm{d}t} \tag{9-3-3}$$

上式中负号是楞次定律的数学表示，它指出自感电动势将反抗回路中电流的改变。也就是说当电流增加时，自感电动势与原来电流方向相反，它的作用是反抗电流增加；当电流减小时，自感电动势与原来电流的方向相同，它的作用是反抗电流减小。回路的自感系数 L 越大，自感应作用越大，改变回路中的电流就愈不容易。换句话说，回路的自感有使回路保持原有电流不变的性质，这一特性与力学中物体的惯性相仿，因此自感系数也可看作是电路中"**电磁惯性**"的量度。

根据式(9－3－2)自感系数在**数值上等于单位电流强度所激发的自感磁链**，即

$$L = \Psi/I \tag{9-3-4}$$

根据式(9－3－3)自感系数在**数值上等于单位电流强度变化率所引起的自感电动势**，即

$$L=-\frac{\varepsilon}{\mathrm{d}I/\mathrm{d}t} \tag{9-3-5}$$

在国际单位制中，自感系数 L 的单位是亨利，用 H 表示，$1\ \mathrm{H}=1\ \mathrm{Wb/A}=1\ \mathrm{V\cdot s/A}$。自感 L 的单位有时也用毫亨(mH)和微亨(μH)，它们之间的换算关系是：

$$1\ \mathrm{H}=10^3\ \mathrm{mH}=10^6\ \mu\mathrm{H}$$

在日光灯上装置的镇流器和无线电技术、电工中使用的扼流圈是利用自感效应的常见实例。

【例题 9－4】 设一个空心密绕长直螺线管，单位长度的匝数为 n，长为 l，半径为 R，且 $l\gg R$。求螺线管的自感 L。

【解】 设螺线管中通有电流 I，对于长直螺线管，管内各处的磁场可视为均匀，其大小为

$$B=\mu_0 nI$$

每匝线圈的磁通量 Φ 为

$$\Phi=BS=\mu_0 nI\pi R^2$$

螺线管的磁链数为

$$\Psi=N\Phi=\mu_0 n^2 lI\pi R^2$$

代入式(9－3－4)中，得

$$L=\frac{\Psi}{I}=\mu_0 n^2 l\pi R^2=\mu_0 n^2 V$$

上式中 $V=\pi R^2 l$ 是螺线管的体积，可见 L 与 I 无关，仅由线圈自身的参量 n、V 决定。如果采用较细的导线绕制螺线管，可增大单位长度的匝数 n，使自感 L 变大。另外，若在螺线管中加入磁介质，可使 L 值增大 μ_r 倍，若用铁磁质作为铁芯时，由于铁磁质的磁导率 μ 与 I 有关，因此此时 L 值便与 I 有关。

2　互感

如图 9－14 中，两个彼此靠得很近的线圈 1 和 2，分别通有电流 I_1 和 I_2，则任一个线圈中电流所产生的磁感应线将有一部分通过另一个线圈所包围的面积。当其中任一个线圈的电流发生变化时，

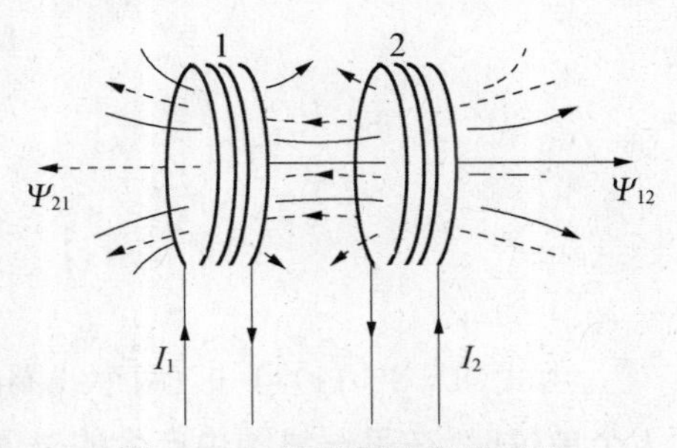

图 9－14　两线圈之间的互感

(实线和虚线分别表示线圈 1 和线圈 2 的磁感应线)

变化电流所激发的变化磁场会在它邻近的线圈中产生感应电动势。过种**由于邻近线圈的电流变化所引起的电磁感应现象称为互感现象**，所产生的电动势称为**互感电动势**。这样两个线圈回路通常称为**互感耦合回路**。

在图 9-14 中，设线圈 1 中的电流所激发的磁场通过线圈 2 的磁链为 Ψ_{12}，由毕奥-萨伐尔定律可知，Ψ_{12} 与 I_1 成正比，设比例系数为 M_{12}，则有

$$\Psi_{12} = M_{12} I_1 \tag{9-3-6}$$

同理，线圈 2 中的电流所激发的通过线圈 1 的互感磁链 Ψ_{21} 与 I_2 成正比，即

$$\Psi_{21} = M_{21} I_2 \tag{9-3-7}$$

式(9-3-6)与式(9-3-7)中的比例系数 M_{12} 和 M_{21} 称为**互感系数**，它们由线圈的几何形状、大小、匝数、相对位置以及周围的磁介质决定。对于非铁磁质，互感系数与线圈中的电流无关。

当线圈 1 中的电流强度 I_1 变化时，它在线圈 2 中所激发的互感磁链 Ψ_{12} 也随之变化，根据法拉第电磁感应定律，它将在线圈 2 中产生互感电动势

$$\varepsilon_2 = -\frac{d\Psi_{12}}{dt} = -\frac{M_{12}dI_1}{dt} \tag{9-3-8}$$

同理，线圈 2 中的电流强度 I_2 变化时，它在线圈 1 中也会产生互感电动势

$$\varepsilon_1 = -\frac{d\Psi_{21}}{dt} = -\frac{M_{21}dI_2}{dt} \tag{9-3-9}$$

由式(9-3-8)和式(9-3-9)可见，互感系数 M_{12} 和 M_{21} **反映了两个相邻回路各在另一回路中产生互感电动势的能力大小**。可以证明，对于任意形状的两个回路，互感系数 M_{12} 和 M_{21} 总是相等，因此统一用符号 M 表示，即

$$M_{12} = M_{21} = M \tag{9-3-10}$$

因此，由式(9-3-6)～(9-3-10)，互感可表示为下面两式：

$$M = \frac{\Psi_{12}}{I_1} = \frac{\Psi_{21}}{I_2} \tag{9-3-11}$$

或

$$M = -\frac{\varepsilon_1}{dI_2/dt} = -\frac{\varepsilon_2}{dI_1/dt} \tag{9-3-12}$$

由式(9-3-11)可知：两个线圈的互感在**量值上等于其中一个线圈中的电流强度为 1 个单位时，在另一线圈中产生的磁通链数**。

由式(9-3-12)可知：两个线圈的互感在**量值上等于一个线圈中的电流的时间变化率为 1 个单位时，在另一线圈中激发的互感电动势的绝对值**。

互感的单位和自感相同,都是亨利。

互感现象在一些电器及电子线路中时常遇到,有些电器利用互感现象把电能从一个回路输送到另一回路中去,例如变压器及感应圈等。有时互感现象也会带来不利的一面,例如收音机各回路之间、电话线与电力输送线之间会因互感现象产生有害的干扰。了解了互感现象的物理本质,便可以设法改变电器间的布置,以尽量减小回路间的相互影响。

【例题 9-5】 一个矩形线圈 $ABCD$,长为 l,宽为 a,匝数为 N,放在一长直导线旁边与之共面,如图 9-15 所示。长直导线是一闭合回路的一部分,当矩形线圈中通有电流 $i=I_0\cos\omega t$ 时,求长直导线中的互感电动势。

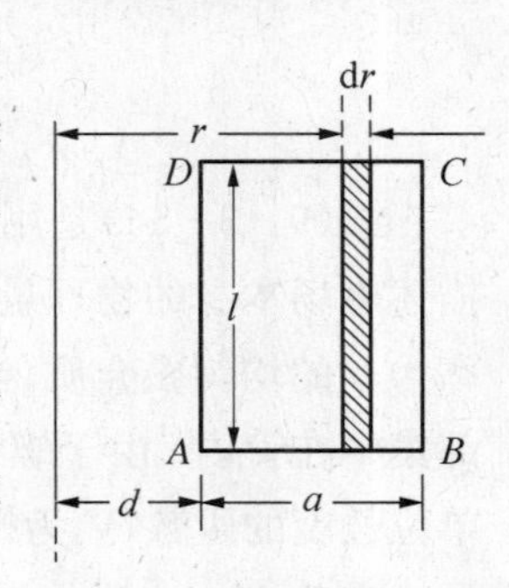

图 9-15 例题 9-5 图

【解】 由 $\varepsilon_M=-M\dfrac{\mathrm{d}I}{\mathrm{d}t}$,欲求长直导线中的互感电动势 ε_M,须求出矩形线圈对长直导线的互感 M。由于 $M_{12}=M_{21}=M$,故可计算长直导线对矩形线圈的互感。

设长直导线中通有电流 I,此电流的磁场在矩形线圈中产生的磁通链数为

$$\Psi=N\iint_S \boldsymbol{B}\cdot\mathrm{d}\boldsymbol{S}=N\int_d^{d+a}\frac{\mu_0 I}{2\pi r}l\,\mathrm{d}r=\frac{\mu_0 NIl}{2\pi}\ln\frac{d+a}{d}$$

长直导线与矩形线圈之间的互感为

$$M=\frac{\Psi}{I}=\frac{\mu_0 Nl}{2\pi}\ln\frac{d+a}{d}$$

因此,电流 $i=I_0\cos\omega t$ 的矩形线圈在长直导线中产生的互感电动势为

$$\varepsilon_M=-\frac{\mu_0 Nl}{2\pi}\ln\frac{d+a}{d}\frac{\mathrm{d}}{\mathrm{d}t}(I_0\cos\omega t)=\frac{\mu_0 NlI_0\omega}{2\pi}\ln\frac{d+a}{d}\sin\omega t$$

3 磁场的能量

我们知道,静电场具有能量,同样磁场也具有能量,下面将根据能量转化与守恒来分析磁场的能量。当电路中的电流增加时,感应电动势与原电流方向相反,原电流必须克服感应电动势做功,此功不是转化为热能,而是转化成另外一种形式的能量——**磁场能**。

如图 9-16 所示,有一自感为 L 的线圈,开始无电流,然后通以变化电流。设 t 时刻的电流为 i,则线圈上的自感电动势为

$$\varepsilon=-L\frac{\mathrm{d}i}{\mathrm{d}t}$$

i　　L

图 9-16 自感电动势

如果从 $t=0$ 开始,经过足够长的时间 T,可以认为回路中的电流已从零增长到稳定值 I,则线圈中自感电动势在 $0\sim T$ 这段时间,对外做功为

$$A=\int_0^T \varepsilon i\,\mathrm{d}t=\int_0^T -L\frac{\mathrm{d}i}{\mathrm{d}t}i\,\mathrm{d}t=\int_0^I -Li\,\mathrm{d}i=-\frac{1}{2}LI^2 \qquad (9-3-13)$$

从上式可知，线圈中感应电动势对外做负功，实际上是电流对线圈做正功。由能量转化与守恒可知，线圈获得的能量为$\frac{1}{2}LI^2$，该能量以磁场能的形式储存在线圈中，其大小应为

$$W_m=\frac{1}{2}LI^2 \qquad (9-3-14)$$

式(9-3-14)是用线圈的自感及其中的电流表示的磁场能，经过变换，磁场能也可用描述磁场本身的物理量 B 来表示。为简单起见，考虑一长直载流螺线管，管内充满磁导率为 μ 的均匀磁介质，当螺线管通有电流 i 时，管内磁场近似看作均匀，且磁场可视为全部集中在管内。由于螺线管内的磁感应强度 $B=\mu nI$，自感为 $L=\mu n^2V$，式中 n 为螺线管单位长度的匝数，V 为螺线管内磁场空间占据的体积。由式(9-3-14)可得到磁场能的另一表达式

$$W_m=\frac{1}{2}\mu n^2V\left(\frac{B}{\mu n}\right)^2=\frac{1}{2}\frac{B^2}{\mu}V=\frac{1}{2}BHV \qquad (9-3-15)$$

$$\frac{B}{\mu}=H$$

因此，磁场能量密度是

$$\omega_m=\frac{W_m}{V}=\frac{1}{2}\frac{B^2}{\mu}=\frac{1}{2}\mu H^2=\frac{1}{2}BH \qquad (9-3-16)$$

式(9-3-16)虽然是从螺线管中均匀磁场的特例导出的，但在一般情况下，**磁场能量密度**均可以表示为

$$\omega_m=\frac{1}{2}\boldsymbol{B}\cdot\boldsymbol{H} \qquad (9-3-17)$$

磁场能量密度的公式说明，在任何磁场中，某一点的磁场能量密度只与该点的磁感应强度 $\boldsymbol{B}$ 及介质的性质有关，这也说明了磁场能量定域在磁场中，磁场具有能量是磁场物质性的体现。

如果知道磁场能量密度及均匀磁场所占据的空间，可用上式计算出磁场的总磁能。倘若磁场是不均匀的，那么可以把磁场划分为无数体元 $\mathrm{d}V$，在每个体元内，磁场可视为均匀的，因此式(9-3-17)就能表示这些体元内的磁场能量密度，则体积为 $\mathrm{d}V$ 的磁场能量为

$$\mathrm{d}W_m=\omega_m\mathrm{d}V=\frac{1}{2}\boldsymbol{B}\cdot\boldsymbol{H}\mathrm{d}V \qquad (9-3-18)$$

所以，对整个磁场不为零的空间 V 积分，即可得到磁场的总能量

$$W_m = \iiint_V \omega_m \mathrm{d}V = \frac{1}{2}\iiint_V \boldsymbol{B} \cdot \boldsymbol{H} \mathrm{d}V \tag{9-3-19}$$

对于稳恒磁场，由于电流和磁场分布一一对应，所以磁场能量表达式(9－3－14)和式(9－3－19)是等价的，但对于电磁波，磁场能量只能用式(9－3－19)表达。

对于某个回路，利用式(9－3－14)和式(9－3－19)的等价性

$$W_m = \frac{1}{2}LI^2 = \frac{1}{2}\iiint_V \boldsymbol{B} \cdot \boldsymbol{H} \mathrm{d}V \tag{9-3-20}$$

可得到求解自感系数 L 的又一方法。

【例题 9－6】 一根很长的同轴电缆由半径为 R_1 的导体圆柱和半径为 R_2 的导体薄圆筒构成，如图 9－17 所示，其中电流 I 在导体圆柱的横截面上均匀分布。导体的绝对磁导率为 μ_1，两导体之间充满绝对磁导率为 μ_2 的磁介质。试求单位长度电缆的磁场能量和自感系数。

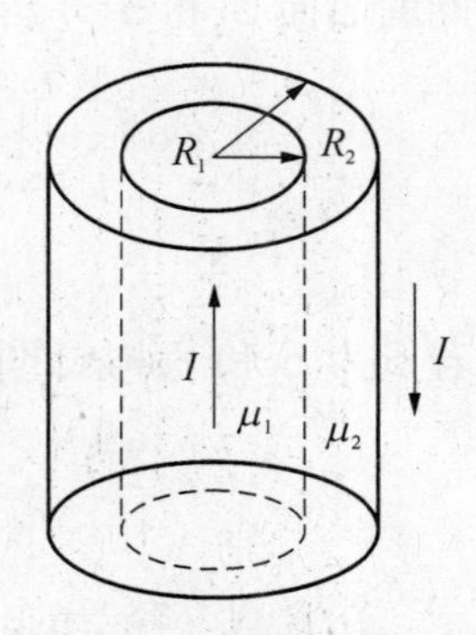

图 9－17　例题 9－6 图

【解】 由安培环路定理可求出磁场强度和磁感应强度分布：

$$H_1 = \frac{I}{2\pi R_1^2}r,\ B_1 = \mu_1 H_1\ (r < R_1)$$

$$H_2 = \frac{I}{2\pi r},\ B_2 = \mu_2 H_2\ (R_1 < r < R_2)$$

$$H_3 = B_3 = 0\ (r > R_2)$$

由式(9－3－19)，单位长度电缆的磁场能量为

$$W_m = \iiint_V \omega_m \mathrm{d}V = \frac{1}{2}\int_0^{R_1} \frac{\mu_1 I^2}{4\pi^2 R_1^4} r^2 2\pi r\,\mathrm{d}r + \frac{1}{2}\int_{R_1}^{R_2} \frac{\mu_2 I^2}{4\pi^2 r^2} 2\pi r\,\mathrm{d}r = \frac{I^2}{4\pi}\left(\frac{\mu_1}{4} + \mu_2 \ln \frac{R_2}{R_1}\right)$$

由式(9－3－20)可得单位长度电缆的自感系数为

$$L = \frac{1}{2\pi}\left(\frac{\mu_1}{4} + \mu_2 \ln \frac{R_2}{R_1}\right)$$

§9－4　位移电流　麦克斯韦电磁场理论简介

1　位移电流

我们知道，在稳恒磁场中，安培环路定理可表示

$$\oint_L \boldsymbol{H} \cdot \mathrm{d}\boldsymbol{l} = \iint_S \boldsymbol{j}_0 \cdot \mathrm{d}\boldsymbol{S} = I_0 \tag{9-4-1}$$

式中 I_0 是以 L 为边界的任意曲面 S 上通过的传导电流。那么在非稳恒的情况下，上式是否仍然成立呢？

要使式(9-4-1)有意义，则穿过以 L 为边界的任意曲面 S 的传导电流 I_0 都要相等。由图 9-18，以 L 为边界任意取两个不同的曲面 S_1 和 S_2，应有

$$\iint_{S_1} \boldsymbol{j}_0 \cdot \mathrm{d}\boldsymbol{S} = \iint_{S_2} \boldsymbol{j}_0 \cdot \mathrm{d}\boldsymbol{S} = I_0 \tag{9-4-2}$$

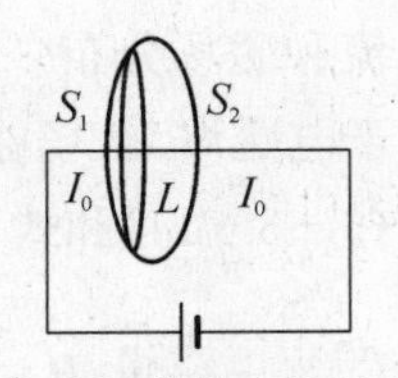

(a) 稳恒电路中传导电的流连续性

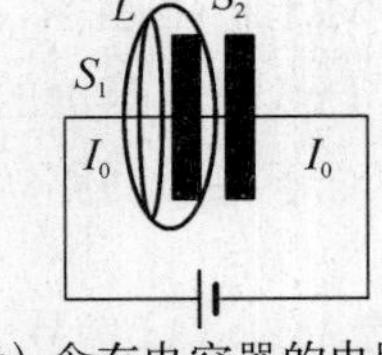

(b) 含有电容器的电路中传导电流的不连续性

图 9-18 以 L 为边界任意取两个不同的曲面

若 S 为 S_1 和 S_2 构成的闭合面，在图 9-18(a)所示的稳恒电路中，由稳恒电流的闭合性可得

$$\iint_{S_2} \boldsymbol{j}_0 \cdot \mathrm{d}\boldsymbol{S} - \iint_{S_1} \boldsymbol{j}_0 \cdot \mathrm{d}\boldsymbol{S} = \oiint_S \boldsymbol{j}_0 \cdot \mathrm{d}\boldsymbol{S} = 0 \tag{9-4-3}$$

在含有电容器的非稳恒电路中，如图 9-18(b)所示，取 S_1 与导线相交，S_2 穿过电容器的两极板之间，则有

$$\iint_{S_1} \boldsymbol{j}_0 \cdot \mathrm{d}\boldsymbol{S} = I_0 \neq 0, \iint_{S_2} \boldsymbol{j}_0 \cdot \mathrm{d}\boldsymbol{S} = 0$$

即

$$\iint_{S_2} \boldsymbol{j}_0 \cdot \mathrm{d}\boldsymbol{S} - \iint_{S_1} \boldsymbol{j}_0 \cdot \mathrm{d}\boldsymbol{S} = \oiint_S \boldsymbol{j}_0 \cdot \mathrm{d}\boldsymbol{S} \neq 0 \tag{9-4-4}$$

因此，在非稳恒条件下，安培环路定理不再适用，必须寻求新的规律。麦克斯韦利用电流的连续性方程对(9-4-1)式加以修正，提出了“位移电流”的概念。

对于非稳恒电流，电荷密度 ρ_0 随时间变化，则电流的连续性方程可表示为

$$\oiint_S \boldsymbol{j}_0 \cdot \mathrm{d}\boldsymbol{S} = -\frac{\mathrm{d}q_0}{\mathrm{d}t} = -\frac{\mathrm{d}}{\mathrm{d}t}\int_V \rho_0 \mathrm{d}V \neq 0 \tag{9-4-5}$$

显然，在非稳恒电路中传导电流不再连续。

于是，根据电流的连续性方程和高斯定理可得

$$\oiint_S \boldsymbol{j}_0 \cdot \mathrm{d}\boldsymbol{S} = -\frac{\mathrm{d}q_0}{\mathrm{d}t} = -\frac{\mathrm{d}}{\mathrm{d}t}\oiint_S \boldsymbol{D} \cdot \mathrm{d}\boldsymbol{S} = -\oiint_S \frac{\partial \boldsymbol{D}}{\partial t} \cdot \mathrm{d}\boldsymbol{S}$$

或者

$$\oiint_S \left(\boldsymbol{j}_0 + \frac{\partial \boldsymbol{D}}{\partial t}\right) \cdot \mathrm{d}\boldsymbol{S} = 0 \tag{9-4-6}$$

由上式可知矢量 $\left(\boldsymbol{j}_0 + \frac{\partial \boldsymbol{D}}{\partial t}\right)$ 在非稳恒电路中是连续的，麦克斯韦称 $\frac{\partial \boldsymbol{D}}{\partial t}$ 为**位移电流密度**，即

$$\boldsymbol{j}_D = \frac{\partial \boldsymbol{D}}{\partial t} \tag{9-4-7}$$

上式表明位移电流密度 $\boldsymbol{j}_D$ 的方向总是与电位移矢量 $\boldsymbol{D}$ 随时间的变化率 $\frac{\partial \boldsymbol{D}}{\partial t}$ 的方向一致。由式(9－4－7)，则**位移电流**可表示为

$$I_D = \iint_S \frac{\partial \boldsymbol{D}}{\partial t} \cdot \mathrm{d}\boldsymbol{S} = \frac{\mathrm{d}}{\mathrm{d}t}\iint_S \boldsymbol{D} \cdot \mathrm{d}\boldsymbol{S} = \frac{\mathrm{d}}{\mathrm{d}t}\psi_D \tag{9-4-8}$$

以上两式表明，**某点的位移电流密度 $\boldsymbol{j}_D$ 等于该点电位移对时间的变化率；通过某截面的位移电流 I_D 等于穿过该截面的电位移通量对时间的变化率。**

把传导电流密度与位移电流密度之和称为**全电流密度**，即

$$\boldsymbol{j} = \boldsymbol{j}_0 + \boldsymbol{j}_D \tag{9-4-9}$$

把上式代入(9－4－6)式得

$$\oint\!\!\!\oint_S \boldsymbol{j} \cdot \mathrm{d}\boldsymbol{S} = 0 \tag{9-4-10}$$

式(9－4－10)表明**全电流在任何情况下都是连续的**，在传导电流中断处，有位移电流把它连接起来。

麦克斯韦认为安培环路定理只适用于稳恒电流。对于非稳恒情形，由于全电流的连续性，安培环路定理应修改为

$$\oint_L \boldsymbol{H} \cdot \mathrm{d}\boldsymbol{l} = \iint_S \left(\boldsymbol{j}_0 + \frac{\partial \boldsymbol{D}}{\partial t}\right) \cdot \mathrm{d}\boldsymbol{S} = I \tag{9-4-11}$$

其中 S 是以曲线 L 为边界的任意曲面。

由此可见，位移电流的引入揭示了电场和磁场的内在联系和依存关系。法拉第电磁感应定律说明变化的磁场能激发涡旋电场，位移电流的论点说明变化的电场能激发涡旋磁场，两种变化的场互相联系，形成统一的电磁场。根据位移电流的定义，在电场中每一点只要有电位移的变化，就有相应的位移电流密度存在。但在通常情况下，导体中的电流主要是传导电流，位移电流可以忽略不计；而电介质中的电流主要是位移电流，传导电流可以忽略不计。应该指出，传导电流和位移电流是两个截然不同的概念，位移电流虽有电流之名，但它的本质却是变化的电场，两者只有在激发磁场方面是等效的，在其他方面存在根本的区别。

2　麦克斯韦方程组的积分形式

我们曾在前面章节讨论了静电场和稳恒磁场的规律，它们满足如下的一些基本方程：

(1) 静电场的高斯定理

$$\oint\!\!\!\oint_S \boldsymbol{D}_0 \cdot \mathrm{d}\boldsymbol{S} = \sum q_0 = \iiint_V \rho_0 \,\mathrm{d}V \tag{9-4-12}$$

它表明静电场是有源场,电荷是产生电场的源。

(2) 静电场的环路定理

$$\oint_L \boldsymbol{E}_0 \cdot \mathrm{d}\boldsymbol{l} = 0 \tag{9-4-13}$$

它表明静电场是保守(无旋、有势)场。

(3) 稳恒磁场的高斯定理

$$\oiint_S \boldsymbol{B}_0 \cdot \mathrm{d}\boldsymbol{S} = 0 \tag{9-4-14}$$

它表明稳恒磁场是无源场。

(4) 稳恒磁场的安培环路定理

$$\oint_L \boldsymbol{H}_0 \cdot \mathrm{d}l = I_0 = \iint_S \boldsymbol{j}_0 \cdot \mathrm{d}\boldsymbol{S} \tag{9-4-15}$$

它表明稳恒磁场是非保守(涡旋)场。

本章中我们又介绍了麦克斯韦提出的涡旋电场的概念,揭示出变化的磁场可以在空间激发涡旋电场,两者的关系为

$$\oint_L \boldsymbol{E}' \cdot \mathrm{d}\boldsymbol{l} = -\iint_S \frac{\partial \boldsymbol{B}}{\partial t} \cdot \mathrm{d}\boldsymbol{S} \tag{9-4-16}$$

而麦克斯韦提出的位移电流的概念,揭示出变化的电场可以在空间激发涡旋磁场,两者的关系为

$$\oint_L \boldsymbol{H}' \cdot \mathrm{d}\boldsymbol{l} = \iint_S \frac{\partial \boldsymbol{D}}{\partial t} \cdot \mathrm{d}\boldsymbol{S} = I_D \tag{9-4-17}$$

综合以上两式可知,变化的电场和变化的磁场永远密切地联系在一起,相互激发,组成统一的电磁场。

一般情况下,电场包括静电场 $\boldsymbol{E}_0(\boldsymbol{D}_0)$ 和变化磁场产生的涡旋电场 $\boldsymbol{E}'(\boldsymbol{D}')$;同样,磁场包括稳恒磁场 $\boldsymbol{B}_0(\boldsymbol{H}_0)$ 和位移电流(变化电场)产生的涡旋磁场 $\boldsymbol{B}'(\boldsymbol{H}')$。但由于涡旋电场 $\boldsymbol{E}'(\boldsymbol{D}')$ 和位移电流产生的涡旋磁场 $\boldsymbol{B}'(\boldsymbol{H}')$ 都是涡旋场,则有

$$\begin{cases} \oiint_S \boldsymbol{D}' \cdot \mathrm{d}\boldsymbol{S} = 0 \\ \oiint_S \boldsymbol{B}' \cdot \mathrm{d}\boldsymbol{S} = 0 \end{cases} \tag{9-4-18}$$

若用 $\boldsymbol{E}(\boldsymbol{D})$ 代表总电场, 表示为 $\boldsymbol{E} = \boldsymbol{E}_0 + \boldsymbol{E}'(\boldsymbol{D} = \boldsymbol{D}_0 + \boldsymbol{D}')$, 用 $\boldsymbol{H}(\boldsymbol{B})$ 代表总磁场, 表示为 $\boldsymbol{H} = \boldsymbol{H}_0 + \boldsymbol{H}'(\boldsymbol{B} = \boldsymbol{B}_0 + \boldsymbol{B}')$, 综合(9-4-12)~(9-4-18)式,可得到一般情况下的电磁场所满足的方程组,即麦克斯韦方程组的积分形式:

$$\begin{cases}\oint\!\!\!\oint_S \boldsymbol{D}\cdot d\boldsymbol{S}=\sum q_0=\iiint_V \rho_0 dV & (1)\\ \oint_L \boldsymbol{E}\cdot d\boldsymbol{l}=-\iint_S \dfrac{\partial \boldsymbol{B}}{\partial t}\cdot d\boldsymbol{S} & (2)\\ \oint\!\!\!\oint_S \boldsymbol{B}\cdot d\boldsymbol{S}=0 & (3)\\ \oint_L \boldsymbol{H}\cdot d\boldsymbol{l}=I_0+\iint_S \dfrac{\partial \boldsymbol{D}}{\partial t}\cdot d\boldsymbol{S} & (4)\end{cases} \qquad (9-4-19)$$

麦克斯韦方程组反映了场的性质、场和场以及场和场源的关系。在式(9-4-19)中，式(1)表明电场是有源场，是由自由电荷激发的，式(1)原只适用于静电场，麦克斯韦把它推广到变化的电场。式(2)表明电场是涡旋场，变化的磁场能激发变化的电场。式(3)表明磁场是无源场，自然界中不存在磁荷(磁单极子)，这一方程式是在稳恒磁场中得到的，麦克斯韦把它推广到变化的磁场。式(4)表明磁场是涡旋场，激发它的源可以是传导电流，也可以是变化的电场，该式是麦克斯韦对稳恒磁场的安培环路定理的修正，从而推广到非稳恒场而得到的。

在介质内场量均和介质性质有关，麦克斯韦方程组尚不完备，还需要补充三个描述介质性质的方程。对于各向同性介质有

$$\begin{cases}\boldsymbol{D}=\varepsilon\boldsymbol{E}\\ \boldsymbol{B}=\mu\boldsymbol{H}\\ \boldsymbol{j}_0=\sigma\boldsymbol{E}\end{cases} \qquad (9-4-20)$$

上式中 ε、μ 和 σ 分别是介质的电容率、磁导率和导体的电导率。

*3　电磁场及其物质性

在前面讨论静电场和稳恒电流的磁场时，总是把电磁场和场源(电荷和电流)合在一起研究，因为在这些情况下电磁场和场源是有机地联系着的，没有场源时电磁场也就不复存在。但在场源随时间变化的情况中，电磁场一经产生，即使场源消失，它还可以继续存在。这时变化的电场和变化的磁场相互激发，并以一定的速度按照一定的规律在空间传播，说明电磁场具有完全独立存在的性质，反映了电磁场是物质存在的一种形态。现代的实验也证实了电磁场具有一切物质所具有的基本性质，如能量、质量以及动量。

前面章节中在讨论电场和磁场时已分别介绍了电场的能量密度为 $\dfrac{1}{2}\boldsymbol{D}\cdot\boldsymbol{E}$、磁场的能量密度 $\dfrac{1}{2}\boldsymbol{B}\cdot\boldsymbol{H}$，对于一般情况下的电磁场来说，既有电场能量又有磁场能量。则电磁场的能量密度为

$$\omega=\frac{1}{2}(\boldsymbol{D}\cdot\boldsymbol{E}+\boldsymbol{B}\cdot\boldsymbol{H}) \qquad (9-4-21)$$

根据相对论的质能关系式，在电磁场存在的空间区域，单位体积电磁场的质量是

$$m=\frac{\omega}{c^2}=\frac{1}{2c^2}(\boldsymbol{D}\cdot\boldsymbol{E}+\boldsymbol{B}\cdot\boldsymbol{H}) \tag{9-4-22}$$

1920年列别捷夫(Nikolai. Lebedev.，1866—1912)通过实验证实了变化的电磁场会对实物施加压力，该实验说明了电磁场和实物之间有动量传递，它们满足动量守恒定律。对于平面电磁波，单位体积的电磁场的动量 p 和能量密度 ω 之间的关系是

$$p=\frac{\omega}{c} \tag{9-4-23}$$

另外，场与实物之间可以相互转化，如同步辐射光源、正负电子对湮没，这些都说明了电磁场的物质性。

但电磁场这种物质形态，和由分子、原子组成的实物又有一些区别：实物具有空间占有性，但多种电磁场却可以在同一空间内同时存在；实物可有不同的运动速度，速度又与参考系的选择有关，而电磁波在真空中传播的速度都是光速 c，且与参考系无关；实物由离散的粒子组成，电磁场则是连续的，并以波的形式传播。不过随着科学技术的发展，发现电磁场与实物这两种物质形态之间的界限并不是绝对的，在有些情况下，电磁场也会表现出粒子性，而粒子也会表现出波动性。

总之，电磁场和实物一样都是物质存在的形态，它们从不同的方面反映了客观世界。

习　题

9-1 一长为0.4 m的直导线，在一个均匀磁场中做匀速直线运动，运动的方向与磁感应强度的方向和导线都垂直，速率为2 m/s，已知 $B=6.0\times10^{-2}$ T。求导线中的感应电动势。

9-2 一铁芯上绕有线圈100匝，已知铁芯中磁通量与时间的关系为 $\Phi=8\times10^{-5}\sin(100\pi t)$ Wb，求在 $t=1.0\times10^{-2}$ s时，线圈中的感应电动势的大小。

9-3 如9-3题图所示，一长直导线载有5 A的直流电，附近有一个与它共面的矩形线圈，其中 $l=20$ cm，$a=10$ cm，$b=20$ cm，线圈共有 $N=1\,000$ 匝，以 $v=3$ m/s的速度水平离开直导线。(1) 试求在图示位置线圈里的感应电动势的大小和方向；(2) 若线圈不动，而长直导线通有交变电流 $i=5\sin\pi t$(A)，线圈中的感应电动势是多少？

9-4 如9-4题图所示，有一弯成 θ 角的金属架 COD，一导体 MN(MN 垂直于 OD)以恒定速度 $\boldsymbol{v}$ 在金属架上滑动。设 $\boldsymbol{v}\perp MN$ 向右，且 $t=0$ 时 $x=0$。已知磁场的方向垂直图面向外，分别求下列情况下框架内的感应电动势 ε_i 的变化规律(大小、方向)。(1) 磁场分布均匀，$\boldsymbol{B}$ 不随时间变化；(2) 非均匀的时变磁场 $B=kx\cos\omega t$。

9-5 如9-5题图所示，在两根相距为 a 的平行载流长直导线组成的平面内，有一固定不动，长、宽各为 h 和 l 的导体回路，导线内电流 $i=(2t+1)$A，且流向相反。求矩形回路内感应电动势的大小。

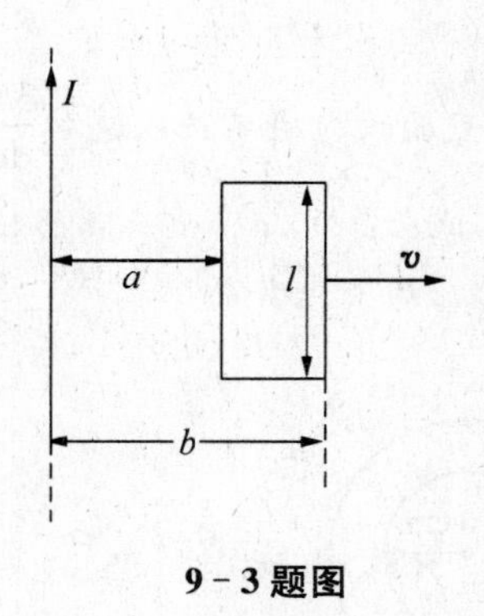

9-3题图

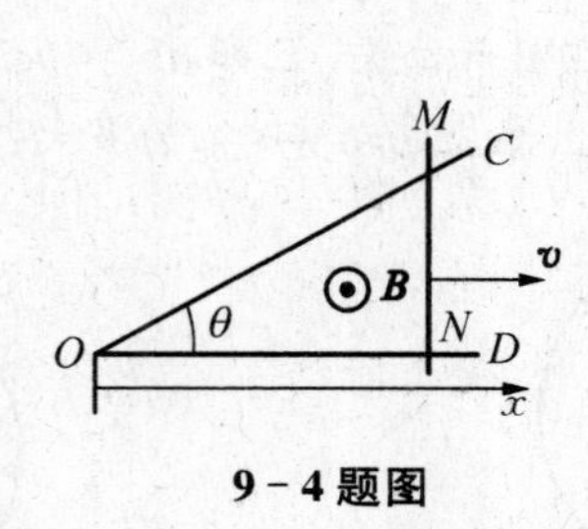

9-4题图

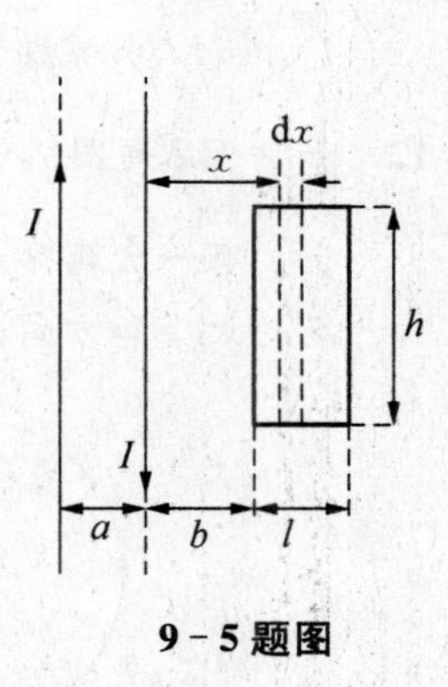

9-5题图

9-6　如9-6题图所示，一个面积为5 cm×10 cm的线框，在与一均匀磁场$B=0.1\,\mathrm{T}$相垂直的平面中匀速运动，速度$v=2\,\mathrm{cm/s}$，已知线框的电阻$R=1\,\Omega$。若取线框前沿与磁场接触时刻为$t=0$，作图时视顺时针指向的感应电动势为正值。试求：(1) 通过线框的磁通量$\Phi(t)$的函数；(2) 线框中的感应电动势$\varepsilon_i(t)$的函数；(3) 线框中的感应电流$I_i(t)$的函数。

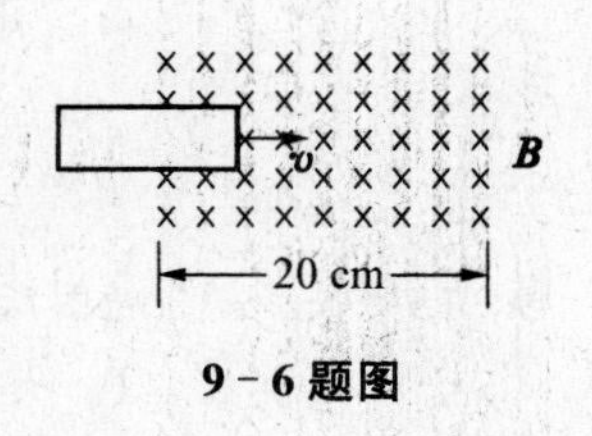

9-6题图

9-7　有一无限长螺线管，单位长度上线圈的匝数为n，在管的中心放置一绕了N圈、半径为r的圆形小线圈，其轴线与螺线管的轴线平行，设螺线管内电流变化率为$\mathrm{d}I/\mathrm{d}t$，求小线圈中的感应电动势。

9-8　如9-8题图所示，长为l的导体棒OP，处在均匀磁场$\boldsymbol{B}$中，可绕过其一端的OO'轴以角速度ω_0匀速旋转，若棒与转轴间夹角为θ，转轴和磁感应强度$\boldsymbol{B}$平行，求OP棒上的电动势。

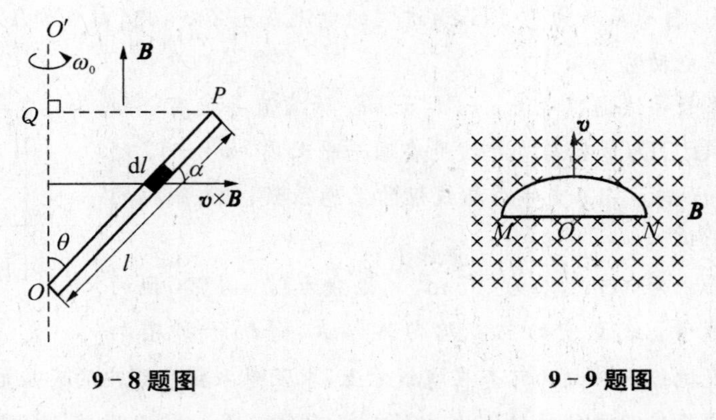

9-8题图　　　　9-9题图

9-9　如9-9题图所示，一半椭圆形导线MN放在均匀磁场中，椭圆长轴为a，磁场的磁感应强度为$\boldsymbol{B}$，导线以速度$\boldsymbol{v}$平行于短轴方向平动，求动生电动势。

9-10　在圆柱形空间存在着均匀磁场，$\boldsymbol{B}$方向与柱的轴线平行。若B的变化率为$\dfrac{\mathrm{d}B}{\mathrm{d}t}=0.1\,\mathrm{T/s}$，$R=10\,\mathrm{cm}$，问：在$r=5\,\mathrm{cm}$处感应电场的场强是多少？

9-11　一无限长螺线管截面为圆，半径为R，其单位长度上匝数为n，导线中现通有电流$i=$

$I_0 \sin\omega t$，求螺线管内、外的涡旋电场 $\boldsymbol{E}_r$ 的分布。

9-12 如 9-12 题图所示，在半径为 R 的圆形区域内，有垂直向里的均匀磁场正以速率 $\frac{\mathrm{d}B}{\mathrm{d}t}$ 减少。有一金属棒 abc 放在图示位置，已知 $ab = bc = R$，试求：(1) a、b、c 三点感应电场的大小和方向；(2) 棒上感应电动势 ε_{abc} 为多大？(3) a、c 哪点电势高？

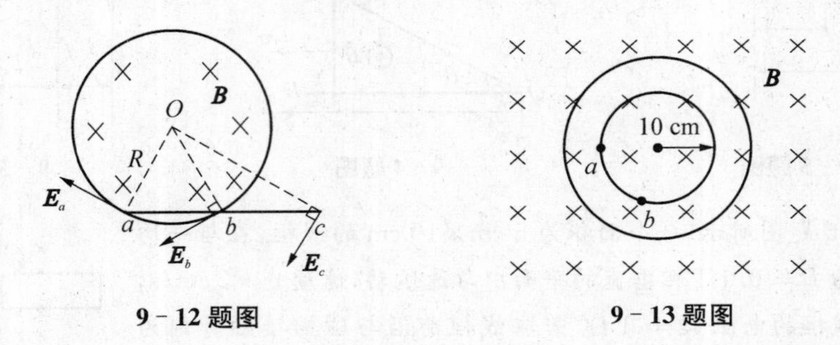

9-12 题图　　9-13 题图

9-13 如 9-13 题图所示的大圆内各点磁感应强度 $B = 0.5\,\mathrm{T}$，方向垂直于纸面向里，且每秒减少 $0.1\,\mathrm{T}$。大圆内有一半径为 10 cm 的同心圆环，求：(1) 圆环上任一点感应电场的大小和方向；(2) 整个圆环上的感应电动势的大小；(3) 若圆环电阻为 $2\,\Omega$，圆环中的感应电流；(4) 圆上任意两点 a、b 间的电势差；(5) 若圆环被切断，两端分开很小距离，两端的电势差。

9-14 在长为 0.60 m、直径为 5 cm 的圆纸筒上，应绕多少匝线圈才能使绕成的螺线管的自感为 $6.0\times10^{-3}\,\mathrm{H}$？

9-15 有一同轴电缆，由半径为 a 和 b 的同轴长圆筒组成，电流 I 由内筒一端流入，经外筒的另一端流回，两筒间充满磁导率为 μ 的均匀磁介质。求此电缆单位长度的自感系数。

9-16 有一线圈，自感系数为 1.2 H，通过它的电流在 1/200 s 内，由 0.5 A 增加到 5 A 时，产生的自感电动势为多少？

9-17 一根无限长导线通以电流 $i = I_0 \sin\omega t$，紧靠直导线有一矩形线框 $ABCD$，线框与直导线处在同一平面内，如 9-17 题图所示。试求：(1) 直导线与线框的互感系数；(2) 线框的互感电动势。

9-17 题图

9-18 一个截面积为 $8\,\mathrm{cm}^2$，长为 0.5 m，总匝数为 $N = 1\,000$ 匝的空心螺线管，线圈中的电流均匀地增大，每隔一秒增加 0.1 A。现把一铜丝做的环套在螺线管上，求互感系数和环内的感应电动势大小。

9-19 可利用超导线圈中的持续大电流的磁场存储能量。若要存储 1 kW·h 的能量，利用 0.1 T 的磁场，需要多大体积的磁场？若利用线圈中 500 A 的电流储存上述能量，则该线圈自感系数应为多大？

9-20 有一段 10 号铜线，直径为 2.54 mm，每单位长度的电阻为 $3.28\times10^{3}\,\Omega/\mathrm{m}$，在此导线上载有 10 A 的电流，试计算：(1) 导线表面处的磁场能量密度；(2) 该处的电场能量密度。

9-21　在真空中,若一均匀电场中的电场能量密度与一个 $B=0.5\,\mathrm{T}$ 的均匀磁场中的磁场能量密度相等,该电场的电场强度为多大?

9-22　为了在一个 $1.0\,\mu\mathrm{F}$ 的电容器内产生 $1.0\,\mathrm{A}$ 的瞬时位移电流,加在电容器上的电压变化率应是多大?

9-23　一个圆形极板电容器,极板的面积为 S,两极板的间距为 d。一根长为 d 的极细的导线在极板间沿轴线与两板相连,已知细导线的电阻为 R,两极板外接交变电压 $U=U_0\sin\omega t$,求:(1) 细导线中的电流;(2) 通过电容器的位移电流;(3) 通过极板外接线中的电流;(4) 极板间离轴线为 r 处的磁场强度。设 r 小于极板的半径。

9-24　试证明:平行板电容器中的位移电流可写为 $I_d=C\dfrac{\mathrm{d}U}{\mathrm{d}t}$,式中 C 是电容器的电容,U 是两极板的电势差。如果不是平行板电容器,上式可以应用吗?如果是圆柱形电容器,其中的位移电流密度和平板电容器的情况有何不同?

9-25　一个空气平行板电容器,极板是半径为 r 的圆导体片。在充电时,板间电场强度的变化率为 $\dfrac{\mathrm{d}E}{\mathrm{d}t}$,略去边缘效应,则两极板间的位移电流为多少?

9-26　有一平板电容器,极板是半径为 R 的圆形板,现将两极板由中心处用长直引线连接到远处的一交变电源上,使两极板上的电荷量按规律 $q=q_0\sin\omega t$ 变化。略去极板边缘效应,试求两极板间任一点的磁场强度。

第四篇　波动光学与近代物理基础

光的波粒二象性被发现之前，关于光的本质有两派不同的学说：一方是以牛顿为首的光微粒说，把光看成是由微粒组成，认为这些微粒按力学规律沿直线飞行，因此光具有直线传播的性质；另一方是以惠更斯为代表的光波动说，认为光是机械振动在一种假想的特殊媒质(以太)中的传播。随着光学研究的深入，大量的理论和实验事实都证实光不但具有粒子性还具有波动性，人们最终认识到光的"波粒二象性"。本篇将从光的干涉、衍射现象来说明光的波动性，讲述光的干涉、衍射规律及光的偏振现象，介绍典型的实验装置及其应用。

第10章

光的干涉和衍射

§10-1 光源 光的相干性 光程

1 光源 单色光

能发光的物体称为**光源**,光源可分为普通光源和激光光源两大类。这里对普通光源的发光机理作简要介绍,根据量子理论,原子的能量是一系列分立的值,在通常情况下,原子总是处于能量的最低状态,称为**基态**,当原子吸收了外界的能量后将处于**激发态**,这些处于激发态的原子极不稳定,电子在激发态上的存在时间平均只有 $10^{-11} \sim 10^{-8}$ s,它们会自发地退回到低激发态或者基态,并将多余的能量以辐射光波的方式释放出来。光源中含有大量不同的原子,向外发出大量的光波,而各个原子的激发和辐射是随机的,发出光波的频率和相位并不固定,即使同一原子在不同时刻发出的光波的频率和相位也不尽相同,因而普通光源发出的光波彼此独立,互不相关。

我们知道,可见光是频率在 $4.3\times10^{14} \sim 7.5\times10^{14}$ Hz之间的电磁波,对应的波长范围为 $400\sim760$ nm,不同频率的可见光引起的色觉不同,而具有单一频率的光,则称为**单色光**。当然,单色光是一种理想化的光波,严格的单色光是不存在的。

2 光的相干性

(1) 光的干涉现象

两束(或多束)光在空间相遇时形成稳定、明暗相间(或彩色)的条纹的现象称为光的干涉现象。当然,并不是任意两束(或多束)光相遇都能产生干涉,与机械波产生干涉所需条件一样,两束(或多束)光波产生干涉的条件为频率相同、振动方向相同、相位差恒定。

(2) 相干光的获得

由于普通光源中各原子发出光波的随机性,所以普通光源发出的光在空间相遇不会发生干涉现象。为了获得相干光,一般将同一光源的同一点(可视为点光源)发出的光分割成两束或多束光,由于这两束或多束光来自同一光源的同一部分,因此具有相同的频率和振动方向,再让它们经过不同的路径相遇,这样的光束相遇时具有恒定的相位差,满足干涉条件,将产生干涉现象。

获得相干光常用方法有两种：一种是**分波阵面法**，如图 10-1(a)所示，S 为一狭缝(相当于点光源)，在 S 前方放置一对称的并带有两狭缝 S_1 和 S_2 的不透明挡光板，从点光源 S 发出球面波，S_1 和 S_2 为点光源 S 同一波阵面上的两个子波，这两子波来自同一光波的同一波阵面，因此频率、振动方向、相位均相同，成为相干光。这种从同一波阵面上分出两部分或多部分作为子波，获得相干光的方法称为分波阵面法。另一种是**分振幅法**，如图 10-1(b)所示，光波 1 从空气入射到玻璃的表面，一部分经玻璃的上表面反射；另一部分折射入玻璃介质中在玻璃的下表面被反射，经玻璃的上表面再次折射到空气中；在玻璃上表面的两光波都来自同一入射光波，满足相干条件，成为相干光。在这个过程中，光的能量也被反射和折射成两份，由于光的能量正比于光振幅的平方，习惯上人们把这种能量分割过程称为分振幅，这样获得相干光的方法称为分振幅法。

图 10-1 获得相干光的方法

3 光程 光程差

为了便于描述光在不同介质中传播引起的相位差，我们引入光程的概念。如图 10-2(a)所示，频率为 γ 的一束光在折射率为 n 的介质中沿直线从 A 点传播到 B 点，用时 Δt，也就是说 A 点振动比 B 点振动先 Δt 时间，根据机械振动知识可知，A 点振动相位比 B 点振动相位超前

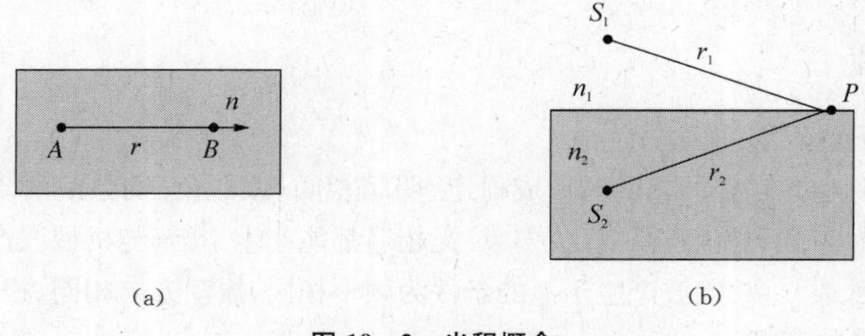

图 10-2 光程概念

$$\Delta\varphi = 2\pi r \Delta t = \frac{2\pi}{\lambda} n r \tag{10-1-1}$$

其中 $r = \overline{AB}$，$\Delta t = \dfrac{r}{u}$，$u = \dfrac{c}{n}$ 为光在折射率为 n 的介质中的传播速度，c、λ 分别为光在真空中的传播速度和波长。可见，A、B 两点振动的相位差不是由它们之间的几何路程唯一

确定，而是由几何路程和介质折射率的乘积 nr 共同决定，我们就把乘积 nr 称为 A、B 两点间的**光程**。对于光程而言，也可表示成

$$nr = \frac{c}{u}r = c\frac{r}{u} = c\Delta t \tag{10-1-2}$$

很显然，光程可等效为相同时间内光在真空中通过的几何路程。

利用光程概念可清晰表示出两束相干光相遇时的相位差及其干涉加强和减弱的条件，如图 10-2(b)所示，初相位分别为 φ_{10} 和 φ_{20} 的两束相干光源 S_1 和 S_2 在折射率分别为 n_1 和 n_2 的介质中传播。根据式(10-1-1)，它们在 P 点相遇时的相位差可表示为

$$\begin{aligned}\Delta\varphi &= \left(\varphi_{20} - \frac{2\pi}{\lambda}n_2 r_2\right) - \left(\varphi_{10} - \frac{2\pi}{\lambda}n_1 r_1\right) \\ &= \varphi_{20} - \varphi_{10} - \frac{2\pi}{\lambda}(n_2 r_2 - n_1 r_1)\end{aligned} \tag{10-1-3}$$

令上式中 $n_2 r_2 - n_1 r_1 = \delta$，$\delta$ 称为两束光的**光程差**。显然，两束初相一定的相干光在相遇点的相位差直接由它们的光程差 δ 决定。根据振动和波动理论可知：当 $\Delta\varphi$ 为 π 的偶数倍时，光在相遇点干涉加强，产生明纹；当 $\Delta\varphi$ 为 π 的奇数倍时，光在相遇点干涉相消，产生暗纹。当两光源初始相位相同时，上述结果可用数学表达式描述如下：

$$\delta = \begin{cases} \pm 2k\dfrac{\lambda}{2} & k = 0,\ 1,\ 2\cdots \quad 明纹 \\ \pm(2k-1)\dfrac{\lambda}{2} & k = 1,\ 2,\ 3\cdots \quad 暗纹 \end{cases} \tag{10-1-4}$$

4　透镜不改变光程差

在光学实验中，经常借助透镜将发散光会聚于一点，那么使用透镜后对光线之间的光程差是否产生影响呢？下面我们对这个问题作简单的定性说明：从图 10-3(a)可看出，平行光束 1、2 从缝 K 到达光屏 P 的光程差为 0；若在缝 K 和光屏之间加一薄凸透镜 L，并使光屏 P 位于透镜 L 的焦平面处，我们知道，平行光束 1、2 将会聚于透镜的焦点。设光束 1、2 在透镜中经过的路程分别为 r_1、r_2，在空气中通过的路程分别为 r_1'、r_2'。光束 1 在透镜中经过的光程较小，在空气中通过的光程较大，光束 2 在透镜中经过的光程较大，在空气中经过的光程较小，但光束 1、2 的总光程满足如下关系：

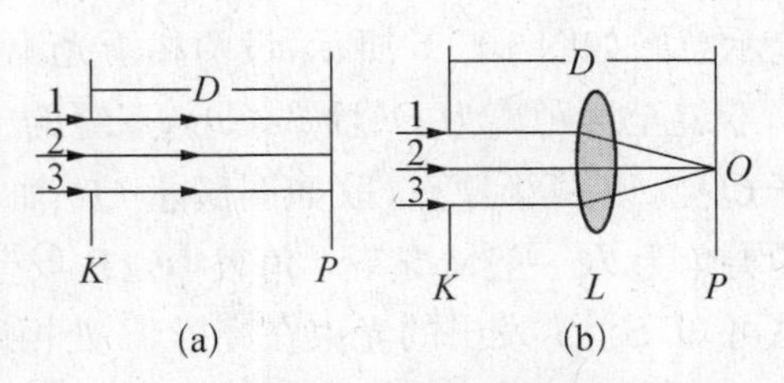

图 10-3　透镜不改变光束之间的光程差

$$nr_1 + r_1' = nr_2 + r_2' \tag{10-1-5}$$

也就是说，加入透镜后光束 1、2 到达光屏 O 点的光程差仍为零。经理论和实验证明：对于任何两束相干光束，在加入透镜前后光束之间光程差总是相同的，这说明**透镜仅改变光束的传播方向，不改变光束之间的光程差**。

§10-2 分波阵面干涉

光的干涉现象广泛应用于工业技术中，特别是在光谱分析和精密测量等方面具有重要的应用价值。下面介绍以分波阵面法产生干涉的相关知识。

1 杨氏双缝实验

1801年，托马斯·杨(T. Yong, 1773—1829)进行了著名的杨氏双缝干涉实验，为光的波动理论提供了强有力的实验依据，进一步证明了光的波动理论的正确性。

(1) 实验装置及现象

图10-4为杨氏实验装置简图，在单缝光源(托马斯·杨当时用太阳光)S前对称地放置两个相距很近并与S平行的等宽狭缝S_1和S_2，在不远处放置一接收屏，在接收屏上观察到一系列与狭缝平行的、等间距的、明暗相间的条纹。

图10-4 杨氏实验装置简图

(2) 理论解释

托马斯·杨用波的干涉理论解释了这一现象，狭缝光源S向外发出光波，S_1和S_2相当于同一波阵面上的两个子波，满足相干光的条件，在接收屏上相遇产生干涉现象。干涉条纹的光强分布由它们在相遇点P处光程差决定。杨氏实验示意图如图10-5所示，设两相干光源S_1、S_2之间距离为d，双缝至屏距离为D(且$d \ll D$)，双缝的中垂线$O'O$与屏交于O点，以O为原点，取如图所示Ox轴，PO'与$O'O$之间的夹角为θ(一般情况下θ角很小)，P点坐标为x，空气的折射率近似为$n=1$，由几何关系可知，S_1、S_2发出的光束在光屏P处相遇时的光程差

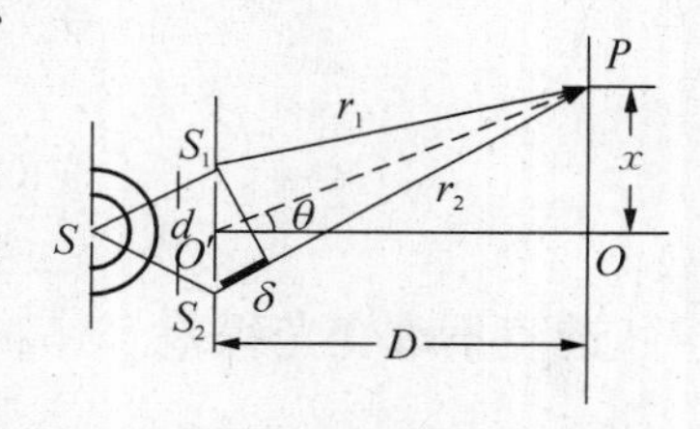

图10-5 杨氏双缝干涉示意图

$$\delta = r_2 - r_1$$

$$\delta = r_2 - r_1 = d\sin\theta \approx \frac{xd}{D}$$

根据式(10-1-4)可知，P点出现明纹或暗纹的条件为

$$\delta = \frac{xd}{D} = \begin{cases} \pm k\lambda & k = 0, 1, 2, \cdots \quad 明纹 \\ \pm(2k-1)\dfrac{\lambda}{2} & k = 1, 2, \cdots \quad 暗纹 \end{cases} \tag{10-2-1}$$

即屏上出现明纹的位置为

$$x = \pm k\frac{D\lambda}{d} \qquad k = 0, 1, 2, \cdots \tag{10-2-2a}$$

$k=0$ 为第 0 级明纹，或中央明纹，相应地，$k=1, 2, \cdots$ 称为第一级明纹、第二级明纹，……屏上出现暗纹的位置为

$$x=\pm(2k-1)\frac{D\lambda}{2d} \qquad k=1, 2, \cdots \qquad (10-2-2b)$$

同理，$k=1, 2, \cdots$称为第一级暗纹、第二级暗纹，……，O 点两侧第一级暗纹中心之间的距离称为中央明纹的宽度。显然，中央明纹的宽度是同侧相邻明纹宽度的 2 倍。

【例题 10-1】 以单色光垂直照射到相距 $d=0.2\ \text{mm}$ 的双缝上，双缝与屏垂直距离 $D=1\ \text{m}$，同侧第一级明纹到第四级明纹中心之间的距离为 9 mm，问：(1) 该单色光的波长为多少？(2) 第二级暗纹出现的位置；(3) 若肉眼仅能分辨的距离为 0.15 mm，现用肉眼观察干涉条纹，问双缝的最大间距为多少？

【解】 (1) 根据题意可知相邻明纹之间的距离

$$\Delta x=9\div 3=3\ \text{mm}$$

根据公式(10-2-2a)可知相邻条纹间的距离

$$\Delta x=x_{k+1}-x_k=\frac{D\lambda}{d}$$

$$\lambda=\frac{d\Delta x}{D}=\frac{0.2\times 10^{-3}\times 3\times 10^{-3}}{1}\text{m}=600\ \text{nm}$$

(2) 根据公式(10-2-2b)第 k 级暗纹出现的位置为

$$x=\pm(2k-1)\frac{D\lambda}{2d} \qquad k=2$$

$$=\pm(2\times 2-1)\times\frac{1\times 600\times 10^{-9}}{2\times 0.2\times 10^{-3}}\ \text{m}=\pm 4.5\ \text{mm}$$

(3) 根据(1)可知条纹间距可表示为

$$\Delta x=\frac{D\lambda}{d}$$

$$d_{\text{max}}=\frac{D\lambda}{\Delta x_{\text{min}}}=\frac{1\times 600\times 10^{-9}}{0.15\times 10^{-3}}\ \text{m}=4\ \text{mm}$$

2　劳埃德镜实验

(1) 实验装置及现象

劳埃德镜实验示意图如图 10-6 所示，点光源 S_1 放在平面镜 M 的左侧且接近平面镜处，在右侧垂直于平面镜 M 放置接收屏 L。由点光源 S_1 直接射向接收屏 L 的光与它在平

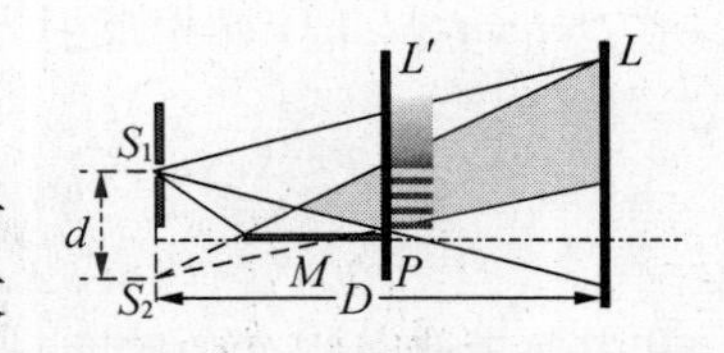

图 10-6　劳埃德镜实验示意图

面镜M反射向接收屏L的光(这束反射光好像是由S_1的虚像S_2发出的)满足相干光条件,在接收屏L上相遇区域产生干涉现象。若将屏幕L移近平面镜,使它与镜面右端恰好接触,如图10-6中L'位置,此时在接触点P处观察到暗纹。

(2) 理论解释

下面我们来讨论为什么在接触点P会出现暗纹?当屏幕在L'位置时,$\overline{S_1P}=\overline{S_2P}$,两相干光在$P$处的光程差为0。根据式(10-2-1),$P$点应该出现明纹,但实验结果该点却是暗纹,为什么呢?在波动理论的学习中,我们知道波从波疏介质射向波密介质界面反射时,存在"半波损失"现象。对于光波,**光从光疏介质射向光密介质界面反射时,在掠入射或正入射的情况下,反射光同样会发生"半波损失"现象**。劳埃德镜实验中P点的暗纹就是因为光在射(掠入射)向平面镜反射时产生了"半波损失"现象,带来了$\frac{\lambda}{2}$的**附加光程差**。这样,两束光在相遇点P处的光程差就变为$\frac{\lambda}{2}$,根据式(10-2-1)可知P点出现暗纹。

§10-3 分振幅干涉

在阳光照射下,我们经常看到肥皂泡、水面上的油膜、昆虫的翅膀及金属工件表面的氧化层等呈现彩色的花纹,这些都是典型的分振幅干涉现象,下面将对分振幅干涉进行简单介绍。

1 劈尖干涉

如图10-7所示,通常把由两个表面稍有倾斜的介质膜称为劈尖,该薄膜上下表面间的夹角θ(极其微小)称为劈尖角,为了方便起见,图中劈尖角被夸大标示。

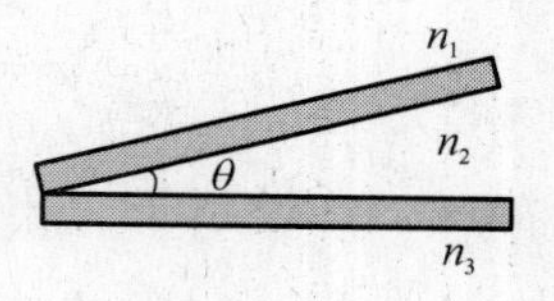

图10-7 劈尖

(1) 劈尖干涉的原理

如图10-8所示,波长为λ的平行单色光垂直射向薄膜时,经由上薄膜下表面的反射光与下薄膜上表面的反射光在薄膜上表面相遇时产生干涉现象。需要说明的是图10-8中薄膜上下表面的两反射光都沿着入射光的逆光路返回,但为了看得更清楚,特意把两束反射光分开标示。由于夹角θ很小,射向两薄膜表面的光均可看成是垂直入射,若$n_2>n_1$,$n_2>n_3$,两束反射光在上表面P点相遇时光程差可近似地表示为

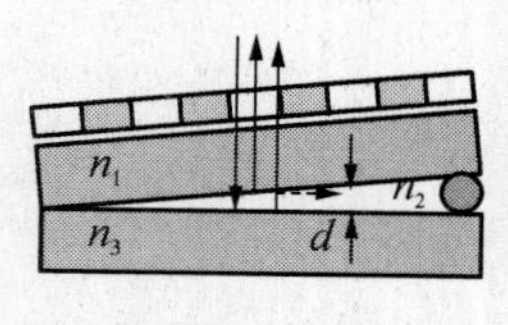

图10-8 劈尖干涉

$$\delta=2n_2d+\frac{\lambda}{2} \tag{10-3-1}$$

其中d为P处劈尖的厚度,n_2为两薄膜之间介质的折射率,$\frac{\lambda}{2}$由半波损失带来的附加光程

差，当然附加光程差的有无需根据介质折射率 n_1、n_2、n_3 的相对大小具体确定。根据式(10－2－1)可知 P 点出现明纹或暗纹的条件为

$$d=\begin{cases}(2k-1)\dfrac{\lambda}{4n_2} & k=1,2,3\cdots \quad 明纹\\ \dfrac{k\lambda}{2n_2} & k=0,1,2\cdots \quad 暗纹\end{cases} \tag{10-3-2}$$

因为劈尖厚度相等之处是一系列平行于棱边的平行直线，所以干涉条纹是一系列平行于劈尖棱边的直线条纹。对一定波长的光波而言，同一薄膜中所有厚度相同的位置出现条纹的干涉情况相同，所以这种干涉被称为**等厚干涉**。由式(10－3－2)可知任意两相邻明纹或暗纹之间的薄膜的厚度差为

$$\Delta d=\frac{\lambda}{2n_2} \tag{10-3-3}$$

由几何关系可知，任意两相邻明纹或暗纹中心之间的距离 Δl 可表示成下式

$$\Delta l=\frac{\Delta d}{\sin\theta} \tag{10-3-4}$$

显然，劈尖干涉图样是一系列等间距的、明暗相间的条纹。且 θ 角愈大，间距愈小，干涉条纹愈密集。当 θ 角大到一定程度时，干涉条纹将重叠在一起，人眼难以分辨，因此只有在夹角 θ 很小的劈尖上才能看到干涉现象。

(2) 劈尖干涉的应用

劈尖干涉原理广泛地应用于工程技术领域，如精密测量细小物体的线度，检验光学元件表面的平整程度等，详细情况见例题 10－2、10－3。

【例题 10－2】 为了精密地测量一金属薄片的厚度，把两块平板玻璃($n_1=1.5$)的一端叠放在一起，另一端垫上金属薄片，使两板之间形成很薄的空气($n_2\approx1$)劈尖，如图 10－9 所示。以 $\lambda=589.3$ mm 的单色光垂直入射，观察到相互平行的直线干涉条纹。量得相邻两暗纹之间的距离 $\Delta l=5$ mm，棱边至金属薄片间的距离 $L=5$ cm，问金属薄片的厚度是多少?

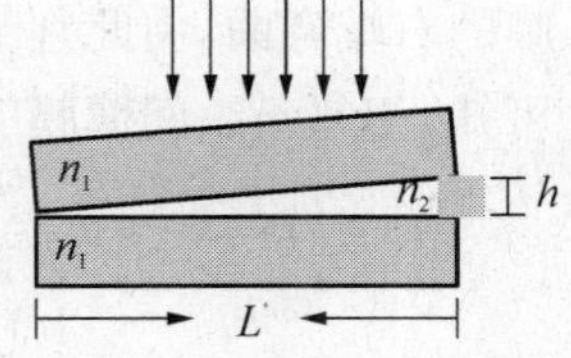

图 10－9　例题 10－2 图

【解】 令薄片厚度 h，相邻明纹对应的劈尖膜厚度差为 Δd，劈尖角 θ，根据干涉原理明纹条件为

$$2n_2d+\frac{\lambda}{2}=k\lambda$$

即明纹出现处劈尖膜的厚度

$$d=(2k-1)\frac{\lambda}{4n_2}$$

相邻明纹之间劈尖膜厚度差

$$\Delta d=\frac{\lambda}{2n_2}$$

因为，劈尖角 θ 很小，所以

$$\sin\theta\approx\tan\theta$$

即
$$\frac{\Delta d}{\Delta l}\approx\frac{h}{L}$$

故
$$h=L\frac{\Delta d}{\Delta l}=5\times10^{-2}\times\frac{589.3\times10^{-9}}{2\times5\times10^{-3}}\approx2.95\times10^{-6}\ \text{m}$$

【例题 10－3】 在磨制光学元件时，必须检验元件表面的质量，通常把被检测元件与一标准平板玻璃表面接触，形成空气劈尖，如图 10－10(a)所示。用单色光垂直照射，通过观察形成的干涉条纹判断被检验表面是否标准。若用波长 λ 单色光照射玻璃表面，在显微镜下观察干涉条纹如图 10－10(b)所示，测得条纹的形变量为 a，相邻明纹中心之间距离为 b，试根据干涉条纹判断工件表面是凹下还是凸起的，并求出凹凸的深度。

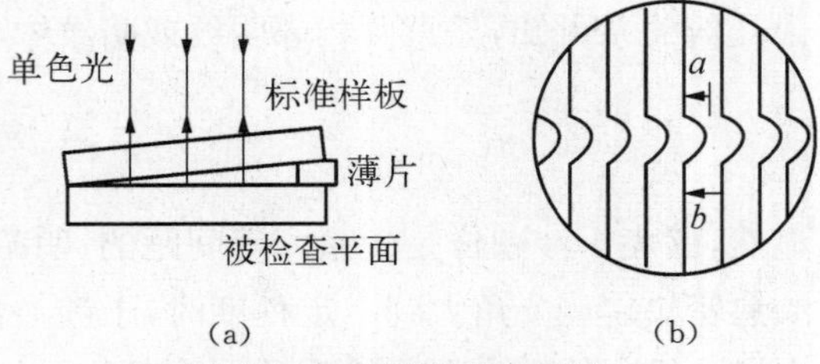

图 10－10　例题 10－3 图

【解】 若光学元件表面光滑，观察到的干涉条纹应是等间距的平行直线。根据式(10－3－2)可知，相同级次的干涉条纹对应空气膜的厚度应该相等，现观察到条纹向空气膜的右端弯曲，由此判断光学元件表面是**凸起**的。设凸起的高度为 h，根据式(10－3－3)可知，相邻条纹间薄膜的厚度差

$$\Delta d=\frac{\lambda}{2}$$

所以
$$\frac{a}{b}=\frac{h}{\Delta d}$$

联合上述两式可得：

$$h=\frac{a}{b}\Delta d=\frac{a\lambda}{2b}$$

2　牛顿环

观察牛顿环的实验装置如图 10－11(a)所示，在平板玻璃 B 上放置一曲率半径为 R 的平凸透镜 A，两者之间形成一空气薄层，当平行单色光垂直 A 入射时，光经由透镜 A 下表面

和平板玻璃 B 上表面反射的两束光在空间相遇将产生干涉现象。以接触点 O 为圆心、半径为 r 的圆周上各点空气层厚度 d 相等，根据式(10-3-2)可知，空气层厚度相等处干涉条纹的情况相同，故干涉图样是以接触点 O 为中心的同心圆环，称为牛顿环，如图 10-11(b)。

入射光在透镜 A 下表面的反射光是从光密介质到光疏介质界面的反射，无半波损失现象，不产生附加光程差，而在平板玻璃 B 上表面的反射光是从光疏介质到光密介质界面的反射，有半波损失现象存在，产生 $\frac{\lambda}{2}$ 的附加光程差。所以，在空气层厚度为 d 的各点，两相干光的光程差

$$\delta = 2d + \frac{\lambda}{2} \tag{10-3-5}$$

在透镜和平板玻璃的接触点 O，空气层的厚度为 0，光程差为 $\frac{\lambda}{2}$，所以牛顿环的中心是暗纹。根据波的干涉理论可知牛顿环中明纹或暗纹出现的条件为

$$2d + \frac{\lambda}{2} = \begin{cases} k\lambda & k = 1, 2, 3\cdots \quad \text{明纹} \\ (2k+1)\frac{\lambda}{2} & k = 0, 1, 2\cdots \quad \text{暗纹} \end{cases} \tag{10-3-6}$$

由图 10-11(a)可看出，愈向透镜边缘处，空气层厚度 d 愈大，条纹的干涉级次 k 愈大，所以牛顿环内圈的干涉级次小，外圈的干涉级次大。

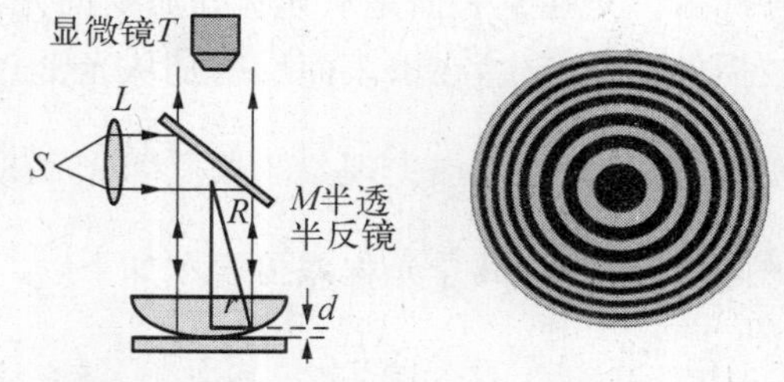

(a) 观察牛顿环的实验装置　(b) 牛顿环照相图

图 10-11　牛顿环

设牛顿环中条纹的半径为 r，由几何关系知

$$r^2 = R^2 - (R-d)^2$$

实际上 R 很大(米量级)，而 d 很小(毫米量级)，即 $R \gg d$，所以上式右边 d^2 项可忽略，则

$$d = \frac{r^2}{2R} \tag{10-3-7}$$

根据光的干涉原理，联合式(10-3-6)和式(10-3-7)，可求出牛顿环中第 k 级明纹或暗纹的半径为

$$r_k = \begin{cases} \sqrt{\frac{(2k-1)R\lambda}{2}} & k = 1, 2, 3\cdots \quad \text{明纹} \\ \sqrt{kR\lambda} & k = 0, 1, 2\cdots \quad \text{暗纹} \end{cases} \tag{10-3-8}$$

若已知单色光的波长，用读数显微镜测出牛顿环中任意两明纹的半径，就可以计算出 R，因此常用牛顿环来测量透镜的曲率半径。

3 光学薄膜

光学薄膜是指在一块透明的平整玻璃基片或金属光滑表面上,通过物理或化学方法涂上单层或多层透明介质薄膜。利用薄膜两表面反射光发生干涉的原理,使反射光增强或减弱,制成满足不同光学系统要求的光学元件。例如常会发现照相机镜头呈现某种颜色(如蓝紫色),这是由于镜头镀上了光学薄膜的原因。为什么要在镜头上镀上光学薄膜呢?那是因为在镜头的透镜组中,光能因反射而损失较多,甚至反射光还会形成杂散光,从而降低成像质量,所以需镀上一层光学薄膜(如折射率 $n=1.38$ 的 MgF_2)以减少光的反射程度,增大透射程度,这样的膜也称为**增透膜**。与此相反,在另一些光学系统中往往要求某些光学元件的表面具有很高的反射率而几乎没有透射损耗,如激光器谐振腔中的全反射镜、法-泊干涉仪的两工作表面等,常在镜面镀上一层厚度均匀的薄膜(如折射率 $n=2.4$ 的 ZnS)以提高光的反射程度,这样的薄膜称为**高反射膜**或**增反膜**。

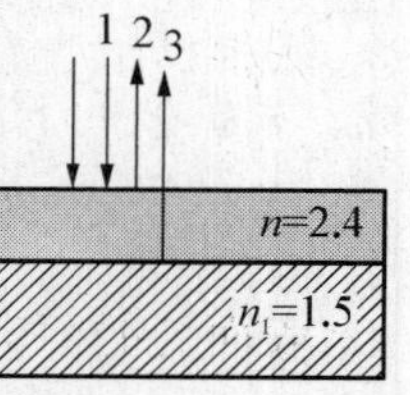

图 10-12 高反射膜示意图

下面以光干涉原理为基础,以高反射膜为例,简单介绍光学薄膜的原理。如图 10-12 所示,平行单色光垂直照射薄膜表面时,经薄膜上下表面反射的两束光构成相干光。图中薄膜上下表面的反射光均沿入射光的逆光路返回,为了让学习者看清楚,故意把两束反射光分开标示。光在上表面是从光疏介质射向光密介质界面发生反射,有半波损失现象产生,在下表面反射是从光密介质表面射向光疏介质界面发生反射,无半波损失现象。故反射光 2、3 除了经过路径不同引起的光程差外,还存在$\frac{\lambda}{2}$的附加光程差,其总光程差可表示如下

$$\delta = 2nd + \frac{\lambda}{2}$$

为了提高光的反射程度,反射光必须干涉加强,根据式(10-1-4)有

$$2nd + \frac{\lambda}{2} = k\lambda \qquad k = 1,\ 2,\ 3\cdots$$

故薄膜的最小厚度为

$$d = \frac{\lambda}{4n}$$

在镀膜工艺中,一般将 nd 称为薄膜的光学厚度。

当然,在很多光学仪器中,常在玻璃透镜(折射率 $n_1=1.5$)的表面镀上一厚度 $d=\frac{\lambda}{4n}$ 的 MgF_2(折射率 $n=1.38$),则在 MgF_2 薄膜两表面的反射光 1、2 将是干涉相消的,这样,反射光的能量因为干涉相消而最少(理想情况为零)。根据能量守恒,反射光和透射光能量之和等于入射光能量。对于能量一定的入射光来说,既然反射光能量最少,透射光能量

就最多,从而达到增透目的形成增透膜。

需要注意的是对于不同波长的光,高反射膜或增透膜要求薄膜的光学厚度不同,对于一定光学厚度的薄膜,只能使特定波长的光反射加强或透射加强,在一般目视光学系统中,通常选视觉最敏感的黄绿光作为控制对象,通过控制这个波长的光在反射光中干涉相消或加强来满足不同光学系统的需要。

【例题 10-4】一折射率 $n_2 = 1.40$ 的玻璃片上涂有一层折射率 $n_1 = 1.38$ 的 MgF_2 薄膜,致使绿光($\lambda=525$ nm)能优先通过,问:为了获得这一结果,薄膜的最小厚度为多大?

【解】为了获得这一结果,必须使经过薄膜上下表面反射的绿光在上表面干涉相消。由于这两束光在薄膜上下表面都是从光疏介质到光密介质界面的反射,都有半波损失现象,所以不产生附加光程差。设薄膜厚度为 d,则这两束光在上表面干涉时的光程差

$$\delta = 2n_1 d$$

根据干涉原理可知,当

$$2n_1 d = (2k-1)\frac{\lambda}{2} \qquad k = 1, 2, 3\cdots$$

上表面处的两束光干涉相消。取 $k=1$ 时,厚度 d 最小

$$d_{\min} = \frac{\lambda}{4n_1}$$

§10-4　光的衍射现象　惠更斯-菲涅耳原理

1　光的衍射现象

光的衍射现象是指光在传播过程绕过障碍物边缘偏离直线传播,且光强在空间重新分布的现象。如光通过小孔或狭缝时,在后方的光屏上出现明暗相间的条纹,如图 10-13 所示。当然只有在障碍物(小孔、狭缝、小圆屏等)的线度和光的波长可比拟时,才能观察到明显的衍射现象。由于光波的波长较短,一般障碍物或孔隙都远大于此,因此通常观察不到衍射现象。

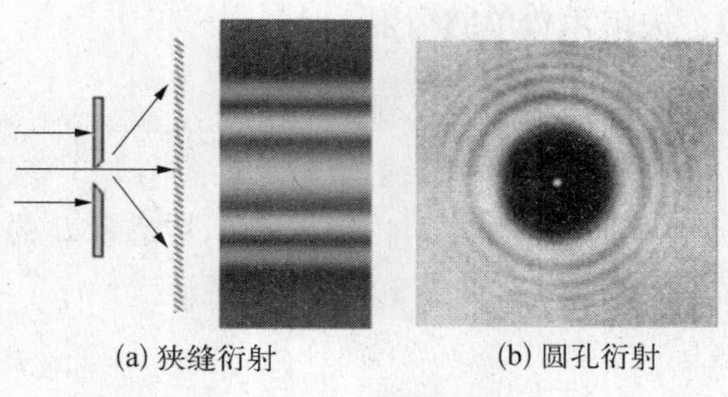

(a) 狭缝衍射　(b) 圆孔衍射

图 10-13　光的衍射

2　惠更斯-菲涅耳原理

1690 年,惠更斯在出版的著作《光论》中提出了著名的**惠更斯原理**,指出介质中任一波振面上的各点,都是发射子波的新波源,其后任意时刻,这些子波的包络面就是新的波阵面,如图 10-14(a)。惠更斯原理能解释光的直线传播、反射、折射和双折射等现象,但

无法解释衍射图样中光强分布的问题，菲涅耳用“子波相干叠加”的概念完善了光的衍射理论，将惠更斯原理发展成了**惠更斯-菲涅耳原理**，这个原理内容表述如下：

(1) 波面上任一面积元都可以看作是一个子波的波源，它们发出相干的子波；

(2) 空间任意一点的振动是波面上所有面积元发出的子波在该点相干叠加的结果；

(3) 每一面元 dS 发出的子波，在波振面前方的某点 P 所引起的振动的振幅大小与面元面积 dS 成正比，如图 10-14(b)所示，与面元到 P 点的距离成反比，随面元法线与 r 间的夹角 θ 的增大而减小。

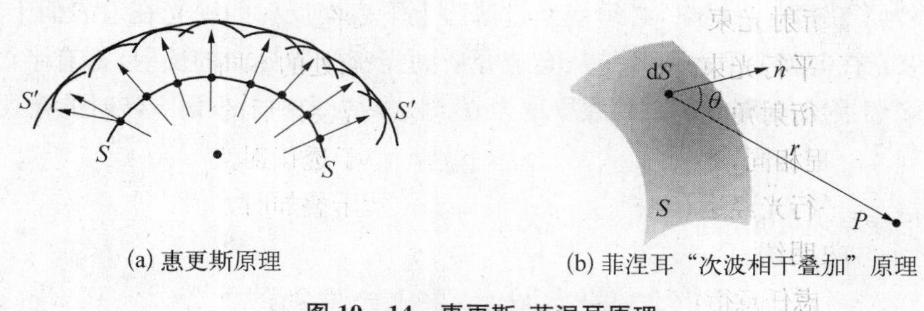

(a) 惠更斯原理　　(b) 菲涅耳“次波相干叠加”原理

图 10-14　惠更斯-菲涅耳原理

§10-5　夫琅禾费衍射

夫琅禾费衍射在光学系统的成像理论和现代光学中有着十分重要的意义，本节将讨论夫琅禾费衍射的原理。

1　夫琅禾费单缝衍射

(1) 实验装置及现象

单缝夫琅禾费衍射实验装置简图如 10-15(a)所示，平行单色光垂直照到单缝 AB 上，一部分穿过单缝，再经透镜 L，在透镜 L 的焦平面处的接收屏上将出现一组明暗相间的平行直条纹，如图 10-15(b)所示。

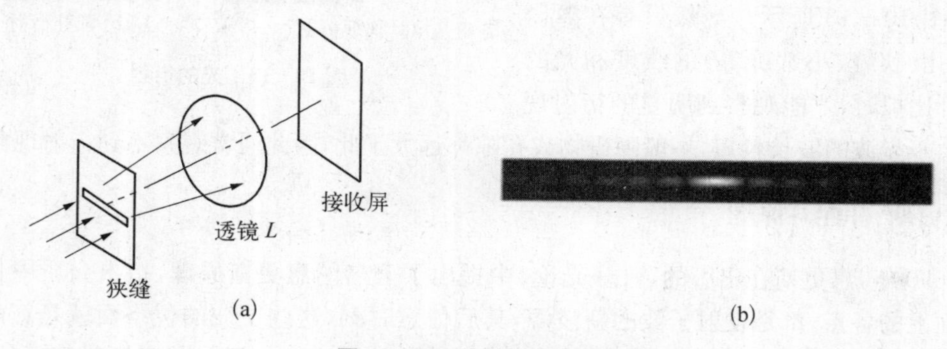

(a)　　(b)

图 10-15　夫琅禾费单缝衍射

(2) 理论解释

单缝衍射的示意图如图 10 - 16 所示，设入射光波长为 λ，单缝宽为 a，透镜 L 的焦距为 f。在平行单色光垂直照射下，位于单缝所在处的波阵面 AB 上各点所发射的子波沿各个方向传播，通常把某一方向的衍射光束和狭缝平面法线之间的夹角 θ 称为**衍射角**。衍射角相同的一组平行光经过透镜 L 会聚于透镜焦平面上同一点 P。需要说明的是在衍射光束中存在着各个方向的多组平行光束，不同组的平行光束经透镜后会聚于透镜焦平面处的不同位置。

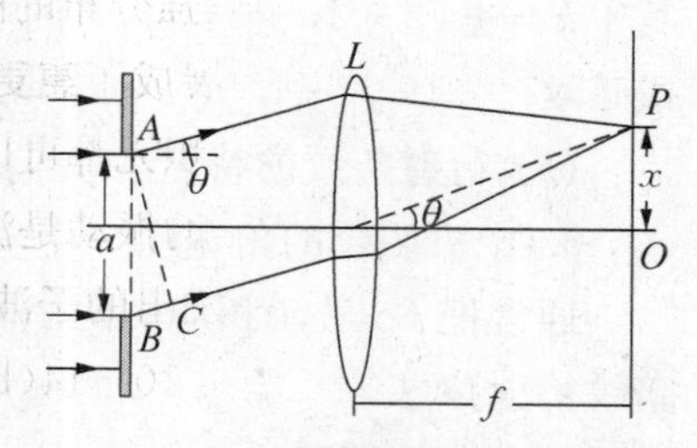

图 10 - 16　单缝衍射的示意图

一方面，考虑衍射角 $\theta = 0$ 的一组平行光束经透镜会聚后的情况。若无透镜，它们到达焦平面处的光程相同，相互之间的光程差为 0。由于透镜对光束之间的光程差不产生影响，所以这组平行光经透镜后在会聚点 O 处进行相干叠加时光程差仍为 0，故在 O 点形成亮纹，称为中央明纹。

另一方面，考虑任意衍射角 θ 的一组平行光线经透镜会聚后的情况。这组平行光是来自同一波阵面的相干光，经透镜后在会聚点 P 处进行相干叠加，叠加的结果决定于这些光束相互之间的光程差。由于这里涉及未知数目的多束相干光的相干叠加，所以不能简单地根据式(10 - 1 - 4)来判断相互干涉的情况。菲涅耳提出了"**半波带法**"巧妙地解决了这一问题。

如图 10 - 17 所示，从 A 点作一平面 AC 垂直于平行衍射光束(衍射角为 θ)，在单缝 AB 的缝宽方向寻找一点 A'，使得 $A'C' = \dfrac{\lambda}{2}$，依次在 A' 的下方寻找点 A''，使得 $A''C'' - A'C' = \dfrac{\lambda}{2}$，以此类推，……，将单缝 AB 沿着缝宽方向分割成若干个面积相等的单元，这些被等分的单元称为**半波带**。

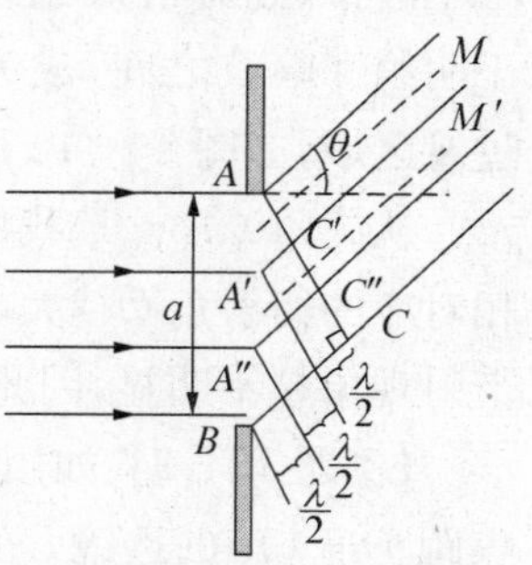

图 10 - 17　菲涅耳半波带法

由于半波带的面积相等，根据惠更斯-菲涅耳原理，它们各自在 P 点处引起的振动的振幅相等。在半波带 AA' 上任意一束光 MP，总能在相邻的半波带 $A'A''$ 上找到与之对应的一束光 $M'P$，使它们之间的光程差为 $\dfrac{\lambda}{2}$，它们在会聚点 P 干涉相消，也就是说半波带 AA' 和 $A'A''$ 上所有的光线均能相互干涉相消，它们对 P 处条纹的亮度无贡献。若单缝处能分割出偶数个半波带，所有相邻的半波带上发出的光束在会聚点总是干涉相消，点 P 将出现暗纹；若单缝处分割出奇数个半波带，则前面偶数个半波带发出的光束干涉相消后，还剩最后一个半波带的光束对 P 点条纹的亮度有贡献，在 P 点出现亮纹。故单缝衍射图样中明纹或暗纹出现的条件可描述如下：

$$a\sin\theta = \begin{cases} \pm(2k+1)\dfrac{\lambda}{2} & \text{明纹} \\ \pm k\lambda & \text{暗纹} \end{cases} \tag{10-5-1}$$

其中$k=\pm1,\pm2,\pm3,\cdots$，k的取值即条纹的级次，相应的明纹或者暗纹称为第k级明纹或暗纹。

(3) 衍射条纹的特点

a. 中央明纹的角宽度

通常把$k=\pm1$相应的两个暗纹之间的角距离称为中央明纹的角宽度。显然，第一级暗纹衍射角

$$\theta=\arcsin\frac{\lambda}{a} \tag{10-5-2}$$

是中央明纹角宽度的一半，称为半角宽度。

b. 光强分布

对于缝宽a一定的狭缝，根据式(10-5-1)可知，衍射角θ越大，衍射条纹的级次k越高。同时，衍射角θ越大，单缝处分割出半波带的数目越多，分配到每个半波带的面积就越小，而接收屏上的亮纹的亮度由未被抵消的一个半波带所贡献。故衍射条纹级次越高的明纹，亮度越弱。一般情况下，对一任意衍射角θ，狭缝处不能恰好分割出整数个半波带，此时衍射光线经透镜会聚后的亮度将介于明纹和暗纹之间，成为相邻的明纹和暗纹之间的过渡区域，如图10-18所示。

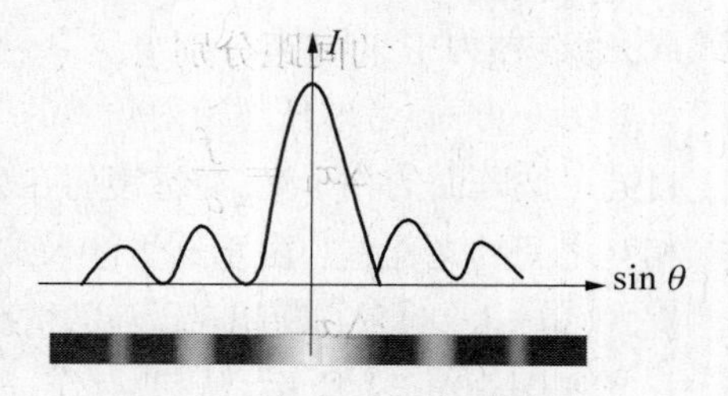

图 10-18　单缝衍射光强分布

从式(10-5-1)我们知道，对于一定波长λ的光波而言，单缝宽度a越小，各级条纹相对应的衍射角θ越大，衍射现象越明显，反之，a越大，各级条纹相对应的衍射角θ越小，衍射现象越不明显，因此只有狭缝宽度较小时才能观察到衍射现象。

【例题 10-5】 如用波长$\lambda=589\text{ nm}$的钠光灯作为光源，单缝的宽度$a=0.1\text{ mm}$，在焦距$f=1\text{ m}$的透镜L的焦平面处的接收屏上观察衍射图样，问：(1) 第一级暗纹出现的位置；(2) 中央明纹的宽度是多少？

【解】 (1) 衍射暗纹出现的条件为

$$a\sin\theta=k\lambda \qquad k=\pm1,\pm2,\pm3\cdots$$

在衍射角θ很小时，如图10-16所示，

$$\sin\theta\approx\tan\theta=\frac{x}{f}$$

第1级暗纹出现在

$$x=\pm\frac{f}{a}\lambda=\pm\frac{1}{0.1\times10^{-3}}\times589\times10^{-9}=\pm5.89\times10^{-3}\text{ m}$$

(2) 中央明纹的宽度为

$$\Delta x = x_{1暗} - x_{-1暗} = \frac{f}{a}2\lambda = \frac{1}{0.1\times10^{-3}}\times 2\times 589\times10^{-9} = 1.178\times10^{-2}\ \text{m}$$

【例题 10-6】 例题 10-5 中，若将钠光灯改为波长 $\lambda_1 = 500$ nm 和 $\lambda_2 = 700$ nm 的混合光垂直照射单缝，求：(1) 两组光波分别形成的条纹间距；(2) 两组条纹之间的距离与级数之间的关系；(3) 这两组条纹明纹可能重合吗，为什么？

【解】 (1) 根据例题 10-5 的结果可知第 k 级暗纹出现的位置为

$$x_k = \frac{f}{a}k\lambda \qquad k = \pm1, \pm2, \pm3\cdots$$

相邻的条纹间距

$$\Delta x = x_{k+1} - x_k = \frac{f}{a}(k+1)\lambda - \frac{f}{a}k\lambda = \frac{f}{a}\lambda$$

设两组条纹的间距分别为 Δx_1 和 Δx_2，将 λ_1 和 λ_2 分别代入可得

$$\Delta x_1 = \frac{f}{a}\lambda_1 = \frac{1}{0.1\times10^{-3}}\times500\times10^{-9} = 5\times10^{-3}\ \text{m}$$

$$\Delta x_2 = \frac{f}{a}\lambda_2 = \frac{1}{0.1\times10^{-3}}\times700\times10^{-9} = 7\times10^{-3}\ \text{m}$$

(2) 两组第 k 级条纹的间距为

$$\Delta x_k = x_{k_2暗} - x_{k_1暗} = \frac{f}{a}k\lambda_2 - \frac{f}{a}k\lambda_2$$

$$= \frac{1}{0.1\times10^{-3}}\times(700-500)\times10^{-9}\times k = 2k\times10^{-3}\ \text{m}$$

(3) 设 λ_1 的第 k_1 级明纹和 λ_2 的第 k_2 级明纹相重合，根据公式(10-5-1)可知各自明纹出现的条件为

$$a\sin\theta = \pm(2k_1+1)\frac{\lambda_1}{2} \qquad k = 1, 2, 3\cdots$$

$$a\sin\theta = \pm(2k_2+1)\frac{\lambda_2}{2} \qquad k = 1, 2, 3\cdots$$

联合上述两式可得

$$(2k_1+1)\frac{\lambda_1}{2} = (2k_2+1)\frac{\lambda_2}{2}$$

即

$$(2k_1+1)\times500 = (2k_2+1)\times700$$

解得 k_1、k_2 的最小整数为 $k_1 = 3 \quad k_2 = 2$

所以，λ_1的第3级明纹和λ_2的第2级明纹相重合。

2 夫琅禾费圆孔衍射

光学仪器的光阑通常是圆形的孔隙，光通过这些圆形孔隙时会产生衍射现象，因此研究圆孔的夫琅禾费衍射，对分析光学仪器的成像质量有十分重要的实际意义。

观察夫琅禾费圆孔衍射实验装置如图10-19(a)所示，平行单色光垂直照射到圆孔上，部分光束穿过圆孔经透镜会聚于焦平面处，在焦平面处的屏幕上观察到明暗相间的同心圆环，圆环的中心最亮，愈向边缘处，圆环亮度愈弱，图10-19(b)表示衍射图样的光强分布。其中由第一级暗环所围的中央亮纹称为**“艾里斑”**，经理论和实验验证，艾里斑的光强占整个入射光能量的80%以上，所对应的衍射角满足

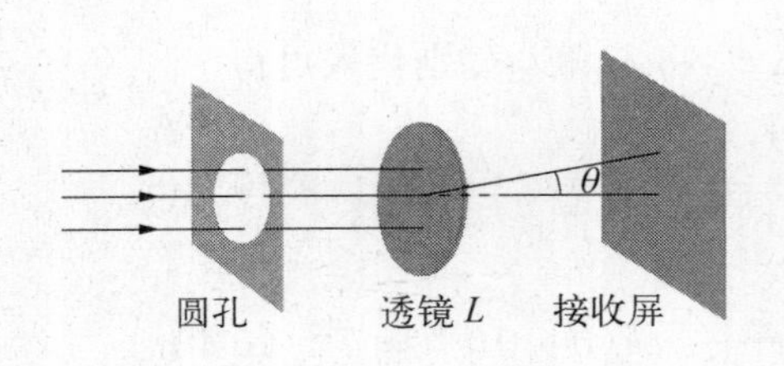

(a) 实验装置

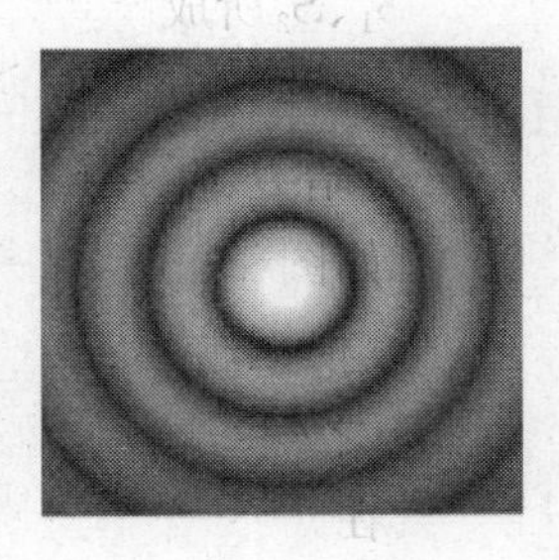

(b) 艾里斑

图10-19 夫琅禾费圆孔衍射

$$\sin\theta = 1.22\frac{\lambda}{d} \tag{10-5-3}$$

式中d是圆孔的直径，通常这一衍射角称为艾里斑的角半径。一般情况下，衍射角θ很小，如图10-20所示。设艾里斑半径为r，根据几何关系有

$$\sin\theta \approx \tan\theta = \frac{r}{f} \tag{10-5-4}$$

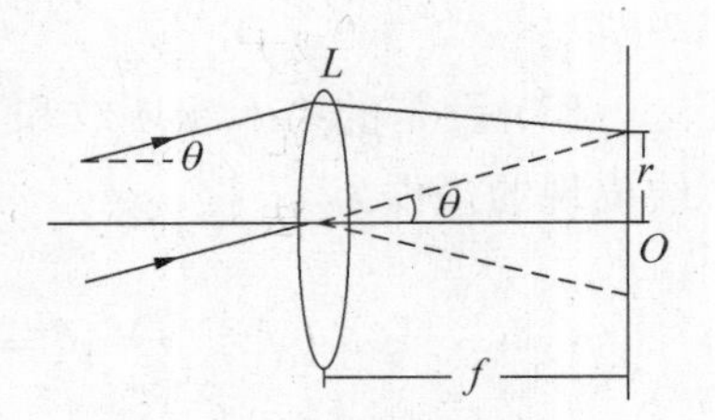

图10-20 艾里斑半径

联合上述两式可得艾里斑的半径

$$r = 1.22\frac{\lambda}{d}f \tag{10-5-5}$$

显然，入射光的波长λ越大，圆孔直径d越小，艾里斑的半径越大，衍射现象越明显，当$\frac{\lambda}{d} \ll 1$时，艾里斑的半径很小，可看成一亮点，衍射现象可忽略。在光学成像系统中，艾里斑的角半径是判断光学仪器分辨本领的一个重要参数。

*3　光学仪器的分辨本领

光学仪器的分辨本领是指系统能分辨出两个靠近的点物的能力，是评定光学仪器的一个重要指标。光学系统中的通光孔一般都是圆孔，点物经光学系统成像不再是点像，而因衍射产生的明暗相间的同心圆环。因其中绝大部分光能集中在艾里斑上，因此实际光学系统中的像点由一系列的艾里斑组成，如两个物点靠得很近，则它们在像点的艾里斑就相互交错重叠在一起，这样的两个物点将变得无法分辨。图 10－21 给出了光学系统对两个不同距离的点物的成像，L 代表光学成像系统，S_1、S_2 是两个发光强度相等的点物，S_1'、S_2' 分别是 S_1、S_2 所成的像，即艾里斑。

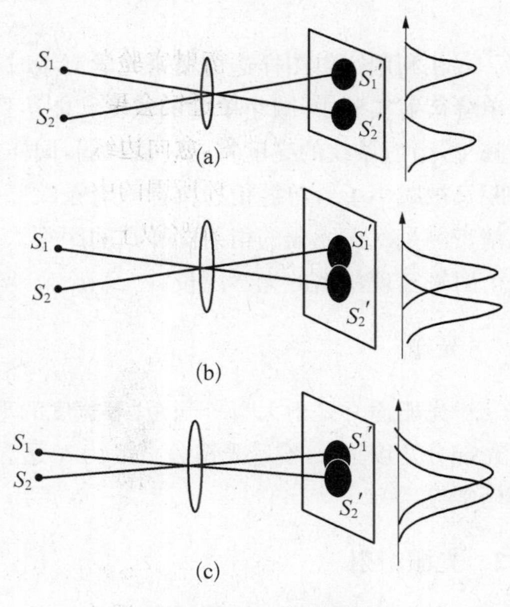

图 10－21　瑞利判据

瑞利指出：当一个艾里斑中心最亮处和另一艾里斑边缘最暗处重叠时，这两个艾里斑恰好能被分辨，如图 10－21(b)，该分辨标准称为瑞利判据。根据瑞利判据，这两个恰能分辨的像点中心之间的距离就是艾里斑的半径，此时两物点在透镜处的张角称为最小分辨角，用 θ_R 表示。显然，最小分辨角即艾里斑的角半径，

$$\theta_R \approx \sin\theta_1 = 1.22\frac{\lambda}{d} \tag{10-5-6}$$

显然，λ 越小，d 越大，最小分辨角越小，分辨本领越高。因此可通过增大孔径，减小波长的方法来提高光学仪器的分辨本领，如天文望远镜，入射光波波长无法改变，常采用增大孔径的方法提高分辨本领，显微镜往往采用减小照明光波波长的方法提高分辨本领。

【例题 10－7】 试估算人眼瞳孔视网膜上所形成的艾里斑的直径以及人眼能分辨的 20 m 远处的最小距离。人眼瞳孔直径约 $d = 2$ mm，入射光波长取 $\lambda = 550$ nm，眼球直径约 $f = 20$ mm。

【解】 (1) 根据式(10－5－6)可知艾里斑的衍射角

$$\Delta\theta \approx \sin\Delta\theta = 1.22\frac{\lambda}{d} = 1.22\times\frac{550\times10^{-9}}{2\times10^{-3}} = 3.4\times10^{-4}\ \text{rad} \approx 1'$$

根据式(10－5－4)可知艾里斑的直径约为

$$D = 2f\Delta\theta = 2\times20\times10^{-3}\times3.4\times10^{-4}\ \text{m} = 14\ \mu\text{m}$$

(2) 人眼能分辨的20 m远处的最小距离

$$l \approx f\Delta\theta = 20 \times 10^{-3} \times 3.4 \times 10^{-4} = 6.8\ \mathrm{mm}$$

§10-6 光栅衍射

在利用衍射图样进行精密光学测量时，条纹间距越大，亮度越强，测量的结果越精确。单缝衍射实验中，减小单缝的宽度 a 能达到增大条纹间距的目的，但透过单缝的光能也被减少，衍射条纹的亮度将同时被减弱，同样，增大单缝的宽度 a 能提高条纹亮度，但条纹间距又被减小了。单缝衍射图样中对条纹亮度增强和距离增大两者不能同时兼顾，不利于精密测量。而光栅的衍射图样是间距很大且亮度很高的衍射条纹，因此人们一般用光栅衍射来实现精密的光学测量。

1 光栅

光栅通常是由大量等间距、等宽度的平行狭缝构成的光学器件，如图 10-22 所示，透光部分宽度为 a，不透光部分宽度为 b，透光部分和不透光部分宽度之和 $d = a + b$ 称为光栅常数。

2 光栅衍射

一束单色平行光垂直入射到光栅上，部分光穿过光栅经透镜 L 会聚，在透镜焦平面处的接收屏上观察到光栅衍射图样，如图 10-22 所示，在一片暗区的背景上，明纹细窄而又明亮，且分得很开。下面对光栅衍射图样形成的物理过程作一些定性的分析。

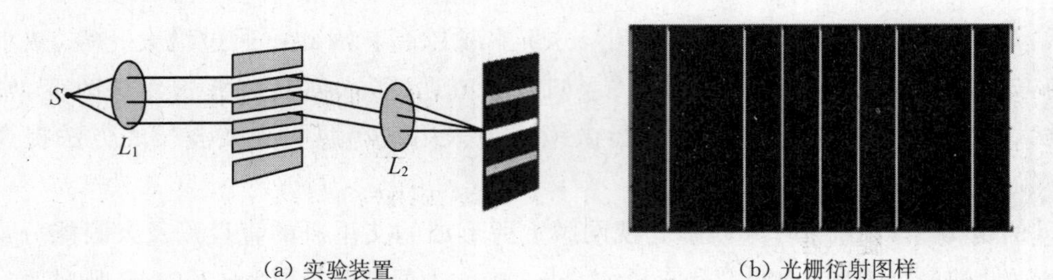

(a) 实验装置　　(b) 光栅衍射图样

图 10-22　光栅衍射

在图 10-22 中，平行单色光垂直照射到光栅上，每条单缝都独自产生衍射，各条缝的衍射光彼此之间又要发生相互干涉，所以屏上形成的光栅衍射条纹是干涉和衍射共同作用的效果。首先，考虑 N 个单缝衍射的情况，N 个单缝所产生衍射图样在屏上的位置完全重合，且光强相互叠加，在屏上形成光强比单缝衍射大得多的衍射条纹。其次，由于各单缝发出的衍射光是相干光，彼此之间将发生相互干涉，对于衍射角相同的光束，任意相邻两单缝产生的干涉图样也完全重合，因此屏上产生光强比单个双缝干涉大得多的干涉条纹。从上述两点分析可知，产生干涉的光波来自单缝衍射所产生的光波，而衍射光的光强分布是不均匀的，对于某一衍射方向，单缝衍射“分配”了特定的光能，然后该方向的单缝衍射光以这个特定的光能进行相干叠加，故双缝干涉要受到单缝衍射的调制，也就是说，光栅衍射条纹的光强并不是 N 个单缝衍射光强和多个双缝干涉光强的简单叠加，而是在单缝衍射光强分布的基础上的重新分布，如图 10 - 23 所示。

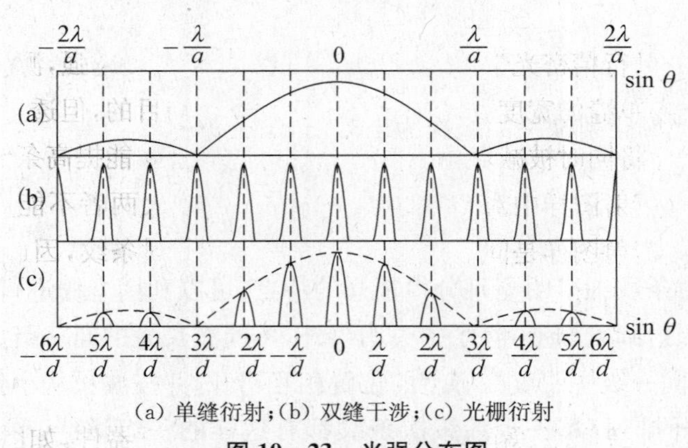

(a) 单缝衍射；(b) 双缝干涉；(c) 光栅衍射

图 10 - 23　光强分布图

(1) 主明纹

由上述分析可知，衍射光栅的明纹由各单缝衍射光之间相互干涉形成，故光栅衍射图样中明纹的位置由干涉现象确定。在衍射角为 θ 的平行光束中，选取任意两单缝来分析以确定干涉明纹的位置，这两单缝发出的光波在会聚点 P 产生的光程差为

$$\delta=(a+b)\sin\theta$$

根据光波干涉理论可知，明纹出现的条件为

$$(a+b)\sin\theta=k\lambda \qquad k=0,\pm1,\pm2\cdots \tag{10-6-1}$$

在光栅衍射条纹中，会聚点 P 处明纹由 N 个光束彼此相干加强产生，这 N 个光波在 P 点引起的振动振幅是一列波引起振动振幅的 N 倍，因为光强和振幅的平方成正比，所以 P 点条纹的亮度非常大，这种亮度非常大的明纹称为**主明纹**，确定主极大衍射角的方程 (10 - 6 - 1)称为**光栅方程**。

当然，在光栅衍射图样中，相邻的主极大衍射角之间还存在着若干条亮度较弱的次级明纹和次级暗纹，但这些次级明纹的亮度远远小于主明纹的亮度，在光栅衍射图样中并不凸显，这里就不再详细介绍。

(2) 缺级现象

光栅衍射中，如果某一衍射方向，单缝衍射产生的光强为零，那么以这些光强为零的衍射光进行双缝干涉产生的主明纹光强也为零，此时，与之对应级次的双缝干涉明纹将消失，这种现象称为缺级。也就是说缺级是因为单缝衍射产生的光强为零造成这些光进行双缝干涉时明纹的缺失，因此缺级的条件是同一衍射角，满足单缝衍射的暗纹和双缝干涉

明纹的要求，即

$$(a+b)\sin\theta = k\lambda \qquad k=0,\ \pm1,\ \pm2\cdots$$

$$a\sin\theta = k'\lambda \qquad k'=1,\ \pm2,\ \pm3\cdots \tag{10-6-2}$$

由此可得光栅衍射中缺级的级次为

$$k=\frac{a+b}{a}k' \qquad k'=\pm1,\ \pm2,\ \pm3\cdots \tag{10-6-3}$$

如$\frac{a+b}{a}=3$时，光栅衍射缺级的级次为±3，±6，$\pm9\cdots$

3 光栅光谱

根据光栅衍射条纹细窄明亮且分得很开的特点，可以利用光栅进行精密的光学测量。若用复色光垂直照射到光栅上，除了中央明纹外，不同波长光的同一级主明纹对应的衍射角不同，也就是说同一级主明纹在屏上的位置相互错开，并按波长从小到大的顺序在中央明纹外侧依次分开排列，每一干涉级次条纹都有这样的一组谱线，称为**光栅光谱**，如图10-24所示。对应于$k=1,\ 2,\ 3\cdots$的谱线称为第一、第二、第三……级光谱。当同侧光谱中波长最小的第$k+1$级谱线的位置超过波长最大第k级谱线的位置时，发生两级光谱重叠现象，光谱中的谱线将变得不可分辨。显然，级次越高，重叠情况越复杂。在科学研究和工程技术上，光栅光谱有着广泛的应用，如测定物质的微观结构，确定物质的成分和含量等。

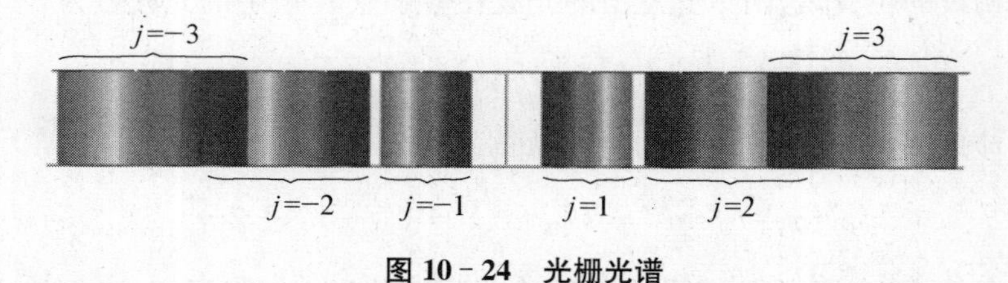

图10-24 光栅光谱

【例题10-8】已知透射光栅的狭缝宽度$a=1.5\times10^{-3}$ mm，若以波长$\lambda=600$ nm的单色平行光垂直照射光栅，发现第四级缺级，会聚透镜的焦距为0.5 m，求：(1) 光栅常数d的最大可能宽度；(2) 按照(1)中取值，屏幕上第一、第二级明纹之间的距离；(3) 屏幕上看到的明纹的最大级次；(4) 屏幕上所看到的全部明纹的数目。

【解】(1) 根据光栅衍射缺级条件可得缺级时满足

$$k=\frac{d}{a}k'$$

$$\text{即}\ d=\frac{ka}{k'} \quad k'=1,\ 2,\ 3\cdots \quad \text{其中}\ k=4$$

取$k'=1$时，光栅常数d最大，故

$$d_{\max}=4a=4\times1.5\times10^{-3}\ \text{mm}=6\times10^{-3}\ \text{mm}$$

(2) 根据光栅方程,明纹出现位置满足

$$d\sin\theta=k\lambda \qquad k=\pm1,\pm2,\pm3\cdots \quad 其中\theta角很小时, \sin\theta\approx\tan\theta=\frac{x}{f}$$

所以,$x_k=\dfrac{f}{a}k\lambda$　　故 $\Delta x=x_2-x_1=\dfrac{f}{d}\lambda=\dfrac{0.5}{6\times10^{-6}}\times600\times10^{-9}\ \text{m}=0.05\ \text{m}$

(3) 根据光栅方程

$$d\sin\theta=k\lambda \qquad k=\pm1,\pm2,\pm3\cdots$$

可知 $k=\dfrac{d\sin\theta}{\lambda}$　　由于 $\sin\theta$ 最大为 1,

所以,明纹的最大级次为 $k_{\max}=\dfrac{d}{\lambda}=\dfrac{6\times10^{-6}}{600\times10^{-9}}=10$

(4) 由于满足 $k=\dfrac{d}{a}k'=4k'$ 的明纹出现缺级现象,所以 ±4,±8 级的明纹消失。并且 $k=10$ 的明纹对应的衍射角 $\theta=\dfrac{\pi}{2}$,所以这级条纹在光屏上是观察不到的,故看到条纹数目为

$$9\times2+1-4=15\ 条$$

习　题

10-1　在真空中波长为 λ 的单色光,在折射率为 n 的透明介质中从 A 沿某路径传播到 B,若 A、B 两点相位差为 3π,则此路径 AB 的光程为多少?

10-2　在双缝干涉实验中,波长 $\lambda=550$ nm 的单色平行光垂直入射到缝间距 $a=2\times10^{-4}$ m 的双缝上,屏到双缝的距离 $D=2$ m,求:(1) 中央明纹的宽度;(2) 同侧相邻明纹的间距;(3) 用一厚度 $d=6.6\times10^{-6}$ m,折射率 $n=1.58$ 的玻璃片覆盖一缝后,零级明纹将移到原来第几级明纹处?

10-3　白色平行光(λ=400～760 nm)垂直入射到间距 $a=0.25$ nm 的双缝上,距缝 50 cm 处放置屏幕,分别求第二级和第五级明纹彩色带的宽度。("彩色带宽度"指两个极端波长的同级明纹中心之间的距离)

10-4　在杨氏双缝干涉实验中,用波长为 λ 的光照射双缝 s_1 和 s_2,若将整个装置放于透明液体中,原来第二级明纹的位置变为第四级明纹,求该液体的折射率。

10-5　利用劈尖的等厚干涉条纹可以测量很小的角度,今在很薄的劈尖玻璃板上,垂直地入

射波长 $\lambda=589.3\ \mathrm{nm}$ 的钠光，相邻明纹间距为 5.0 mm，玻璃的折射率为 $n=1.50$，求此劈尖的夹角。

10-6 用波长 $\lambda=500\ \mathrm{nm}$ 的单色光做牛顿环实验，测得第 k 个暗环半径 $r_k=4\ \mathrm{mm}$，第 $k+10$ 个暗环半径 $r_{k+10}=6\ \mathrm{mm}$，求平凸透镜的曲率半径 R。

10-7 在折射率 $n_0=1.50$ 的玻璃上，镀上 $n=1.35$ 的透明介质薄膜。白光波垂直于介质膜表面照射，观察反射光的干涉，发现波长为 600 nm 的光波干涉相消，而波长为 700 nm 的光波干涉加强，求所镀介质膜的厚度。

10-8 一油轮漏出的油($n_1=1.20$)污染了某一海域，在海水($n_1=1.30$)表面形成一层薄薄的油污，如果太阳正位于该海域上空，一直升机的驾驶员从机上向下观察，如果他所正对的油膜厚度为 460 nm，则他将观察到油膜层什么颜色？

10-9 在折射率 $n_1=1.52$ 的照相机镜头表面涂有一层折射率 $n_2=1.38$ 的 MgF_2 增透膜，若此膜仅适用于波长 550 nm 的光，则此膜的最小厚度为多少？

10-10 一单色平行光垂直照射在宽度为 1.0 mm 的单缝上，在缝后放一焦距为 2.0 m 的会聚透镜。已知位于透镜焦平面处的屏幕上中央明纹的宽度为 2.5 mm，求入射光的波长。

10-11 在单缝夫琅禾费衍射实验中，用含有波长 400 nm 和 600 nm 的混合光垂直照射，已知单缝宽度 $a=0.1\ \mathrm{mm}$，透镜焦距 $f=1\ \mathrm{m}$，求：

(1) 两光波分别形成的中央明纹的宽度；(2) 两种光的明纹有可能重合吗？为什么？

10-12 波长 $\lambda=600\ \mathrm{nm}$ 的单色光垂直入射到一光栅上，两个相邻明纹分别出现在 $\sin\theta_1=0.2$ 和 $\sin\theta_2=0.3$ 处，第 4 级缺级。求：(1) 光栅常数；(2) 光栅上透光部分的最小宽度；(3) 屏上出现的全部明纹的条数。

10-13 设计一透射光栅，要求当用白光垂直照射时，能在 $30°$ 衍射角方向看到 600 nm 波长的第二级主明纹，但在该方向上 400 nm 波长的第三级主明纹不出现，试求光栅常数及透光部分缝的宽度。

10-14 一束平行白光垂直照射到一光栅上，如果光谱能发生重叠，则第几级光谱开始重叠，重叠的波长范围是多少？

第11章

光的偏振

光的干涉和衍射现象揭示了光的波动性，而光的偏振现象证实了光的横波性。光波是横波，光矢量 E 的振动方向与光波的传播方向垂直，因而光波无法穿过与光矢量振动方向相垂直的狭缝，这说明光波的振动方向对于传播方向是不对称的，这种不对称性称为**光的偏振**。

§11－1　自然光和偏振光

1　线偏振光

光的横波性只表明光矢量 E 的振动方向与光波的传播方向垂直，但在垂直于传播方向的平面内，光矢量还可能存在着各种不同的振动方向。若光矢量 E 始终在某一个方向上振动，如图 11－1 所示，这样的光称为**线偏振光**，简称**偏振光**，其中由振动方向和传播方向确定的平面称为**振动面**。为表示偏振光在传播方向上各个场点光矢量的分布情况，常用黑点表示垂直于图面的光振动，短线表示平行于图面的光振动，如图 11－2 所示。图(a)表示光振动方向垂直于图面的线偏振光，图(b)表示光振动方向平行于图面的线偏振光。

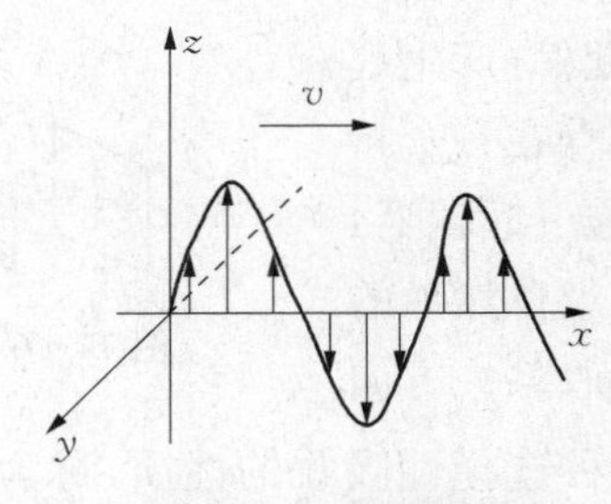

图 11－1　线偏振光

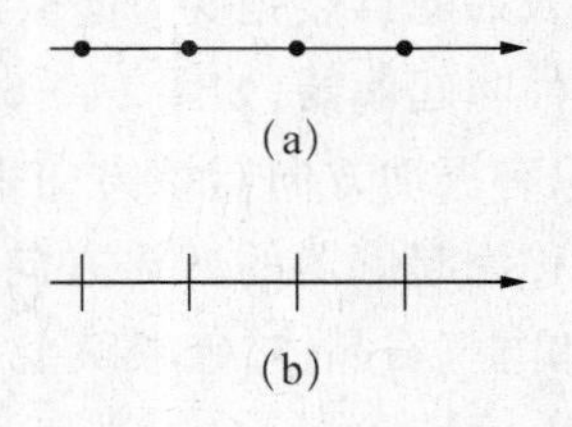

图 11－2　线偏振光表示方法

2　部分偏振光

若某一光波中，光振动的方向既不唯一，在各个方向出现的概率又不相等，这样的光称为部分偏振光，通常用图 11－3 所示标志表示。图(a)表示光振动平行于纸面方向多于垂直于纸面方向的部分偏振光，图(b)表示光振动垂直于纸面方向多于平行于纸面方向的部分偏振光。

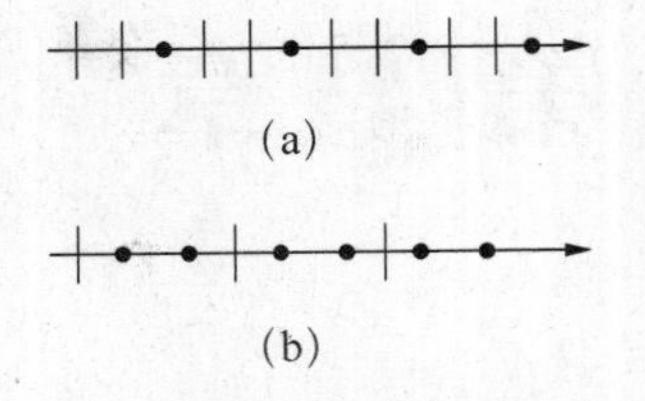

图 11－3　部分偏振光表示方法

3　自然光

普通光源包含大量的发光原子或分子，而每个原子或分子发出的光波是随机、无序的，它们的光矢量大小不一，振动方向分布在垂直于光波传播方向的任何平面内，如图 11－4 所示。从大量统计平均来说，各个方向上光振动的概率和强度都相同，没有哪一方向比其他方向更占优势，这样的光称为自然光。在自然光中，可将所有光振动都沿一任意取定的相互垂直的方向分解成两个分量，由于自然光中光振动在各个方向的等概率性，所以这两个方向上光振动的强度相同(各占总光强的一半)。因此，自然光可用两个独立的、相互垂直而振幅相等的光振动来表示，如图 11－5 所示。图 11－5 中黑点和短线均匀对等出现，表示各个方向振动的等概率性。

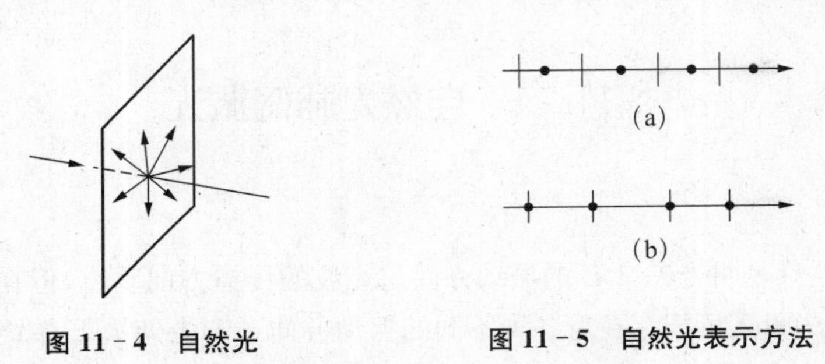

图 11－4　自然光　　　**图 11－5　自然光表示方法**

§11－2　起偏和检偏　马吕斯定律

1　起偏

凡能使入射的自然光变为偏振光的过程称为**起偏**，产生起偏作用的器件叫**起偏器**，如图 11－6 所示。起偏器存在一个特殊的方向，只有振动方向与该方向平行的光才能透过起偏器，该特殊方向称为起偏器的**透振方向**或**偏振化方向**。自然界的某些物质，如电气石晶体、硫酸碘奎宁晶体等，能吸收某一方向的光振动，而让与这个方向垂直的光振动通过，这种选择性吸收的性质，称为二向色性。常用的起偏器就是把具有二向色性的物质涂于透明薄片上做成的，称为**偏振片**。

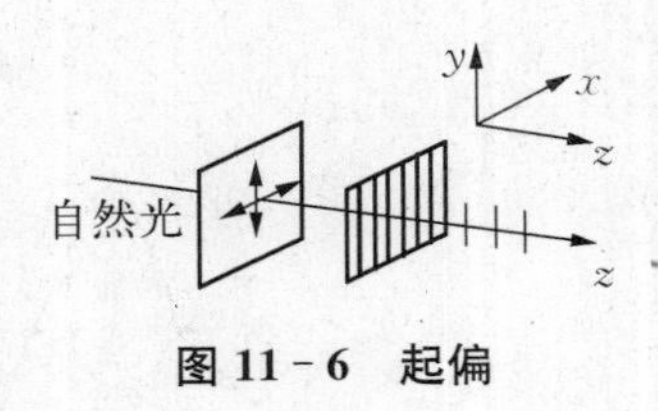

图 11－6　起偏

2　检偏

判断入射光是否是偏振光的过程称为**检偏**，起偏器不仅能产生偏振光，也能检验入射

光是否为偏振光。如图 11-7 所示，P_1和 P_2是两偏振片，其中竖线“|”表示其透振方向。光强为 I_0的自然光入射到偏振片 P_1上，透射光成为线偏振光，若 P_2的透振方向与 P_1的透振方向平行，通过偏振片 P_2的光强最强，如图 11-7(a)；若 P_2的透振方向与 P_1的透振方向垂直，通过偏振片 P_2的光强为零，出现**消光**现象，如图 11-7(b)。也就是说，以光线的传播方向为轴转动偏振片 P_2，在其后的光屏上若交替出现光强极大和消光现象，则可判断入射光是线偏振光，这里偏振片 P_2起到检验偏振光的作用，称为**检偏器**。

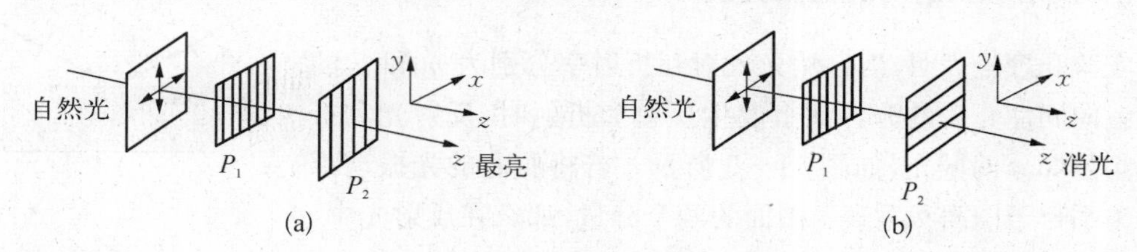

图 11-7　检偏

3　马吕斯定律

如图 11-8 所示，设一光强为 I_1线偏振光穿过透振方向与其光振动方向成 θ 角的偏振片 P，透射光强为 I_2。分别用 A_1、A_2表示入射光和透射光的光矢量振幅，透过偏振片 P 的光矢量 A_2只是入射光光矢量 A_1在其透振方向的投影，即 $A_2 = A_1 \cos\theta$，由于光强正比于光振幅的平方，所以入射光和透射光的光强之比为

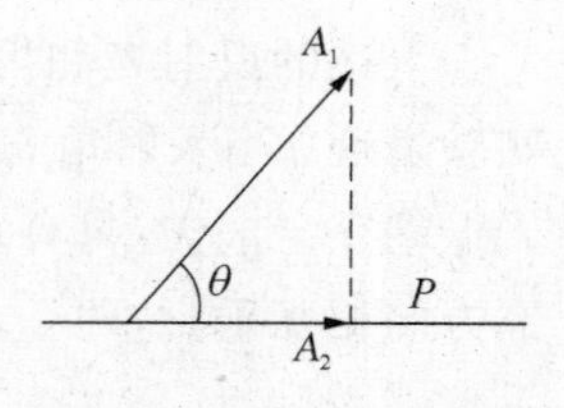

图 11-8　马吕斯定律

$$\frac{I_2}{I_1} = \frac{A_2^2}{A_1^2} = \cos^2\theta$$

即
$$I_2 = I_1 \cos^2\theta \tag{11-2-1}$$

这一关系是马吕斯于 1808 年发现的，故称为**马吕斯定律**。

【例题 11-1】一束强度为 I_0的自然光通过两个理想的偏振片，若使出射光的强度为 $\frac{I_0}{8}$，两个偏振片应如何取向？

【解】光强为 I_0的自然光通过第一个偏振片 P_1后均成为线偏振光，光强为

$$I_1 = \frac{I_0}{2}$$

设偏振片 P_2与 P_1的透振方向之间的夹角为 θ，则通过偏振片 P_2的透射光强为

$$I_2 = I_1 \cos^2\theta = \frac{I_0}{2}\cos^2\theta = \frac{I_0}{8}$$

所以
$$\cos\theta = \frac{1}{2}$$

即
$$\theta=\frac{\pi}{3}\text{ 或 }\frac{5\pi}{3}$$

§11－3 反射和折射光的偏振

1 光在反射和折射时的偏振现象

实验和理论表明，当自然光入射到折射率分别为 n_1 和 n_2 的两种各向同性介质的分界面上发生反射和折射时，反射光和折射光都是部分偏振光，如图 11－9 所示。若将所有的光振动都分解为平行于图面和垂直于图面的两个分量，那么在反射光中，垂直图面的分量较多，折射光中平行于图面的分量较多。

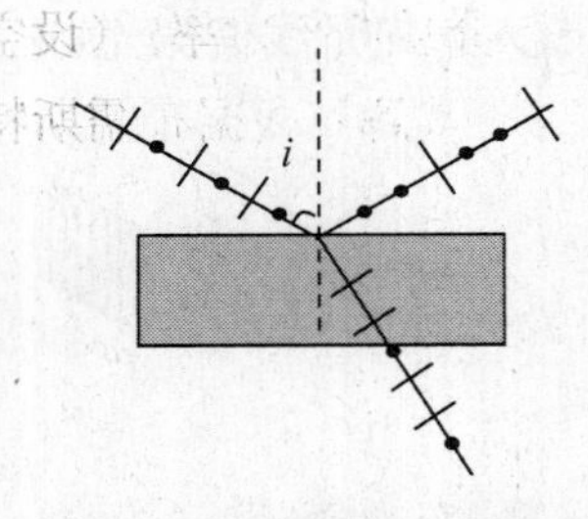

图 11－9 自然光在界面的反射和折射

2 布儒斯特定律

上述的反射光和折射光的偏振化程度与入射角 i 密切相关。1812 年，布儒斯特通过实验发现：当入射角 i 为某一特定值 i_0 时，如图 11－10 所示，(1) 反射光中平行于图面的光振动完全消失，只有垂直于图面的振动，成为线偏振光；(2) 此时，反射光与折射光的传播方向相互垂直，即

$$i_0+\gamma=\frac{\pi}{2}$$

其中 γ 为折射角。而根据光的折射定律有

$$n_1\sin i_0=n_2\sin\gamma$$

由以上两式可知

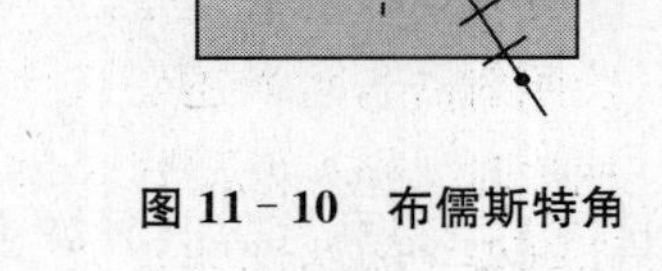

图 11－10 布儒斯特角

$$\tan i_0=\frac{n_2}{n_1} \tag{11-3-1}$$

式(11－3－1)称为布儒斯特定律，这一特定的入射角 i_0 称为布儒斯特角，也称为起偏角。需要说明的是当入射光以布儒斯特角入射时，虽然反射光中只剩下垂直于图面的光振动，但反射光能量只占整个入射光能量很小的一部分，在折射光中仍然有垂直于图面的光振动，因此，折射光仍是部分偏振光。

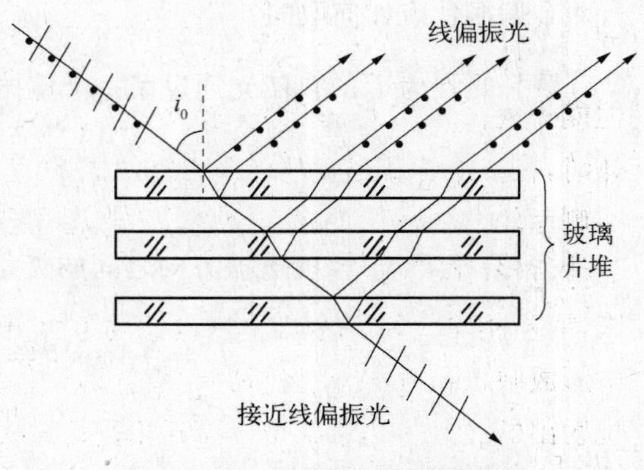

图 11－11 玻璃片堆产生偏振光

利用反射和折射时光的偏振性可获得偏振光，如图 11－11 所示，将自然光以布

儒斯特角入射到一叠平行放置的玻璃片堆上，经过多次反射和折射，反射光中垂直图面的光振动越来越强，同时，折射光中垂直图面方向的光振动逐渐减弱，只剩下平行于图面的光振动，只要玻璃片的数目足够多，反射光和折射光都将成为线偏振光。

【例题 11－2】 光从空气射到某种不透明的界面上反射，测得布儒斯特角 $i_0 = \frac{\pi}{3}$，求该介质的折射率。（设空气的折射率为 1）

【解】 根据布儒斯特定律有

$$\tan i_0 = \frac{n_2}{n_1}$$

即

$$n_2 = n_1 \tan i_0 = \tan \frac{\pi}{3} \times 1 = \sqrt{3}$$

§11－4　光偏振性的应用

1　偏光太阳镜

夏天强烈的阳光下，除了强光令人产生“刺眼”的感觉外，光线通过凸凹不平的路面、水面等地方时还会发生不规则的漫反射现象产生“眩光”，这些“眩光”是反射时产生的大量偏振光造成的一种视觉效应。眩光的出现使人眼不适并影响事物的清晰度，通常人们使用偏光太阳镜来减轻“眩光”造成的伤害。偏光太阳镜除了具有削弱光强的作用外，还能有效地减弱甚至是消除“眩光”。因为偏光太阳镜的镜片相当于一个偏振片，不论是直接照射的自然光还是反射光，只有振动方向与之偏振化方向相同的光振动通过，光线通过镜片时，被整理成“同向”光线进入双眼，这就使得外界的景物看起来更加清晰、柔和，从而达到保护眼睛的功能。

2　立体电影

立体电影是光的偏振现象的一个典型应用，我们知道人的两只眼睛同时观察物体，不但能扩大视野，而且能判断物体的远近，产生立体感。这是由于人的两只眼睛同时观察物体时，在视网膜上形成的像并不完全相同，左眼看到物体的左侧面较多，右眼看到物体的右侧面较多，这两个像经过大脑综合以后就能区分物体的前后、远近，从而产生立体视觉。立体电影以人眼观察景物的方法，利用两台并列安置的电影摄影机，分别代表人的左、右眼，同步拍摄出两条略带水平视差的电影画面。放映时，将两条电影影片分别装入左、右电影放映机，在放映镜头前分别装置两个偏振方向互成 90 度的偏振片，这样从两架放映机射出的光成为两束偏振方向互相垂直的线偏振光，让左右放映机同步运转，同时将画面投放在银幕上，形成左像右像双影。在观看立体电影时，观众戴上用偏振片做成的眼镜，左眼偏振片的偏振化方向与左面放像机上的偏振化方向相同，右眼偏振片的偏振化方向与右面放像机上的偏振化方向相同。这样，银幕上的两个画面分别通过两只眼睛观察，就会像直接观看那样产生立体感觉，这就是立体电影的原理。

3 偏振镜

在相机拍摄中，物体的表面因为反射产生杂乱的眩光而无法拍摄出清晰的图像，例如因玻璃表面反光而拍摄不清玻璃橱窗里面的东西，水面的反光而看不清水中的鱼，树叶表面的反光使树叶变成白色等。为了减弱或者消除杂散光、眩光等干扰，提高图像的清晰度和质量，经常在相机的镜头前装上**偏振镜**(偏振片)，旋转镜片使得偏振镜的透振方向和反射眩光的振动方向垂直时，就能使有害的偏振光减至最小甚至消失。如此，拍摄出的照片颜色更加饱和，画面更加清晰，如图 11－12 所示。

(a) 装偏振镜前拍摄的图片

(b) 装偏振镜后拍摄的图片

图 11－12 装偏振镜前后拍摄图片对比

当然，光偏振性在生活中还有着非常广泛的应用，例如，汽车装置中的挡风玻璃、大灯罩等都装有偏振片来减少外界光线对视觉的干扰，医疗上的红外偏振光治疗仪利用红外偏振光穿透力、耗散损失小的特点来治疗人体的疼痛、骨伤等病症。随着科技的发展，光的偏振性将为人们带来更多的方便。

§11-5 光的双折射

1 双折射现象

当一束光射向各向同性介质(如玻璃、水等)的表面时，它将按折射定律沿某一方向折射，这就是一般常见的折射现象，如岸上的人能看到水中的鱼。但若光射向各向异性介质(如方解石、石英)中时，折射光将分成两束，分别沿着不同的方向传播，这种现象称为**双折射**，如图 11－13 所示。如将透明的方解

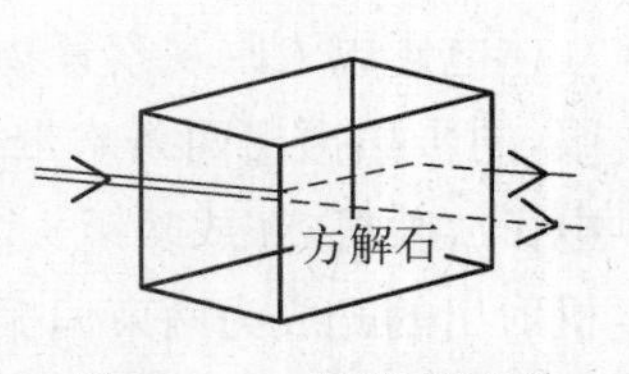

图 11－13 双折射现象

石($CaCO_3$的天然晶体)晶体放在书上，可以看到晶体下面的字呈双像。

实验表明，在双折射现象中，其中一束折射光遵守折射定律，且在入射面内，称为**寻常光**，通常用 O 表示，简称 O 光；另一束折射光不遵守折射定律，其折射率随入射角 i 的改变而改变，该光束一般不在入射面内，称为**非常光**，通常用 e 表示，简称 e 光，如图 11－14 所示。改变入射光的方向时，可以发现晶体内存在着一些特殊的方向，沿着这些方向传播的光并不发生双折射，这些方向称为晶体的**光轴**，如图 11－15 所示。需要说明的是，光轴并不是某一确定的直线，而是某一确定的方向。通常称仅有一个光轴方向的晶体称为**单晶体**，如方解石、石英等，而具有两个光轴方向的晶体称为**双晶体**。

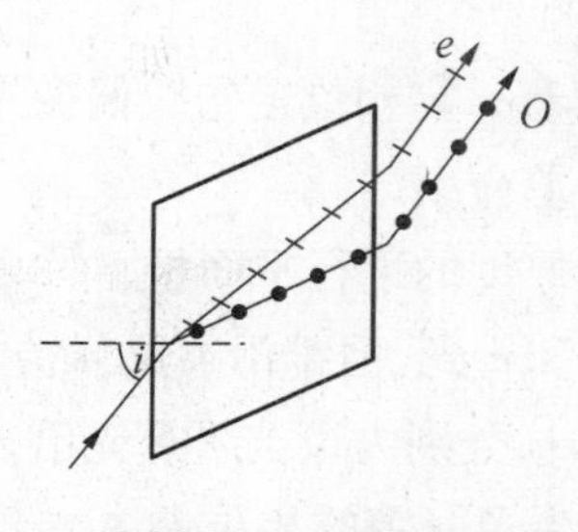

图 11－14 O光和 e 光

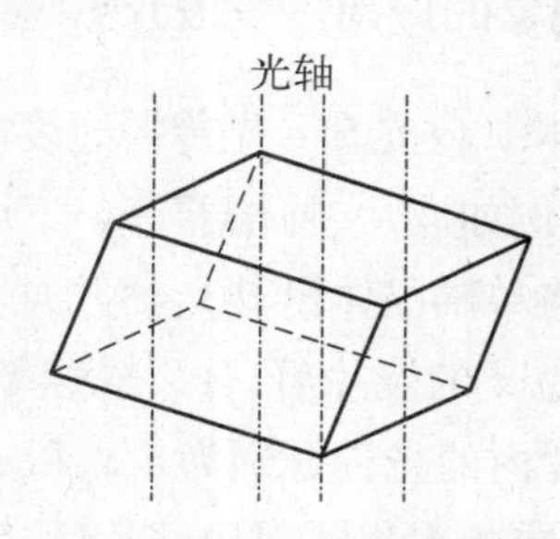

图 11－15 晶体的光轴

在晶体中，我们把包含光轴和一已知光线的平面称为晶体中该光线的**主平面**。显然，通过 O 光和光轴组成的平面就是 O 光的主平面，通过 e 光和光轴的平面就是 e 光的主平面。一般来说 O 光和 e 光的主平面并不重合，仅当光轴位于入射面内时，两个主平面才严格地重合，但在大多数情况下，这两个主平面之间夹角很小。通过检偏器的检验发现，O 光和 e 光都是线偏振光，且 O 光的光矢振动方向垂直于它的主平面，e 光的光矢振动方向平行于它的主平面，因而 O 光和 e 光的光矢振动方向几乎相互垂直。因此，利用晶体双折射现象，让自然光以特定的方向射向晶体，可得到偏振方向相互垂直的两束线偏振光。

2 双折射现象的原理

由于寻常光和非常光在晶体中传播速度的差异和晶体微观结构的原因，使得光在单晶体内传播时，O 光的波面为球面，e 光的波面为旋转椭球面。利用这复合波面图和惠更斯作图法能很好地解释光的双折射现象。

设一方解石晶体，表面为一平面 AB，光轴在纸面内并与 AB 成一夹角，如图 11－16 所示。单色光以一定的倾角入射到方解石表面，入射光线在纸面内，选取任意两条入射光线，它们和界面的交点分别为 C、D，以交点 C 作另一光线的垂线 CE，CE 即入射光波的波面。显然光从波面上 E 点到交点 D 的时间为 $\Delta t=\dfrac{\overline{ED}}{c}$ (c 为真空中的光速)，也就是说当另一光

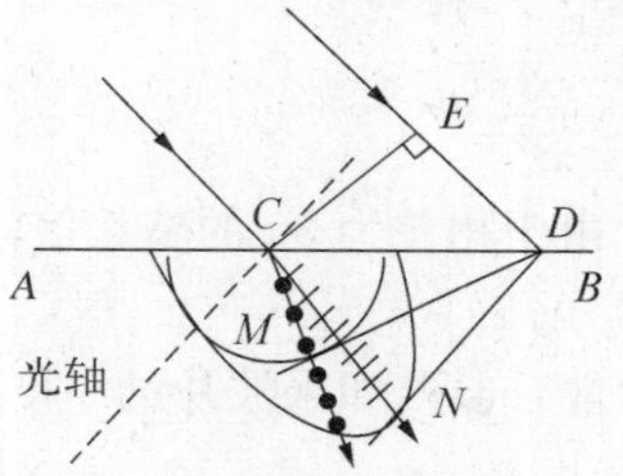

图 11－16 晶体中 O 光和 e 光的传播

束到达交点 D 时,A 点次波已经进入晶体,并向前传播了一定的距离,在晶体内产生的 O 光和 e 光的波阵面分别如图 11-16 所示。过 D 点分别作 O 光和 e 光波阵面的切面 DM 和 DN,根据几何关系可知,这两个切面就是界面 CD 上各点所发出次波的包络面,它们分别代表 O 光和 e 光的折射面。从 C 点分别连接折射波面和与该点次波面切点 M、N,则射线 CM 和 CN 的方向就是晶体中 O 光和 e 光的传播方向。一般情况下,CM 和 CN 的方向并不重合,所以我们看到自然光进入晶体后被分裂为两束光,这就是所看到的双折射现象。

3 双折射现象的应用——波片

利用晶体中 O 光和 e 光传播速度的差别获得具有一定相位差的线偏振光的器件称为**相位延迟器**,例如波片、补偿器等。下面对波片作简单介绍。

波片是将单轴晶体沿其光轴方向切成具有一定厚度的平行平面板。一束光沿光轴方向射入厚度为 d 的波片后,分裂成速率不同的 O 光和 e 光,但都沿着光轴方向传播,O 光和 e 光在波片内的光程分别为 $n_o d$ 和 $n_e d$,其中 n_o 和 n_e 分别为 O 光和 e 光沿光轴方向的折射率,也称为主折射率。射出波片后,O 光和 e 光产生了一定的相位差 $\Delta\varphi$,根据光程差和相位差的关系有:

$$\Delta\varphi = \frac{2\pi}{\lambda}(n_e - n_o)d$$

其中,λ 为光在真空中的波长。显然,晶体的主折射率相差愈大,波片的厚度 d 愈大,O 光和 e 光的相位差也就愈大。

如果波片的厚度 d 能使通过其中的 O 光和 e 光产生光程差为

$$(n_o - n_e)d = (2k+1)\frac{\lambda}{4} \qquad k = 0, \pm 1, \pm 2, \pm 3\cdots$$

这样的波片称为 $\mathbf{\frac{1}{4}}$ **波片**,相应的相位差为

$$\Delta\varphi = \frac{2\pi}{\lambda}(n_o - n_e)d = (2k+1)\frac{\pi}{2}$$

由于相差为 2π 的整数倍的相位是等效的,故 $\frac{1}{4}$ 波片产生的有效相位差只有 $\pm\frac{\pi}{2}$ 两种可能,同理,如果波片的厚度 d 能使通过其中的 O 光和 e 光产生光程差分别为 $(2k+1)\frac{\lambda}{2}$、$(2k+1)\lambda$,满足这些条件的波片分别称为**半波片**和**全波片**。显然,半波片和全波片分别产生 π 和 2π 的有效相位差。

习 题

11-1 由一束自然光和线偏振光组成的混合光，当它通过一偏振片时，改变偏振片的取向，发现透射光的强度可以变化2倍，试求入射光中自然光和线偏振光的强度各占总入射光强度的比例。

11-2 两偏振片平行放置，使它们的偏振化方向间夹角为60°。(1) 自然光垂直偏振片入射后，其透射光强和入射光强之比是多少(忽略偏振片的吸收)? (2) 若在两偏振片之间平行地插入另一偏振片，使其偏振化方向与两个偏振片夹角为30°，则透射光强和入射光强之比是多少?

11-3 一束平行自然光以60°角入射到平面玻璃表面上，反射光束是完全线偏振光，求：(1) 折射光束的折射角；(2) 玻璃的折射率。(空气的折射率为1)

11-4 水的折射率为1.33，玻璃的折射率为1.50，当光由水中射向玻璃而反射时，起偏角为多少? 当光由玻璃射向水而反射时，起偏角又为多少?

11-5 强度为I_0的单色平行自然光通过一单晶体时，O光和e光的相位差为$\frac{\pi}{3}$，若在光的出射面处放置一四分之一波片或半波片，则O光和e光的相位差分别变为多少?

第12章

近代物理基础

§12-1 热辐射 普朗克的量子假设

1 热辐射

物体在任何温度下都向周围空间发射各种波长的电磁波。一定时间内物体辐射电磁波能量的多少及波长的分布均与物体的温度有关，故称为**热辐射**。

为了描述物体热辐射能按波长的分布规律，我们引入单色辐出度概念。在单位时间内，从物体表面单位面积上发射的波长在λ到$\lambda+\Delta\lambda$范围内的辐射能为$\mathrm{d}M$，则定义

$$M_\lambda(T)=\frac{\mathrm{d}M}{\mathrm{d}\lambda} \qquad (12-1-1)$$

叫作物体的**单色辐出度**，$M_\lambda(T)$的单位是$\mathrm{W\cdot m^{-3}}$。

单位时间从物体单位表面积上所发射的各种波长的总辐射能，称为物体的**辐出度**，用$M_0(T)$表示，它是单色辐出度$M_\lambda(T)$对波长的积分，即

$$M_0(T)=\int_0^\infty M_\lambda(T)\mathrm{d}\lambda \qquad (12-1-2)$$

$M(T)$的单位是$\mathrm{W\cdot m^{-2}}$。

2 黑体辐射的规律

实验和理论都表明，物体在向空间辐射的同时，也不断吸收外来辐射。在给定的温度下，不同的物体对某一波长范围内的电磁波，发射和吸收能力是不同的，但任何物体的发射和吸收能力之比是一致的，即发射能力强的物体，吸收能力也强，反之亦然。如果一个物体能够完全地吸收投射在它上面的电磁波，这种物体称为**黑体**。

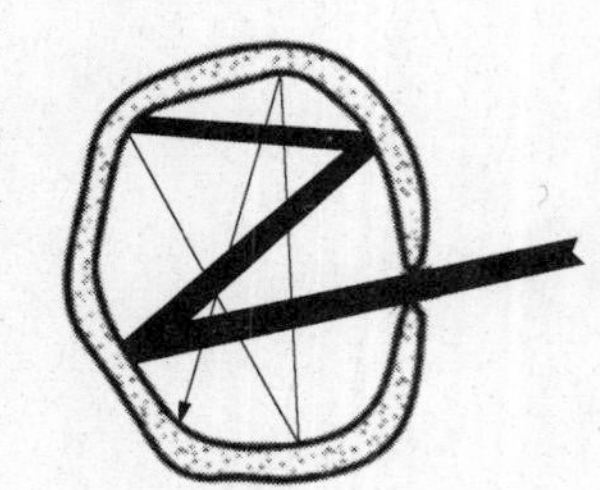

图12-1 黑体的模型

在自然界很黑的煤烟和黑色珐琅质对太阳光的吸收率也不超过99%。图12-1是一个理想化的黑体的模型。

在用不透明材料制成的空腔上开一小孔，小孔的面积比空

腔内表面积小很多。当光线射进小孔后，在空腔内发生无数次反射后能量几乎全部被吸收，所以这个小孔就可以看作一个黑体。

当空腔处于某一温度时，由小孔发射出的电磁辐射就可以看成黑体辐射。图12－2为用实验方法测得的黑体单色辐出度 $M_{\lambda}(T)$ 按波长和温度的分布曲线。

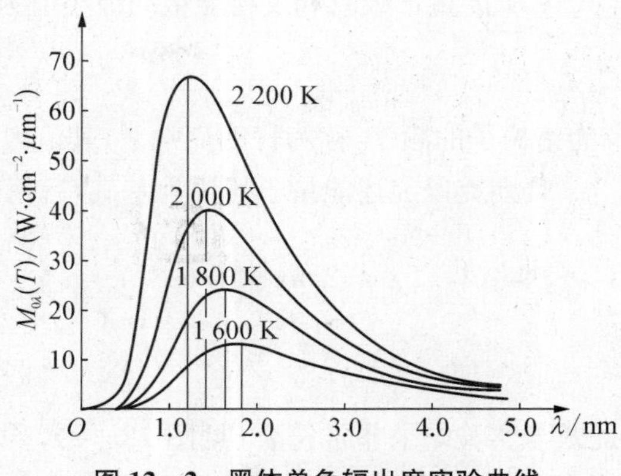

图 12－2　黑体单色辐出度实验曲线

3　黑体辐射定律

由实验曲线和式(12－1－2)可见，黑体的辐出度 $M(T)$ 等于与对应曲线 λ 轴所围的面积，它会随温度的升高而迅速增大，它与热力学温度的四次方成正比：

$$M_0(T)=\int_0^{\infty}M_b(\nu,T)\mathrm{d}\nu=\sigma T^4 \qquad (12-1-3)$$

式中 $\sigma=5.670\,51\times10^{-8}\ \mathrm{W/(m^2\cdot K^4)}$，为一常量。黑体辐射的这一定律称为**斯特藩-玻尔兹曼定律**。

从图 12－2 还可见，随着温度的升高，与 $M_{0\lambda}(T)$ 的最大值对应的波长 λ 将向波长减小的方向移动。1893 年维恩提出

$$T\lambda_m=b \qquad (12-1-4)$$

其中 $b=2.897\,8\times10^{-3}\ \mathrm{m\cdot K}$，为与温度无关的常量，此式称为**维恩位移定律**。维恩因建立黑体辐射的维恩公式，获得了 1911 年的诺贝尔物理学奖。

热辐射的定律是高温测量、星球表面温度估计、遥感、红外追踪等技术的物理基础，在现代科技中有广泛的应用。

4　普朗克量子假说

19 世纪末物理学中最令人注目的事件之一是如何从理论上找出与图 12－2 相符的 $M_{0\lambda}(T)$ 的数学表达式，维恩曾用类似于麦克斯韦速度分布的思想导出一个理论公式，但是在长波波段与实验曲线明显偏离；而瑞利和金斯则把能量按自由度均分原理用到电磁辐射上，得出的理论公式在短波紫外光区域与实验曲线不符，物理学史上称之为“紫外区的灾难”。普朗克对前人的理论进行了认真的分析，认为导致上述理论失败的原因是沿用经典的能量连续取值的概念来处理电磁辐射问题，于是大胆地提出了能量量子化假说：

(1) 辐射体是由许多带电的线性谐振子(如分子、原子)的振动所组成的；

(2) 谐振子所具有的能量只能是最小能量(称为能量子)的整倍数，即 ε，2ε，3ε，…，$n\varepsilon$，n 为正整数；

(3) 能量子吸收和发射能量的最小值为

$$\varepsilon = h\nu \quad (12-1-5)$$

ν 为谐振子的频率，称为普朗克常量，其值为 $h = 6.626\,176 \times 10^{-34}$ J·s。

普朗克以上述能量子假说为基础，运用统计理论导出黑体辐射公式：

$$M_b(\lambda, T) = 2\pi hc^2\lambda^{-5}\frac{1}{e^{\frac{hc}{\lambda kT}} - 1} \quad (12-1-6)$$

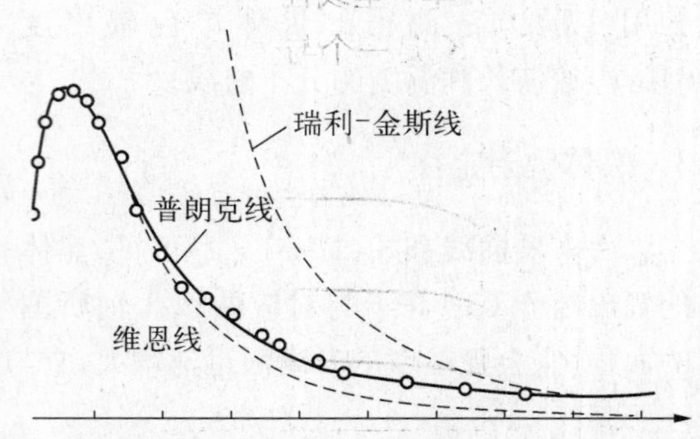

图 12-3　黑体辐射公式与实验曲线的比较

此式与实验结果非常符合(见图 12-3)，普朗克提出的能量量子化假说，冲破了经典物理观念的束缚，不仅成功地解决了热辐射问题，而且开创了物理学研究的新局面，从此揭开了量子理论的序幕，使物理学的发展进入了新纪元。普朗克因提出能量量子化的假设，解释黑体辐射的经验定律，获得 1918 年诺贝尔物理学奖。

§12-2　光电效应，爱因斯坦的光子理论

1　光电效应实验规律

金属被光照射时，有电子从表面逸出的现象，被称为光电效应。光电效应最早是由赫兹于 1887 年发现的。图 12-4 为光电效应的实验装置。

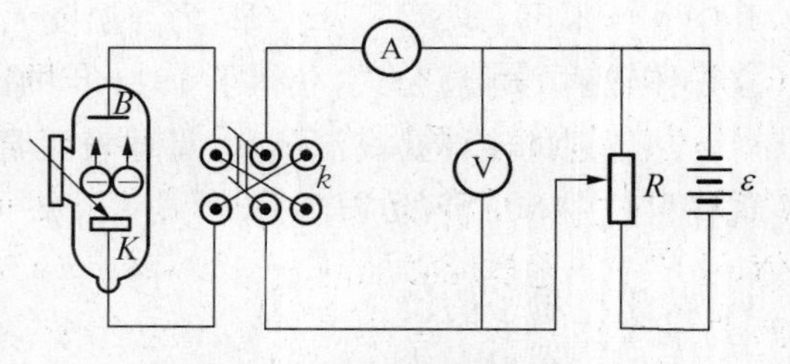

图 12-4　光电效应的实验装置

图中，K、B 分别为光电管的阴极和阳极。若入射光频率为 ν，强度为 I，受此光照射在 K 极上逸出的电子在 B、K 间电压 U 作用下产生电流 i，称为光电流。U 的数值和方向可以改变，发射极的材料也可以更换。

图 12-5 为光电效应的实验曲线。由该曲线可见在入射光频率和光强一定时，光电流 i 随电压 U 增大而增加，U 达到某一值时，光电流会达到一饱和值 i_S，称为饱和光电流。实验表明饱和光电流与入射光的强度成正比。饱和光电流代表阴极上所逸出的光电子全部达到阳极，$i_S = ne$，n 为单位时间内阴极上逸出的电子数，由此可得第一条规律：单位时间内从阴极上逸出的电子数与入射光强成正比。由图 12-5 还可见，$U = 0$ 时，$i \neq 0$，这表明逸出的光电子有一定的初动能，只有在 B、K 间加以一定反向电压，光电流才为 0，这一电压称为遏止电压，用 U_a 表示。这时光电子逸出时的初动能全部消耗于克服电场力

做功，故

$$\frac{1}{2}mv_{\mathrm{m}}^{2}=eU_{a} \tag{12-2-1}$$

式中 m,e 分别为电子的质量和电量。实验指出 U_a 与入射光强度无关，如图 12－5 所示。U_a 与入射光的频率 ν 呈线性关系，如图 12－6 所示，对于不同的金属，U_a－ν 图像为一组平行线，所以式中 K 是一个与金属材料无关的普适常量，U_0 是一个与金属材料有关的常量。

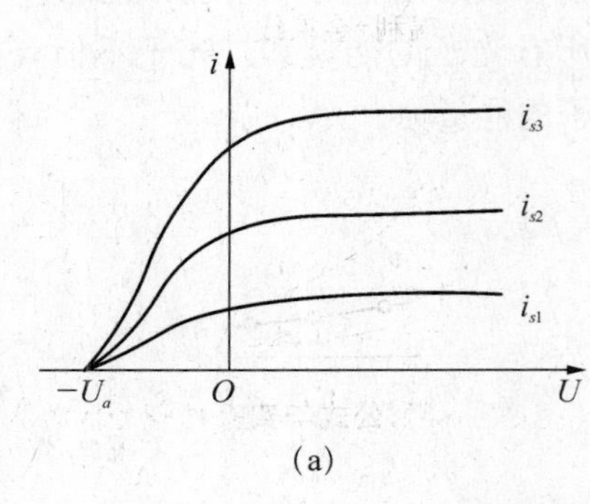

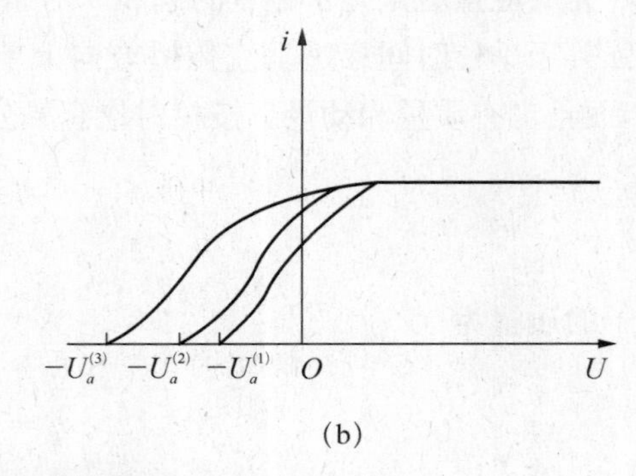

图 12－5　光电效应试验曲线

$$U_a=K\nu-U_0 \tag{12-2-2}$$

将式(12－2－1)代入式(12－2－2)，得

$$\frac{1}{2}mv_{\mathrm{m}}^{2}=eK\nu-eU_0 \tag{12-2-3}$$

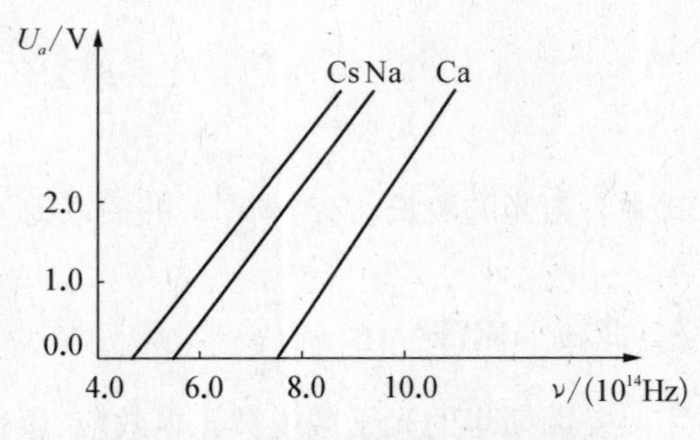

图 12－6　三种不同金属 U_a－ν 曲线

由此得到第二条规律：光电子的初动能与入射光频率呈线性关系，与入射光强度无关。由式(12－2－3)可知，光电子的初动能总是正值，要产生光电效应必须满足 $eK\nu-eU_0\geqslant 0$，即满足 $\nu\geqslant U_0/K$。$\nu=U_0/K$ 称为截止频率或称红限频率，它是产生光电效应的频率极限值，由此得到第三条规律：对于每一种金属，存在一个产生光电效应的截止频率，只有入射光的频率不小于截止频率才能产生光电效应。

实验表明，无论光的强度如何，只要光的频率大于截止频率，则光照射到金属表面后，几乎立即有光电子逸出，其时间间隔不超过 10^{-9} s，由此得到第四条规律：光电效应具有瞬时性。

经典理论的缺陷

按照光的波动理论，光波辐射的能量决定于光矢量的振幅，即决定于光的强度。金属在光的照射下，其中的光电子吸收辐射能逸出表面，其初动能应决定于入射光的强度，这与第二条实验规律不相符合；由此理论也应得到不论入射光频率多大，只要光强足够大都可产生光电效应，然而事实上确有截止频率的限制，这与第三条实验规律相矛盾；再者，如果入射光强很弱，金属中的电子从光波中吸收能量就需持续一段时间，显然这又与实验规律第四条相违背。

2　爱因斯坦的光子理论

为了解释光电效应的实验规律，爱因斯坦在普朗克量子假设的基础上于1905年提出了光子假设：光是一粒一粒的以光速 c 运动着的粒子流，这些光粒子称为光量子，简称光子。每一光子的能量为 $\varepsilon = h\nu$，式中 h 为普朗克常量。

光的能量就是光子能量的总和。对于一定频率的光，光子数越多，光的强度就越大。光强等于单位时间穿过垂直传播方向上单位面积的所有光子的能量和。光子不但有能量，而且也有质量和动量。按相对论有关公式可知光子的能量为

$$E = h\nu = \frac{hc}{\lambda} = mc^2 = p \cdot c \tag{12-2-4}$$

光子的质量为

$$m = \frac{E}{c^2} = \frac{h\nu}{c^2} \tag{12-2-5}$$

光子的动量为

$$p = mc = \frac{h\nu}{c} = \frac{h}{\lambda} \tag{12-2-6}$$

式中 λ 为光的波长，它与频率 ν 的关系为 $\lambda = \frac{c}{\nu}$。

3　波粒二象性

爱因斯坦的光子假说被光电效应、康普顿效应以及其他实验所证实，说明了它的正确性。光的干涉、衍射、偏振等大量实验证实了光的波动性理论的正确性。综合起来说光既具有波动性，又具有粒子性，即光具有波粒二象性。光的波动性用光波的频率和波长描述，光的粒子性用光的质量、能量和动量描述。根据光量子论，光子的能量为

$$E = h\nu \tag{12-2-7}$$

根据相对论的质能关系

$$E = mc^2$$

光子的质量为

$$m = \frac{h\nu}{c^2} = \frac{h}{\lambda c}$$

已知粒子质量和运动速度的关系为

$$m = \frac{m_0}{1 - \frac{v^2}{c^2}}$$

对于光子，$v = c$，而 m 是有限的，所以只能是 $m_0 = 0$，即光子是静止质量为零的一种粒子。但是，由于光子对于任何参考系都不会静止，所以在任何参考系中光子的质量实际都不会是零。光子的动量 $p = mc$，将光子质量表示式代入可得

$$p = \frac{h}{\lambda} \tag{12-2-8}$$

式(12-2-7)和式(12-2-8)是描述光的性质的基本关系式。式中左侧描述光的粒子性，右侧描述光的波动性。从经典的角度看，粒子局限在空间一个小范围，有确定的位置和动量，它沿着确定的轨道运动；而波是物质振动的传播，分布在空间相当大范围内。粒子和波是两个不相容的概念，怎样认识光的波粒二象性的统一呢？下面用光的双缝干涉实验来说明。从远处光源 S 发出的光子流经过双缝 S_1，S_2 投射到屏 L 上，如图 12-7 所示。当遮住 S_2，只让光子通过 S_1 时，则在屏 L 上产生如图 12-7(a)的 I_1 光强分布，即粒子数的分布；而当遮住 S_1，只让光子通过 S_2 时。则在屏上产生如 I_2 的光强分布。如果光子是经典粒子，那么，当两缝同时打开时，屏 L 上的光强分布(光子数的分布)I 应当是两者之简单叠加，即 $I = I_1 + I_2$，如图 12-7(b)。但是实际观测到的却是如图 12-7(c)的干涉条纹，这一事实表明光子绝不是经典粒子。实验还发现，如果光源变得很弱，以至于从光源发射的光子是一个跟着一个的，这样，通过两缝的不同光子相互作用的可能性就会排除，所观察到的情况是光子一个一个随机打在屏上，时而打在这一点，时而打在那一点，完全被偶然性支配着。但是经过一段时间后，这些随机的点子的分布，即光强分布恰好形成了干涉条纹[如图 12-7(c)]。说明光子的运动服从统计规律，这种统计规律与波动理论计算的结果是一致的。双缝干涉出现波动性的干涉条纹不是光子相互作用的结果，这种波动性的特征是单个光子本身就具有的。由此我们得出，光的波粒二象性可以用统计的观点来解释，即光波在空间某一点的强度和这一点发现光子的概率成正比。光波强度大处，光子在该处出现的概率大，因而出现在该处的光子数就多；光波强度小处，光子在该处出现的概率小，因而在该处出现的光子数就少。我们说光具有波粒二象性，是指光与物质相互作用时，表现出具有质量、能量和动量等粒子的属性，而另一方面，光子在空间各处的概率分布与用波动理论计算的结果一致，表现出波动性。光具有这种概率特性称为概率波。显然概率波与经典的波也不同，它不是物质振动的传播，它是光子在空间所出现的概率的分布。

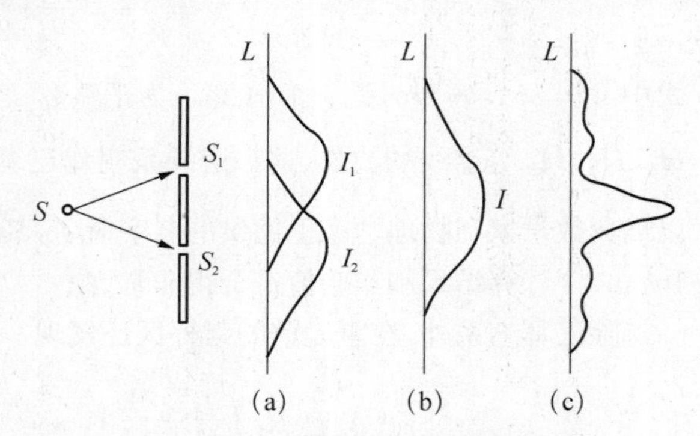

图 12-7　光子流通过双缝的光强分布

§12-3 波尔的氢原子模型

1 氢原子光谱规律

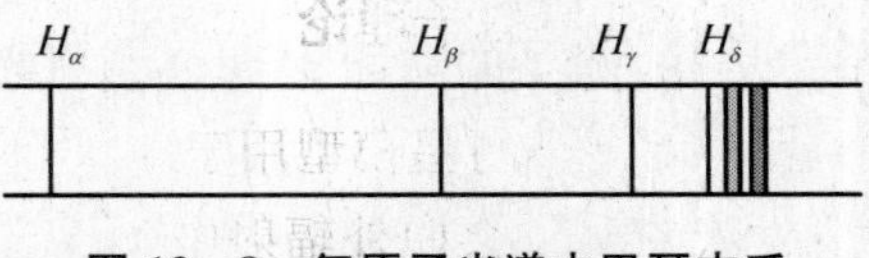

图 12-8 氢原子光谱中巴耳末系

氢原子所发射的明线光谱中的谱线，并不是无规则分布的，而是组成一定的线系。图 12-8 表示氢原子光谱中的一组谱线。H_α是明亮的红线，H_β,H_γ和 H_δ 分别是青蓝线、蓝线和紫线，其余谱线都位于紫外部分，这些谱线可用摄谱仪摄得。1885 年巴耳末首先发现这一组谱线的波长 λ 可用下面公式表示：

$$\tilde{\nu}=\frac{1}{\lambda}=\frac{4}{B}\left(\frac{1}{2^2}-\frac{1}{n^2}\right) \tag{12-3-1}$$

式中 $B=364.56\ \mathrm{nm}$，是一个恒量，n 为正整数。当 $n=3, 4, 5, 6\cdots$ 时，上式分别给出 H_α，H_β,H_γ,H_δ 等谱线的波长，这一谱线系叫作巴耳末系。式中 $R_H=\frac{4}{B}$，叫作里德堡常量，以瑞典数学家和物理学家里德堡的名字命名，其数值由实验测定为：$R_H=1.096\,775\,8\times 10^7\ \mathrm{m^{-1}}$，计算结果和实验值符合得非常好。

除巴耳末系外，在氢光谱的紫外区还发现一谱线系，其波数可用下式表示：

$$\tilde{\nu}=R_H\left(\frac{1}{1^2}-\frac{1}{n^2}\right),\ n=2, 3\cdots \text{叫莱曼系。}$$

在红外区发现三个谱线系，其波数为

$$\tilde{\nu}=R_H\left(\frac{1}{3^2}-\frac{1}{n^2}\right),\ n=4, 5\cdots$$

$$\tilde{\nu}=R_H\left(\frac{1}{4^2}-\frac{1}{n^2}\right),\ n=5, 6\cdots$$

$$\tilde{\nu}=R_H\left(\frac{1}{5^2}-\frac{1}{n^2}\right),\ n=6, 7\cdots$$

它们分别叫作帕邢系、布拉开系和普丰德系。容易看出，上述五个谱线系可以用一个统一公式表示为

$$\tilde{\nu}=R_H\left(\frac{1}{m^2}-\frac{1}{n^2}\right) \tag{12-3-2}$$

m 可以取整数值 1,2,3⋯

$E_n=-hcR_H\dfrac{Z^2}{n^2}$,$n=1, 2, 3\cdots$，每个 m 值对应于一个谱线系；在每个谱线系中 n 可

以取从 $m+1$ 开始的一切整数值。氢原子光谱有这样简洁的规律，其结果又很精确，说明公式深刻地反映了氢原子内在的规律性。进一步研究还发现，其他元素，首先是碱金属元素的光谱中，谱线也形成有规律的线系。各系中谱线的波数可以用两个整数 m 和 n 的函数之差来表示，即$\tilde{\nu}=T(m)-T(n)$。

2　波尔的氢原子理论

卢瑟福将行星模型用于原子世界，虽然都受反平方有心力支配，但电子带 $-e$ 电荷，轨道加速运动会向外辐射电磁能，这样电子将会在 10^{-9} s 时间内落入核内，正负电荷中和，原子宣告崩溃(塌缩)。但现实世界原子是稳定的。

原子结构及其稳定性是令人困惑的一大难题。玻尔深信量子化这一新概念，特别是当它看到巴耳末氢光谱公式后，原子内部结构全然呈现在他们想象中。

玻尔的氢原子理论，可分三部分假设如下：

第一，轨道定则。假设电子只能在一些特定的轨道上运动，而且在这样的轨道上运动时电子不向外辐射能量，因而解决了原子的稳定问题。(按照经典电磁理论，电子绕原子核做变速运动，会向外辐射电磁波，致使电子向原子核靠近，最后导致原子结构的破坏。)

第二，跃迁定则。在上述轨道运动时，如果电子从一个轨道跃迁到另一个轨道，就要相应吸收或放出相应的能量。这个定则很好地解释了原子光谱问题。

第三，角动量定则。电子绕核运动的角动量，必须是普朗克常量的整数倍。这个定则用于判定哪些轨道是允许的。

综上所述，波尔理论的三大假设，已经初步显示出量子的威力，不过还带有明显的经典物理色彩，比如轨道的概念，无论如何，这三个假设已经向我们展示出了微观世界不连续的特征。(1) 它正确地指出了原子能级的存在，即原子能量是量子化的，只能取某些分立的值。这个观点不仅为氢原子、类氢离子的光谱所证实，而且夫兰克—赫兹实验证明，对于汞那样的复杂原子也是正确的。这说明玻尔关于原子能量量子化的假设比他的氢原子理论具有更为普遍的意义。(2) 玻尔正确地提出了定态的概念，即处于某一些能量状态 E_n 上的原子并不辐射电磁波，只有当原子从一些能量状态 E_n 跃迁到另一些能量状态 E_m 时才发射光子，光子频率 ν 由 $H\nu=E_n-E_m$ 决定。事实证明这一结论对于各种原子是普遍正确的。(3) 由玻尔的量子化条件 $L=n\dfrac{h}{2\pi}$，引出了角动量量子化这一普遍正确的结论。

玻尔认为原子内部存在一系列离散的稳定状态——定态。电子在这些定态上运动量子化的能量能级守恒，电子不会辐射能量，这称为玻尔的定态假设。量子化能级的出现是原子稳定性的基石，因为能级之间是禁区。

3　氢原子轨道半径和能量的计算

原子内部状态的任何变化，只能是从一个定态到另一个定态的跃迁。例如两个定态：

$E_n < E_{n'}$，能级上下跃迁时，将导致电磁波的吸收和发射，电磁波频率为 $\nu = \frac{E_{n'} - E_n}{h}$，该式称频率条件，不难看出该式与氢光谱公式相对应。当年玻尔用对应原理（即微观规律延伸到经典范围内时，两种结果应相一致）给出角动量量子化条件。为了方便，我们先将角动量作量子化处理，设电子绕核做圆周运动。

$$m\frac{v^2}{r} = \frac{e^2}{4\pi\varepsilon_0 r^2} \rightarrow \frac{1}{2}mv^2 = -\frac{1}{2}\frac{e^2}{4\pi\varepsilon_0 r} \rightarrow \frac{(mvr)^2}{2mr^2} \equiv \frac{L^2}{2mr^2} = -\frac{1}{2}\frac{e^2}{4\pi\varepsilon_0 r}$$

第二式指出圆周运动的动能是势能绝对值的一半，因而总机械能是势能的一半。后一式 L 是角动量。若取 $h/2\pi = \hbar$ 为角动量的基本单元，角动量取量子化的值 $n\hbar$（n 为整数），代入上式后得量子化轨道半径

$$r_n = \frac{\hbar^2 n^2}{me^2/4\pi\varepsilon_0} = an^2 \tag{12-3-3}$$

$$a = \frac{\hbar^2}{m}\frac{4\pi\varepsilon_0}{e^2} = \frac{\hbar}{m\alpha c} = 0.053\ \text{nm}\ \text{称玻尔半径}$$

氢原子系统的能量为

$$E_n = -\frac{1}{2}\frac{e^2}{4\pi\varepsilon_0 r_n} = -\frac{1}{2}\left(\frac{e^2}{4\pi\varepsilon_0 a}\right)\frac{1}{n^2} = -\frac{1}{2}\left(\frac{e^2}{4\pi\varepsilon_0}\right)^2\frac{mc^2}{\hbar^2 c^2}\frac{1}{n^2} = -\frac{1}{2}m(\alpha c)^2\frac{1}{n^2} = -13.6\ \text{eV}/n^2,$$

其中

$$\alpha = \frac{e^2}{4\pi\varepsilon_0}\frac{1}{\hbar c} = \frac{1}{137}$$

或者

$$E_n = -hcR_H\frac{Z^2}{n^2},\ n = 1,\ 2,\ 3\cdots \tag{12-3-4}$$

可知，氢原子的能量是量子化的，决定其能量大小的量子数为 n，称为主量子数。n 越大，能量越大。氢原子的能量为负值，这表示电子被束缚在原子中。由式(12-3-4)可以看到，当 $n=1$ 时，氢原子的能量最低，原子最为稳定，这种状态称为基态。当电子处于量子数 n 大于 1 的各个稳定状态时，氢原子能量大于基态，称为激发态。n 越大，氢原子能量愈高，其能级图如图 12-9 所示。例如，当氢原子受到辐射或高能粒子的撞击时，原子可由基态跃迁到量子数较大的激发态 E_n 上去。处于激发态 E_n 的原子能够自发地跃迁回基态或能量较低的激发态 E_m，这时将发射一个光子，其能量恰等于两状态能量之差，

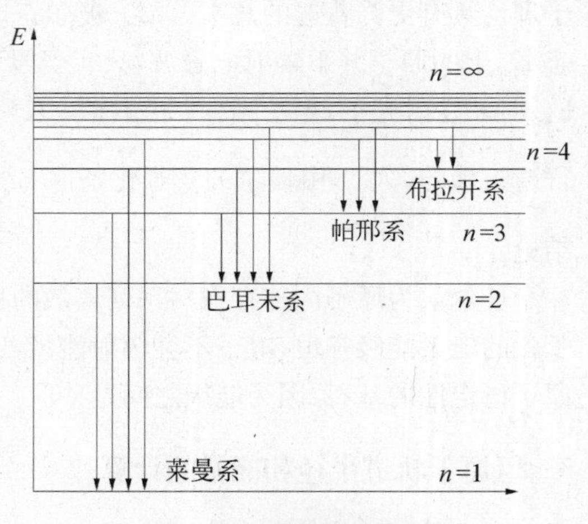

图 12-9 氢原子能级图

即

$$h\nu = E' - E \tag{12-3-5}$$

【例题 12-1】 试由氢原子里德堡常数计算基态氢原子的电离电势和第一激发电势。

【解】 电子经电势差为 U 的电场加速后，若它得到的动能全部被原子吸收恰能使处于基态的原子电离，则 U 称为该原子的电离电势；若它得到的动能全部被原子吸收恰能使处于基态的原子激发到第一激发态，则 U 称为该原子的第一激发电势。

由　$E_n = -hcR_H \dfrac{Z^2}{n^2}$，$n = 1, 2, \cdots$，对于基态氢原子，$Z = 1$，

由　$E_\infty - E_1 = hcE_H = 6.63 \times 10^{-34} \times 3 \times 10^8 \times 1.097 \times 10^7 \text{ J} = 13.64 \text{ eV}$

得电离电势为 13.64 V

由　$E_2 - E_1 = hcE_H\left(1 - \dfrac{1}{2^2}\right) = 13.64 \text{ eV} \times \dfrac{3}{4} = 10.23 \text{ eV}$

得第一激发电势为 10.23 V。

4　波尔理论的缺陷

波尔理论很成功地解释了氢原子光谱，对复杂的却有困难。此理论的成功之处是把量子论引入原子模型，不过对于电子的运动及位置承认了经典物理的观点，并用经典力学来计算的。总体来说玻尔引入量子论是个很了不起的成就。

波尔的氢原子理论存在两个困难，困难之一是不能解释多电子的情况。玻尔的理论只考虑到电子的圆周轨道，即电子只具有一个自由度，因此它对只有一个电子的氢原子和类氢原子的谱线频率做出了解释，对于具有两个或更多电子的原子所发的光谱，该理论遇到了根本的困难。困难之二是不能解释原子的稳定性，玻尔的理论虽然提出了定态的概念，但是没有解释电子处于定态时为何不发生电磁辐射。按照经典的电磁理论，当电子绕原子核高速运动时，电子应该向外辐射电磁波，从而电子的能量减少，电子要向原子核靠近，最终原子要坍塌，而事实上原子很稳定。

§12-4　德布罗意波

1　德布罗意波

1924 年德布罗意在光的波粒二象性的启发下，在他的博士论文《关于量子理论的研究》中提出了实物粒子（如电子）也具有波粒二象性的假设。他认为 19 世纪在光的研究上，只重视光的波动性，忽略了光的粒子性；而在实物粒子的研究上发生了相反的情况，过分重视实物粒子的粒子性，而忽视了它的波动性。因此他将波粒二象性对光量子的描述，应用到实物粒子上。假设一个质量为 m，速度为 v 的实物粒子，一方面可以用能量 E 和动

量 p 来描述它的粒子性，另一方面可以用频率 ν 和波长 λ 来描述它的波动性。实物粒子的能量为

$$E = mc^2 = h\nu \tag{12-4-1}$$

实物粒子的动量为

$$p = mv = h/\lambda \tag{12-4-2}$$

式中 h 是普朗克常量。式(12-4-1)和式(12-4-2)叫德布罗意关系。和实物粒子相联系的波称为物质波或德布罗意波。

对于静止质量为 m_0，速度为 v 的实物粒子，其质量为

$$m = \frac{m_0}{1 - \frac{v^2}{c^2}}$$

由式(12-4-2)得物质波波长或德布罗意波长为

$$\lambda = \frac{h}{p} = \frac{h}{mv} = \frac{h}{m_0 v}\left(1 - \frac{v^2}{c^2}\right) \tag{12-4-3}$$

2 物质波的实验证明

德布罗意波的假设，很快在电子衍射实验中得到了证实。德布罗意也因他的博士论文于5年后获得诺贝尔物理学奖。1927年戴维孙和革末做了电子束在晶体表面上的散射实验，得到了与X射线在晶体表面衍射类似的结果，算出的电子波长与德布罗意波长非常一致，证明了德布罗意假设的正确性。同年汤姆孙等让电子通过金属箔，发现同X射线一样，也产生了清晰的电子衍射图，也证明了电子的波动性。由于戴维孙和汤姆孙的贡献，他们分享了1937年的诺贝尔物理学奖。1961年约恩孙做了电子单缝、双缝、三缝、四缝衍射实验，得出的明暗条纹直接说明了电子的波动性，而且波长的量值也符合德布罗意关系。以后陆续有实验证实了中子、质子以及原子、分子都具有波动性。可见一切微观粒子都具有波粒二象性。德布罗意关系式是描述微观粒子波粒二象性的基本公式。

【例题 12-2】 电子和光子各具有波长 0.20 nm，它们的动量和总能量各是多少？

【解】 由德布罗意公式 $\lambda = h/p$，得：

$$p_{电} = p_{光} = \frac{h}{\lambda} = \frac{6.63 \times 10^{-34}\ \text{J} \cdot \text{s}}{0.20 \times 10^{-9}\ \text{m}} = 3.315 \times 10^{-24}\ \text{kg} \cdot \text{m/s}$$

$$E_{光} = h\nu = \frac{hc}{\lambda} = p_{光}\, c = 3.315 \times 10^{-24} \times 3 \times 10^8 = 9.945 \times 10^{-16}\,(\text{J})$$

$$E_{电} = \sqrt{p_{电}^2 c^2 + m_0^2 c^4} = \sqrt{(3.315 \times 10^{-24})^2 \times 3^2 \times 10^{16} + (9.1 \times 10^{-31} \times 3^2 \times 10^{16})^2}$$

$$= \sqrt{9.89 \times 10^{-31} + 6.7076 \times 10^{-27}} = 8.19 \times 10^{-14}\,(\text{J})$$

3　不确定关系

在经典力学中，描述粒子的运动状态在于确定任一时刻粒子的位置和动量。这种描述，在宏观领域是可行的，而在微观世界就根本不适用。原因在于粒子具有波粒二象性。在同一时刻，粒子的坐标和动量就不可能都具有确定的值。从光的单缝衍射实验可以看出，屏上的亮点实际反映了粒子(光子)到达该点的概率，入射的粒子可以认为有确定的动量，但它们可以处于挡板左侧的任何位置，粒子在挡板左侧的位置是完全不确定的。对于通过挡板的粒子来说，它们的位置被狭缝限定了，它们的位置不确定量减小了，不过我们仍不能准确地说出射到屏上的粒子在通过狭缝时的准确位置，因为狭缝有一定的宽度 a，从这儿可以看出，粒子动量的不确定性增加了。

利用数学方法可以对微观粒子的运动进行分析，如果以 Δx 表示粒子的位置的不确定性，用 Δp 表示粒子动量的不确定性，可以得出

$$\Delta x \Delta p \geqslant \frac{h}{4\pi} \tag{12-4-4}$$

式中的 h 是普朗克常量。这就是著名的不确定关系。

在微观物理学中，除了位置和动量外，还有一些成对的物理量具有不确定关系，时间和能量就是经常用到的一对：

$$\Delta E \Delta t \geqslant \frac{h}{4\pi} \tag{12-4-5}$$

理论的分析说明，时间和能量间的不确定关系以及其他几对物理量之间的不确定关系都可以从位置和动量的不确定关系推导出来，它们是等价的。

§12-5　激光原理

激光是20世纪人类的重大科技发明之一，它对人类的生活产生了广泛而深刻的影响。激光的问世引起了现代光学技术的巨大变革。激光在现代工业、农业、医学、通信、国防、科学研究等方面的应用迅速发展。之所以在短期获得如此大的发展是和它本身的特点分不开的。激光是光的受激辐射，因而它与自发辐射的普通光源不同，具有极好的方向性、极高的光亮度和相干性。

1　受激吸收、自发辐射和受激辐射

爱因斯坦在1916年提出了一套全新的理论。这一理论是说在组成物质的原子中，有不同数量的粒子(电子)分布在不同的能级上，在高能级上的粒子受到某种光子的激发，会从高能级跳(跃迁)到低能级上，这时将会辐射出与激发它的光相同性质的光，而且在某种

状态下，能出现一个弱光激发出一个强光的现象。这就叫作"受激辐射的光放大"，简称激光。

自发辐射指高能级的电子在没有外界作用下自发地迁移至低能级，并在跃迁时产生光(电磁波)辐射，辐射光子能量为$h\nu = E_2 - E_1$，即两个能级之间的能量差。这种辐射的特点是每一个电子的跃迁是自发的、独立进行的，其过程全无外界的影响，彼此之间也没有关系。因此它们发出的光子的状态是各不相同的。这样的光相干性差，方向散乱。

受激吸收就是处于低能态的原子吸收外界辐射而跃迁到高能态。电子可通过吸收光子从低能级跃迁到高能级。普通常见光源的发光(如电灯、火焰、太阳等的发光)都是由于物质在受到外来能量(如光能、电能、热能等)作用时，原子中的电子吸收外来能量而从低能级跃迁到高能级，即原子被激发。激发的过程是一个"受激吸收"过程。

受激辐射是指处于高能级的电子在光子的"刺激"或者"感应"下，跃迁到低能级，并辐射出一个和入射光子同样频率的光子。受激辐射的最大特点是由受激辐射产生的光子与引起受激辐射的原来的光子具有完全相同的状态。它们具有相同的频率，相同的方向，完全无法区分出两者的差异。这样，通过一次受激辐射，一个光子变为两个相同的光子。这意味着光被加强了，或者说光被放大了。这正是产生激光的基本过程。

光子射入物质诱发电子从高能级跃迁到低能级，并释放光子。入射光子与释放的光子有相同的波长和相位，此波长对应于两个能级的能量差。一个光子诱发一个原子发射一个光子，最后就变成两个相同的光子。

那么到底原子吸收外来的光子后，是表现为受激吸收呢还是受激辐射呢？在一个原子体系中，总有些原子处于高能级，有些处于低能级。而自发辐射产生的光子既可以去刺激高能级的原子使它产生受激辐射，也可能被低能级的原子吸收而造成受激吸收。因此，在光和原子体系的相互作用中，自发辐射、受激辐射和受激吸收总是同时存在的。如果想获得越来越强的光，也就是说产生越来越多的光子，就必须要使受激辐射产生的光子多于受激吸收所吸收的光子。怎样才能做到这一点呢？我们知道，光子对于高低能级的原子是一视同仁的。在光子作用下，高能级原子产生受激辐射的机会和低能级的原子产生受激吸收的机会是相同的。这样，是否能得到光的放大就取决于高、低能级的原子数量之比。

若位于高能态的原子远远多于位于低能态的原子，我们就得到被高度放大的光。但是，在通常热平衡的原子体系中，原子数目按能级的分布服从玻尔兹曼分布规律。因此，位于高能级的原子数总是少于低能级的原子数。在这种情况下，为了得到光的放大，必须到非热平衡的体系中去寻找。

2 产生激光的基本条件

在通常热平衡条件下，处于高能级E_2上的原子数密度N_2，远比处于低能级的原子数密度低，这是因为处于能级E的原子数密度N的大小随能级E的增加而指数减小，即$N \propto \exp(-E/kT)$，这就是著名的玻尔兹曼分布规律。

于是在上、下两个能级上的原子数密度比为：$N_2/N_1 \propto \exp[-(E_2-E_1)/kT]$，式中 k 为玻尔兹曼常量，T 为绝对温度。因为 $E_2 > E_1$，所以 $N_2 \ll N_1$。例如，已知氢原子基态能量为 $E_1 = -13.6\ \mathrm{eV}$，第一激发态能量为 $E_2 = -3.4\ \mathrm{eV}$；在 20℃ 时，$kT \approx 0.025\ \mathrm{eV}$，则 $N_2/N_1 \propto \exp(-400) \approx 0$。

可见，在 20℃时，全部氢原子几乎都处于基态，要使原子发光，必须外界提供能量使原子到达激发态，所以普通广义的发光是包含了受激吸收和自发辐射两个过程。一般说来，这种光源所辐射光的能量是不强的，加上向四面八方发射，更使能量分散了。

一个诱发光子不仅能引起受激辐射，而且它也能引起受激吸收，所以只有当处在高能级的原子数目比处在低能级的还多时，受激辐射才能超过受激吸收，而占优势。由此可见，为使光源发射激光，而不是发出普通光的关键是发光原子处在高能级的数目比低能级上的多，这种情况，称为粒子数反转。但在热平衡条件下，原子几乎都处于最低能级(基态)。

因此，如何从技术上实现粒子数反转则是产生激光的必要条件。那么如何才能达到粒子数反转状态呢？这需要利用激活媒质。所谓激活媒质(也称为放大媒质或放大介质)，就是可以使某两个能级间呈现粒子数反转的物质。它可以是气体，也可以是固体或液体。用二能级的系统来做激活媒质实现粒子数反转是不可能的。要想获得粒子数反转，必须使用多能级系统。

3　激光器原理

激光的产生必须选择合适的工作介质，可以是气体、液体、固体或半导体。关键是能在这种介质中实现粒子数反转，以获得产生激光的必要条件。显然，亚稳态能级的存在，对实现粒子数反转是非常有利的。

为了使工作介质中出现粒子数反转，必须用一定的方法去激励原子体系，使处于上能级的粒子数增加。一般可以用气体放电的办法来利用具有动能的电子去激发介质原子，称为电激励；也可用脉冲光源来照射工作介质，称为光激励；还有热激励、化学激励等。各种激励方式被形象化地称为泵浦或抽运。为了不断得到激光输出，必须不断地“泵浦”以维持处于上能级的粒子数比下能级多。

有了合适的工作物质和激励源后，可实现粒子数反转，但这样产生的受激辐射强度很弱，无法实际应用。还需要将辐射的光进行放大，于是人们就想到了用光学谐振腔进行放大。所谓光学谐振腔，实际是在激光器两端，平行装上两块反射率很高的镜片，一块为全反射镜片，一块为部分反射、少量透射镜片。全反射镜片的作用是将入射的光全部按原路径反射回去，部分反射镜片的作用是将能量未达到一定限度的部分光子按原路径反射回去，而达到一定能量限度的光子则透射而出。这样，透射而出的这部分光子就成为我们需要的，经过放大了的激光；而被反射回工作介质的光，则继续诱发新一轮的受激辐射，光将逐渐被放大。因此，光在谐振腔中来回振荡，造成连锁反应，雪崩似的获得放大，产生强烈的激光，直到能量达到一定的限度，从部分反射镜片中输出。

4 激光的特性及应用

激光与普通光相比则大不相同。因为它的频率很单纯，从激光器发出的光就可以步调一致地向同一方向传播，可以用透镜把它们会聚到一点上，把能量高度集中起来，这就叫相干性高。

激光的方向性比现在所有的其他光源都好得多，它几乎是一束平行线。如果把激光发射到月球上去，历经 38.4 万公里的路程后，也只有一个直径为 2 km 左右的光斑。

受激辐射光(激光)是原子在发生受激辐射时释放出来的光，其频率组成范围非常狭窄，通俗一点讲，就是受激辐射光单色性非常好，激光的“颜色”非常的纯(不同颜色，实际就是不同频率)。激光的单色性是实现激光加工的重要因素。我们可以通过简单的物理实验来说明这个问题。我们使用三棱镜，可以将一束太阳光分解成七色光谱带，其原理是日光其实是多种波长的光混合在一起的复色光，不同波长的光透过同一介质时，由于在介质中折射率的不同，使各色光的传播方向发生不同程度的偏折，因而在离开棱镜时就各自分散，形成光谱带。

经过 40 多年的发展，激光现在几乎是无处不在，它已经被用在生活、科研的方方面面。目前激光已广泛应用到激光焊接、激光切割、激光打孔(包括斜孔、异孔、膏药打孔、水松纸打孔、钢板打孔、包装印刷打孔等)、激光淬火、激光热处理、激光打标、玻璃内雕、激光微调、激光光刻、激光制膜、激光薄膜加工、激光封装、激光修复电路、激光布线技术、激光清洗、激光针灸、激光裁剪、激光通信技术、激光测距仪、激光陀螺仪、激光铅直仪、激光手术刀、激光炸弹、激光雷达、激光枪、激光炮等。

§12-6 原子核的结合能、裂变和聚变

1 原子核的基本性质

原子核的基本性质通常是指原子核作为整体所具有的静态性质。它包括原子核的电荷、质量、半径、自旋、磁矩、电四极矩、宇称、统计性质和同位旋等。这些性质和原子核结构及其变化有密切关系。

1911 年，卢瑟福(E. Rutherford)做了如下实验：用一束 α 粒子去轰击金属薄膜，发现有大角度的 α 粒子散射。分析实验结果得出：原子中存在一个带正电的核心，叫作原子核。它的大小是 10^{-12} cm 的数量级，只有原子大小的万分之一，但其质量却占整个原子质量的 99.9%以上。从此建立了有核心的原子模型。由于原子是电中性的，因而原子核带的电量必定等于核外电子的总电量，但两者符号相反。任何原子的核外电子数就是该原子的原子序数 Z，因此原子序数为 Z 的原子核的电量是 Ze，此处 e 是元电荷，即一个电子电量的绝对值。当用 e 作电荷单位时，原子核的电荷是 Z，所以 Z 也叫作核的电荷数。

不同的原子核由不同数目的中子和质子所组成。中子和质子统称为核子，它们的质

量差不多相等，但中子不带电，质子带正电，其电量为 e。因此，电荷数为 Z 的原子核含有 Z 个质子。可见，原子序数 Z 同时表示了核外电子数、核内质子数以及核的电荷数。

原子核的质量是原子质量与核外电子质量之差（当忽略核外电子的结合能时）。由于核的质量不便于直接测量，通常都是通过测定原子质量（确切地说是离子质量）来推知核的质量的。其实，一般不必推算核的质量，只需利用原子质量，因为对于核的变化过程，变化前后的电子数目不变，电子质量可以自动相消。但对有些核变化过程，就必须考虑核外电子结合能的影响。

由于一个摩尔原子的任何元素包含有 $6.022\,142 \times 10^{23}$ 个原子[此即阿伏加德罗(Avogadro)常量 N_A]，因而一个原子的质量是很微小的，通常不是以克(g)或千克(kg)作单位，而是采用原子质量单位，记作 u(是 unit 的缩写)。一个原子质量单位定义如下：

$$1\,\text{u} = {}^{12}\text{C 原子质量的 } 1/12$$

根据定义，原子质量单位与 g 或 kg 单位间的关系有

$$1\,\text{u} = \frac{12}{N_A} \cdot \frac{1}{12} = \frac{1}{6.022\,142 \times 10^{23}}\,\text{g} = 1.660\,538\,7 \times 10^{-24}\,\text{g} = 1.660\,538\,7 \times 10^{-27}\,\text{kg}$$

由此可见，阿伏加德罗常量 N_A 本质上是宏观质量单位“g”与微观质量单位“u”的比值。

具有相同质子数 Z 和中子数 N 的一类原子核，称为一种核素。有时也把具有相同原子序数 Z 和质量数 A 的一类原子，称为一种核素。核素用下列符号表示：${}_{Z}^{A}\text{X}_{N}$。其中 X 是元素符号，A 是质量数，Z 是质子数（或叫电荷数），N 是中子数。例如，${}_{3}^{7}\text{Li}_{4}$ 是元素锂的一种核素，它的质量数是 7，质子数是 3，中子数是 4。在实际工作中，往往只写出元素符号和质量数，省写了质子数和中子数。这是因为有了元素符号，也就知道了质子数；知道了质量数 A 和质子数 Z，也就知道了中子数 $N = A - Z$。

质子数相同，中子数不同的核素称为同位素。例如 ${}_{1}^{1}\text{H}$，${}_{1}^{2}\text{H}$，${}_{1}^{3}\text{H}$ 是氢的三种同位素，${}_{92}^{235}\text{U}$ 和 ${}_{92}^{238}\text{U}$ 是铀的两种同位素。以前在习惯上，往往用同位素的术语来代替核素使用。

中子数相同，质子数不同的核素称为同中子素，或称同中异位素。例如 ${}_{1}^{2}\text{H}$ 和 ${}_{2}^{3}\text{He}$。

质量数相同，质子数不同的核素称为同量异位素。例如 ${}_{18}^{40}\text{Ar}$，${}_{19}^{40}\text{K}$，${}_{20}^{40}\text{Ca}$。

实验表明，原子核是接近于球形的。因此，通常用核半径来表示原子核的大小。核半径用宏观尺度来衡量是很小的量，为 $(10^{-12} \sim 10^{-13})$ cm 数量级，无法直接测量，而是通过原子核与其他粒子相互作用间接测得它的大小。

2　原子核的结合能

原子核的半径很小，其中质子间的库仑力是很大的。然而通常的原子核却是很稳定的。这说明原子核里的核子之间一定存在着另一种和库仑力相抗衡的吸引力，这种力叫核力。

从实验知道，核力是一种强相互作用，强度约为库仑力的 100 倍。核力的作用距离很短，只在 2.0×10^{-15} m 的短距离内起作用。超过这个距离，核力就迅速减小到零。质子和中子的半径大约是 0.8×10^{-15} m，因此每个核子只跟它相邻的核子间才有核力的作用。核力与电荷无关。质子和质子，质子和中子，中子和中子之间的作用是一样的。当两核子之间的距离为 0.8～2.0 fm 时，核力表现为吸力，在小于 0.8 fm 时为斥力，在大于10 fm时核力完全消失。

爱因斯坦从相对论得出物体的能量跟它的质量存在正比关系，即

$$E = mc^2$$

这个方程称为爱因斯坦质能方程，式中 c 是真空中的光速，m 是物体的质量，E 是物体的能量。如果物体的能量增加了 ΔE，物体的质量也相应地增加了 Δm，反过来也一样。ΔE 和 Δm 之间的关系符合爱因斯坦的质能方程。

$$\Delta E = \Delta m \cdot c^2$$

原子核由核子所组成，当质子和中子组合成原子核时，原子核的质量比组成核的核子的总质量小，其差值称为质量亏损。用 m 表示由 Z 个质子、Y 个中子组成的原子核的质量，用 m_P 和 m_n 分别表示质子和中子的质量，则质量亏损为：

$$\Delta m = Zm_P + Ym_n - m$$

由于核力将核子聚集在一起，所以要把一个核分解成单个的核子时必须反对核力做功，为此所需的能量称为原子核的结合能。它也是单个核子结合成一个核时所能释放的能量。根据质能关系式，结合能的大小为：

$$\Delta E = \Delta m \cdot c^2$$

原子核中平均每个核子的结合能称为平均结合能，用 N 表示核子数，则：

$$平均结合能 = \frac{\Delta E}{N}$$

平均结合能越大，原子核就越难拆开，平均结合能的大小反映了核的稳定程度。从平均结合能曲线可以看出，质量数较小的轻核和质量数较大的重核，平均结合能都比较小。中等质量数的原子核，平均结合能大。质量数为 50～60 的原子核，平均结合能量大，约为 8.6 MeV。

3 重核的裂变

1939 年，哈恩和史特拉斯曼发现中子轰击铀核时，产物中存在钡那样的中等核。随后梅特纳和费里什对此做出解释：铀在中子轰击后分裂为质量相近的两块(有多种可能的组合方式)。多种粒子(质子、中子、氘核、氦核和 γ 光子等)均能诱发裂变，但**中子引起的裂变占重要地位**。裂变过程释放大量的能量，并伴随着中子的发射，从而形成链式

反应。

玻尔和惠勒用液滴模型及复合核反应机制解释裂变过程：中子被俘获后形成的复合核处于激发态，它将发生集体振荡并改变形状。表面张力力图使核恢复球形，而库仑力将使核增大形变，最终可能使其发生裂变。

最常用也最有效的裂变核素是 ^{235}U 和 ^{239}Pu。中子使其裂变时，

$$\begin{cases} n + {}^{235}U = {}^{236}U,\ \dfrac{Z^2}{A} = 35.9 \\ n + {}^{239}Pu = {}^{240}Pu,\ \dfrac{Z^2}{A} = 36.8 \end{cases}$$

^{235}U 是自然界仅有的能由热中子引起裂变的核素，占天然铀的 0.72%。而天然铀的 99.27% 是 ^{238}U。为什么差异这么大呢？

因 ^{238}U 的 $\dfrac{Z^2}{A}$ 略小一点，但更重要的是复合核的差异。^{235}U 是奇核，奇数中子与新来的中子配对。而 ^{238}U 是偶核，外来中子结合能就较小。因此，中子与 ^{235}U 结合很紧（结合能为 6.43 MeV），形成的 ^{236}U（裂变位垒为 5.3 MeV）处于较高的激发态，极易发生裂变。而中子与 ^{238}U 结合较松（结合能为 4.85 MeV），形成的 ^{239}U（裂变位垒为 5.45 MeV），因此 ^{239}U 一般以 γ 和 β^- 方式衰变。

实际上 ^{238}U 虽不能直接利用，但可用来生产核原料，如：

$$\begin{cases} n + {}^{238}U \rightarrow {}^{239}U + \gamma \\ {}^{239}U \rightarrow {}^{239}Np + e^- + \bar{\nu}_e,\ (T = 24\ \text{min}) \\ {}^{239}Np \rightarrow {}^{239}Pu + e^- + \bar{\nu}_e,\ (T = 2.35\ \text{d}) \end{cases}$$

1945 年美国试爆的第一颗原子弹以 ^{239}Pu 为原料。在日本爆炸的两颗各以 ^{235}U 和 ^{239}Pu 为原料。1964 年我国爆炸的第一颗原子弹以铀为原料。

重核裂变为两个中等核时，平均结合能 $\dfrac{B}{A}$ 将增加 1 MeV 左右，即每个核子平均贡献 1 MeV能量。平均地看，每个 ^{235}U 裂变时将释放的能量约为 200 MeV。释放的能量表现为碎片、放出的中子及相伴发生的 β 衰变产物的动能。

例如，^{235}U 裂变释放的能量大致如下：
$$\begin{cases} \text{碎片的动能：170 MeV} \\ \text{放出中子的动能：5 MeV} \\ \beta^- \text{粒子和 } \gamma \text{ 能量：15 MeV} \\ \text{与 } \beta^- \text{ 相伴的 } \bar{\nu}\text{：10 MeV} \end{cases}$$

除中微子和某些 γ 逃逸外，余下的约 185 MeV 的能量都是可利用的。

一个铀核能提供 185 MeV 的能量，几乎是化学反应中一个原子提供能量（一般不到 10 eV 的能量）的一亿倍。最重要的一点是铀核裂变平均要放出 2.5 个中子，而这些中子是维持链式反应所必需的，即“中子的再生率$\geqslant$1”。

但在体积不大的纯铀中，中子易从其表面逃逸而使反应中止。只有当其体积大于“临界体积”时，才能发生链式反应。实际上，原子弹是把丰度为90%以上的^{235}U做成不到临界体积的两块，引爆时用普通炸药将两块铀合为一整块达到或超过临界体积而发生链式反应的。

对于大块的天然铀，如裂变产生的中子不是热中子，不可能产生链式反应。

欲使裂变反应持续，关键在于使中子减速。快中子与^{238}U相碰发生弹性散射可使中子减速，但二者质量相差太大，碰撞一次中子的能量损失很小，能量为1 MeV的快中子减速到热中子至少要碰撞2 000次，而在这过程中，它可能被^{238}U吸收而中断裂变过程。所以要使中子减速应选用合适的轻元素。

氢与中子碰撞18次就可使1 MeV的快中子变为热中子，但氢的截面太大而不适宜。

目前常用的减速剂是重水和石墨。1942年世界第一个反应堆用天然铀为原料，石墨为减速剂。我国1958年建成的反应堆用丰度为2%的^{235}U为原料，用重水为减速剂。

反应堆是可控的链式反应装置，其控制棒由吸收中子很强的镉或硼制成。因链式反应很快，大约1秒钟可产生1 000代中子，解决的办法是靠“缓发中子”(约占裂变中子数的千分之几，要经过几秒或几分钟后才从碎片中产生，而不像“瞬发中子”在裂变后毫秒内就产生)。在设计反应堆时，要使缓发中子放出后才达到临界，才能使链式反应进行。因此有足够的时间来控制反应速度。

4 轻核的聚变

轻核聚变中，每个核子贡献的能量是3.6 MeV，大约是^{235}U裂变时每个核子贡献能量的4倍。氘核靠短程核力克服长程库仑力而聚合在一起，核子间距$r<10$ fm时才会有核力作用，那时的库仑势垒高度为$E_c=\frac{e^2}{r}=144$ keV，两个氘核的聚合必须克服这个势垒，即每个氘核至少需要72 keV的动能。假如视其为平均动能，则由$E_k=\frac{3}{2}kT$可得出相应的温度为$T=5.6\times10^8$ K，如用能量来表示相当于$kT=48$ keV。考虑到粒子的势垒贯穿几率和部分粒子的动能大于平均动能，从理论上估计，聚变温度约为10 MeV。这一温度非常高，在此温度下所有原子均电离而形成等离子态。

实现聚变反应须满足三个条件：(1) 等离子体的温度足够高；(2) 等离子体的密度足够大；(3) 所需的高温和密度须维持足够长的时间。1957年，劳逊将以上三个条件定量化(对dt反应)形成劳逊判据，这是实现聚变反应并获得能量增益的必要条件。

劳逊判据：$\begin{cases} n\tau = 10^{14}\ \text{s/cm}^3 \\ T = 10\ \text{keV} \end{cases}$

宇宙中主要的能源由核聚变提供，太阳发生的是轻核聚变，太阳内部主要有两个反应：

(1) 碳循环(贝蒂循环,1938年提出):$\begin{cases} p+{}^{12}C\rightarrow{}^{13}N \\ {}^{13}N\rightarrow{}^{13}C+e^{+}+\nu \\ p+{}^{13}C\rightarrow{}^{14}N+\gamma \\ p+{}^{14}N\rightarrow{}^{15}O+\gamma \\ {}^{15}O\rightarrow{}^{15}N+e^{+}+\nu \\ p+{}^{15}N\rightarrow{}^{12}C+\alpha+\gamma \end{cases}$ (碳核起催化剂作用,不增减)

(2) 质子-质子循环(克里齐菲尔德循环):$\begin{cases} p+p\rightarrow d+e^{+}+\nu \\ p+d\rightarrow{}^{3}He+\gamma \\ {}^{3}He+{}^{3}He\rightarrow\alpha+2p \end{cases}$

两种循环总的效果相同,均为:$4p\rightarrow\alpha+2e^{+}+2\nu+26.7\ \mathrm{MeV}$

4个质子的聚变过程中每个质子贡献6.7 MeV,比^{235}U裂变时每个质子的贡献大八倍,比化学能大一亿倍。

当温度低于1.8×10^{7} K时以$p-p$循环为主(太阳中心温度为1.5×10^{7} K),在产生能量的机制中,$p-p$循环占96%。太阳每天燃烧的氢有50万亿吨(5×10^{16} kg)(转化为α粒子),释放的能量相当于每秒钟爆炸900亿枚百万吨级的氢弹。(太阳质量为地球质量的33.34万倍。)

太阳是靠其巨大质量产生的引力来约束等离子体而产生聚变反应的。但它的温度远低于克服库仑势垒所需的温度,因此聚变反应主要靠势垒贯穿实现。实际上太阳的$p-p$进行缓慢,主要原因是第一个$p-p$反应中,两个质子形成氘核,而其中一个必须发生β^{+}衰变,这是个几率很小的弱过程,因其反应截面小得难于测量(为10^{-23} b)。一个碳原子通过碳循环所需时间约为6×10^{6}年,$p-p$循环的周期约为3×10^{9}年,正是这缓慢的反应速率保证了太阳质量在几百亿年间没有显著改变。所以太阳的巨大质量一方面产生巨大引力约束等离子体,一方面又弥补了反应速率的缓慢。太阳照到地球上的能量是它产生能量的**一万分之一**,是地球上目前所用能源的**10万倍**。

在宇宙中较年轻的热星体中则主要是**碳循环**。

在轻核聚变反应中,氘(d)与氚(T)的反应截面最大而释放能量最多:$d+T\rightarrow\alpha+n+17.58\ \mathrm{MeV}$。

氘在天然氢中占0.015%,约7 000个氢原子中有一个氘原子(可从海水中获取大量的氘)。

自然界不存在氚,但可从以下反应中获得:$n+{}^{6}Li\rightarrow\alpha+T+4.9\ \mathrm{MeV}$

因此,氘化锂($^{6}Li^{2}H$)可作为氢弹的原料。

氢弹的原理:引爆普通炸药使裂变原料达到临界而发生裂变反应,释放的能量产生高温高压同时放出大量中子,中子与^{6}Li反应产生氚,发生d+T聚变反应。

由于d+T反应释放的能量约4/5为中子所得,中子能量高达14 MeV,能使廉价的

^{238}U裂变,所以可将^{238}U与$^{6}Li^{2}H$混在一起形成裂变-聚变-裂变反应。

典型的氢弹(裂变弹)的能量主要为爆震和冲击波(50%)和热辐射(35%)。欲使这两部分能量相对减少,就要增加产生的中子数量,使聚变的贡献大于裂变贡献,这使人们进一步研究中子弹。但纯聚变弹至今仍实现不了。**氢弹的本质是利用惯性力约束高温等离子体(动力性约束)**。人工约束较为成功的是激光惯性约束,此外还有电子束、重离子束的惯性约束方案,但这些人工惯性约束目前还仅限于理论,实践上还未获成功。可控核聚变最有希望的是磁约束。原理是带电的等离子体在磁场中受洛仑兹力作用而在与磁场线相垂直的方向上被约束,电磁场同时对等离子体加热。这种约束是靠增大约束时间来达到"点火"条件的。

§12-7 粒子物理简介*

1 粒子的分类

物质是由一些基本微粒组成的这种思想可以远溯到古代希腊。当时德谟克利特(公元前460—370年)就认为物质都是由"原子"(古希腊语本意是"不可分")组成的。中国古代也有认为自然界是由金木水火土5种元素组成的说法。但是物质是由原子组成的这一概念成为科学认识是迟至19世纪才确定的,当时认识到原子是化学反应所涉及的物质的最小基本单元。1897年,汤姆逊发现了电子,它带有负电,电量与一个氢离子所带的电量相等。它的质量大约是氢原子质量的1/1 800,它存在于各种物质的原子中,这是人类发现的第一个更为基本的粒子。其后1911年卢瑟福通过实验证实原子是由电子和原子核组成的。1932年又确认了原子核是由带正电的质子(即氢原子核)和不带电的中子(它和质子的质量差不多相等)组成的。这种中子和质子也成了"基本粒子"。1932年还发现了正电子,其质量和电子相同但带有等量的正电荷。由于很难说它是由电子、质子或中子构成的,于是正电子也加入了"基本粒子"的行列。之后,人们制造了大能量的加速器来加速电子或质子,企图用这些高能量的粒子作为炮弹轰开中子或质子来了解其内部结构,从而确认它们是否是"真正的基本粒子"。但是,令人惊奇的是在高能粒子轰击下,中子或质子不但不破碎成更小的碎片,而且在剧烈的碰撞过程中还产生许多新的粒子,有些粒子的质量比质子的质量还要大,因而情况显得更为复杂。后来通过类似的实验(以及从宇宙射线中)又发现了几百种不同的粒子。它们的质量不同、性质互异,且能相互转化。这就很难说哪种粒子更基本。所以现在就把"基本"二字取消,统称它们为粒子。

按照基本粒子之间的相互作用可分为三类:

① 强子:凡是参与强相互作用的粒子,分为重子和介子两类。

② 轻子:都不参与强相互作用,质量一般较小。

③ 光子:静质量为零,是传递电磁相互作用的粒子。

2　粒子间的四种基本相互作用

粒子间的相互作用，按现代粒子理论的标准模型划分，有 4 种基本的形式，即万有引力、电磁力、强相互作用力和弱相互作用力。按现代理论，各种相互作用都分别由不同的粒子作为传递的媒介。光子是传递电磁作用的媒介，中间玻色子是传递弱相互作用的媒介，胶子是传递强相互作用的媒介。这些都已为实验所证实。对于引力，现在还只能假定它是由一种“引力子”作为媒介的。由于这些粒子都是现代标准模型的“规范理论”中预言的粒子，所以这些粒子统称为规范粒子。由于胶子共有 8 种，这些规范粒子就总共有 13 种。

除规范粒子外，所有在实验中已发现的粒子可以按照其是否参与强相互作用而分为两大类：一类不参与强相互作用的称为轻子，另一类参与强相互作用的称为强子。现在已发现的轻子有电子(e)，μ 子，τ 子(τ)及相应的中微子(ve, $v\mu$, $v\tau$)。μ 子和中微子虽然不是一般原子的组成部分，但在自然界中是大量存在的。宇宙射线在大气高层能产生大量的 μ 子和中微子，这些粒子就作为次级宇宙射线射向地球表面。太阳内部的核反应也产生大量的中微子，这些中微子也射向地球，并能穿过整个地球。天然的 μ 子和中微子的射线都能穿过人体，但由于剂量很小，对人体并无伤害。实验上已发现的成百种粒子绝大部分是强子。强子又可按其自旋的不同分为两大类：一类自旋为半整数，统称为重子；另一类自旋为整数或零，统称为介子。最早发现的重子是质子，最早发现的介子是 π 介子。π 介子的质量是电子质量的 270 倍，是质子质量的 1/7，介于二者之间。后来实验上又发现了许多介子，其质量大于质子的质量甚至超过 10 倍。例如，丁肇中发现的 J/ψ 粒子的质量就是质子质量的 3 倍多。这样，早年提出的名词“重子”、“轻子”和“介子”等已经不合适，但由于习惯，仍然一直沿用到今天。

3　守恒定律

研究种种粒子的行为时，发现的另一个重要事实是：没有一种粒子是不生不灭、永恒不变的。在一定的条件下都能产生和消灭，都能相互转化，毫无例外。例如，电子遇上正电子，就会双双消失而转化为光子。反过来高能光子在原子核的库仑场中又能转化为一对电子和正电子。在缺中子同位素中，质子会转化为中子而放出一个正电子和一个中微子。质子遇上反质子就会相互消灭而转化为许多介子。π 介子和原子核相互碰撞，只要能量足够高，就能转化为一对质子和反质子。前面所提到的粒子衰变也是一种粒子转化的方式。因此，产生和消灭是粒子相互作用过程中非常普通的现象。实验证明，在粒子的产生和消灭的各种反应过程中，有一些物理量是保持不变的。这些守恒量有能量、动量、角动量、电荷、还有轻子数、重子数、同位旋、奇异数、宇称等。例如，对于中子衰变为质子的 β 衰变反应：

$$n \rightarrow p + e + ev$$

所涉及的粒子，中子 n 和反中微子 ev 的电荷都是零，质子 p 的电荷为 1，电子 e 的电荷为-1，显然衰变前后电荷（的代数和）是守恒的。此反应中 n 和 p 的重子数都是 1，轻子数都是零，而 e 和 ev 的重子数都是零，前者的轻子数为 1，后者的轻子数为-1；也很容易看出这一衰变的前后的重子数、轻子数也都是守恒的。同位旋、奇异数和宇称等的概念比较抽象，此处不作介绍。但可以指出，它们有的只在强相互作用引起的反应（这种反应一般较快）中才守恒，而在弱相互作用或电磁相互作用引起的反应（这种反应一般的较慢）中不一定守恒。它们不是绝对的守恒量。

4 强子的夸克模型

原子不再是基本粒子，原子核一不是基本粒子，介子和重子是否也由更为基本的粒子组成的呢？1964 年，美国物理学家盖尔曼和以色列物理学家兹韦格分别提出了夸克模型。

按照夸克理论，一切强子（参与强相互作用的粒子）都是由夸克组成的。初期提出的夸克有三种，分别称为上夸克 u，下夸克 d 和奇夸克 s。它们的自旋都是 1/2，属于费米子。夸克的重要特征之一是带有分数电荷。以电子电荷为单位，u 的电荷为 2/3，d 的电荷为-1，s 的电荷也是$-1/3$。此外，s 的奇异数为-1。对于重子，有重子数作为标志，上节所述的重子的重子数为 1，反重子的重子数为-1。夸克的重子数为 1/3。对于每一种夸克，都存在相应的反夸克。反夸克的质量、自旋同于夸克，而电荷、奇异数和重子数的数值相同，符号相反。

夸克之间存在着强相互作用，靠这种相互作用，每一个介子由一个夸克和一个反夸克组成；每一个重子由三个夸克组成，每一个反重子由三个反夸克组成。比如，π^+ 介子是由 u 夸克和反下夸克$\bar{d}$组成的、质子是由 u、u 和 d 三个夸克组成的；Λ^0 超子是由 u、d 和 s 三个夸克组成的，依此类推。图 12-10 为 P、Λ^0 和 π^+ 三个强子的结构示意图。

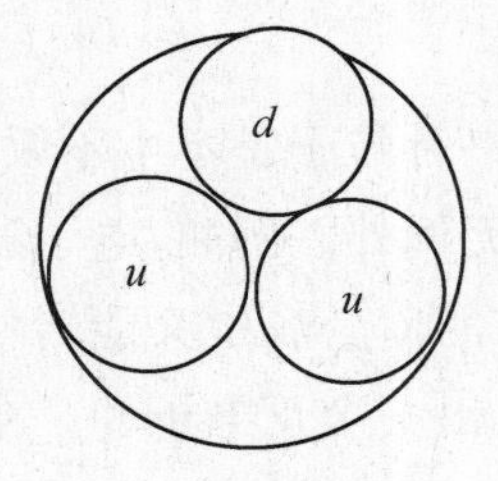

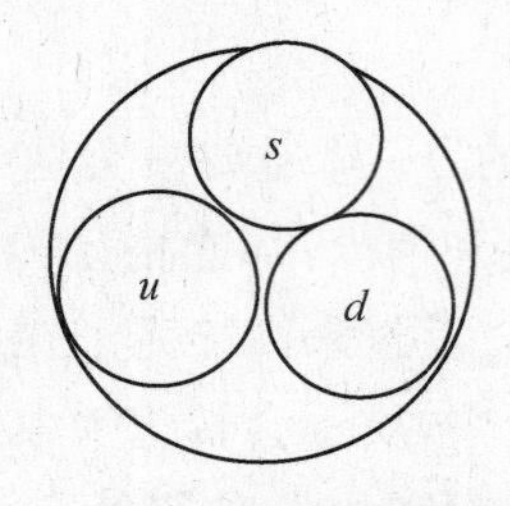

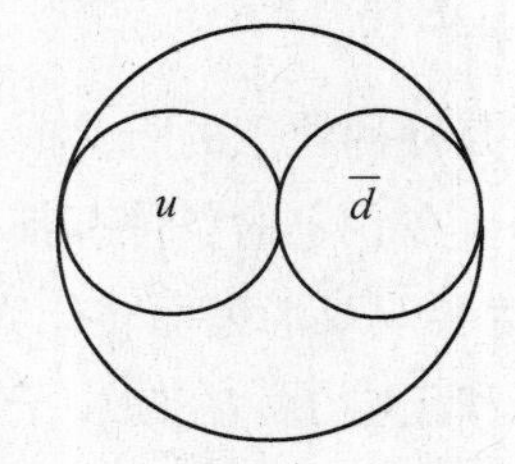

图 12-10 夸克模型

目前已被科学家证实的夸克有：上夸克、下夸克、奇夸克、粲夸克、底夸克和顶夸克等 6 种。为了符合泡利不相容原理，物理学家还发现了夸克的一种更为深刻的性质：每种夸克都具有（颜）色，可以用红、黄、蓝（或红、绿、蓝）三种加以区分，这只不过是借光的颜色名字，夸克的色与光波的色完全是两回事。就像粒子带电称为电荷一样，夸克带色，也可以称为色荷。正是色荷间的相互促进作用，才使强子中的夸克互相吸引而束缚在一起。三种不同色的夸克组成不带色的重子，好像三原色组成白色一样。同样，夸克和反色夸克的色互补,它们组成的介子也不带色。这就是为什么强子不带色的原因。在当今看来,强子基础是夸克,夸克是基本粒子。此外,基本粒子族还存在轻子一类。最早发现了电子和电中微子;后来发现了 μ 子和 μ 中微子;70 年代,又发现了 τ 子和 τ 中微子。τ 子的质量比核子质量还大,它不能由轻重来区它们了。虽然 τ 子的质量大,但从其性质上看,仍属于轻子一类。这样,轻子也分 6 种,类似于夸克的味。时至今日,实验研究还没有发现轻子的内部结构。也就是说,这 6 种轻子也属于基本粒子。

习　题

12-1 测量星球表面温度的方法之一是将星球看成绝对黑体,利用维恩定律测量 λ_m 决定 T_0。如测得太阳和北极星的 λ_m 分别为 510 nm 和 350 nm,试求它们表面温度和黑体辐出度。

12-2 黑体在某一温度时总辐出度为 $5.67\ \mathrm{W \cdot m^{-2}}$,试求这时辐出度具有最大值之波长 λ_m。

12-3 用辐射高温计测得炉壁小孔的总辐出度 $M_0(T) = 22.8 \times 104\ \mathrm{W \cdot m^{-2}}$,求炉内温度。

12-4 波长为 200.0 nm 的光投射到铝表面上,铝的逸出功为 4.2 eV。求:

(1) 光电子的动能;

(2) 遏止电压;

(3) 铝的红限波长。

12-5 金属钠的红限频率为 4.39×10^{14} Hz。求:

(1) 金属钠的逸出功;

(2) 以波长 500.0 nm 的光入射时的遏止电压。

12-6 试求波长为下列数值的光子的能量、动量和质量:

(1) $\lambda = 600.0$ nm 的可见光;

(2) $\lambda = 0.01$ nm 的 X 射线;

(3) $\lambda = 0.001$ nm 的 γ 射线。

12-7 氢原子从能量为 -0.85 eV的状态跃迁到激发能(从基态到激发态所需的能量)为 10.19 eV 的状态时,所发射的光子的能量为多少?

12-8 钨的红限波长是 230 nm,用波长为 180 nm 的紫外光照射时,从表面逸出的电子的最大动能为多少?

12-9 氘核每个核子的平均结合能为 1.11 MeV,氦核每个核子的平均结合能为 7.07 MeV,由两个氘核合成一个氦核时放出能量为多少?

参考文献

[1] 程守洙,江之永.普通物理学.第4版.北京：高等教育出版社,1982
[2] 卢德馨.大学物理学.北京：高等教育出版社,1999
[3] 漆安慎,杜婵英.力学.第2版.北京：高等教育出版社,2005
[4] 周衍柏.理论力学教程.第2版.北京：高等教育出版社,1986
[5] 姚启钧.光学教程.第3版.北京：高等教育出版社,2002
[6] 赵凯华,罗蔚茵.热学.北京：高等教育出版社,1998
[7] 赵凯华,罗蔚茵.力学.北京：高等教育出版社,1995
[8] 易明.光学.北京：高等教育出版社,1999
[9] 李甲科.大学物理.西安：西安交通大学出版社,2008
[10] 梁灿彬,等.电磁学.北京：人民教育出版社,1981
[11] 褚圣麟.原子物理学.北京：人民教育出版社,1979